JN493557

생생한 사례로 배우는

확률과 통계 2판

지은이 **이재원** ljaewon@kumoh.ac.kr

성균관대학교 수학과를 졸업한 후 동 대학원에서 이학석사 및 이학박사 학위를 취득했다. 미국 아이오와대학교에서 객원 교수를 지냈으며, 1996년부터 국립금오공과대학교 수리빅데이터학과 교수로 재직 중이다. 현재 한국수학교육학회, 대한수학회, 영남수학회에서 회원으로 활동하고 있다. 다음 도서를 포함하여 수학 · 통계 관련 교재의 집필과 번역 활동을 활발히 하고 있다.

- 『알기 쉬운 미분적분학(개정판)』(북스힐, 2010)
- 『확률과 보험통계(개정판)』(경문사, 2012)
- 『대학수학 Plus』(한빛아카데미, 2013)
- 『이자론 중심으로 배우는 금융수학 : 보험계리사 시험 대비』(한빛아카데미, 2014)
- 『(실생활 소재로 쉽게 설명한) 경영경제통계학』(북스힐, 2015)
- 『공학인증을 위한 확률과 통계(4판)』(북스힐, 2019)
- 『기초수학(2판)』(한빛아카데미, 2020)
- 『쉽게 배우는 생활 속의 통계학』(북스힐, 2020)
- 『최신 수리통계학(2판)』(경문사, 2021)
- 『EXCEL을 활용한 확률과 통계』(북스힐, 2021)
- 『공학도라면 반드시 알아야 할 최소한의 수학(8판)』(한빛아카데미, 2022)
- 『확률과 통계 입문(2판)』(한빛아카데미, 2023)
- 『경영경제수학 첫걸음』(한빛아카데미, 2023)
- 『문제 풀며 정리하는 확률과 통계(2판)』(북스힐, 2023)
- 『통계학의 이해(3판)』(북스힐, 2023)
- 『신소재 · 화공계열을 위한 공학수학』(북스힐, 2024)

생생한 사례로 배우는 확률과 통계 2판

초판발행 2024년 7월 8일

지은이 이재원 / **펴낸이** 전태호
펴낸곳 한빛아카데미(주) / **주소** 서울시 서대문구 연희로2길 62 한빛아카데미(주) 2층
전화 02-336-7112 / **팩스** 02-336-7199
등록 2013년 1월 14일 제2017-000063호 / **ISBN** 979-11-5664-039-4 93410

총괄 김현용 / **책임편집** 김은정 / **기획** 임선진 / **편집** 윤세은 / **교정** 강정아
디자인 박정화, 최연희 / **전산편집** 백지선 / **제작** 박성우, 김정우
영업 김태진, 김성삼, 이정훈, 임현기, 이성훈, 김주성 / **마케팅** 김호철, 심지연

이 책에 대한 의견이나 오탈자 및 잘못된 내용은 출판사 홈페이지나 아래 이메일로 알려주십시오.
파본은 구매처에서 교환하실 수 있습니다. 책값은 뒤표지에 표시되어 있습니다.

홈페이지 www.hanbit.co.kr / 이메일 question@hanbit.co.kr

Published by HANBIT Academy, Inc. Printed in Korea

STEM@COOKBOOK

생생한 사례로 배우는

확률과 통계 2판

PROBABILITY & STATISTICS

이재원 지음

한빛아카데미
Hanbit Academy, Inc.

지은이 머리말

확률과 통계는 빅데이터와 AI 시대의 필수이다

실험실에서 얻은 데이터를 분석할 때, 많은 학생이 크게 두 가지 질문에 대답하기 어려워한다. 하나는 "왜 이런 방법을 사용하지?"이고, 다른 하나는 "어떻게 이런 결론이 나왔지?"이다. 그 이유는 바로 통계적 사고방식을 접할 기회가 부족하기 때문이다. 통계적 방법을 올바르게 이용해서 결과를 얻더라도 잘못된 결론을 내리거나 잘못 판단하는 경우가 발생한다. 따라서 공학적인 문제 해결에 확률과 통계를 적용하는 경험이 필요하다.

또 확률과 통계는 빅데이터와 인공지능(AI)이 주목받는 지금 시대의 필수 학문이다. 초창기 인공지능 연구자들은 컴퓨터가 어떤 문제를 해결할 때 필요한 규칙을 만드는 데 집중했다. 오늘날 사회현상이 복잡해지고 빅데이터의 가치가 급부상하면서 컴퓨터는 단순한 규칙만으로 정확한 결과물을 산출하기 어려워졌다. 이때 확률과 통계는 불확실성을 최소화하는 수학적 도구로서 이러한 한계를 과학적으로 극복하고 결과의 정확도를 높여준다. 따라서 빅데이터와 인공지능에 관한 다양한 사례와 함께 확률과 통계를 학습할 필요가 있다.

2판 개정 방향

2판을 집필할 때 단순하게 수정하는 데 만족하지 않고 새로 집필한다는 각오로 초판 구성과 내용을 상당 부분 바꾸었다. 특히 앞에서 소개한 시대적 요구에 따라 개정판의 주된 방향을 두 가지로 잡았다. 첫 번째로 확률과 통계에서 다루는 인공지능 주제를 낯설어하지 않고 친숙하게 다가갈 수 있도록 했다. 두 번째로 공학적인 통계 문제를 쉽게 이해하고 통계적 사고력과 적용 능력을 함양시킬 수 있도록 했다. 세부적으로는 다음과 같이 개정했다.

❶ 내용을 크게 기술통계학(1~3장), 확률과 확률분포(4~8장), 통계적 추론(9~12장), 확률과정(13장)의 네 가지 영역으로 구분했다.

❷ 확률과 통계를 공부하기 위한 수학적 기초를 [들어가기 전에]로 요약하여 소개했다.

❸ 예제와 비슷한 형태의 [I Can Do] 문제를 수록하여 학생들이 스스로 문제를 해결하고 자신감을 함양할 수 있도록 했다.

❹ 여러 기관의 보고서나 통계 분석이 추가된 논문을 소개하고, 생성형 인공지능이나 자율주행 자동차, 공학, 의학 등의 소재로 문제를 구성하여 확률과 통계의 힘을 체감할 수 있도록 했다.

❺ 본문의 개념을 쉽게 이해할 수 있도록 그림을 다수 수록했다.

이 책으로 공부하는 학생들이 확률과 통계에 친숙함을 느끼고 통계적 사고를 함양할 수 있기를 희망한다. 또 이러한 사고를 바탕으로 4차 산업혁명의 중심에 있는 빅데이터와 인공지능을 이해하고, 더 나아가 앞서가는 리더로 성장할 때 작게나마 도움이 되길 바란다.

감사의 글

2판을 기획하고 출판하기까지 수고를 아끼지 않은 한빛아카데미㈜ 기획팀과 전태호 대표님께 감사의 말을 전한다.

지은이 **이재원**

미리보기

누구를 위한 책인가

전공과 관계없이 확률과 통계를 제대로 이해하고 활용하고자 하는 학생을 위한 책이다. 확률과 통계 개념을 제대로 다질 수 있도록 학습에 필요한 각 용어를 명확히 정의하고, 여러 가지 정리를 소개했다. 또 인공지능, 공학, 의학 등 다양한 분야의 사례를 수록하여 통계적 사고를 함양할 수 있다.

이 책을 시작하려면

수학에 익숙하지 않거나 수학적 기본 개념을 먼저 다지고 싶다면 1장 앞의 [들어가기 전에]를 먼저 학습할 것을 권한다. 가볍게 읽어도 좋다.

이 책의 구성요소

학습목표

각 장에서 알아두어야 할 내용과 학습하여 도달해야 할 수준을 제시한다.

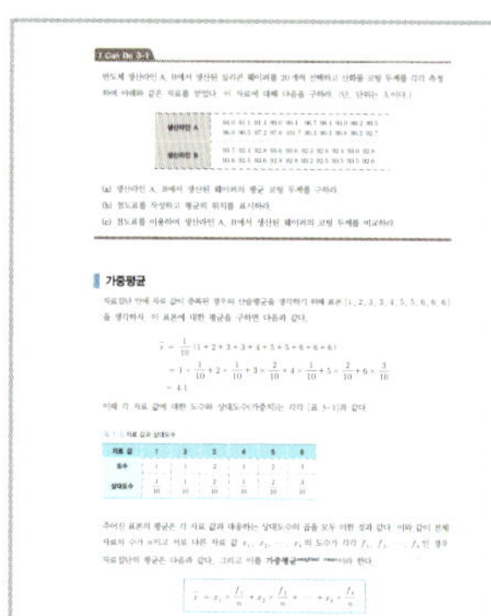

핵심 용어 / 주요 수식

본문의 핵심 용어는 굵은 글씨로, 주요 수식은 상자 모양으로 소개한다.

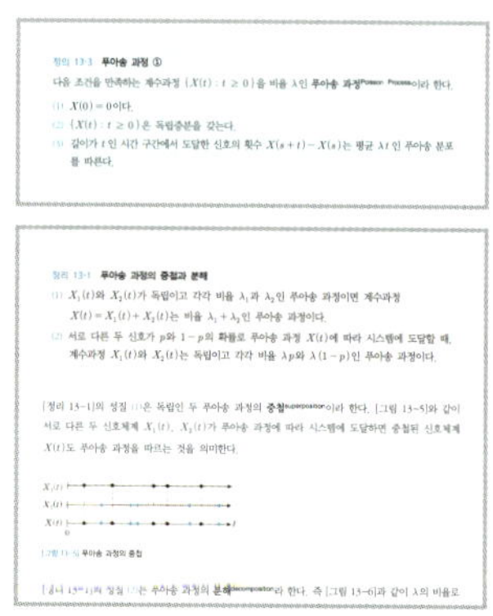

정의 / 정리

본문에서 기억해 두어야 할 개념을 정의로, 주요 이론을 정리로 소개한다.

이 책의 구성

❶ 기술통계학(1~3장)

1장은 통계학을 간략하게 소개하고 자료와 모집단, 표본 등의 개념을 알아본다. 기술통계학과 추론통계학을 구분하여 소개한다. 2장은 범주형 자료와 양적자료를 표와 그림으로 표현하는 법을 다룬다. 3장은 자료를 수치로 나타내고 그 의미를 이해하는 법을 다룬다.

❷ 확률과 확률분포(4~8장)

4장은 사건과 확률 개념을 살펴보고 조건부 확률의 의미를 다룬다. 사건의 종속과 독립 개념을 설명하고, 베이즈 정리를 소개한다. 5장은 이산확률변수와 연속확률변수의 평균, 분산, 표준편차를 구하는 법을 다룬다. 6장은 결합확률분포와 조건부 확률분포, 결합분포의 기댓값을 다룬다. 7장은 이산확률분포와 연속확률분포로 구분되는 여러 가지 분포를 소개한다. 8장은 정규분포 및 정규분포와 관련된 여러 가지 분포를 다룬다. 특히 여러 가지 확률분포 사이의 관계도를 제시하며, 전체적인 분포 사이의 관계를 요약한다.

❸ 통계적 추론(9~12장)

9장은 모집단 분포와 표본분포를 다룬다. 단일 모집단과 독립인 두 모집단인 경우로 나누어 살핀다. 10장은 점추정과 구간추정을 다루고, 모평균과 모비율, 모분산과 모분산의 비에 대한 신뢰구간을 다룬다. 11장은 가설검정을 다룬다. 모분산을 알거나 모를 때로 나누어 모평균의 가설을 검정하고, 모분산과 모비율의 가설검정도 다룬다. 12장은 선형회귀분석을 이해하고 회귀계수에 대한 구간추정과 가설검정을 다룬다.

❹ 확률과정(13장)

13장은 확률과정, 특히 마르코프 연쇄를 다룬다. 또한 마르코프 연쇄의 추이행렬과 여러 가지 상태를 다룬다.

부록 여러 가지 확률표

이항누적확률표, 푸아송누적확률표, 표준정규분포표, 카이제곱 분포표, t-분포표, F-분포표를 수록하여 확률값을 구할 때 참고할 수 있다.

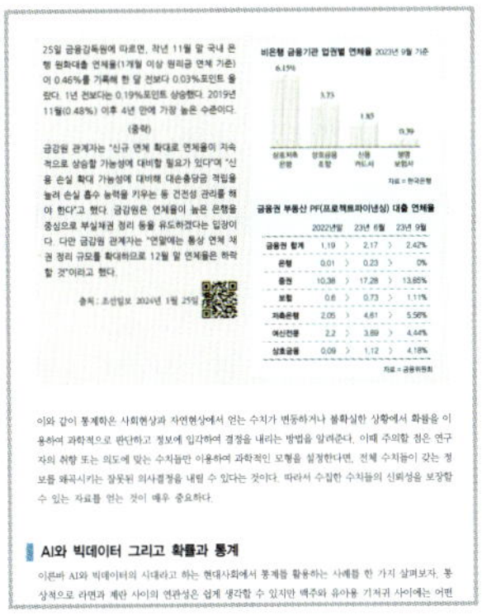

사례

기사·통계자료·공공기관 보고서·논문 등을 활용하여 다양한 사례를 소개한다.

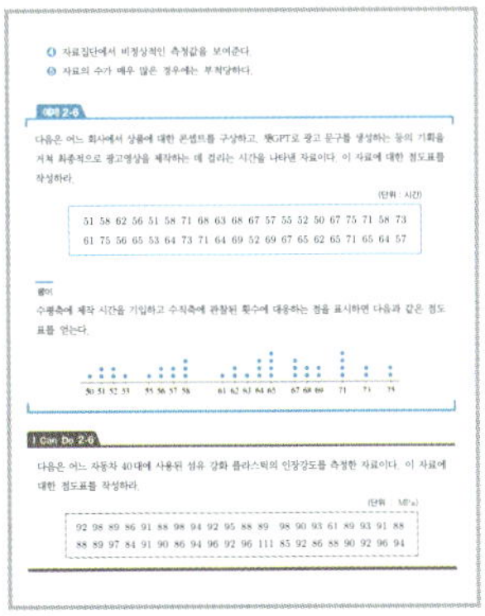

예제 / I Can Do

본문 개념을 적용한 문제와 상세한 풀이를 예제로 보여준다. 예제를 그대로 따라 풀 수 있도록 I Can Do 문제를 제시한다.

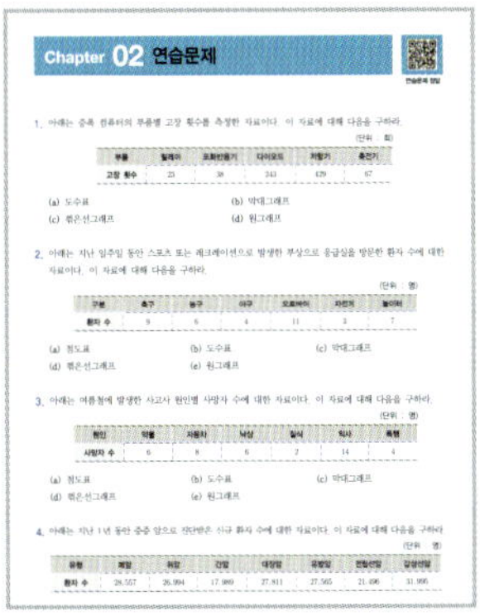

연습문제

해당 장이 끝날 때마다 본문 내용을 제대로 이해했는지 확인하는 문제를 소개한다. 정답을 QR 코드로 확인할 수 있다.

강의 및 학습 보조자료와 참고문헌

강의 및 학습 보조자료

- **강의자용** : **강의보조자료 다운로드**
  한빛출판네트워크(http://www.hanbit.co.kr) 접속 → [교수전용] 클릭 → [강의자료] 클릭 → 도서명 검색

- **학습자용** : **공개용 정답 다운로드**
  한빛출판네트워크(http://www.hanbit.co.kr) 접속 → [고객센터] 클릭 → [자료실] 클릭 → 도서명 검색

참고문헌

- 송규문(2011), 『의용통계』, 북스힐.
- 이민희(2018), 『동력기계 신뢰성공학 실무』, 홍릉과학출판사.
- 이재원(2019), 『공학인증을 위한 확률과 통계(4판)』, 북스힐.
- Bernard Ostle, Charles R. Hicks, & Kenneth V. Turner(1999), 『공업통계학 : 산업체 사례를 중심으로』(이창훈 외 2인, 번역), 사이텍미디어.(원서는 1996년에 출판)
- Marc Triola, Mario F. Triola, & Jason Roy(2021), 『통계학의 이해와 활용 : 생명과학·보건학·간호학·의학을 중심으로(2판)』(김호 외 3인, 번역), (주)바이오사이언스출판.(원서는 2018년에 출판)
- Peyton Z. Peebles Jr(2013), 『확률, 랜덤변수 및 랜덤신호 원리(4판)』(강훈 외 2인, 번역), 한국맥그로힐.(원서는 2001년에 출판)
- Ronald E. Walpole, Raymond H. Myers, Sharon L. Myers, & Keying E. Ye(2015), 『이공학도를 위한 확률 및 통계학(제9판)』(김봉선 외 3인, 번역), 자유아카데미.(원서는 2011년에 출판)
- Roy D. Yates, & David J. Goodman(2005), 『Probability and Stochastic Process』, John Wiley & Sons, Inc.
- Sheldon M. Ross(1983), 『Stochastic Process』, John Wiley & Sons, Inc.
- William Navidi(2012), 『이공계를 위한 기초통계학』(김형수 외 4인, 번역), 도서출판 동화기술.(원서는 2009년에 출판)

목차

Chapter 05 확률변수

Chapter 06 결합확률분포

Chapter 07 여러 가지 확률분포

Chapter 08 정규분포

Chapter 09 표본분포

Chapter 10 추정

Chapter 11 가설검정

Chapter 12 선형회귀분석

Chapter 13 확률과정

들어가기 전에

집합

4.1절

서로 구별되어 잘 정의된 대상들의 모임을 **집합**set이라 하고, 집합을 이루는 개개의 대상을 **원소**element라 한다. 이때 집합은 대문자 A, B 등으로 나타내고, 원소는 소문자 a, b 등으로 나타낸다. a가 집합 A의 원소일 때, 'a는 집합 A에 속한다.'라고 하고 $a \in A$로 나타낸다. 모든 원소의 집합을 **전체 집합**universal set이라 하고 U로 나타낸다. 특히 집합 A의 원소 개수가 유한개이면 A를 **유한집합**finite set이라 하고, 원수 개수가 무한개이면 A를 **무한집합**infinite set이라 한다. 무한집합 A가 자연수 전체의 집합과 일대일 대응을 이루면 A를 **가산집합**countable set이라 하고, 그렇지 않으면 **비가산집합**uncountable set이라 한다. 이때 여러 가지 집합을 다음과 같이 정의한다.

- 합집합 : 두 집합 A 또는 B 안에 속하는 원소들로 구성된 집합

$$A \cup B = \{x \mid x \in A \text{ 또는 } x \in B\}$$

- 교집합 : 두 집합 A와 B 안에 공통으로 속하는 원소들로 구성된 집합

$$A \cap B = \{x \mid x \in A \text{ 그리고 } x \in B\}$$

- 차집합 : 집합 A에 속하나 집합 B 안에 속하지 않는 원소들로 구성된 집합

$$A - B = \{x \mid x \in A \text{ 그리고 } x \notin B\}$$

- 여집합 : 집합 A에 속하지 않는 원소들로 구성된 집합

$$A^c = \{x \mid x \in U \text{ 그리고 } x \notin A\}$$

- 가산합집합 : 집합 A_1, A_2, A_3, $\cdots$의 합집합

$$\bigcup_{i=1}^{\infty} A_i = \{x \mid x \in A_i, \text{ 어떤 } i = 1, 2, 3, \cdots\}$$

- 가산교집합 : 집합 A_1, A_2, A_3, $\cdots$의 교집합

$$\bigcap_{i=1}^{\infty} A_i = \{x \mid x \in A_i, \text{ 모든 } i = 1, 2, 3, \cdots\}$$

- 부분집합 : $a \in A$이면 $a \in B$일 때, A를 B의 부분집합이라 하고 $A \subset B$로 나타낸다.
- 서로 소: 두 집합 A와 B의 공통인 원소가 없는 경우, 즉 $A \cap B = \varnothing$일 때 A와 B는 **서로 소**disjoint라 한다.

집합론과 확률론에서 사용하는 용어를 비교하면 [표 1]과 같다.

[표 1] 집합론과 확률론의 용어 비교

집합론	확률론	집합론	확률론
전체집합	표본공간	집합	사건
원소	표본점	가산인 전체집합	이산표본공간
비가산인 전체집합	연속표본공간	합집합	합사건
교집합	곱사건	차집합	차사건
여집합	여사건	부분집합	부분사건
서로 소	서로 배반		

함수

4.2절

공집합이 아닌 두 집합 A와 B에 대해 A 안의 각 원소가 B 안의 오로지 한 원소와 대응을 이루는 규칙을 A에서 B로의 **함수**function라 하고, $f: A \rightarrow B$로 나타낸다. 특히 함수 f에 의해 실수 $x \in A$가 실수 $y \in B$와 대응할 때, f를 **실함수**real valued function라 하고 $y = f(x)$로 나타낸다. 전체집합 U의 부분집합 A를 실수 a로 대응시키는 함수 P, 즉 $P(A) = a$인 함수를 **집합함수**set function라 한다.

예를 들어 선분 $A = [a, b]$에 대해 함수 P를 선분의 길이로 정의할 때, $P(A) = b - a$는 집합함수이다. 같은 방법으로 A가 평면도형이거나 입체도형일 때, P를 평면도형의 넓이 또는 입체도형의 부피로 정의하면 P는 집합함수이다. 그러면 어떤 사건에 대한 확률은 집합함수에 의해 표현된다.

도함수

5.2절

함수 $y = f(x)$의 정의역 안에 있는 $x = a$에서 다음 극한 $f'(a)$를 $x = a$에서 함수 $f(x)$의 **순간 변화율**instantaneous rate of change 또는 **미분계수**differential coefficient라 한다.

$$f'(a) = \lim_{h \to 0} \frac{f(a+h) - f(a)}{h}$$

미분계수 $f'(a)$가 존재할 때 함수 $f(x)$는 $x = a$에서 **미분가능하다**differentiable고 하며, 이때 $f'(a)$는 기하학적으로 곡선 위의 점 $(a, f(a))$에서 접선의 기울기를 나타낸다. 따라서 곡선 위의 점 $(a, f(a))$에서 접선의 방정식은 다음과 같다.

$$y = f'(a)(x - a) + f(a)$$

다음과 같이 $f(x)$의 정의역 안에 있는 임의의 점 x에서의 미분계수를 $f(x)$의 **도함수**derivative라 한다.

$$f'(x) = \lim_{h \to 0} \frac{f(x+h) - f(x)}{h}$$

연속확률변수의 분포함수를 미분하면 확률밀도함수가 된다.

함수의 정적분과 이상적분

5.2절, 5.3절

미분가능한 함수 $F(x)$와 정의역 D에서 연속인 함수 $f(x)$에 대해 다음을 만족할 때, $F(x)$를 $f(x)$의 **원시함수**primitive function라 한다.

$$F'(x) = f(x), \quad x \in D$$

이때 원시함수 $F(x)$를 다음과 같이 나타내며, 적분은 미분의 역산이다.

$$F(x) = \int f(x)\,dx$$

$f(x)$의 원시함수는 무수히 많이 존재하며, 두 원시함수 $F(x)$와 $G(x)$ 사이에 다음과 같이 상수 C만큼 차이가 있다.

$$G(x) = \int f(x)\,dx = F(x) + C$$

따라서 $f(x)$의 한 원시함수 $F(x)$에 대해 $\int f(x)\,dx = F(x) + C$를 $f(x)$의 **부정적분**indefinite integral이라 한다.

폐구간 $[a,\ b]$에서 $f(x) > 0$이고 연속일 때, 이 함수와 $x = a$, $x = b$ 그리고 x축으로 둘러싸인 부분의 넓이를 I라 하자. 그러면 폐구간 $[a,\ b]$를 n등분한 각 소구간의 길이 $\Delta x = \dfrac{b-a}{n}$를 밑변으로 하고 소구간 안의 임의의 점 x_k^*의 함숫값 $f(x_k^*)$를 높이로 하는 사각형들의 넓이의 합 S_n은 다음과 같이 구할 수 있다.

$$S_n = \sum_{k=1}^{n} f(x_k^*)(x_{k+1} - x_k) = \sum_{k=1}^{n} f(x_k^*)\,\Delta x$$

소구간의 개수를 충분히 크게 늘리면 폐구간 $[a,\ b]$에서 함수와 x축으로 둘러싸인 부분의 넓이는 다음과 같은 극한으로 나타난다.

$$I = \lim_{n \to \infty} S_n = \lim_{n \to \infty} \sum_{k=1}^{n} f(x_k^*)\,\Delta x$$

이때 극한 I가 유한하면 이 극한을 폐구간 $[a, b]$에서 함수 $f(x)$의 **정적분**definite integral이라 하고 다음과 같이 나타낸다.

$$I = \int_a^b f(x)\,dx$$

미분적분학의 기본 정리에 의해 부정적분과 정적분 사이에 다음이 성립한다.

$$\boxed{\int_a^b f(x)\,dx = F(b) - F(a)}$$

무한구간에서 $f(x)$의 정적분을 **이상적분**improper integral이라 하고, 다음과 같이 정의한다.

- $[a, \infty)$에서 $f(x)$의 이상적분 : $\int_a^{\infty} f(x)\,dx = \lim_{b \to \infty} \int_a^b f(x)\,dx$
- $(-\infty, a]$에서 $f(x)$의 이상적분 : $\int_{-\infty}^{a} f(x)\,dx = \lim_{b \to -\infty} \int_b^a f(x)\,dx$
- $(-\infty, \infty)$에서 $f(x)$의 이상적분 : $\int_{-\infty}^{\infty} f(x)\,dx = \lim_{\substack{b \to \infty, \\ a \to -\infty}} \int_a^b f(x)\,dx$

연속확률변수에 대한 확률밀도함수는 이상적분을 이용하여 정의하며, 확률은 정적분을 이용하여 구할 수 있다.

감마함수와 베타함수

7.2절

임의의 양수 α에 대해 $\Gamma(\alpha) = \int_0^{\infty} x^{\alpha-1} e^{-x}\,dx$와 같이 정의하는 이상적분을 **감마함수**Gamma function라 한다. 임의의 양수 α와 β에 대해 $\mathrm{Beta}(\alpha, \beta) = \int_0^1 x^{\alpha-1}(1-x)^{\beta-1}\,dx$와 같이 정의하는 적분을 **베타함수**beta function라 한다. 감마함수와 베타함수의 기본 성질은 다음과 같다.

❶ $\alpha > 1$에 대해 $\Gamma(\alpha) = (\alpha-1)\Gamma(\alpha-1)$이다.

❷ 자연수 n에 대해 $\Gamma(n) = (n-1)!$이고, 특히 $\Gamma(1) = 1$이다.

❸ $\Gamma\left(\frac{1}{2}\right) = \sqrt{\pi}$

❹ $\mathrm{Beta}(\alpha, \beta) = \frac{\Gamma(\alpha)\Gamma(\beta)}{\Gamma(\alpha+\beta)}$

이와 같은 감마함수와 베타함수를 이용하여 감마분포와 베타분포를 정의한다.

수열과 무한급수

5.1절, 7.1절

다음과 같이 크기에 상관없이 어떤 규칙에 따라 차례대로 늘어놓은 실수의 배열을 **수열**sequence이라 한다.

$$a_1,\ a_2,\ \cdots,\ a_n,\ \cdots$$

첨자 $1,\ 2,\ \cdots,\ n,\ \cdots$은 수를 배열하는 순서를 의미하며, 첨자를 이용하여 수열을 다음과 같이 나타낸다.

$$\{a_1,\ a_2,\ a_3,\ \cdots\},\ \{a_n\}_{n=1}^{\infty},\ \{a_n \mid n \in \mathbb{N}\},\ \{a_n\}$$

수열 $\{a_n\}$에 대해 수 a_1을 첫 번째 항, a_2를 두 번째 항이라 하고, 일반적으로 a_n을 n번째 항 또는 **일반항**general term이라 한다. 항의 개수가 유한개인 수열을 **유한수열**finite sequence이라 하며, 항이 무수히 많은 수열을 **무한수열**infinite sequence이라 한다.

특히 수열 $\{k \mid k \in \mathbb{N}\}$과 $\{k^2 \mid k \in \mathbb{N}\}$의 처음 n번째 항까지 합은 다음과 같다.

❶ $\displaystyle\sum_{k=1}^{n} k = \frac{n(n+1)}{2}$

❷ $\displaystyle\sum_{k=1}^{n} k^2 = \frac{n(n+1)(2n+1)}{6}$

무한수열 $\{a_k \mid k = 1,\ 2,\ \cdots\}$에 대해 다음과 같이 정의하는 새로운 수열 $\{S_n \mid n = 1,\ 2,\ \cdots\}$를 **부분합 수열**sequence of partial sums이라 한다.

$$S_n = \sum_{k=1}^{n} a_k = a_1 + a_2 + \cdots + a_n$$

다음과 같이 수열 $\{a_n\}$의 모든 항의 합을 **무한급수**infinite series라 한다.

$$\lim_{n \to \infty} S_n = \sum_{n=1}^{\infty} a_n = a_1 + a_2 + \cdots + a_n + \cdots$$

무한급수의 부분합 수열이 수렴하면, 즉 $\lim_{n \to \infty} S_n = s$가 존재하면 무한급수 $\sum_{n=1}^{\infty} a_n$은 s로 **수렴**converge한다고 하고, 그렇지 않으면 **발산**diverge한다고 한다. 특히 $a \neq 0$인 실수 a에 대해 수열 $\{ar^{n-1} \mid n \in \mathbb{N}\}$을 **등비수열**geometric sequence이라 하고, 연속적으로 곱해지는 일정한 수 r을 **공비**common ratio라 한다. 그리고 첫 번째 항이 $a(\neq 0)$이고 공비가 r인 등비수열의 합을 **무한등비급수**infinite geometric series라 한다.

$$a + ar + ar^2 + \cdots + ar^{n-1} + \cdots = \sum_{n=1}^{\infty} ar^{n-1}$$

등비수열의 n 번째 항까지의 합과 무한등비급수의 합은 각각 다음과 같다.

❶ $S_n = \dfrac{a(1-r^n)}{1-r}, \quad r \neq 1$

❷ $\sum_{n=1}^{\infty} ar^{n-1} = \dfrac{a}{1-r}, \ -1 < r < 1$

이산확률변수의 확률은 유한수열 또는 무한수열로 표현하며, 수열의 합은 이산확률변수의 확률을 구할 때 사용한다. 그리고 등비수열과 무한등비급수는 기하분포와 밀접한 관계가 있다.

거듭제곱급수

7.1절

다음과 같이 각 항에 미지수 x 가 포함된 무한급수를 **거듭제곱급수**power series라 한다.

$$\sum_{n=0}^{\infty} a_n(x-c)^n = a_0 + a_1(x-c) + a_2(x-c)^2 + \cdots + a_n(x-c)^n + \cdots$$

어떤 함수 $f(x)$가 $x=c$를 포함하는 구간 $(c-r,\ c+r)$에서 반복적으로 미분가능하면 이 함수를 다음과 같이 거듭제곱급수로 표현할 수 있으며, 이러한 급수를 $x=c$ 에 관한 **테일러 급수**Taylor series 라 한다.

$$\begin{aligned} f(x) &= f(c) + f'(c)(x-c) + \frac{f''(c)}{2!}(x-c)^2 + \cdots + \frac{f^{(n)}(c)}{n!}(x-c)^n + \cdots \\ &= \sum_{n=0}^{\infty} \frac{f^{(n)}(c)}{n!}(x-c)^n, \quad f^{(0)}(c) = f(c) \end{aligned}$$

특히 다음과 같이 $x=0$에 관한 테일러 급수를 **매클로린 급수**Maclaurin series라 한다.

$$\begin{aligned} f(x) &= f(0) + f'(c)x + \frac{f''(0)}{2!}x^2 + \cdots + \frac{f^{(n)}(0)}{n!}x^n + \cdots \\ &= \sum_{n=0}^{\infty} \frac{f^{(n)}(0)}{n!}x^n, \quad f^{(0)}(0) = f(0) \end{aligned}$$

지수함수 $f(x) = e^x$ 의 매클로린 급수는 다음과 같으며, 이 급수를 이용하여 푸아송 분포의 확률질량함수를 정의할 수 있다.

$$e^x = 1 + x + \frac{x^2}{2!} + \frac{x^3}{3!} + \cdots + \frac{x^k}{k!} + \cdots = \sum_{k=0}^{\infty} \frac{x^k}{k!}$$

이항급수

7.1절

임의의 자연수 n에 대해 다음이 성립하며, 이를 **이항정리**binomial theorem라 한다.

$$(p+q)^n = \binom{n}{0} p^0 q^n + \binom{n}{1} p^1 q^{n-1} + \binom{n}{2} p^2 q^{n-2} + \cdots + \binom{n}{n} p^n q^0$$

여기서 $\binom{n}{k} = {}_nC_k = \frac{n!}{k!\,(n-k)!}$을 **이항계수**binomial coefficient라 한다. 음이 아닌 정수 $x_1, x_2, \cdots, x_k$에 대해 $n = x_1 + x_2 + \cdots + x_k$일 때, 다음과 같이 정의하는 경우의 수를 **다항계수**multinomial coefficient라 한다.

$$\binom{n}{x_1, x_2, \cdots, x_k} = \frac{n!}{x_1!\, x_2! \cdots x_k!}$$

이항정리와 비슷하게 다음 관계가 성립하며 이를 **다항정리**multinomial theorem라 한다.

$$(p_1 + p_2 + \cdots + p_k)^n = \sum_{x_1, x_2, \cdots, x_k} \binom{n}{x_1, x_2, \cdots, x_k} p_1^{x_1} \times p_2^{x_2} \times \cdots \times p_k^{x_k}$$

이항정리와 다항정리를 이용하여 이항분포와 다항분포를 정의할 수 있다. 한편 자연수 n이 아닌 임의의 실수 p와 자연수 k에 대해 다음을 정의한다.

$${}_pC_k = \binom{p}{k} = \frac{p(p-1)(p-2)\cdots(p-k+1)}{k!}$$

그러면 $-1 < x < 1$에서 $(1+x)^p$에 대한 매클로린 급수는 다음과 같고, 이 급수를 **이항급수**binomial series라 한다.

$$(1+x)^p = 1 + \binom{p}{1}x + \binom{p}{2}x^2 + \binom{p}{3}x^3 + \cdots = \sum_{n=0}^{\infty} \binom{p}{n} x^n$$

이항급수를 이용하여 음이항분포를 유도한다.

다변수함수

6.1절, 6.3절, 8.2절

[그림 1(a)]와 같이 평면 $\mathbb{R}^2$ 안의 각 점 (x, y)를 유일한 실수 z로 대응시키는 함수 $f: \mathbb{R}^2 \to \mathbb{R}$, $z = f(x, y)$를 **이변수함수**function of two variables라 한다. 그리고 [그림 1(b)]와 같이 공간 안의 각 원소 (x, y, z)를 유일한 실수 w로 대응시키는 함수 $f: \mathbb{R}^3 \to \mathbb{R}$, $w = f(x, y, z)$를 **삼변수함수**function of three variables라 한다. 이와 같이 독립변수가 2개 이상인 함수를 통칭하여 **다변수함수**function of multivariate variables라 한다.

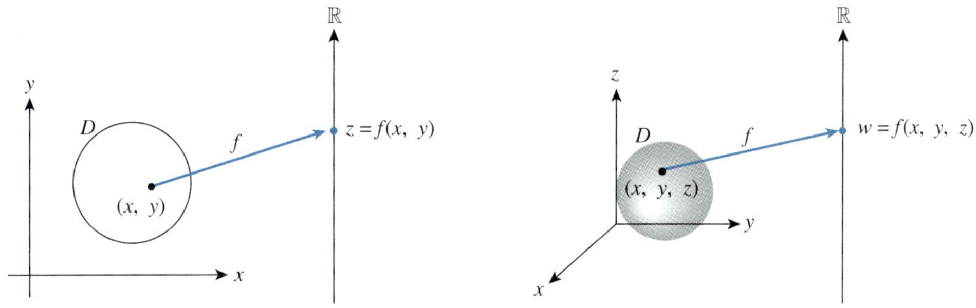

(a) 이변수함수　　(b) 삼변수함수

[그림 1] 다변수함수

이변수함수 $z = f(x, y)$ 또는 삼변수함수 $w = f(x, y, z)$가 존재하는 평면 $\mathbb{R}^2$ 또는 공간 $\mathbb{R}^3$ 안의 점들의 집합을 함수 f의 **정의역**domain이라 하고, 정의역 안의 각 점에 대한 함숫값의 집합을 함수 f의 **치역**range이라 한다.

이변수함수 $z = f(x, y)$는 두 변수 x, y에 의해 결정되므로 x와 y를 **독립변수**independent variable라 하고 z를 **종속변수**dependent variable라 한다. 마찬가지로 삼변수함수 $w = f(x, y, z)$에 대해 독립변수는 x, y, z이고 종속변수는 w이다. 이변수함수 $z = f(x, y)$의 정의역 D 안에 있는 모든 (x, y)에 대해 다음과 같이 3-순서쌍인 (x, y, z)의 집합을 $f(x, y)$의 **그래프**graph라 한다.

$$\{(x, y, z) \mid z = f(x, y),\ (x, y) \in D\}$$

일반적으로 이변수함수의 그래프는 공간에서 **곡면**surface을 이룬다. 다변수함수는 결합확률분포를 함수로 표현하기 위한 도구로 사용된다.

편미분

6.1절

함수 $z = f(x, y)$가 두 독립변수 x와 y에 대해 각각 미분가능할 때, 즉 다음이 성립할 때 $f(x, y)$는 **편미분가능하다**partial differentiable고 한다.

$$\frac{\partial f}{\partial y} = \lim_{h \to 0} \frac{f(x, y+h) - f(x, y)}{h}, \quad \frac{\partial f}{\partial x} = \lim_{k \to 0} \frac{f(x+k, y) - f(x, y)}{k}$$

x편도함수 $\frac{\partial f}{\partial x}$는 변수 y를 상수로 취급하고 $f(x, y)$를 변수 x에 대해서만 미분하여 얻는다. 같은 방법으로 y편도함수 $\frac{\partial f}{\partial y}$는 변수 x를 상수로 취급하고 $f(x, y)$를 변수 y에 대해서만 미분하여 얻는다. 그러면 연속확률변수가 둘 이상인 결합확률분포의 결합분포에 대한 편도함수가 주변확률밀도함수이다.

이중적분

6.1절, 6.2절, 7.2절, 8.1절

함수 $z = f(x, y)$가 평면 위의 영역 D에서 연속이면, 이 함수는 D에서 적분가능하다. 영역 D의 유형에 따라 다음과 같이 이중적분을 구한다.

❶ $D = \{(x, y) \mid a \le x \le b,\ g_1(x) \le y \le g_2(x)\}$이고 g_1과 g_2가 $[a, b]$에서 연속인 경우

$$\iint_D f(x, y)\,dA = \int_a^b \int_{g_1(x)}^{g_2(x)} f(x, y)\,dy\,dx$$

❷ $D = \{(x, y) \mid c \le y \le d,\ h_1(y) \le x \le h_2(y)\}$이고 h_1과 h_2가 $[c, d]$에서 연속인 경우

$$\iint_D f(x, y)\,dA = \int_c^d \int_{h_1(y)}^{h_2(y)} f(x, y)\,dx\,dy$$

이중적분을 이용하여 연속확률변수가 둘 이상인 결합확률분포의 확률을 구할 수 있다. 특히 이상적분 $I = \int_0^\infty e^{-x^2}dx$를 구하기 위해 다음과 같이 I^2을 구한다.

$$I^2 = \left(\int_0^\infty e^{-x^2}dx\right)\left(\int_0^\infty e^{-y^2}dy\right) = \int_0^\infty \int_0^\infty e^{-(x^2+y^2)}\,dx\,dy$$

따라서 I^2은 이중적분이다. 이제 $x = r\cos\theta$, $y = r\sin\theta$라 하면 다음을 얻는다.

$$I^2 = \int_0^{\pi/2}\int_0^\infty re^{-r^2}dr\,d\theta = \int_0^{\pi/2}\left(\lim_{a\to\infty}\int_0^a re^{-r^2}dr\right)d\theta$$

$$= \int_0^{\pi/2}\frac{1}{2}d\theta = \frac{1}{2}\theta\Big|_0^{\pi/2} = \frac{\pi}{4}$$

특히 $I > 0$이므로 $I = \int_0^\infty e^{-x^2}dx = \frac{\sqrt{\pi}}{2}$이다. 한편 피적분함수가 우함수이므로 다음과 같은 적분 결과를 얻는다.

$$\int_{-\infty}^\infty e^{-x^2}dx = \sqrt{\pi}\ ;\ \int_{-\infty}^\infty \frac{1}{\sqrt{\pi}}e^{-x^2}dx = 1$$

임의의 양수 s와 실수 m에 대해 $x = \frac{t-m}{\sqrt{2}s}$이라 하면 $dx = \frac{1}{\sqrt{2}s}dt$이고 $-\infty < t < \infty$이므로 다음과 같은 적분 결과를 얻는다.

$$\int_{-\infty}^\infty \frac{1}{\sqrt{2\pi}s}e^{-(t-m)^2/2s^2}dt = 1$$

이와 같이 정의하는 피적분함수는 평균 m, 분산 s^2인 정규분포의 확률밀도함수이다. 즉 다음과 같은 확률밀도함수를 갖는 연속확률분포를 평균 m, 분산 s^2인 정규분포라 한다.

$$f(x) = \frac{1}{\sqrt{2\pi}s}e^{-(x-m)^2/2s^2},\quad -\infty < x < \infty$$

Chapter 01

통계학 개요

Summary of Statistics

||| 목차 |||

||| 학습목표 |||

- AI 시대에서 확률과 통계의 중요성을 이해할 수 있다.
- 통계 자료의 의미를 이해하고, 모집단과 표본을 구별할 수 있다.
- 질적자료와 양적자료를 구분할 수 있다.
- 기술통계학과 추론통계학을 이해할 수 있다.

Section 1.1

AI 시대의 통계학

최근 몇 년간 빅데이터와 인공지능(AI)을 중심으로 4차 산업혁명이라는 사회적으로 큰 변혁이 일어났다. 이러한 변혁이 인문사회과학, 경영경제학, 자연과학, 공학, 의학 등의 모든 학문 분야에도 형용할 수 없는 큰 변화를 만들고 있다. 이러한 시대적 변화 속에서 통계학이라는 학문의 중요성은 점점 커지고 있다. 이 절에서는 AI 시대에 확률론과 통계학이 왜 필요한지에 대해 간단히 살펴본다.

통계학이란?

우리는 매일같이 각종 매체를 통해 수많은 숫자로 표현된 정보 속에서 살고 있다. 최근에는 빅데이터가 대두되면서 이러한 정보의 중요성이 점점 더 커지고 있다. 따라서 우리는 수치적인 정보를 다루는 통계에 대해 학습해야 한다. 그렇다면 통계란 무엇일까?

통계[1]는 모든 사회 및 자연현상을 나타내는 의미를 가진 수치이다. 다시 말해 어떤 통계적 목적에 따라 사람이나 사물, 사건 등을 대상으로 조사하고, 그 결과를 구체적인 숫자로 나타낸 것이 통계이다. 이때 개별 자료로는 알 수 없지만, 많은 자료를 합하여 도표를 만들어 보면 하나의 현상을 명확하게 파악할 수 있다. 또한 통계를 이용하면 앞으로 일어날 상황을 예측할 수 있으므로 국가는 물론 회사에서도 계획을 수립할 때 통계를 많이 이용한다. 여기서 자료, 통계, 통계학에 대해 다음과 같이 정의한다.

정의 1-1 자료와 통계

- **자료**data : 어떤 통계적 목적에 맞춰 수집된 정보
- **통계**statistic : 사회현상이나 자연현상 또는 실험실에서 얻은 측정값인 수치들의 집단을 가공하여 알아보기 쉽게 표 또는 그림이나 수치로 나타낸 정보
- **통계학**statistics : 연구의 대상이 되는 모든 수치를 수집, 정리, 요약, 분석하여 결론을 도출하거나, 수학적 도구를 이용하여 수집한 일부 수치에 대한 정보를 분석함으로써 수집한 전체 수치들의 집단이 갖는 특성을 분석하는 방법 또는 이론을 연구하는 학문

1 통계청 통계교육원 사이트(https://sti.kostat.go.kr/coresti/site/main.do)에서 [정보마당] – [공개강의실]을 클릭하면 여러 가지 통계 관련 강의를 시청할 수 있다.

예를 들어 한국신용정보원의 보고서에서 전망한 [표 1-1]의 자율주행 자동차(레벨 3 이상)의 시장규모를 살펴보자. [표 1-1]은 자율주행 자동차의 2019~2024년도 연간 판매량과 2025~2029년도 예상 판매량을 연도별로, 전 세계의 판매량과 국내의 판매량으로 비교하여 나타낸 것이다.

[표 1-1] 자율주행 자동차(레벨 3 이상)의 시장규모

(단위 : 천 대)

연도	'19	'20	'21	'22	'23	'24	'25	'26	'27	'28	'29
전 세계	388	415	602	708	817	932	1,207	1,326	1,525	1,934	2,541
국내	12.4	13.3	19.3	22.7	26.1	29.8	38.6	42.4	48.8	61.9	81.3

이 표에서 자료는 매년 판매되었거나 판매될 것으로 예측되는 자율주행 자동차의 판매량에 대한 수치이고, 통계는 이러한 수치들에 대한 정보이다. 여기서 다음 두 가지 사실을 알 수 있다.

❶ 2019년부터 2024년까지 자동차의 판매량이 증가하고 있다.

❷ 2025년부터 2029년까지 자동차의 판매량을 예측할 수 있다.

이와 같이 통계를 이용하면 미래를 예측할 수 있다. 즉, 통계는 과거와 현재의 현상을 분석하여 불확실한 미래를 예측하는 도구인 것이다.

한편 [표 1-1]의 자료를 수치적으로 관찰하는 것보다 [그림 1-1]과 같이 도표를 이용하면 판매량의 추이를 쉽게 이해할 수 있다.

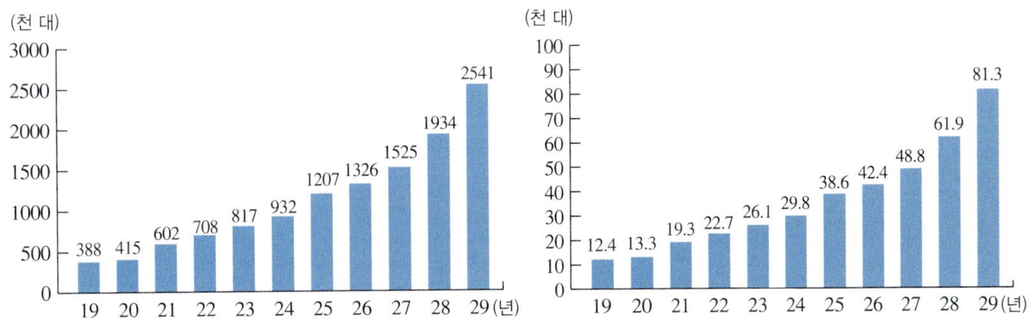

(a) 전 세계 판매량 추이

(b) 국내 판매량 추이

[그림 1-1] 자율주행 자동차(레벨 3 이상)의 시장규모

이와 같이 아무런 의미가 없어 보이는 각각의 자료를 수집하여 정리한 후 표 또는 그림으로 정리하고, 그 자료들이 갖는 특성을 분석하거나 요약하여 미래를 예측하는 학문이 통계학이다.

통계학을 배워야 하는 이유

통계학은 앞서 보았듯이 일상생활과 매우 친밀하여 떨어질 수 없는 관계이므로 이해하고 배워야 한다. 통계학을 배워야 하는 이유에 대해 좀 더 구체적으로 살펴보자.

첫 번째, 우리의 일상생활 중 모든 곳에는 수치적인 정보가 존재한다. 우리는 신문, 방송, 인터넷, 잡지 등 다양한 매체를 통하여 폭포처럼 쏟아지는 정보 속에서 살고 있다. 예를 들어 다양한 매체를 통하여 알려진 세계적인 축구선수 손흥민에 대한 정보는 무분별하고 방대하다. 이러한 정보 그 자체로는 손흥민 선수에 대한 특성을 제대로 알 수 없다. 따라서 무분별하고 방대한 정보를 요약하여 이 정보들이 갖는 하나의 특성을 살펴볼 필요가 있다. 이렇게 요약된 정보를 얻는 방법을 제시하는 학문이 바로 통계학이다.

두 번째, 통계학은 의사결정에 결정적인 역할을 한다. 국가 및 기업운영이나 가계에 영향을 미치는 다양한 요소뿐만 아니라 사회현상 또는 실험실에서 얻은 실험 결과의 수치들이 내포하는 정보를 획득하고, 그 정보를 이용하여 실험에 대한 과학적인 모형을 설정할 수 있다. 이때 이러한 모형을 설정하기 위해 다음과 같이 수행한다.

❶ 수집한 자료만으로 의사결정을 내리기 충분한지 아닌지 결정한다.
❷ 수집한 자료가 부족하면 올바른 의사결정을 위해 자료를 더 수집한다.
❸ 수집한 자료를 요약하여 그 자료들이 갖는 특성을 분석한다.
❹ 분석한 정보를 기반으로 실험 결과를 추론하거나 예측할 수 있는 통계모형을 설정한다.
❺ 수학적 도구를 이용하여 설정한 모형의 타당성을 검증함으로써 최종적인 의사결정을 내린다.

세 번째, 통계학은 미래를 예측하는 모형을 제시한다. 통계적 기법을 이용하면 설정한 모형에 대한 타당성을 검증할 수 있으며, 이를 통하여 불확실성을 확률적으로 해소할 수 있다. 또한, 자료 사이의 연관성 또는 인과관계를 파악하여 불확실한 미래를 예측할 수 있다. 이러한 과정을 통해 통계학은 국가, 기업, 개인에 관한 여러 가지 의사결정을 도출할 수 있다.

예를 들어 다음은 고금리에 따른 대출 연체율을 분석한 신문기사이다. 이 자료를 바탕으로 금융감독원은 연체율이 지속적으로 상승할 가능성에 대비하고 건전성을 관리해야 한다는 의사결정을 내렸으며, 12월 말에는 연체율이 하락할 것이라는 예측을 제시하고 있다.

25일 금융감독원에 따르면, 작년 11월 말 국내 은행 원화대출 연체율(1개월 이상 원리금 연체 기준)이 0.46%를 기록해 한 달 전보다 0.03%포인트 올랐다. 1년 전보다는 0.19%포인트 상승했다. 2019년 11월(0.48%) 이후 4년 만에 가장 높은 수준이다.

(중략)

금감원 관계자는 "신규 연체 확대로 연체율이 지속적으로 상승할 가능성에 대비할 필요가 있다"며 "신용 손실 확대 가능성에 대비해 대손충당금 적립을 늘려 손실 흡수 능력을 키우는 등 건전성 관리를 해야 한다"고 했다. 금감원은 연체율이 높은 은행을 중심으로 부실채권 정리 등을 유도하겠다는 입장이다. 다만 금감원 관계자는 "연말에는 통상 연체 채권 정리 규모를 확대하므로 12월 말 연체율은 하락할 것"이라고 했다.

출처 : 조선일보 2024년 1월 25일

비은행 금융기관 업권별 연체율 2023년 9월 기준

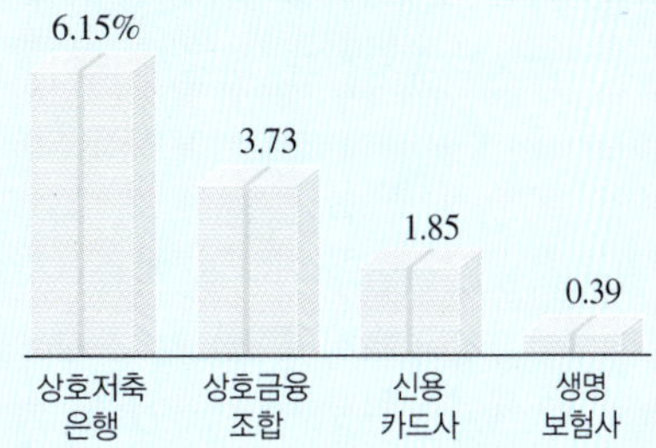

자료 = 한국은행

금융권 부동산 PF(프로젝트파이낸싱) 대출 연체율

	2022년말		23년 6월		23년 9월
금융권 합계	1.19	〉	2.17	〉	2.42%
은행	0.01	〉	0.23	〉	0%
증권	10.38	〉	17.28	〉	13.85%
보험	0.6	〉	0.73	〉	1.11%
저축은행	2.05	〉	4.61	〉	5.56%
여신전문	2.2	〉	3.89	〉	4.44%
상호금융	0.09	〉	1.12	〉	4.18%

자료 = 금융위원회

이와 같이 통계학은 사회현상과 자연현상에서 얻는 수치가 변동하거나 불확실한 상황에서 확률을 이용하여 과학적으로 판단하고 정보에 입각하여 결정을 내리는 방법을 알려준다. 이때 주의할 점은 연구자의 취향 또는 의도에 맞는 수치들만 이용하여 과학적인 모형을 설정한다면, 전체 수치들이 갖는 정보를 왜곡시키는 잘못된 의사결정을 내릴 수 있다는 것이다. 따라서 수집한 수치들의 신뢰성을 보장할 수 있는 자료를 얻는 것이 매우 중요하다.

AI와 빅데이터 그리고 확률과 통계

이른바 AI와 빅데이터의 시대라고 하는 현대사회에서 통계를 활용하는 사례를 한 가지 살펴보자. 통상적으로 라면과 계란 사이의 연관성은 쉽게 생각할 수 있지만 맥주와 유아용 기저귀 사이에는 어떤 연관성이 있는지 짐작하기 어렵다. 이를 연구한 사람이 바로 토마스 블리촉Thomas Blischok이다. 블리촉은 마인드멜드mindmeld의 CEO이던 시절, 연구팀과 함께 3~40대 남성이 저녁 시간대(오후 5~7시)에 마트에서 구매하는 물품에 대한 빅데이터를 연구했고, 예상치 못한 결과를 얻었다. 맥주와 기저귀를 함께 구매하는 빈도가 매우 높았던 것이다. 왜냐하면 남성들이 퇴근길에 아내의 심부름으로 마트에 들러 기저귀를 고르고 보상심리로 맥주를 같이 구매했기 때문이다. 월마트는 이 연구 결과를 판촉에 적용하여 기저귀 근처에 맥주를 진열하였으며, 그 결과 매출이 크게 증가했다.

이와 같은 상품 구매 이력과 구매 패턴은 인공지능의 가장 중요한 요소인 빅데이터로 축적된다. 인공지능은 이러한 빅데이터를 수집하는 데 그치지 않고, 이를 정리하고 분석할 뿐만 아니라 확률을 이용하여 과학적으로 활용한다. 이렇게 데이터로부터 연관성 또는 유사성을 발견하고 활용하는 과정이 통계학이고, 이것을 과학적으로 보장해주는 수학적 도구가 확률론이다.

특히 인공지능은 사람의 인지 및 학습과정과 비슷하게 기계에 축적된 정보를 통해 새로 입력된 정보를 추가하고 학습하여 주어진 과제를 수행할 수 있도록 지원하는 기술이다. 이러한 인공지능은 두 가지 유형의 학습기술을 사용한다. 하나는 빅데이터 분석을 기반으로 학습하는 딥러닝deep learning(심층학습)이고, 다른 하나는 기술과 데이터를 기반으로 학습하는 머신러닝machine learning(기계학습)이다. 머신러닝은 다음과 같은 과정을 통해 주어진 과제를 수행한다.

❶ 데이터를 반복적으로 처리하면서 A라는 원인에 의해 결과 B가 도출된다는 것을 스스로 학습한다.
❷ 도출된 결과들을 통계적으로 분석하여 최적의 알고리즘을 생성한다.
❸ 생성된 알고리즘은 추후 특정 데이터에 의한 결과 예측 기능을 수행한다.

한편 초창기 인공지능은 "A이면 B이고, B이면 C이다."이면 "A이면 C이다."라는 삼단논법에 기초하였다. 그러나 사회가 복잡하고 다양해지면서 삼단논법에 의한 명확한 규칙을 얻는 것이 불가능해지면서 확률의 개념이 필수적으로 부각되었다. 이에 따라 인공지능 시스템은 확률에 기반을 두게 되었으며, 인공지능이 학습한 데이터를 분석하고 예측하기 위해 다음과 같은 확률적인 모델을 사용한다.

❶ 입력 데이터가 부족한 경우에 여러 가지 데이터를 확률적으로 연계하여 결과를 추정한다.
❷ 입력 데이터의 변수가 다양하고 복잡한 경우에 확률적 모델을 사용한다.
❸ 여러 가지 예측이 존재하는 경우에 장단점을 비교하여 확률에 의존해서 판단한다.
❹ 입력 데이터를 활용하여 데이터가 생성될 확률분포를 학습한다.
❺ 입력 데이터가 어떤 특정한 부류에 속하는지 확률적으로 구분한다.

이와 같이 인공지능 분야에서 불확실한 지식의 표현과 처리를 위해 확률과 통계를 응용하고 있다. 학문별로 확률과 통계를 AI에 활용한 사례는 다음과 같다.

- 컴퓨터 공학 : AI의 자연어 처리 및 이미지 인식
- 전자공학 : 신호처리와 노이즈 분석 활용
- 기계공학 : 통계적 공정 제어의 활용
- 건축공학 : 확률에 기반한 구조 안전성 평가
- 환경공학 : 환경오염 예측 및 강수 예보
- 교통공학 : 교통량 변화와 통계에 의한 최적화
- 의학 : 질병에 대한 요인과 처치
- 경영학 : 비즈니스와 의사결정 및 예측
- 정치학 : 국가적 공공이슈의 분석 및 예측

- 심리학 : 인간의 인지적, 신경학적 변화양상의 추적 및 예측
- 스포츠학 : 스포츠 선수들의 특성과 확률적 행동

빅데이터를 활용하면 날씨, 교통상황, 대중교통 이용상황을 분석하여 더 나은 생활을 할 수 있는 방향을 제시할 수도 있고, OTT 서비스에서 콘텐츠를 추천받을 수도 있다. 또한 인터넷 쇼핑 시 상품에 대한 구매자의 성별, 성향, 가격 등을 비롯한 다양한 요소를 분석하여 매출을 증가시킬 수도 있다. 특히 빅데이터에 기초한 무인 자율주행 자동차 생산에 여러 국가들이 경쟁하고 있다. 이와 같은 빅데이터는 다음과 같이 5v로 정의한다.

❶ 속도(velocity) : 다양한 데이터가 방출되고 변화하는 속도
❷ 용량(volume) : 매초 생성되는 순수한 데이터 용량
❸ 다양성(variety) : 정형화되거나 비정형화된 데이터
❹ 정확도(veracity) : 데이터의 불확실성
❺ 가치(value) : 빅데이터의 유용성

이러한 빅데이터의 중요성에 대한 유명인들의 명언을 몇 가지 소개하면 다음과 같다.

"정보 없이 데이터를 가질 수 있지만 데이터 없이 정보를 가질 수는 없습니다."[2]

"빅데이터는 소셜에서 모바일, 클라우드, 게임에 이르기까지 오늘날 일어나고 있는 모든 메가트렌드의 기초이다."[3]

"빅데이터는 데이터에 관한 것이 아니다."[4]

"빅데이터 자체가 아니라 빅데이터 활용이 중요하다. 데이터는 그 자체만으로는 전혀 의미가 없고, 데이터를 사용하는 방법과 이를 토대로 실행하는 방법을 알지 못한다면 실제로 아무것도 할 수 없다."[5]

"부적절한 데이터를 사용하는 오류는 데이터를 전혀 사용하지 않는 오류보다 훨씬 적다."[6]

"빅데이터가 없으면 고속도로 한가운데서 눈이 멀고 귀머거리가 된다."[7]

2 다니엘 키스 모란Daniel Keys Moran, 컴퓨터 프로그래머이자 공상 과학 소설 작가
3 크리스 린치Chris Lynch, 버티카 시스템즈 CEO
4 게리 킹Gary King, 하버드 대학교 교수
5 피터 손더가드Peter Sondergaard, IT 리서치 전문회사 '가트너'의 수석부사장
6 찰스 배비지Charles Babbage, 영국 발명가이자 수학자
7 제프리 무어Geoffrey Moore, 경영 컨설턴트이자 이론가

Section 1.2 자료

어떤 통계적인 목적 아래서 수집한 최초의 자료, 즉 통계적으로 처리되지 않고 수집된 본래의 자료를 **원자료**raw data라 한다. 자료는 숫자로 표현되어 크기를 비교할 수 있는 것과 그렇지 못한 것으로 구분한다. 이 절에서는 이러한 자료를 양적자료, 범주형 자료, 집단화 자료로 분류하고 각각에 대해 알아본다.

양적자료

[표 1-1]의 자율주행 자동차의 시장규모를 나타내는 자료는 수치로 표현되며, 이러한 수치들은 정량적으로 크기를 비교할 수 있다. 숫자로 표현되면서 정량적으로 크기를 비교할 수 있는 자료를 **양적자료**quantitative data라 한다. 예를 들어 판매량이 증가한다 또는 감소한다, 나이가 많다 또는 적다, 온도가 높다 또는 낮다, 반응속도가 빠르다 또는 느리다, 길이가 길다 또는 짧다 등이 있다. 즉 판매량, 나이, 온도, 속도, 길이 등은 양적자료를 나타낸다.

이때 나이, 판매량, 불량품 개수와 같이 관측값이 정수인 자료를 **이산자료**discrete data라 하고, 온도, 속도, 길이와 같이 지정된 구간 안에서 측정되는 자료를 **연속자료**continuous data라 한다. 특히 연속자료인 길이와 온도는 서로 다른 특성을 갖는다. 길이가 10cm인 줄은 5cm인 줄의 두 배라 할 수 있지만, 온도가 30℃인 날씨는 15℃인 날씨보다 두 배 덥다고 하지 않는다. 이와 같이 비율의 의미 유무에 따라 연속자료를 다음과 같이 구분한다.

정의 1-2 구간자료와 비율자료

- **구간자료**interval data : 크기의 차이에 의미가 있지만 비율의 의미가 없는 자료
- **비율자료**ratio data : 크기의 차이뿐만 아니라 비율의 의미를 갖는 자료

예를 들어 온도, 년도, 지능지수, 혈압, 주가지수, 물가지수 등은 구간자료이고, 길이, 키, 무게, 압력, 속도 등은 비율자료이다. 특히 [표 1-1]의 연도별 자동차 판매량 또는 시간별 코스피 지수 등과 같이 시간의 흐름에 따라 얻어지는 자료를 **시계열 자료**time series data라 한다.

범주형 자료

양적자료와는 달리 크기를 비교할 수 없을 뿐만 아니라 수치로도 표현되지 않는 자료를 **범주형 자료** categorical data 또는 **질적자료**qualitative data라 한다. 예를 들어 만족도, 혈액형, 성별, 국가, 피부색, 종교, 학력 등은 크기를 서로 비교할 수 없으며 수치적인 척도로 표현되지 않는 범주형 자료이다. 이러한 범주형 자료의 각 범주를 숫자로 표현할 수 있지만, 이 경우에 표현된 숫자는 정량적인 의미를 갖지 않는다. 예를 들어 혈액형의 범주 [A, B, AB, O]를 각각 숫자 [1, 2, 3, 4]로 표현할 수 있지만, 여기서 숫자들은 범주를 나타낼 뿐 숫자로서의 의미는 없다. 반면 학력의 범주 [초등학교, 중학교, 고등학교, 대학교, 대학원]에는 순서 개념이 포함되어 있다. 이와 같은 특성에 따라 범주형 자료를 다음과 같이 구분한다.

정의 1-3 명목자료와 서열자료

- **명목자료**nominal data : 각 범주를 숫자로 표현한 범주형 자료
- **서열자료**ordinal data : 특정 성격을 갖는 정도에 따라 순서 또는 서열을 부여한 범주형 자료

예를 들어 남자를 숫자 1, 여자를 숫자 2로 표현한다면 두 자료 {1, 2}는 명목자료이다. 반면 고객 만족도 조사를 생각해보자. 많이 사용하는 3, 5점 척도를 살펴보면 다음과 같을 것이다.

[상(1), 중(2), 하(3)], [매우 불만족(1), 불만족(2), 보통(3), 만족(4), 매우 만족(5)]

이때 숫자 {1, 2, 3} 또는 {1, 2, 3, 4, 5}는 서열자료이다. 이와 같은 양적자료와 질적자료를 정리하면 [그림 1-2]와 같다.

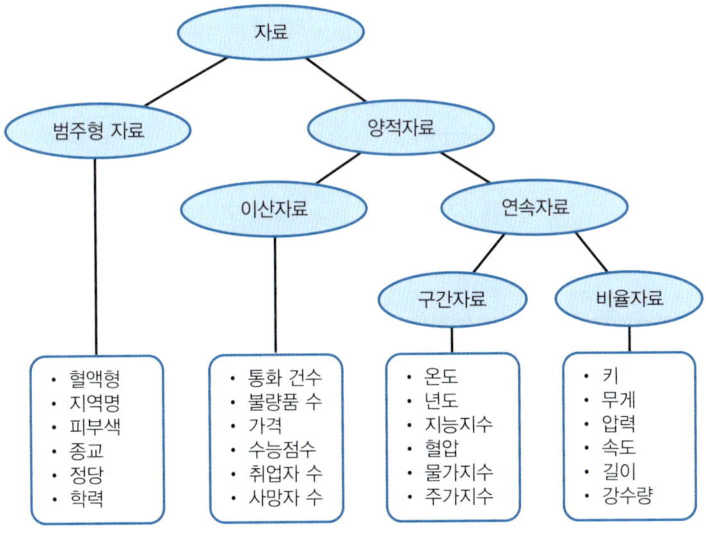

[그림 1-2] 자료의 종류

집단화 자료

양적자료는 여러 개의 범주로 묶어서 표현할 수 있다. 이렇게 표현된 자료를 **집단화 자료**grouped data라 한다. 예를 들어 시험 점수를 '90점 이상(A), 80점~89점(B), 70점~79점(C), 60점~69점(D), 59점 이하(F)'로 표시하거나 '60점 이상 P(Pass), 59점 이하 F(Fail)'로 구분한 자료 A, B, C, D, F 또는 P, F 등은 집단화 자료이다.

예제 1-1

다음 자료가 양적자료인지 범주형 자료인지 구분하라.

(a) 근로자의 업무능력에 따라 5등급 S(Superior), G(Good), A(Average), P(Poor), I(Inferior)으로 분류한 자료(단위 : 명)

[S : 3, G : 6, A : 12, P : 5, I : 4]

(b) 금융권 부동산 PF 대출 연체율 자료(단위 : %)

[은행 : 0, 증권 : 13.85, 보험 : 1.11]

(c) 하루 동안 병원에 찾아온 환자의 수축기 혈압(단위 : mmHg)

[129, 114, 132, 145, 117, 156, 132]

(d) AI가 광고영상을 제작한 시간(단위 : 초)

[40, 58, 74, 54, 68, 56, 62, 83]

풀이

(a) S, G, A, P, I는 크기를 비교할 수 없으므로 범주형 자료이다.
(b) 은행, 증권, 보험은 크기를 비교할 수 없으므로 범주형 자료이다.
(c) 수축기 혈압은 높고 낮음을 비교할 수 있으므로 양적자료이다.
(d) 제작한 시간이 짧거나 긴 것을 비교할 수 있으므로 양적자료이다.

I Can Do 1-1

다음 자료가 양적자료인지 범주형 자료인지 구분하라.

(a) 콘텐츠 유형별로 핸드폰을 사용한 현황 자료(단위 : TB)

[동영상 : 14, 멀티미디어 : 2, 게임 : 33, 웹포털 : 3]

(b) 연령대별 특수 질환자 수(단위 : 명)

[10대 이하 : 683, 20 ~ 30대 : 4,156, 40 ~ 50대 : 4,862, 60대 이상 : 6,872]

(c) 자동차 축전지의 수명(단위 : 년)

[4.3, 7.5, 3.2, 4.5, 3.7, 5.6, 3.7]

(d) 간접흡연에 따른 노출 수준을 측정한 혈청 코티닌에 대한 자료(단위 : ng/mL)

[127, 89, 176, 254, 178, 256, 332, 183]

Section 1.3 모집단과 표본

앞에서도 언급한 바와 같이 통계학은 단순히 통계적 수치인 자료를 얻는 것으로 끝나지 않는다. 수집한 자료를 통하여 필요한 정보를 얻고, 그 정보를 의사결정을 내리기 위한 도구로 사용한다. 이를 위해 가장 먼저 해야 할 일은 통계적 목적에 알맞은 자료를 수집하는 것이며, 수집한 자료집단의 특성에 따라 모집단과 표본으로 구분한다. 이 절에서는 모집단과 표본, 자료의 수집 방법에 대해 살펴본다.

모집단

통계적 분석을 위한 관심의 대상이 되는 모든 사람, 응답 또는 실험 결과, 측정값 전체로 구성된 자료집단을 **모집단**population이라 한다. 예를 들어 2022년 12월 기준으로 2,569개의 상장회사에 대한 평균주가를 조사한다면, 모든 상장회사의 주가에 대한 집합이 모집단이다. 이때 상장회사의 주가와 같이 모집단을 구성하는 자료의 수가 유한개인 모집단을 **유한모집단**finite population이라 하고, 모집단을 이루는 자료의 개수를 **모집단 크기**population size라 한다. 그러나 전기자동차용 배터리의 수명과 같이 자료의 개수가 무수히 많거나 관찰값이 연속적으로 나타나는 모집단을 **무한모집단**infinite population이라 한다.

일반적으로 모집단은 자료의 개수가 무한히 많다고 가정한다. 따라서 모집단은 시간적, 경제적, 공간적인 제약이 있어 얻기 어렵기도 하고, 배터리의 수명과 같이 모든 측정값을 얻을 수 없는 예도 있어서 따로 실측하지 않는다.

표본

선거철이 되면 언론에서 일주일마다 19세 이상의 유권자 중에서 1,000여명을 대상으로 조사한 정당 지지율을 발표한다. 이 정당 지지율은 19세 이상 전체 유권자 중에서 일부인 1,000여명에 대한 결과이다. 이와 같이 통계분석을 위해 모집단의 일부로 구성된 자료집단을 **표본**sample이라 하고, 표본을 이루는 자료의 개수를 **표본의 크기**sample size라 한다. 즉, 표본은 [그림 1-3]과 같이 모집단이 부분집합이다.

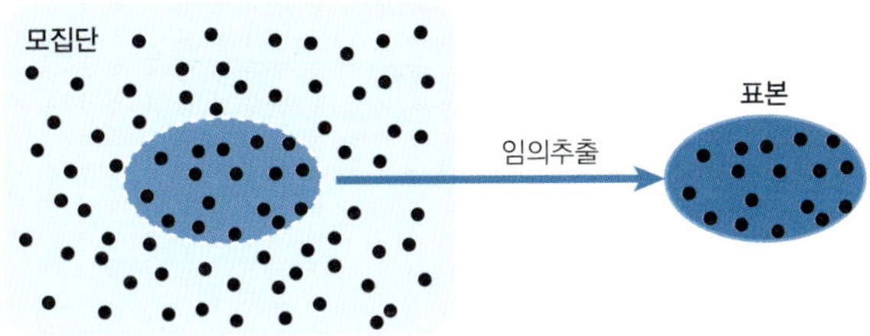

[그림 1-3] 모집단과 표본

조사방법

상장회사에 대한 평균 주가와 같이 어떤 정보를 얻기 위해 자료집단 전체를 대상으로 조사하는 방법을 **전수조사**census라 한다. 전수조사의 대표적인 예로 5년마다 실시하는 인구주택총조사를 들 수 있다. 그러나 전수조사는 시간적, 공간적, 경제적으로 여러 가지 제약이 따르고, 전수조사가 불가능한 경우도 있다. 이러한 이유로 조사 대상의 일부만 추출하여 조사하기도 하는데, 이러한 조사방법을 **표본조사**sample survey라 한다. 여기서 조사자의 의도에 맞는 통계적 결과를 얻기 위해 필요한 자료만 선정하는 표본조사를 실시한다면 모집단 전체가 갖는 특성을 왜곡시키는 결과를 얻게 된다. 따라서 이러한 왜곡을 피하기 위해서는 각 대상이 선정될 가능성을 동등하게 부여하여 객관적이고 공정하게 표본을 선정해야 한다. 이와 같이 개개의 대상들이 선정될 가능성을 거의 동등하게 부여하여 표본을 추출하는 방법을 **임의추출**random sampling이라 하고, 임의추출에 의해 선정된 표본을 **확률표본**random sample이라 한다.

모수와 통계량

통계조사의 목적은 수집한 자료가 내포하고 있는 숨겨진 정보를 알고자 하는 것이다. 이를 위해 모집단을 설정하여 자료를 수집하는데, 이러한 모집단의 특성을 나타내는 수치를 **모수**parameter라 한다. 모집단 전체를 조사하기 곤란하면 표본을 설정하는데, 이러한 표본의 특성을 나타내는 통계적인 양을 **통계량**statistic이라 한다. 모수에는 대표적으로 모평균, 모분산, 모표준편차, 모비율, 모상관계수가 있다. 그리고 이러한 모수에 대응하는 표본으로부터 얻은 통계량을 표본평균, 표본분산, 표본표준편차, 표본비율, 표본상관계수라 한다.

예제 1-2

다음 자료집단이 모집단인지 표본인지 구분하라.

(a) 어느 대학의 1학년 학생 전체에 대한 통계학 점수
(b) 1,105명을 대상으로 조사한 정당 지지율
(c) 광역시도별로 120명씩 조사한 연봉
(d) 지난 한 해 동안 20~30대 전체 남녀의 혼인 비율

풀이

(a) 1학년 학생 전체의 모임이므로 모집단이다.

(b) 전체 인구 중 1,105명을 대상으로 조사하므로 표본이다.

(c) 광역도시별로 각 120명씩 조사하므로 표본이다.

(d) 20~30대 전체 남녀가 대상이므로 모집단이다.

I Can Do 1-2

다음 자료집단이 모집단인지 표본인지 구분하라.

(a) 명절 연휴 동안 고속도로를 이용한 모든 차량 수

(b) 어느 날 헌혈한 전체 헌혈자의 혈액형

(c) 임의로 선정한 환자 100명에 대해 새로 개발한 백신을 이용한 치료 시간

(d) 25개 지역의 하천에 대한 오염농도

Section 1.4 기술통계학과 추론통계학

다음은 챗GPT에게 "통계에 대해 알려줘."라고 질문하여 얻은 한 가지 답변이다.

통계에 대해 알려줘.

물론이죠! 통계(Statistics)는 데이터를 수집, 분석, 해석하고 그 결과를 요약하는 과정을 포괄하는 학문입니다. 이는 주로 확률 이론과 수학적인 기법을 사용하여 다양한 현상을 설명하고 예측하는 데에 활용됩니다. 통계는 두 가지 주요 분야로 나뉩니다.

- 기술통계학(Descriptive Statistics):
  데이터를 요약하고 기술하는 데 중점을 둡니다.
  대표적인 중심 경향성 측정치로는 평균, 중앙값, 최빈값이 있습니다.
  데이터의 분산과 퍼짐 정도를 나타내는 측정치로는 표준편차와 범위가 있습니다.

- 추론통계학(Inferential Statistics):
  표본 데이터를 기반으로 모집단의 특성에 대한 추론을 수행합니다.
  가설 검정, 신뢰 구간, 회귀 분석 등이 이에 속합니다.
  확률분포와 통계적 가설검정 등을 포함합니다.
  통계는 다양한 분야에서 활용되며, 예를 들어 경제학, 생물학, 사회과학, 의학, 공학 등 여러 분야에서 중요한 역할을 합니다. 특히 데이터 과학과 머신러닝 분야에서는 통계적 기법이 모델링과 예측에 핵심적으로 사용됩니다.

챗GPT의 답변과 같이 일반적으로 통계학은 크게 두 가지 형태의 통계학, 즉 기술통계학과 추론통계학으로 나뉜다.

기술통계학

앞서 수집한 자율주행 자동차(레벨 3 이상)의 시장규모를 나타내는 자료를 [표 1-1] 또는 [그림 1-1]과 같이 표현하여 시장규모의 변화 정도를 쉽게 이해할 수 있었다. 또한, 19년도를 기준으로 [표 1-1]을 이용하면 [표 1-2]와 같이 전년도 대비 자동차 판매량의 성장률을 구할 수 있다.

[표 1-2] 자율주행 자동차(레벨 3 이상)의 시장규모의 성장률 (단위 : %)

연도	'19	'20	'21	'22	'23	'24	'25	'26	'27	'28	'29
전 세계	100	107	145	118	115	114	130	110	115	127	131
국내	100	107	145	118	115	114	130	110	115	127	131

더욱이 [표 1-1]과 [표 1-2]의 자료에 대해 [그림 1-4]와 같이 추세선을 구하면 다음 연도의 판매량과 성장률을 예측할 수 있다. 이러한 자료는 자율주행 자동차 관련 업계에서 여러 가지 의사결정을 하는 데 도움을 준다.

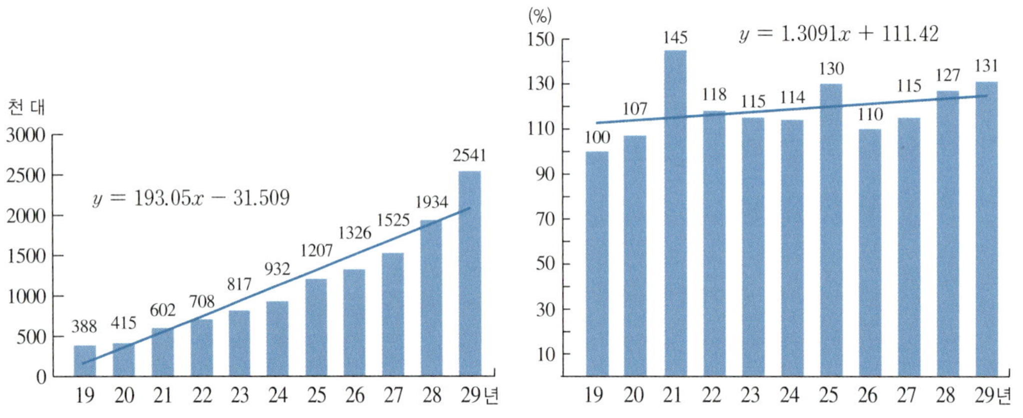

(a) 전 세계 판매량 추이 (b) 전 세계 시장규모의 성장률 추이

[그림 1-4] 전 세계 자율주행 자동차의 판매량 및 성장률의 추세선

이와 같이 표 또는 그림을 이용하면 수집한 자료의 변화를 살펴볼 수 있을 뿐만 아니라 수집한 자료집단의 수치들을 대표하는 하나의 수치를 얻을 수 있다. 예를 들어 [표 1-2]를 보면 2019년을 기준으로 2023년까지 자동차 시장규모가 5년간 연평균 17.99%의 성장률을 보였음을 알 수 있으며, 향후 2029년까지 연평균 20.7%로 성장할 것으로 예측할 수 있다.

이와 같이 자료집단이 갖는 특성을 명확한 형태로 표현할 수 있도록 자료를 수집하고 정리하여 표, 그래프, 그림 등으로 나타내거나, 자료가 갖는 수치적인 특성을 분석하고 결론을 도출하는 방법을 다루는 통계학의 한 분야를 **기술통계학**descriptive statistics이라 한다.

추론통계학

1.3절에서도 언급했듯이 모집단에 대해 모수를 구하기는 곤란하다. 따라서 모집단의 일부분인 표본을 추출하여 표본의 특성을 나타내는 여러 가지 통계량의 관찰값을 구하고, 이 관찰값을 이용하여 모수를 추정하거나 모수에 대한 주장을 검정하여 어떤 의사결정을 내린다. 이와 같이 통계적으로 모수에 대해 추론하는 과정을 **통계적 추론**statistical inference이라 하고, 이러한 통계적 추론에 의해 얻은 모수에 대한

신뢰성을 보장하기 위해 확률의 개념을 이용한다. 또 표본을 대상으로 얻은 정보로부터 모집단에 대한 불확실한 특성을 과학적으로 추론하는 방법을 다루는 통계학의 한 분야를 **추론통계학** inferential statistics 이라 한다.

이때 표본으로부터 얻은 정보를 이용하여 다음과 같은 과정을 수행하면 모집단의 모수를 쉽게 추론할 수 있다.

❶ 통계조사의 목적을 정하고 관심이 있는 모집단을 확인한다.
예를 들어 생산한 볼트의 불량률을 조사하고 싶은 경우, 제조업체에서 생산한 모든 볼트의 집합이 모집단이다.

❷ 표본을 선정하는 방법을 결정한다.
통계조사 목적에 따라 표본을 선정하는 방법이 다양하지만, 대표적인 방법이 임의추출법이다. 이때 모집단의 특성을 추론할 만큼 충분한 정보를 얻을 수 있는 크기의 표본을 선정한다.

❸ 표본으로부터 통계조사 목적에 일치하는 정보를 분석한다.
모집단의 특성을 얻기 위해 기술통계학의 다양한 기법을 이용하여 표본을 분석한다.

❹ 모집단의 모수에 대해 추론한다.
모수를 추론하기 위한 가장 바람직한 통계량을 선정하고, 이 통계량의 관찰값을 구한다.

❺ 추론에 대한 신뢰성을 결정한다.
❹ 단계에서 얻은 통계량의 관찰값이 얼마나 정확한지 결정해야 한다. 표본의 선정에 따라 추론이 달라질 수 있으며, 때로는 왜곡된 표본을 얻을 수도 있다. 따라서 확률의 개념을 이용하여 표본으로부터 얻은 정보가 어느 정도의 신뢰성이 있는지 결정해야 한다.

이와 같은 기술통계학과 추론통계학의 통계처리 과정을 요약하면 [그림 1-5]와 같다.

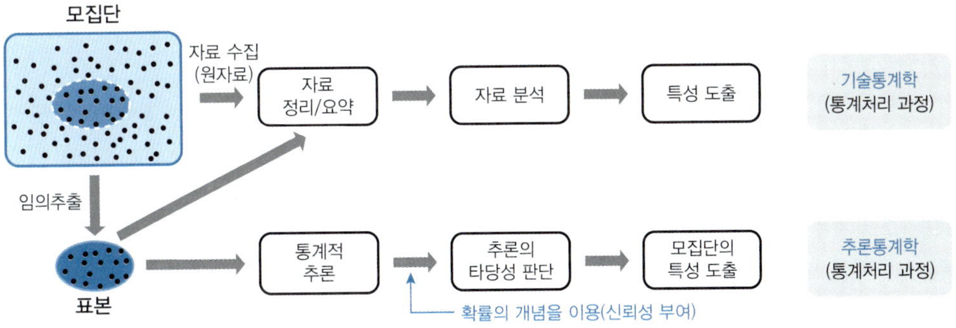

[그림 1-5] 기술통계학과 추론통계학의 통계처리 과정

Chapter 01 연습문제

연습문제 정답

1. 아래는 50명으로 구성된 동아리 회원의 취미를 조사한 자료이다. 이 자료에 대해 다음 물음에 답하라.

취미	독서	스포츠	게임	여행
인원(명)	5	15	23	7

(a) 이 자료가 양적자료인지, 범주형 자료인지 구분하라.

(b) 모집단의 크기를 구하라.

(c) 취미가 스포츠나 여행인 회원 수를 구하라.

2. 아래는 어느 특정한 날에 네이버에서 섹션별 뉴스의 전체 댓글 수를 조사한 자료이다. 이 자료에 대해 다음 물음에 답하라.

섹션	정치	경제	사회	생활	세계	IT
댓글 수(개)	90,752	17,876	174,836	16,269	21,269	4,976

(a) 이 자료가 양적자료인지, 범주형 자료인지 구분하라.

(b) 모집단의 크기를 구하라.

(c) 경제 뉴스 또는 사회 뉴스의 댓글 수를 구하라.

3. 정상인의 수축기 혈압은 90mmHg 이상 140mmHg 이하라고 한다. 오른쪽은 어느 날 병원을 찾은 환자에 대한 수축기 혈압을 나타낸 자료이다. 이 자료에 대해 다음 물음에 답하라. (단, 단위는 mmHg이다.)

131	130	145	113	124
142	129	141	127	125

(a) 이 자료가 양적자료인지, 범주형 자료인지 구분하라.

(b) 표본의 크기를 구하라.

(c) 혈압이 130mmHg 이상인 표본을 구하라.

4. 일반적으로 자동차용 배터리의 수명은 1.5년 이상 5년 이하라 한다. 오른쪽은 배터리를 교체하기 위해 어느 카센터에 찾아온 자동차의 배터리 수명에 대한 자료이다. 다음 물음에 답하라. (단, 단위는 년이다.)

4.5	2.3	4.0	3.2	1.9
2.6	4.2	2.5	2.4	4.0

(a) 이 자료가 양적자료인지, 범주형 자료인지 구분하라.

(b) 표본의 크기를 구하라.

(c) 배터리의 수명이 3년 이하인 표본을 구하라.

Chapter 02

자료의 정리 – 그림

Organizations of Datum by Display

||| 목차 |||

||| 학습목표 |||

- 범주형 자료를 표와 그림으로 표현하고 특성을 파악할 수 있다.
- 양적자료를 표와 그림으로 표현하고 특성을 파악할 수 있다.
- 그림을 이용하여 두 개 이상의 자료집단을 비교할 수 있다.

Section 2.1 범주형 자료의 정리

단순히 자료를 수집하는 것만으로는 자료들이 갖는 특성을 쉽게 알 수 없으므로 표와 그림 등을 이용하여 자료를 표현한다. 이 절에서는 범주형 자료를 표와 그림을 이용하여 요약하는 방법을 살펴본다.

점도표

자료를 시각적으로 이해하기 쉽게 정리하는 가장 기본적인 방법이 점도표이다. 이러한 **점도표** dot plot는 수평축에 각 범주를 작성하고 수직축에 각 범주의 측정값에 해당하는 수만큼 점으로 나타낸다. 예를 들어 어느 대형 마트를 이용한 고객 20명을 상대로 만족도를 조사하여 다음 결과를 얻었다고 하자.

[매우 불만족 1명, 불만족 4명, 보통 8명,
만족 5명, 매우 만족 2명]

그러면 만족도에 대한 점도표를 작성하기 위해 [그림 2-1]과 같이 수평축에 범주인 만족도를 기입하고, 수직축에 응답 인원수를 점으로 나타낸다.

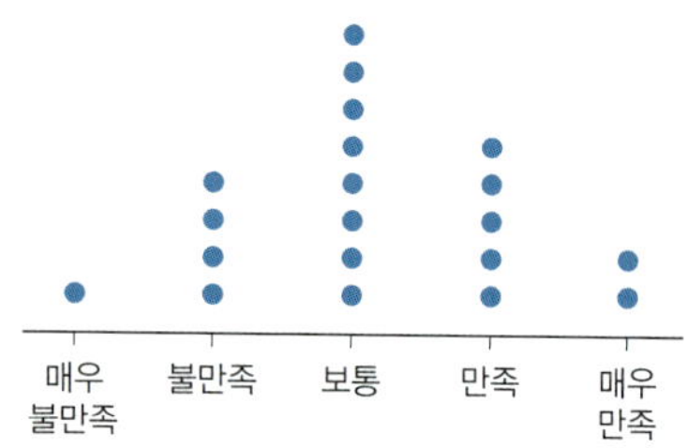

[그림 2-1] 만족도에 대한 점도표

점도표의 특징은 다음과 같다.

❶ 각 범주의 측정값을 쉽게 비교할 수 있다.
❷ 측정값의 수에 해당하는 점을 찍어야 하므로 그 수가 매우 많은 경우에는 부적당하다.

예제 2-1

어느 회사는 30명의 근로자를 업무능력에 따라 5등급 S(Superior), G(Good), A(Average), P(Poor), I(Inferior)로 분류하여 다음을 얻었다. 이 자료에 대한 점도표를 그려라.

[S : 3명, G : 6명, A : 12명, P : 5명, I : 4명]

풀이

각 업무능력을 수평축에 기입하고 업무능력의 측정값에 해당하는 수만큼의 점을 수직축에 기입하면 오른쪽과 같은 점도표를 얻는다.

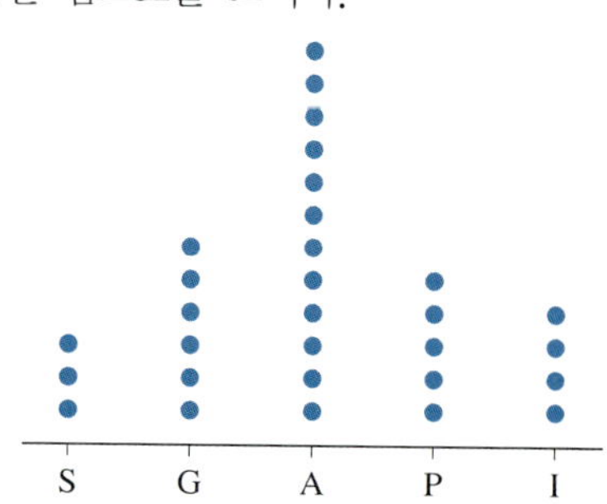

I Can Do 2-1

다음은 자율주행 자동차에 의해 1년 동안 사상자가 발생한 교통사고 유형을 나타낸 결과이다. 이 자료에 대한 점도표를 그려라.

[차대사람 13명, 차대차 17명, 차량단독 10명]

도수표

점도표는 각 범주를 시각적으로 비교하기에 충분하지만, 전체 도수가 매우 많으면 곤란할 뿐만 아니라 각 범주를 상대적으로 비교할 수 없다는 단점이 있다. 점도표의 이런 단점을 보완하면서 각 범주를 절대수치와 상대적인 수치로 비교하기 위해 도수표를 사용한다. 이러한 **도수표**frequency table는 각 범주와 범주의 도수, 범주의 상대도수 또는 백분율을 기입한다. 이때 도수표에 사용하는 용어는 다음과 같이 정의한다.

정의 2-1 도수와 상대도수

- **도수**frequency : 각 범주에 대해 관찰된 자료 수
- **상대도수**relative frequency : 각 범주의 도수를 전체 자료 수로 나눈 값

$$\text{상대도수} = \frac{\text{범주의 도수}}{\text{전체 도수}}$$

- **백분율**percentage : 상대도수에 100을 곱한 수치(단위 : %)

앞에서 예를 들었던 어느 대형 마트를 이용한 고객 20명을 상대로 조사한 만족도에 대한 상대도수를 구하면 각각 다음과 같다.

- 매우 불만족 : $\frac{1}{20} = 0.05$
- 불만족 : $\frac{4}{20} = 0.20$
- 보통 : $\frac{8}{20} = 0.40$
- 만족 : $\frac{5}{20} = 0.25$
- 매우 만족 : $\frac{2}{20} = 0.10$

따라서 20명의 고객 만족도에 대한 도수표를 작성하면 [표 2-1]과 같다.

[표 2-1] 고객 만족도에 대한 도수표

구분	도수	상대도수	백분율(%)
매우 불만족	1	0.05	5
불만족	4	0.20	20
보통	8	0.40	40
만족	5	0.25	25
매우 만족	2	0.10	10

도수표의 특성은 다음과 같다.

❶ 각 범주를 관찰 도수에 의해 비교할 수 있다.
❷ 각 범주를 상대적인 비율에 의해 비교할 수 있다.

예제 2-2

다음은 어느 통신사 가입자가 1달 동안 핸드폰을 사용한 현황을 나타낸 자료이다. 이 자료에 대한 도수표를 작성하라.

(단위 : TB)

유형	동영상	멀티미디어	웹포털	SNS	마켓	기타
사용량	14	2	3	4	1	1

풀이

각 범주에 대한 상대도수를 구하면 각각 다음과 같다.

- 동영상 : $\frac{14}{25} = 0.56$
- 멀티미디어 : $\frac{2}{25} = 0.08$
- 웹포털 : $\frac{3}{25} = 0.12$
- SNS : $\frac{4}{25} = 0.16$
- 마켓 : $\frac{1}{25} = 0.04$
- 기타 : $\frac{1}{25} = 0.04$

도수표를 완성하면 다음과 같다.

구분	도수	상대도수	백분율(%)
동영상	14	0.56	56
멀티미디어	2	0.08	8
웹포털	3	0.12	12
SNS	4	0.16	16
마켓	1	0.04	4
기타	1	0.04	4

I Can Do 2-2

다음은 2023년도 상반기 배터리 3사의 R&D 비용을 나타낸 자료이다. 이 자료에 대한 도수표를 작성하라. (단, 반올림하여 소수점 아래 셋째 자리까지 나타내라.)

(단위 : 억 원)

회사	LG에너지솔루션	삼성SDI	SK온
R&D 비용	4,707	5,822	1,661

막대그래프

도수표는 자료가 내포하는 정보를 잘 요약해주지만, 표를 보는 사람에게는 시각적으로 쉽게 느끼기 어렵다. 이러한 단점을 보완하기 위해 가장 많이 사용하는 방법이 막대그래프이다. **막대그래프**bar chart는 범주형 자료의 각 범주를 수평축에 나타내고, 각 범주에 대응하는 도수 또는 상대도수, 백분율 등을 같은 폭의 수직막대로 나타낸 그래프이다. 이때 수직축의 척도는 도수, 상대도수, 백분율을 사용할 수 있고, 각각의 경우에 대한 막대그래프를 차례로 도수 막대그래프, 상대도수 막대그래프, 백분율 막대그래프라 한다. 예를 들어 고객 만족도에 대한 도수표 [표 2-1]에 대한 막대그래프는 [그림 2-2]와 같다.

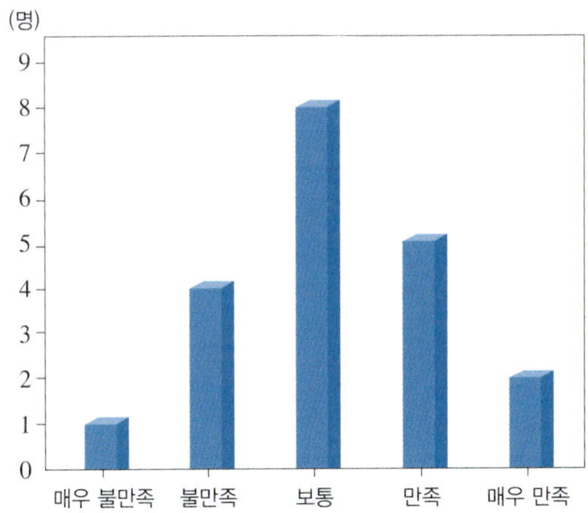

(a) 도수 막대그래프

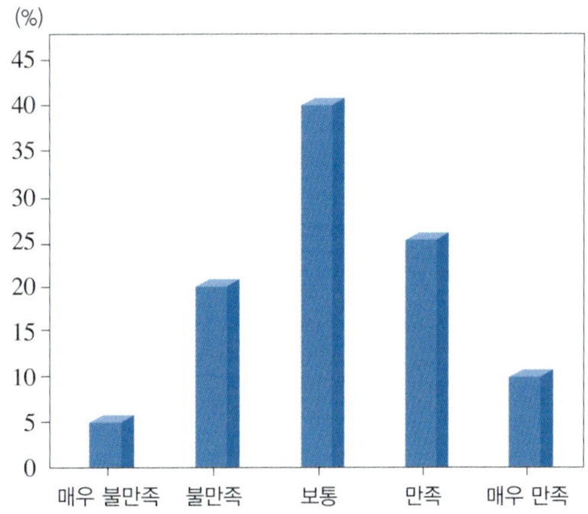

(b) 백분율 막대그래프

[그림 2-2] 고객 만족도에 대한 막대그래프

예제 2-3

[예제 2-2]의 자료에 대한 도수 막대그래프와 백분율 막대그래프를 그려라.

풀이

수평축에 콘텐츠 유형을 기입하고 수직축에 도수(테라바이트 수)를 나타내는 막대그래프를 그리면 다음 그림 (a)와 같다. 또한 백분율을 나타내는 막대그래프를 그리면 다음 그림 (b)와 같다.

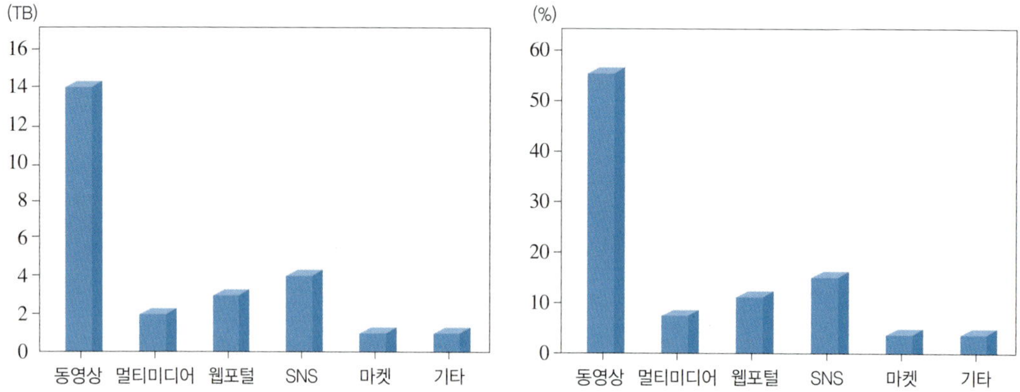

(a) 도수 막대그래프 (b) 백분율 막대그래프

I Can Do 2-3

[I Can Do 2-2]의 자료에 대한 회사별 도수 막대그래프와 백분율 막대그래프를 그려라.

꺾은선그래프

꺾은선그래프graph of broken line는 막대그래프의 상단 중심부를 선분으로 연결하여 각 범주를 비교하는 그림이다. 이러한 꺾은선그래프를 이용하면 두 개 이상의 자료집단에 대해 동일한 범주에 따른 차이를 쉽게 비교할 수 있다.

여기서 예를 들어보자. 다음 [표 2-2]는 2021년도에 협심증 질환으로 등록된 환자를 연령대와 성별로 구분한 국민건강보험공단 자료이다.

[표 2-2] 2021년 협심증 질환 연령대별/성별 진료인원 (단위 : 만 명)

연령	10대 이하	20대	30대	40대	50대	60대	70대 이상
남자	683	4,043	8,095	25,227	74,487	143,809	168,908
여자	498	3,028	4,486	10,036	31,954	79,998	158,332

이 자료에서 연령대별로 협심증 질환에 걸린 남자와 여자를 막대그래프로 나타낸다면 [그림 2–3(a)]와 같이 동일한 연령대에 막대를 붙여서 그린다. 그러나 자료집단의 개수가 많으면 막대의 개수가 늘어나므로 막대그래프가 복잡해진다. 따라서 [그림 2–3(b)]와 같이 겹쳐진 막대그래프의 상단 중심부를 선분으로 연결하여 그리면 범주의 개수가 많은 경우에도 쉽게 비교할 수 있다.

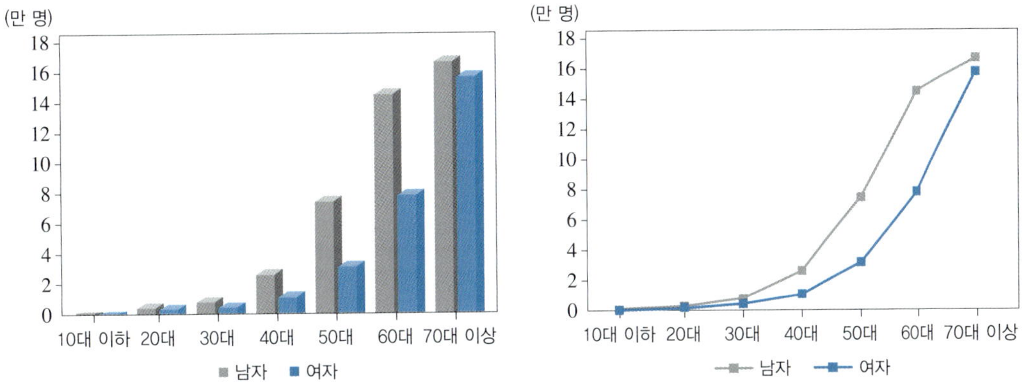

(a) 도수 막대그래프

(b) 도수 꺾은선그래프

[그림 2–3] 협심증 질환 연령대별/성별 막대그래프와 꺾은선그래프

꺾은선그래프의 특성은 다음과 같다.

❶ 동일한 범주를 갖는 여러 개의 자료집단을 비교할 때 사용한다.

❷ 시간의 흐름에 따른 추이를 나타낼 때 많이 사용한다.

❸ 수직축의 척도에 따라 전혀 다른 해석을 제공할 수 있다.

이때 시간(분, 시, 일, 주, 월, 분기, 년 등)에 따른 자료를 **시계열 자료**time series data라 하며, 이러한 자료의 변화추이를 분석하기 위한 그림을 **시계열 그림**time series plot이라 한다. 예를 들어 [그림 2–4]는 지난 12주 동안 두바이유의 배럴당 주간 평균가격(단위 : 달러)의 추이를 나타내는 시계열 그림이다. 이와 같이 시간에 따른 자료의 변화추이를 분석하면 미래의 어느 시점에 대한 자료 값을 쉽게 예측할 수 있다.

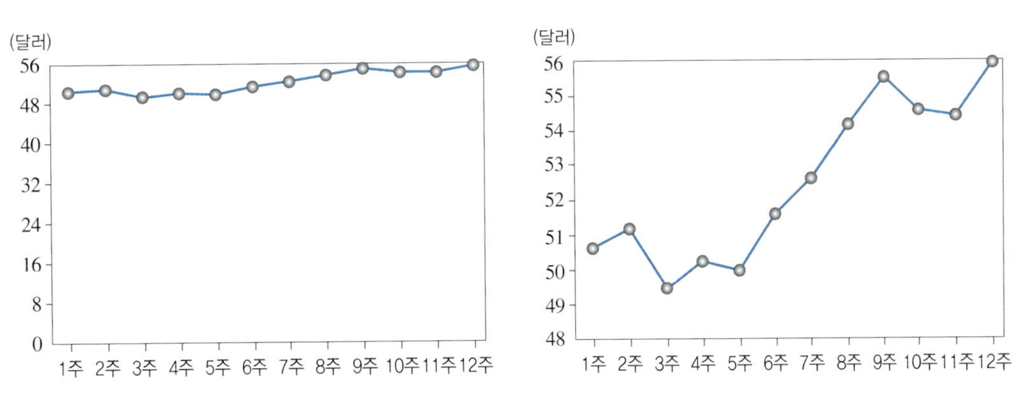

(a) 수직축 척도가 작은 경우

(b) 수직축 척도가 큰 경우

[그림 2-4] 두바이유의 주별 배럴당 유가

[그림 2-4(a)]와 [그림 2-4(b)]는 동일한 자료에 대한 시계열 그림이지만 수직축의 척도 선정에 따라 전혀 다른 해석을 줄 수 있다. 즉 [그림 2-4(a)]는 5주부터 9주까지 유가가 매우 완만하게 증가했다고 해석할 수 있다. 그러나 수직축의 척도를 줄인 [그림 2-4(b)]에서는 동일한 기간에 유가가 매우 가파르게 증가했다는 것을 확인할 수 있다.

예제 2-4

[예제 2-2]의 자료에 대한 도수 막대그래프와 도수 꺾은선그래프를 그려라.

풀이

먼저 [예제 2-3]에서 구한 도수 막대그래프를 이용하여 다음 그림 (a)와 같이 막대 상단 중심부에 점을 찍는다. 그리고 그림 (b)와 같이 막대를 삭제하고 점을 선으로 연결한다.

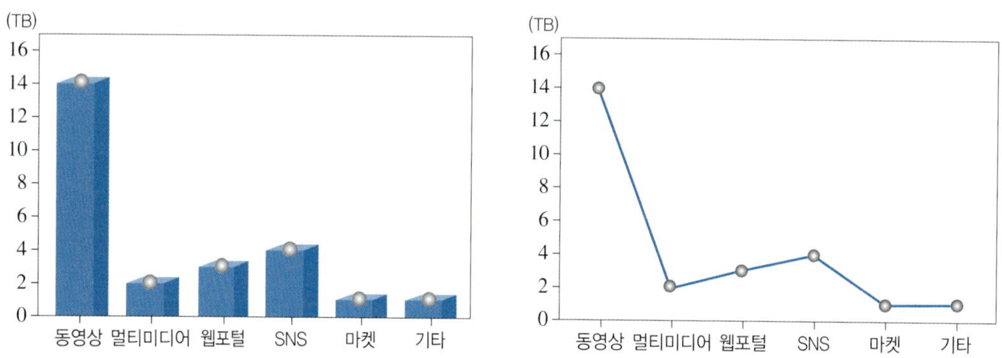

(a) 도수 막대그래프 (b) 도수 꺾은선그래프

I Can Do 2-4

[I Can Do 2-2]의 자료에 대한 도수 막대그래프와 도수 꺾은선그래프를 그려라.

원그래프와 띠그래프

범주형 자료를 시각적으로 요약하기 위해 막대그래프를 사용했으나, 상대도수에 의해 각 범주를 비교하는 경우에는 다음과 같이 정의하는 원그래프 또는 띠그래프를 사용한다. 이러한 그래프를 이용하면 각 범주의 비율 또는 크기를 상대적으로 비교할 수 있다.

정의 2-2 원그래프와 띠그래프

- **원그래프**pie chart : 각 범주의 백분율에 해당하는 중심각을 갖는 부채꼴 모양으로 나타낸 그림
- **띠그래프**band chart : 전체 띠의 길이를 각 범주에 해당하는 비율로 분할한 그림

원그래프와 띠그래프에서 각 범주의 중심각과 범주의 크기는 각각 다음과 같다.

- 범주의 중심각 = 상대도수 $\times 360°$
- 범주의 크기 = 상대도수 $\times$ 띠의 길이

예를 들어 [표 2-1]의 고객 만족도에 대한 중심각은 다음과 같다.

- 매우 불만족 : $0.05 \times 360° = 18°$
- 불만족 : $0.2 \times 360° = 72°$
- 보통 : $0.4 \times 360° = 144°$
- 만족 : $0.25 \times 360° = 90°$
- 매우 만족 : $0.1 \times 360° = 36°$

길이가 20cm인 경우에 고객 만족도에 대한 범주의 길이는 다음과 같다.

- 매우 불만족 : $0.05 \times 20 = 1$
- 불만족 : $0.2 \times 20 = 4$
- 보통 : $0.4 \times 20 = 8$
- 만족 : $0.25 \times 20 = 5$
- 매우 만족 : $0.1 \times 20 = 2$

따라서 고객 만족도에 대한 원그래프와 띠그래프는 다음과 같다.

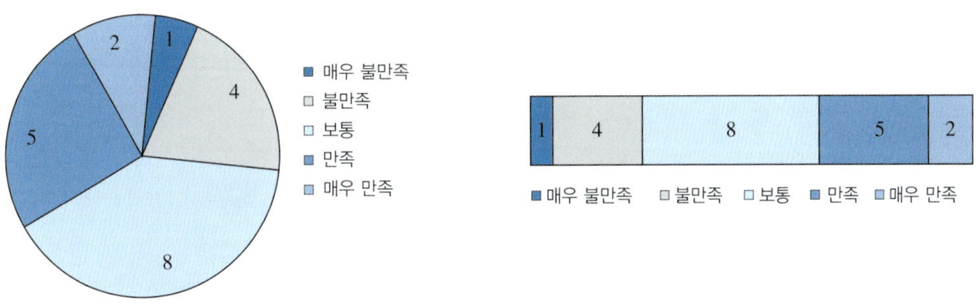

(a) 원그래프 (b) 띠그래프

[그림 2-5] 고객 만족도에 대한 원그래프와 띠그래프

예제 2-5

[예제 2-2]의 자료에 대한 원그래프를 그려라.

풀이

[예제 2-2]에서 구한 상대도수를 이용하여 각 범주에 대한 중심각을 구하면 각각 다음과 같다.

- 동영상 : $0.56 \times 360° \approx 202°$
- 멀티미디어 : $0.08 \times 360° \approx 29°$
- 웹포털 : $0.12 \times 360° \approx 43°$
- SNS : $0.16 \times 360° \approx 58°$
- 마켓 : $0.04 \times 360° \approx 14°$
- 기타 : $0.04 \times 360° \approx 14°$

따라서 각 콘텐츠별 중심각을 갖는 원그래프를 그리면 다음과 같다.

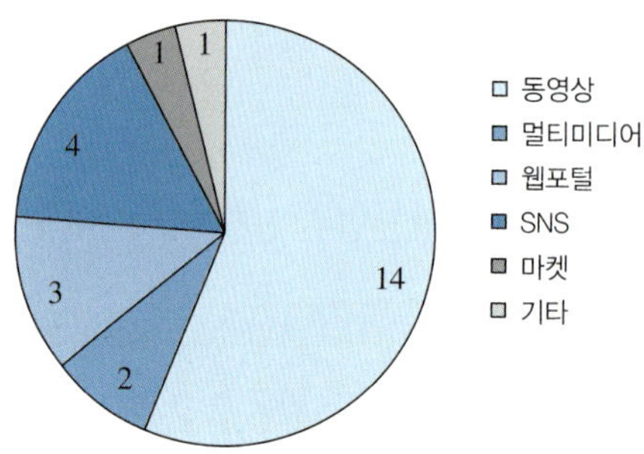

I Can Do 2-5

[I Can Do 2-2]의 자료에 대한 띠그래프를 그려라.

Section 2.2 양적자료의 정리

양적자료도 질적자료와 같이 수집한 자료의 특성을 쉽게 알기 위해 개별적인 측정값을 이용하거나 적당한 구간으로 집단화하여 표 또는 그림으로 표현할 수 있다. 여기에서는 양적자료를 표 또는 그림으로 표현하는 방법에 대해 살펴본다.

점도표

양적자료의 점도표는 측정된 개개의 값을 범주로 생각하고 수평축에 측정값을 기입하고, 수직축에 각 측정값이 관찰된 도수를 일정한 간격의 점으로 표현한다. 예를 들어 어느 대학병원 내과병동에 입원 중인 환자 50명의 심장 박동수를 측정하여 다음 자료를 얻었다고 하자.

[표 2-3] 환자 50명의 심장 박동수 (단위 : 회/분)

62	69	79	62	78	76	75	66	71	67	78	60	78	56	79	64	67	69
64	66	57	62	88	64	78	64	57	64	69	47	66	75	64	76	74	64
78	78	72	66	78	60	77	78	77	67	75	44	78	67				

50명의 심장 박동수에 대한 점도표를 그리기 위해 [그림 2-6]과 같이 수평축에 심장 박동수를 기입하고 수직축에 관찰된 도수에 해당하는 점을 찍어서 나타낸다.

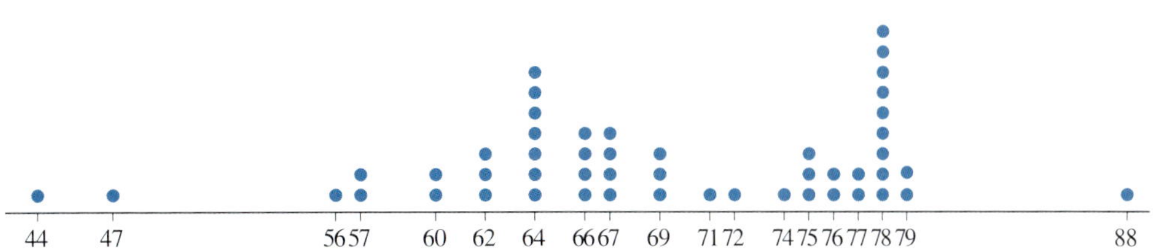

[그림 2-6] 환자 50명의 심장 박동수에 대한 점도표

점도표의 특징은 다음과 같다.

❶ 자료의 정확한 위치를 알 수 있다.
❷ 수집한 자료가 흩어진 모양을 쉽게 알 수 있다.
❸ 수집한 자료에 대한 대략적인 중심의 위치(50% 위치)를 알 수 있다.

❹ 자료집단에서 비정상적인 측정값을 보여준다.

❺ 자료의 수가 매우 많은 경우에는 부적당하다.

예제 2-6

다음은 어느 회사에서 상품에 대한 콘셉트를 구상하고, 챗GPT로 광고 문구를 생성하는 등의 기획을 거쳐 최종적으로 광고영상을 제작하는 데 걸리는 시간을 나타낸 자료이다. 이 자료에 대한 점도표를 작성하라.

(단위 : 시간)

51 58 62 56 51 58 71 68 63 68 67 57 55 52 50 67 75 71 58 73

61 75 56 65 53 64 73 71 64 69 52 69 67 65 62 65 71 65 64 57

풀이

수평축에 제작 시간을 기입하고 수직축에 관찰된 횟수에 대응하는 점을 표시하면 다음과 같은 점도표를 얻는다.

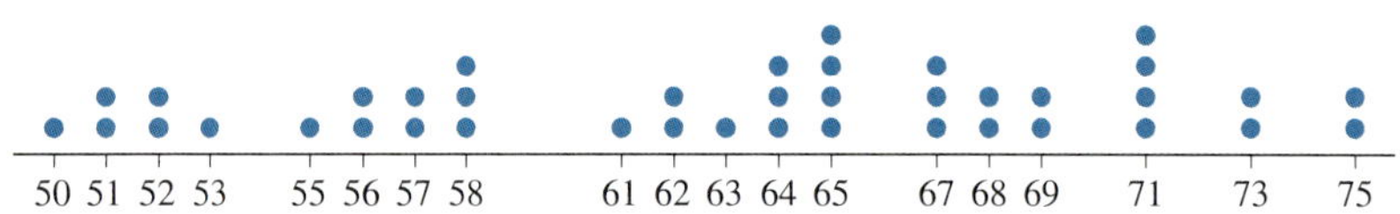

I Can Do 2-6

다음은 어느 자동차 40대에 사용된 섬유 강화 플라스틱의 인장강도를 측정한 자료이다. 이 자료에 대한 점도표를 작성하라.

(단위 : MPa)

92 98 89 86 91 88 98 94 92 95 88 89 98 90 93 61 89 93 91 88

88 89 97 84 91 90 86 94 96 92 96 111 85 92 86 88 90 92 96 94

도수분포표

양적자료를 일정한 간격으로 집단화하면 범주형 자료의 도수표에 대응하는 표를 작성할 수 있다. 이러한 도수표를 **도수분포표**frequency distribution table라 한다. 이때 도수분포표에는 각 계급 안에 들어가는 자료의 도수, 상대도수, 누적도수, 누적상대도수 그리고 계급값 등을 기입하는데, 각 용어를 다음과 같이 정의한다.

정의 2-3 도수분포표에 사용하는 용어

- **계급**class : 양적자료를 적당한 간격으로 집단화하여 나타낸 범주
- **계급간격**class width : 이웃하는 두 계급의 위쪽 경계에서 아래쪽 경계를 뺀 값
- **계급 상대도수**class relative frequency : 계급의 도수를 전체 자료 수로 나눈 값

$$\text{계급 상대도수} = \frac{\text{계급의 도수}}{\text{전체 도수}}$$

- **누적도수**cumulative frequency : 이전 계급까지의 모든 도수를 합한 도수
- **누적상대도수**cumulative relative frequency : 이전 계급까지의 모든 상대도수를 합한 상대도수
- **계급값**class mark : 각 계급의 중앙값 즉, 다음에 의하여 결정되는 값

$$\text{계급값} = \frac{\text{위쪽 경계} + \text{아래쪽 경계}}{2}$$

양적자료의 도수분포표를 작성하기 위해 다음 과정을 따른다.

❶ 계급의 수를 결정한다. 계급의 수는 자료의 특성을 효과적으로 요약하기에 충분하도록 결정한다. 보편적으로 자료의 수 n에 대해 계급의 개수는 **스터지스 공식**Sturges' formula이라 불리는 $k = 1 + 3.3\log_{10} n$에 가까운 정수를 택한다.

❷ **범위**range를 구한다. 이때 범위는 측정된 최대 자료 값($x_{\max}$)과 최소 자료 값($x_{\min}$)의 차이이다.

$$R = x_{\max} - x_{\min}$$

❸ 각 계급의 간격을 결정한다. 계급간격은 다음과 같이 범위 R을 계급의 수(k)로 나눈 값보다 큰 가장 작은 정수로 택한다.

$$w \approx \frac{R}{k}$$

❹ 제1계급의 하한을 다음과 같이 택한다.

$$\text{최소 관찰값} - \frac{\text{기본 단위}}{2}$$

❺ 도수분포표 안에 각 계급의 도수, 상대도수, 누적도수, 누적상대도수, 계급값 등을 기입한다.

예를 들어 [표 2-3]에 주어진 환자 50명의 심장 박동수에 대해 계급의 수가 5인 도수분포표를 다음과 같이 작성한다.

❶ 범위를 구한다. 최대 자료 값이 88, 최소 자료 값이 44이므로 $R = 88 - 44 = 44$이다.

❷ 각 계급의 간격을 결정한다. 계급의 수가 5이므로 $w = \frac{44}{5} = 8.8 \approx 9$이다.

❸ 제1계급의 하한을 결정한다. 최소 자료 값이 44이고 모든 자료 값이 정수이므로 제1계급의 하한은 $44 - 0.5 = 43.5$이다.

❹ 각 계급의 도수, 상대도수, 누적도수, 누적상대도수, 계급값 등을 기입한다.

그러면 [표 2-4]의 도수분포표를 얻는다.

[표 2-4] 환자 50명의 심장 박동수에 대한 도수분포표

계급간격	도수	상대도수	누적도수	누적상대도수	계급값
43.5 ~ 52.5	2	0.04	2	0.04	48
52.5 ~ 61.5	5	0.10	7	0.14	57
61.5 ~ 70.5	21	0.42	28	0.56	66
70.5 ~ 79.5	21	0.42	49	0.98	75
79.5 ~ 88.5	1	0.02	50	1.00	84
합계	50	1.00			

도수분포표의 특성은 다음과 같다.

❶ 자료집단의 대략적인 중심위치(50% 위치)를 알 수 있다.

❷ 자료집단의 흩어진 분포 모양을 보여준다.

❸ 원자료의 정확한 측정값을 알 수 없다.

❹ 계급의 수가 많으면 도수분포표가 너무 복잡하고, 적으면 자료의 정보를 왜곡할 수 있다.

❺ 극단적인 이상점의 유무를 확인할 수 있다.

이때 **이상점**outlier은 조사의 대상이 되는 자료집단에 속하지 않는다고 의심되는 비정상적으로 크거나 작은 자료 값을 나타낸다.

예제 2-7

다음은 [예제 2-6]의 자료이다. 이 자료에 대한 계급의 수가 5인 도수분포표를 작성하라.

(단위 : 시간)

51	58	62	56	51	58	71	68	63	68	67	57	55	52	50	67	75	71	58	73
61	75	56	65	53	64	73	71	64	69	52	69	67	65	62	65	71	65	64	57

풀이

❶ 범위를 구한다. 최대 자료 값이 75, 최소 자료 값이 50이므로 $R = 75 - 50 = 25$이다.

❷ 각 계급의 간격을 결정한다. 계급의 수가 5이므로 $w = \dfrac{25}{5} = 5 \approx 6$이다.

❸ 제1계급의 하한을 결정한다. 최소 자료 값이 50이고 모든 자료 값이 정수이므로 제1계급의 하한은 $50 - 0.5 = 49.5$이다.

❹ 각 계급의 도수, 상대도수, 누적도수, 누적상대도수, 계급값 등을 기입한다.

그러면 다음 도수분포표를 얻는다.

계급간격	도수	상대도수	누적도수	누적상대도수	계급값
49.5 ~ 55.5	7	0.175	7	0.175	52.5
55.5 ~ 61.5	8	0.200	15	0.375	58.5
61.5 ~ 67.5	13	0.325	28	0.700	64.5
67.5 ~ 73.5	10	0.250	38	0.950	70.5
73.5 ~ 79.5	2	0.050	40	1.000	76.5
합계	40	1.000			

I Can Do 2-7

다음은 [I Can Do 2-6]의 자료이다. 이 자료에 대한 계급의 수가 6인 도수분포표를 작성하라.

(단위 : MPa)

92	98	89	86	91	88	98	94	92	95	88	89	98	90	93	61	89	93	91	88
88	89	97	84	91	90	86	94	96	92	96	111	85	92	86	88	90	92	96	94

히스토그램

범주형 자료의 도수표에 대한 막대그래프와 동일하게 도수분포표의 각 계급을 밑변으로 하고 각 계급의 도수를 높이로 갖는 막대로 이루어진 그림을 **히스토그램**histogram이라 한다. 예를 들어 [표 2-4]의 도수분포표에 대한 히스토그램을 그리면 [그림 2-7]과 같다. 이때 [그림 2-7(a)]는 수직축의 척도가 도수이고, [그림 2-7(b)]는 수직축의 척도가 누적도수이다. 뿐만 아니라 수직축의 척도로 상대도수와 누적상대도수를 사용할 수 있다. 그리고 수직축의 척도로 무엇을 사용했는지에 따라 히스토그램을 **도수히스토그램**frequency histogram, **누적도수히스토그램**cumulative frequency histogram, **상대도수히스토그램**relative frequency histogram, **누적상대도수히스토그램**cumulative relative frequency histogram으로 나눌 수 있다.

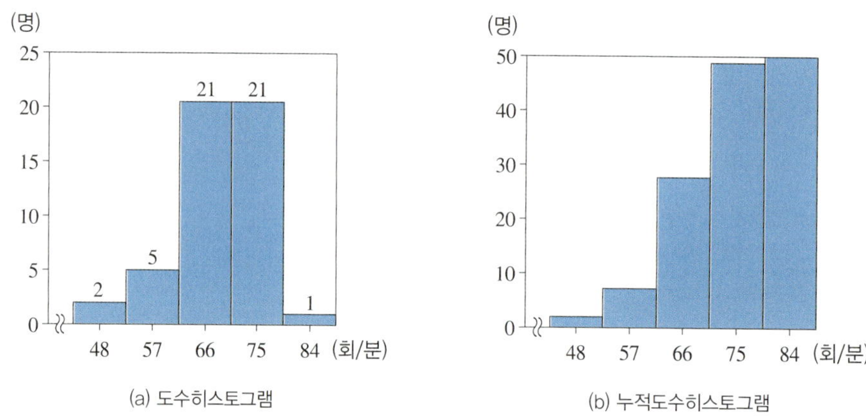

[그림 2-7] 환자 50명의 심장 박동수에 대한 히스토그램

히스토그램의 특성은 다음과 같다.

❶ 자료집단의 대략적인 중심위치(50% 위치)를 알 수 있다.
❷ 자료집단의 흩어진 분포 모양을 보여준다.
❸ 원자료의 정확한 측정값을 알 수 없다.

히스토그램을 작성하면 자료집단의 흩어진 모양을 명확히 알 수 있으며, 그 유형을 크게 대칭형과 비대칭형, 퍼짐형과 집중형, 틈새형으로 나눌 수 있다. 각각의 유형에 대해 간단히 알아보자.

■ 대칭형

[그림 2-8]과 같이 히스토그램의 좌측과 우측의 모양이 거의 비슷한 형태를 **대칭형**symmetric histogram이라 하며, 보편적으로 **삼각형**triangular shape histogram 또는 **쌍봉형**bimodal histogram으로 나타난다. 특히 자료의 수가 충분히 많은 경우의 히스토그램은 계급간격이 좁아지면서 삼각형 모양(종 모양)에 가까워진다.

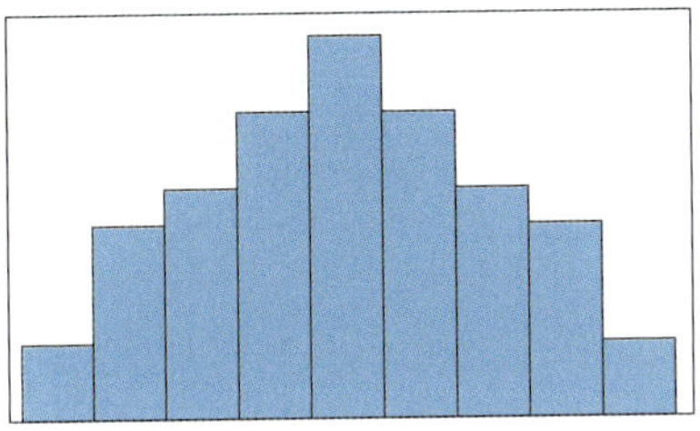

(a) 삼각형 모양

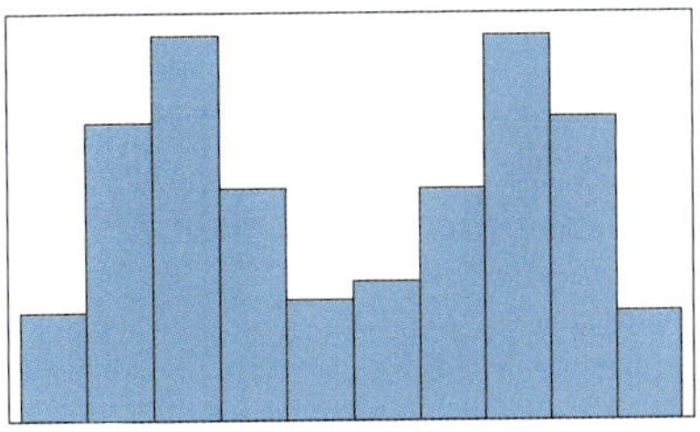

(b) 쌍봉형

[그림 2-8] 대칭형 히스토그램

■ 비대칭형

[그림 2-9]와 같이 히스토그램이 어느 한쪽으로 치우치고 반대편 쪽으로 긴 꼬리 모양을 갖는 경우에 **비대칭형**asymmetric histogram이라 한다. 특히 [그림 2-9(a)]와 같이 왼쪽으로 치우치고 오른쪽으로 긴 꼬리 모양을 가진 히스토그램을 **양의 비대칭**positive skewed이라 하고, [그림 2-9(b)]와 같이 오른쪽으로 치우치고 왼쪽으로 긴 꼬리 모양을 가진 히스토그램을 **음의 비대칭**negative skewed이라 한다.

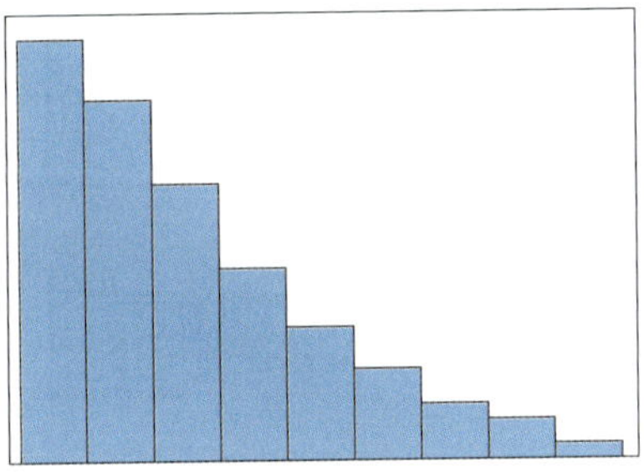

(a) 양의 비대칭

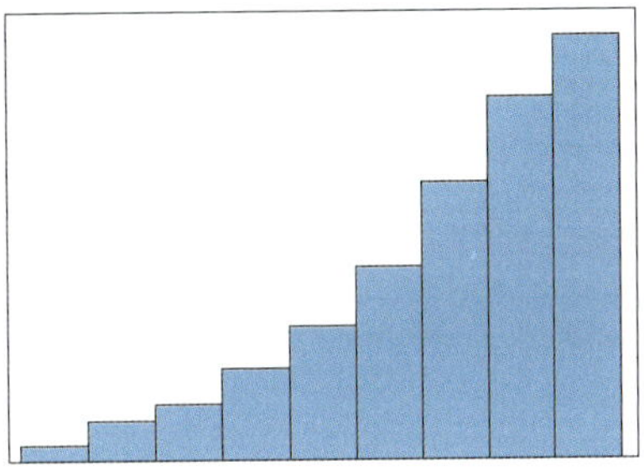

(b) 음의 비대칭

[그림 2-9] 비대칭형 히스토그램

■ 퍼짐형과 집중형

[그림 2-10(a)]와 같이 모든 계급에서 도수가 거의 비슷한 정도로 나타나는 형태의 히스토그램을 **퍼짐형**flat histogram이라 하고, [그림 2-10(b)]와 같이 어느 한 계급에 대부분의 자료가 모이는 형태의 히스토그램을 **집중형**centralized histogram이라 한다.

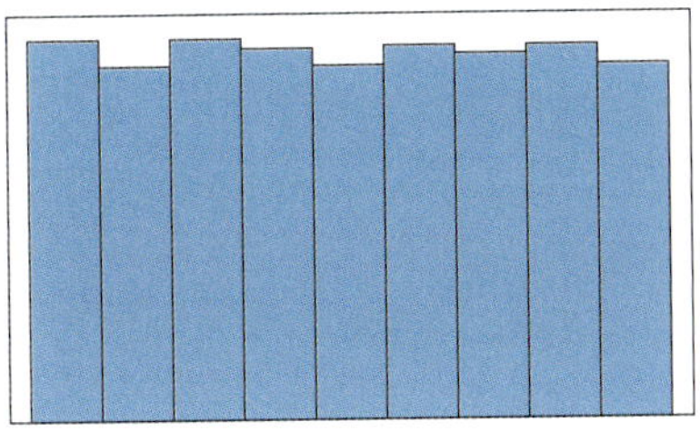

(a) 퍼짐형

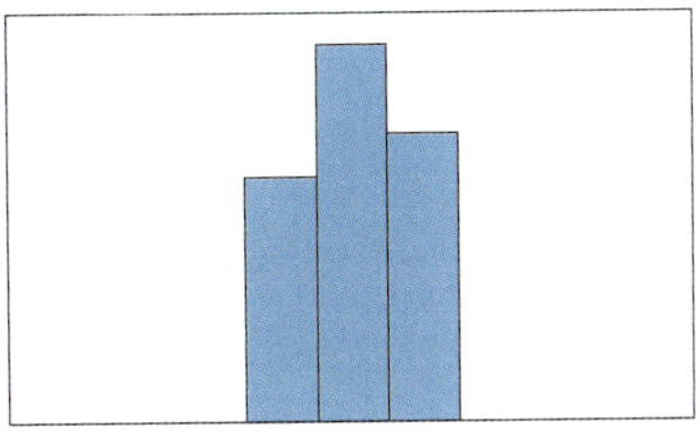

(b) 집중형

[그림 2-10] 퍼짐형과 집중형 히스토그램

■ 틈새형

[그림 2-11]과 같이 도수가 0인 계급구간이 존재하는 히스토그램을 **틈새형**gap style histogram이라 한다. 이러한 틈새형 히스토그램은 수집한 자료 중에서 이상점이 존재하는 경우에 주로 나타난다.

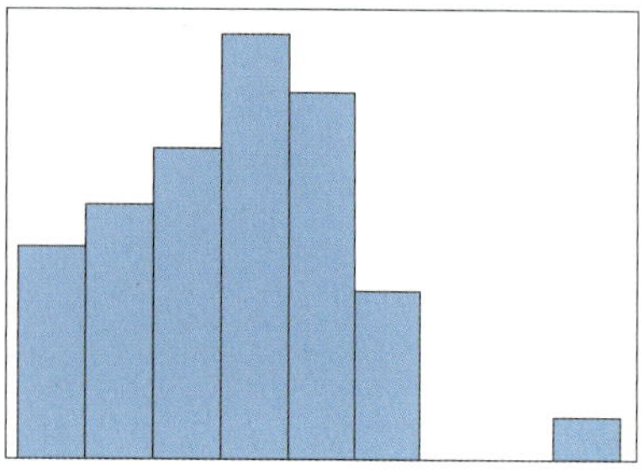

[그림 2-11] 틈새형 히스토그램

예제 2-8

[예제 2-7]에서 구한 도수분포표를 이용하여 도수히스토그램을 그려라.

풀이

[예제 2-7]에서 구한 도수분포표는 다음과 같다.

계급간격	도수	상대도수	누적도수	누적상대도수	계급값
49.5 ~ 55.5	7	0.175	7	0.175	52.5
55.5 ~ 61.5	8	0.200	15	0.375	58.5
61.5 ~ 67.5	13	0.325	28	0.700	64.5
67.5 ~ 73.5	10	0.250	38	0.950	70.5
73.5 ~ 79.5	2	0.050	40	1.000	76.5
합계	40	1.000			

각 계급의 계급값 52.5, 58.5, 64.5, 70.5, 76.5를 중심으로 밑변의 길이가 6이고, 각 계급의 도수 7, 8, 13, 10, 2를 높이로 갖는 도수히스토그램을 그리면 다음과 같다.

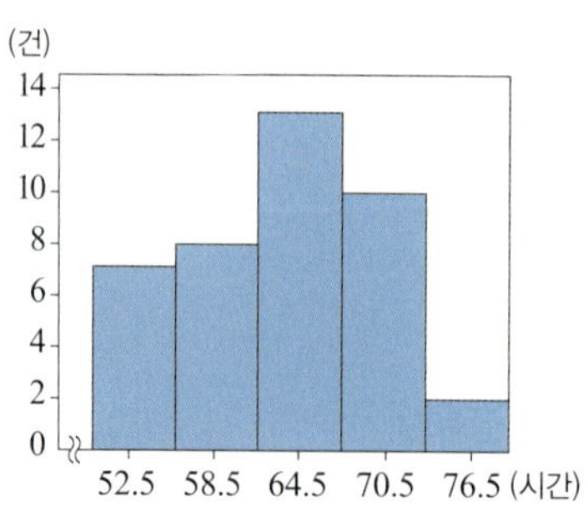

I Can Do 2-8

[I Can Do 2-7]에서 구한 도수분포표를 이용하여 도수히스토그램을 그려라.

도수다각형

질적자료의 꺾은선그래프와 같이 양적자료의 히스토그램에서 연속적인 막대의 상단 중심부를 선분으로 연결하여 다각형으로 표현한 그림을 그릴 수 있다. 이와 같은 도수히스토그램에서 연속적인 막대의 상단 중심부를 선분으로 연결하여 다각형으로 표현한 그림을 **도수다각형**frequency polygon이라 한다. 이때 수직축에 누적도수, 상대도수, 누적상대도수 등을 사용할 수 있다.

도수다각형을 작성할 때, 가장 작은 계급과 가장 큰 계급의 아래와 위쪽에 도수가 0인 계급을 각각 하나씩 추가하여 막대의 상단 중심부를 선분으로 연결한다. 예를 들어 [그림 2-7]의 히스토그램에 대한 도수다각형과 누적도수다각형을 그리면 [그림 2-12]와 같다.

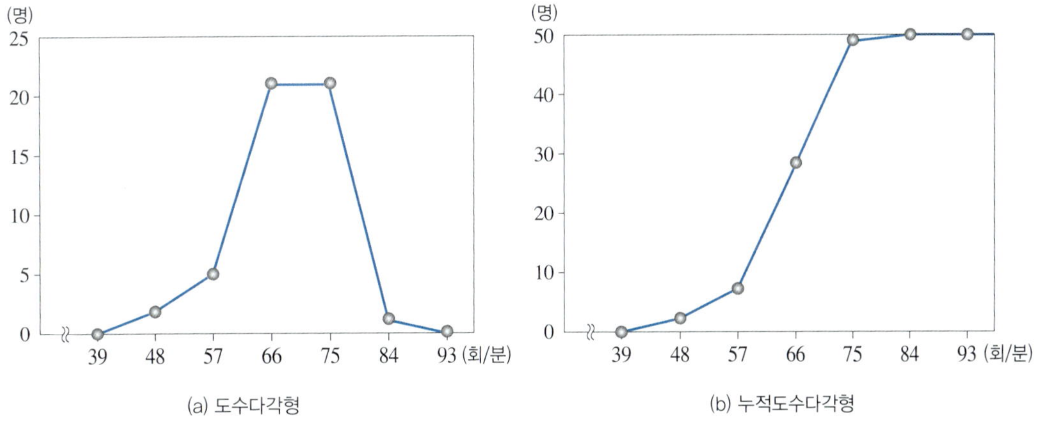

[그림 2-12] 환자 50명의 심장 박동수에 대한 도수다각형

도수다각형의 특성은 다음과 같다.

❶ 자료집단의 대략적인 중심위치(50% 위치)를 알 수 있다.
❷ 자료집단의 흩어진 분포 모양을 보여준다.
❸ 두 개 이상의 양적자료를 비교할 때 많이 사용한다.

예제 2-9

[예제 2-8]에서 구한 히스토그램을 이용하여 도수다각형을 그려라.

풀이

[예제 2-8]에서 구한 도수히스토그램은 다음 그림 (a)와 같다. 여기서 그림 (a)와 같이 가장 작은 계급과 가장 큰 계급의 아래와 위쪽에 도수가 0인 계급을 각각 하나씩 추가하여 각 막대의 상단 중심부에 점을 찍는다. 그리고 그림 (b)와 같이 막대를 삭제하고 점을 선으로 연결한다.

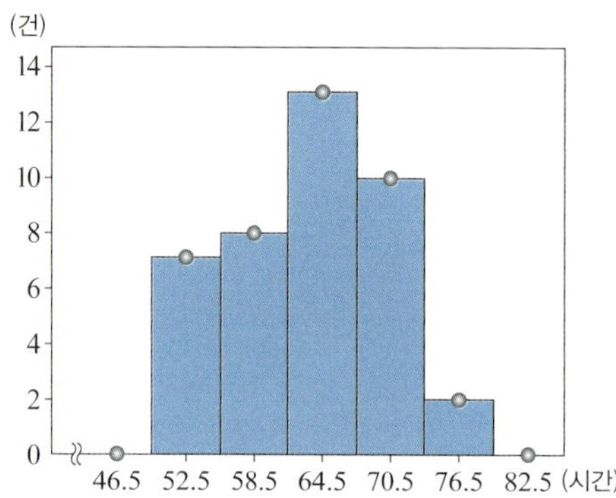

(a) 도수다각형

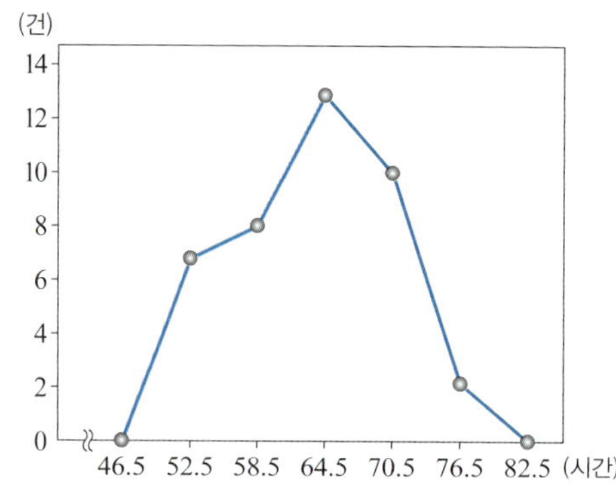

(b) 누적도수다각형

I Can Do 2-9

[I Can Do 2-8]에서 구한 히스토그램을 이용하여 도수다각형을 그려라.

줄기-잎 그림

도수분포표 또는 히스토그램은 수집한 자료에 대한 중심의 위치와 흩어진 모양을 대략적으로 제공하지만, 각 계급 안에 있는 측정값들의 정확한 위치를 제공하지 못한다는 단점을 갖는다. 이러한 단점을 보완하기 위한 그림이 줄기-잎 그림이다. **줄기-잎 그림**stem-leaf display은 실제 측정값을 이용하여 변동이 적은 부분을 줄기로 하고, 변동이 많은 부분을 잎 모양으로 나타낸 그림이며 다음 순서로 그린다.

❶ 줄기와 잎을 구분한다. 이때 변동이 적은 부분을 줄기, 변동이 많은 부분을 잎으로 지정한다.

❷ 수직 방향으로 줄기 부분을 작은 수부터 순차적으로 나열하고, 오른쪽에 수직선을 긋는다.

❸ 각 줄기 부분에 해당하는 잎 부분을 원자료의 관찰 순서대로 나열한다.

❹ 잎 부분의 자료 값을 크기순으로 재배열한다.

❺ 전체 자료를 크기순으로 나열하여 중앙에 놓이는 자료 값이 있는 행의 왼쪽에 괄호( )를 만들고, 괄호 안에 그 행에 해당하는 잎의 수(도수)를 기입한다.

❻ 괄호가 있는 행을 중심으로 괄호와 동일한 열에 누적도수를 위와 아래 방향에서 각각 기입하고, 최소단위와 자료의 전체 개수를 기입한다.

예를 들어 앞에서 나왔던 [표 2-3]의 심장 박동수 자료를 다시 보자.

[표 2-3] 환자 50명의 심장 박동수 (단위 : 회/분)

62	69	79	62	78	76	75	66	71	67	78	60	78	56	79	64	67	69
64	66	57	62	88	64	78	64	57	64	69	47	66	75	64	76	74	64
78	78	72	66	78	60	77	78	77	67	75	44	78	67				

이 자료에 대한 줄기-잎 그림을 다음과 같은 순서로 그린다.

❶ 줄기와 잎을 구분한다. 이 자료에 대해 1의 자릿수를 잎, 10의 자릿수를 줄기로 정한다.

❷ 수직 방향으로 줄기 부분을 작은 수부터 순차적으로 나열하고, 오른쪽에 수직선을 긋는다.

```
4 |
5 |
6 |
7 |
8 |
```

❸ 각 줄기 부분에 해당하는 잎 부분을 원자료의 관찰 순서대로 나열한다.

```
4 | 74
5 | 677
6 | 29267047946244496446077
7 | 986518898564882878758
8 | 8
```

❹ 잎 부분의 자료 값을 크기순으로 재배열한다.

```
4 | 47
5 | 677
6 | 00222444444466666777 7999
7 | 124555667788888888899
8 | 8
```

❺ 전체 자료를 크기순으로 나열할 때 중앙에 놓이는 자료 값은 25번째와 26번째이므로 제3행 안에 놓인다. 따라서 제3행의 왼쪽에 괄호( )를 만들고, 괄호 안에 그 행에 해당하는 잎의 수인 23을 기입한다.

	줄기	잎
	4	47
	5	677
(23)	6	00222444444466667777999
	7	124555667788888888899
	8	8

❻ 괄호가 있는 행을 중심으로 괄호와 동일한 열에 누적도수를 위와 아래 방향에서 각각 기입하고, 최소단위와 자료의 전체 개수를 기입한다. 제1행과 제2행에 있는 잎의 수가 각각 2개와 3개이고 제4행과 5행에 있는 잎의 수가 각각 21개와 1개이므로 위쪽과 아래쪽에서 누적시킨다.

	줄기	잎
2	4	47
5	5	677
(23)	6	00222444444466667777999
22	7	124555667788888888899
1	8	8

$N = 50$
잎의 단위= 1.0

그러면 간격이 10인 줄기-잎 그림이 완성되며, 이 그림은 계급간격인 10인 가로 방향의 히스토그램과 각 계급 안의 도수뿐만 아니라 정확한 측정값을 보여준다. 이때 잎 부분을 0~4와 5~9로 세분하면 다음과 같이 간격이 5인 줄기-잎 그림을 작성할 수 있다.

	줄기	잎
1	4*	4
2	4o	7
2	5*	
5	5o	677
17	6*	002224444444
(11)	6o	66667777999
22	7*	124555
16	7o	667788888888899
1	8*	
1	8o	8

$N = 50$
잎의 단위 = 1.0

또한 줄기-잎 그림의 특성은 다음과 같다.

❶ 자료집단의 대략적인 중심위치(50% 위치)를 알 수 있다.
❷ 자료집단의 흩어진 분포 모양을 보여준다.
❸ 전체 자료의 실제 측정값을 알 수 있다.

예제 2-10

다음은 [예제 2-6]의 자료이다. 이 자료에 대한 간격이 5인 줄기-잎 그림을 그려라.

(단위 : 시간)

51	58	62	56	51	58	71	68	63	68	67	57	55	52	50	67	75	71	58	73
61	75	56	65	53	64	73	71	64	69	52	69	67	65	62	65	71	65	64	57

풀이

1의 자릿수에 변동이 많으므로 잎으로 정하면 줄기-잎 그림은 다음과 같다.

6	5*	011223
14	5o	56677888
21	6*	1223444
(11)	6o	55557778899
8	7*	111133
2	7o	55

$N = 40$
잎의 단위 = 1.0

I Can Do 2-10

다음은 [I Can Do 2-6]의 자료이다. 이 자료에 대한 간격이 10인 줄기-잎 그림을 그려라.

(단위 : MPa)

92	98	89	86	91	88	98	94	92	95	88	89	98	90	93	61	89	93	91	88
88	89	97	84	91	90	86	94	96	92	96	111	85	92	86	88	90	92	96	94

Chapter 02 연습문제

연습문제 정답

1. 아래는 증폭 컴퓨터의 부품별 고장 횟수를 측정한 자료이다. 이 자료에 대해 다음을 구하라.

(단위 : 회)

부품	릴레이	포화반응기	다이오드	저항기	축전기
고장 횟수	23	38	243	429	67

(a) 도수표
(b) 막대그래프
(c) 꺾은선그래프
(d) 원그래프

2. 아래는 지난 일주일 동안 스포츠 또는 레크레이션으로 발생한 부상으로 응급실을 방문한 환자 수에 대한 자료이다. 이 자료에 대해 다음을 구하라.

(단위 : 명)

구분	축구	농구	야구	오토바이	자전거	놀이터
환자 수	9	6	4	11	3	7

(a) 점도표
(b) 도수표
(c) 막대그래프
(d) 꺾은선그래프
(e) 원그래프

3. 아래는 여름철에 발생한 사고사 원인별 사망자 수에 대한 자료이다. 이 자료에 대해 다음을 구하라.

(단위 : 명)

원인	약물	자동차	낙상	질식	익사	폭행
사망자 수	6	8	6	2	14	4

(a) 점도표
(b) 도수표
(c) 막대그래프
(d) 꺾은선그래프
(e) 원그래프

4. 아래는 지난 1년 동안 중증 암으로 진단받은 신규 환자 수에 대한 자료이다. 이 자료에 대해 다음을 구하라.

(단위 : 명)

유형	폐암	위암	간암	대장암	유방암	전립선암	갑상선암
환자 수	28,557	26,994	17,989	27,811	27,565	21,496	31,995

(a) 도수표
(b) 막대그래프
(c) 꺾은선그래프
(d) 원그래프

5. 아래는 어느 특정한 날에 네이버에서 섹션별 뉴스 댓글 개수를 조사한 자료이다. 이 자료에 대해 다음을 구하라.

(단위 : 개)

섹션	정치	경제	사회	생활	세계	IT
댓글 수	90,752	17,876	174,836	16,269	21,269	4,976

(a) 도수표
(b) 막대그래프
(c) 꺾은선그래프
(d) 원그래프

6. 아래는 어느 해에 조사한 연령대별 주식 투자자 수에 대한 자료이다. 이 자료에 대해 다음을 구하라.

(단위 : 백 명)

연령	10대	20대	30대	40대	50대	60대	70대 이상
투자자 수	274	1,071	1,812	2,215	1,980	1,172	611

(a) 도수표
(b) 막대그래프
(c) 꺾은선그래프
(d) 원그래프

7. 아래는 어느 해의 자동차 판매량을 연료별로 분류한 자료이다. 이 자료에 대해 다음을 구하라.

(단위 : 만 대)

연료	휘발유	경유	LPG	하이브리드	전기	CNG	수소
판매량	1,096	996	200	51	9	4	5

(a) 도수표
(b) 막대그래프
(c) 꺾은선그래프
(d) 원그래프

8. 아래는 독일 통계조사기관 Statista에서 조사한 국가별 e-book과 종이책의 보급률에 대한 자료이다. 이 자료에 대해 e-book과 종이책의 보급률을 비교할 수 있도록 다음을 구하라.

(단위 : %)

연도	중국	미국	영국	일본	한국	호주	스페인	독일	프랑스	인도
e-book	24.4	22.7	20.0	17.3	16.8	15.9	14.3	10.4	7.5	5.6
종이책	32.0	44.5	48.7	40.1	34.6	41.2	49.3	58.0	52.1	24.5

출처 : Statista, CaTalk

(a) 막대그래프
(b) 꺾은선그래프
(c) 원그래프

9. 아래는 성인 남녀 7,670명을 대상으로 가장 많이 이용하는 스마트 기기 애플리케이션을 조사한 자료이다. 이 자료에 대해 다음을 구하라.

(단위 : 명)

구분	메신저	동영상	포털	뉴스	생활정보	금융	교육	게임
남자	1,008	989	697	424	221	155	99	504
여자	1,232	941	623	191	227	109	109	141

(a) 남녀 모두 이용한 애플리케이션에 대한 도수표
(b) 남녀 모두 이용한 애플리케이션에 대한 막대그래프
(c) 남녀 모두 이용한 애플리케이션에 대한 꺾은선그래프
(d) 남녀 모두 이용한 애플리케이션에 대한 원그래프
(e) 남자와 여자가 이용한 애플리케이션을 비교하는 도수표
(f) 남자와 여자가 이용한 애플리케이션을 비교하는 막대그래프
(g) 남자와 여자가 이용한 애플리케이션을 비교하는 꺾은선그래프

10. 아래는 성인 남녀 11,430명을 대상으로 스마트 기기를 이용한 전자상거래 구매 경험을 종류별로 조사한 자료이다. 이 자료에 대해 다음을 구하라.

(단위 : 명)

전자상거래	TV홈쇼핑	온라인쇼핑	해외직구	개인 간 거래
남자	751	3,000	544	601
여자	2,167	2,976	567	824

(a) 남녀 모두 이용한 전자상거래에 대한 도수표
(b) 남녀 모두 이용한 전자상거래에 대한 막대그래프
(c) 남녀 모두 이용한 전자상거래에 대한 꺾은선그래프
(d) 남녀 모두 이용한 전자상거래에 대한 원그래프
(e) 남자와 여자가 이용한 전자상거래를 비교하는 도수표
(f) 남자와 여자가 이용한 전자상거래를 비교하는 막대그래프
(g) 남자와 여자가 이용한 전자상거래를 비교하는 꺾은선그래프

11. 아래는 어느 맑은 날 1시간 단위로 측정한 태양광 발전량에 대한 자료이다. 이 자료에 대해 다음을 구하라.

(단위 : KWh)

시각	01	02	03	04	05	06	07	08	09	10	11	12
전력	1.84	1.83	1.84	1.84	1.84	1.84	1.84	1.84	1.85	1.89	7.35	39.1
시각	13	14	15	16	17	18	19	20	21	22	23	24
전력	161	272	315	289	251	111	18.5	1.88	1.84	1.81	1.84	1.84

출처 : 강병복, 윤중현(2023), 『딥러닝 알고리즘을 이용한 태양광발전량 예측 모델에 대한 연구』

(a) 09시부터 21시까지 발전량에 대한 막대그래프

(b) 09시부터 21시까지 발전량에 대한 시계열 그림

12. 아래는 2009년부터 2020년까지 연도별로 조사한 국내 전자상거래 시장규모를 나타낸 자료이다. 이 자료에 대해 다음을 구하라.

(단위 : 조 원)

연도	2009	2010	2011	2012	2013	2014
거래액	21	25	29	34	39	45
연도	2015	2016	2017	2018	2019	2020
거래액	54	65	92	114	235	161

(a) 연도별 전자상거래 시장규모에 대한 막대그래프

(b) 연도별 전자상거래 시장규모에 대한 시계열 그림

(c) 이 자료에 대한 추세선을 구하면 $y = 15.39x - 23.88$이다. 이 식을 이용하여 2030년에 예상되는 시장규모를 구하라. (단, x는 연도, y는 거래액이다.)

13. 아래는 고혈압 약을 복용하는 어느 환자의 혈압을 2주간 측정한 자료이다. 이 자료에 대해 다음을 구하라.

(단위 : mmHg)

일자	1	2	3	4	5	6	7
수축기 혈압	131	132	124	114	138	128	130
이완기 혈압	91	83	85	73	82	80	74
일자	8	9	10	11	12	13	14
수축기 혈압	120	115	111	115	121	125	130
이완기 혈압	73	63	60	81	74	75	70

(a) 수축기 혈압과 이완기 혈압을 비교하는 막대그래프

(b) 수축기 혈압과 이완기 혈압을 비교하는 시계열 그림

14. 아래는 반도체 재료가 되는 실리콘 웨이퍼의 산화물층 두께를 측정한 자료이다. 이 자료에 대해 다음을 구하라.

(단위 : Å)

90	77	99	92	82	92	84	99	84	86	88	77	79	94	85	94	89	97	54
88	85	98	93	76	99	86	78	76	87	87	89	88	79	88	81	96	84	84
90	77	98	96	91	88	75	96	98	95	86	76							

(a) 점도표
(b) 계급의 수가 6인 도수분포표
(c) 도수히스토그램
(d) 도수다각형
(e) 간격이 10인 줄기-잎 그림
(f) 이상점으로 의심되는 측정값

15. 아래는 자동차 축전지의 수명에 대한 자료이다. 이 자료에 대해 다음을 구하라.

(단위 : 년)

3.1	3.0	4.5	2.3	4.0	4.2	1.9	2.6	4.2	2.5	2.4	4.0	3.4	2.7	3.1	3.8	2.3
3.8	2.8	3.9	3.7	3.9	3.3	3.7	2.5	4.4	2.9	3.6	2.5	2.8	2.6	2.4	3.1	3.7
2.2	3.9	4.0	1.9	3.9	3.1	1.9	2.7	1.9	6.4	4.4	2.6	2.4	2.4	2.6	4.1	

(a) 점도표
(b) 계급의 수가 5인 도수분포표
(c) 도수히스토그램
(d) 누적상대도수다각형
(e) 간격이 1인 줄기-잎 그림
(f) 이상점으로 의심되는 측정값

16. 새로 개발한 항진균제의 효능을 조사하기 위해, 40개의 표본을 선정하여 피부에 바르는 실험을 하였다. 아래는 표본을 바르고 일정 시간이 지난 뒤에 피부에 남아있는 약품의 양을 측정한 자료이다. 이 자료에 대해 다음을 구하라.

(단위 : ng/cm^2)

58	41	44	44	51	46	56	43	43	46	52	15	46	36	46	42	55	41	59	60
39	37	38	42	54	57	53	37	45	59	85	40	58	48	40	43	52	46	38	45

(a) 점도표
(b) 계급의 수가 5인 도수분포표
(c) 도수히스토그램
(d) 도수다각형
(e) 간격이 10인 줄기-잎 그림
(f) 이상점으로 의심되는 측정값

17. 아래는 어떤 특정한 장비 50대를 구입하여 처음으로 고장난 시간을 측정한 자료이다. 이 자료에 대해 다음을 구하라.

(단위 : 일)

40	22	22	17	48	18	12	34	34	4	54	27	27	4	57	1	51	59	1
17	29	57	12	54	18	57	20	34	29	45	18	15	40	27	54	20	83	45
31	40	12	45	18	18	22	31	10	18	15	48							

(a) 점도표 (b) 계급의 수가 5인 도수분포표
(c) 도수히스토그램 (d) 도수다각형
(e) 간격이 5인 줄기-잎 그림 (f) 이상점으로 의심되는 측정값

18. 아래는 유리 산화물에 포함된 나트륨의 양을 조사하기 위해 40개의 표본을 측정한 자료이다. 이 자료에 대해 다음을 구하라.

(단위 : %)

13.4	12.8	13.7	13.2	13.1	13.7	13.5	13.6	12.8	13.4	13.9	13.3	13.1	13.0
13.3	13.8	13.7	13.5	13.7	13.1	13.8	13.6	13.1	13.5	13.3	13.1	13.3	13.0
13.3	13.2	13.2	14.8	13.7	13.2	13.7	13.0	13.3	14.5	12.8	13.0		

(a) 점도표 (b) 계급의 수가 5인 도수분포표
(c) 도수히스토그램 (d) 누적상대도수다각형
(e) 간격이 0.5인 줄기-잎 그림 (f) 이상점으로 의심되는 측정값

19. 아래는 40개의 알루미늄 합금 표본에 대해 측정한 인장강도를 나타낸 자료이다. 이 자료에 대해 다음을 구하라.

(단위 : N/mm^2)

251	277	268	283	249	289	269	267	289	266	261	267	256	265	266
271	265	271	280	271	280	245	246	257	248	274	271	259	269	272
269	273	255	284	278	273	287	249	271	285					

(a) 점도표 (b) 계급이 5인 도수분포표
(c) 도수히스토그램 (d) 누적상대도수다각형
(e) 간격이 10인 줄기-잎 그림

20. 아래는 흡연자를 상대로 조사한 혈청 코티닌에 대한 자료이다. 이 자료에 대해 다음을 구하라.

코티닌(ng/mL)	0 ~ 99	100 ~ 199	200 ~ 299	300 ~ 399	400 ~ 499
흡연자 수(명)	11	12	14	2	1

(a) 도수분포표 (b) 도수히스토그램 (c) 상대도수다각형

21. 아래는 두 종류의 탄소섬유 강화 중합체의 밀도를 나타낸 자료이다. 이 두 자료에 대해 다음을 구하라.

(단위 : g/cm^3)

중합체 A	1.6 1.7 1.7 1.7 1.6 1.5 1.8 1.5 1.6 1.6 1.7 1.4 1.5 1.6 1.5 1.7 1.5 1.6 1.7 1.6 1.4 1.5 1.8 1.6 1.6 1.7 1.6 1.6 1.5 1.6 1.6 1.4 1.7 1.5 1.7 1.5 1.7 1.5 1.7 1.7
중합체 B	1.6 1.7 1.7 1.6 1.5 1.8 1.7 1.6 1.8 1.9 1.7 1.5 1.7 1.8 1.7 1.8 1.8 1.8 1.6 1.6 1.8 1.6 1.7 1.5 1.8 1.7 1.6 1.8 1.6 1.8 1.7 1.6 1.8 1.7 1.6 1.6 1.8 1.9 1.7 1.8

(a) 두 자료집단을 동일한 수평축에 위아래로 나란히 배열한 점도표

(b) 두 자료집단을 비교하는 도수다각형

22. 아래는 두 종류의 세라믹 표본을 선정하고, 표본 시험체에 균열이 생길 때의 하중에 대해 조사한 자료이다. 이 두 자료에 대해 다음을 구하라.

(단위 : kg)

세라믹 A	21 20 26 28 21 26 23 26 34 31 28 32 32 34 56 29 32 31 24 32 32 25 30 30 31 28 26 30 32 28 32 32 35 32 35 30 36 31 27 32
세라믹 B	36 32 33 32 34 35 21 24 26 27 32 36 32 38 24 20 41 27 34 26 30 35 24 33 27 20 33 25 18 37 23 34 27 24 33 29 39 31 37 31

(a) 두 자료집단을 위아래로 작성한 점도표

(b) 두 자료집단을 동일한 계급간격으로 표현한 계급의 수가 5인 도수분포표

(c) 두 자료집단을 비교하는 도수다각형

(d) 두 자료집단을 비교하는 누적상대도수다각형

(e) 줄기 부분을 중심으로 두 자료집단을 좌우에 표현한, 간격이 10인 줄기-잎 그림

(f) 이상점으로 의심되는 측정값

23. 아래는 두 종류의 알루미늄 합금 표본에 대한 인장강도를 나타낸 자료이다. 이 두 자료에 대해 다음을 구하라.

(단위 : N/mm^2)

합금 A	265	253	290	285	267	273	274	262	285	258	285	281
	267	273	274	256	285	260	278	287	284	285	272	253
	264	282	272	262	253	269	264	257	274	257	262	270
	278	264	256	264								
합금 B	278	270	279	272	274	271	278	278	264	260	262	272
	263	262	274	264	285	262	268	262	264	277	276	260
	271	285	263	256	275	268	274	272	278	270	259	266
	270	268	277	273								

(a) 두 자료집단을 위아래로 작성한 점도표

(b) 두 자료집단을 동일한 계급간격으로 표현한 계급의 수가 5인 도수분포표

(c) 두 자료집단을 비교하는 도수다각형

(d) 두 자료집단을 비교하는 상대도수다각형

(e) 줄기 부분을 중심으로 두 자료집단을 좌우에 표현한, 간격이 10인 줄기-잎 그림

24. 아래는 두 회사에서 생산하는 자동차용 배터리 용량을 조사한 자료이다. 이 두 자료에 대해 다음을 구하라.

(단위 : Ah, 암페어-시)

배터리 A	77.9	83.7	83.2	82.0	79.1	82.4	79.4	80.1	77.8	79.2	82.7
	82.3	80.8	79.2	82.1	79.2	82.1	79.2	81.8	77.3	77.8	77.1
	79.5	79.8	78.8	78.8	78.6	80.8	79.2	80.5	78.2	78.6	82.0
	82.1	80.2	79.2	78.6	79.4	78.9	80.4				
배터리 B	81.1	83.4	78.0	77.8	94.2	83.6	83.0	78.2	76.9	80.4	83.8
	83.3	80.8	82.1	82.8	83.2	81.6	81.5	80.0	77.6	78.6	80.6
	78.3	78.9	81.0	76.4	77.4	78.8	80.5	77.0	80.2	80.5	78.3
	79.3	78.4	77.3	76.6	62.4	78.0	88.2				

(a) 정수 부분에 대해 두 자료집단을 위아래로 작성한 점도표

(b) 두 자료집단을 동일한 계급간격으로 표현한 계급의 수가 5인 도수분포표

(c) 두 자료집단을 비교하는 도수다각형

(d) 두 자료집단을 비교하는 누적도수다각형

(e) 줄기 부분을 중심으로 두 자료집단을 좌우에 표현한, 간격이 1인 줄기-잎 그림

(f) 이상점으로 의심되는 측정값

25. 아래는 남자 40명과 여자 40명의 백혈구 수를 조사한 자료이다. 이 두 자료에 대해 다음을 구하라.

(단위 : 1,000개/mm^3)

남자	9.8	6.3	10.3	9.7	9.8	6.9	4.5	9.6	4.7	5.3	8.6	9.4	10.1	5.3	8.6	7.2
	7.6	8.6	10.5	8.6	6.6	6.0	6.4	5.5	5.9	6.2	7.4	9.2	4.6	5.8	7.6	9.7
	4.6	6.3	9.6	10.4	5.6	9.7	6.1	5.4								
여자	9.2	8.2	7.5	9.2	5.8	9.2	8.6	6.4	9.1	9.5	8.2	8.4	5.9	9.0	4.7	7.3
	6.6	6.2	4.9	6.2	5.5	8.9	5.8	6.1	8.3	6.3	5.2	8.8	7.8	8.8	8.1	6.5
	7.4	8.9	8.8	5.5	9.2	6.8	8.8	8.4								

(a) 정수 부분에 대해 두 자료집단을 위아래로 작성한 점도표

(b) 두 자료집단을 동일한 계급간격으로 표현한 계급의 수가 5인 도수분포표

(c) 두 자료집단을 비교하는 도수다각형

(d) 두 자료집단을 비교하는 누적상대도수다각형

(e) 줄기 부분을 중심으로 두 자료집단을 좌우에 표현한, 간격이 1인 줄기-잎 그림

(f) 이상점으로 의심되는 측정값

Chapter 03

자료의 정리 – 수치

Organizations of Datum by numbers

||| 목차 |||

||| 학습목표 |||

- 여러 가지 중심위치의 척도를 이해하고, 각 척도를 구할 수 있다.
- 산포도의 의미를 이해하고, 각 척도를 구할 수 있다.
- 각 자료 값에 대한 상대적 위치를 이해하고, 상자그림을 그릴 수 있다.
- 두 자료집단 사이의 관계를 그림으로 나타내고, 상관관계를 구할 수 있다.

Section 3.1 중심위치의 척도

2장에서는 양적자료를 여러 종류의 표 또는 그림으로 자료의 특성을 알기 쉽게 정리하는 방법에 대해 살펴보았다. 여기서는 이러한 자료의 특성을 통해 자료집단의 중심위치를 나타내는 척도인 대푯값에 대해 알아볼 것이다. 먼저, 다음 기사를 살펴보자.

> 25일 한국은행이 발표한 '2023년 4분기 및 연간 실질 국내총생산(속보)'을 보면, 지난해 **연간 1.4% 성장** 달성에는 하반기 수출 회복 영향이 컸다.
>
> (중략)
>
> 분기별 성장률(전 분기 대비)로 보면, 지난해 민간소비 증감률은 1분기 0.6%에서 4분기 0.2%로 하반기로 갈수록 낮아졌다. 반면 수출 증감률은 1분기 4.5%에서 2분기 -0.9%로 크게 떨어진 뒤 3분기 3.4%, 4분기 2.6%로 후반부로 갈수록 점차 회복세를 나타냈다.

출처 : 한겨레 2024년 1월 25일

이 기사에서 2023년도 분기별 성장률은 4.5%, −0.9%, 3.4%, 2.6%이고, 이러한 분기별 성장률을 대표하여 연간 성장률이 1.4%임을 보여주고 있다. 이와 같이 자료집단의 수치들을 대표하는 하나의 수치를 **대푯값**representative value이라 한다. 이 절에서는 자료집단의 대푯값으로 자료가 집중하는 경향을 나타내는 **중심위치의 척도**measure of centrality에 대해 살펴본다.

평균

가장 많이 사용하는 중심위치의 척도는 산술평균이며, 간단히 **평균**mean이라 한다. 이때 모집단과 표본의 평균을 각각 **모평균**population mean과 **표본평균**sample mean이라 하고, 다음과 같이 정의한다.

정의 3-1 모평균과 표본평균

- **모평균** : N개로 구성된 모집단의 각 자료 값 $x_1,\ x_2,\ \cdots,\ x_N$에 대한 산술평균

$$\mu = \frac{1}{N}\sum_{i=1}^{N} x_i$$

- **표본평균** : n개로 구성된 표본의 각 자료 값 $x_1,\ x_2,\ \cdots,\ x_n$에 대한 산술평균

$$\overline{x} = \frac{1}{n}\sum_{i=1}^{n} x_i$$

평균은 자료집단에 대한 점도표 또는 히스토그램이 수평을 유지하는 위치를 나타내는 척도이다. 예를 들어 2장 [표 2-3]에서 언급한 환자 50명의 심장 박동수에 대한 평균을 구하면 $\overline{x} = 69$이다. 이 수치는 2장 [그림 2-6]의 점도표에서 중심위치를 나타내는 척도이며, 그림으로 나타내면 [그림 3-1]과 같다.

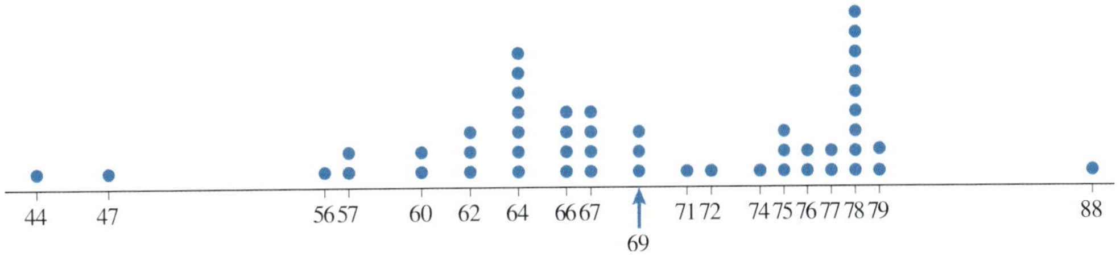

[그림 3-1] 중심위치의 의미

평균의 특성을 알아보기 위해 두 표본 A [1, 2, 3, 4, 5]와 B [1, 2, 3, 4, 50]의 평균을 각각 $\overline{x}$, $\overline{y}$라 하면 다음과 같다.

$$\overline{x} = \frac{1+2+3+4+5}{5} = 3, \quad \overline{y} = \frac{1+2+3+4+50}{5} = 12$$

두 표본의 점도표에 평균의 위치를 표시하면 [그림 3-2]와 같이 크게 차이가 있음을 알 수 있다. 그리고 표본 B의 자료 값 50은 대부분의 자료 값에서 멀리 떨어진 이상점으로 생각된다.

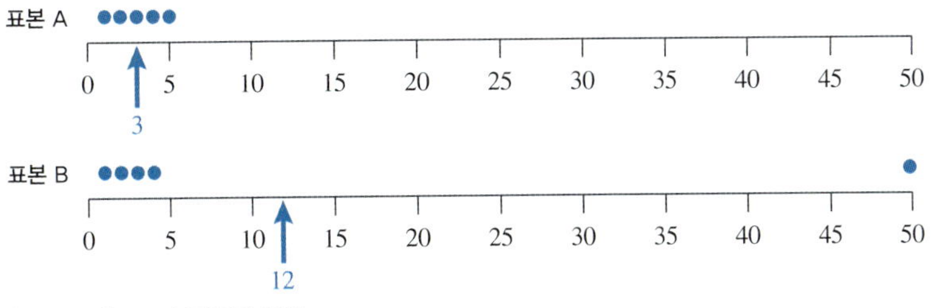

[그림 3-2] 두 표본평균의 위치

평균의 특성은 다음과 같다.

❶ 평균은 유일하다.
❷ 평균은 계산하기 쉽다.
❸ 모든 자료 값을 반영한다.
❹ 각 자료 값과 평균과의 편차 $x_i - \overline{x}$의 합은 0이다. 즉, $\sum(x_i - \overline{x}) = 0$이다.
❺ 각 편차의 제곱합이 다른 대푯값의 편차의 제곱합보다 작다.
❻ 자료 값 안에 포함된 이상점의 유무에 따라 큰 차이를 보인다.

표본평균은 이상점의 유무에 따라 큰 차이를 보이지만, 다른 장점도 많으므로 추론통계학에서 자주 사용한다.

예제 3-1

광고주 40명으로부터 광고 제작을 의뢰받은 광고대행사는 AI를 이용하여 영상을 제작하였다. AI로 각각의 광고영상을 제작한 시간을 측정하여 아래와 같은 자료를 얻었다. 이 자료에 대해 다음을 구하라.

(단위 : 초)

51 58 62 56 51 58 71 68 63 68 67 57 55 52 50 67 75 71 58 73
61 75 56 65 53 64 73 71 65 69 52 69 67 65 62 65 71 65 64 57

(a) 이 표본에 대한 평균을 구하라.
(b) 점도표를 작성하고 평균의 위치를 표시하라.

풀이

(a) 40개의 제작시간을 모두 합하면 $\sum x_i = 2520$이므로 표본평균은 다음과 같다.

$$\overline{x} = \frac{1}{40}\sum_{i=1}^{40} x_i = \frac{2520}{40} = 63$$

(b) 점도표와 표본평균의 위치는 다음과 같다.

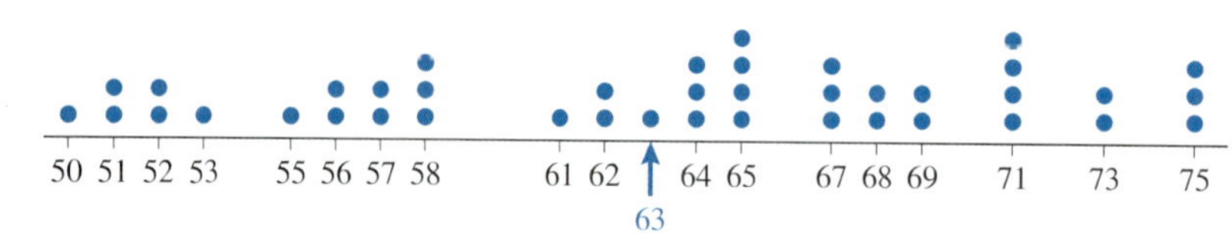

I Can Do 3-1

반도체 생산라인 A, B에서 생산된 실리콘 웨이퍼를 20개씩 선택하고 산화물 코팅 두께를 각각 측정하여 아래와 같은 자료를 얻었다. 이 자료에 대해 다음을 구하라. (단, 단위는 Å이다.)

생산라인 A	94.0 91.1 91.4 89.0 90.4 96.7 98.4 93.0 89.2 89.5 96.0 90.5 97.2 97.6 101.7 90.3 90.3 90.8 90.2 92.7
생산라인 B	93.7 92.4 92.8 93.6 93.6 92.3 92.8 92.4 93.0 92.8 93.6 92.5 93.6 92.8 92.8 93.2 92.5 93.5 93.5 92.6

(a) 생산라인 A, B에서 생산된 웨이퍼의 평균 코팅 두께를 구하라.

(b) 점도표를 작성하고 평균의 위치를 표시하라.

(c) 점도표를 이용하여 생산라인 A, B에서 생산된 웨이퍼의 코팅 두께를 비교하라.

가중평균

자료집단 안에 자료 값이 중복된 경우의 산술평균을 생각하기 위해 표본 [1, 2, 3, 3, 4, 5, 5, 6, 6, 6]을 생각하자. 이 표본에 대한 평균을 구하면 다음과 같다.

$$\begin{aligned}\bar{x} &= \frac{1}{10}(1+2+3+3+4+5+5+6+6+6)\\ &= 1\times\frac{1}{10}+2\times\frac{1}{10}+3\times\frac{2}{10}+4\times\frac{1}{10}+5\times\frac{2}{10}+6\times\frac{3}{10}\\ &= 4.1\end{aligned}$$

이때 각 자료 값에 대한 도수와 상대도수(가중치)는 각각 [표 3-1]과 같다.

[표 3-1] 자료 값과 상대도수

자료 값	1	2	3	4	5	6
도수	1	1	2	1	2	3
상대도수	$\frac{1}{10}$	$\frac{1}{10}$	$\frac{2}{10}$	$\frac{1}{10}$	$\frac{2}{10}$	$\frac{3}{10}$

주어진 표본의 평균은 각 자료 값과 대응하는 상대도수의 곱을 모두 더한 것과 같다. 이와 같이 전체 자료의 수가 n이고 서로 다른 자료 값 $x_1, x_2, \cdots, x_k$의 도수가 각각 $f_1, f_2, \cdots, f_k$인 경우 자료집단의 평균은 다음과 같다. 그리고 이를 **가중평균**weighted mean이라 한다.

$$\bar{x} = x_1\times\frac{f_1}{n}+x_2\times\frac{f_2}{n}+\cdots+x_k\times\frac{f_k}{n}$$

가중평균은 도수분포표로 주어진 자료에 대해 중심위치를 구할 때 매우 효과적이다. 이때 각 계급에 주어진 자료의 도수는 알 수 있으나, 자료 각각의 정확한 값을 알 수 없으므로 각 계급의 자료 값 대신에 그 계급을 대표하는 계급값을 선정한다. 그러면 각 계급값 $x_1, x_2, \cdots, x_k$ 와 각 계급의 상대도수 $\frac{f_1}{n}, \frac{f_2}{n}, \cdots, \frac{f_k}{n}$ 의 곱을 모두 합한 가중평균으로 전체 자료의 평균을 추측할 수 있다. 예를 들어 환자 50명에 대한 심장 박동수를 나타내는 도수분포표인 2장 [표 2-4]를 다시 보자.

[표 2-4] 환자 50명의 심장 박동수에 대한 도수분포표

계급간격	도수	상대도수	누적도수	누적상대도수	계급값
43.5 ~ 52.5	2	0.04	2	0.04	48
52.5 ~ 61.5	5	0.10	7	0.14	57
61.5 ~ 70.5	21	0.42	28	0.56	66
70.5 ~ 79.5	21	0.42	49	0.98	75
79.5 ~ 88.5	1	0.02	50	1.00	84
합계	50	1.00			

심장 박동수에 대한 가중평균을 구하면 다음과 같다.

$$\begin{aligned}\bar{x} &= 48 \times \frac{2}{50} + 57 \times \frac{5}{50} + 66 \times \frac{21}{50} + 75 \times \frac{21}{50} + 84 \times \frac{1}{50} \\ &= \frac{1713}{50} = 68.52\end{aligned}$$

그러면 앞에서 구한 50명의 심장 박동수에 대한 전체 자료의 평균인 69와 차이가 크지 않음을 알 수 있다.

예제 3-2

[예제 3-1]의 자료에 대한 도수분포표는 다음과 같다. 이를 이용하여 전체 자료의 가중평균을 구하고, [예제 3-1]에서 구한 평균과 비교하라.

계급간격	도수	상대도수	누적도수	누적상대도수	계급값
49.5 ~ 55.5	7	0.175	7	0.175	52.5
55.5 ~ 61.5	8	0.200	15	0.375	58.5
61.5 ~ 67.5	13	0.325	28	0.700	64.5
67.5 ~ 73.5	10	0.250	38	0.950	70.5
73.5 ~ 79.5	2	0.050	40	1.000	76.5
합계	40	1.000			

풀이

각 계급의 계급값과 상대도수는 다음과 같다.

계급값	52.5	58.5	64.5	70.5	76.5
상대도수	0.175	0.200	0.325	0.250	0.050

따라서 구하는 가중평균은 다음과 같다.

$$\begin{aligned}\bar{x} &= 52.5\times0.175+58.5\times0.2+64.5\times0.325+70.5\times0.25+76.5\times0.05\\ &= 63.3\end{aligned}$$

그러면 [예제 3-1]에서 구한 평균 63과 0.3만큼 차이가 있다.

I Can Do 3-2

다음 도수분포표로 주어진 자료에 대한 가중평균을 구하라.

계급간격	도수	상대도수	누적도수	누적상대도수	계급값
60.5 ~ 69.5	1	0.025	1	0.025	65
69.5 ~ 78.5	0	0.000	1	0.025	74
78.5 ~ 87.5	5	0.125	6	0.150	83
87.5 ~ 96.5	29	0.725	35	0.875	92
96.5 ~ 105.5	4	0.100	39	0.975	101
105.5 ~ 114.5	1	0.025	40	1.000	110
합계	40	1.000			

절사평균

평균은 모든 자료 값의 정보를 포함하지만 이상점의 유무에 따라 크게 달라진다는 단점이 있다. 이때 이상점은 잘못 측정되거나 기록을 잘못하여 발생한 자료 값으로 생각하고 제거하는 것이 바람직하다. 어떤 자료집단이 이상점을 포함하면 일정 비율만큼 가장 큰 자료 값과 가장 작은 자료 값을 제거한 나머지 자료에 대한 평균을 사용하는데, 이러한 평균을 **절사평균**trimmed mean이라 하고 절사비율 $\alpha\%$에 대해 $TM_{\alpha\%}$으로 나타낸다. 절사평균은 보편적으로 5% 또는 10% 절사비율을 많이 사용한다. 예를 들어, 10개의 자료로 구성된 자료집단에 대한 '10%-절사평균'이라 함은 전체 자료의 10%인 1개를 큰 쪽의 자료와 작은 쪽의 자료에서 각각 제거한 나머지 8개 자료에 대한 산술평균을 의미한다.

■ 절사 자료의 개수

자료의 개수가 n이고 절사비율 α에 대해 $\alpha n = k$라 하자.

❶ k가 정수인 경우, 양 끝에서 각각 k개의 자료를 제거한다.

❷ k가 정수가 아닌 경우, k보다 작은 정수 중에서 가장 큰 정수(즉, $[k]$)만큼 양 끝에서 제거한다.

예제 3-3

다음은 특정한 운영체제가 설치된 컴퓨터 15대의 부팅시간을 나타낸 자료이다. 이 자료에 대한 평균과 10%-절사평균을 구하라.

(단위 : 초)

12	11	13	12	10	10	10	15	40	15	11	11	13	15	12

풀이

이 자료에 대한 평균은 다음과 같다.

$$\bar{x} = \frac{1}{15}(12+11+\cdots+12) = 14$$

전체 자료가 15개이므로 10%-절사되는 자료의 수는 $15 \times 0.1 = 1.5$이고 $[1.5] = 1$개이다. 그러면 가장 작은 자료 값 10과 가장 큰 자료 값 40을 제거한 나머지 13개의 자료는 다음과 같다.

[12 11 13 12 10 10 15 15 11 11 13 15 12]

따라서 10%-절사평균은 다음과 같다.

$$TM_{10\%} = \frac{1}{13}(12+11+\cdots+12) \approx 12.3$$

I Can Do 3-3

다음은 동일한 부위에 상처가 난 환자를 상대로 특정 항균 연고의 흡수속도를 나타낸 자료이다. 이 자료에 대한 평균과 10%-절사평균을 구하라.

(단위 : $\mu g/cm^2$)

3.5	2.7	1.8	2.8	2.6	2.2	3.2	1.9	3.0	2.0
3.2	3.5	6.6	3.2	2.6	2.3	2.1	2.9	3.5	3.4

중앙값

2장에서 줄기-잎 그림을 그릴 때 전체 자료를 크기순으로 나열한 다음, 중앙에 놓인 자료 값이 있는 행의 왼쪽에 괄호를 사용하여 잎의 도수를 기입하였다. 이와 같이 수집한 자료를 크기가 작은 수부터 나열하여 가장 가운데 놓이는 자료 값을 **중앙값**median 또는 **중위수**라 한다. 중앙값은 전체 자료 중에서 가장 중앙에 위치하므로 자료집단의 이상점 포함 유무에 영향을 전혀 받지 않는다. 자료의 개수가 n개인 자료집단의 중앙값은 다음과 같이 구한다.

❶ n이 홀수인 경우, 중앙값은 $\dfrac{n+1}{2}$번째 자료 값이다.

❷ n이 짝수인 경우, 중앙값은 $\dfrac{n}{2}$번째와 $\dfrac{n}{2}+1$번째 자료 값의 평균이다.

중앙값은 자료의 개수가 많으면 크기순으로 나열하여 가운데 자료 값을 구해야 하는 불편함이 있다. 중앙값의 특성은 다음과 같다.

❶ 이상점에 대해 전혀 영향을 받지 않는다.
❷ 수리적으로 다루기 매우 힘들다.
❸ 자료의 개수가 많으면 부적절하다.
❹ 전체 자료의 정보를 반영하지 않는다.
❺ 어느 한쪽으로 치우친 분포를 갖는 자료집단에서는 평균보다 좋은 중심위치를 나타낸다.

예제 3-4

[예제 3-3]의 자료에 대한 중앙값을 구하라.

풀이

15개의 자료 값을 크기순으로 재배열하면 다음과 같다.

10	10	10	11	11	11	12	12	12	13	13	15	15	15	40

전체 자료의 개수가 15개이므로 중앙값은 8번째 자료 값인 12이다.

I Can Do 3-4

[I Can Do 3-3]의 자료에 대한 중앙값을 구하라.

[예제 3-3]과 [예제 3-4]를 비교하면 이상점을 제거한 절사평균과 중앙값이 비슷함을 알 수 있다.

최빈값

중심위치를 나타내는 다른 척도로 가장 많은 빈도수를 가지는 자료 값을 나타내는 **최빈값** mode이 있다. 최빈값은 두 번 이상 나타나는 자료 값 중 가장 많은 도수를 가지는 자료 값이다. 최빈값의 특성은 다음과 같다.

❶ 이상점에 대해 전혀 영향을 받지 않는다.
❷ 존재하지 않거나 여러 개 존재할 수 있다.
❸ 수리적으로 다루기 매우 힘들다.
❹ 자료의 개수가 많으면 부적절하다.
❺ 전체 자료의 정보를 반영하지 않는다.

예제 3-5

다음은 [예제 3-3]의 자료이다. 이 자료에 대한 최빈값을 구하라.

(단위 : 초)

12	11	13	12	10	10	10	15	40	15	11	11	13	15	12

풀이

[예제 3-3]의 자료에서 가장 많은 빈도수를 가지는 자료 값은 3번씩 나타난 10, 11, 12, 15이므로 최빈값은 10, 11, 12, 15이다.

I Can Do 3-5

다음은 [I Can Do 3-3]의 자료이다. 이 자료에 대한 최빈값을 구하라.

(단위 : $\mu g/cm^2$)

3.5	2.7	1.8	2.8	2.6	2.2	3.2	1.9	3.0	2.0
3.2	3.5	6.6	3.2	2.6	2.3	2.1	2.9	3.5	3.4

평균, 중앙값, 최빈값의 관계

지금까지 중심위치를 나타내는 대표적인 척도인 평균, 절사평균, 중앙값, 최빈값을 살펴보았다. 이러한 중심위치의 척도 중에서는 보편적으로 평균을 가장 많이 사용하고, 어느 한쪽으로 치우친 분포 모양일 경우에는 평균보다는 중앙값을 사용하기도 한다.

자료의 분포 모양에 따라 이러한 척도 사이의 관계를 살펴보면 [표 3-2]와 같다. 이 표에서 최빈값은 Mo, 중앙값은 Me, 절사평균은 TM으로 나타낸다.

[표 3-2] 분포 모양과 대푯값의 관계

유형	특성	분포 모양	대푯값의 관계
대칭형	평균을 중심으로 대칭인 형태	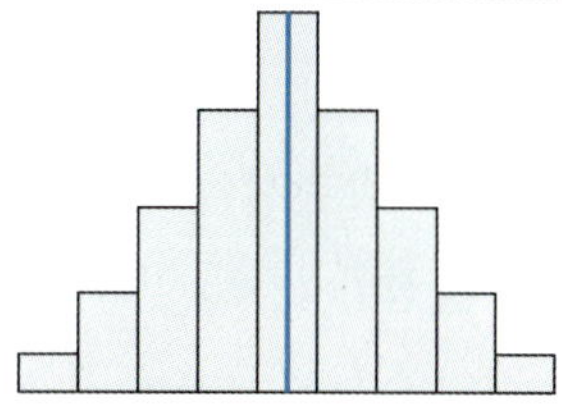 $\bar{x} = TM = Me = Mo$	$\bar{x} = TM = Me = Mo$
양의 비대칭형	왼쪽으로 치우치고 오른쪽으로 긴 꼬리 모양을 갖는 형태	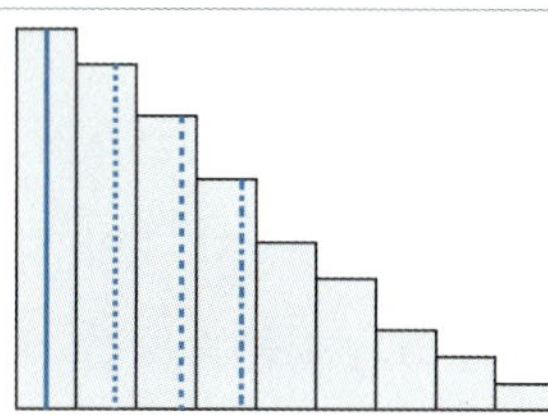 Mo Me TM $\bar{x}$	$Mo < Me < TM < \bar{x}$
음의 비대칭형	오른쪽으로 치우치고 왼쪽으로 긴 꼬리 모양을 갖는 형태	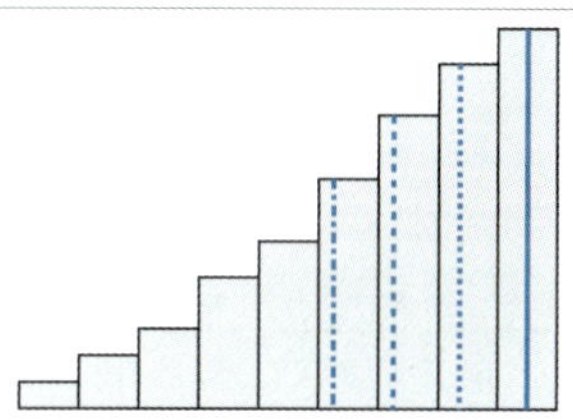 $\bar{x}$ TM Me Mo	$\bar{x} < TM < Me < Mo$

Section

3.2 산포의 척도

수집한 자료집단의 특성을 알기 위해 중심위치의 척도를 살펴보았으나, 이 척도만으로 자료집단의 특성을 설명하기에는 부족하다. 중심위치가 동일하더라도 자료집단이 밀집되거나 폭넓게 퍼지기도 하고, [표 3-2]의 비대칭형과 같이 어느 한쪽으로 치우치기도 한다. 이 절에서는 자료집단이 어떠한 형태로 나타나는지를 설명하는 척도에 대해 살펴본다.

두 자료집단의 밀집 정도를 살펴보기 위해 두 표본 A [6, 6, 7, 7, 7, 8, 8]과 B [1, 2, 5, 7, 9, 12, 13]을 살펴보자. 두 표본의 평균과 중앙값은 동일하게 7이다. 그러나 두 표본의 점도표를 그리면 [그림 3-3]과 같이 표본 A는 평균을 중심으로 집중하지만, 표본 B는 폭넓게 퍼지는 것을 알 수 있다.

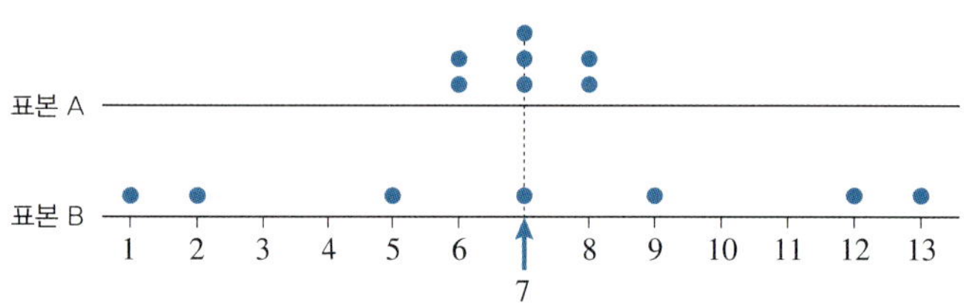

[그림 3-3] 중심위치가 동일하지만 밀집 정도가 다른 자료집단

[그림 3-4]의 히스토그램을 살펴보면 두 자료집단의 중심위치는 모두 5이다. 그러나 [그림 3-4(a)]는 삼각형 모양의 대칭형이지만 [그림 3-4(b)]는 왼쪽으로 치우치고 오른쪽으로 긴 꼬리를 갖는 양의 비대칭형이다.

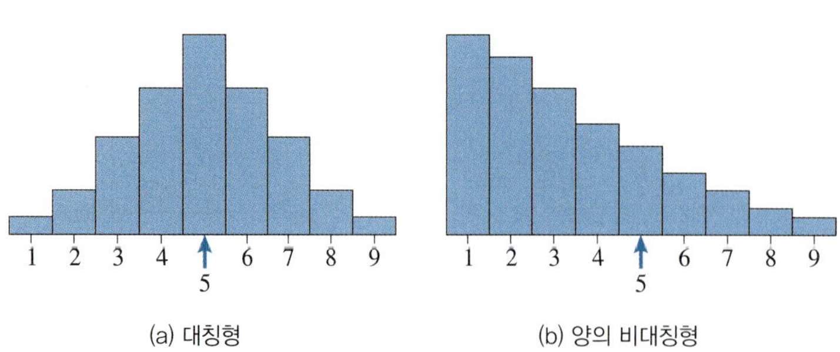

[그림 3-4] 중심위치가 동일하지만 분포가 다른 히스토그램

따라서 수집한 자료집단의 특성을 충분히 알기 위해 자료의 밀집되는 정도를 나타내는 척도와 비대칭 정도를 나타내는 척도가 필요하다. 이때 수집한 자료집단이 흩어지거나 밀집되는 정도를 나타내는 척

도를 **산포도**measure of dispersion라 한다. 많이 사용하는 산포도에는 범위, 사분위수범위, 평균편차, 분산, 표준편차, 변동계수 등이 있다.

범위

범위는 가장 간단한 산포의 척도로, 자료집단의 최대 자료 값($x_{\max}$)과 최소 자료 값($x_{\min}$)의 차이다. 즉 자료집단의 범위는 다음과 같다.

$$R = x_{\max} - x_{\min}$$

예를 들어 두 표본 A [6, 6, 7, 7, 7, 8, 8]과 B [1, 2, 5, 7, 9, 12, 13]에 대해 표본 A의 범위는 $R = 8 - 6 = 2$이고 표본 B의 범위는 $R = 13 - 1 = 12$이다. 따라서 범위가 클수록 자료는 폭넓게 분포한다.

범위의 성질은 다음과 같다.

❶ 계산하기 쉽다.
❷ 이상점에 크게 영향을 받는다.
❸ 개개의 자료 값이 범위 계산에 반영되지 않는다.
❹ 자료의 개수가 많은 경우에 부적절하다.

특히 범위는 개개의 자료 값을 반영하지 못하고 최댓값과 최솟값만 이용하므로 [그림 3-5]와 같이 동일한 범위를 갖더라도 자료의 분포 모양은 다르게 나타날 수 있다.

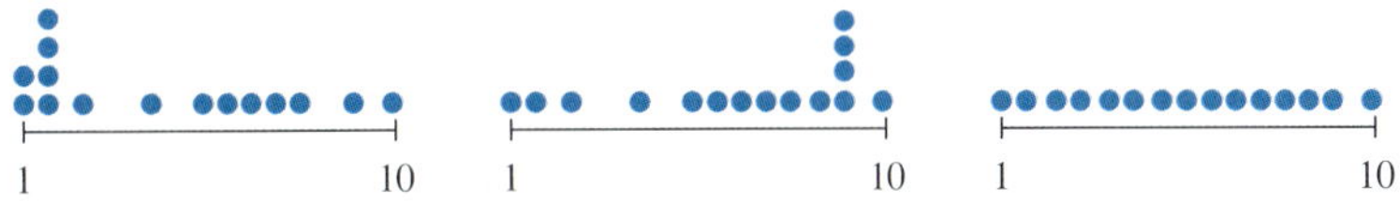

[그림 3-5] 다양한 분포 모양과 동일한 범위

예제 3-6

두 표본 A [2, 3, 3, 4, 5, 6, 5]와 표본 B [1, 1, 3, 4, 5, 6, 50]에 대한 범위를 구하라.

풀이

표본 A에 대해 $x_{\max} = 6$, $x_{\min} = 2$이므로 범위는 $R = 6 - 2 = 4$이다.

표본 B에 대해 $x_{\max} = 50$, $x_{\min} = 1$이므로 범위는 $R = 50 - 1 = 49$이다.

I Can Do 3-6

두 표본 A [9, 11, 10, 11, 12, 13]과 표본 B [6, 11, 10, 11, 12, 16]에 대해 다음을 구하라.

(a) 평균 (b) 중앙값 (c) 최빈값 (d) 범위

평균편차

범위는 가장 간단한 산포도이지만, 양극단의 두 자료 값에 의하여 결정되므로 나머지 자료 값의 정보를 고려하지 않는다는 단점이 있다. 이러한 단점을 극복하기 위해 개개의 자료 값(x_i)과 평균($\overline{x}$)의 편차에 대한 절댓값들의 평균인 산포도를 사용하며, 이러한 척도를 **평균편차** mean deviation 라 한다. 즉 평균편차는 다음과 같다.

$$MD = \frac{1}{n}\sum_{i=1}^{n} \left| x_i - \overline{x} \right|$$

예를 들어 두 표본 A [6, 6, 7, 7, 7, 8, 8]과 B [1, 2, 5, 7, 9, 12, 13]의 평균이 모두 7이므로 두 표본의 평균편차는 각각 다음과 같다.

$$\begin{aligned} MD_{\mathrm{A}} &= \frac{1}{7}(1+1+0+0+0+1+1) \\ &= \frac{4}{7} \approx 0.57 \end{aligned}$$

$$\begin{aligned} MD_{\mathrm{B}} &= \frac{1}{7}(6+5+2+0+2+5+6) \\ &= \frac{26}{7} \approx 3.71 \end{aligned}$$

그러면 [그림 3-3]에서 보듯이 평균편차가 클수록 폭넓게 분포하는 것을 알 수 있다. 한편, 범위의 성질은 다음과 같다.

1. 개개의 자료 값에 대한 정보를 반영한다.
2. 범위에 비해 이상점에 대한 영향을 덜 받는다.
3. 절댓값을 사용하여 수리적으로 처리하기 곤란하다.[1]
4. 시계열 자료를 분석하거나 데이터 분석을 탐색하는 경우에 많이 사용한다.

1 개개의 자료 값마다 평균과의 차이에 대한 절댓값을 계산해야 하기 때문에 수리적으로 처리하기 곤란하다.

예제 3-7

[예제 3-6]의 자료인 두 표본 A [2, 3, 3, 4, 5, 6, 5]와 표본 B [1, 1, 3, 4, 5, 6, 50]에 대한 평균편차를 구하라.

풀이

표본 A의 평균은 4, 표본 B의 평균은 10이므로 각 자료 값과 평균의 편차에 대한 절댓값은 각각 다음과 같다.

표본 A	2, 1, 1, 0, 1, 2, 1	합 : 8
표본 B	9, 9, 7, 6, 5, 4, 40	합 : 80

따라서 두 표본의 평균편차는 각각 다음과 같다.

$$MD_{\mathrm{A}} = \frac{8}{7} \approx 1.14, \quad MD_{\mathrm{B}} = \frac{80}{7} \approx 11.43$$

I Can Do 3-7

[I can Do 3-6]의 자료인 두 표본 A [9, 11, 10, 11, 12, 13]과 표본 B [6, 11, 10, 11, 12, 16]에 대한 평균편차를 구하라.

분산

평균편차는 자료 값과 평균과의 편차에 대한 절댓값을 사용한다는 단점이 있다. 이러한 불편을 극복하기 위해 각 자료 값과 평균과의 편차에 대한 제곱의 평균을 사용하고, 이 산포도를 **분산**variance이라 한다. 이때 모집단과 표본에 대한 분산을 각각 **모분산**population variance과 **표본분산**sample variance이라 하고, 다음과 같이 정의한다.

정의 3-2 모분산과 표본분산

- **모분산** : N개로 구성된 모집단의 각 자료 값 $x_1, x_2, \cdots, x_N$에 대한 평균

$$\sigma^2 = \frac{1}{N}\sum_{i=1}^{N}(x_i - \mu)^2$$

- **표본분산** : n개로 구성된 표본의 각 자료 값 $x_1, x_2, \cdots, x_n$에 대한 평균

$$s^2 = \frac{1}{n-1}\sum_{i=1}^{n}(x_i - \overline{x})^2$$

여기서 모분산은 편차제곱합을 전체 도수 N으로 나누지만, 표본분산은 편차제곱합을 $n-1$로 나눈다. 분산은 각각의 자료 값에 대한 편차제곱의 평균이므로 표본분산을 구하기 위해 자료의 개수인 n으로 나누는 것이 합당하다. 그러나 통계적 추론에서 모분산 σ^2을 추론할 때 표본분산 s^2을 사용하며, 이때 n보다 $n-1$로 나눈 경우가 바람직함을 9장에서 살펴볼 것이다. 한편 분산이 작을수록 자료 값이 평균 주위로 집중하고, 분산이 클수록 자료 값의 분포 모양은 폭넓게 흩어진다.

예제 3-8

[예제 3-6]의 자료인 두 표본 A [2, 3, 3, 4, 5, 6, 5]와 표본 B [1, 1, 3, 4, 5, 6, 50]에 대한 분산을 구하라.

풀이

표본 A의 평균은 4, 표본 B의 평균은 10이므로 각 자료 값과 평균의 편차에 대한 제곱은 각각 다음과 같다.

표본 A	4, 1, 1, 0, 1, 4, 1	합 : 12
표본 B	81, 81, 49, 36, 25, 16, 1600	합 : 1888

따라서 두 표본의 분산은 각각 다음과 같다.

$$s_A^2 = \frac{12}{6} = 2, \quad s_B^2 = \frac{1888}{6} \approx 314.6667$$

I Can Do 3-8

[I can Do 3-6]의 자료인 두 표본 A [9, 11, 10, 11, 12, 13]과 표본 B [6, 11, 10, 11, 12, 16]에 대한 분산을 구하라.

분산의 성질은 다음과 같다.

❶ 모든 자료 값의 정보를 반영한다.
❷ 수리적으로 다루기 쉽다.
❸ 이상점에 대한 영향이 매우 크다.
❹ 전체 자료 값이 평균을 중심으로 밀집되거나 흩어진 정도를 나타낸다.
❺ 단위가 다른 두 자료집단의 흩어진 정도를 비교하기 곤란하다.

표준편차

예를 들어 수집한 자료가 20대 청년의 키(단위 : cm)라 하면, 분산은 각각의 키에 대한 평균편차를 제곱하여 얻는다. 따라서 분산의 단위는 cm^2과 같이 단위가 모호해진다. 이러한 모호함을 극복하기 위해 분산에 대한 양의 제곱근을 취한 척도를 사용하고, 이 산포도를 **표준편차**standard deviation라 한다. 이때 모집단과 표본에 대한 표준편차를 각각 **모표준편차**population standard deviation와 **표본표준편차**sample standard deviation라 하고, 다음과 같이 정의한다.

정의 3-3 모표준편차와 표본표준편차

- **모표준편차** : N개로 구성된 모집단의 각 자료 값 x_1, x_2, $\cdots$, x_N에 대한 평균

$$\sigma = \sqrt{\frac{1}{N}\sum_{i=1}^{N}(x_i - \mu)^2}$$

- **표본표준편차** : n개로 구성된 표본의 각 자료 값 x_1, x_2, $\cdots$, x_n에 대한 평균

$$s = \sqrt{\frac{1}{n-1}\sum_{i=1}^{n}(x_i - \bar{x})^2}$$

표준편차는 분산과 동일한 성질을 갖는다.

예제 3-9

[예제 3-6]의 두 표본에 대한 표준편차를 구하라.

풀이

[예제 3-8]에서 구한 두 표본의 분산은 $s_{\mathrm{A}}^2 = 2$, $s_{\mathrm{B}}^2 \approx 314.6667$이므로 표준편차는 각각 다음과 같다.

$$s_{\mathrm{A}} = \sqrt{2} \approx 1.41, \quad s_{\mathrm{B}} = \sqrt{314.6667} \approx 17.74$$

I Can Do 3-9

[I can Do 3-6]의 두 표본에 대한 표준편차를 구하라.

그룹화 자료의 분산과 표준편차

도수분포표로 주어진 자료의 평균을 구하는 방법은 앞서 살펴보았다. 이러한 도수분포표의 평균을 구하는 방법과 동일하게 각 계급값을 이용하면 분산을 구할 수 있다. 이제 표본으로 얻은 그룹화 자료에 대한 분산과 표준편차를 구하는 방법을 알기 위해 다음 [표 3-3]의 도수분포표를 생각해보자.

[표 3-3] 그룹화 자료의 분산을 구하기 위한 예

계급간격	도수(f_i)	계급값(x_i)	$f_i\, x_i$
9.5 ~ 19.5	9	14.5	130.5
19.5 ~ 29.5	9	24.5	220.5
29.5 ~ 39.5	9	34.5	310.5
39.5 ~ 49.5	10	44.5	445.0
49.5 ~ 59.5	2	54.5	109.0
59.5 ~ 69.5	1	64.5	64.5
합계	40		1280.0

먼저 평균을 구하면 다음과 같다.

$$\bar{x} = \frac{1}{40}(14.5\times 9 + 24.5\times 9 + 34.5\times 9 + 44.5\times 10 + 54.5\times 2 + 64.5\times 1) = 32$$

도수분포표에 의해 주어진 자료집단은 각 계급의 자료 값들이 계급값 x_i가 도수 f_i개만큼 주어진 것으로 생각한다. 따라서 [표 3-4]와 같이 계급별로 구한 $(x_i - \bar{x})^2 f_i$의 합을 $n-1$로 나누어 얻는다. 그러면 [표 3-3]의 자료에 대한 분산 s^2과 표준편차 s는 각각 다음과 같다.

$$s^2 = \frac{1}{39}\sum_{i=1}^{6}(x_i - \bar{x})^2 f_i = \frac{6950}{39} = 178.2051, \quad s = \sqrt{178.2051} \approx 13.349$$

[표 3-4] 편차제곱합을 구하기 위한 표

계급간격	도수(f_i)	계급값(x_i)	$x_i - \bar{x}$	$(x_i - \bar{x})^2$	$(x_i - \bar{x})^2 f_i$
9.5 ~ 19.5	9	14.5	−17.5	306.25	2756.25
19.5 ~ 29.5	9	24.5	−7.5	56.25	506.25
29.5 ~ 39.5	9	34.5	2.5	6.25	56.25
39.5 ~ 49.5	10	44.5	12.5	156.25	1562.50
49.5 ~ 59.5	2	54.5	22.5	506.25	1012.50
59.5 ~ 69.5	1	64.5	32.5	1056.25	1056.25
합계	40				6950.00

그룹화 자료의 계급값이 각각 $x_1, x_2, \cdots, x_k$이고 계급의 도수가 각각 $f_1, f_2, \cdots, f_k$일 때, 이 그룹화 자료의 분산은 다음과 같다.

$$s^2 = \frac{1}{n-1}\sum_{i=1}^{k}(x_i - \overline{x})^2 f_i$$

예제 3-10

다음 도수분포표를 완성하고, 이 표를 이용하여 표본분산과 표본표준편차를 구하라. (단, 소수점 넷째 자리까지 계산한다.)

계급간격	도수(f_i)	계급값(x_i)	$f_i x_i$	$(x_i - \overline{x})^2$	$(x_i - \overline{x})^2 f_i$
57.5 ~ 59.5	1				
59.5 ~ 61.5	13				
61.5 ~ 63.5	11				
63.5 ~ 65.5	6				
65.5 ~ 67.5	10				
67.5 ~ 69.5	7				
69.5 ~ 71.5	2				

풀이

도수분포표를 완성하면 다음과 같다.

계급간격	도수(f_i)	계급값(x_i)	$f_i x_i$	$(x_i - \overline{x})^2$	$(x_i - \overline{x})^2 f_i$
57.5 ~ 59.5	1	58.5	58.5	31.36	31.36
59.5 ~ 61.5	13	60.5	786.5	12.96	168.48
61.5 ~ 63.5	11	62.5	687.5	2.56	28.16
63.5 ~ 65.5	6	64.5	387	0.16	0.96
65.5 ~ 67.5	10	66.5	665	5.76	57.6
67.5 ~ 69.5	7	68.5	479.5	19.36	135.52
69.5 ~ 71.5	2	70.5	141	40.96	81.92
합계	50		3205		504

도수분포표에 대한 평균은 다음과 같다.

$$\overline{x} = \frac{3205}{50} = 64.1$$

그리고 분산 s^2과 표준편차 s는 각각 다음과 같다.

$$s^2 = \frac{1}{49}\sum(x_i - \overline{x})^2 f_i = \frac{504}{49} \approx 10.2857, \quad s = \sqrt{10.2857} \approx 3.2071$$

I Can Do 3-10

다음 도수분포표를 완성하고, 이 표를 이용하여 표본분산과 표본표준편차를 구하라. (단, 소수점 넷째 자리까지 계산한다.)

계급간격	도수(f_i)	계급값(x_i)	$f_i x_i$	$(x_i - \overline{x})^2$	$(x_i - \overline{x})^2 f_i$
10.5 ~ 15.5	7				
15.5 ~ 20.5	4				
20.5 ~ 25.5	2				
25.5 ~ 30.5	4				
30.5 ~ 35.5	3				

변동계수

분산이나 표준편차는 절대적인 수치로 표현되므로 단위가 서로 다르거나 평균이 매우 큰 자료집단의 흩어진 정도를 비교하기 곤란하다는 단점이 있다. 이러한 경우에는 평균을 중심으로 상대적인 수치로 표현되는 산포도인 **변동계수**coefficient of variation를 사용한다. 모집단과 표본의 변동계수는 각각 다음과 같이 정의한다.

정의 3-4 변동계수

- **모집단의 변동계수** : $CV_p = \dfrac{\sigma}{\mu} \times 100(\%)$
- **표본의 변동계수** : $CV_s = \dfrac{s}{\overline{x}} \times 100(\%)$

변동계수가 클수록 자료의 분포상태는 상대적으로 폭이 넓게 나타난다.

예제 3-11

두 표본 A [1200, 1150, 1198, 1054, 1147]과 B [72, 54, 100, 67, 34]에 대한 표준편차와 변동계수를 구하여 비교하라.

풀이

우선 두 그룹의 평균을 구하면 각각 1156과 60이다. 이제 분산을 구하기 위해 다음 표를 완성한다.

표본 A			표본 B		
x_i	$x_i - \bar{x}$	$(x_i - \bar{x})^2$	y_i	$y_i - \bar{y}$	$(y_i - \bar{y})^2$
1190	34	1156	70	10	100
1160	4	16	50	−10	100
1180	24	576	90	30	900
1150	−6	36	60	0	0
1100	−56	3136	30	−30	900

표본 A의 분산과 표준편차는 다음과 같다.

$$s_A^2 = \frac{1}{4}\sum(x_i - 1156)^2 = \frac{4920}{4} = 1230, \quad s_A = \sqrt{1230} \approx 35.07$$

표본 B의 분산과 표준편차는 다음과 같다.

$$s_B^2 = \frac{1}{4}\sum(x_i - 60)^2 = \frac{2000}{4} = 500, \quad s_B = \sqrt{500} \approx 22.36$$

따라서 두 표본의 변동계수는 각각 다음과 같다.

$$\text{표본 A의 변동계수 : } CV_A = \frac{35.07}{1156} \times 100 \approx 3.03(\%)$$

$$\text{표본 B의 변동계수 : } CV_B = \frac{22.36}{60} \times 100 \approx 37.27(\%)$$

절대수치인 표준편차에 의한 변동은 표본 A가 크지만 상대수치인 변동계수를 이용하면 표본 B가 더 폭넓게 나타난다.

I Can Do 3-11

[I can Do 3-6]의 자료인 두 표본 A [9, 11, 10, 11, 12, 13]과 표본 B [6, 11, 10, 11, 12, 16]에 대한 분산을 구하라.

왜도와 첨도

자료집단에 대한 히스토그램을 그리면 [표 3-2]와 같이 크게 대칭형과 비대칭형으로 나타난다. 이때 자료집단의 비대칭 정도를 나타내는 척도를 **왜도**skewness라 하고, 다음과 같이 정의한다.

$$s_k = \frac{n}{(n-1)(n-2)} \sum_{i=1}^{n} \left(\frac{x_i - \bar{x}}{s} \right)^3$$

■ 왜도와 분포 모양

왜도 s_k의 값에 따라 자료집단의 분포 모양은 다음과 같다.

- $s_k = 0$인 경우 : 삼각형 모양의 대칭형 분포
- $s_k > 0$인 경우 : 왼쪽으로 치우치고 오른쪽으로 긴 꼬리 모양의 분포(양의 비대칭)
- $s_k < 0$인 경우 : 오른쪽으로 치우치고 왼쪽으로 긴 꼬리 모양의 분포(음의 비대칭)

왜도는 대칭형 또는 비대칭형 분포 모양을 나타내는 척도이고, [그림 3-6]과 같다.

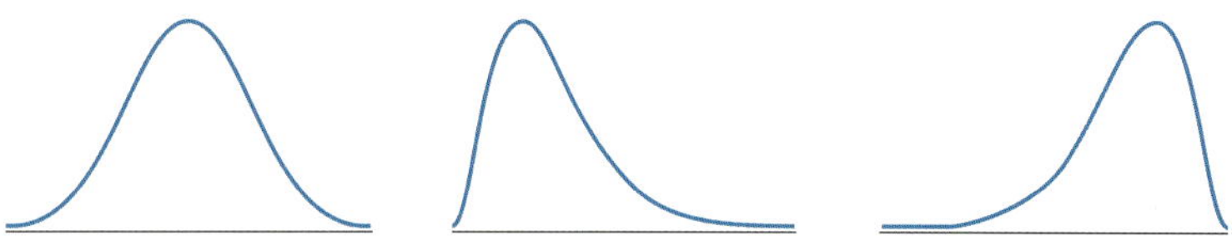

(a) $s_k = 0$인 경우 (b) $s_k > 0$인 경우 (c) $s_k < 0$인 경우

[그림 3-6] 왜도와 분포 모양

히스토그램의 중심부인 봉우리 부분이 뾰족한지 아니면 납작한지, 꼬리부분이 길게 나타나는지 아니면 짧게 나타나는지 나타내는 척도를 **첨도**kurtosis라 하고, 다음과 같이 정의한다.[2]

$$\kappa = \frac{\frac{1}{n}\sum_{i=1}^{n}(x_i - \bar{x})^4}{\left\{\frac{1}{n}\sum_{i=1}^{n}(x_i - \bar{x})^2\right\}^2} - 3$$

첨도를 다음과 같이 정의하기도 한다.

$$\kappa = \frac{n(n+1)}{(n-1)(n-2)(n-3)}\sum_{i=1}^{n}\left(\frac{x_i - \bar{x}}{s}\right)^4 - \frac{3(n-1)^2}{(n-2)(n-3)}$$

■ 첨도와 분포 모양

첨도 κ의 값에 따라 자료집단의 분포 모양은 다음과 같다.

- $\kappa = 0$인 경우 : 봉우리가 종 모양이다.
- $\kappa > 0$인 경우 : 봉우리가 뾰족하면서 꼬리부분이 길게 분포한다.
- $\kappa < 0$인 경우 : 봉우리가 납작하며 꼬리부분이 짧게 분포한다.

2 정규분포의 분포 모양은 종 모양이며, 정규분포의 첨도는 3이다. 정규분포의 첨도를 0으로 만들기 위해 첨도를 위의 정의에 따라 주어진 식으로 수정했다.

첨도에 따른 봉우리 부분의 모양은 [그림 3-7]과 같다. 첨도는 이상점의 존재 여부를 측정하는 척도로도 종종 사용한다.

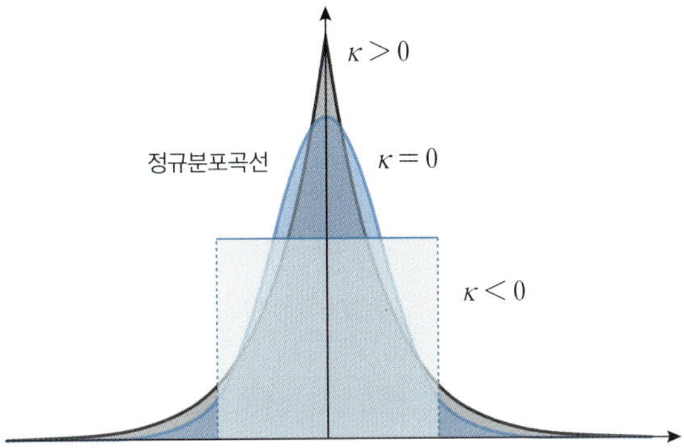

[그림 3-7] 첨도와 정규분포

예제 3-12

다음 세 표본에 대한 왜도와 첨도를 구하고 분포 모양을 설명하라.

(a) 표본 $[1, 2, 2, 2, 3, 5]$

(b) 표본 $[1, 3, 3, 3, 3, 5]$

(c) 표본 $[0, 1, 4, 4, 4, 5]$

풀이

(a) 주어진 표본의 평균을 구하면 $\overline{x} = 2.5$이다. 이제 다음 값을 구한다.

표본	$(x_i - \overline{x})^2$	$(x_i - \overline{x})^3$	$(x_i - \overline{x})^4$
1	2.25	−3.375	5.0625
2	0.25	−0.125	0.0625
2	0.25	−0.125	0.0625
2	0.25	−0.125	0.0625
3	0.25	−0.125	0.0625
5	6.25	15.625	39.0625
합계	9.50	12.000	44.3750

이때 분산과 표준편차는 각각 다음과 같다.

$$s^2 = \frac{1}{5}\sum(x_i - \overline{x})^2 = \frac{9.5}{5} = 1.9$$

$$s = \sqrt{1.9} = 1.378$$

왜도와 첨도는 각각 다음과 같다.

$$s_k = \frac{6}{4\times5}\times\frac{12}{1.378^3} \approx 1.376$$

$$\kappa = \frac{(6)(7)}{(3)(4)(5)}\times\frac{44.375}{1.9^2} - \frac{(3)(5)^2}{(3)(4)} \approx 2.35$$

따라서 분포 모양은 왼쪽으로 치우치며 봉우리가 종 모양에 비해 뾰족하고, 꼬리부분은 종 모양에 비해 길게 분포한다.

(b) 주어진 표본의 평균을 구하면 $\overline{x}=3$이다. 이제 다음 값을 구한다.

표본	$(x_i-\overline{x})^2$	$(x_i-\overline{x})^3$	$(x_i-\overline{x})^4$
1	4	−8	16
3	0	0	0
3	0	0	0
3	0	0	0
3	0	0	0
5	4	8	16
합계	8	0	32

이때 분산과 표준편차는 각각 다음과 같다.

$$s^2 = \frac{1}{5}\sum(x_i-\overline{x})^2 = \frac{8}{5} = 1.6$$

$$s = \sqrt{1.6} = 1.265$$

왜도와 첨도는 각각 다음과 같다.

$$s_k = \frac{6}{4\times5}\times\frac{0}{1.256^3} = 0$$

$$\kappa = \frac{(6)(7)}{(3)(4)(5)}\times\frac{32}{1.6^2} - \frac{(3)(5)^2}{(3)(4)} = 2.5$$

따라서 분포 모양은 평균 $\overline{x}=3$을 중심으로 대칭형이며 중심부분은 뾰족하고, 꼬리부분은 종 모양에 비해 길게 분포한다.

(c) 주어진 표본의 평균을 구하면 $\overline{x} = 3$이다. 이제 다음 값을 구한다.

표본	$(x_i - \overline{x})^2$	$(x_i - \overline{x})^3$	$(x_i - \overline{x})^4$
0	9	−27	81
1	4	−8	16
4	1	1	1
4	1	1	1
4	1	1	1
5	4	8	16
합계	20	−24	116

이때 분산과 표준편차는 각각 다음과 같다.

$$s^2 = \frac{1}{5}\sum(x_i - \overline{x})^2 = \frac{20}{5} = 4$$

$$s = \sqrt{4} = 2$$

왜도와 첨도는 각각 다음과 같다.

$$s_k = \frac{6}{4 \times 5} \times \frac{(-24)}{2^3} = -0.9$$

$$\kappa = \frac{(6)(7)}{(3)(4)(5)} \times \frac{116}{4^2} - \frac{(3)(5)^2}{(3)(4)} = -1.175$$

따라서 분포 모양은 오른쪽으로 치우치며 봉우리가 납작하고, 꼬리부분은 종 모양에 비해 왼쪽으로 짧게 분포한다.

I Can Do 3-12

표본 [1, 2, 2, 2, 3, 4, 7]에 대한 왜도와 첨도를 구하고 분포 모양을 설명하라.

Section 3.3 위치척도

대학수학능력시험이 끝나면 수험생들은 원점수, 백분위점수, 표준점수라는 세 종류의 점수를 받는다. 이때 원점수는 수험생이 취득한 실제 점수이고, 백분위점수는 과목별로 가장 작은 점수부터 순서대로 나열한 점수를 100등분할 때 본인 점수의 위치를 나타낸다. 이와 같이 전체 자료 값을 크기순으로 나열하여 100등분할 때, 각 자료 값의 위치를 나타내는 척도를 백분위수라 한다.

각 지역구에서 남성과 여성의 투표율을 비교하기 위해 5개의 수치, 즉 최솟값, 제1사분위수, 제2사분위수, 제3사분위수, 최댓값을 이용한다. 여기서 사분위수는 전체 자료 값을 크기순으로 나열하여 4등분할 때 각 자료 값의 위치를 나타낸다. 이 절에서는 전체 자료를 100등분하거나 4등분할 때 위치를 나타내는 척도와 이상점을 명확하게 구하는 방법과 표준점수에 대해 살펴본다.

백분위수와 사분위수

전체 자료를 크기순으로 나열하여 100등분하거나 4등분하는 위치척도를 다음과 같이 정의한다.

> **정의 3-5 위치척도**
>
> - **백분위수**percentile : 1% 씩 등간격으로 구분하는 위치척도 P_1, P_2, $\cdots$, P_{99}
> - **사분위수**quartiles : 25% 씩 등간격으로 구분하는 위치척도 Q_1, Q_2, Q_3

k% -백분위수는 [그림 3–8(a)]와 같이 전체 자료 중에서 k% 의 자료가 P_k 보다 작거나 같고 나머지 $(100-k)$% 의 자료가 P_k 보다 크거나 같은 수치 P_k 이다. 그리고 사분위수 Q_1, Q_2, Q_3는 [그림 3–8(b)]와 같이 전체 자료의 25%, 50%, 75% 위치를 나타내는 척도이다.

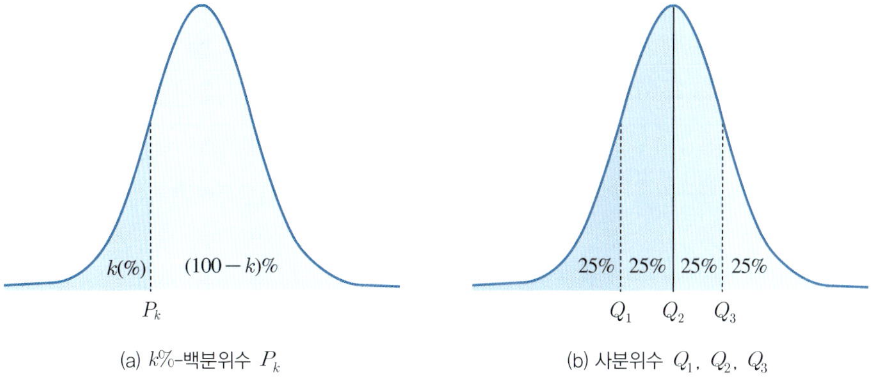

[그림 3-8] k%-백분위수와 사분위수

제1사분위수 Q_1은 25%-백분위수 P_{25}, 제2사분위수 Q_2는 50%-백분위수 P_{50}, 제3사분위수 Q_3는 75%-백분위수 P_{75}이다. 중앙값 Me는 아래쪽으로 50%, 위쪽으로 50%로 구분하는 척도이므로 50%-백분위수 P_{50}이면서 제2사분위수 Q_2이다.

■ $k\%$-백분위수 P_k를 구하는 방법

전체 자료의 개수가 n인 자료집단에 대해 $k\%$-백분위수를 구하기 위해 $m = \dfrac{kn}{100}$이라 하면 $k\%$-백분위수 P_k는 다음과 같다.

- m이 정수인 경우 : $P_k = \dfrac{x_{(m)} + x_{(m+1)}}{2}$, $x_{(m)}$은 크기 순서로 나열하여 m번째 위치의 자료 값
- m이 정수가 아닌 경우 : P_k는 m보다 큰 가장 작은 정수에 해당하는 위치의 자료 값

예제 3-13

어느 회사가 챗GPT로 스크립트를 40개 작성한 뒤 상품 광고영상을 제작했다고 하자. 아래는 이 스크립트로 제작한 광고영상 시간을 나타낸 자료이다. 이 자료에 대해 30%-백분위수와 사분위수를 구하라.

(단위 : 초)

51	58	62	56	51	58	71	68	63	68	67	57	55	52	50	67	75	71	58	73
61	75	56	65	53	64	73	71	65	69	52	69	67	65	62	65	71	65	64	57

풀이

먼저 자료 값을 다음과 같이 크기순으로 재배열하면 다음과 같다.

50	51	51	52	52	53	55	56	56	57	57	58	58	58	61	62	62	63	64	64
65	65	65	65	65	67	67	67	68	68	69	69	71	71	71	71	73	73	75	75

$n=40$, $k=30$이면 $m=\dfrac{40\times 30}{100}=12$이므로 30%-백분위수는 다음과 같다.

$$P_{30}=\frac{x_{(12)}+x_{(13)}}{2}=\frac{58+58}{2}=58$$

제1사분위수는 25%-백분위수이고 $m=\dfrac{40\times 25}{100}=10$이므로 제1사분위수는 다음과 같다.

$$Q_1=P_{25}=\frac{x_{(10)}+x_{(11)}}{2}=\frac{57+57}{2}=57$$

제2사분위수는 50%-백분위수이고 $m=\dfrac{40\times 50}{100}=20$이므로 제2사분위수는 다음과 같다.

$$Q_2=P_{50}=\frac{x_{(20)}+x_{(21)}}{2}=\frac{64+65}{2}=64.5$$

제3사분위수는 75%-백분위수이고 $m=\dfrac{40\times 75}{100}=30$이므로 제3사분위수는 다음과 같다.

$$Q_3=P_{75}=\frac{x_{(30)}+x_{(31)}}{2}=\frac{68+69}{2}=68.5$$

I Can Do 3-13

아래는 임의로 선정한 환자 50명의 혈청알부민 수치를 나타내는 자료이다. 이 자료에 대한 30%-백분위수와 사분위수를 구하라.

(단위 : g/L)

33	40	39	55	34	52	55	53	36	39	31	46	31	54	39	47	44
42	35	52	52	48	53	44	34	43	32	35	52	33	44	49	34	54
36	48	43	29	49	45	34	45	33	75	48	32	48	30	43	54	

상자그림

3.2절에서 살펴본 산포도는 중심위치로 평균을 사용했다. 여기서는 이상점의 영향을 제거하기 위해 전체 자료의 중심부분에 있는 50%의 자료만 생각한다. 그러면 가장 큰 자료 값의 25%와 가장 작은 자료 값의 25%에 해당하는 자료를 제거하므로 나머지 50%의 자료는 이상점을 전혀 포함하지 않으면서 중심에 집중된다. 이때 중심부분에 놓이는 50% 자료에 대한 범위, 즉 제1사분위수 Q_1과 제3사분위수 Q_3 사이의 범위를 **사분위수범위(I.Q.R)**interquartile range라 하고, 식은 다음과 같다. 이 범위는 중앙값을 중심위치로 사용하는 경우에 많이 이용한다.

$$\text{I.Q.R} = Q_3 - Q_1$$

예제 3-14

[예제 3-13]의 자료집단에 대한 사분위수범위를 구하라.

풀이

[예제 3-13]에 의해 $Q_1 = 57$, $Q_3 = 68.5$이므로 사분위수범위는 다음과 같다.

$$\text{I.Q.R} = 68.5 - 57 = 11.5$$

I Can Do 3-14

[I Can Do 3-13]의 자료집단에 대한 사분위수범위를 구하라.

이제 추상적으로 생각했던 이상점을 명확하게 구해보자. 이를 위해 **상자그림**box plot을 그릴 필요가 있다. 상자그림은 중앙값을 중심위치로 사용하고, 최솟값(x_{min}), 사분위수 Q_1, Q_2, Q_3, 최댓값(x_{max})을 이용하여 나타낸 그림이며, **상자수염그림**box-whisker plot이라고도 한다. 상자그림에 대한 특성은 다음과 같다.

1. 이상점에 대한 정보를 제공한다.
2. 사분위수의 위치를 쉽게 알 수 있다.
3. 자료의 중심부분에 대한 분포 모양을 쉽게 알 수 있다.
4. 분포의 꼬리부분에 대한 특성을 쉽게 알 수 있다.
5. 두 개 이상의 자료집단을 비교할 때 매우 유용하다.

상자그림을 그릴 때 사용하는 용어는 다음과 같이 정의한다.

정의 3-6 상자그림에 사용하는 용어

- **안울타리**inner fence : 사분위수 Q_1과 Q_3에서 각각 $1.5 \times \text{I.Q.R}$만큼 떨어져 있는 값

$$f_l = Q_1 - 1.5 \times \text{I.Q.R}, \quad f_u = Q_3 + 1.5 \times \text{I.Q.R}$$

- **바깥울타리**outer fence : 사분위수 Q_1과 Q_3에서 각각 $3 \times \text{I.Q.R}$만큼 떨어져 있는 값

$$f_L = Q_1 - 3 \times \text{I.Q.R}, \quad f_U = Q_3 + 3 \times \text{I.Q.R}$$

- **인접값** adjacent value : 안울타리 안쪽에 있는 자료 중 안울타리에 가장 가까운 값
- **보통 이상점**mild outlier : 안울타리와 바깥울타리 사이에 놓이는 자료 값
- **극단 이상점**extreme outlier : 바깥울타리 외부에 놓이는 자료 값

상자그림은 다음 순서에 따라 그린다.

❶ 자료를 크기순으로 나열하여 사분위수 Q_1, Q_2, Q_3를 구한다.

❷ 사분위수범위 $\text{I.Q.R} = Q_3 - Q_1$을 구한다.

❸ Q_1에서 Q_3까지 직사각형 모양의 상자그림을 그리고, 중앙값 Q_2 위치에 선을 긋는다.

❹ 안울타리를 구하고 인접값에 기호 '|'로 표시한 후, 각각 Q_1과 Q_3로부터 인접값까지 선분으로 연결한다.

❺ 바깥울타리를 구하여 관측 가능한 보통 이상점의 위치에 기호 'ㅇ'로 표시하고 극단 이상점의 위치에 기호 '×'로 표시한다.

이러한 순서에 따라 상자그림을 그리면 [그림 3-9]와 같다.

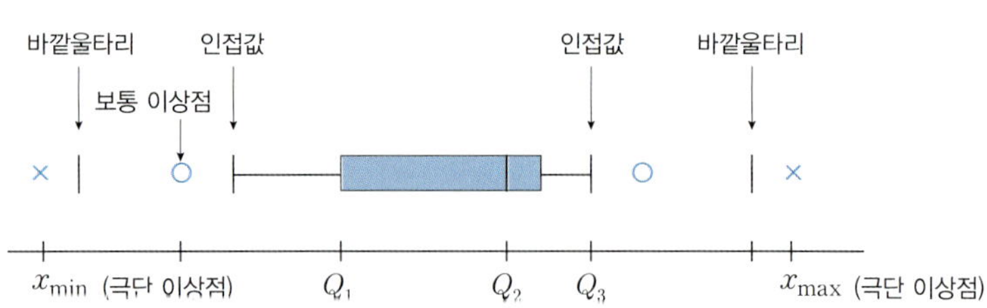

[그림 3-9] 상자그림과 이상점

상자그림이 [그림 3-9]와 같은 자료집단을 분석하면 다음과 같다.

❶ 중심위치(중앙값)가 오른쪽으로 치우친다.

❷ 중앙값을 중심으로 아래쪽 25% 자료는 폭넓게 분포하지만 위쪽 25% 자료는 밀집한다.

❸ 아래쪽 날개부분(하위 25% 자료)은 폭넓게 분포하지만 위쪽 날개부분(상위 25% 자료)은 밀집한다.

❹ 측정 가능한 보통 이상점이 2개이고 극단 이상점이 2개 있다.

❺ 전체 자료는 음의 비대칭이다.

예제 3-15

다음은 [예제 3-13]의 자료이다. 이 자료에 대한 상자그림을 그리고 이상점을 구하라.

(단위 : 초)

51	58	62	56	51	58	71	68	63	68	67	57	55	52	50	67	75	71	58	73
61	75	56	65	53	64	73	71	65	69	52	69	67	65	62	65	71	65	64	57

풀이

[예제 3-13]에서 구한 사분위수와 사분위수범위는 다음과 같다.

$$Q_1 = 57, \quad Q_2 = 64.5, \quad Q_3 = 68.5, \quad \text{I.Q.R} = 11.5$$

안울타리는

$$f_l = 57 - 1.5 \times 11.5 = 39.75, \quad f_u = 68.5 + 1.5 \times 11.5 = 85.75$$

이므로 인접값은 각각 50과 75이다.

전체 자료가 두 인접값 안에 있으므로 바깥울타리를 구할 필요가 없으며 상자그림은 다음과 같다. 또한 이 자료에 대한 이상점은 없다.

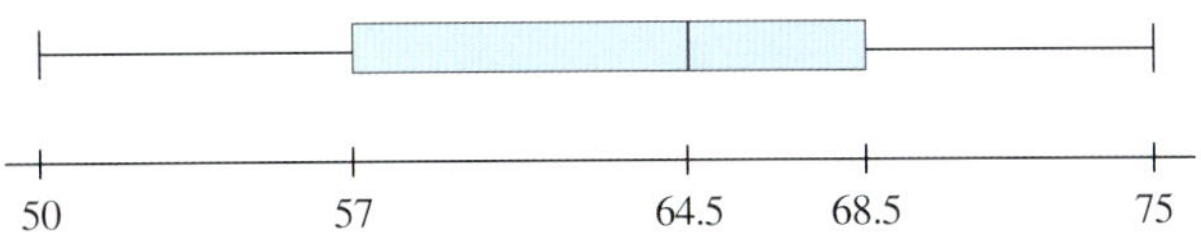

I Can Do 3-15

다음은 [I Can Do 3-13]의 자료이다. 이 자료에 대한 상자그림을 그리고 이상점을 구하라.

(단위 : g/L)

33	40	39	55	34	52	55	53	36	39	31	46	31	54	39	47	44
42	35	52	52	48	53	44	34	43	32	35	52	33	44	49	34	54
36	48	43	29	49	45	34	45	33	75	48	32	48	30	43	54	

표준점수(z-점수)

대부분의 산포도는 절대적인 수치에 의해 표현되지만, 평균이 매우 큰 두 자료집단을 비교하기 위해 상대적인 척도인 변동계수를 이용한다. 이와 마찬가지로 평균이 매우 큰 두 자료집단을 비교하기 위해 각각의 원자료를 표준화하여 비교할 수 있다. 예를 들어 대학수학능력시험 성적표에는 원점수 이외에 표준점수가 부여되는데, 이러한 표준점수가 원점수를 표준화한 점수이다. **표준점수**standardized score는 각각의 자료 값과 평균과의 차이를 표준편차로 나눈 수치이며, **z-점수**z-score라고도 한다. 즉, 표준점수는 자료집단의 평균을 중심으로 각각의 원자료를 표준편차 단위로 전환한 수치이다. 모집단과 표본에 대한 표준점수는 각각 다음과 같이 정의한다.

정의 3-7 표준점수

- **모집단의 표준점수** : $z_i = \dfrac{x_i - \mu}{\sigma}$
- **표본의 표준점수** : $z_i = \dfrac{x_i - \overline{x}}{s}$

표준점수의 특징은 다음과 같다.

❶ 평균을 중심으로 각 자료 값을 상대적인 위치로 변환한 척도이다.
❷ 평균에 대한 표준점수는 0이다.
❸ 표준점수가 양수인 자료 값은 평균보다 큰 자료이다.
❹ 표준점수가 음수인 자료 값은 평균보다 작은 자료이다.
❺ 표준점수의 절댓값이 큰 자료일수록 평균에서 멀리 떨어진다.

예를 들어 임의로 5명씩 선정한 신생아의 체중(kg)과 성인의 체중에 대한 다음 자료를 생각하자.

[신생아의 체중 : 3.9, 3.5, 3.6, 3.4, 3.1], [성인의 체중 : 74.6, 60.8, 78.2, 84.3, 102.1]

신생아의 평균 체중은 3.5이고, 성인의 평균 체중은 80이므로 두 집단의 평균은 매우 큰 차이가 있다. 그리고 신생아 그룹의 표준편차는 0.29, 성인 그룹의 표준편차는 15.07이다. 절대적인 수치인 표준편차에 의하면 성인 그룹이 신생아 그룹에 비해 매우 크게 퍼진다고 할 수 있다. 이때 두 그룹의 표준점수를 구하면 [표 3-5]와 같다.

[표 3-5] 신생아와 성인의 체중에 대한 표준점수

신생아		성인	
원자료	표준점수	원자료	표준점수
3.9	1.38	74.6	−0.36
3.5	0	60.8	−1.27
3.6	0.34	78.2	−0.12
3.4	−0.34	84.3	0.29
3.1	−1.38	102.1	1.47

[표 3-5]의 두 그룹에 대한 표준점수를 점도표로 나타내면 [그림 3-10]과 같다. 여기서 신생아와 성인의 체중을 상대적인 수치인 표준점수로 변환하면 거의 비슷하게 분포하는 것을 알 수 있다.

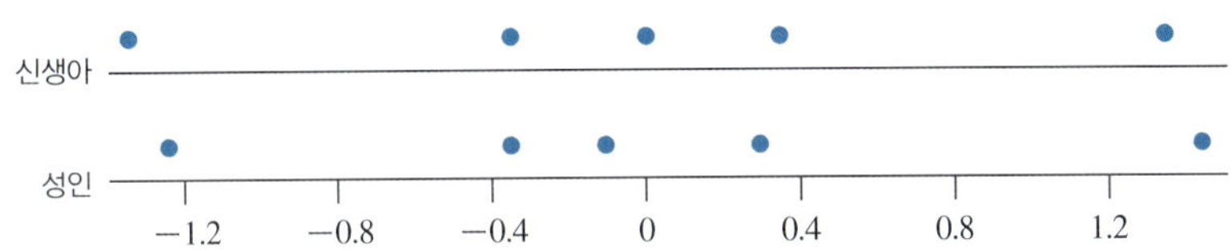

[그림 3-10] 신생아와 성인의 표준점수에 대한 점도표

예제 3-16

두 표본 A [−10, −4, 3, 5, 8, 10]과 B [135, 162, 168, 181, 132, 152]에 대한 변동계수를 챗GPT로 구하였더니, 다음과 같은 결과가 나왔다.

- 표본 A의 변동계수 : 331.5%
- 표본 B의 변동계수 : 11.12%

올바른 변동계수가 도출되었는지 확인하고, 각 자료에 대한 표준점수를 구하라.

풀이

표본 A와 표본 B의 평균을 각각 $\overline{x}$, $\overline{y}$, 그리고 표준편차를 s_A, s_B라 하면 다음을 얻는다.

$$\overline{x} = \frac{1}{6}\sum x_i = 2, \quad s_A^2 = \frac{1}{5}\sum (x_i - 2)^2 = 58, \quad s_A = \sqrt{58} \approx 7.62$$

$$\overline{y} = \frac{1}{6}\sum y_i = 155, \quad s_B^2 = \frac{1}{5}\sum (y_i - 155)^2 = 366.4, \quad s_B = \sqrt{366.4} \approx 19.14$$

- 표본 A의 변동계수 : $CV_A = \dfrac{7.62}{2} \times 100 = 381(\%)$
- 표본 B의 변동계수 : $CV_B = \dfrac{19.14}{155} \times 100 \approx 10.4(\%)$

따라서 챗GPT의 결과는 올바른 변동계수가 아님을 알 수 있다. 또한, 표본 A의 각 자료 값에 대해 표준점수 $z_i = \dfrac{x_i - \overline{x}}{s_A}$를 구하면 다음과 같다.

자료	−10	−4	3	5	8	10
$x_i - \overline{x}$	−12	−6	1	3	6	8
표준점수	−1.576	−0.788	0.131	0.394	0.788	1.050

표본 B의 각 자료 값에 대해 표준점수 $z_j = \dfrac{y_j - \overline{y}}{s_B}$를 구하면 다음과 같다.

자료	135	162	168	181	132	152
$y_j - \overline{y}$	−20	7	13	26	−23	−3
표준점수	−1.045	0.366	0.679	1.358	−1.202	−0.157

I Can Do 3-16

표본 [17, 152, 136, 137, 143]에 대한 표준점수를 구하라.

Section 3.4 두 자료의 선형성

지금까지는 단일 자료집단을 수치적으로 요약하는 방법을 살펴보았다. 그러나 저항 크기에 따른 전류의 변화, 맥박수에 따른 혈압의 변화와 같이 독립변수와 종속변수의 관계를 갖는 자료집단을 다루는 경우도 많다. 이러한 경우에는 각각의 자료가 독립변수인 자료집단 X와 그에 대응하는 종속변수인 자료집단 Y의 쌍인 (x, y) 형태로 나타난다.

예를 들어 온도에 따라 코일의 저항이 어떻게 변하는지 측정하여 다음 자료를 얻었다고 하자.

[표 3-6] 온도에 따른 코일의 저항

온도(℃)	39.2	42.1	21.3	35.7	40.2	22.8	27.4	43.2	21.8	46.3
저항(Ω)	55	59	40	47	58	46	47	69	45	84

[그림 3-11]과 같이 독립변수인 온도 x와 종속변수인 저항 y 사이의 관계를 (x, y) 형태의 쌍으로 나타낼 수 있다. 이러한 그림을 **산점도**scatter diagram라 한다.

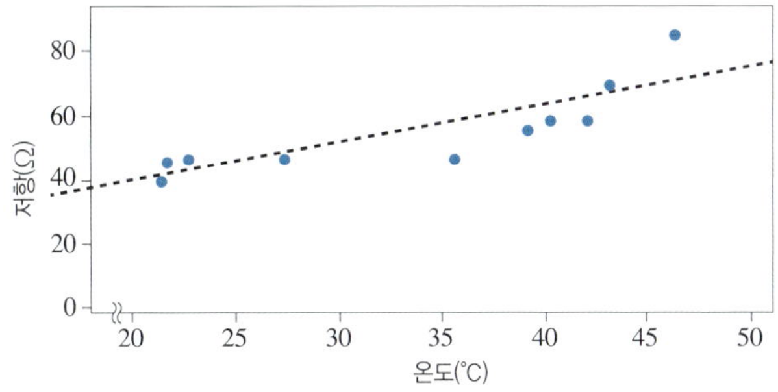

[그림 3-11] 온도와 코일 저항에 대한 산점도

산점도의 특성은 다음과 같다.

1. 두 자료집단 사이의 상관관계를 알 수 있다.
2. 두 자료집단 사이의 선형적 관계를 알 수 있다.
3. 추세선을 이용하여 미지의 독립변수에 대한 종속변수 값을 예측할 수 있다.

여기서 **추세선**trend line은 [그림 3-11]의 점선과 같이 자료들의 변화하는 경향을 나타내는 직선이다.

이제 독립변수와 종속변수로 구성된 자료들 사이의 관계를 기술하는 척도인 공분산과 상관계수에 대하여 살펴본다.

공분산

독립변수와 종속변수의 쌍으로 주어지는 자료 (x, y)에 대해 독립변수의 변화에 따른 종속변수의 변화 경향을 나타내는 척도를 **공분산**covariance이라 한다. 즉 공분산은 쌍으로 주어지는 자료집단에 대해 두 변수 사이의 흩어진 정도를 나타내는 척도이다. 모집단과 표본에 대한 공분산을 각각 다음과 같이 정의한다.

정의 3-8 공분산

- **모집단의 공분산** : $\sigma_{xy} = \dfrac{1}{N}\sum_{i=1}^{N}(x_i - \mu_x)(y_i - \mu_y)$
- **표본의 공분산** : $s_{xy} = \dfrac{1}{n-1}\sum_{i=1}^{n}(x_i - \overline{x})(y_i - \overline{y})$

여기서 $\overline{x}$는 독립변수인 자료집단 X의 평균이고 $\overline{y}$는 종속변수인 자료집단 Y의 평균이다. 특히 표본의 공분산을 다음과 같이 간단히 구할 수 있다.

$$s_{xy} = \frac{1}{n-1}\left(\sum x_i y_i - n\overline{x}\,\overline{y}\right)$$

공분산의 부호에 따라 쌍으로 주어지는 자료집단에 대해 다음과 같은 결과를 얻는다.

❶ $s_{xy} > 0$인 경우 : x가 증가하면 y도 증가하므로 x와 y는 **양의 상관관계**positive correlation가 있다.
❷ $s_{xy} < 0$인 경우 : x가 증가하면 y는 감소하므로 x와 y는 **음의 상관관계**negative correlation가 있다.
❸ $s_{xy} = 0$인 경우 : x와 y는 **무상관관계**none correlation이다.

[표 3-6]의 자료에 대한 공분산을 구하기 위해 [표 3-7]과 같이 작성하자. 자료집단 X의 평균은 $\overline{x} = 34$이고 자료집단 Y의 평균은 $\overline{y} = 55$이다. 그러면 두 자료집단에 대한 공분산은 다음과 같다.

$$s_{xy} = \frac{1}{9}\sum_{i=1}^{10}(x_i - \overline{x})(y_i - \overline{y}) = \frac{989}{9} \approx 109.89$$

$s_{xy} > 0$이므로 온도와 코일 저항은 양의 상관관계가 있음을 알 수 있다.

[표 3-7] 평균편차와 그들의 곱

순번	x_i	y_i	$x_i-\bar{x}$	$y_i-\bar{y}$	$(x_i-\bar{x})(y_i-\bar{y})$
1	39.2	55	5.2	0	0.0
2	42.1	59	8.1	4	32.4
3	21.3	40	−12.7	−15	190.5
4	35.7	47	1.7	−8	−13.6
5	40.2	58	6.2	3	18.6
6	22.8	46	−11.2	−9	100.8
7	27.4	47	−6.6	−8	52.8
8	43.2	69	9.2	14	128.8
9	21.8	45	−12.2	−10	122.0
10	46.3	84	12.3	29	356.7
합계	340	550	0	0	989

예제 3-17

아래는 임의로 선정한 10명의 환자를 대상으로 맥박수와 수축기 혈압을 측정한 자료이다. 이 자료에 대한 산점도와 공분산을 구하고, 맥박수와 수축기 혈압 사이의 관계를 구하라.

(단위 : 맥박수 bpm, 수축기 혈압 mmHg)

맥박수	92	87	75	70	64	74	94	79	74	91
수축기 혈압	129	121	135	109	143	111	122	119	106	145

풀이

산점도는 다음과 같다.

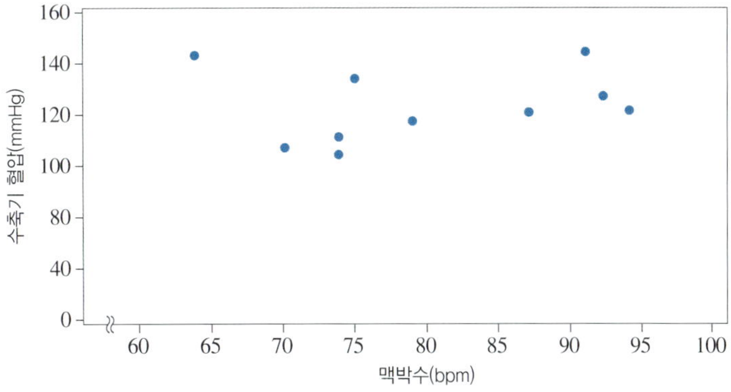

맥박수를 x_i, 수축기 혈압을 y_i라 하면 맥박수와 수축기 혈압의 평균은 각각 다음과 같다.

$$\bar{x} = \frac{1}{10}\sum_{i=1}^{10} x_i = 80, \quad \bar{y} = \frac{1}{10}\sum_{i=1}^{10} y_i = 124$$

각 평균편차와 그 곱에 대해 다음 표를 얻는다.

순번	x_i	y_i	$x_i-\bar{x}$	$y_i-\bar{y}$	$(x_i-\bar{x})(y_i-\bar{y})$
1	92	129	12	5	60
2	87	121	7	−3	−21
3	75	135	−5	11	−55
4	70	109	−10	−15	150
5	64	143	−16	19	−304
6	74	111	−6	−13	78
7	94	122	14	−2	−8
8	79	119	−1	−5	5
9	74	106	−6	−18	108
10	91	145	11	21	231
합계	800	1240	0	0	224

구하는 공분산은 다음과 같으며, 맥박수와 수축기 혈압 사이에 양의 상관관계가 있다.

$$s_{xy} = \frac{224}{9} \approx 24.89$$

I Can Do 3-17

아래는 공정온도에 따라 생산한 철판의 강도를 측정한 자료이다. 공정온도와 철판의 강도에 대한 공분산을 구하라.

(단위 : 온도 ℃, 강도 MPa)

온도	142	138	147	138	136	140	139	142	150	128
강도	6.36	6.75	7.02	6.82	6.64	6.82	6.35	6.20	7.36	6.68

상관계수

분산은 단위가 모호하다는 단점이 있다. 예를 들어 [표 3-6]의 자료에 대해 공분산의 측정단위는 표준편차와 동일하게 온도와 저항의 곱이므로 ℃ Ω이지만, 이 단위는 의미를 해석하기 어렵다. 이러한 단점을 극복하기 위해 단위와 무관한 척도인 상관계수를 많이 사용한다. 다음과 같이 **상관계수** correlation coefficient는 공분산을 두 자료집단의 표준편차로 나눈 수치이다.

정의 3-9 상관계수

- 모집단 상관계수 : $\rho = \dfrac{\sigma_{xy}}{\sigma_x \sigma_y}$
- 표본 상관계수 : $r = \dfrac{s_{xy}}{s_x s_y}$

상관계수의 특성은 다음과 같다.

1. 단위가 없다.
2. $-1 \le r \le 1$
3. $r > 0$이면 x와 y는 양의 상관관계가 있고, 추세선의 기울기가 양수이다.
4. $r < 0$이면 x와 y는 음의 상관관계가 있고, 추세선의 기울기가 음수이다.
5. $r = 0$이면 x와 y는 상관관계가 없다.
6. $r = 1$이면 x와 y는 **완전 양의 상관관계**perfect positive correlation coefficient를 갖는다고 한다.
7. $r = -1$이면 x와 y는 **완전 음의 상관관계**perfect negative correlation coefficient를 갖는다고 한다.

이러한 성질은 모집단 상관계수에도 동일하게 적용된다.

예제 3-18

다음은 [예제 3-17]의 자료이다. 이 자료에 대한 상관계수를 구하라.

(단위 : 맥박수 bpm, 수축기 혈압 mmHg)

맥박수	92	87	75	70	64	74	94	79	74	91
수축기 혈압	129	121	135	109	143	111	122	119	106	145

풀이

맥박수와 수축기 혈압에 대한 분산과 표준편차를 구하기 위해 다음 표를 작성한다.

순번	x_i	y_i	$x_i - \bar{x}$	$y_i - \bar{y}$	$(x_i - \bar{x})^2$	$(y_i - \bar{y})^2$	$(x_i - \bar{x})(y_i - \bar{y})$
1	92	129	12	5	144	25	60
2	87	121	7	−3	49	9	−21
3	75	135	−5	11	25	121	−55
4	70	109	−10	−15	100	225	150
5	64	143	−16	19	256	361	−304
6	74	111	−6	−13	36	169	78
7	94	122	14	−2	196	4	−28
8	79	119	−1	−5	1	25	5
9	74	106	−6	−18	36	324	108
10	91	145	11	21	121	441	231
합계	800	1240	0	0	964	1704	224

맥박수와 수축기 혈압에 대한 분산과 표준편차는 각각 다음과 같다.

$$s_x^2 = \frac{1}{9}\sum_{i=1}^{10}(x_i - \bar{x})^2 = \frac{964}{9} \approx 107.1111, \quad s_x = \sqrt{107.1111} \approx 10.35$$

$$s_y^2 = \frac{1}{9}\sum_{i=1}^{10}(y_i - \bar{y})^2 = \frac{1704}{9} \approx 189.3333, \quad s_y = \sqrt{189.3333} \approx 13.76$$

따라서 상관계수는 $r = \dfrac{s_{xy}}{s_x s_y} = \dfrac{24.89}{10.35 \times 13.76} \approx 0.175$이다.

I Can Do 3-18

다음은 [I Can Do 3-17]의 자료이다. 이 자료에 대한 상관계수를 구하라.

(단위 : 온도 ℃, 강도 MPa)

온도	142	138	147	138	136	140	139	142	150	128
강도	6.36	6.75	7.02	6.82	6.64	6.82	6.35	6.20	7.36	6.68

Chapter 03 연습문제

연습문제 정답

1. 표본 [9, 15, 11, 15, 10, 13, 7, 19, 18, 33]에 대해 다음을 구하라.

(a) 평균　(b) 10%-절사평균　(c) 중앙값　(d) 최빈값
(e) 분산　(f) 표준편차　(g) 변동계수　(h) 범위
(i) 왜도　(j) 첨도

2. 표본 [16, 18, 11, 16, 20, 17, 11, 18, 17, 16]에 대해 다음을 구하라.

(a) 평균　(b) 10%-절사평균　(c) 중앙값　(d) 최빈값
(e) 분산　(f) 표준편차　(g) 변동계수　(h) 범위
(i) 왜도　(j) 첨도

3. 아래는 20개의 휴대전화를 무작위로 선정하여 방사선 흡수율을 측정한 자료이다. 이 자료에 대해 다음을 구하라.

(단위 : W/kg)

0.77　1.71　0.89　1.28　1.52　1.25　0.90　1.17　1.16　1.63　0.34　1.25　1.04　1.15
0.86　1.24　1.26　1.47　1.48　1.23

(a) 평균　(b) 중앙값　(c) 최빈값　(d) 분산
(e) 표준편차　(f) 30%-백분위수　(g) 사분위수

4. 아래는 반도체 재료가 되는 실리콘 웨이퍼의 산화물층 두께를 측정한 자료이다. 이 자료에 대해 다음을 구하라.

(단위 : Å)

90　77　99　92　82　92　84　99　84　86　88　77　79　94　85　94　89　97　54
88　85　98　93　76　99　86　78　76　87　87　89　88　79　88　81　96　84　84
90　77　98　96　91　88　75　96　98　95　86　76

(a) 평균　(b) 최빈값　(c) 5%-절사평균
(d) 분산　(e) 표준편차　(f) 30%-백분위수
(g) 사분위수　(h) 상자그림　(i) 이상점

5. 회로기판의 납땜공정은 전자제품의 생산에 큰 영향을 미친다. 아래는 회로기판 50개를 임의로 선정하여 납땜온도를 측정한 자료이다. 이 자료에 대해 다음을 구하라.

(단위 : ℃)

220	221	247	216	224	205	217	201	225	221	208	228	258	218	316
248	217	204	219	245	214	202	218	231	206	230	217	205	217	216
243	218	204	205	215	247	207	251	209	219	207	219	211	208	216
203	218	201	221	164										

(a) 평균　(b) 최빈값　(c) 5%-절사평균
(d) 분산　(e) 표준편차　(f) 30%-백분위수
(g) 사분위수　(h) 상자그림　(i) 이상점

6. 아래는 자동차 축전지의 수명에 대한 자료이다. 이 자료에 대해 다음을 구하라.

(단위 : 년)

3.1	3.0	4.5	2.3	4.0	4.2	1.9	2.6	4.2	2.5	2.4	4.0	3.4	2.7	3.1	3.8	2.3	3.8
2.8	3.9	3.7	3.9	3.3	3.7	2.5	4.4	2.9	3.6	2.5	2.8	2.6	2.4	3.1	3.7	2.2	3.9
4.0	1.9	3.9	3.1	1.9	2.7	1.9	6.4	4.4	2.6	2.4	2.4	2.6	4.1				

(a) 평균　(b) 최빈값　(c) 5%-절사평균
(d) 분산　(e) 표준편차　(f) 10%-백분위수
(g) 사분위수　(h) 상자그림　(i) 이상점

7. 새로 개발한 항진균제의 효능을 조사하기 위해 40개의 표본을 선정하여 피부에 바르는 실험을 하였다. 아래는 표본을 바르고 일정 시간이 지난 뒤 피부에 남아있는 약품의 양을 측정한 자료이다. 이 자료에 대해 다음을 구하라.

(단위 : ng/cm^2)

58	41	44	44	51	46	56	43	43	46	52	15	46	36	46	42	55	41	59	60
39	37	38	42	54	57	53	37	45	59	85	40	58	48	40	43	52	46	38	45

(a) 평균　(b) 최빈값　(c) 10%-절사평균
(d) 분산　(e) 표준편차　(f) 10%-백분위수
(g) 사분위수　(h) 상자그림　(i) 이상점

8. 아래는 30개의 알루미늄 합금 표본에 대해 측정한 인장강도를 나타낸 자료이다. 이 자료에 대해 다음을 구하라.

(단위 : N/mm^2)

274	271	266	280	256	268	289	275	283	274	272	275	268	276	268
255	275	269	265	271	259	285	298	246	266	221	269	265	275	286

(a) 평균
(b) 최빈값
(c) 5%-절사평균
(d) 분산
(e) 표준편차
(f) 30%-백분위수
(g) 사분위수
(h) 상자그림
(i) 이상점

9. 아래는 유리 산화물에 포함된 나트륨의 양을 조사하기 위해 40개의 표본을 측정한 자료이다. 이 자료에 대해 다음을 구하라.

(단위 : %)

13.4	12.8	13.7	13.2	13.1	13.7	13.5	13.6	12.8	13.4	13.9	13.3	13.1	13.0
13.3	13.8	13.7	13.5	13.7	13.1	13.8	13.6	13.1	13.5	13.3	13.1	13.3	13.0
13.3	13.2	13.2	14.8	13.7	13.2	13.7	13.0	13.3	14.5	12.8	13.0		

(a) 평균
(b) 최빈값
(c) 5%-절사평균
(d) 분산
(e) 표준편차
(f) 20%-백분위수
(g) 사분위수
(h) 상자그림
(i) 이상점

10. 아래는 임의로 선정한 40명의 혈중 콜레스테롤 농도를 측정한 자료이다. 이 자료에 대해 다음을 구하라.

(단위 : mg/dL)

165	286	277	170	219	245	217	192	236	270	257	255	211	291	186
247	294	206	215	196	261	294	189	235	231	233	331	215	276	256
227	217	184	257	247	241	264	105	266	236					

(a) 평균
(b) 최빈값
(c) 5%-절사평균
(d) 분산
(e) 표준편차
(f) 20%-백분위수
(g) 사분위수
(h) 상자그림
(i) 이상점

11. 아래는 어떤 특정한 장비를 구입하여 처음으로 고장난 시간을 측정한 자료이다. 이 자료에 대해 다음을 구하라.

(단위 : 월)

40	29	40	54	18	48	18	57	22	1	20	19	22	12	45	27	40	54	34	10
59	45	48	18	57	54	57	45	15	57	12	27	15	20	31	51	17	54	18	4
27	18	34	29	18															

(a) 평균 (b) 최빈값 (c) 5%-절사평균
(d) 분산 (e) 표준편차 (f) 30%-백분위수
(g) 사분위수 (h) 상자그림 (i) 이상점

12. 아래는 어느 날 측정된 우리나라 주요 도시 35군데의 미세먼지(PM-10) 농도를 나타낸 자료이다. 이 자료에 대해 다음을 구하라.

(단위 : $\mu g/m^3$)

13	43	52	40	43	45	38	48	46	54	42	48	47	50	43	47	45	41
36	48	46	43	40	47	45	44	49	58	40	46	46	49	42	54	57	

(a) 평균 (b) 중앙값 (c) 최빈값 (d) 5%-절사평균
(e) 분산 (f) 표준편차 (g) 30%-백분위수 (h) 사분위수
(i) 상자그림 (j) 이상점

13. 아래는 우리나라 광역시에 거주하는 국민 25명을 무작위로 선택하여 조사한 1인당 지역내총생산(GRDP)을 나타낸 자료이다. 이 자료에 대해 다음을 구하라.

(단위 : 백만 원)

21	24	25	34	33	36	58	33	22	49	34	35	38	62	29	26	23	37
25	25	29	37	61	31	48											

(a) 평균 (b) 최빈값 (c) 10%-절사평균
(d) 분산 (e) 표준편차 (f) 30%-백분위수
(g) 사분위수 (h) 상자그림 (i) 이상점

14. 어떤 회사는 실내가 특정 온도 이상이 되면 자동으로 에어컨이 작동하도록 설계되어 있다. 3층 건물의 각 층에는 20개의 사무실이 있고, 각 사무실에 설치된 에어컨은 개별적으로 작동한다. 아래는 각 사무실의 에어컨이 작동하는 시간을 측정한 자료이다. 층별 에어컨 작동시간에 대한 상자그림을 그리고, 이를 이용하여 비교하라.

(단위 : 초)

1층	1.0 2.1 1.2 0.9 1.7 1.6 1.8 1.6 1.1 2.1 1.7 2.2 2.1 1.4 1.2 1.0 2.2 1.7 3.3 2.1
2층	1.8 0.2 1.1 1.1 2.1 2.2 1.1 2.4 1.0 1.9 2.4 2.1 1.1 1.1 1.6 2.0 2.0 1.7 1.9 1.2
3층	2.3 2.1 2.0 1.2 1.8 2.1 1.8 1.0 1.9 2.2 1.8 1.4 0.5 1.2 1.1 3.7 1.5 1.5 1.7 1.2

15. 아래는 두 종류의 탄소섬유 강화 중합체의 밀도를 나타내는 자료이다. 두 중합체의 밀도에 대한 상자그림을 그리고, 이를 이용하여 비교하라.

(단위 : g/cm^3)

중합체 A	1.6 1.7 1.7 1.7 1.6 1.5 1.8 1.5 1.6 1.6 1.7 1.4 1.5 1.6 1.5 1.7 1.5 1.6 1.7 1.6 1.4 1.5 1.8 1.6 1.6 1.7 1.6 1.6 1.5 1.6 1.6 1.4 1.7 1.5 1.7 1.5 1.7 1.5 1.7 1.7
중합체 B	1.6 1.7 1.7 1.6 1.5 1.8 1.7 1.6 1.8 1.9 1.7 1.5 1.7 1.8 1.7 1.8 1.8 1.8 1.6 1.6 1.8 1.6 1.7 1.5 1.8 1.7 1.6 1.8 1.6 1.8 1.7 1.6 1.8 1.7 1.6 1.6 1.8 1.9 1.7 1.8

16. 아래는 특정한 촉매반응에서 생기는 부산물의 비율을 나타낸 자료이다. 부산물인 두 촉매에 대한 평균을 구하고, 상자그림을 그려서 비교하라.

(단위 : %)

촉매 A	4.3 5.2 5.0 5.4 5.2 2.5 3.2 3.4 2.6 3.9 4.4 4.8 2.7 3.2 3.9 3.9 5.2 3.6 4.3 4.2 3.4 2.6 3.9 4.4 4.8
촉매 B	2.6 1.6 1.5 2.1 4.1 6.5 1.3 4.9 4.2 4.7 5.1 12.4 1.8 4.7 6.2 1.1 6.4 4.6 3.8 6.4 1.3 4.9 4.2 1.5 2.1

17. 아래는 두 종류의 세라믹 표본을 선정하고, 표본 시험체에 균열이 생길 때의 하중에 대해 조사한 자료이다. 두 자료에 대한 평균을 구하고, 상자그림을 그려서 비교하라.

(단위 : kg)

세라믹 A	21 20 26 28 21 26 23 26 34 31 28 32 32 34 56 29 32 31 24 32 32 25 30 30 31 28 26 30 32 28 32 32 35 32 35 30 36 31 27 32
세라믹 B	36 32 33 32 34 35 21 24 26 27 32 36 32 38 24 20 41 27 34 26 30 35 24 33 27 20 33 25 18 37 23 34 27 24 33 29 39 31 37 31

18. 아래는 두 종류의 차량이 공회전 시 발생하는 탄화수소의 배출량을 나타낸 자료이다. 두 자료에 대한 평균을 구하고, 상자그림을 그려서 비교하라.

(단위 : ppm)

모델 A	339	428	502	513	250	335	344	369	256	270	281
	218	446	233	252							
모델 B	242	418	399	423	553	394	461	436	679	218	320
	578	550	421	242							

19. 아래는 두 종류의 알루미늄 합금 표본에 대한 인장강도를 나타낸 자료이다. 두 합금의 인장강도에 대한 평균을 구하고, 상자그림을 그려서 비교하라.

(단위 : N/mm^2)

합금 A	265	253	290	285	267	273	274	262	285	258	285
	281	267	273	274	256	285	260	278	287	284	285
	272	253	264	282	272	262	253	269	264	257	274
	257	262	270	278	264	256	264				
합금 B	278	270	279	272	274	271	278	278	264	260	262
	272	263	262	274	264	285	262	268	262	264	277
	276	260	271	285	263	256	275	268	274	272	278
	270	259	266	270	268	277	273				

20. 아래는 두 종류의 자동차용 배터리 용량을 조사한 자료이다. 이 자료에 대해 다음을 구하라.

(단위 : Ah, 암페어-시)

배터리 A	77.9	83.7	83.2	82.0	79.1	82.4	79.4	80.1	77.8	79.2	82.7
	82.3	80.8	79.2	82.1	79.2	82.1	79.2	81.8	77.3	77.8	77.1
	79.5	79.8	78.8	78.8	78.6	80.8	79.2	80.5	78.2	78.6	82.0
	82.1	80.2	79.2	78.6	79.4	78.9	80.4				
배터리 B	81.1	83.4	78.0	77.8	94.2	83.6	83.0	78.2	76.9	80.4	83.8
	83.3	80.8	82.1	82.8	83.2	81.6	81.5	80.0	77.6	78.6	80.6
	78.3	78.9	81.0	76.4	77.4	78.8	80.5	77.0	80.2	80.5	78.3
	79.3	78.4	77.3	76.6	62.4	78.0	88.2				

(a) 평균과 표준편차에 의한 비교

(b) 상자그림에 의한 비교

21. 아래는 남자 40명과 여자 40명의 백혈구 수를 조사한 자료이다. 이 자료에 대해 다음을 구하라.

(단위 : 1,000개/mm^3)

남자	9.8 6.3 10.3 9.7 9.8 6.9 4.5 9.6 4.7 5.3 8.6 9.4 10.1 5.3 8.6 7.2 7.6 8.6 10.5 8.6 6.6 6.0 6.4 5.5 5.9 6.2 7.4 9.2 4.6 5.8 7.6 9.7 4.6 6.3 9.6 10.4 5.6 9.7 6.1 5.4
여자	9.2 8.2 7.5 9.2 5.8 9.2 8.6 6.4 9.1 9.5 8.2 8.4 5.9 9.0 4.7 7.3 6.6 6.2 4.9 6.2 5.5 8.9 5.8 6.1 8.3 6.3 5.2 8.8 7.8 8.8 8.1 6.5 7.4 8.9 8.8 5.5 9.2 6.8 8.8 8.4

(a) 평균과 표준편차에 의한 비교

(b) 상자그림에 의한 비교

22. 아래는 음주가 수면에 영향을 미치는지 조사하기 위해 15명의 지원자를 대상으로 잠들 때까지 걸리는 시간을 측정한 자료이다. 이 두 자료를 비교하는 다음 그림을 구하라.

(단위 : 분)

음주 전	16	43	33	24	25	34	38	45	23	34	68	41	28	39	34
음주 후	14	17	14	22	15	19	56	21	12	18	16	20	15	22	19

(a) 평균과 표준편차에 의한 비교

(b) 상자그림에 의한 비교

23. 아래는 어떤 제약회사에서 약품을 생산하는 공정의 반응시간과 반응온도에 따른 수율을 조사한 자료이다. 이 자료에 대한 반응시간과 반응온도 사이의 공분산과 상관계수를 구하라.

(단위 : 분, ℃)

반응시간	80.2	79.5	83.4	90.1	85.6	86.4	91.1	82.1	87.4	84.2
반응온도	178.5	182.8	179.5	189.2	175.5	176.2	179.5	183.7	178.6	176.5

24. 아래는 공정온도에 따른 불량품 개수를 조사한 자료이다. 이 자료에 대한 공정온도와 불량품 개수 사이의 공분산과 상관계수를 구하고, 상관관계를 구하라.

(단위 : ℃, 개)

공정온도	19.2	21.1	20.3	21.7	18.9	22.3	21.3	24.4	24.4	25.4
불량품 개수	17	19	27	21	25	24	23	30	28	36

25. 아래는 임의로 선정한 성인 10명에 대한 뇌용적과 IQ점수를 나타내는 자료이다. 뇌용적과 IQ점수 사이의 공분산과 상관계수를 구하라.

(단위 : cc, 점)

뇌용적	1027	1229	1054	1121	1058	1271	1152	1092	1233	1163
IQ점수	101	114	103	109	105	118	113	112	121	124

26. 아래는 DPT 면역률과 1,000명 당 어린이의 사망자 수를 나타내는 자료이다. DPT 면역률과 어린이의 사망자 수 사이의 공분산과 상관계수를 구하라.

(단위 : %, 명)

면역률	59	68	45	54	74	48	63	79	86	94
사망자 수	89	35	135	107	24	98	46	19	16	11

27. 아래는 고혈압 약을 복용하는 10명의 환자에 대한 혈압을 측정한 자료이다. 수축기 혈압과 이완기 혈압 사이의 공분산과 상관계수를 구하라.

(단위 : mmHg)

수축기 혈압	133	132	124	115	138	126	128	125	130	129
이완기 혈압	73	63	60	81	74	83	75	76	70	85

28. 아래는 어느 하천의 산소 농도에 대한 시료 25개를 측정한 자료이다. 이 자료에 대한 평균과 분산을 구하라.

(단위 : mg/L)

산소 농도	0.5 ~ 2.5	2.5 ~ 4.5	4.5 ~ 6.5	6.5 ~ 8.5
빈도수	17	4	3	1

29. 아래는 실리콘 웨이퍼의 산화물층 두께를 측정한 자료이다. 이 자료에 대한 평균과 분산을 구하라.

(단위 : Å)

두께	49.5 ~ 59.5	59.5 ~ 69.5	69.5 ~ 79.5	79.5 ~ 89.5	89.5 ~ 99.5
빈도수	1	0	10	20	19

Chapter 04

확률

Probability

||| 목차 |||

||| 학습목표 |||

- 사건의 의미를 이해하고, 여러 가지 사건을 구할 수 있다.
- 확률의 개념을 이해하고, 여러 경우의 확률을 구할 수 있다.
- 조건부 확률의 의미와 두 사건의 종속 및 독립에 대해 이해할 수 있다.
- 전확률 공식과 베이즈 정리를 이용하여 사후확률을 구할 수 있다.

Section 4.1 사건

인공지능은 어떤 결과를 도출하기 위해 결과에 영향을 미칠 수 있는 수많은 관련 데이터를 관찰하고 가장 확률이 높은 데이터를 선정한다. 이처럼 어떤 통계적 목적에 따라 관찰이나 측정하는 일련의 과정을 **통계실험**statistical experiment이라 한다.

통계실험의 가장 대표적인 예는 우리나라에서 5년 주기로 시행하는 '인구주택총조사'이다. 다음은 2022년도에 시행한 우리나라에 거주하는 인구 유형에 대한 서울시의 인구주택총조사 결과이다.

행정구역별(읍면동)	2022										
	총인구 (명)	남자 (명)	여자 (명)	내국인-계 (명)	내국인-남자 (명)	내국인-여자 (명)	외국인-계 (명)	외국인-남자 (명)	외국인-여자 (명)	가구-계 (가구)	일반가구 (가구)
전국	51,692,272	25,835,298	25,856,974	49,939,926	24,866,514	25,073,412	1,752,346	968,784	783,562	22,383,187	21,773,507
읍부	5,098,892	2,621,409	2,477,483	4,879,206	2,484,040	2,395,166	219,686	137,369	82,317	2,162,312	2,096,425
면부	4,506,486	2,348,865	2,157,621	4,244,198	2,162,250	2,081,948	262,288	186,615	75,673	2,101,117	2,035,906
동부	42,086,894	20,865,024	21,221,870	40,816,522	20,220,224	20,596,298	1,270,372	644,800	625,572	18,119,758	17,641,175
서울특별시	9,417,469	4,547,051	4,870,418	9,056,522	4,381,802	4,674,720	360,947	165,249	195,698	4,252,134	4,098,818
종로구	147,512	70,318	77,194	135,107	65,264	69,843	12,405	5,054	7,351	69,831	64,422
중구	125,257	59,795	65,462	113,309	54,386	58,923	11,948	5,409	6,539	61,620	56,260
용산구	219,289	105,474	113,815	203,463	97,157	106,306	15,826	8,317	7,509	103,974	98,483
성동구	282,131	136,734	145,397	271,540	132,102	139,438	10,591	4,632	5,959	127,790	122,873
광진구	346,519	165,843	180,676	326,453	157,253	169,200	20,066	8,590	11,476	166,046	156,463
동대문구	350,709	169,670	181,039	328,651	161,239	167,412	22,058	8,431	13,627	166,787	155,912
중랑구	379,127	185,196	193,931	372,054	182,393	189,661	7,073	2,803	4,270	173,424	170,544
성북구	436,113	207,284	228,829	421,015	201,519	219,496	15,098	5,765	9,333	190,541	183,972
강북구	287,788	138,515	149,273	282,191	136,441	145,750	5,597	2,074	3,523	133,870	131,275
도봉구	304,137	146,600	157,537	300,792	145,412	155,380	3,345	1,188	2,157	130,115	128,975
노원구	496,423	238,120	258,303	490,547	235,612	254,935	5,876	2,508	3,368	206,796	205,078
은평구	454,649	216,315	238,334	449,047	214,001	235,046	5,602	2,314	3,288	198,082	196,205
서대문구	318,308	146,857	171,451	301,315	141,124	160,191	16,993	5,733	11,260	143,327	136,043
마포구	362,408	168,768	193,640	349,081	163,697	185,384	13,327	5,071	8,256	171,619	165,603
양천구	426,981	208,521	218,460	421,738	206,300	215,438	5,243	2,221	3,022	171,291	169,344
강서구	555,999	266,085	289,914	547,558	262,432	285,126	8,441	3,653	4,788	257,613	254,540
구로구	424,038	210,737	213,301	380,955	187,049	193,906	43,083	23,688	19,395	188,054	169,228
금천구	247,185	125,201	121,984	222,097	111,677	110,420	25,088	13,524	11,564	121,987	110,689
영등포구	401,805	198,830	202,975	359,030	176,056	182,974	42,775	22,774	20,001	187,482	172,104
동작구	386,605	186,536	200,069	371,049	179,764	191,285	15,556	6,772	8,784	179,771	172,696
관악구	496,743	248,148	248,595	473,671	238,146	235,525	23,072	10,002	13,070	271,474	260,075
서초구	383,181	183,006	200,175	376,224	179,675	196,549	6,957	3,331	3,626	156,869	154,471
강남구	500,149	239,430	260,719	491,411	235,380	256,031	8,738	4,050	4,688	216,165	212,499

출처 : 통계청(KOSIS)

이 표를 통해 다음과 같이 서울시의 각 구에 거주하는 인구의 구성을 알 수 있다.

❶ 각 구별 총인구수

❷ 남자와 여자의 구성

❸ 내국인과 외국인의 구성

❹ 가구 구성원

이러한 인구의 구성은 인구주택총조사 결과의 집합이라 할 수 있다. 이 절에서는 특정한 실험 결과들의 집합을 의미하는 사건과 여러 유형의 사건에 대해 살펴본다.

표본공간과 사건

인구주택총조사와 같이 통계실험에 의한 관찰이나 측정할 수 있는 모든 결과들의 집합을 **표본공간** sample space이라 하고, S로 나타낸다. 이때 통계실험에서 나타날 수 있는 각각의 실험 결과를 **원소** element 또는 **표본점** sample point이라 한다. 예를 들어 다음과 같은 네 가지 통계실험을 생각할 수 있다.

❶ 4개의 DNA 염기 A, G, C, T 중에서 무작위로 어느 하나를 선택한다면 표본공간은 $S = \{A, G, C, T\}$이고, 이 표본공간은 유한집합이다.

❷ 우라늄에서 1분 동안 방출된 알파입자의 수에 대한 표본공간은 $S = \{0, 1, 2, \cdots\}$이고, 이 표본공간은 셀 수 있는 무한집합이다.

❸ 웨이퍼의 산화물 코팅 두께가 84Å 에서 93Å 사이에서 측정될 때 표본공간은 $S = [84, 93]$이고, 이 표본공간은 유한구간이다.

❹ 스마트폰의 수명에 대한 표본공간은 $S = (0, \infty)$이고, 이 표본공간은 무한구간이다.

이때 표본공간은 원소의 형태에 따라 크게 두 가지로 구분한다. ❶과 ❷의 경우는 원소의 개수를 셀 수 있지만 ❸과 ❹의 경우는 원소의 개수를 셀 수 없다. 이러한 두 종류의 표본공간을 다음과 같이 정의한다.

정의 4-1 표본공간의 종류

- **이산표본공간** discrete sample space : 유한집합이거나 셀 수 있는 무한집합인 표본공간
- **연속표본공간** continuous sample space : 유한구간 또는 무한구간인 표본공간

어떤 특정한 원소들로 구성된 표본공간의 부분집합을 **사건** event이라 하고, 보편적으로 대문자 A로 나타낸다. 이때 원소의 개수에 따라 사건을 다음과 같이 정의한다.

정의 4-2 사건

- **공사건** empty event : 원소가 하나도 없는 사건이고, $\varnothing$로 나타낸다.
- **근원사건** elementary event : 원소의 개수가 하나뿐인 사건
- **복합사건** compound event : 원소의 개수가 둘 이상인 사건

예제 4-1

다음 통계실험에 대한 표본공간과 지정된 사건을 구하라.

(a) 5개의 볼트에 포함된 불량품의 개수가 2 이하인 사건

(b) 중고차 시장에 전시된 자동차에 난 흠집 개수가 5 이상인 사건

(c) 측정오차가 5Ω 이내인 100Ω인 저항기 중에서 오차가 2Ω 이내인 사건

(d) 새로 교체한 기계 부품의 수명이 50시간 이내인 사건

풀이

(a) $S=\{0, 1, 2, 3, 4, 5\}$, $A=\{0, 1, 2\}$

(b) $S=\{0, 1, 2, \cdots\}$, $A=\{5, 6, 7, \cdots\}$

(c) $S=[95, 105]$, $A=(98, 102)$

(d) $S=(0, \infty)$, $A=(0, 50)$

I Can Do 4-1

다음 통계실험에 대한 표본공간과 지정된 사건을 구하라.

(a) 5명의 환자 중에서 혈액형이 Rh+인 환자가 3명 이상인 사건

(b) 하루 동안 감지된 통신 시스템의 노이즈 개수가 4 이하인 사건

(c) 미드저니[1]는 그림 하나를 그리는 데 50초 이상 90초 이내로 소요한다고 한다. 미드저니가 그림을 그리는 데 소요하는 시간이 60초 이하인 사건

(d) 전기자동차의 배터리 수명이 4년 이하인 사건

사건의 연산

표본공간은 집합론의 전체집합과 동일한 개념이고, 사건은 표본공간의 부분집합이다. 따라서 여러 가지 집합의 개념을 다음과 같이 사건에 적용할 수 있다.

정의 4-3 사건의 연산

- **합사건**union of events : 두 사건 A 또는 B가 발생하는 사건

$$A\cup B=\{x\,|\,x\in A \text{ 또는 } x\in B\}$$

- **곱사건**intersection of events : 두 사건 A와 B가 동시에 발생하는 사건

$$A\cap B=\{x\,|\,x\in A \text{ 그리고 } x\in B\}$$

- **차사건**difference of events : 사건 A는 발생하지만 사건 B는 발생하지 않는 사건

$$A-B=\{x\,|\,x\in A \text{ 그리고 } x\notin B\}$$

1 미드저니(Midjourney)는 이미지를 생성해주는 인공지능 소프트웨어이다.

• **여사건**complementary event : 어떤 특정한 사건 A가 발생하지 않는 사건

$$A^c = \{x | x \in S \text{ 그리고 } x \notin A\}$$

• **배반사건**mutually exclusive events : $A \cap B = \varnothing$인 두 사건 A와 B

• **쌍마다 배반사건**pairwisely mutually exclusive events : 다음을 만족하는 n개의 사건 $A_1, A_2, \cdots, A_n$

$$A_i \cap A_j = \varnothing \quad (i \neq j \text{이고, } i, j = 1, 2, 3, \cdots, n)$$

[정의 4-3]의 사건들을 벤다이어그램으로 그리면 [그림 4-1]과 같다.

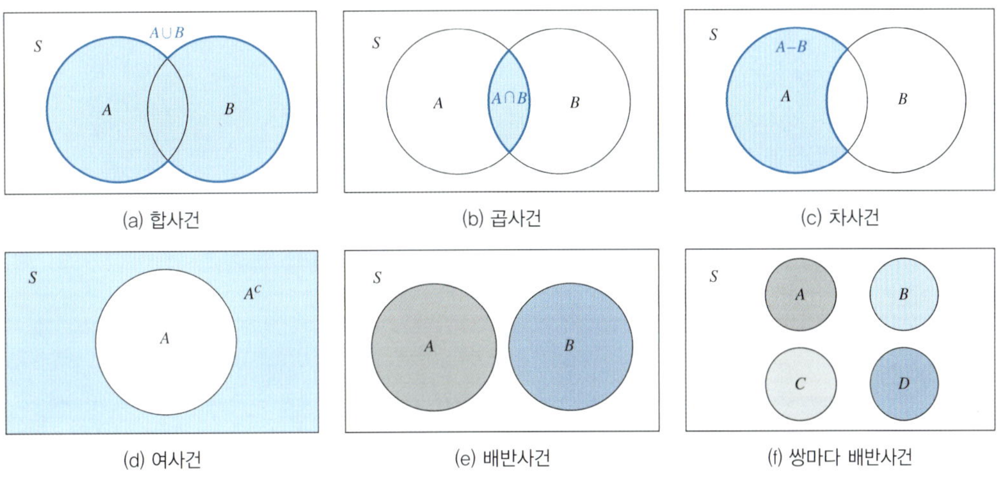

[그림 4-1] 여러 가지 사건

특히 n개의 사건 $A_1, A_2, \cdots, A_n$이 다음 두 조건을 만족할 때, 사건 $\{A_1, A_2, \cdots, A_n\}$을 표본공간 S의 **분할**partition이라 한다.

❶ $A_i \cap A_j = \varnothing \quad (i \neq j$이고, $i, j = 1, 2, 3, \cdots, n)$

❷ $S = A_1 \cup A_2 \cup \cdots \cup A_n$

그러면 표본공간 S와 임의의 사건 A, B, C에 대해 다음 성질들이 성립한다.

정리 4-1 합사건의 성질

(1) $A \cup A = A$

(2) $A \cup B = B \cup A$ (교환법칙)

(3) $A \cup \varnothing = A$

(4) $A \cup A^c = S$

(5) $A \cup S = S$

(6) $(A \cup B) \cup C = A \cup (B \cup C)$ (결합법칙)

정리 4-2 곱사건의 성질

(1) $A \cap A = A$

(2) $A \cap B = B \cap A$ (교환법칙)

(3) $A \cap \varnothing = \varnothing$

(4) $A \cap A^c = \varnothing$

(5) $A \cap S = A$

(6) $(A \cap B) \cap C = A \cap (B \cap C)$ (결합법칙)

정리 4-3 여사건과 부분사건의 성질

(1) $(A^c)^c = A$

(2) $A \subset B$이면 $A \cup B = B$, $A \cap B = A$

(3) $A \subset B$이면 $B = A \cup (B - A)$

정리 4-4 분배법칙과 드 모르간의 법칙

(1) $(A \cup B) \cap C = (A \cap C) \cup (B \cap C)$

(2) $(A \cap B) \cup C = (A \cup C) \cap (B \cup C)$

(3) $(A \cup B)^c = A^c \cap B^c$

(4) $(A \cap B)^c = A^c \cup B^c$

예제 4-2

주사위를 두 번 던지는 실험에서 아래 세 사건 A, B, C를 생각하자. 다음을 구하라.

A : 첫 번째 나온 눈의 수가 3의 배수인 사건
B : 두 번째 나온 눈의 수가 3의 배수인 사건
C : 두 눈의 차에 대한 절댓값이 3인 사건

(a) 표본공간 S (b) $A \cup B$ (c) $A \cap B$

(d) $A - C$ (e) $(A \cup B) \cap C$ (f) $(A \cup B)^c \cap C$

풀이

(a) 표본공간 $S = \begin{Bmatrix} (1,1),(1,2),(1,3),(1,4),(1,5),(1,6) \\ (2,1),(2,2),(2,3),(2,4),(2,5),(2,6) \\ (3,1),(3,2),(3,3),(3,4),(3,5),(3,6) \\ (4,1),(4,2),(4,3),(4,4),(4,5),(4,6) \\ (5,1),(5,2),(5,3),(5,4),(5,5),(5,6) \\ (6,1),(6,2),(6,3),(6,4),(6,5),(6,6) \end{Bmatrix}$

세 사건 A, B, C는 다음과 같다.

$$A = \begin{Bmatrix} (3,1),(3,2),(3,3),(3,4),(3,5),(3,6) \\ (6,1),(6,2),(6,3),(6,4),(6,5),(6,6) \end{Bmatrix}$$

$$B = \begin{Bmatrix} (1,3), (2,3), (3,3), (4,3), (5,3), (6,3) \\ (1,6), (2,6), (3,6), (4,6), (5,6), (6,6) \end{Bmatrix}$$

$$C = \{(1,4), (2,5), (3,6), (4,1), (5,2), (6,3)\}$$

(b) $A \cup B = \begin{Bmatrix} (3,1), (3,2), (3,3), (3,4), (3,5), (3,6) \\ (1,3), (2,3), (4,3), (5,3), (6,3), (1,6) \\ (2,6), (4,6), (5,6), (6,1), (6,2), (6,4) \\ (6,5), (6,6) \end{Bmatrix}$

(c) $A \cap B = \{(3,3), (3,6), (6,3), (6,6)\}$

(d) $A - C = \begin{Bmatrix} (1,3), (2,3), (3,3), (4,3), (5,3) \\ (1,6), (2,6), (4,6), (5,6), (6,6) \end{Bmatrix}$

(e) $(A \cup B) \cap C = \{(3,6), (6,3)\}$

(f) $(A \cup B)^c \cap C = \{(1,4), (2,5), (4,1)\ (5,2)\}$

I Can Do 4-2

동전을 네 번 던지는 실험에서 아래 세 사건 A, B, C를 생각하자. 다음을 구하라.

A : 처음 두 번 연속하여 앞면이 나오는 사건
B : 두 번째와 세 번째에서 앞면이 나오는 사건
C : 첫 번째에 앞면이 나오지 않는 사건

(a) 표본공간 S　　(b) $A \cup B$　　(c) $A \cap B$

(d) $(A \cup B) - C$　　(e) $(A \cup B) \cap C$　　(f) $(A \cup B)^c \cap C$

Section

4.2 확률의 개념

2023년 OpenAI에서 출시한 챗GPT는 대량의 텍스트 데이터를 학습한 다음 어떤 작업을 수행할 때 확률을 활용한다. 예를 들어 빅데이터에 기반을 둔 무인 자율주행 자동차는 돌발 상황에 대해 확률적으로 대처하도록 프로그램화되었다. 이처럼 1장에서 언급한 인공지능(AI) 분야뿐만 아니라 여러 학문에서도 불확실한 정보를 처리하고 그 결과를 표현하기 위해 확률을 응용하고 있다. 이 절에서는 확률의 개념을 소개하고 확률을 구하는 방법을 살펴본다.

고전적 확률

가장 간단한 확률의 개념인 고전적 확률은 표본공간을 이루는 원소의 개수가 유한개인 경우에 많이 사용한다. n개의 원소로 구성된 표본공간에서 각 원소가 나타날 가능성이 동일하다고 하자. 이때 a개의 원소로 구성된 사건 A의 확률 $P(A)$는 다음과 같이 정의한다. 이러한 확률의 정의를 **고전적 확률**classical probability 또는 **수학적 확률**mathematical probability이라 한다.

$$P(A) = \frac{a}{n}$$

예를 들어 공정한 주사위를 던져서 1의 눈이 나올 확률을 구한다고 하자. 그러면 표본공간은 $S = \{1, 2, 3, 4, 5, 6\}$이고, 공정한 주사위를 던지므로 각각의 눈이 나올 가능성은 동일하다. 이때 1의 눈이 나오는 사건을 A라 하면 $A = \{1\}$이다. 표본공간 S와 사건 A의 원소의 개수가 각각 $N = 6$, $n = 1$이므로 구하는 확률은 $P(A) = \frac{1}{6}$이다. 이러한 고전적 확률은 각각의 원소가 나타날 가능성이 동일하지 않으면 사용할 수 없다.

통계적 확률

통계적 확률의 정의는 동일한 조건에서 무수히 많은 실험을 반복하는 경우의 확률을 의미한다. 예를 들어 '주사위를 던져서 1의 눈이 나올 확률'이라는 의미는 [표 4-1]에서 보는 바와 같이 주사위를 유한 번 던져서 1이 나올 가능성인 $\frac{1}{6} \approx 0.1667$이 될 수도 있지만, 그렇지 않은 경우도 있다.

[표 4-1]은 통계 패키지를 이용하여 주사위를 n번 던졌을 때 1의 눈이 나온 횟수와 그에 대한 상대도수를 나타내는 모의실험 결과이다.

[표 4-1] 주사위 던지기 실험 결과

시행 횟수(n)	10	50	100	500	1,000	1,500	2,000	2,500	3,000
1이 나온 횟수(r_n)	2	7	23	85	176	246	332	425	499
상대도수(p_n)	0.2	0.14	0.23	0.17	0.176	0.164	0.166	0.17	0.166

이때 1의 눈이 나온 횟수를 r_n이라 하면 상대도수 $p_n = \dfrac{r_n}{n}$은 [그림 4-2]와 같이 시행 횟수 n이 커질수록 0.1667에 가까워짐을 알 수 있다. 이러한 사실은 다른 수의 눈이 나오는 상대도수에도 적용할 수 있다. 다른 수의 눈이 나오는 상대도수도 거의 $\dfrac{1}{6} \approx 0.1667$에 가까워진다. 즉 주사위 던지기를 무수히 많이 실시하면 각각의 눈이 나올 가능성이 거의 같아진다.

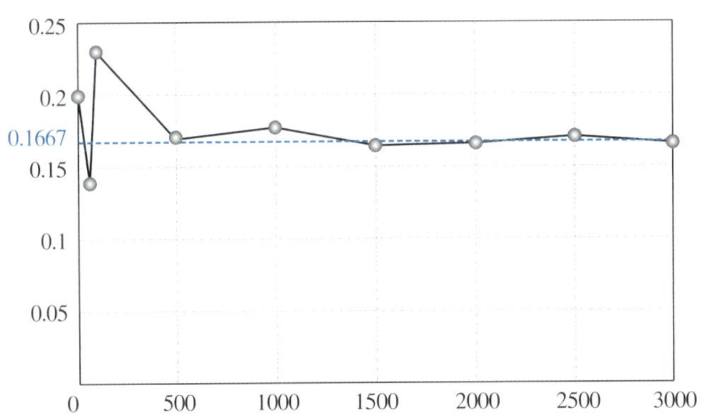

[그림 4-2] 시행 횟수 n에 따른 p_n의 변화

따라서 어떤 사건 A가 나타날 확률을 다음과 같이 상대도수의 극한으로 정의한다. 여기서 극한 p를 사건 A의 **통계적 확률**statistical probability 또는 상대도수에 의한 확률이라 한다.

$$P(A) = \lim_{n \to \infty} \frac{r_n}{n} = p$$

이때 주사위를 던져서 1의 눈이 나오는 확률은 고전적 확률의 개념과 동일함을 알 수 있다.

예제 4-3

주사위 한 개를 두 번 던지는 실험에서 다음을 구하라.

(a) 첫 번째 나온 수의 눈이 3의 배수일 확률
(b) 두 번째 나온 수의 눈이 3의 배수일 확률
(c) 두 눈의 차에 대한 절댓값이 3일 확률

풀이

주사위를 두 번 던져서 첫 번째 나온 눈의 수가 3의 배수인 사건을 A, 두 번째 나온 눈의 수가 3의 배수인 사건을 B, 두 눈의 차에 대한 절댓값이 3인 사건을 C라 하면, [예제 4-2]의 풀이와 같이 다음을 얻는다.

$$S = \begin{Bmatrix} (1,1),(1,2),(1,3),(1,4),(1,5),(1,6) \\ (2,1),(2,2),(2,3),(2,4),(2,5),(2,6) \\ (3,1),(3,2),(3,3),(3,4),(3,5),(3,6) \\ (4,1),(4,2),(4,3),(4,4),(4,5),(4,6) \\ (5,1),(5,2),(5,3),(5,4),(5,5),(5,6) \\ (6,1),(6,2),(6,3),(6,4),(6,5),(6,6) \end{Bmatrix}$$

$$A = \begin{Bmatrix} (3,1),(3,2),(3,3),(3,4),(3,5),(3,6) \\ (6,1),(6,2),(6,3),(6,4),(6,5),(6,6) \end{Bmatrix}$$

$$B = \begin{Bmatrix} (1,3),(2,3),(3,3),(4,3),(5,3),(6,3) \\ (1,6),(2,6),(3,6),(4,6),(5,6),(6,6) \end{Bmatrix}$$

$$C = \{(1,4),(2,5),(3,6),(4,1),(5,2),(6,3)\}$$

따라서 구하는 확률은 각각 다음과 같다.

(a) $P(A) = \dfrac{12}{36} = \dfrac{1}{3}$　　(b) $P(B) = \dfrac{12}{36} = \dfrac{1}{3}$　　(c) $P(C) = \dfrac{6}{36} = \dfrac{1}{6}$

I Can Do 4-3

동전 한 개를 네 번 던지는 실험에서 다음을 구하라.

(a) 처음 두 번 연속하여 앞면이 나올 확률
(b) 두 번째와 세 번째에서 앞면이 나올 확률
(c) 처음에 앞면이 나오지 않을 확률

공리론적 확률

앞에서 언급한 바와 같이 고전적 확률의 개념은 표본공간 안에 있는 원소의 개수가 유한개인 경우에만 적용된다. 그러나 다트게임에서 표본공간은 다트판 전체이고, 표본공간의 원소는 다트가 꽂히는 무수히 많은 점으로 구성된다. 이 경우에 고전적 확률을 적용할 수 없으므로 **공리적 확률** axiomatic probability 의 개념이 필요하다. 표본공간 S에 대해 다음 세 가지 공리를 만족하는 사건 A에 대한 함숫값 $P(A)$를 사건 A의 **확률** probability이라 한다.

❶ $P(S) = 1$

❷ $A \subset S$이면 $0 \le P(A) \le 1$이다.

❸ 쌍마다 배반인 사건 A_n, $n = 1, 2, 3, \cdots$에 대해 다음이 성립한다.

$$P(A_1 \cup A_2 \cup \cdots) = P(A_1) + P(A_2) + \cdots$$

이때 공리론적 확률은 고전적 확률과 달리 명확하게 정의하지 않고, 보편적으로 다음과 같이 정의한다.

$$P(A) = \frac{(\text{사건 } A\text{에 대한 영역의 크기})}{(\text{표본공간 전체 영역의 크기})}$$

영역의 크기는 다음과 같이 정의한다. 이러한 정의는 고전적 확률의 개념과 일치한다.

- 이산표본공간인 경우 : 원소의 개수
- 연속표본공간인 경우 : 표본공간이 직선, 평면, 공간인 경우에 각각 길이, 넓이, 부피

공리론적 확률의 공리 ❸은 유한개의 쌍마다 배반인 사건 $A_1, A_2, \cdots, A_n$에 적용할 수 있으며 다음이 성립한다.

$$P(A_1 \cup A_2 \cup \cdots \cup A_n) = P(A_1) + P(A_2) + \cdots + P(A_n)$$

이 사실을 이용하여 사건 A와 B의 합사건 $A \cup B$의 확률을 쉽게 얻을 수 있다. 합사건 $A \cup B$는 [그림 4-3]과 같이 서로 배반인 A와 $B - A$로 분할할 수 있으며, 공리 ❸에 의해 다음을 얻는다.

$$P(A \cup B) = P(A) + P(B - A)$$

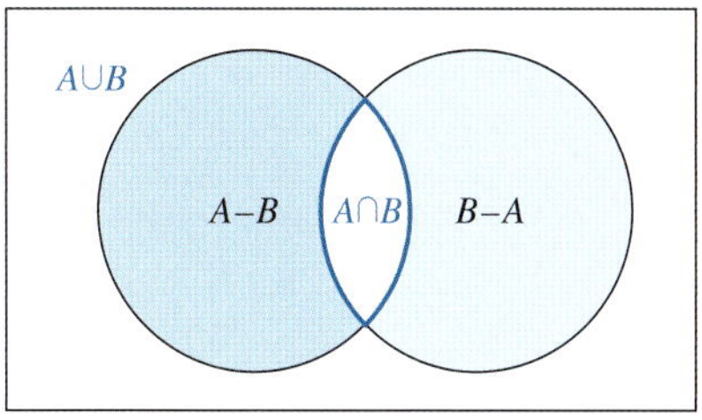

[그림 4-3] $A \cup B$의 분할

두 사건 $A \cap B$, $B-A$는 사건 B의 분할이므로 다음이 성립한다.

$$P(B) = P(A \cap B) + P(B-A), \text{ 즉 } P(B-A) = P(B) - P(A \cap B)$$

이제 $P(B-A)$를 $P(A \cup B)$에 대입하면 다음 합사건의 확률을 얻는다.

$$P(A \cup B) = P(A) + P(B) - P(A \cap B)$$

이와 같은 방법을 이용하면 다음 확률 법칙을 쉽게 얻을 수 있다.

정리 4-5 확률 법칙

(1) 공사건의 확률 : $P(\varnothing) = 0$

(2) 덧셈 법칙 : • A와 B가 배반인 경우

$$P(A \cup B) = P(A) + P(B)$$

• A와 B가 배반이 아닌 경우

$$P(A \cup B) = P(A) + P(B) - P(A \cap B)$$

(3) 여사건의 확률 : $P(A^c) = 1 - P(A)$

(4) 차사건의 확률 : $A \subset B$이면 $P(B-A) = P(B) - P(A)$이고 $P(A) \le P(B)$이다.

[정리 4-5(2)]에서 $P(A \cap B) > 0$이므로 임의의 두 사건 A와 B에 대해 다음이 성립한다.

$$P(A \cup B) \le P(A) + P(B)$$

임의의 세 사건 A, B, C에 덧셈 법칙을 적용하면 다음이 성립하는 것을 쉽게 보일 수 있다.

$$\begin{aligned} P(A \cup B \cup C) = {} & P(A) + P(B) + P(C) - P(A \cap B) - P(A \cap C) \\ & - P(B \cap C) + P(A \cap B \cap C) \end{aligned}$$

예제 4-4

미국에서 10개월 간 자율주행 2단계 교통사고를 분석한 결과, 피해 정도를 위중한 순서부터 차례로 사고를 나열하면 사망 6건, 중상 5건, 경상 41건, 부상이 없는 접촉 46건이고, 확인 불가인 사고는 294건으로 나타났다.[2] 상대도수에 의한 확률의 개념을 이용하여 다음을 구하라.

(a) 각 피해 정도에 대한 확률

(b) 경상 이상의 사고가 날 확률

(c) 사고원인이 미상이 아닌 확률

2 출처 : 조선일보(2022. 06. 17.), "레벨2 자율주행 믿어도 되나?"

풀이

(a) 사망, 중상, 경상, 부상이 없는 접촉, 확인 불가인 사고를 각각 A, B, C, D, E라 하면, 전체 사고가 392건이므로 각 사건에 대한 확률은 다음과 같다.

$$P(A) = \frac{6}{392},\ P(B) = \frac{5}{392},\ P(C) = \frac{41}{392},\ P(D) = \frac{46}{392},\ P(E) = \frac{294}{392}$$

(b) 경상 이상의 사고는 사망, 중상, 경상이고, 각 사고는 쌍마다 배반이므로 구하는 확률은 다음과 같다.

$$P(A \cup B \cup C) = P(A) + P(B) + P(C) = \frac{6}{392} + \frac{5}{392} + \frac{41}{392} = \frac{52}{392} = \frac{13}{98}$$

(c) 사고원인이 미상이 아닌 사고는 확인 불가인 사고의 여사건이므로 구하는 확률은 다음과 같다.

$$P(E^c) = 1 - P(E) = 1 - \frac{294}{392} = \frac{98}{392} = \frac{49}{196}$$

I Can Do 4-4

미국에서 10개월 간 자율주행 2단계 교통사고를 분석한 결과, 사고유형은 차대차 103건, 시설물 78건, 보행자 3건, 동물 10건, 나무 20건, 미상 146건, 기타 32건으로 나타났다. 상대도수에 의한 확률의 개념을 이용하여 다음을 구하라.

(a) 각 피해 정도에 대한 확률
(b) 보행자 또는 동물에 상해를 끼칠 확률
(c) 미상이나 기타 사고가 아닐 확률

예제 4-5

산화물 코팅 두께가 84Å 에서 93Å 사이에 측정되는 웨이퍼 중에서 임의로 어느 하나를 선정할 때 다음을 구하라.

(a) 선정한 웨이퍼의 코팅 두께가 89Å 이상일 확률
(b) 선정한 웨이퍼의 코팅 두께가 90Å 이하일 확률
(c) 선정한 웨이퍼의 코팅 두께가 89Å 이상 90Å 이하일 확률

풀이

웨이퍼의 코팅 두께에 대한 표본공간은 $S=[84,\ 93]$이고, 이 표본공간의 길이는 9이다.

(a) 선정한 웨이퍼의 코팅 두께가 89Å 이상인 사건을 A라 하면 $A=[89,\ 93]$이고, 사건 A의 길이는 4이므로 구하는 확률은 $P(A)=\frac{4}{9}$이다.

(b) 선정한 웨이퍼의 코팅 두께가 90Å 이하인 사건을 B라 하면 $B=[84,\ 90]$이고, 사건 B의 길이는 6이므로 구하는 확률은 $P(B)=\frac{6}{9}=\frac{2}{3}$이다.

(c) 선정한 웨이퍼의 코팅 두께가 89Å 이상 90Å 이하인 사건은 $A\cap B=[89,\ 90]$이고, 사건 $A\cap B$의 길이는 1이므로 구하는 확률은 $P(A\cap B)=\frac{1}{9}$이다.

I Can Do 4-5

가로와 세로의 길이가 동일하게 20cm인 정사각형의 판자에 다트를 던질 때 다음을 구하라.

(a) 다트가 가로 방향으로 8cm 이내에 맞을 확률

(b) 다트가 세로 방향으로 12cm 이내에 맞을 확률

(c) 다트가 가로 방향으로 8cm 이내 또는 세로 방향으로 12cm 이내에 맞을 확률

Section 4.3 조건부 확률

대화형 AI인 빅스비를 비롯한 다양한 인공지능에 "통계에 대해 알려줘."라고 말했다고 가정하자. 빅스비는 입력된 수많은 데이터 중에서 '통계'라는 단어가 포함된 데이터만 추리고, 그중에서 통계에 대한 최적인 내용을 답한다. 여기서 이미 입력된 수많은 데이터는 표본공간이고, '통계'가 포함된 데이터는 사건이다. 이 절에서는 어떤 특정한 사건으로 제한했을 때, 또 다른 사건이 발생하는 확률에 대해 살펴본다.

조건부 확률의 정의

일반인 1,000명을 대상으로 보완대체의학(CAM)complementary alternative medicine과 체중의 관계를 조사하여 [표 4-2]를 얻었다고 하자.

[표 4-2] 보완대체의학과 체중 (단위 : 명)

CAM 사용 유무 \ 체중	저체중	정상체중	과체중	비만	합계
CAM 사용	10	150	190	240	590
CAM 미사용	20	90	150	150	410
합계	30	240	340	390	1,000

조사 참여자 중에서 한 명을 임의로 선정할 때, 이 사람이 CAM을 사용하는 사건을 A_1, 사용하지 않는 사건을 A_2라 하고, 이 사람이 저체중, 정상체중, 과체중, 비만인 사건을 각각 B_1, B_2, B_3, B_4라 하자. 그러면 사건 $A_1 \cap B_3$는 보완대체의학을 사용하지만 과체중인 경우이며, 그 비율은 $\frac{190}{1000} = 0.19$이다. 같은 방법으로 각각의 곱사건에 대한 상대도수의 비율을 구하면 [표 4-3]과 같다.

[표 4-3] 보완대체의학과 체중에 대한 결합확률표

CAM 사용 유무 \ 체중	B_1	B_2	B_3	B_4	합계
A_1	0.01	0.15	0.19	0.24	0.59
A_2	0.02	0.09	0.15	0.15	0.41
합계	0.03	0.24	0.34	0.39	1.00

[표 4-3]은 보완대체의학의 사용 유무와 체중에 대한 고전적 확률을 나타낸다. 이와 같이 서로 다른 두 종류의 범주가 동시에 일어날 곱사건의 확률표를 **결합확률표**joint probability table라 한다. 이때 가로 방향에 대한 결합확률의 합 0.59와 0.41은 1,000명 중에서 보완대체의학을 사용할 확률과 사용하지 않을 확률을 나타낸다. 그리고 세로 방향의 결합확률의 합 0.03, 0.24, 0.34, 0.39는 체중에 따른 확률을 나타낸다. 이와 같이 가로 방향과 세로 방향의 결합확률의 합을 **주변확률**marginal probability이라 한다.

이제 임의로 선정한 사람이 보완대체의학을 사용한다고 할 때, 이 사람의 체중이 과체중일 확률을 구해보자. 이때 '보완대체의학을 사용한다'는 조건에 따라 보완대체의학을 사용하지 않는 모든 경우는 제외한다. 따라서 보완대체의학을 사용하는 590명 중에서 체중이 과체중일 확률을 구하는 것이고, 구하는 확률을 $P(B_3|A_1)$이라 하면 다음을 얻는다.

$$P(B_3|A_1) = \frac{190}{590}$$

이 확률의 분자와 분모를 1,000으로 나누면 다음과 같이 $P(A_1 \cap B_3)$과 $P(A_1)$로 표현할 수 있다.

$$P(B_3|A_1) = \frac{190}{590} = \frac{190/1000}{590/1000} = \frac{0.19}{0.59} = \frac{P(A_1 \cap B_3)}{P(A_1)}$$

이와 같이 $P(A) > 0$인 어떤 사건 A가 주어졌다는 조건 아래서 사건 B가 나타날 확률을 **조건부 확률**conditional probability이라 하고, 다음과 같이 정의한다.

$$P(B|A) = \frac{P(A \cap B)}{P(A)}, \quad P(A) > 0$$

따라서 사건 A가 주어졌다는 조건 아래서 사건 B가 나타날 조건부 확률은 사건 A의 확률 $P(A)$에 대한 사건 $A \cap B$가 나타날 확률 $P(A \cap B)$의 상대적인 비율이다.

예제 4-6

어느 스마트팜은 주통제장치에 있는 두 개의 센서 A, B에 의해 작동하고, 두 센서 중에서 어느 하나가 멈추면 스마트팜은 작동을 멈춘다. 센서 A가 멈출 확률은 0.008, 센서 B가 멈출 확률은 0.005, 두 센서가 동시에 멈출 확률은 0.0004일 때, 다음을 구하라.

(a) 스마트팜 전체가 작동하지 않을 확률

(b) 두 센서 중 어느 하나가 멈추었을 때, 다른 센서가 멈출 확률

풀이

센서 A와 센서 B의 작동이 멈추는 사건을 각각 A, B라 하면 그 확률은 다음과 같다.

$$P(A) = 0.008, \quad P(B) = 0.005, \quad P(A \cap B) = 0.0004$$

(a) $P(A \cup B) = P(A) + P(B) - P(A \cap B)$

$$= 0.008 + 0.005 - 0.0004 = 0.0126$$

(b) 두 센서 중 어느 하나가 멈추었을 때, 다른 센서가 멈추는 경우는 두 가지이다.

- 센서 A가 멈추었을 때 센서 B가 멈출 확률 :

$$P(B|A) = \frac{P(A \cap B)}{P(A)} = \frac{0.0004}{0.008} = 0.05$$

- 센서 B가 멈추었을 때 센서 A가 멈출 확률 :

$$P(A|B) = \frac{P(A \cap B)}{P(B)} = \frac{0.0004}{0.005} = 0.08$$

따라서 구하는 확률은 $P(B|A) + P(A|B) = 0.05 + 0.08 = 0.13$이다.

I Can Do 4-6

음식과 고혈압의 관계를 조사하기 위해 500명을 대상으로 임상실험한 결과이다. 다음을 구하라.

(단위 : 명)

음식 \ 혈압	저혈압	정상혈압	고혈압
채소류	47	64	61
육류	46	54	75
채소와 육류	41	55	57

(a) 임의로 선정한 사람이 육류를 좋아할 확률

(b) 임의로 선정한 사람이 육류를 좋아한다고 할 때, 이 사람의 혈압이 높을 확률

(c) 임의로 선정한 사람이 고혈압이라 할 때, 이 사람이 채소를 좋아할 확률

조건부 확률의 경우에도 [정리 4-5]에서 살펴본 확률 법칙이 다음과 같이 성립한다.

정리 4-6 조건부 확률 법칙

$P(C) > 0$인 사건 C가 주어졌을 때 다음이 성립한다.

(1) 공사건의 확률 : $P(\varnothing \mid C) = 0$

(2) 덧셈 법칙 : • A와 B가 배반인 경우

$$P(A \cup B \mid C) = P(A \mid C) + P(B \mid C)$$

• A와 B가 배반이 아닌 경우

$$P(A \cup B \mid C) = P(A \mid C) + P(B \mid C) - P(A \cap B \mid C)$$

(3) 여사건의 확률 : $P(A^c \mid C) = 1 - P(A \mid C)$

(4) 차사건의 확률 : $A \subset B$이면 $P(B - A \mid C) = P(B \mid C) - P(A \mid C)$이고 $P(A \mid C) \le P(B \mid C)$이다.

예제 4-7

[예제 4-6]의 조건에서 센서 A가 멈추었을 때 센서 B가 작동할 확률을 구하라.

풀이

여사건에 대한 조건부 확률의 성질을 이용하면 다음과 같다.

$$\begin{aligned} P(B^c \mid A) &= 1 - P(B \mid A) \\ &= 1 - 0.05 = 0.95 \end{aligned}$$

I Can Do 4-7

[I can Do 4-6]의 조건에서 임의로 선정한 사람이 육류를 좋아한다고 할 때, 이 사람의 혈압이 높지 않을 확률을 구하라.

곱의 법칙

조건부 확률의 정의로부터 다음과 같이 곱사건 $A \cap B$의 확률을 얻을 수 있다. 이를 **곱의 법칙** multiplication law이라 한다.

$$P(A \cap B) = P(A)P(B \mid A), \quad P(A) > 0$$

곱사건 $A \cap B$의 확률 $P(A \cap B)$는 A가 일어날 확률 $P(A)$와 A가 일어났다는 조건 아래서 B가 일어날 조건부 확률 $P(B|A)$의 곱과 같다. 같은 방법으로 곱사건 $A^c \cap B$의 확률 $P(A^c \cap B)$는 A^c가 일어날 확률 $P(A^c)$와 A^c가 일어났다는 조건 아래서 B가 일어날 조건부 확률 $P(B|A^c)$의 곱과 같다. 이러한 사실은 [그림 4-4]의 수형도를 이용하면 좀 더 쉽게 이해할 수 있다.

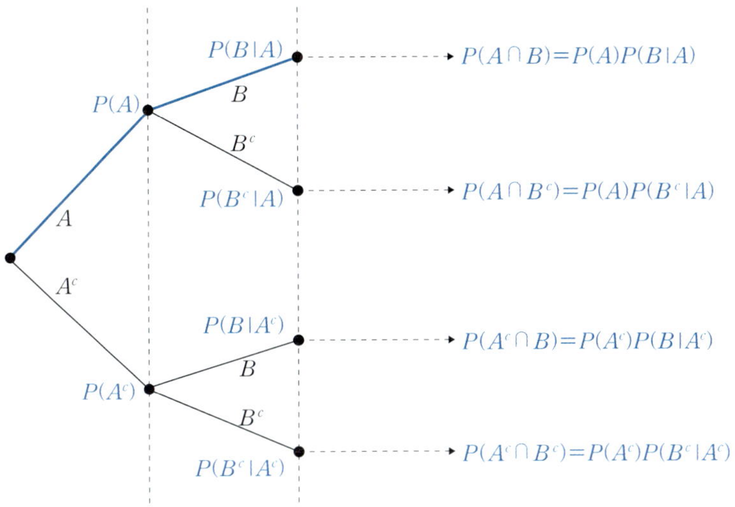

[그림 4-4] 수형도

두 사건 A와 B가 동시에 나타났다는 조건 아래서 사건 C가 나타날 조건부 확률은 다음과 같다.

$$P(C|A \cap B) = \frac{P[(A \cap B) \cap C]}{P(A \cap B)}$$

따라서 세 사건의 공통부분 $A \cap B \cap C$의 확률은 다음과 같다.

$$P(A \cap B \cap C) = P(A \cap B)P(C|A \cap B)$$

이때 $P(A \cap B) = P(A)P(B|A)$이므로 세 사건에 대한 곱의 법칙은 다음과 같다.

$$P(A \cap B \cap C) = P(A)P(B|A)P(C|A \cap B), \quad P(A \cap B) > 0$$

이러한 곱의 법칙을 n개의 사건에 적용할 수 있으며, 그 결과는 다음과 같다.

$$P\left(\bigcap_{i=1}^{n} A_i\right) = P(A_1)P(A_2|A_1)P(A_3|A_1 \cap A_2) \cdots P\left(A_n \,\middle|\, \bigcap_{i=1}^{n-1} A_i\right), \quad P\left(\bigcap_{i=1}^{n-1} A_i\right) > 0$$

예제 4-8

[예제 4-6]의 스마트팜을 다시 생각하자. 스마트팜 전체가 작동하지 않을 때, 센서 A만 멈출 확률을 구하라.

풀이

센서 A만 멈추는 사건은 $A \cap B^c$이고 $P(A \cup B) = 0.0126$, $P(B^c|A) = 0.95$이므로 구하는 확률은 다음과 같다.

$$P(A \cap B^c | A \cup B) = \frac{P[(A \cap B^c) \cap (A \cup B)]}{P(A \cup B)} = \frac{P(A \cap B^c)}{P(A \cup B)}$$

$$= \frac{P(A)\,P(B^c|A)}{P(A \cup B)} = \frac{0.008 \times 0.95}{0.126} \approx 0.06$$

I Can Do 4-8

[그림 4-5]와 같이 입력과 출력이 모두 0 또는 1인 비대칭 이진 통신채널을 생각하자. 이 이진 통신채널의 입력이 0일 확률은 $\frac{2}{3}$이고, 입력이 1일 확률은 $\frac{1}{3}$이다. 또한 입력이 0일 때 출력이 0과 1일 확률은 각각 $\frac{2}{3}$, $\frac{1}{3}$이고, 입력이 1일 때 출력이 0과 1일 확률은 각각 $\frac{1}{4}$, $\frac{3}{4}$이다. 다음을 구하라.

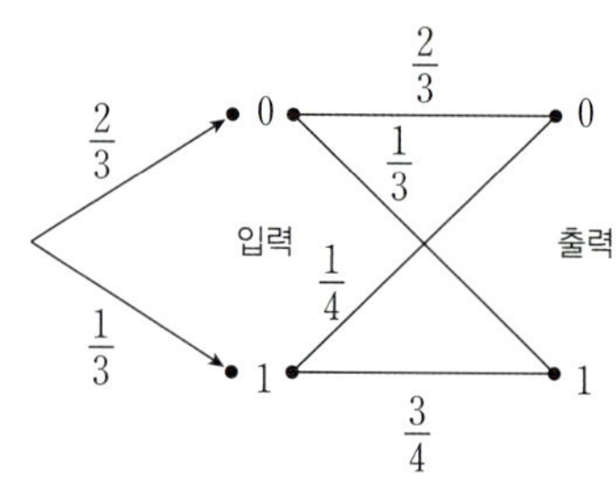

[그림 4-5] 비대칭 이진 통신채널

(a) 출력이 0일 확률과 1일 확률

(b) 출력이 0인 경우에 입력이 0일 확률과 1일 확률

(c) 출력이 1인 경우에 입력이 0일 확률과 1일 확률

곱의 법칙에 대한 가장 기본적인 활용이 복원추출과 비복원추출이다. [그림 4-6]과 같이 흰색 바둑돌 5개와 검은색 바둑돌 3개가 들어 있는 주머니로부터 바둑돌 세 개를 연속으로 꺼내는 경우를 생각하자. 이때 처음에 꺼낸 바둑돌을 주머니 안에 다시 넣고 두 번째 바둑돌을 꺼내는 추출방법을 **복원추출**replacement이라 하고, 그렇지 않은 추출방법을 **비복원추출**without replacement이라 한다.

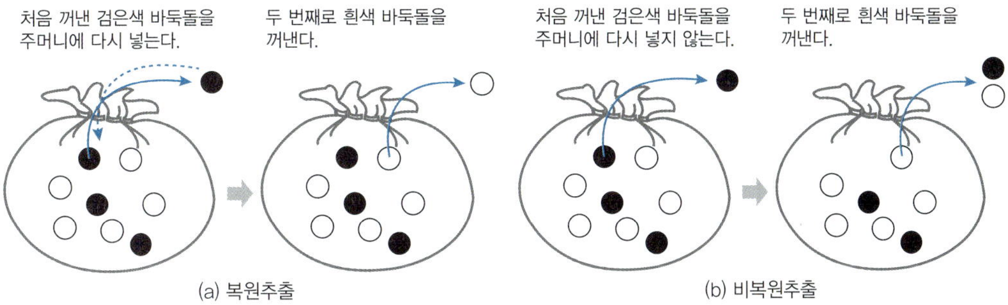

[그림 4-6] 표본추출 방법

복원추출과 비복원추출 방법에 의해 주머니에서 차례로 바둑돌 세 개를 꺼낼 때, 바둑돌이 검은색, 흰색, 흰색이 나오는 확률을 구해보자. 차례로 꺼낸 바둑돌의 색이 각각 검은색, 흰색, 흰색이 나오는 사건을 각각 A, B, C라 하면, 구하는 확률은 곱의 법칙에 의해 다음과 같다.

$$P(A\cap B\cap C)=P(A)P(B|A)P(C|A\cap B)$$

- **복원추출** : 꺼낸 바둑돌을 주머니에 다시 넣으므로 주머니 안의 바둑돌은 변화가 없다.

$$P(A\cap B\cap C)=P(A)P(B|A)P(C|A\cap B)=\frac{3}{8}\times\frac{5}{8}\times\frac{5}{8}=\frac{75}{512}$$

- **비복원추출** : 꺼낸 바둑돌을 주머니에 다시 넣지 않으므로 주머니 안의 바둑돌은 변화가 있다.

$$P(A\cap B\cap C)=P(A)P(B|A)P(C|A\cap B)=\frac{3}{8}\times\frac{5}{7}\times\frac{4}{6}=\frac{5}{28}$$

예제 4-9

불량품 2개를 포함하여 10개의 IC칩이 들어 있는 상자에서 다음 방법으로 세 개의 칩을 차례로 꺼낼 때, '불량품, 양품, 양품'이 나올 확률을 구하라.

(a) 비복원추출　　(b) 복원추출

풀이

차례로 '불량품, 양품, 양품'이 나오는 사건을 각각 A, B, C라 하자.

(a) 꺼낸 IC칩을 상자 안에 넣지 않으므로 구하는 확률은 다음과 같다.

$$P(A\cap B\cap C)=P(A)P(B|A)P(C|A\cap B)=\frac{1}{10}\times\frac{8}{9}\times\frac{7}{8}=\frac{7}{90}$$

(b) 꺼낸 IC칩을 상자 안에 넣으므로 구하는 확률은 다음과 같다.

$$P(A\cap B\cap C)=P(A)P(B|A)P(C|A\cap B)=\frac{1}{10}\times\frac{8}{10}\times\frac{8}{10}=\frac{8}{125}$$

I Can Do 4-9

독감 백신 보관 냉장고 안에 백신 A와 백신 B가 각각 5개씩 들어 있다. 병원에서 독감 진단을 받은 세 명의 환자에게 백신을 접종하기 위해 냉장고에서 백신을 꺼낼 때, 차례로 '백신 A, 백신 B, 백신 A'를 선택할 확률을 구하라. (단, 각 백신은 일회용으로만 사용한다.)

독립사건

흰색 바둑돌 5개와 검은색 바둑돌 3개가 들어 있는 주머니에서 처음에 흰색 바둑돌을 꺼낼 확률은 $P(B)=\frac{5}{8}$이다. 이때 비복원추출로 바둑돌을 꺼낸다면, 처음에 검은색 바둑돌을 꺼내고 두 번째에 흰색 바둑돌을 꺼낼 확률은 $P(B|A)=\frac{5}{7}$이다. 반면에 복원추출로 꺼낸다면, 주머니 안의 바둑돌은 변화가 없으므로 처음 구한 확률과 동일한 $P(B|A)=\frac{5}{8}$이다. 따라서 추출방법에 따라 다음 사실을 얻는다.

- **비복원추출** : 처음에 흰색 바둑돌을 꺼낼 확률은 $P(B)=\frac{5}{8}$이다. 그러나 처음에 검은색 바둑돌을 꺼낸다면, 두 번째에 흰색을 꺼낼 확률은 $P(B|A)=\frac{5}{7}$이다. 즉 $P(B)\neq P(B|A)$이다.
- **복원추출** : 처음에 흰색 바둑돌을 꺼낼 확률은 $P(B)=\frac{5}{8}$이다. 그러나 처음에 검은색 바둑돌을 꺼낸다면, 두 번째에 흰색을 꺼낼 확률은 $P(B|A)=\frac{5}{8}$이다. 즉 $P(B)=P(B|A)$이다.

복원추출의 경우와 같이 어떤 사건 A의 발생여부가 다른 사건 B의 발생에 아무런 영향을 미치지 않을 때, 즉 다음이 성립할 때 두 사건 A와 B는 **독립**independent이라 한다.

$$P(B|A)=P(B), \quad P(A)>0$$

이때 곱의 법칙에 의해 $P(A\cap B)=P(A)P(B|A)$이므로 두 사건 A와 B가 독립일 필요충분조건은 다음과 같다.

$$A\text{와 } B\text{가 독립} \Leftrightarrow P(A\cap B)=P(A)P(B)$$

특히 A와 B가 독립이면 다음이 성립하며, 그 역도 성립한다.

❶ $P(A^c\cap B)=P(A^c)P(B)$

❷ $P(A\cap B^c)=P(A)P(B^c)$

❸ $P(A^c\cap B^c)=P(A^c)P(B^c)$

이러한 독립성의 개념은 세 개 이상의 사건에 적용할 수 있으며, 다음이 성립하면 n 개의 사건 A_1, A_2, $\cdots$, A_n은 독립이다.

$$P(A_1 \cap A_2 \cap \cdots \cap A_n) = P(A_1)P(A_2)\cdots P(A_n)$$

사건 A_1, A_2, $\cdots$, A_n 중에서 임의로 선택한 두 사건이 독립인 경우, 즉 다음을 만족하는 n개의 사건 A_1, A_2, $\cdots$, A_n을 **쌍마다 독립**pairwisely independent이라 한다.

$$P(A_i \cap A_j) = P(A_i)P(A_j)$$
$$(i \neq j\text{이고, } i,\ j = 1,\ 2,\ 3,\ \cdots,\ n)$$

예제 4-10

어떤 고층 건물은 연기를 감지하는 세 개의 센서로 화재를 관리하고, 어느 한 센서가 연기를 감지하면 건물 전체에 스프링클러가 작동하도록 설계되어 있다. 각 센서는 독립적으로 작동하지만, 노후화되어 연기를 감지할 확률은 각각 0.85, 0.75, 0.84이다. 이때 다음을 구하라.

(a) 세 개의 센서가 모두 연기를 감지할 확률
(b) 어느 두 개의 센서만이 연기를 감지할 확률
(c) 어느 한 센서가 연기를 감지할 확률

풀이

세 개의 센서를 A, B, C라 하자. 각각의 센서가 연기를 감지할 확률을 $P(A) = 0.85$, $P(B) = 0.75$, $P(C) = 0.84$이라 하자. 센서 A, B, C가 독립적으로 작동하므로 구하는 확률은 다음과 같다.

(a) $P(A \cap B \cap C) = P(A)P(B)P(C) = 0.85 \times 0.75 \times 0.84 = 0.5355$

(b) A와 B, A와 C, B와 C가 연기를 감지할 확률은 각각 다음과 같다.

$$P(A \cap B \cap C^c) = P(A)P(B)P(C^c) = 0.85 \times 0.75 \times 0.16 = 0.102$$
$$P(A \cap B^c \cap C) = P(A)P(B^c)P(C) = 0.85 \times 0.25 \times 0.84 = 0.1785$$
$$P(A^c \cap B \cap C) = P(A^c)P(B)P(C) = 0.15 \times 0.75 \times 0.84 = 0.08325$$

따라서 구하는 확률은 $0.102 + 0.1785 + 0.08325 = 0.36375$이다.

(c) $P(A\cap B)=0.85\times0.75=0.6375$, $P(A\cap C)=0.85\times0.84=0.714$,
$P(B\cap C)=P(B)P(C)=0.75\times0.84=0.63$이므로 구하는 확률은 다음과 같다.

$$\begin{aligned}P(A\cup B\cup C) &= P(A)+P(B)+P(C)-\{P(A\cap B)+P(A\cap C)+P(B\cap C)\}\\ &\quad +P(A\cap B\cap C)\\ &=0.85+0.75+0.84-(0.6375+0.7140+0.6300)+0.5355=0.994\end{aligned}$$

I Can Do 4-10

어떤 전기 장치는 [그림 4-7]과 같이 독립적으로 작동하는 세 개의 주요 부품 A, B, C로 구성된다. A는 노후화된 부품이라 작동할 확률이 0.54이고 B와 C는 최근에 교체하여 작동할 확률이 각각 0.98과 0.96이다. 이 전기 장치가 작동할 확률을 구하라.

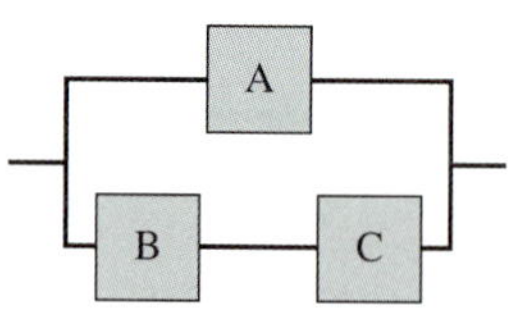

[그림 4-7] 전기 장치

Section
4.4 베이즈 정리

인공지능은 어떤 결과를 도출하기 위해 입력된 데이터 중에서 가장 관련성이 높은 데이터를 선정한다. 인공지능의 이러한 데이터 선정 방식은 베이즈 정리에 기반을 두고 있다. 베이즈 정리를 적용한 대표적인 사례로 자율주행 자동차를 들 수 있다. 이 절에서는 베이즈 정리의 의미와 그 활용에 대해 살펴본다.

전확률 공식

사건 $A_1, A_2, \cdots, A_n$을 표본공간 S의 분할이라 하면 다음 두 조건을 만족한다.

❶ $A_i \cap A_j = \varnothing$ ($i \neq j$이고, $i, j = 1, 2, \cdots, n$)

❷ $S = A_1 \cup A_2 \cup \cdots \cup A_n$

사건 $A_1, A_2, \cdots, A_n$은 임의의 사건 B를 분할하여 다음이 성립하게 된다.

$$P(B) = P(A_1 \cap B) + P(A_2 \cap B) + \cdots + P(A_n \cap B)$$

이를 그림으로 나타내면 [그림 4-8]과 같다.

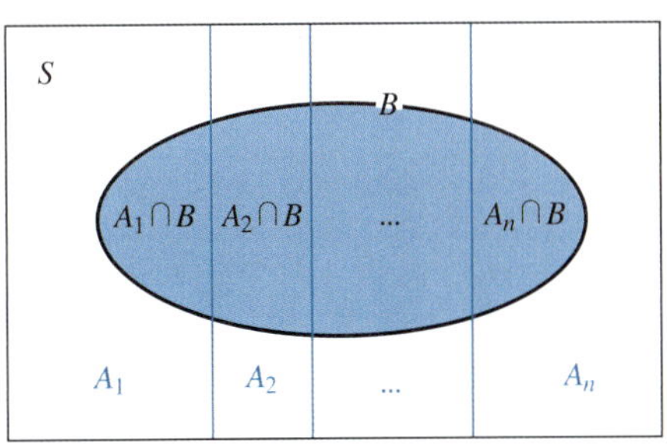

[그림 4-8] 사건 B의 분할

이제 각 확률 $P(A_i \cap B)$, $i = 1, 2, 3, \cdots, n$에 곱의 법칙 $P(A_i \cap B) = P(A_i)P(B|A_i)$를 적용하면 임의의 사건 B의 확률을 다음과 같이 구할 수 있다. 이를 **전확률 공식**formula of total probability이라 한다.

$$P(B) = \sum_{i=1}^{n} P(A_i)P(B|A_i), \quad P(A_i) > 0$$

예제 4-11

자율주행 자동차는 보행자의 순간적인 행동을 감지하고 운행하도록 고안되었다. 자동차는 돌발행동을 보이는 보행자가 직진하는지, 우측으로 가는지, 좌측으로 가는지를 각각 60%, 25%, 15%의 비율로 감지한다. 자동차가 잘못 감지하여 사고가 발생할 확률이 각각 0.2%, 0.3%, 0.5%라 할 때, 자율주행 자동차가 사고를 유발할 확률을 구하라.

풀이

자동차가 보행자가 직진하는지, 우측으로 가는지, 좌측으로 가는지를 감지하는 사건을 각각 A, B, C라 하면 $P(A) = 0.60$, $P(B) = 0.25$, $P(C) = 0.15$이다. 자동차가 사고를 유발하는 사건을 D라 하면 각 경우에 자동차가 사고를 유발하는 확률은 각각 다음과 같다.

$$P(D|A) = 0.002, \quad P(D|B) = 0.003, \quad P(D|C) = 0.005$$

따라서 자율주행 자동차가 사고를 유발할 확률은 다음과 같다.

$$\begin{aligned} P(D) &= P(A)P(D|A) + P(B)P(D|B) + P(C)P(D|C) \\ &= 0.6 \times 0.002 + 0.25 \times 0.003 + 0.15 \times 0.005 = 0.0027 \end{aligned}$$

I Can Do 4-11

어느 의학 보고서에 따르면 전체 국민의 7%가 폐질환을 앓고 있고, 그중에서 85%가 흡연자라 한다. 그리고 폐질환에 걸리지 않은 사람 중에 25%가 흡연자라 할 때, 임의로 선정한 사람이 흡연자일 확률을 구하라.

베이즈 정리

사건 $A_1, A_2, \cdots, A_n$이 표본공간 S의 분할이라 하고, $P(B) > 0$인 어떤 사건 B가 발생했다고 하자. 사건 B가 발생했을 때, 이 사건이 사전에 주어진 사건 A_i에 의해 발생했을 조건부 확률 $P(A_i|B)$는 다음과 같다.

$$P(A_i|B) = \frac{P(A_i \cap B)}{P(B)}$$

이때 사건 A_1, A_2, $\cdots$, A_n이 표본공간 S의 분할이므로 전확률 공식에 의해 확률 $P(B)$는 다음과 같다.

$$P(B) = \sum_{j=1}^{n} P(A_j)P(B|A_j)$$

따라서 사건 B가 발생했을 때, 이 사건이 사전에 주어진 사건 A_i에서 나왔을 조건부 확률 $P(A_i|B)$는 다음과 같이 구할 수 있다. 이를 **베이즈 정리**Bayes' theorem라 한다.

$$P(A_i|B) = \frac{P(A_i)P(B|A_i)}{\sum_{j=1}^{n} P(A_j)P(B|A_j)}$$

이때 사건 B의 원인이 되는 확률 $P(A_i)$를 **사전확률**prior probability이라 하고, 사건 B가 발생한 이후의 확률 $P(A_i|B)$를 **사후확률**posterior probability이라 한다. 사건 A_1, A_2, $\cdots$, A_n은 사건 B가 나타나는 데 영향을 미치는 요인을 나타내고, 사전확률 $P(A_i)$, $i = 1, 2, 3, \cdots, n$은 사건 B가 나타나는 데 영향을 미칠 확률이다. 이러한 여러 가지 요인에 의해 사건 B가 나타났을 때, 사후확률 $P(A_i|B)$는 사건 A_i가 사건 B에 영향을 미쳤을 확률이다.

예제 4-12

[예제 4-11]의 자율주행 자동차를 다시 생각하자. 이 자율주행 자동차가 사고를 냈을 때, 가장 큰 영향을 미친 경우를 구하라.

풀이

[예제 4-11]에서 자율주행 자동차가 사고를 낼 확률 $P(D) = 0.0027$을 구했다. 보행자가 직진하는지, 우측으로 가는지, 좌측으로 가는지를 감지한 후 잘못된 감지에 의해 사고가 날 확률은 각각 다음과 같다.

$$P(A \cap D) = P(A)P(D|A) = 0.6 \times 0.002 = 0.0012$$
$$P(B \cap D) = P(B)P(D|B) = 0.25 \times 0.003 = 0.00075$$
$$P(C \cap D) = P(C)P(D|C) = 0.15 \times 0.005 = 0.00075$$

자동차가 사고를 냈을 때 영향을 미칠 각 경우의 확률은 다음과 같다.

$$P(A|D) = \frac{P(A \cap D)}{P(D)} = \frac{0.0012}{0.0027} \approx 0.444$$

$$P(B|D) = \frac{P(B \cap D)}{P(D)} = \frac{0.00075}{0.0027} \approx 0.278$$

$$P(C|D) = \frac{P(C \cap D)}{P(D)} = \frac{0.00075}{0.0027} \approx 0.278$$

따라서 보행자가 직진하는 경우에 가장 큰 영향을 미친다.

I Can Do 4-12

[I Can Do 4-11]의 폐질환과 흡연자 비율을 다시 생각하자. 임의로 선정한 사람이 흡연자일 때, 이 사람이 폐질환을 앓았을 확률을 구하라.

Chapter 04 연습문제

연습문제 정답

1. $S = A \cup B$이고 $P(A) = 0.8$, $P(B) = 0.6$이라 할 때, $P(A \cap B)$를 구하라.

2. 두 사건 A와 B에 대해 $P(A \cup B) = 0.75$, $P(A) = 0.54$, $P(B) = 0.66$일 때, 다음을 구하라.

   (a) $P(A \cap B)$ (b) $P(A^c \cup B^c)$

3. 두 사건 A와 B에 대해 $P(A) = 0.3$, $P(B) = 0.5$, $P(A \cap B^c) = 0.2$일 때, 다음을 구하라.

   (a) $P(A \cap B)$ (b) $P(A \cup B)$

   (c) $P(A^c \cap B^c)$

4. $P(A) = \frac{1}{4}$, $P(B) = \frac{1}{3}$, $P(C) = \frac{2}{5}$, $P(A \cap B) = \frac{1}{6}$, $P(A \cap C) = \frac{1}{9}$, $P(B \cap C) = \frac{2}{15}$, $P(A \cap B \cap C) = \frac{1}{30}$일 때, $P(A \cup B \cup C)$를 구하라.

5. 주사위를 두 번 던지는 게임에서 첫 번째 나온 눈의 수가 1인 사건을 A, 두 번째 나온 눈의 수가 4인 사건을 B, 두 눈의 수의 합이 7인 사건을 C라 할 때, 다음을 구하라.

   (a) $P(A \cup B)$ (b) $P(A \cap B)$

   (c) $P(B - C)$ (d) $P[(A \cap B) \cup C]$

6. 100 Ω인 저항기의 실제 저항이 95 Ω과 105 Ω 사이에서 측정될 때, 임의로 선택한 저항기의 저항이 97 Ω 이상인 사건을 A, 102 Ω 이하인 사건을 B라 하자. 이때 $P(A)$, $P(B)$, $P(A \cap B)$, $P(A - B)$를 구하라.

7. 여러 도시에 공급되는 상수도를 조사하면 A형과 B형의 불순물이 공통으로 발견된다. 조사한 전체 상수도 중에 A형의 불순물이 발견된 상수도는 45%, B형의 불순물이 발견된 상수도는 55%이고, 전체 상수도 중에 20%는 아무런 불순물도 발견되지 않았다. 한 도시를 임의로 선택하여 불순물을 조사할 때, 오로지 한 종류의 불순물만 발견될 확률을 구하라.

8. 6개의 집적회로가 들어 있는 상자 중에서 2개의 집적회로는 불량품이다. 이 상자에서 임의로 집적회로 4개를 꺼낼 때, 불량품이 포함될 확률을 구하라.

9. 어떤 보안 시스템은 알파벳 소문자 26개(a~z)와 숫자 10개(0~9)로 이루어진 6자리 비밀번호를 사용한다. 비밀번호가 모음으로 시작하는 사건을 A, 비밀번호의 마지막 자리가 짝수인 사건을 B라 하자. 해커가 임의로 암호를 선택할 때, 확률 $P(A)$, $P(B)$, $P(A \cap B)$, $P(A \cup B)$를 구하라. (단, 알파벳 대문자는 사용하지 않고 문자와 숫자를 중복으로 선택하지도 않는다.)

10. 주사위 한 개를 두 번 던지는 통계실험에서 첫 번째 나온 눈이 홀수일 때, 두 눈의 합이 짝수일 확률을 구하라.

11. 흰색 바둑돌 4개와 검은색 바둑돌 6개가 들어 있는 주머니에서 비복원추출로 바둑돌 세 개를 하나씩 꺼낼 때, 다음을 구하라.

(a) 바둑돌 3개가 모두 흰색일 확률

(b) 바둑돌이 차례로 흰색, 검은색, 흰색일 확률

12. 어떤 찌그러진 동전을 던지면 앞면이 나올 가능성이 $\frac{2}{3}$라 한다. 이 찌그러진 동전을 독립적으로 두 번 던질 때, 다음을 구하라.

(a) 앞면이 한 번도 나오지 않을 확률

(b) 앞면이 한 번 나올 확률

(c) 앞면이 두 번 나올 확률

13. 당뇨병은 제1형 당뇨병, 제2형 당뇨병, 기타 당뇨병, 임신성 당뇨병으로 분류되며 그 원인은 유전적 요인과 환경적 요인이 다음과 같이 복합적으로 작용하여 발생한다. 임의로 한 환자를 선정할 때 환경적 요인에 의한 임신성 당뇨병 환자가 선정될 확률을 구하라.

- 50%는 제2형 당뇨병이고, 제1형과 기타 당뇨병은 임신성 당뇨병의 2배이다.
- 40%는 유전적 요인에 의해 발생한다.
- 유전적 요인에 의한 당뇨병 환자 중에서 제1형 당뇨병과 제2형 당뇨병이 각각 $\frac{3}{8}$이다.
- 기타 당뇨병 환자의 $\frac{1}{4}$이 유전적 요인에 의한다.

14. 고층 건물은 지지대가 불충분하거나 과도하게 내려앉으면 붕괴할 수 있다. 고층 건물의 지지대가 불충분하여 붕괴하는 사건을 A, 고층 건물의 지지대가 과도하게 내려앉아 붕괴하는 사건을 B라 하면 $P(A) - 0.002$, $P(B) = 0.007$, $P(A|B) = 0.12$이다. 이때 다음을 구하라.

(a) 고층 건물이 붕괴할 확률

(b) 고층 건물이 붕괴한 이유가 지지대가 과도하게 내려앉은 원인 한 가지뿐인 확률

(c) 고층 건물이 어느 한 원인에 의해서만 붕괴할 확률

15. 웨이퍼를 생산하는 라인은 서로 독립적인 두 장치 A, B로 구성되어 있으며, 두 장치 A와 B가 고장 날 확률은 각각 0.5%와 0.4%이다. 이때 두 장치 가운데 적어도 하나가 고장 날 확률을 구하라.

16. 위성 시스템은 컴퓨터 1에 의하여 조정되며, 이 조정되는 시스템은 두 개의 독립적인 백업용 컴퓨터 2와 3으로 같이 구성된다. 컴퓨터 1이 정상적으로 시스템을 조정하다가 고장 나면 자동으로 컴퓨터 2가 작동하고, 컴퓨터 2가 고장 나면 자동으로 컴퓨터 3이 작동한다. 또 세 컴퓨터가 모두 고장 나면 위성 시스템은 멈춘다고 한다. 이때 컴퓨터가 멈추는 상황은 독립적이며, 각 컴퓨터가 멈출 확률은 0.01이다. 각 컴퓨터가 작동할 확률과 위성 시스템이 멈출 확률을 구하라.

17. 어떤 전기 장치는 독립적으로 작동하는 세 개의 주요 부품 A, B, C로 구성된다. 이 중에서 노후화된 부품 A는 작동할 확률이 0.45이고, B와 C가 작동할 확률은 각각 0.99와 0.98이다. 다음의 각 전기 장치가 작동할 확률을 구하라.

(a)

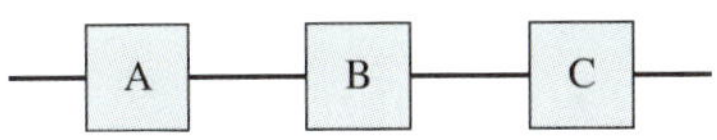

(b)

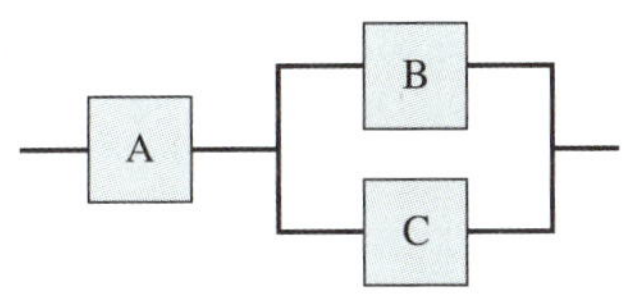

(c)

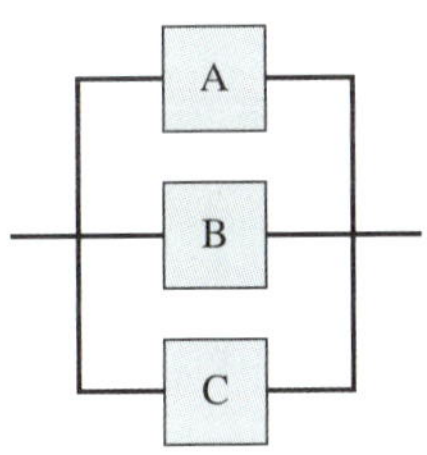

(d)

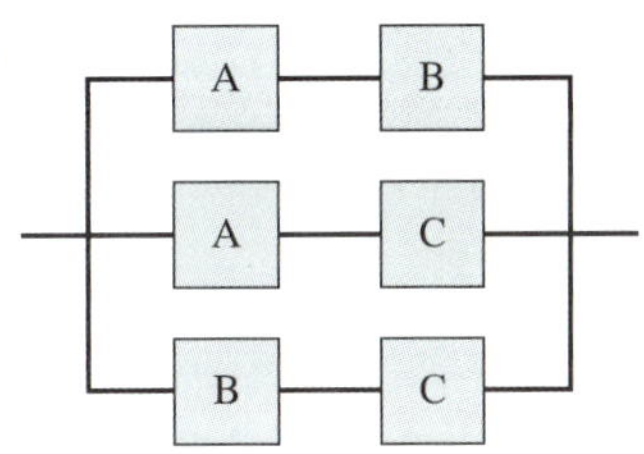

18. 어느 공장에서 지난해 발생한 사고를 분석하여 주된 사고 원인으로 근로환경, 근로자의 부주의, 기계의 결함을 꼽았다. 각 원인에 따른 사고 발생 확률을 1교대(09:00~17:00), 2교대(17:00~01:00), 3교대(01:00~09:00) 시간대로 나누어 아래와 같은 자료로 정리하였다. 지난해 발생한 사고 중에서 임의로 한 사례를 선정하였을 때, 다음을 구하라.

	근로환경	근로자의 부주의	기계의 결함
1교대	3%	23%	2%
2교대	5%	28%	1%
3교대	6%	29%	3%

(a) 이 사고가 각 근무 시간대에 의해 발생할 확률

(b) 근로자의 부주의로 사고가 발생할 확률

(c) 근로자의 부주의로 사고가 발생했을 때, 이 사고가 1교대 시간대에서 발생했을 확률

19. 어떤 자동차 정비소는 자동차용 코일스프링을 세 회사 A, B, C에서 각각 20%, 35%, 45%의 비율로 구입한다. 또한 구입한 코일스프링이 기준 미달일 확률은 각각 1%, 2%, 3%이다. 구입한 코일스프링 중에서 임의로 하나를 선정했을 때, 이 코일스프링이 기준 미달일 확률과 이 기준 미달인 코일스프링이 각 회사에서 제조되었을 확률을 구하라.

20. 성인 250명을 임의로 선정하여 흡연과 고혈압의 관계를 연구하여 아래 결과를 얻었다. 다음을 구하라.

(단위 : 명)

	비흡연자(N)	적당한 흡연자(M)	심한 흡연자(H)
고혈압 환자(A)	27	39	43
저혈압 환자(B)	10	16	22
정상인(C)	53	28	12

(a) 임의로 한 사람을 선정했을 때, 이 사람이 심한 흡연자일 확률
(b) 임의로 한 사람을 선정했을 때, 이 사람이 고혈압 환자일 확률
(c) 선정한 사람이 심한 흡연자일 때, 이 사람이 고혈압 환자일 확률
(d) 선정한 사람이 고혈압 환자일 때, 이 사람이 심한 흡연자일 확률

21. 5개 대학병원의 의료팀은 합동으로 지난 1년 동안 사망한 937명의 남자 중에서 210명의 사망원인이 심장병과 관련되었음을 발견하였다. 또한 937명 중에서 312명은 어느 한 부모가 심장병을 앓았고, 312명 중에서 102명은 심장병과 관련하여 사망한 것으로 나타났다. 937명의 남자 중에서 임의로 선정한 한 사람의 두 부모가 심장병과 전혀 관련이 없다고 할 때, 이 사람이 심장병과 관련된 원인에 의해 사망했을 확률을 구하라.

22. 어떤 질병을 보유한 사람이 그 질병의 증상이 나타나는 시기에 혈액검사를 받으면 97%가 양성반응을 보이고, 이 질병을 보유하지 않은 사람이 동일한 혈액검사를 받으면 0.5%만 양성반응을 보인다고 한다. 또 전체 국민 중에서 이 질병의 보유자는 1.5%이다. 어느 한 사람이 양성반응을 보였을 때, 양성반응을 보인 사람이 이 질병을 보유할 확률을 구하라.

23. 지난 5년 동안 어떤 단체에 가입한 사람을 대상으로 흡연의 정도에 따른 건강 상태에 관한 연구를 진행했다. 이 연구 초기에는 담배를 많이 피우는 사람과 적게 피우는 사람, 담배를 전혀 피우지 않는 사람의 비율이 각각 20%, 30%, 50%였다. 이 연구가 종료된 시점에서 담배를 적게 피우는 사람의 사망자 수는 전혀 피우지 않는 사람의 사망자 수의 두 배였으며, 많이 피우는 사람의 사망 수의 $\frac{1}{2}$이었다. 이 연구의 참여자 중에서 임의로 선정한 한 명이 연구 기간 내에 사망했을 때, 그 참여자가 담배를 많이 피우는 사람이었을 확률을 구하라. (단, 연구 기간 동안 새로운 참가자를 추가하지 않았다고 가정한다.)

Chapter 05

확률변수

Random Variables

||| 목차 |||

||| 학습목표 |||

- 이산확률변수를 이해하고, 이에 대한 확률을 구할 수 있다.
- 연속확률변수를 이해하고, 이에 대한 확률을 구할 수 있다.
- 확률변수의 기댓값을 이해하고, 확률변수의 평균을 구할 수 있다.
- 확률변수의 분산과 표준편차를 구할 수 있다.

Section

5.1 이산확률변수

4장에서는 여러 가지 형태의 사건과 사건에 대한 확률을 구하는 방법에 대해 살펴보았다. 이제는 표본공간을 형성하는 원소들의 특성에 따라 사건이 분리되고, 그 사건을 숫자로 표현해보자. 예를 들어 동전 한 개를 세 번 던져서 앞면이 나온 횟수, 불량품의 개수, 챗GPT가 결과물을 생성하는 데 걸리는 시간 등에 대한 사건은 숫자로 표현할 수 있다. 이 절에서는 이산표본공간에 대한 사건을 숫자로 표현하는 방법과 확률을 구하는 확률함수에 대해 살펴본다.

확률변수

동전 한 개를 세 번 던지는 실험을 생각하자. 앞면이 나온 횟수에 따라 다음과 같은 사건을 얻는다.

$$A = \{\mathrm{HHH}\},\ B = \{\mathrm{HHT, HTH, THH}\},\ C = \{\mathrm{HTT, THT, TTH}\},\ D = \{\mathrm{TTT}\}$$

사건 A, B, C, D는 각각 앞면이 나온 횟수가 3, 2, 1, 0인 사건이고, [그림 5-1]과 같이 이 사건들에 앞면이 나온 횟수를 대응시킬 수 있다.

[그림 5-1] 확률변수 X의 의미

이와 같이 표본공간 안의 각 원소를 실수와 대응시키는 함수를 **확률변수**random variable라 하고, 일반적으로 X와 같은 대문자로 나타낸다. 이때 동전 한 개를 세 번 던져서 앞면이 나온 횟수에 관한 사건들은 다음과 같이 확률변수를 이용하여 간단히 표현할 수 있다.

$$\{\mathrm{HHH}\} = \{X = 3\},\qquad \{\mathrm{HHT, HTH, THH}\} = \{X = 2\}$$
$$\{\mathrm{HTT, THT, TTH}\} = \{X = 1\},\qquad \{\mathrm{TTT}\} = \{X = 0\}$$

표본공간 $S = \{\mathrm{HHH, HHT, HTH, THH, HTT, THT, TTH, TTT}\}$는 확률변수 X가 취할 수 있는 모든 수의 집합 $\{0, 1, 2, 3\}$으로 표현된다. 여기서 확률변수 X가 취할 수 있는

모든 수의 집합을 확률변수 X의 **상태공간**state space이라 하고, S_X로 나타낸다. 또 다른 예로 우라늄에서 1분 동안 방출된 알파입자의 수를 확률변수 X라 하면, X의 상태공간은 무한집합인 $S_X = \{0, 1, 2, \cdots\}$이다. 이와 같이 확률변수 X의 상태공간이 유한집합이거나 무한집합이라 해도 원소의 개수를 셀 수 있는 경우에 X를 **이산확률변수**discrete random variable라 한다.

예제 5-1

다음을 나타내는 확률변수 X의 상태공간을 구하고, 이산확률변수인지 판단하라.

(a) 직경 300mm인 웨이퍼 안에 있는 543개의 넷다이net die 중에서 불량품 개수

(b) 100m 길이의 광케이블에 생긴 흠집의 개수

(c) 새로 구입한 스마트폰의 수명

(d) 오차가 10Ω이고 1kΩ으로 표시된 저항기의 실제 저항

풀이

(a) 543개 넷다이의 불량품이 하나도 없는 경우부터 모든 넷다이가 불량품인 경우까지 생각할 수 있으므로 상태공간은 $S_X = \{0, 1, 2, \cdots, 543\}$이다. 이때 상태공간은 유한집합이므로 X는 이산확률변수이다.

(b) 흠집이 하나도 없는 경우부터 최대로 몇 개의 흠집이 있는지 알 수 없으므로 상태공간은 $S_X = \{0, 1, 2, \cdots\}$이다. 이때 상태공간은 무한집합이지만 원소의 개수를 셈할 수 있으므로 X는 이산확률변수이다.

(c) 새로 구입한 스마트폰의 수명이 언제 멈출지 모르므로 상태공간은 $S_X = \{x \mid x \geq 0\}$이다. 이때 상태공간 안의 원소의 개수를 셀 수 없으므로 X는 이산확률변수가 아니다.

(d) 1kΩ으로 표시된 저항기의 실제 저항은 990Ω에서 1010Ω 사이에서 측정되므로 상태공간은 $S_X = \{x \mid 990 \leq x \leq 1010\}$이다. 이때 상태공간 안의 원소의 개수를 셀 수 없으므로 X는 이산확률변수가 아니다.

I Can Do 5-1

다음을 나타내는 확률변수 X의 상태공간을 구하고, 이산확률변수인지 판단하라.

(a) 5명의 환자 중에서 혈액형이 Rh+인 환자 수

(b) 하루 동안 감지된 통신 시스템의 노이즈 개수

(c) 50초 이상 90초 이하에서 영상을 제작하는 AI의 영상 제작시간

(d) 전기자동차의 배터리 수명

확률질량함수

동전 한 개를 세 번 던져서 앞면이 나온 횟수에 대한 통계실험을 다시 생각하자. 이때 네 개의 사건에 대한 확률은 각각 다음과 같다.

$$P(\{\text{TTT}\}) = \frac{1}{8}, \qquad P(\{\text{HTT, THT, TTH}\}) = \frac{3}{8}$$
$$P(\{\text{HHT, HTH, THH}\}) = \frac{3}{8}, \qquad P(\{\text{HHH}\}) = \frac{1}{8}$$

각각의 사건은 확률변수 X가 0, 1, 2, 3인 경우와 동치이므로 다음과 같이 확률변수 X가 취할 수 있는 모든 값 0, 1, 2, 3에 확률을 대응시킬 수 있다.

$$P(X=0) = \frac{1}{8}, \quad P(X=1) = \frac{3}{8}, \quad P(X=2) = \frac{3}{8}, \quad P(X=3) = \frac{1}{8}$$

이와 같이 임의의 사건 A를 나타내는 확률변수 X의 값을 확률 $P(A)$에 대응하는 함수로 생각할 수 있다. 즉 사건 A와 그 확률변수 X의 값 x에 대해 $P(A) = P(X=x)$를 생각할 수 있다. 다음 [그림 5-2]는 이러한 관계를 나타낸다.

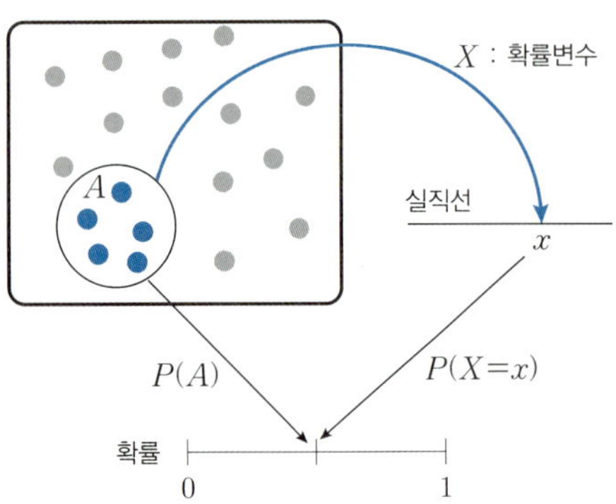

[그림 5-2] 확률함수의 의미

확률변수 X가 취하는 각각의 값에 확률을 대응시키는 함수 $P(X=x)$를 **확률함수** probability function라 한다. 특히 확률변수 X의 상태공간 S_X 안에 있는 각각의 x에 대해 확률함수 $P(X=x)$와 같고, 상태공간 외부의 모든 실수 x에 대해 0으로 대응하는 함수 $f(x)$를 이산확률변수 X의 **확률질량함수** probability mass function라 한다. 식은 다음과 같다.

$$f(x) = \begin{cases} P(X=x), & x \in S_X \\ 0, & x \notin S_X \end{cases}$$

예를 들어 동전 한 개를 세 번 던져서 앞면이 나온 횟수 X에 대해 확률함수와 확률질량함수는 각각 다음과 같다.

$$P(X=x)=\begin{cases}\dfrac{1}{8}, & x=0,\ 3\\ \dfrac{3}{8}, & x=1,\ 2\end{cases}, \qquad f(x)=\begin{cases}\dfrac{1}{8}, & x=0,\ 3\\ \dfrac{3}{8}, & x=1,\ 2\\ 0, & \text{다른 곳에서}\end{cases}$$

확률질량함수의 특성은 다음과 같다.

❶ 임의의 실수 x에 대해 $0 \le f(x) \le 1$이다.

❷ 모든 실수에 대해 $\sum_{\text{모든 } x} f(x) = 1$이다.

확률변수가 취하는 각각의 값에 대한 확률을 나타내기 위해 다음과 같이 표 또는 그림을 이용할 수 있다.

❶ [표 5-1]과 같이 확률변수 X에 대해 확률값을 대응시키는 표를 **확률표**probability table라 한다.

[표 5-1] 확률표

x	0	1	2	3
$P(X=x)$	$\frac{1}{8}$	$\frac{3}{8}$	$\frac{3}{8}$	$\frac{1}{8}$

❷ 확률변수가 취하는 각각의 값을 중심으로 밑변의 길이가 1이고 확률값이 높이인 직사각형 그림을 **확률히스토그램**probability histogram이라 한다.

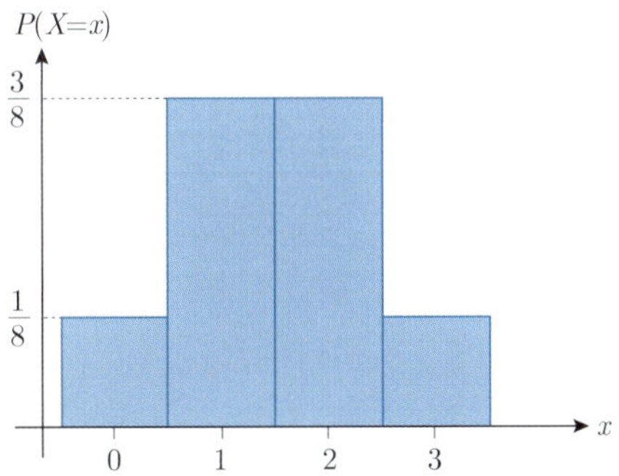

[그림 5-3] 확률히스토그램

이와 같이 확률변수가 취하는 각각의 값에 대한 확률을 확률질량함수, 확률표, 확률히스토그램 등으로 나타낸 것을 확률변수 X의 **확률분포**probability distribution라 한다.

예제 5-2

생산라인이 자동화된 어느 공정의 최종 단계에서는 완제품의 결점 개수를 점검한다. 이때 결점 개수에 따른 완제품의 비율이 각각 다음과 같다면, 결점 개수를 나타내는 확률변수 X의 상태공간과 확률질량함수를 구하라.

결점 개수(X)	0	1	2	3
비율	95%	2%	2%	1%

풀이

완제품의 결점 개수 X가 취할 수 있는 모든 값은 0, 1, 2, 3이므로 상태공간은 $S_X = \{0, 1, 2, 3\}$이다. 그리고 상대도수에 의한 결점 개수에 대한 확률은 다음 표와 같다.

결점 개수(X)	0	1	2	3
확률 $P(X=x)$	0.95	0.02	0.02	0.01

따라서 확률변수 X의 확률질량함수는 다음과 같다.

$$f(x) = \begin{cases} 0.95, & x = 0 \\ 0.02, & x = 1, 2 \\ 0.01, & x = 3 \\ 0 & , \text{다른 곳에서} \end{cases}$$

I Can Do 5-2

광케이블 100m당 결점 개수에 대한 확률분포가 다음과 같을 때, 결점 개수를 나타내는 확률변수 X의 상태공간과 확률질량함수를 구하라.

결점 개수(X)	0	1	2	3	4
비율	90%	5%	3%	1%	1%

확률계산

동전 한 개를 세 번 던져서 앞면이 두 번 이상 나오는 사건은 확률변수 X를 이용하면 $X = 2$ 또는 $X = 3$으로 표현할 수 있다. 또 X가 가질 수 있는 값이 0, 1, 2, 3뿐이므로 $2 \le X \le 3$으로 표현할 수도 있다. 따라서 앞면이 두 번 이상 나올 확률은 다음과 같다.

$$P(X \ge 2) = P(X = 2) + P(X = 3) = \frac{3}{8} + \frac{1}{8} = \frac{1}{2}$$

한편 0, 1, 2, 3이 아닌 모든 실수 x에서 확률질량함수는 $f(x)=0$이므로 앞면이 두 번 이상 나올 확률은 다음과 같이 구할 수 있다.

$$P(X \geq 2) = \sum_{2 \leq x \leq 3} f(x) = f(2) + f(3) = \frac{3}{8} + \frac{1}{8} = \frac{1}{2}$$

이와 같이 이산확률변수 X의 확률질량함수 $f(x)$를 이용하면 $a \leq X \leq b$인 확률은 다음과 같다.

$$P(a \leq X \leq b) = \sum_{a \leq x \leq b} f(x)$$

확률질량함수를 이용하여 다음과 같이 여러 가지 확률을 구할 수 있다.

❶ $P(X \leq a) = \sum_{x \leq a} f(x)$

❷ $P(a < X \leq b) = P(X \leq b) - P(X \leq a),\ a < b$

❸ $P(X > a) = 1 - P(X \leq a)$

❹ $P(X \geq a) = 1 - P(X < a)$

예제 5-3

[예제 5-2]의 확률분포표에 대해 결점 개수가 두 개 이상일 확률과 적어도 한 개 이상일 확률을 구하라.

풀이

• **결점 개수가 두 개 이상일 확률 :**

결점 개수가 두 개 이상인 사건은 $X \geq 2$이므로 구하는 확률은 다음과 같다.

$$P(X \geq 2) = f(2) + f(3) = 0.02 + 0.01 = 0.03$$

• **결점 개수가 적어도 한 개 이상일 확률 :**

결점 개수가 적어도 한 개 이상인 사건은 $X \geq 1$이므로 구하는 확률은 다음과 같다.

$$P(X \geq 1) = f(1) + f(2) + f(3) = 0.02 + 0.02 + 0.01 = 0.05$$

이때 $X \geq 1$의 여사건은 $X < 1$이므로 다음과 같이 구할 수도 있다.

$$P(X \geq 1) = 1 - P(X < 1) = 1 - f(0) = 1 - 0.95 = 0.05$$

I Can Do 5-3

[I Can Do 5-2]의 확률분포표에 대해 결점 개수가 두 개 이상일 확률과 적어도 한 개 이상일 확률을 구하라.

예제 5-4

이산확률변수 X의 확률질량함수가 $f(x)=\dfrac{x+k}{15}$, $x=0, 1, 2, 3, 4$일 때, 다음을 구하라.

(a) 상수 k (b) X가 3 이하일 확률 (c) X가 1 이상 3 이하일 확률

풀이

(a) $x=0, 1, 2, 3, 4$에 대해 $f(x)=\dfrac{x+k}{15}$이므로 다음이 성립한다.

$$\sum_{\text{모든 } x} f(x)=\frac{k}{15}+\frac{1+k}{15}+\frac{2+k}{15}+\frac{3+k}{15}+\frac{4+k}{15}=\frac{2+k}{3}=1$$

따라서 $k=1$이다.

(b) $P(X \le 3)=1-P(X>3)=1-f(4)=1-\dfrac{1}{3}=\dfrac{2}{3}$

(c) $P(1 \le X \le 3)=f(1)+f(2)+f(3)=\dfrac{2}{15}+\dfrac{3}{15}+\dfrac{4}{15}=\dfrac{9}{15}=\dfrac{3}{5}$

I Can Do 5-4

이산확률변수 X의 확률질량함수가 $f(x)=\dfrac{k}{x}$, $x=1, 2, 3, 4$일 때, 다음을 구하라.

(a) 상수 k (b) X가 3 이하일 확률 (c) X가 1 이상 3 이하일 확률

이산확률변수의 분포함수

임의의 실수 x에 대해 확률 $P(X \le x)$는 이산확률변수 X가 x보다 작거나 같은 확률을 모두 합한 누적확률을 의미한다. 식은 다음과 같다.

$$P(X \le x)=\sum_{u \le x} f(u)$$

이와 같은 누적확률을 이산확률변수 X의 **누적분포함수**cumulative distribution function 또는 간단히 **분포함수**distribution function라 하고, 보편적으로 $F(x)$로 나타낸다. 즉 이산확률변수 X의 분포함수는 다음과 같이 정의한다.

$$F(x) = P(X \le x) = \sum_{u \le x} f(u)$$

예를 들어 동전 한 개를 세 번 던져서 앞면이 나온 횟수 X에 대한 분포함수를 구해보자. 누적확률은 임의의 실수인 x의 범위에 따라 다음과 같이 나타난다. [그림 5-4]를 참고하자.

- $x < 0$**인 경우** : $P(X \le x) = \sum_{u \le x} f(u) = 0$
- $0 \le x < 1$**인 경우** : $P(X \le x) = \sum_{u \le x} f(u) = f(0) = \frac{1}{8}$
- $1 \le x < 2$**인 경우** : $P(X \le x) = \sum_{u \le x} f(u) = f(0) + f(1) = \frac{1}{8} + \frac{3}{8} = \frac{1}{2}$
- $2 \le x < 3$**인 경우** : $P(X \le x) = \sum_{u \le x} f(u) = f(0) + f(1) + f(2)$

$$= \frac{1}{8} + \frac{3}{8} + \frac{3}{8} = \frac{7}{8}$$

- $x \ge 3$**인 경우** : $P(X \le x) = \sum_{u \le x} f(u) = f(0) + f(1) + f(2) + f(3)$

$$= \frac{1}{8} + \frac{3}{8} + \frac{3}{8} + \frac{1}{8} = 1$$

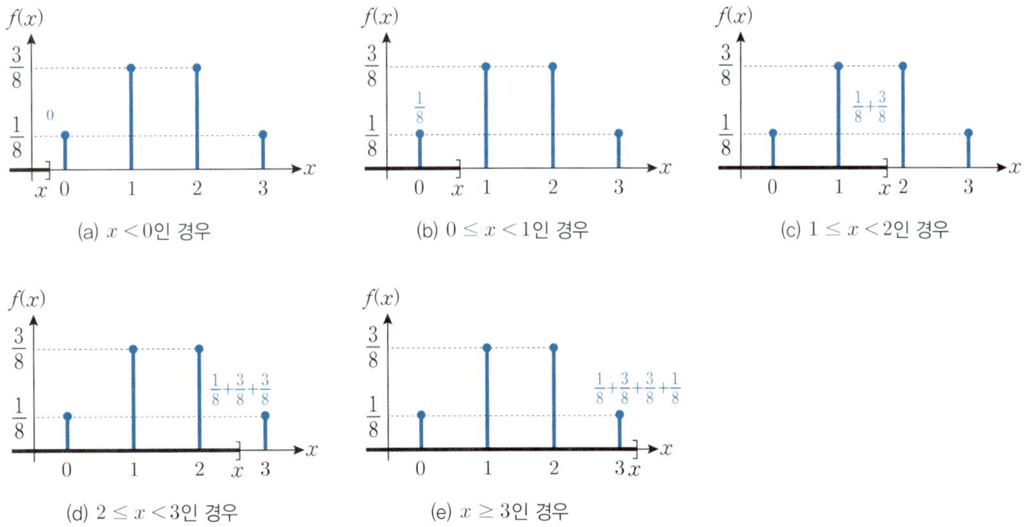

[그림 5-4] x에 따른 누적확률 $P(X \le x)$

따라서 확률변수 X의 분포함수 $F(x)$는 다음과 같이 정의한다.

$$F(x) = P(X \leq x) = \begin{cases} 0\ , & x < 0 \\ \frac{1}{8}\ , & 0 \leq x < 1 \\ \frac{1}{2}\ , & 1 \leq x < 2 \\ \frac{7}{8}\ , & 2 \leq x < 3 \\ 1\ , & x \geq 3 \end{cases}$$

누적분포함수 $F(x)$의 그래프는 [그림 5-5]와 같다.

[그림 5-5]에서 분포함수 $F(x)$는 이산확률변수 X가 취하는 값 0, 1, 2, 3에서 불연속이고, 불연속 점에서의 점프 크기가 확률값을 나타내는 것을 알 수 있다. 즉 [표 5-2]가 성립한다.

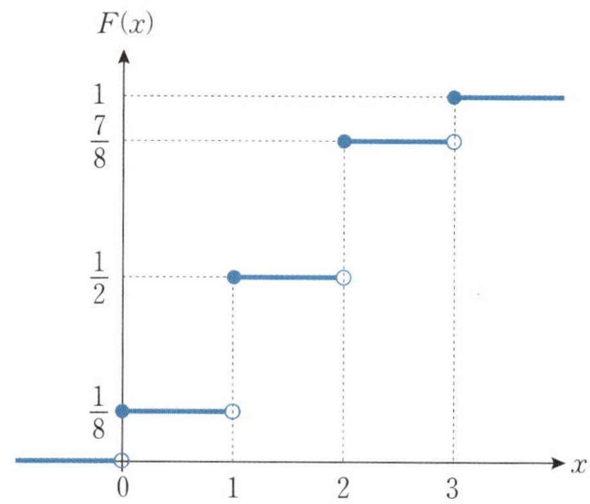

[그림 5-5] 분포함수

[표 5-2] 분포함수의 불연속 점과 확률의 비교

$F(x)$의 불연속 점	점프 크기
$x = 0$	$\frac{1}{8}$
$x = 1$	$\frac{3}{8}$
$x = 2$	$\frac{3}{8}$
$x = 3$	$\frac{1}{8}$

↔

확률변수 X의 값	확률 $P(X = x)$
$X = 0$	$\frac{1}{8}$
$X = 1$	$\frac{3}{8}$
$X = 2$	$\frac{3}{8}$
$X = 3$	$\frac{1}{8}$

임의의 실수 a와 $b\,(a < b)$에 대해 다음이 성립한다.

❶ $P(a < X \leq b) = F(b) - F(a)$

❷ $P(X > a) = 1 - F(a)$

❸ $P(X = a) = F(a) - \lim_{x \to a^-} F(x)$

❹ $P(X \geq a) = 1 - \lim_{x \to a^-} F(x)$

예제 5-5

[예제 5-4]와 같이 이산확률변수 X의 확률질량함수가 $f(x) = \dfrac{x+1}{15}$, $x = 0, 1, 2, 3, 4$일 때, 다음을 구하라.

(a) X의 분포함수

(b) 분포함수를 이용한 X가 3 이하일 확률

(c) 분포함수를 이용한 X가 1 이상 3 이하일 확률

풀이

(a) [예제 5-4]의 X에 대한 확률표는 다음과 같다.

X	0	1	2	3	4
$f(x)$	$\frac{1}{15}$	$\frac{2}{15}$	$\frac{3}{15}$	$\frac{4}{15}$	$\frac{5}{15}$

X의 분포함수는 다음과 같다.

$$F(x) = \begin{cases} 0 & , \ x < 0 \\ \dfrac{1}{15} & , \ 0 \le x < 1 \\ \dfrac{3}{15} & , \ 1 \le x < 2 \\ \dfrac{6}{15} & , \ 2 \le x < 3 \\ \dfrac{10}{15} & , \ 3 \le x < 4 \\ 1 & , \ x \ge 4 \end{cases}$$

(b) $P(X \le 3) = F(3) = \dfrac{10}{15} = \dfrac{2}{3}$

(c) $P(1 \le X \le 3) = F(3) - \lim\limits_{x \to 1^-} F(x) = \dfrac{10}{15} - \dfrac{1}{15} = \dfrac{9}{15} = \dfrac{3}{5}$

I Can Do 5-5

[I can Do 5-4]와 같이 이산확률변수 X의 확률질량함수가 $f(x) = \dfrac{12}{25x}$, $x = 1, 2, 3, 4$일 때, 다음을 구하라.

(a) X의 분포함수 (b) X가 3 이하일 확률 (c) X가 1 이상 3 이하일 확률

Section

5.2 연속확률변수

어떤 AI가 영상을 제작하는 데 걸리는 시간이 50초 이상 60초 이하라 하자. 이때 영상을 제작하는 데 걸리는 시간을 확률변수 X라 하면, X의 상태공간은 $S_X = \{x \mid 50 \le x \le 60\}$이다. 상태공간 S_X는 원소의 개수를 셀 수 없고, 폐구간 $[50,\ 60]$으로 표현된다. 이 절에서는 상태공간이 구간으로 주어지는 확률변수 X에 대한 확률함수와 확률계산, 분포함수를 살펴본다.

연속확률변수

[예제 5-1]과 같이 새로 구입한 스마트폰의 수명에 대한 상태공간은 $[0,\ \infty)$이고, 측정오차가 $10\,\Omega$인 저항기에 $1\text{k}\Omega$으로 표시될 때 실제 저항의 상태공간은 $[990,\ 1010]$이다. 이와 같이 상태공간이 유한구간 또는 무한구간인 확률변수를 **연속확률변수**continuous random variable라 한다. 연속확률변수가 취할 수 있는 모든 값은 연속적으로 나타나므로 확률표를 이용하여 확률분포를 나타낼 수 없다. 그러나 함수와 그래프를 이용하면 연속확률변수의 확률분포를 표현할 수 있다. 연속확률변수 X에 대해 다음 두 조건을 만족하는 함수 $f(x)$를 X의 **확률밀도함수**probability density function라 한다.

❶ 임의의 실수 x에 대해 $f(x) \ge 0$이다. 즉 $f(x)$는 음이 아닌 함수이다.
❷ 모든 실수 구간과 함수 $f(x)$로 둘러싸인 부분의 넓이는 1이다. 즉 $\int_{-\infty}^{\infty} f(x)\,dx = 1$이다.

이는 확률질량함수의 특성과도 동일하다.

예제 5-6

다음 함수 $f(x)$가 연속확률변수 X의 확률밀도함수가 되기 위한 상수 k를 구하라.

$$f(x) = \begin{cases} kx^2(1-x^2), & -1 \le x \le 1 \\ 0 & ,\ \text{다른 곳에서} \end{cases}$$

풀이

확률밀도함수에 대한 조건 ❷에 의해 다음이 성립해야 한다.

$$\int_{-\infty}^{\infty} f(x)\,dx = k\int_{-1}^{1} x^2(1-x^2)\,dx$$
$$= k\int_{-1}^{1} (x^2 - x^4)\,dx$$
$$= k\left[\frac{x^3}{3} - \frac{x^5}{5}\right]_{-1}^{1} = \frac{4k}{15} = 1$$

따라서 $f(x)$가 확률밀도함수가 되기 위한 상수는 $k = \frac{15}{4}$ 이다.

I Can Do 5-6

다음 함수 $f(x)$가 연속확률변수 X의 확률밀도함수가 되기 위한 상수 k를 구하라.

$$f(x) = \begin{cases} kx^2, & -1 \le x \le 1 \\ 0, & \text{다른 곳에서} \end{cases}$$

X가 이산확률변수이면 $P(a \le X \le b)$를 구하기 위해 $a \le x \le b$에서 확률질량함수의 값을 모두 더했다. 그러나 X가 연속확률변수이면 X가 취하는 값들이 연속적으로 나타나므로 적분을 이용하여 확률을 구한다. 예를 들어 연속확률변수 X의 확률밀도함수가 $f(x)$일 때, 확률 $P(a \le X \le b)$는 다음과 같이 구한다.

$$P(a \le X \le b) = \int_a^b f(x)\,dx$$

이때 $P(a \le X \le b)$는 [그림 5-6]과 같이 확률밀도함수 $f(x)$와 $x = a$, $x = b$, x축으로 둘러싸인 부분의 넓이와 같다.

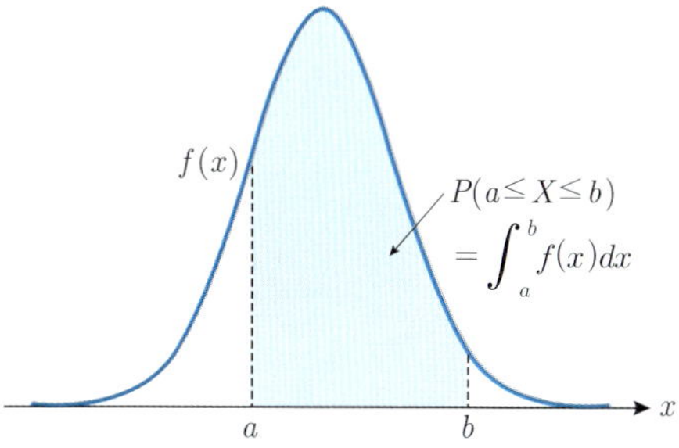

[그림 5-6] 연속확률분포에 대한 확률 $P(a \le X \le b)$

임의의 실수 a에 대해 $P(X = a)$는 다음과 같이 생각할 수 있다.

$$P(X = a) = P(a \le X \le a)$$
$$= \int_a^a f(x)\,dx$$
$$= 0$$

따라서 연속확률변수 X가 임의의 한 점 a만 취할 확률은 다음과 같다.

$$\boxed{P(X=a)=0}$$

이러한 사실을 종합하면 연속확률분포에 대해 다음과 같이 확률을 구할 수 있다.

❶ $P(X=a)=0$

❷ $P(X \geq a)=P(X>a)$, $P(X \leq a)=P(X<a)$

❸ $P(a \leq X \leq b)=P(a<X \leq b)=P(a \leq X<b)=P(a<X<b)$

❹ $P(a \leq X \leq b)=P(X \leq b)-P(X \leq a)$

예제 5-7

[예제 5-6]의 확률밀도함수 $f(x)$에 대해 다음 확률을 구하라.

(a) $P(0 \leq X \leq 1)$ (b) $P\left(X \geq -\frac{1}{2}\right)$

풀이

[예제 5-6]에서 구한 확률밀도함수는 다음과 같다.

$$f(x)=\begin{cases} \frac{15}{4}x^2(1-x^2), & -1 \leq x \leq 1 \\ 0 & , \text{다른 곳에서} \end{cases}$$

따라서 구하는 확률은 다음과 같다.

(a) $$P(0 \leq X \leq 1)=\int_0^1 \frac{15}{4}x^2(1-x^2)\,dx=\frac{15}{4}\int_0^1 (x^2-x^4)\,dx$$
$$=\frac{15}{4}\left[\frac{1}{3}x^3-\frac{1}{5}x^5\right]_0^1=\frac{15}{4}\left(\frac{1}{3}-\frac{1}{5}\right)=\frac{1}{2}$$

(b) $$P\left(X \geq -\frac{1}{2}\right)=\int_{-1/2}^{\infty} f(x)\,dx=\int_{-1/2}^{1}\frac{15}{4}x^2(1-x^2)\,dx$$
$$=\frac{15}{4}\int_{-1/2}^{1}(x^2-x^4)\,dx=\frac{15}{4}\left[\frac{1}{3}x^3-\frac{1}{5}x^5\right]_{-1/2}^{1}$$
$$=\frac{15}{4}\left(\frac{2}{15}+\frac{17}{480}\right)=\frac{81}{128}$$

I Can Do 5-7

[I Can Do 5-6]의 확률밀도함수 $f(x)$에 대해 다음 확률을 구하라.

(a) $P(0 \le X \le 1)$ (b) $P\left(X \ge -\frac{1}{2}\right)$

연속확률변수의 분포함수

5.1절과 동일하게 임의의 실수 x에 대해 연속확률변수 X가 x보다 작거나 같은 확률을 모두 합한 누적확률 $P(X \le x)$를 X의 **누적분포함수** 또는 간단히 **분포함수**라 한다. 따라서 연속확률변수 X의 분포함수는 다음과 같다.

$$F(x) = P(X \le x) = \int_{-\infty}^{x} f(u)\,du$$

연속확률변수의 분포함수 $F(x)$는 다음 성질을 갖는다.

❶ $P(a < X \le b) = F(b) - F(a)$
❷ $P(X > a) = 1 - F(a)$

예제 5-8

다음 확률밀도함수 $f(x)$를 갖는 연속확률변수 X의 분포함수를 구하라.

$$f(x) = \begin{cases} \frac{15}{4}x^2(1-x^2), & -1 \le x \le 1 \\ 0 & , \text{다른 곳에서} \end{cases}$$

풀이

임의의 실수 x에 대해 $P(X \le x)$는 다음과 같이 구분된다.

- $x < -1$**인 경우** : $P(X \le x) = \int_{-\infty}^{x} f(u)\,du = \int_{-\infty}^{x} 0\,du = 0$

- $-1 \le x < 1$인 경우 :

$$P(X \le x) = \int_{-\infty}^{x} f(x)\,dx = \int_{-\infty}^{-1} f(u)\,du + \int_{-1}^{x} f(u)\,du$$
$$= \frac{15}{4}\int_{-1}^{x} u^2(1-u^2)\,du = \frac{15}{4}\left[\frac{1}{3}u^3 - \frac{1}{5}u^5\right]_{-1}^{x} = \frac{1}{2} + \frac{5}{4}x^3 - \frac{3}{4}x^5$$

- $x \ge 1$인 경우 :

$$P(X \le x) = \int_{-\infty}^{x} f(x)\,dx = \int_{-\infty}^{-1} f(u)\,du + \int_{-1}^{1} f(u)\,du + \int_{1}^{x} f(u)\,du$$
$$= \frac{15}{4}\int_{-1}^{1} u^2(1-u^2)\,du = \frac{15}{4}\left[\frac{1}{3}u^3 - \frac{1}{5}u^5\right]_{-1}^{1} = 1$$

따라서 X에 대한 분포함수는 다음과 같다.

$$F(x) = P(X \le x) = \begin{cases} 0 & , \ x < -1 \\ \frac{1}{2} + \frac{5}{4}x^3 - \frac{3}{4}x^5 & , \ -1 \le x < 1 \\ 1 & , \ x \ge 1 \end{cases}$$

각각의 경우를 그림으로 나타내면 다음과 같다.

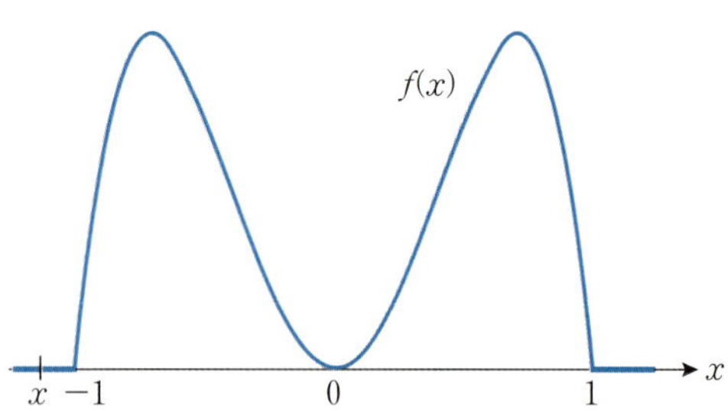

$x < -1$인 경우

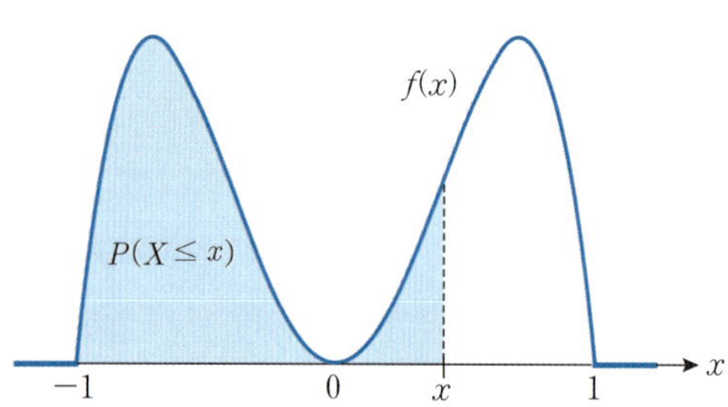

$-1 \le x < 1$인 경우

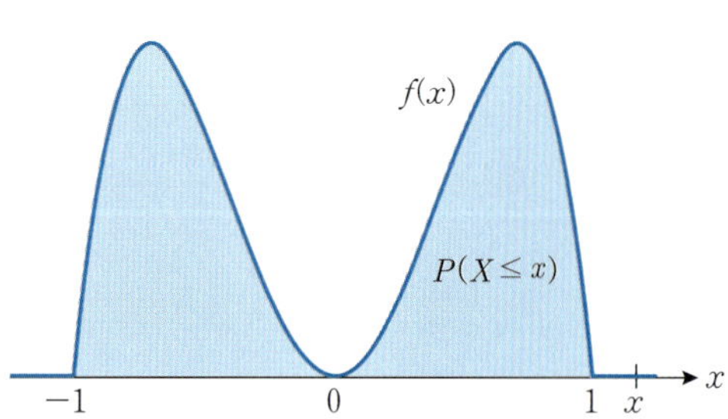

$x \ge 1$인 경우

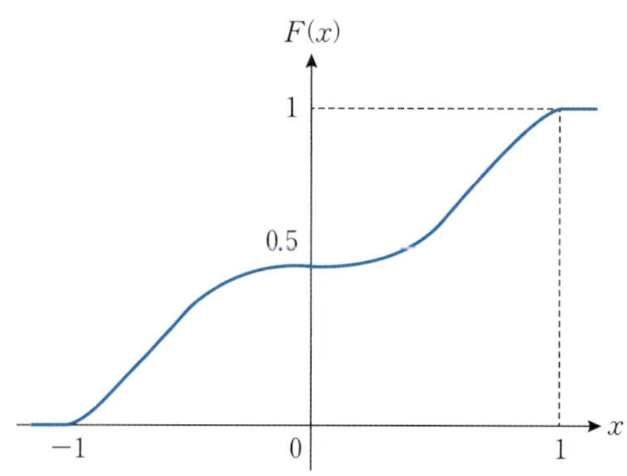

X에 대한 분포함수 $F(x)$

I Can Do 5-8

다음 확률밀도함수 $f(x)$를 갖는 연속확률변수 X의 분포함수를 구하라.

$$f(x)=\begin{cases}\frac{3}{2}x^2, & -1\le x\le 1\\ 0 & , \text{다른 곳에서}\end{cases}$$

분포함수의 정의와 미분적분학의 기본 정리에 의해 연속확률변수 X의 확률밀도함수 $f(x)$와 분포함수 $F(x)$ 사이에 다음 관계가 성립한다.

$$f(x)=\frac{d}{dx}F(x)$$

예제 5-9

$x\ge 0$에서 분포함수가 $F(x)=1-e^{-x}$인 연속확률변수 X의 확률밀도함수 $f(x)$를 구하라.

풀이

분포함수와 확률밀도함수의 관계로부터 확률밀도함수는 다음과 같다.

$$f(x)=\frac{d}{dx}F(x)=\frac{d}{dx}(1-e^{-x})=e^{-x},\quad x\ge 0$$

I Can Do 5-9

$3\le x\le 5$에서 분포함수가 $F(x)=\frac{1}{2}(x-3)$인 연속확률변수 X의 확률밀도함수 $f(x)$를 구하라.

다음과 같이 확률변수 X가 어떤 주어진 실수 x보다 클 확률을 **생존함수**survival function라 하고, $S(x)$로 나타낸다. 즉 어느 장치의 수명에 대한 확률분포를 생각할 때, 생존함수는 앞으로 이 장치를 사용할 수 있는 시간 X에 관한 확률이다. 신뢰성공학에서는 **신뢰도함수**reliability function라고도 한다.

$$S(x)=P(X>x)=1-F(x)$$

생존함수에 대해 다음 성질이 성립한다.

❶ 모든 실수 x 에 대해 $0 \le S(x) \le 1$이다.

❷ $a < b$이면 $S(a) \ge S(b)$이다.

❸ $P(a < X \le b) = S(a) - S(b)$

❹ $P(X = a) = \lim_{x \to a^-} S(x) - S(a)$

연속확률변수 X 의 확률밀도함수 $f(x)$를 정의하는 곳에서 다음과 같은 생존함수에 대한 확률밀도함수의 비율을 **위험률함수**hazard rate function, **사망력함수**force of mortality function 또는 **실패율함수**failure rate function라 한다.

$$h(x) = \frac{f(x)}{S(x)}$$

위험률함수에 대해 다음 성질이 성립한다.

❶ $f(x) = h(x)S(x)$

❷ $h(x) = \frac{f(x)}{S(x)} = -\frac{S'(x)}{S(x)} = -\frac{d}{dx}\ln S(x)$

❸ $S(x) = \exp\left[-\int_{-\infty}^{x} h(u)du\right]$

연속확률분포에 대해 확률밀도함수, 분포함수, 생존함수, 위험률함수의 관계는 [그림 5-7]과 같이 정리된다.

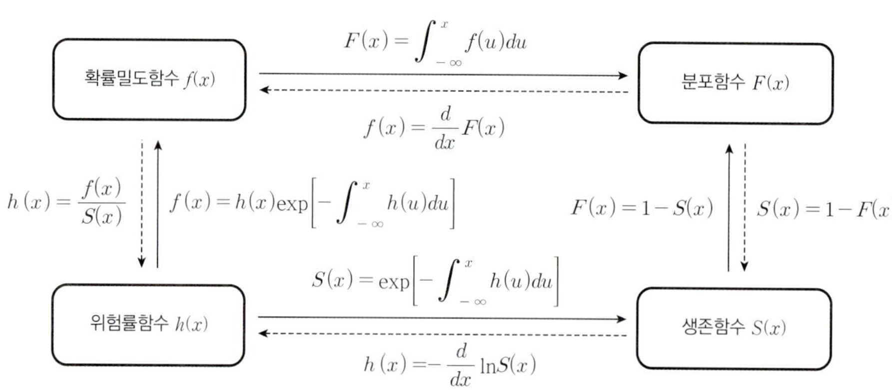

[그림 5-7] 확률밀도함수, 분포함수, 생존함수, 위험률함수의 관계도

예제 5-10

[예제 5-9]에서 정의한 연속확률변수 X에 대해 다음을 구하라.

(a) X의 생존함수 (b) X의 위험률함수

풀이

(a) 분포함수가 $F(x) = 1 - e^{-x}$, $x \geq 0$이므로 X의 생존함수는 다음과 같다.

$$S(x) = 1 - F(x) = 1 - (1 - e^{-x}) = e^{-x},\ x \geq 0$$

(b) 확률밀도함수가 $f(x) = e^{-x}$, $x \geq 0$이므로 X의 위험률함수는 다음과 같다.

$$h(x) = \frac{f(x)}{S(x)} = \frac{e^{-x}}{e^{-x}} = 1$$

I Can Do 5-10

[I Can Do 5-9]에서 정의한 연속확률변수 X에 대해 다음을 구하라.

(a) X의 생존함수 (b) X의 위험률함수

Section 5.3 확률변수의 기댓값

평균과 분산을 비롯하여 3장에서 살펴본 분포 모양에 대한 척도들은 확률분포에도 적용된다. 이 절에서는 확률분포에 대한 중심위치와 산포도, 분포 모양에 대한 척도를 구하는 방법에 대해 살펴본다.

기댓값

3.1절에서는 자료집단 안에 자료 값이 중복될 때 구하는 중심위치의 척도인 가중평균을 살펴보았다. 예를 들어 잘못 만들어진 주사위를 10번 던져서 표본 [1, 2, 3, 3, 4, 5, 5, 6, 6, 6]을 얻었다고 하자. 주사위 눈의 수에 대한 도수와 상대도수가 [표 5-3]과 같다.

[표 5-3] 주사위 눈의 수와 상대도수

주사위 눈의 수	1	2	3	4	5	6
도수	1	1	2	1	2	3
상대도수	$\frac{1}{10}$	$\frac{1}{10}$	$\frac{2}{10}$	$\frac{1}{10}$	$\frac{2}{10}$	$\frac{3}{10}$

표본에 대한 가중평균은 다음과 같다.

$$\bar{x} = 1\times\frac{1}{10}+2\times\frac{1}{10}+3\times\frac{2}{10}+4\times\frac{1}{10}+5\times\frac{2}{10}+6\times\frac{3}{10} = 4.1$$

이는 각 주사위 눈의 수와 상대도수의 곱을 모두 더한 것과 같다. 이때 주사위 눈의 수를 이산확률변수 X라 하면, 가중평균은 X가 취할 수 있는 각각의 값과 그에 대응하는 상대도수에 의한 확률의 곱을 모두 더한 수치이다. 이렇게 구한 가중평균은 [그림 5-8]과 같이 이산확률변수 X의 확률히스토그램에서 중심위치를 나타내는 척도가 된다.

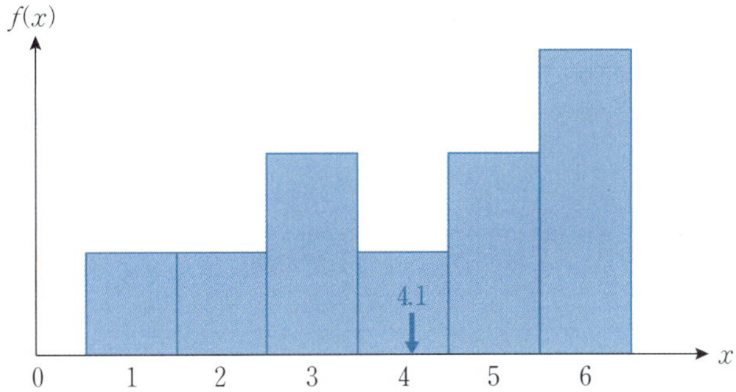

[그림 5-8] 이산확률분포에 대한 중심위치

이러한 가중평균을 이산확률변수 X의 **기댓값** expected value이라 하고, 이를 기호로 $\mu = E(X)$로 나타낸다. 즉 이산확률변수 X의 기댓값을 다음과 같이 정의한다. 기댓값은 확률분포의 중심위치를 나타내는 평균을 의미한다.

$$\mu = E(X) = \sum_{\text{모든 } x} x f(x) = \sum_{x \in S_X} x P(X = x)$$

예제 5-11

생산라인이 자동화된 어느 공정의 최종 단계에서는 완제품의 결점 개수를 점검한다. 이때 결점 개수에 따른 완제품의 비율이 아래와 같을 때, 다음 물음에 답하라.

결점 개수(X)	0	1	2	3
비율	95%	2%	2%	1%

(a) 평균 결점 개수를 구하라.

(b) 이 생산라인에서 생산한 완제품 10,000개에 포함된 평균 결점 개수를 구하라.

풀이

(a) X의 기댓값은 다음과 같다.

$$\mu = E(X) = \sum_{x \in S_X} x f(x) = 0 \times 0.95 + 1 \times 0.02 + 2 \times 0.02 + 3 \times 0.01 = 0.09$$

(b) 하나의 완제품을 생산할 때 평균 결점 개수가 0.09이므로 10,000개에 포함된 평균 결점 개수는 900이다.

I Can Do 5-11

$x=0,\ 1,\ 2,\ 3,\ 4$일 때, 이산확률변수 X의 확률질량함수가 $f(x)=\dfrac{x+1}{15}$이다. 이때 확률변수 X의 기댓값을 구하라.

이산확률변수의 기댓값과 동일하게 연속확률변수 X의 기댓값을 다음과 같이 정의한다.

$$\mu=E(X)=\int_{-\infty}^{\infty} x f(x)\,dx=\int_{S_X} x f(x)\,dx$$

기댓값의 성질은 다음과 같다.

❶ $E(a)=a$

❷ $E(aX)=aE(X),\ a\neq 0$

❸ $E(aX+b)=aE(X)+b,\ a\neq 0$

예제 5-12

[예제 5-9]와 같은 연속확률변수 X에 대해 다음 기댓값을 구하라.

(a) $E(X)$

(b) $E(2X+1)$

풀이

[예제 5-9]에서 구한 연속확률변수 X의 확률밀도함수는 다음과 같다.

$$f(x)=\begin{cases} e^{-x}, & x\geq 0 \\ 0, & x<0 \end{cases}$$

따라서 구하는 기댓값은 다음과 같다.

(a) $\mu=E(X)=\int_{S_X} x f(x)\,dx=\int_0^{\infty} xe^{-x}\,dx=\lim_{a\to\infty}\int_0^a xe^{-x}\,dx$

$$=\lim_{a\to\infty}\left[-(x+1)e^{-x}\right]_0^a=\lim_{a\to\infty}\left[1-(a+1)e^{-a}\right]=1$$

(b) $E(2X+1)=2E(X)+1=3$

I Can Do 5-12

[I Can Do 5-9]와 같은 연속확률변수 X에 대해 다음 기댓값을 구하라.

(a) $E(X)$ (b) $E(3X-2)$

확률변수의 분산

확률변수 X의 함수 $Y=g(X)$의 기댓값을 구하기 위해 Y의 확률질량함수 또는 확률밀도함수를 구해야 한다. 그런데 Y의 확률분포를 직접 구하는 것이 매우 번거롭기 때문에 확률변수 X의 확률질량함수나 확률밀도함수를 이용하여 구할 수 있으며, 그 결과는 다음과 같다.

- **X가 이산확률변수인 경우** : $E(Y)=E[g(X)]=\sum_{x \in S_X} g(x)f(x)$
- **X가 연속확률변수인 경우** : $E(Y)=E[g(X)]=\int_{S_X} g(x)f(x)\,dx$

이때 상수 $k=1, 2, \cdots$와 $\mu=E(X)$에 대해 $g(X)=X^k$ 또는 $g(X)=(X-\mu)^k$의 기댓값을 각각 다음과 같이 정의한다.

- **X의 k차 적률** moment : X^k의 기댓값

$$E(X^k)=\sum_{x \in S_X} x^k f(x) \text{ 또는 } E(X^k)=\int_{S_X} x^k f(x)\,dx$$

- **X의 k차 중심적률** central moment : $(X-\mu)^k$의 기댓값

$$E[(X-\mu)^k]=\sum_{x \in S_X}(x-\mu)^k f(x) \text{ 또는 } E[(X-\mu)^k]=\int_{S_X}(x-\mu)^k f(x)\,dx$$

특히 2차 중심적률 $E[(X-\mu)^2]$을 확률변수 X의 **분산** variance이라 하고, σ^2 또는 $Var(X)$로 나타낸다. 그리고 분산의 양의 제곱근을 X의 **표준편차** standard deviation라 한다. 분산과 표준편차는 확률분포가 평균인 기댓값을 중심으로 밀집하는 정도를 나타내는 척도이다.

- **X가 이산확률변수인 경우** : $\sigma^2=Var(X)=E[(X-\mu)^2]=\sum_{x \in S_X}(x-\mu)^2 f(x)$
- **X가 연속확률변수인 경우** : $\sigma^2=Var(X)=E[(X-\mu)^2]=\int_{S_X}(x-\mu)^2 f(x)\,dx$

이때 [그림 5-9]와 같이 분산 또는 표준편차가 클수록 확률분포는 평균 μ를 중심으로 퍼지고 작을수록 밀집한다.

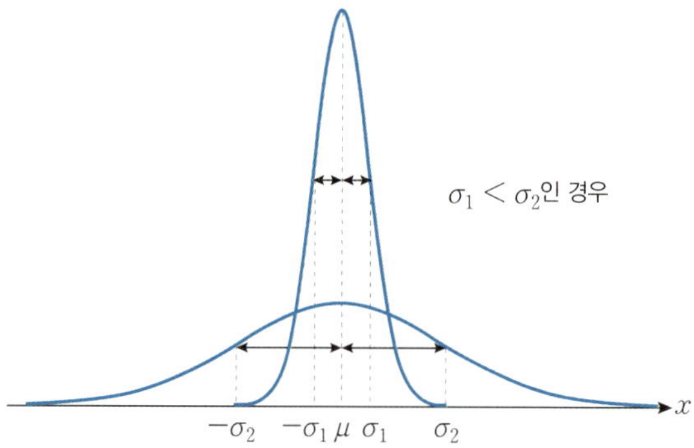

[그림 5-9] 연속확률분포에 대한 중심위치

기댓값의 성질을 이용하면 다음과 같이 간단하게 분산을 구할 수 있다.

$$\sigma^2 = E(X^2) - \mu^2$$

분산의 성질은 다음과 같다.

❶ $Var(a) = 0$

❷ $Var(aX) = a^2 Var(X)$

❸ $Var(aX+b) = a^2 Var(X)$

예제 5-13

[예제 5-9]와 같은 연속확률변수 X에 대해 X와 $2X+1$의 표준편차를 구하라.

풀이

[예제 5-9]에 주어진 분포에 대한 X의 기댓값은 [예제 5-12]에서 구한 것과 같이 $\mu = 1$이고, X^2의 기댓값은 다음과 같다.

$$E(X^2) = \int_{S_X} x^2 f(x)\,dx = \int_0^\infty x^2 e^{-x}\,dx = \lim_{a\to\infty}\int_0^a x^2 e^{-x}\,dx$$
$$= \lim_{a\to\infty}\left[-(x^2+2x+2)e^{-x}\right]_0^a = \lim_{a\to\infty}\left[2-(a^2+2a+2)e^{-a}\right] = 2$$

X의 분산은 $\sigma^2 = Var(X) = E(X^2) - \mu^2 = 2 - 1 = 1$이고, $Var(2X+1) = 4\,Var(X) = 4$이다. 따라서 X와 $2X+1$의 표준편차는 $\sigma_X = 1$, $\sigma_{2X+1} = 2$이다.

I Can Do 5-13

[I Can Do 5-9]와 같은 연속확률변수 X에 대해 X와 $3X-2$의 표준편차를 구하라.

임의의 확률변수 X의 평균 μ와 표준편차 σ에 대해 확률변수 $Z=\dfrac{X-\mu}{\sigma}$를 X의 **표준화 확률변수** standardized random variable라 한다. 또 기댓값과 분산의 성질을 이용하여 표준화 확률변수의 평균과 분산이 각각 다음과 같음을 확인할 수 있다.

$$E(Z)=0,\quad Var(Z)=1$$

확률분포의 왜도와 첨도

3.2절에서 살펴본 자료집단의 비대칭 정도와 봉우리의 모양에 대한 척도를 확률분포에도 적용할 수 있다. 자료집단의 경우와 동일하게 확률분포의 왜도는 분포의 비대칭 정도에 대한 척도이고 첨도는 봉우리 모양에 대한 척도이다. 이러한 척도는 다음과 같이 3차 중심적률과 4차 중심적률을 이용하여 정의한다.

❶ **왜도**skewness : $s_k=\dfrac{E[(X-\mu)^3]}{\sigma^3}$

❷ **첨도**kurtosis : $\kappa=\dfrac{E[(X-\mu)^4]}{\sigma^4}$

왜도와 첨도에 따른 확률분포의 분포 모양은 다음과 같은 세 가지 경우로 나타난다. 특히 3.2절에서는 왜도와 동일하게 자료집단의 분포 모양이 첨도 0을 기준으로 달라졌다면, 확률분포의 분포 모양은 첨도 3을 기준으로 달라진다는 차이가 있다.

■ 왜도와 분포 모양

- $s_k=0$인 경우 : 평균을 중심으로 대칭형인 분포
- $s_k>0$인 경우 : 왼쪽으로 치우치고 오른쪽으로 긴 꼬리 모양의 분포(양의 비대칭)
- $s_k<0$인 경우 : 오른쪽으로 치우치고 왼쪽으로 긴 꼬리 모양의 분포(음의 비대칭)

■ 첨도와 분포 모양

- $\kappa=3$인 경우 : 봉우리가 표준정규분포의 곡선인 종 모양
- $\kappa>3$인 경우 : 봉우리가 뾰족하며 꼬리부분이 길게 분포
- $\kappa<3$인 경우 : 봉우리가 납작하며 꼬리부분이 짧게 분포

예제 5-14

확률밀도함수가 $f(x)=e^{-x}$, $0<x<\infty$인 확률분포에 대한 왜도와 첨도를 구하고, 확률분포의 모양을 설명하라.

풀이

확률밀도함수가 $f(x)=e^{-x}$, $0<x<\infty$인 확률변수 X에 대한 평균과 분산은 [예제 5-12]와 [예제 5-13]에서 구한 것과 같이 각각 $\mu=1$, $\sigma^2=1$이다. 3차 중심적률과 4차 중심적률은 다음과 같다.

$$\begin{aligned} E[(X-\mu)^3] &= \int_0^\infty (x-1)^3 e^{-x}\,dx = \lim_{a\to\infty}\int_0^a (x-1)^3 e^{-x}\,dx \\ &= \lim_{a\to\infty}\left[-(x^3+3x+2)e^{-x}\right]_0^a \\ &= \lim_{a\to\infty}\left[2-(a^3+3a+2)e^{-a}\right] \\ &= 2 \end{aligned}$$

$$\begin{aligned} E[(X-\mu)^4] &= \int_0^\infty (x-1)^4 e^{-x}\,dx = \lim_{a\to\infty}\int_0^a (x-1)^4 e^{-x}\,dx \\ &= \lim_{a\to\infty}\left[-(x^4+6x^2+8x+9)e^{-x}\right]_0^a \\ &= \lim_{a\to\infty}\left[9-(a^4+6a^2+8a+9)e^{-a}\right] \\ &= 9 \end{aligned}$$

따라서 왜도와 첨도는 다음과 같다.

$$s_k=\frac{E[(X-\mu)^3]}{\sigma^3}=2, \quad \kappa=\frac{E[(X-\mu)^4]}{\sigma^4}=9$$

즉 X의 확률분포는 왼쪽으로 치우치고 오른쪽 긴 꼬리를 갖는 양의 비대칭분포이고, 봉우리의 모양은 뾰족하다.

I Can Do 5-14

확률질량함수가 $f(x)=\frac{1}{4}$, $-2\le x\le 2$인 확률분포에 대한 왜도와 첨도를 구하고, 확률분포의 모양을 설명하라.

정확한 확률분포를 알지 못하는 경우에도 확률변수 X가 평균으로부터 표준편차에 비례하는 범위 안에 놓일 확률의 하한값, 즉 $P(|X-\mu| \le k\sigma)$를 다음과 같이 구할 수 있다. 이 식은 관계식을 증명한 러시아 수학자인 P. L. 체비쇼프P. L. Chebyshev 1821-1894를 기리기 위해 **체비쇼프 부등식**Chebyshev's inequality이라 한다.

$$P(|X-\mu| \le k\sigma) \ge 1-\frac{1}{k^2}, \quad k>1$$

특히 확률변수 X가 평균 μ로부터 $\pm 2\sigma$와 $\pm 3\sigma$ 사이에 놓일 확률의 하한은 다음과 같다.

- $P(\mu-2\sigma \le X \le \mu+2\sigma) \ge 1-\frac{1}{2^2}=0.75$
- $P(\mu-3\sigma \le X \le \mu+3\sigma) \ge 1-\frac{1}{3^2}=0.89$

예제 5-15

챗GPT에 한글로 질문하면 영어로 답변하는 데 평균 20초, 표준편차 4초가 소요된다고 한다. 한글로 질문한 내용에 대해 챗GPT가 14초와 26초 사이에 영어로 응답할 최소 확률을 구하라.

풀이

챗GPT의 응답시간을 X라 하면, $\mu=20$, $\sigma=4$이므로 14초와 26초 사이에 영어로 응답할 확률 $P(14 \le X \le 26)$의 하한은 다음과 같다.

$$\begin{aligned} P(14 \le X \le 26) &= P(20-6 \le X \le 20+6) \\ &= P(|X-20| \le 6) \\ &= P\left(|X-\mu| \le \frac{3}{2}\sigma\right) \ge 1-\frac{1}{(3/2)^2} \\ &= 1-\frac{4}{9}=\frac{5}{9} \approx 0.56 \end{aligned}$$

따라서 구하는 최소 확률은 약 0.56이다.

I Can Do 5-15

직경 300mm인 웨이퍼 안에 있는 543개의 넷다이net die 중에서 불량품은 평균 10개이고 표준편차가 2개이다. 어느 날 생산한 웨이퍼 넷다이 중에서 불량품이 4개 이상 16개 이하일 최소 확률을 구하라.

Chapter 05 연습문제

연습문제 정답

1. 아래는 이산확률변수 X의 확률표이다. 두 양수 a와 b에 대해 $a=2b$일 때, 다음을 구하라.

X	0	2	4	6	8
$P(X=x)$	$\frac{1}{4}$	a	$\frac{1}{3}$	b	$\frac{1}{12}$

(a) 상수 a와 b (b) 확률 $P(X \le 5)$ (c) 확률 $P(X \ge 2)$

(d) X의 기댓값 (e) X의 분산

2. 양의 상수 k에 대해 $-2k \le x \le k$에서 함수 $f(x)=x^2$이 확률밀도함수가 되도록 k를 구하라.

3. 2개의 불량품을 포함하여 6개의 집적회로가 들어 있는 상자에서 임의로 집적회로 4개를 꺼낼 때, 선정한 집적회로 안에 포함된 불량품의 개수 X에 대해 다음을 구하라.

(a) X의 확률질량함수

(b) 불량품이 1개 포함될 확률

(c) 적어도 하나 이상의 불량품이 포함될 확률

(d) X의 분포함수

4. 주파수를 전송할 때 발생하는 오류의 개수 X에 대한 누적분포함수가 아래와 같을 때, 다음 물음에 답하라.

$$F(x)=\begin{cases} 0 & ,\ x<2 \\ 0.6 & ,\ 2 \le x < 4 \\ 0.9 & ,\ 4 \le x < 8 \\ 1 & ,\ x \ge 8 \end{cases}$$

(a) X의 확률질량함수를 구하라.

(b) 확률 $P(X<5)$와 $P(X \ge 5)$를 구하라.

(c) X의 평균을 구하라.

(d) X의 분산을 구하라.

5. 의료용 냉장고 안에는 COVID-19 백신인 화이자 6개와 모더나 4개가 들어 있다. 이 중에서 4개의 백신을 꺼낼 때, 선정된 모더나 백신 개수 X에 대해 다음을 구하라.

(a) X의 확률질량함수

(b) 모더나 백신이 3개 이상 선정될 확률

(c) 적어도 하나 이상의 모더나 백신이 선정될 확률

(d) X의 분포함수

6. 의료용 냉장고 안에는 두 종류의 독감 백신 A와 B가 각각 5개, 3개씩 있다. 이 중에서 어느 하나를 사용하면 동일한 백신이 곧바로 채워진다. 이 백신 중에서 3번 반복하여 백신을 꺼낼 때 포함된 백신 B의 개수 X에 대해 다음을 구하라.

(a) X의 확률질량함수

(b) 백신 B가 2개 이상 선정될 확률

(c) 적어도 하나 이상의 백신 B가 선정될 확률

(d) X의 분포함수

7. 약국에서 판매하는 어떤 백신의 유효기간 X는 확률밀도함수가 $f(x) = \dfrac{3}{x^4}$, $x > 1$인 확률분포를 따른다고 할 때, 다음을 구하라. (단, 단위는 월이다.)

(a) X의 분포함수

(b) X의 평균

(c) X의 분산

(d) 유효기간이 15개월 이상일 확률

(e) 유효기간이 기껏해야 25개월일 확률

8. 100Ω인 저항기의 실제 저항 X가 95Ω과 105Ω 사이에서 일정하게 분포할 때, 다음을 구하라.

(a) 확률밀도함수 $f(x)$

(b) 분포함수 $F(x)$

(c) 실제 저항이 101Ω 이하일 확률

(d) 실제 저항이 97Ω 이상 103Ω 이하일 확률

9. 이산확률변수 X의 분포함수가 다음과 같을 때, 확률질량함수를 구하라.

(a) $F(x) = \begin{cases} 0, & x < -1 \\ \dfrac{1}{5}, & -1 \le x < 1 \\ \dfrac{2}{5}, & 1 \le x < 3 \\ 1, & x \ge 3 \end{cases}$

(b) $F(x) = \begin{cases} 0, & x < 0 \\ \dfrac{1}{3}, & 0 \le x < 1 \\ \dfrac{2}{3}, & 1 \le x < 2 \\ 1, & x \ge 2 \end{cases}$

10. 연속확률변수 X의 분포함수가 다음과 같을 때, 확률밀도함수를 구하라.

(a) $F(x) = \begin{cases} 0, & x < 1 \\ 1 - e^{2(1-x)}, & x \ge 1 \end{cases}$

(b) $F(x) = \begin{cases} 0, & x < 0 \\ \dfrac{1}{16}x^2(8 - x^2), & 0 \le x < 2 \\ 1, & x \ge 2 \end{cases}$

11. X의 확률질량함수가 $f(x) = \left(\dfrac{1}{2}\right)^x$, $x = 1, 2, 3, \cdots$이라 할 때, 2^X의 기댓값이 존재하지 않음을 보여라.

12. 확률밀도함수 $f(x)$가 아래와 같은 확률분포를 **코시분포**Cauchy distribution라 한다. 다음 물음에 답하라.

$$f(x)=\frac{k}{1+x^2},\quad -\infty<x<\infty$$

(a) 상수 k를 구하라.
(b) 분포함수 $F(x)$를 구하라.
(c) 확률변수 X가 -1과 1 사이일 확률을 구하라.
(d) X의 기댓값이 존재하지 않음을 보여라.

13. 음성 파형의 진폭 X는 확률밀도함수 $f(x)=ke^{-2|x|}$, $-\infty<x<\infty$에 따라 감소한다. 이러한 확률분포를 **라플라스 분포**Laplace distribution라 할 때, 다음 물음에 답하라.

(a) 상수 k를 구하라.
(b) 분포함수 $F(x)$를 구하라.
(c) 음성 파형의 진폭이 -1과 1 사이일 확률을 구하라.
(d) X의 기댓값을 구하라.

14. 양의 상수 λ에 대해 연속확률변수 X의 밀도함수가 $f(x)=\lambda e^{-\lambda x}$, $x>0$일 때, 다음을 구하라.

(a) 분포함수 $F(x)$
(b) 생존함수 $S(x)$
(c) 위험률함수 $h(x)$

15. 어떤 환자는 의사로부터 평균 100일 정도 살 수 있다는 통보를 받았다. 이 환자가 사망할 때까지 걸리는 시간 X의 확률밀도함수가 $f(x)=\frac{1}{100}e^{-x/100}$, $x>0$일 때, 다음을 구하라.

(a) 이 환자가 200일 이내에 사망할 확률
(b) 이 환자가 300일 이상 생존할 확률
(c) 이 환자의 사망력함수

16. 위험률함수가 $h(x)=\frac{1}{\sqrt{x}}$, $x>0$인 확률변수 X의 생존함수, 분포함수, 확률밀도함수를 구하라.

17. 제조 시스템의 작동이 멈출 때까지 걸리는 시간 X의 분포함수가 $F(x)=1-\frac{4}{x^2}$, $x>2$이다. 확률변수 X의 생존함수, 확률밀도함수, 위험률함수를 구하라.

18. 어떤 기계의 부속품에 대한 수명 X는 확률밀도함수가 $f(x)=\frac{9}{2}xe^{-9x^2/4}$, $x>0$인 확률분포를 따른다고 할 때, 분포함수, 생존함수, 위험률함수를 구하라.

19. 어떤 전자제품의 수명 X는 확률밀도함수가 $f(x) = \frac{1}{100} e^{-(x-10)/100}$, $x > 10$인 확률분포를 따른다고 할 때, 다음을 구하라.

(a) $P(X > 150)$
(b) $P(90 < X < 120)$
(c) X의 평균
(d) X의 분산

20. 공정라인에서 생산된 제품의 품질이 표준 규격 이하로 떨어지면, 품질을 향상시키기 위해 공정라인을 중단하고 수리한다. 1년 동안 공정라인이 멈춘 일수 X의 확률분포가 아래와 같을 때, 다음을 구하라.

X	0	1	2	3	4
$P(X=x)$	0.58	0.26	0.10	0.04	0.02

(a) X의 평균
(b) X의 분산
(c) $Y = 3X - 2$의 평균
(d) $Y = 3X - 2$의 분산

21. 와셔의 두께 X는 확률밀도함수가 $f(x) = \frac{3}{2}(1 - x^2)$, $0 < x < 1$인 확률분포를 따른다고 할 때, 다음을 구하라. (단, 단위는 ㎛이다.)

(a) X의 평균
(b) X의 분산
(c) $Y = 4X + 1$의 평균
(d) $Y = 4X + 1$의 분산

22. 니켈-카드뮴(NiCd) 전지에서 완전히 충전된 셀은 수산화니켈로 구성되고, 니켈전하 X에 따른 산화상태의 비율은 아래와 같다. 이때 확률변수 X에 대한 다음 척도를 구하라.

니켈전하	0	1	2	3	4
상태의 비율	0.1	0.2	0.3	0.3	0.1

(a) 평균
(b) 분산
(c) 왜도
(d) 첨도

23. 전기회로의 가변저항 X는 확률밀도함수가 $f(x) = 6x(1-x)$, $0 < x < 1$인 확률분포를 따른다고 할 때, 확률변수 X에 대한 다음을 구하라.

(a) 평균
(b) 분산
(c) 왜도
(d) 첨도

24. 컴퓨터 네트워크상에서 시간당 전송된 문자의 수 X의 확률분포는 아래와 같을 때, 다음을 구하라.

X	0	1	2	3	4	5
$P(X=x)$	0.02	0.11	0.46	0.24	0.16	0.01

(a) X의 평균

(b) X의 분산과 표준편차

(c) $P(\mu - \sigma < X < \mu + \sigma)$

(d) $P(\mu - 2\sigma < X < \mu + 2\sigma)$

25. 말기 암으로 진단이 나온 환자의 여명은 확률밀도함수가 $f(x) = \frac{1}{50} e^{-x/50}$, $x > 0$인 확률분포를 따른다고 할 때, 다음을 구하라. (단, 단위는 일이다.)

(a) X의 평균

(b) X의 분산

(c) $P(\mu - \sigma < X < \mu + \sigma)$

(d) $P(\mu - 2\sigma < X < \mu + 2\sigma)$

26. AI가 그림을 그리는 데 걸리는 시간 X는 평균 19초, 표준편차 1.5초라 할 때, 다음 확률의 최솟값을 구하라.

(a) $P(16.75 < X < 21.25)$

(b) $P(14.5 < X < 23.5)$

Chapter 06

결합확률분포

Joint Probability Distribution

||| 목차 |||

||| 학습목표 |||

- 결합확률함수와 주변확률함수를 이해하고, 결합확률을 구할 수 있다.
- 조건부 확률분포를 이해하고, 확률변수에 대한 조건부 확률을 구할 수 있다.
- 결합분포의 기댓값을 이해하고, 각 확률변수의 평균과 분산을 구할 수 있다.
- 두 확률변수의 공분산과 상관계수를 구할 수 있다.

Section 6.1 결합확률분포

5장에서는 단일 확률변수에 대한 확률모형을 살펴보았다. 그러나 이공계를 비롯한 사회과학 분야에서는 두 개 이상의 확률변수를 요구하는 확률모형이 나타난다. 예를 들어 3장 3.4절의 온도에 따른 코일의 저항을 나타내는 [표 3-6]과 온도와 코일 저항에 대한 산점도 [그림 3-11]을 생각해보자.

[표 3-6] 온도에 따른 코일의 저항

온도(℃)	39.2	42.1	21.3	35.7	40.2	22.8	27.4	43.2	21.8	46.3
저항(Ω)	55	59	40	47	58	46	47	69	45	84

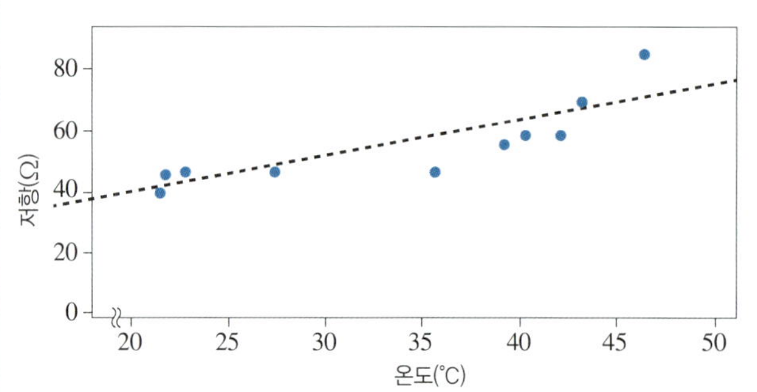

[그림 3-11] 온도와 코일 저항에 대한 산점도

이 자료는 온도와 저항이라는 두 개의 확률변수를 요구한다. 이렇게 두 확률변수를 요구하는 확률모형은 변조기에 도달한 신호와 소음, 저항 크기에 따른 전류의 변화, 어느 지역에 내린 비의 양과 오염지수, 맥박수와 혈압의 관계 등 다양하게 존재한다. 이 절에서는 두 확률변수로 이루어진 결합확률함수를 정의하고, 결합확률을 구하는 방법을 살펴본다.

결합확률질량함수

동일한 모양의 빨간 공, 파란 공, 노란 공이 각각 3개씩 들어 있는 주머니에서 공 3개를 꺼내는 통계실험을 생각하자. 이 통계실험에서는 꺼낸 공 중 빨간 공과 파란 공이 포함된 개수에 대한 확률분포를 구한다. 이때 꺼낸 빨간 공의 개수를 나타내는 확률변수 X와 파란 공의 개수를 나타내는 확률변수 Y가 필요하며, 두 확률변수의 상태공간은 각각 다음과 같다.

$$S_X = \{0,\ 1,\ 2,\ 3\},\ S_Y = \{0,\ 1,\ 2,\ 3\}$$

예를 들어 꺼낸 공 3개 중 빨간 공과 파란 공이 각각 1개씩 포함된다면 $X = 1$이고 $Y = 1$이다. 그리고 사건 $[X=1,\ Y=1]$은 빨간 공과 파란 공을 각각 1개씩 꺼낸 경우이므로 $X = 1$이고 $Y = 1$일 확률은 다음과 같다.

$$P(X=1,\ Y=1) = \frac{\binom{3}{1}\binom{3}{1}\binom{3}{1}}{\binom{9}{3}} = \frac{3\times3\times3}{84} = \frac{9}{28}$$

같은 방법으로 $x = 0,\ 1,\ 2,\ 3,\ y = 0,\ 1,\ 2,\ 3$일 때의 결합확률 $P(X=x,\ Y=y)$는 [표 6-1]과 같은 결합확률표를 얻는다.

[표 6-1] X와 Y의 결합확률표

X \ Y	0	1	2	3	합계
0	$\frac{1}{84}$	$\frac{3}{28}$	$\frac{3}{28}$	$\frac{1}{84}$	$\frac{5}{21}$
1	$\frac{3}{28}$	$\frac{9}{28}$	$\frac{3}{28}$	0	$\frac{15}{28}$
2	$\frac{3}{28}$	$\frac{3}{28}$	0	0	$\frac{6}{28}$
3	$\frac{1}{84}$	0	0	0	$\frac{1}{84}$
합계	$\frac{5}{21}$	$\frac{15}{28}$	$\frac{6}{28}$	$\frac{1}{84}$	1

두 확률변수 X와 Y에 대해 결합확률을 함수로 표현하면 다음과 같다.

$$P(X=x,\ Y=y) = \begin{cases} \frac{1}{84}, & (x,\ y) = (0,\ 0),\ (0,\ 3),\ (3,\ 0) \\ \frac{3}{28}, & (x,\ y) = (0,\ 1),\ (0,\ 2),\ (1,\ 0),\ (1,\ 2),\ (2,\ 0),\ (2,\ 1) \\ \frac{9}{28}, & (x,\ y) = (1,\ 1) \end{cases}$$

그러면 단일 확률변수인 경우와 동일하게 임의의 실수 $x,\ y$에 대해 다음과 같은 함수를 정의할 수 있다.

$$f(x,\ y) = \begin{cases} P(X=x,\ Y=y), & x \in S_X,\ y \in S_Y \\ 0 & ,\ \text{다른 곳에서} \end{cases}$$

이처럼 두 이산확률변수 X와 Y의 상태공간 $S_X = \{x_1,\ x_2,\ \cdots,\ x_n\}$, $S_Y = \{y_1,\ y_2,\ \cdots,\ y_m\}$에 대해 다음과 같이 정의하는 음이 아닌 함수 $f(x,\ y)$를 두 확률변수 X와 Y의 **결합확률질량함수** joint probability mass function라 한다.

$$f(x, y) = \begin{cases} P(X=x, \ Y=y), & x \in S_X, \ y \in S_Y \\ 0 & , \text{다른 곳에서} \end{cases}$$

결합확률질량함수는 다음 성질이 성립한다.

❶ 임의의 실수 x, y에 대해 $f(x, y) \geq 0$이다.

❷ $\sum_{\text{모든 } x} \sum_{\text{모든 } y} f(x, y) = 1$

❸ $P(a \leq X \leq b, \ c \leq Y \leq d) = \sum_{a \leq x \leq b} \sum_{c \leq y \leq d} f(x, y)$

다시 주머니에서 공 3개를 꺼내는 통계실험으로 돌아가 보자. 주머니에서 꺼낸 세 개의 공 안에 빨간 공이 포함되지 않는 사건 $[X=0]$은 서로 배반인 네 개의 사건 [파란 공 0개, 노란 공 3개], [파란 공 1개, 노란 공 2개], [파란 공 2개, 노란 공 1개], [파란 공 3개, 노란 공 0개]로 분할할 수 있다. 즉 사건 $[X=0]$은 다음과 같은 네 개의 사건으로 분할된다.

$$[X=0, \ Y=0], \ [X=0, \ Y=1], \ [X=0, \ Y=2], \ [X=0, \ Y=3]$$

각각의 분할 사건을 표로 나타내면 [표 6-2]와 같다.

[표 6-2] $X=0$인 사건의 분할과 확률

분할 사건	$Y=0$	$Y=1$	$Y=2$	$Y=3$	$P(X=0)$
$X=0$	$\frac{1}{84}$	$\frac{3}{28}$	$\frac{3}{28}$	$\frac{1}{84}$	$\frac{5}{21}$

전확률 공식을 이용하면 확률 $P(X=0)$은 다음과 같이 [표 6-2]의 결합확률을 모두 더하여 얻을 수 있다.

$$\begin{aligned} P(X=0) &= P(X=0, \ Y=0) + P(X=0, \ Y=1) + P(X=0, \ Y=2) + P(X=0, \ Y=3) \\ &= \frac{1}{84} + \frac{3}{28} + \frac{3}{28} + \frac{1}{84} = \frac{5}{21} \end{aligned}$$

확률변수 X의 각각의 값에 대해 [표 6-1]의 결합확률표에서 가로 방향의 모든 확률을 더하면 확률변수 X의 확률분포를 얻는다. 같은 방법으로 결합확률표에서 세로 방향의 모든 확률을 더하면 확률변수 Y의 확률분포를 얻는다. 이와 같이 결합확률을 가로 방향과 세로 방향으로 더한 값을 각각 확률변수 X와 Y의 **주변확률분포**marginal probability distribution라 한다. 따라서 주머니에서 공 세 개를 꺼내는 통계실험에서 확률변수 X와 Y의 주변확률분포는 [표 6-3]과 [표 6-4]로 나타난다.

[표 6-3] X의 주변확률분포

X	0	1	2	3
$P(X=x)$	$\frac{5}{21}$	$\frac{15}{28}$	$\frac{6}{28}$	$\frac{1}{84}$

[표 6-4] Y의 주변확률분포

Y	0	1	2	3
$P(Y=y)$	$\frac{5}{21}$	$\frac{15}{28}$	$\frac{6}{28}$	$\frac{1}{84}$

특히 확률 $P(X=0)$은 결합확률질량함수를 이용하면 다음과 같다.

$$\begin{aligned}P(X=0) &= P(X=0,\ Y=0)+P(X=0,\ Y=1)+P(X=0,\ Y=2)+P(X=0,\ Y=3)\\ &= f(0,\ 0)+f(0,\ 1)+f(0,\ 2)+f(0,\ 3)\end{aligned}$$

$x=0,\ 1,\ 2,\ 3,\ y=0,\ 1,\ 2,\ 3$에 대해 $P(X=x)$와 $P(Y=y)$는 각각 다음과 같다.

$$P(X=x)=f(x,\ 0)+f(x,\ 1)+f(x,\ 2)+f(x,\ 3)=\sum_{y\in S_Y} f(x,\ y)$$

$$P(Y=y)=f(0,\ y)+f(1,\ y)+f(2,\ y)+f(3,\ y)=\sum_{x\in S_X} f(x,\ y)$$

이때 두 확률변수 X와 Y의 결합확률질량함수 $f(x,\ y)$로부터 X 또는 Y의 확률질량함수를 얻을 수 있다. 이러한 확률질량함수를 **주변확률질량함수** marginal probability mass function라 하고, $f_X(x)$, $f_Y(y)$로 나타낸다. 즉 X와 Y의 주변확률질량함수는 다음과 같다.

- X의 주변확률질량함수 : $f_X(x)=P(X=x)=\sum_{y\in S_Y} f(x,\ y),\ x\in S_X$
- Y의 주변확률질량함수 : $f_Y(y)=P(Y=y)=\sum_{x\in S_X} f(x,\ y),\ y\in S_Y$

결합확률질량함수 $f(x,\ y)$를 이용하면 X와 Y의 주변확률은 다음과 같다.

- $P(a\le X\le b)=\sum_{a\le x\le b} f_X(x)=\sum_{a\le x\le b}\left(\sum_{y\in S_Y} f(x,\ y)\right)$
- $P(c\le Y\le d)=\sum_{c\le y\le d} f_Y(y)=\sum_{c\le y\le d}\left(\sum_{x\in S_X} f(x,\ y)\right)$

예제 6-1

두 확률변수 X와 Y의 결합확률이 아래 표와 같을 때, 다음을 구하라.

X \ Y	1	2	3	4
1	$\frac{1}{4}$	0	0	$\frac{1}{24}$
2	0	$\frac{1}{16}$	$\frac{1}{8}$	0
3	0	$\frac{1}{8}$	$\frac{1}{16}$	0
4	$\frac{1}{12}$	0	0	$\frac{1}{4}$

(a) X와 Y의 주변확률표 (b) $P(X=2,\ Y=3)$ (c) $P(X=Y)$

(d) $P(2 \le X \le 3,\ 2 \le Y \le 4)$ (e) $P(X \le 2)$ (f) $P(Y \ge 2)$

풀이

(a) 결합확률을 가로 방향과 세로 방향으로 더한 X와 Y의 주변확률표는 각각 다음과 같다.

X	1	2	3	4
$P(X=x)$	$\frac{7}{24}$	$\frac{3}{16}$	$\frac{3}{16}$	$\frac{1}{3}$

Y	1	2	3	4
$P(Y=y)$	$\frac{1}{3}$	$\frac{3}{16}$	$\frac{3}{16}$	$\frac{7}{24}$

(b) $P(X=2,\ Y=3)=\frac{1}{8}$

(c) $P(X=Y)=f(1,\ 1)+f(2,\ 2)+f(3,\ 3)+f(4,\ 4)=\frac{1}{4}+\frac{1}{16}+\frac{1}{16}+\frac{1}{4}=\frac{5}{8}$

(d) $P(2 \le X \le 3,\ 2 \le Y \le 4)$

$=f(2,\ 2)+f(2,\ 3)+f(2,\ 4)+f(3,\ 2)+f(3,\ 3)+f(3,\ 4)$

$=\frac{1}{16}+\frac{1}{8}+0+\frac{1}{8}+\frac{1}{16}+0=\frac{3}{8}$

(e) $P(X \le 2)=f_X(1)+f_X(2)=\frac{7}{24}+\frac{3}{16}=\frac{23}{48}$

(f) $P(Y \ge 2)=f_Y(2)+f_Y(3)+f_Y(4)=\frac{3}{16}+\frac{3}{16}+\frac{7}{24}=\frac{2}{3}$

I Can Do 6-1

두 확률변수 X와 Y의 결합확률이 아래 표와 같을 때, 다음을 구하라.

X \ Y	1	2	3	4
1	0.01	0.03	0.09	0.12
2	0.03	0.05	0.07	0.09
3	0.09	0.06	0.04	0.05
4	0.12	0.09	0.04	0.02

(a) X와 Y의 주변확률표　(b) $P(X=2,\ Y=3)$　(c) $P(X=Y)$

(d) $P(2 \le X \le 3,\ 2 \le Y \le 3)$　(e) $P(X \le 2)$　(f) $P(Y \ge 2)$

결합분포와 주변분포는 세 개 이상의 이산확률변수가 결합된 경우로 확장할 수 있다. 예를 들어 세 확률변수 X, Y, Z의 결합확률질량함수를 $f(x,\ y,\ z)$라 하면 X의 주변확률질량함수 $f_X(x)$는 다음과 같다.

$$f_X(x) = \sum_{y \in S_Y} \sum_{z \in S_Z} f(x,\ y,\ z),\ x \in S_X$$

즉 X의 주변확률질량함수는 X가 아닌 확률변수 Y와 Z가 취할 수 있는 모든 값에 대해 결합확률질량함수 $f(x,\ y,\ z)$를 더하여 얻는다. 또 X와 Y의 결합확률질량함수는 다음과 같이 Z가 취할 수 있는 모든 값에 대해 결합확률질량함수 $f(x,\ y,\ z)$를 더하여 얻는다.

$$f_{XY}(x,\ y) = \sum_{z \in S_Z} f(x,\ y,\ z),\ x \in S_X,\ y \in S_y$$

예제 6-2

세 확률변수 X, Y, Z의 결합확률질량함수가 아래와 같을 때, 다음을 구하라.

$$f(x,\ y,\ z) = \begin{cases} \dfrac{1}{16}, & x=1,\ 2,\ 3,\ 4,\ y=0,\ 1,\ z=0,\ 1 \\ 0, & \text{다른 곳에서} \end{cases}$$

(a) X와 Y의 주변확률질량함수

(b) X와 Y의 결합확률질량함수

풀이

(a) $x=1,\ 2,\ 3,\ 4$라 하자. $X=x$일 때, $Y,\ Z$가 취할 수 있는 값은 각각 $y=0,\ 1$과 $z=0,\ 1$이므로 $P(X=x)$는 다음과 같다.

$$\begin{aligned} P(X=x) &= f(x,\ 0,\ 0)+f(x,\ 0,\ 1)+f(x,\ 1,\ 0)+f(x,\ 1,\ 1) \\ &= \frac{1}{16}+\frac{1}{16}+\frac{1}{16}+\frac{1}{16}=\frac{1}{4} \end{aligned}$$

따라서 X의 주변확률질량함수는 다음과 같다.

$$f_X(x)=\begin{cases} \frac{1}{4}, & x=1,\ 2,\ 3,\ 4 \\ 0, & \text{다른 곳에서} \end{cases}$$

$y=0,\ 1$이라 하자. $Y=y$일 때, $X,\ Z$가 취할 수 있는 값은 각각 $x=1,\ 2,\ 3,\ 4$와 $z=0,\ 1$이므로 $P(Y=y)$는 다음과 같다.

$$\begin{aligned} P(Y=y) &= f(1,\ y,\ 0)+f(1,\ y,\ 1)+f(2,\ y,\ 0)+f(2,\ y,\ 1) \\ &\quad +f(3,\ y,\ 0)+f(3,\ y,\ 1)+f(4,\ y,\ 0)+f(4,\ y,\ 1) \\ &= \frac{1}{16}+\frac{1}{16}+\frac{1}{16}+\frac{1}{16}+\frac{1}{16}+\frac{1}{16}+\frac{1}{16}+\frac{1}{16}=\frac{1}{2} \end{aligned}$$

따라서 Y의 주변확률질량함수는 다음과 같다.

$$f_Y(y)=\begin{cases} \frac{1}{2}, & y=0,\ 1 \\ 0, & \text{다른 곳에서} \end{cases}$$

(b) $(X,\ Y)$가 취할 수 있는 값은 $x=1,\ 2,\ 3,\ 4,\ y=0,\ 1$이고, 각 경우에 Z가 취할 수 있는 값은 $z=0,\ 1$이므로 $P(X=x,\ Y=y)$는 다음과 같다.

$$P(X=x,\ Y=y)=f(x,\ y,\ 0)+f(x,\ y,\ 1)=\frac{1}{16}+\frac{1}{16}=\frac{1}{8}$$

따라서 X와 Y의 결합확률질량함수는 다음과 같다.

$$f_{XY}(x,\ y)=\begin{cases} \frac{1}{8}, & x=1,\ 2,\ 3,\ 4,\ y=0,\ 1 \\ 0, & \text{다른 곳에서} \end{cases}$$

I Can Do 6-2

세 확률변수 X, Y, Z의 결합확률질량함수가 아래와 같을 때, 다음을 구하라.

$$f(x, y, z) = \begin{cases} \dfrac{1}{8}, & x = 1, 2,\ y = 0, 1,\ z = -1, 1 \\ 0, & \text{다른 곳에서} \end{cases}$$

(a) X와 Y의 주변확률질량함수

(b) X와 Y의 결합확률질량함수

결합확률밀도함수

두 연속확률변수 X와 Y의 상태공간 S_X와 S_Y에 대해 다음 두 조건을 만족하는 함수 $f(x, y)$를 X와 Y의 **결합확률밀도함수**joint probability density function라 한다.

❶ 임의의 실수 x, y에 대해 $f(x, y) \geq 0$이다.

❷ $\displaystyle\int_{S_X}\int_{S_Y} f(x, y)\,dx\,dy = 1$

평면 안에 놓이는 임의의 영역 A에 대해 확률 $P[(X, Y) \in A]$는 다음과 같이 영역 A와 함수 $f(x, y)$로 둘러싸인 입체의 부피이다.

$$P[(X, Y) \in A] = \iint_A f(x, y)\,dx\,dy$$

특히 영역이 직사각형 $A = \{(x, y) \mid a \leq x \leq b,\ c \leq y \leq d\}$일 때, 확률 $P[(X, Y) \in A]$는 다음과 같다.

$$P(a \leq X \leq b,\ c \leq Y \leq d) = \int_a^b \int_c^d f(x, y)\,dy\,dx$$

이때 확률 $P(a \leq X \leq b,\ c \leq Y \leq d)$는 [그림 6-1]과 같이 xy평면의 영역 A와 함수 $f(x, y)$에 의해 둘러싸인 입체의 부피이다.

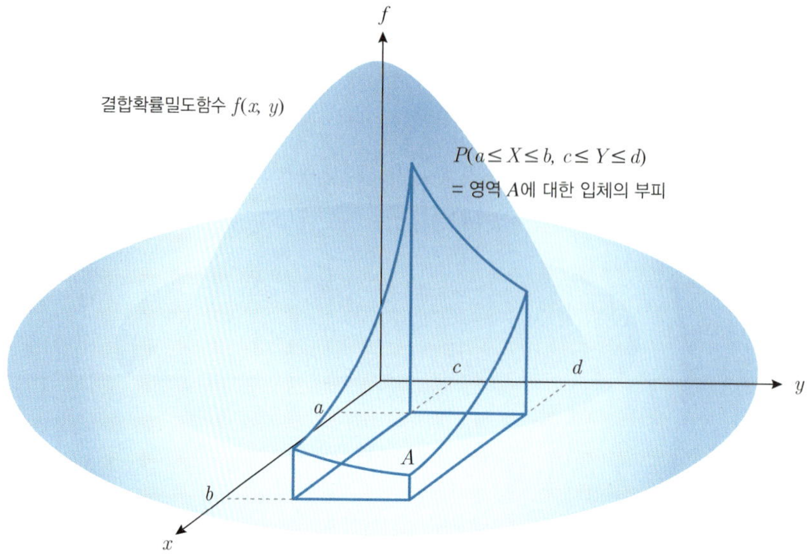

[그림 6-1] $P(a \le X \le b,\ c \le Y \le d)$의 기하학적 의미

예제 6-3

두 확률변수 X, Y의 결합확률밀도함수가 $f(x,\ y) = \dfrac{9}{4}x^2y^2$, $-1 < x < 1$, $-1 < y < 1$일 때, 다음을 구하라.

(a) $P(-1 < X < 0,\ 0 < Y < 1)$ (b) $P(Y \ge X)$

풀이

$-1 < x < 0$, $0 < y < 1$인 영역과 $y \ge x$인 영역은 그림과 같다.

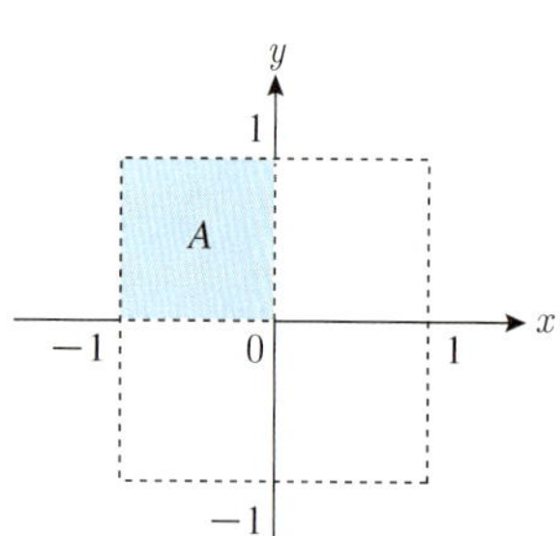

$-1 < X < 0,\ 0 < Y < 1$인 영역 A

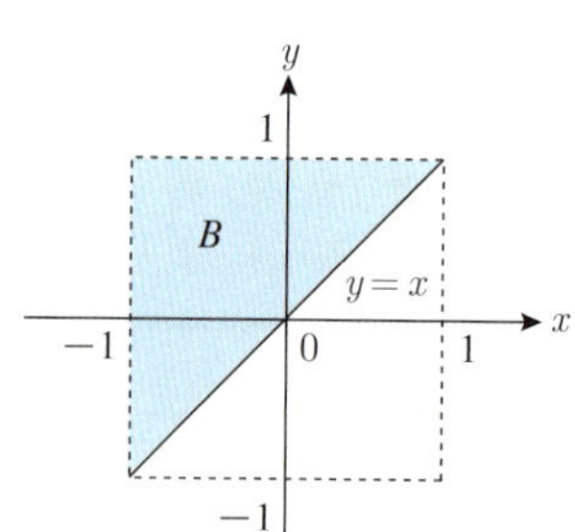

$Y \ge X$인 영역 B

따라서 구하는 확률은 다음과 같다.

(a) $P(-1 < X < 0,\ 0 < Y < 1) = \iint_A \frac{9}{4}x^2y^2\,dy\,dx = \int_{-1}^{0}\int_{0}^{1}\frac{9}{4}x^2y^2\,dy\,dx$

$$= \int_{-1}^{0}\left[\frac{3}{4}x^2y^3\right]_{y=0}^{y=1}dx = \int_{-1}^{0}\frac{3}{4}x^2\,dx$$

$$= \left[\frac{1}{4}x^3\right]_{-1}^{0} = \frac{1}{4}$$

(b) $P(Y \ge X) = \iint_B \frac{9}{4}x^2y^2\,dy\,dx = \int_{-1}^{1}\int_{x}^{1}\frac{9}{4}x^2y^2\,dy\,dx$

$$= \int_{-1}^{1}\left[\frac{3}{4}x^2y^3\right]_{y=x}^{y=1}dx = \int_{-1}^{1}\frac{3}{4}x^2(1-x^3)\,dx$$

$$= \left[\frac{1}{8}x^3(2-x^3)\right]_{-1}^{1} = \frac{1}{8} - \left(-\frac{3}{8}\right) = \frac{1}{2}$$

I Can Do 6-3

두 확률변수 X, Y의 결합확률밀도함수가 $f(x,\ y) = \frac{1}{8}y^3,\ 1 < x < 3,\ 0 < y < 2$일 때, 다음을 구하라.

(a) $P(1 < X < 2,\ 0 < Y < 1)$ (b) $P(Y \ge 1)$

결합확률밀도함수 $f(x,\ y)$로부터 X 또는 Y의 확률밀도함수를 다음과 같이 구할 수 있다.

- X의 주변확률밀도함수 : $f_X(x) = \int_{S_Y} f(x,\ y)\,dy,\ x \in S_X$
- Y의 주변확률밀도함수 : $f_Y(y) = \int_{S_X} f(x,\ y)\,dx,\ y \in S_Y$

이러한 확률밀도함수를 **주변확률밀도함수**marginal probability density function라 한다. 결합확률밀도함수 $f(x,\ y)$를 이용하면 X와 Y의 주변확률은 다음과 같다.

❶ $P(a \le X \le b) = \int_a^b f_X(x)\,dx = \int_a^b\left(\int_{S_Y} f(x,\ y)\,dy\right)dx$

❷ $P(c \le Y \le d) = \int_c^d f_Y(y)\,dy = \int_c^d\left(\int_{S_X} f(x,\ y)\,dx\right)dy$

예제 6-4

[예제 6-3]의 결합확률분포에 대해 다음을 구하라.

(a) X의 주변확률밀도함수 (b) Y의 주변확률밀도함수

(c) $P(0 \le X \le 1)$ (d) $P(-1 \le Y \le 0)$

풀이

(a) $f_X(x) = \int_{-1}^{1} \frac{9}{4} x^2 y^2 \, dy = \left[\frac{3}{4} x^2 y^3 \right]_{y=-1}^{y=1} = \frac{3}{2} x^2, \ -1 < x < 1$

(b) $f_Y(y) = \int_{-1}^{1} \frac{9}{4} x^2 y^2 \, dx = \left[\frac{3}{4} x^3 y^2 \right]_{x=-1}^{x=1} = \frac{3}{2} y^2, \ -1 < y < 1$

(c) $P(0 \le X \le 1) = \int_0^1 f_X(x) \, dx = \int_0^1 \frac{3}{2} x^2 \, dx = \left[\frac{1}{2} x^3 \right]_0^1 = \frac{1}{2}$

(d) $P(-1 \le Y \le 0) = \int_{-1}^{0} f_Y(y) \, dy = \int_{-1}^{0} \frac{3}{2} y^2 \, dy = \left[\frac{1}{2} y^3 \right]_{-1}^{0} = \frac{1}{2}$

I Can Do 6-4

[I can Do 6-3]의 결합확률분포에 대해 다음을 구하라.

(a) X의 주변확률밀도함수 (b) Y의 주변확률밀도함수

(c) $P(X \ge 2)$ (d) $P(Y \le 1)$

앞서 설명한 결합분포와 주변분포는 세 개 이상의 연속확률변수가 결합된 경우로 확장할 수 있다. 예를 들어 확률변수 X, Y, Z의 결합확률밀도함수를 $f(x, y, z)$라 하면, X의 주변확률밀도함수 $f_X(x)$는 다음과 같다.

$$f_X(x) = \int_{S_Z} \int_{S_Y} f(x, y, z) \, dy \, dz, \ x \in S_X$$

즉 X의 주변확률밀도함수는 X가 아닌 확률변수 Y와 Z가 취할 수 있는 보는 값에 대해 결합확률밀도함수 $f(x, y, z)$를 적분하여 얻을 수 있다. 또 X와 Y의 결합확률밀도함수는 다음과 같이 Z가 취할 수 있는 모든 값에 대해 결합확률밀도함수 $f(x, y, z)$를 적분하여 얻는다.

$$f_{XY}(x, y) = \int_{S_Z} f(x, y, z) \, dz, \ x \in S_X, \ y \in S_Y$$

예제 6-5

세 확률변수 X, Y, Z의 결합확률밀도함수가 $f(x, y, z) = 6e^{-x-2y-3z}$, $x > 0$, $y > 0$, $z > 0$일 때, 다음을 구하라.

(a) Y와 Z의 주변확률밀도함수

(b) Y와 Z의 결합확률밀도함수

(c) $P(Z > Y)$

풀이

(a) $$f_Y(y) = \int_0^\infty \int_0^\infty 6e^{-x-2y-3z}\,dz\,dx = \int_0^\infty \left[-2e^{-x-2y}e^{-3z}\right]_{z=0}^{z\to\infty} dx$$
$$= \int_0^\infty 2e^{-x-2y}\,dx = 2e^{-2y}\left[-e^{-x}\right]_{x=0}^{x\to\infty} = 2e^{-2y},\ y > 0$$
$$f_Z(z) = \int_0^\infty \int_0^\infty 6e^{-x-2y-3z}\,dy\,dx = \int_0^\infty \left[-3e^{-x-3z}e^{-2y}\right]_{y=0}^{y\to\infty} dx$$
$$= \int_0^\infty 3e^{-x-3z}\,dx = 3e^{-3z}\left[-e^{-x}\right]_{x=0}^{x\to\infty} = 3e^{-3z},\ z > 0$$

(b) $$f_{YZ}(y, z) = \int_0^\infty 6e^{-x-2y-3z}\,dx = 6e^{-2y-3z}\left[-e^{-x}\right]_{x=0}^{x\to\infty} = 6e^{-2y-3z},$$
$$y > 0,\ z > 0$$

(c) $z > y$이므로 적분 영역은 오른쪽 그림과 같이 $A = \{(y, z) \mid 0 < y < z,\ z > 0\}$이다.

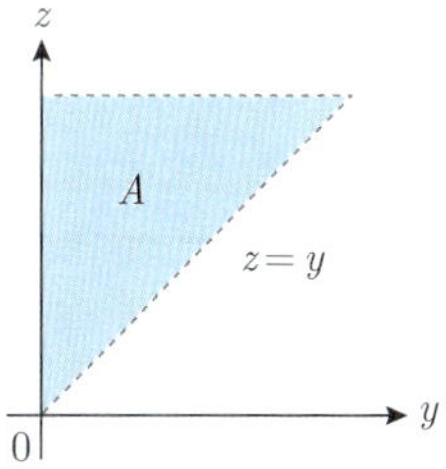

Y와 Z의 결합확률밀도함수 $f_{YZ}(y, z)$를 이용하여 $P(Z > Y)$를 구하면 다음과 같다.

$$P(Z > Y) = \iint_A 6e^{-2y-3z}\,dy\,dz = \int_0^\infty \int_0^z 6e^{-2y-3z}\,dy\,dz$$
$$= \int_0^\infty \left[-3e^{-3z}e^{-2y}\right]_{y=0}^{y=z} dz = \int_0^\infty 3(e^{-3z} - e^{-5z})\,dz$$
$$= \left[-e^{-3z} + \frac{3}{5}e^{-5z}\right]_0^\infty = \frac{2}{5}$$

I Can Do 6-5

세 확률변수 X, Y, Z의 결합확률밀도함수가 $f(x, y, z) = 8xyz$, $0 < x < 1$, $0 < y < 1$, $0 < z < 1$일 때, 다음을 구하라.

(a) X와 Y의 주변확률밀도함수

(b) X와 Y의 결합확률밀도함수

(c) $P(X + Y < 1)$

결합분포함수

임의의 실수 x와 y에 대해 두 확률변수 X, Y의 **결합분포함수** joint distribution function를

$$F(x, y) = P(X \le x, Y \le y)$$

로 정의한다. 확률변수 X, Y의 종류에 따라 결합분포함수 $F(x, y)$는 다음과 같다.

- X, Y가 이산확률변수인 경우 : $F(x, y) = \sum_{u \le x} \sum_{v \le y} f(u, v)$
- X, Y가 연속확률변수인 경우 : $F(x, y) = \int_{-\infty}^{x} \int_{-\infty}^{y} f(u, v)\, dv\, du$

즉 결합분포함수 $F(x, y)$는 [그림 6-2]와 같이 두 확률변수 X, Y가 점 (x, y)의 왼쪽과 아래쪽 영역 $\{(u, v) | -\infty < u \le x, -\infty < v \le y\}$ 안에 놓일 확률을 의미한다.

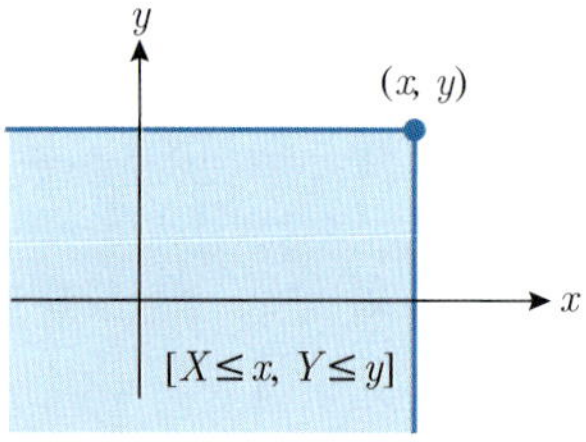

[그림 6-2] $X \le x$, $Y \le y$의 영역

결합분포함수에 대해 다음 성질이 성립한다.

❶ 임의의 실수 a, b, c, d(단, $a < b$, $c < d$)에 대해 다음이 성립한다.

$$P(a < X \le b, c < Y \le d) = F(b, d) - F(a, d) - F(b, c) + F(a, c)$$

❷ 연속확률변수 X와 Y에 대해 결합확률밀도함수와 결합분포함수 사이에 다음이 성립한다.

$$f(x, y) = \frac{\partial^2}{\partial x\, \partial y} F(x, y)$$

결합분포함수 $F(x, y)$에 대해 $y \to \infty$, 즉 y가 상태공간 S_Y의 상한에 접근할 때 결합분포함수는 다음과 같다.

$$\lim_{y \to \infty} F(x, y) = \lim_{y \to \infty} P(X \le x, Y \le y) = P(X \le x, Y < \infty) = P(X \le x)$$

따라서 결합분포함수 $F(x, y)$에 대해 X의 분포함수 $F_X(x) = P(X \le x)$는 다음과 같이 정의한다.

$$F_X(x) = P(X \le x) = \lim_{y \to \infty} F(x, y)$$

또 $x \to \infty$일 때, Y의 분포함수 $F_Y(y) = P(Y \le y)$는 다음과 같다.

$$F_Y(y) = P(Y \le y) = \lim_{x \to \infty} F(x, y)$$

이와 같이 결합분포함수 $F(x, y)$로부터 X와 Y의 분포함수를 구할 수 있으며, 이러한 분포함수를 **주변분포함수**marginal distribution function라 한다. 또 결합확률함수를 이용하여 X의 주변분포함수를 정의한다.

❶ X와 Y가 이산확률변수인 경우 : $F_X(x) = \sum_{u \le x} f_X(u) = \sum_{u \le x} \left(\sum_{y \in S_Y} f(x, y) \right)$

❷ X와 Y가 연속확률변수인 경우 : $F_X(x) = \int_{-\infty}^{x} f_X(u)\, du = \int_{-\infty}^{x} \left(\int_{S_Y} f(x, y)\, dy \right) du$

예제 6-6

두 확률변수 X, Y의 결합확률밀도함수가 $f(x, y) = \frac{9}{4} x^2 y^2$, $-1 < x < 1$, $-1 < y < 1$일 때, 다음을 구하라.

(a) X, Y의 결합분포함수

(b) X의 주변분포함수

(c) Y의 주변분포함수

(d) $P(-1 < X < 0, 0 < Y < 1)$

(e) $P(-1 < X < 0)$

(f) $P(0 < Y < 1)$

풀이

(a) $-1 < x < 1$, $-1 < y < 1$에 대해 다음을 얻는다.

$$F(x, y) = \int_{-1}^{x} \int_{-1}^{y} \frac{9}{4} u^2 v^2\, dv\, du = \int_{-1}^{x} \left[\frac{3}{4} u^2 v^3 \right]_{v=-1}^{v=y} du$$

$$= \int_{-1}^{x} \frac{3}{4} u^2 (1 + y^3)\, du = \left[\frac{1}{4} u^3 (1 + y^3) \right]_{u=-1}^{u=x} = \frac{1}{4} (1 + x^3)(1 + y^3)$$

(b) $F_X(x) = \lim_{y \to 1} F(x, y) = \lim_{y \to 1} \frac{1}{4}(1+x^3)(1+y^3) = \frac{1}{2}(1+x^3), \ -1 < x < 1$

(c) $F_Y(y) = \lim_{x \to 1} F(x, y) = \lim_{x \to 1} \frac{1}{4}(1+x^3)(1+y^3) = \frac{1}{2}(1+y^3), \ -1 < y < 1$

(d) $P(-1 < X < 0, \ 0 < Y < 1) = F(0, 1) - F(-1, 1) - F(0, 0) + F(-1, 0)$

$$= \frac{1}{2} - 0 - \frac{1}{4} + 0 = \frac{1}{4}$$

(e) $P(-1 < X < 0) = F_X(0) - F_X(-1) = \frac{1}{2} - 0 = \frac{1}{2}$

(f) $P(0 < Y < 1) = F_Y(1) - F_Y(0) = 1 - \frac{1}{2} = \frac{1}{2}$

I Can Do 6-6

두 확률변수 X, Y의 결합확률밀도함수가 $f(x, y) = \frac{1}{8}y^3$, $1 < x < 3$, $0 < y < 2$일 때, 다음을 구하라.

(a) X, Y의 결합분포함수

(b) X의 주변분포함수

(c) Y의 주변분포함수

(d) $P(1 < X < 2, 0 < Y < 1)$

(e) $P(1 < X < 2)$

(f) $P(0 < Y < 1)$

Section 6.2 조건부 확률분포

4.3절에서 살펴본 조건부 확률과 두 사건의 독립성에 대한 개념을 확률변수에도 적용할 수 있다. 즉 두 확률변수 X와 Y에 대해 사건 $X=a$가 주어졌다는 조건 아래서 사건 $Y=b$의 조건부 확률과 주어진 조건 아래서 Y의 확률분포를 생각할 수 있다. 이 절에서는 조건부 확률분포의 의미와 확률변수의 독립성에 대해 살펴본다.

조건부 확률분포

사건 A가 주어졌을 때, 사건 B의 조건부 확률을 다음과 같이 정의하였다.

$$P(B|A)=\frac{P(A\cap B)}{P(A)},\quad P(A)>0$$

이산확률변수 X와 Y의 결합분포에서 $A=\{X=a\}$, $B=\{Y=b\}$라 하면 조건부 확률은 다음과 같이 나타낼 수 있다.

$$P(Y=b|X=a)=\frac{P(X=a,\ Y=b)}{P(X=a)}$$

이때 결합확률질량함수 $f(x,\ y)$와 X의 주변확률질량함수 $f_X(x)$를 이용하면 다음과 같다.

$$P(X=a,\ Y=b)=f(a,\ b),\quad P(X=a)=f_X(a)$$

따라서 사건 $X=a$가 주어졌을 때, 사건 $Y=b$가 나타날 조건부 확률은 다음과 같다.

$$P(Y=b|X=a)=\frac{f(a,\ b)}{f_X(a)}$$

특히 Y의 상태공간 S_Y 안에 있는 임의의 y에 대해 다음을 얻는다.

$$P(Y=y|X=a)=\frac{f(a,\ y)}{f_X(a)},\quad y\in S_Y$$

이와 같이 임의의 $y\in S_Y$에 대해 $X=a$일 때, $Y=y$일 조건부 확률에 대응하는 함수를 Y의 **조건부 확률질량함수**conditional probability mass function라 하며, 이를 기호로 $f(y|x=a)$ 또는 간단히 $f(y|a)$로 나타낸다.

즉 $X=a$일 때, Y의 조건부 확률질량함수는 다음과 같이 정의한다.

$$f(y|a)=\frac{f(a,\ y)}{f_X(a)},\quad f_X(a)>0$$

동일한 방법으로 $Y=b$일 때, X의 조건부 확률질량함수 $f(x|b)$는 다음과 같다.

$$f(x|b)=\frac{f(x,\ b)}{f_Y(b)},\quad f_Y(b)>0$$

연속확률분포에 대해 X와 Y의 결합확률밀도함수를 $f(x,\ y)$, X의 주변확률밀도함수를 $f_X(x)$라 하자. $X=a$일 때, Y의 **조건부 확률밀도함수**conditional probability density function는 다음과 같다.

$$f(y|a)=\frac{f(a,\ y)}{f_X(a)},\quad f_X(a)>0$$

조건부 확률질량[밀도]함수에 대해 다음 성질이 성립한다.

❶ 임의의 y에 대해 $f(y|a)\ge 0$이다.

❷ $\sum_{y\in S_Y} f(y\,|\,a)=1$ 또는 $\int_{S_Y} f(y\,|\,a)\,dy=1$이다.

❸ X와 Y가 이산확률변수인 경우 :

$$P(c\le Y\le d\,|\,X=a)=\sum_{c\le y\le d} f(y\,|\,a)=\frac{\sum_{c\le y\le d} f(a,\ y)}{\sum_{y\in S_Y} f(a,\ y)}$$

❹ X와 Y가 연속확률변수인 경우 :

$$P(c\le Y\le d\,|\,X=a)=\int_c^d f(y\,|\,a)\,dy=\frac{\int_c^d f(a,\ y)\,dy}{\int_{S_Y} f(a,\ y)\,dy}$$

X와 Y가 이산확률변수인 경우에 조건부 확률 $P(c\le Y\le d\,|\,X=a)$는 [그림 6-3]과 같이 $P(X=a)$에 대한 $P(X=a,\ c\le Y\le d)$의 상대적인 비율을 의미한다.

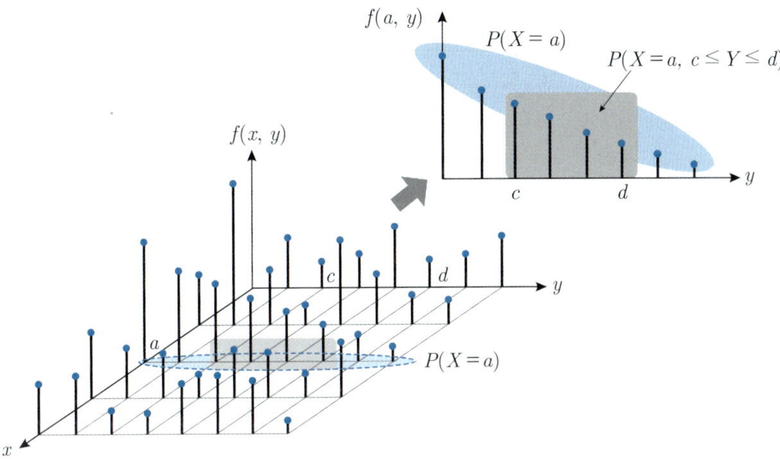

[그림 6-3] 이산확률변수에 대한 조건부 확률의 의미

연속확률변수인 경우에 [그림 6-4]와 같이 확률 $P(X=a)$는 직각삼각형의 넓이이고 확률 $P(X=a, c \le Y \le d)$는 직각삼각형의 색칠된 부분의 넓이이다. 이때 연속확률분포에서 조건부 확률 $P(c \le Y \le d \mid X=a)$는 확률 $P(X=a)$인 직각삼각형의 넓이에 대한 확률 $P(X=a, c \le Y \le d)$인 색칠된 부분의 넓이의 상대적인 비율을 의미한다.

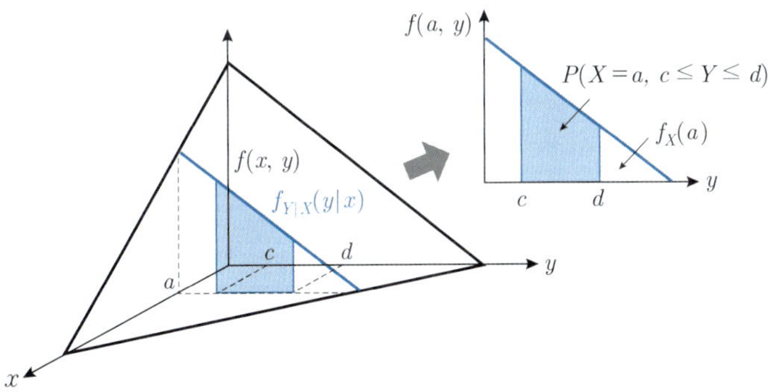

[그림 6-4] 연속확률변수에 대한 조건부 확률의 의미

예제 6-7

이산확률변수 X와 Y의 결합확률이 아래와 같을 때, 다음을 구하라.

X \ Y	1	2	3
0	$\frac{1}{8}$	$\frac{1}{16}$	$\frac{1}{8}$
2	$\frac{1}{8}$	$\frac{1}{4}$	$\frac{1}{16}$
4	$\frac{1}{16}$	$\frac{1}{8}$	$\frac{1}{16}$

(a) X의 주변확률질량함수 $f_X(x)$

(b) $X=2$일 때, Y의 조건부 확률질량함수

(c) $X=2$일 때, $Y=2$일 조건부 확률

(d) $X=2$일 때, $1 \le Y \le 2$일 조건부 확률

풀이

(a) 먼저 다음 확률표를 작성한다.

X \ Y	1	2	3	$f_X(x)$
0	$\frac{1}{8}$	$\frac{1}{16}$	$\frac{1}{8}$	$\frac{5}{16}$
2	$\frac{1}{8}$	$\frac{1}{4}$	$\frac{1}{16}$	$\frac{7}{16}$
4	$\frac{1}{16}$	$\frac{1}{8}$	$\frac{1}{16}$	$\frac{1}{4}$
$f_Y(y)$	$\frac{5}{16}$	$\frac{7}{16}$	$\frac{1}{4}$	1

따라서 X의 주변확률질량함수는 다음과 같다.

$$f_X(x) = \begin{cases} \frac{5}{16}, & x=0 \\ \frac{7}{16}, & x=2 \\ \frac{1}{4}, & x=4 \\ 0, & \text{다른 곳에서} \end{cases}$$

(b) $P(X=2)=f_X(2)=\frac{7}{16}$이므로 다음 조건부 확률은 다음과 같다.

$$P(Y=1|X=2)=\frac{f(2,\ 1)}{f_X(2)}=\frac{1/8}{7/16}=\frac{2}{7}$$
$$P(Y=2|X=2)=\frac{f(2,\ 2)}{f_X(2)}=\frac{1/4}{7/16}=\frac{4}{7}$$
$$P(Y=3|X=2)=\frac{f(2,\ 3)}{f_X(2)}=\frac{1/16}{7/16}=\frac{1}{7}$$

따라서 $X=2$일 때, Y의 조건부 확률질량함수는 다음과 같다.

$$f(y|2)=\begin{cases}\frac{2}{7}, & y=1\\ \frac{4}{7}, & y=2\\ \frac{1}{7}, & y=3\\ 0, & \text{다른 곳에서}\end{cases}$$

(c) $X=2$일 때, $Y=2$일 조건부 확률은 $P(Y=2|X=2)=f(2|2)=\frac{4}{7}$이다.

(d) $P(1 \le Y \le 2|X=2)=f(1|2)+f(1|2)=\frac{2}{7}+\frac{4}{7}=\frac{6}{7}$

I Can Do 6-7

두 이산확률변수 X와 Y의 결합확률이 아래와 같을 때, 다음을 구하라.

X \ Y	1	2	3	4
0	0.02	0.13	0.12	0.12
1	0.05	0.07	0.06	0.08
2	0.15	0.10	0.07	0.03

(a) X의 주변확률질량함수 $f_X(x)$

(b) $X=1$일 때, Y의 조건부 확률질량함수

(c) $X=1$일 때, $Y=2$일 조건부 확률

(d) $X=1$일 때, $Y \ge 2$일 조건부 확률

예제 6-8

두 연속확률변수 X와 Y의 결합확률밀도함수가 $f(x, y)=x+y$, $0<x<1$, $0<y<1$일 때, 다음을 구하라.

(a) X와 Y의 주변확률밀도함수

(b) $Y=\frac{1}{2}$일 때, X의 조건부 확률밀도함수

(c) $Y=\frac{1}{2}$일 때, $X<\frac{1}{2}$인 확률

풀이

(a) $f_X(x) = \int_0^1 (x+y)\,dy = \left[xy + \frac{1}{2}y^2\right]_{y=0}^{y=1} = x + \frac{1}{2},\ 0 < x < 1$

$f_Y(y) = \int_0^1 (x+y)\,dx = \left[\frac{1}{2}x^2 + xy\right]_{x=0}^{x=1} = y + \frac{1}{2},\ 0 < y < 1$

(b) $Y = \frac{1}{2}$이면 $f_Y\left(\frac{1}{2}\right) = 1$이므로 X의 조건부 확률밀도함수는 다음과 같다.

$$f\left(x \,\middle|\, \frac{1}{2}\right) = \frac{f\left(x, \frac{1}{2}\right)}{f_Y\left(\frac{1}{2}\right)} = \frac{x + \frac{1}{2}}{1} = x + \frac{1}{2},\ 0 < x < 1$$

(c) $P\left(X < \frac{1}{2} \,\middle|\, Y = \frac{1}{2}\right) = \int_0^{\frac{1}{2}} \left(x \,\middle|\, \frac{1}{2}\right)dx = \int_0^{\frac{1}{2}} \left(x + \frac{1}{2}\right)dx = \left[\frac{1}{2}x^2 + \frac{1}{2}x\right]_0^{\frac{1}{2}} = \frac{3}{8}$

I Can Do 6-8

연속확률변수 X와 Y의 결합확률밀도함수가 $f(x, y) = 2(x+y),\ 0 < y < x < 1$일 때, 다음을 구하라.

(a) X와 Y의 주변확률밀도함수

(b) $X = \frac{1}{2}$일 때, Y의 조건부 확률밀도함수

(c) $X = \frac{1}{2}$일 때, $Y < \frac{1}{3}$인 확률

확률변수의 독립성

4.3절에서 $P(A) > 0,\ P(B) > 0$인 두 사건 A와 B에 대해 $P(A) = P(A|B)$일 때, 두 사건 A와 B는 독립이라고 정의하였다. 이러한 두 사건의 독립성을 확률변수의 독립성으로 확장할 수 있다. 이산확률변수 X와 Y의 결합분포에서 $A = \{X = a\},\ B = \{Y = b\}$이고 두 사건 A와 B가 독립이면 다음과 같이 나타낼 수 있다.

$$P(X = x) = P(X = x \mid Y = y)$$

이때 결합확률질량함수 $f(x, y)$와 X의 주변확률질량함수 $f_X(x)$를 이용하면 다음과 같다.

$$f_X(x) = f(x|y)$$

이와 같이 $f_X(x) > 0$ 또는 $f_Y(y) > 0$일 때, 임의의 실수 x, y에 대해 다음이 성립하면 두 확률변수 X와 Y는 **독립**independent이라 하고, 독립이 아닌 경우에는 **종속**dependent이라 한다.

$$f_X(x) = f(x|y) \text{ 또는 } f_Y(y) = f(y|x)$$

조건부 확률함수의 정의로부터 다음과 같은 두 확률변수 X와 Y가 독립일 필요충분조건을 얻는다.

❶ 두 확률변수 X와 Y가 독립이다.

❷ 임의의 실수 x, y에 대해 $f(x, y) = f_X(x) f_Y(y)$이다.

❸ 임의의 실수 x, y에 대해 $F(x, y) = F_X(x) F_Y(y)$이다.

❹ 임의의 실수 a, b, c, d, $a < b$, $c < d$에 대해 다음이 성립한다.

$$P(a < X \le b,\ c < Y \le d) = P(a < X \le b)\, P(c < Y \le d)$$

예제 6-9

두 확률변수 X, Y의 결합확률밀도함수를 다음과 같이 정의할 때, X와 Y의 독립성을 조사하라.

(a) $f(x, y) = \dfrac{9}{4}x^2y^2,\ -1 < x < 1,\ -1 < y < 1$

(b) $f(x, y) = x + y,\ 0 < x < 1,\ 0 < y < 1$

풀이

(a) X와 Y의 주변확률밀도함수는 각각 다음과 같다.

$$f_X(x) = \int_{-1}^{1} \frac{9}{4}x^2y^2\,dy = \left[\frac{3}{4}x^2y^3\right]_{-1}^{1} = \frac{3}{2}x^2,\ -1 < x < 1$$

$$f_Y(y) = \int_{-1}^{1} \frac{9}{4}x^2y^2\,dx = \left[\frac{3}{4}x^3y^2\right]_{-1}^{1} = \frac{3}{2}y^2,\ -1 < y < 1$$

$-1 < x < 1$, $-1 < y < 1$에 대해 $f(x, y) = f_X(x) f_Y(y)$이므로 X와 Y는 독립이다.

(b) [예제 6-8]에서 구한 X와 Y의 주변확률밀도함수는 다음과 같다.

$$f_X(x) = x + \frac{1}{2},\ 0 < x < 1$$

$$f_Y(y) = y + \frac{1}{2},\ 0 < y < 1$$

$0 < x < 1$, $0 < y < 1$에 대해 $f(x, y) \ne f_X(x) f_Y(y)$이므로 X와 Y는 독립이 아니다.

I Can Do 6-9

다음과 같이 정의한 두 확률변수 X와 Y의 독립성을 조사하라.

(a) X, Y의 결합확률밀도함수가 $f(x, y) = \frac{1}{8}y^3$, $1 < x < 3$, $0 < y < 2$이다.

(b) 이산확률변수 X와 Y의 결합확률이 아래와 같다.

X \ Y	1	2	3	4
0	0.02	0.13	0.12	0.12
1	0.05	0.07	0.06	0.08
2	0.15	0.10	0.07	0.03

확률변수의 독립성에 대한 개념은 세 개 이상의 확률변수로 확장할 수 있다. 세 확률변수 X, Y, Z의 확률질량[밀도]함수를 각각 $f_X(x)$, $f_Y(y)$, $f_Z(z)$, 결합확률함수를 $f(x, y, z)$라 할 때 다음이 성립하면 확률변수 X, Y, Z는 독립이다.

$$f(x, y, z) = f_X(x) f_Y(y) f_Z(z)$$

확률변수 X, Y, Z 중에서 임의로 선택한 두 확률변수가 독립일 때, X, Y, Z는 **쌍마다 독립** pairwisely independent이라 한다.

$$f_{XY}(x, y) = f_X(x) f_Y(y), \quad f_{XZ}(x, z) = f_X(x) f_Z(z), \quad f_{YZ}(y, z) = f_Y(y) f_Z(z)$$

임의의 실수 x에 대해 두 확률변수 X와 Y의 확률분포가 다음과 같이 동일하면 X와 Y는 **항등분포** identically distributed를 이룬다고 한다.

$$f_X(x) = f_Y(x)$$

특히 독립인 확률변수들이 항등분포를 이룬다면 이 확률변수들은 **항등적으로 독립인 분포**(i.i.d) identically independently distributed를 이룬다고 한다.

예제 6-10

결합확률밀도함수가 다음과 같은 두 확률변수 X와 Y가 항등적으로 독립인지 조사하라.

(a) $f(x, y) = \frac{9}{4}x^2y^2, \ -1 < x < 1, \ -1 < y < 1$

(b) $f(x, y) = x + y, \ 0 < x < 1, \ 0 < y < 1$

풀이

(a) [예제 6-9]에서 X와 Y는 독립이고, 주변확률밀도함수는 $-1 < x < 1, \ -1 < y < 1$에서 다음과 같음을 구했다.

$$f_X(x) = \frac{3}{2}x^2, \ f_Y(y) = \frac{3}{2}y^2$$

$-1 < x < 1$에 대해 $f_X(x) = f_Y(x)$이므로 X와 Y는 항등분포를 이룬다. 즉 X와 Y는 i.i.d 확률변수이다.

(b) [예제 6-9]에서 X와 Y는 독립이 아니고 주변확률밀도함수는 $0 < x < 1, \ 0 < y < 1$에서 다음과 같음을 구했다.

$$f_X(x) = x + \frac{1}{2}, \ f_Y(y) = y + \frac{1}{2}$$

$0 < x < 1$에 대해 $f_X(x) = f_Y(x)$이므로 X와 Y는 항등분포를 이룬다.

I Can Do 6-10

결합확률밀도함수가 다음과 같은 두 확률변수 X와 Y가 항등적으로 독립인지 조사하라.

(a) X, Y의 결합확률밀도함수가 $f(x, y) = \frac{1}{8}y^3, \ 1 < x < 3, \ 0 < y < 2$이다.

(b) 이산확률변수 X와 Y의 결합확률은 다음과 같다.

X \ Y	1	2	3	4
0	0.02	0.13	0.12	0.12
1	0.05	0.07	0.06	0.08
2	0.15	0.10	0.07	0.03

Section 6.3 결합분포의 기댓값

3.4절에서 두 자료가 쌍으로 나타나는 양적자료에 대해 두 자료 사이의 관계를 기술하는 척도인 공분산과 상관계수에 대해 살펴보았다. 이때 두 자료 x와 y가 쌍 (x, y)로 주어지고 [그림 6-5]와 같이 분포한다면, 두 자료 X와 Y를 각각 분리하여 히스토그램과 평균을 구할 수 있다. 이와 같은 논리를 두 확률변수 X와 Y의 결합확률분포에 적용할 수 있다. 즉 결합확률분포로부터 X의 주변확률분포를 구하면 X의 평균과 분산을 구할 수 있다.

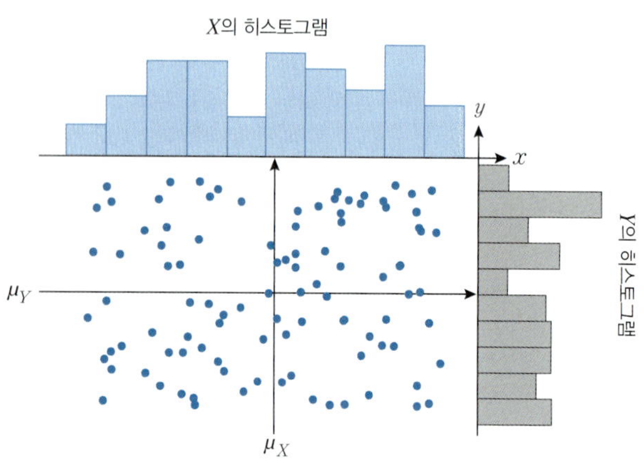

[그림 6-5] 각 변수에 대한 분포와 중심척도

이 절에서는 두 확률변수의 함수와 조건부 분포에 대한 적률을 구하는 방법, 두 확률변수 사이의 상관관계, 선형적 관계를 구하는 방법에 대해 살펴본다.

결합분포의 기댓값

단일 확률변수 X에 대한 적률 개념을 두 확률변수의 함수에 대한 적률로 확대할 수 있다. 두 확률변수 X와 Y의 함수 $g(X, Y)$의 기댓값 $E[g(X, Y)]$를 다음과 같이 정의한다.

❶ X와 Y가 이산확률변수인 경우 : $E[g(X, Y)] = \sum_{x \in S_X} \sum_{y \in S_Y} g(x, y) f(x, y)$

❷ X와 Y가 연속확률변수인 경우 : $E[g(X, Y)] = \int_{S_X} \int_{S_Y} g(x, y) f(x, y)\, dy\, dx$

이때 $g(X, Y)$가 X만의 함수이면 X에 대한 적률을 얻는다. 예를 들어 $g(X, Y)=X$이면 $g(X, Y)$의 기댓값은 X의 평균, 즉 $E(X)=\mu_X$이고 $g(X, Y)=(X-\mu_X)^2$이면 $g(X, Y)$의 기댓값은 X의 분산, 즉 $E[(X-\mu_X)^2]=\sigma_X^2$이다. 따라서 X의 분산은 다음과 같이 간단히 구할 수 있다.

- X, Y가 이산확률변수인 경우 : $\sigma_X^2 = E(X^2)-\mu_X^2 = \sum_{x\in S_X}\sum_{y\in S_Y} x^2 f(x, y)-\mu_X^2$
- X, Y가 연속확률변수인 경우 : $\sigma_X^2 = E(X^2)-\mu_X^2 = \int_{S_X}\int_{S_Y} x^2 f(x, y)\,dy\,dx-\mu_X^2$

단일 확률변수의 경우와 동일하게 확률변수 X와 Y에 대해 다음 기댓값의 성질이 성립한다.

❶ 상수 a에 대해 $E(a)=a$이다.
❷ $E(aX+bY)=aE(X)+bE(Y)$
❸ $E[g(X, Y)+h(X, Y)]=E[g(X, Y)]+E[h(X, Y)]$
❹ X와 Y가 독립이면, $E(XY)=E(X)E(Y)$

여기서 X, Y의 확률밀도함수가 각각 $f_X(x)$, $f_Y(y)$이고 독립이면 임의의 실수 x, y에 대해 $f(x, y)=f_X(x)f_Y(y)$가 성립한다. 따라서 다음과 같이 기댓값의 성질 ❹가 성립한다.

$$\begin{aligned} E(XY) &= \int_{S_X}\int_{S_Y} xyf(x, y)\,dy\,dx = \int_{S_X}\int_{S_Y} xyf_X(x)f_Y(y)\,dy\,dx \\ &= \int_{S_X} xf_X(x)\left(\int_{S_Y} yf_Y(y)\,dy\right)dx = E(Y)\int_{S_X} xf_X(x)\,dx = E(X)E(Y) \\ &= E(X)E(Y) \end{aligned}$$

그러나 성질 ❹의 역은 성립하지 않는다. 즉 $E(XY)=E(X)E(Y)$일 때, X와 Y가 항상 독립인 것은 아니다. 예를 들어 X, Y의 결합확률밀도함수가 다음과 같다고 하자.

$$f(x, y)=\frac{1+xy(x^2-y^2)}{4},\quad -1<x<1,\ -1<y<1$$

X, Y의 주변확률밀도함수는 각각 다음과 같다.

$$f_X(x)=\int_{-1}^{1}\frac{1+xy(x^2-y^2)}{4}dy=\frac{1}{2},\quad -1<x<1$$

$$f_Y(y)=\int_{-1}^{1}\frac{1+xy(x^2-y^2)}{4}dx=\frac{1}{2},\quad -1<y<1$$

$-1<x<1$, $-1<y<1$에 대해 $f(x, y)\neq f_X(x)f_Y(y)$이므로 X와 Y는 독립이 아니다. 이때 $E(X)=0$, $E(Y)=0$이고 $E(XY)$는 다음과 같이 0이다.

$$E(XY) = \int_{-1}^{1}\int_{-1}^{1} \frac{xy\,[1+xy\,(x^2-y^2)]}{4}\,dy\,dx$$

$$= \int_{-1}^{1}\left[\frac{1}{8}xy^2 + \frac{1}{12}x^4y^3 - \frac{1}{20}x^2y^5\right]_{-1}^{1} dx$$

$$= \int_{-1}^{1}\left(-\frac{1}{10}x^2 + \frac{1}{6}x^4\right)dx = \left[-\frac{1}{30}x^3 + \frac{1}{30}x^5\right]_{-1}^{1} = 0$$

따라서 독립이 아닌 X와 Y에 대해 $E(XY) = E(X)E(Y)$가 성립한다.

예제 6-11

두 확률변수 X, Y의 결합확률밀도함수가 $f(x,\ y) = x+y,\ 0 < x < 1,\ 0 < y < 1$일 때, 다음을 구하라.

(a) X의 평균　　(b) X의 분산　　(c) $E(X+Y)$　　(d) $E(XY)$

풀이

(a) $E(X) = \int_0^1\int_0^1 x\,(x+y)\,dy\,dx = \int_0^1\left[x^2y + \frac{1}{2}xy^2\right]_{y=0}^{y=1} dx$

$$= \int_0^1\left(x^2 + \frac{1}{2}x\right)dx$$

$$= \left[\frac{1}{3}x^3 + \frac{1}{4}x^2\right]_0^1 = \frac{1}{3} + \frac{1}{4} = \frac{7}{12}$$

(b) $E(X^2) = \int_0^1\int_0^1 x^2\,(x+y)\,dy\,dx = \int_0^1\left[x^3y + \frac{1}{2}x^2y^2\right]_{y=0}^{y=1} dx$

$$= \int_0^1\left(x^3 + \frac{1}{2}x^2\right)dx$$

$$= \left[\frac{1}{4}x^4 + \frac{1}{6}x^3\right]_0^1 = \frac{1}{4} + \frac{1}{6} = \frac{5}{12}$$

따라서 X의 분산은 $\sigma_X^2 = E(X^2) - \mu_X^2 = \frac{5}{12} - \left(\frac{7}{12}\right)^2 = \frac{11}{144}$이다.

(c) $E(X+Y) = \int_0^1\int_0^1 (x+y)^2\,dy\,dx = \int_0^1\left[\frac{1}{3}(x+y)^3\right]_{y=0}^{y=1} dx$

$$= \int_0^1\left(x^2 + x + \frac{1}{3}\right)dx$$

$$= \left[\frac{1}{3}x^3 + \frac{1}{2}x^2 + \frac{1}{3}x\right]_0^1 = \frac{1}{3} + \frac{1}{2} + \frac{1}{3} = \frac{7}{6}$$

(d) $E(XY) = \int_0^1 \int_0^1 xy(x+y)\,dy\,dx = \int_0^1 \left[\frac{1}{2}x^2y^2 + \frac{1}{3}xy^3\right]_{y=0}^{y=1} dx$

$$= \int_0^1 \left(\frac{1}{2}x^2 + \frac{1}{3}x\right) dx = \left[\frac{1}{6}x^3 + \frac{1}{6}x^2\right]_0^1 = \frac{1}{6} + \frac{1}{6} = \frac{1}{3}$$

I Can Do 6-11

두 확률변수 X, Y의 결합확률밀도함수가 $f(x, y) = \frac{9}{4}x^2y^2$, $-1 < x < 1$, $-1 < y < 1$일 때, 다음을 구하라.

(a) X의 평균 (b) X의 분산 (c) $E(X+Y)$ (d) $E(XY)$

공분산과 상관계수

3.4절에서는 쌍으로 나타나는 양적자료에 대한 선형성을 보여주는 공분산과 상관계수를 살펴보았다. 이러한 두 개념을 확률변수에 적용할 수 있고, 이 척도를 이용하여 두 확률변수 사이의 선형적 관계를 알 수 있다.

두 확률변수와 평균과의 편차에 대한 곱의 기댓값, 즉 다음과 같이 정의하는 기댓값을 확률변수 X와 Y의 **공분산** covariance이라 하고, $Cov(X, Y)$로 나타낸다.

$$Cov(X, Y) = E[(X - \mu_X)(Y - \mu_Y)]$$

그러면 기댓값의 성질에 의해 공분산은 다음과 같이 간단하게 표현된다.

$$\begin{aligned} Cov(X, Y) &= E[(X-\mu_X)(Y-\mu_Y)] = E(XY - \mu_X Y - \mu_Y X + \mu_X \mu_Y) \\ &= E(XY) - \mu_X E(Y) - \mu_Y E(X) + \mu_X \mu_Y \\ &= E(XY) - \mu_X \mu_Y \end{aligned}$$

특히 두 확률변수의 공분산에 대해 다음 성질이 성립한다.

❶ $Cov(X, Y) = E(XY) - \mu_X \mu_Y$

❷ $Cov(X, Y) = Cov(Y, X)$

❸ X와 Y가 독립이면, $Cov(X, Y) = 0$

❹ $Cov(X, X) = Var(X)$

❺ $Cov(aX + b, cY + d) = ac\,Cov(X, Y)$

특히 독립이 아닌 두 확률변수 X와 Y에 대해 $E(XY) = E(X)E(Y)$일 수 있으므로 성질 ❸의 역은 성립하지 않는다. 한편 $Cov(X, Y)$ 값에 따라 확률변수 X, Y는 다음과 같은 관계를 갖는다.

- $Cov(X, Y) > 0$이면, X와 Y는 **양의 상관관계**positive correlation가 있다고 한다.
- $Cov(X, Y) < 0$이면, X와 Y는 **음의 상관관계**negative correlation가 있다고 한다.
- $Cov(X, Y) = 0$이면, X와 Y는 **무상관관계**none correlation라 한다.

공분산을 이용하면 임의의 두 확률변수의 합 또는 차에 대한 분산을 다음과 같다.

$$\begin{aligned} Var(X \pm Y) &= E\left\{[(X \pm Y) - (\mu_X \pm \mu_Y)]^2\right\} = E\left\{[(X - \mu_X) \pm (Y - \mu_Y)]^2\right\} \\ &= E\left\{(X - \mu_X)^2 + (Y - \mu_Y)^2 \pm 2(X - \mu_X)(Y - \mu_Y)\right\} \\ &= Var(X) + Var(Y) \pm 2Cov(X, Y) \end{aligned}$$

특히 X와 Y가 독립이면 $Cov(X, Y) = 0$이므로 $Var(X \pm Y) = Var(X) + Var(Y)$이다. 이를 정리하면 두 확률변수의 합에 대한 분산은 다음과 같다.

❶ $Var(X + Y) = Var(X) + Var(Y) + 2Cov(X, Y)$

❷ $Var(X - Y) = Var(X) + Var(Y) - 2Cov(X, Y)$

❸ X와 Y가 독립이면 $Var(X \pm Y) = Var(X) + Var(Y)$

다음과 같이 두 확률변수의 공분산을 각각의 표준편차로 나눈 수치를 X와 Y의 **상관계수**correlation coefficient라 하고, ρ 또는 $Corr(X, Y)$로 나타낸다.

$$\rho = Corr(X, Y) = \frac{Cov(X, Y)}{\sigma_X \sigma_Y}$$

따라서 상관계수에 대해 다음 성질이 성립한다.

❶ 상관계수는 단위가 없다.

❷ $-1 \le \rho \le 1$

❸ $E(XY) = \mu_X \mu_Y + \rho\,\sigma_X \sigma_Y$

❹ $Corr(aX + b, cY + d) = \begin{cases} Corr(X, Y), & ac > 0 \\ -Corr(X, Y), & ac < 0 \end{cases}$

❺ $\rho > 0$이면, X와 Y는 양의 상관관계가 있다.

❻ $\rho < 0$이면, X와 Y는 음의 상관관계가 있다.

❼ $\rho = 0$이면, X와 Y는 상관관계가 없다.

❽ $\rho = 1$이면, X와 Y는 완전 양의 상관관계가 있다.

❾ $\rho = -1$이면, X와 Y는 완전 음의 상관관계가 있다.

두 확률변수 X와 Y의 상관계수와 상관관계는 [그림 6-6]과 같다.

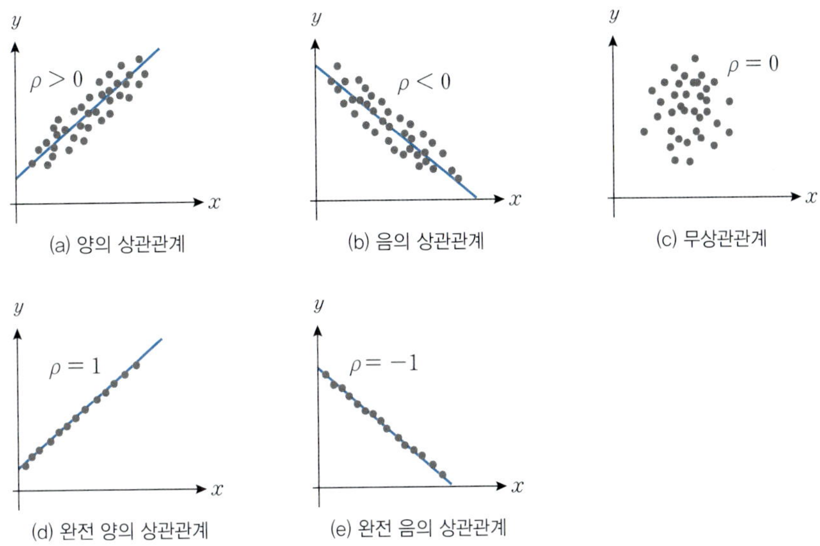

[그림 6-6] 상관계수와 상관관계

$\rho = 1$이면 [그림 6-6(d)]처럼 두 확률변수 X와 Y는 양의 기울기를 갖는 직선, 즉 $Y = aX + b$, $a > 0$으로 표현되는 양의 선형적 관계가 성립한다. 또 $\rho = -1$이면 [그림 6-6(e)]와 같이 X와 Y는 음의 기울기를 갖는 직선, 즉 $Y = aX + b$, $a < 0$으로 표현되는 음의 선형적 관계가 성립한다.

예제 6-12

두 확률변수 X, Y의 결합확률밀도함수가 $f(x, y) = x + y$, $0 < x < 1$, $0 < y < 1$일 때, 다음을 구하라.

(a) X와 Y의 공분산　　(b) X와 Y의 상관계수　　(c) X와 Y의 상관관계

풀이

(a) [예제 6-10(b)]에서 확률변수 X와 Y의 확률밀도함수는 다음과 같은 항등분포임을 구했다.

$$f_X(x) = f_Y(x) = x + \frac{1}{2}, \quad 0 < x < 1$$

X와 Y가 항등분포를 따르므로 [예제 6-11]에 의해 X와 Y의 평균과 표준편차는 각각 다음과 같다.

$$E(X) = E(Y) = \frac{7}{12}, \quad \sigma_X^2 = \sigma_Y^2 = \frac{11}{144}, \quad \sigma_X = \sigma_Y = \frac{\sqrt{11}}{12}$$

또 [예제 6-11(d)]에서 $E(XY)=\frac{1}{3}$을 구했으므로 X와 Y의 공분산은 다음과 같다.

$$Cov(X,\ Y)=E(XY)-\mu_X\mu_Y=\frac{1}{3}-\frac{7}{12}\times\frac{7}{12}=-\frac{1}{144}$$

(b) $\rho=\frac{Cov(X,\ Y)}{\sigma_X\sigma_Y}=-\frac{1/144}{(\sqrt{11}/12)\times(\sqrt{11}/12)}=-\frac{1}{11}$

(c) $\rho<0$이므로 X와 Y는 음의 상관관계가 있다.

I Can Do 6-12

두 확률변수 X와 Y의 결합확률밀도함수가 $f(x,\ y)=\frac{9}{4}x^2y^2,\ -1<x<1,\ -1<y<1$일 때, 다음을 구하라.

(a) X와 Y의 공분산 (b) X와 Y의 상관계수 (c) X와 Y의 상관관계

조건부 기댓값

두 확률변수 X와 Y의 결합분포에서 $X=a$가 주어졌을 때, Y의 조건부 확률분포를 살펴보았다. 그러면 단일 확률변수 X에 대한 기댓값의 개념을 조건부 확률분포에 적용할 수 있다. $X=a$가 주어졌을 때, 확률변수 Y의 조건부 확률분포에서 Y의 함수 $g(Y)$의 **조건부 기댓값** conditional expectation을 다음과 같이 정의한다.

❶ X와 Y가 이산확률변수인 경우 : $E[g(Y)|X=a]=\sum_{y\in S_Y}g(y)f(y|a)$

❷ X와 Y가 연속확률변수인 경우 : $E[g(Y)|X=a]=\int_{S_Y}g(y)f(y|a)\,dy$

조건부 기댓값은 단일 확률변수에 대한 기댓값과 동일하지만 조건부 확률질량[밀도]함수를 이용하는 것이 다르다. 한편 $f(y\,|\,a)=\frac{f(a,\ y)}{f_X(a)}$이므로 조건부 기댓값 $E[g(Y)\,|\,X=a]$는 다음과 같다.

- X와 Y가 이산확률변수인 경우 : $E[g(Y)|X=a]=\frac{1}{f_X(a)}\sum_{y\in S_Y}g(y)f(a,\ y)$
- X와 Y가 연속확률변수인 경우 : $E[g(Y)|X=a]=\frac{1}{f_X(a)}\int_{S_Y}g(y)f(a,\ y)\,dy$

$E(Y|X=a)$를 $X=a$일 때, Y의 **조건부 평균**conditional mean이라 하며, $\mu_{Y|X=a}$로 나타낸다. 즉 $X=a$일 때, Y의 조건부 평균은 다음과 같다.

- X와 Y가 이산확률변수인 경우 : $\mu_{Y|X=a} = E(Y|X=a) = \dfrac{1}{f_X(a)} \sum_{y \in S_Y} y f(a, y)$
- X와 Y가 연속확률변수인 경우 : $\mu_{Y|X=a} = E(Y|X=a) = \dfrac{1}{f_X(a)} \int_{S_Y} y f(a, y) dy$

$E[(Y-\mu_{Y|X})^2|X=a]$를 $X=a$일 때, Y의 **조건부 분산**conditional variance이라 하고 이를 기호로 $Var(Y|X=a)$ 또는 $\sigma^2_{Y|X=a}$로 나타낸다. 즉 $X=a$일 때, Y의 조건부 분산은 다음과 같다.

- X와 Y가 이산확률변수인 경우 : $\sigma^2_{Y|X=a} = \sum_{\text{모든 } x} (y-\mu_{Y|X})^2 f_{Y|X}(y|a)$
- X와 Y가 연속확률변수인 경우 : $\sigma^2_{Y|X=a} = \int_{-\infty}^{\infty} (y-\mu_{Y|X})^2 f_{Y|X}(y|a) dy$

따라서 조건부 기댓값에 대해 다음 성질이 성립한다.

❶ $E(c|X=a)=c$
❷ $E(kY+b|X=a) = kE(Y|X=a)+b$
❸ $E[g(Y)+h(Y)|X=a] = E[g(Y)|X=a]+E[h(Y)|X=a]$
❹ $Y \geq 0$이면 $E(Y|X=a) \geq 0$
❺ $E(Y) = E[E(Y|X)]$
❻ $Var(Y|X=a) = E(Y^2|X=a) - \mu^2_{Y|X=a}$
❼ $Var(Y) = E[Var(Y|X)] + Var[E(Y|X)]$

성질 ❺에서 $E(Y|X)$는 확률변수 X가 특정한 값으로 지정되지 않았으므로 X의 함수이고, 따라서 다음과 같이 증명한다.

X, Y가 이산확률변수인 경우

$$\begin{aligned} E[E(Y|X)] &= \sum_{x \in S_X} E(Y|X) f_X(x) \\ &= \sum_{x \in S_X} \left[\sum_{y \in S_Y} y f(y|x) \right] f_X(x) \\ &= \sum_{x \in S_X} \sum_{y \in S_Y} y \frac{f(x, y)}{f_X(x)} f_X(x) \\ &= \sum_{x \in S_X} \sum_{y \in S_Y} y f(x, y) = E(Y) \end{aligned}$$

X, Y가 연속확률변수인 경우

$$\begin{aligned} &= \int_{S_X} E(Y|X) f_X(x) dx \\ &= \int_{S_X} \left[\int_{S_Y} y f(y|x) dy \right] f_X(x) dx \\ &= \int_{S_X} \int_{S_Y} y \frac{f(x, y)}{f_X(x)} f_X(x) dy dx \\ &= \int_{S_X} \int_{S_Y} y f(x, y) dy = E(Y) \end{aligned}$$

성질 ❺는 조건부 기댓값을 이용하여 Y의 기댓값을 구할 수 있음을 보인다. 성질 ❻은 조건부 2차 적률과 조건부 평균을 이용하여 조건부 분산을 간편하게 구하는 방법을 나타낸다. 성질 ❼은 $Var(Y|X) = E(Y^2|X) - E(Y|X)^2$이므로 다음이 성립한다.

$$\begin{aligned} E[Var(Y|X)] &= E[E(Y^2|X) - E(Y|X)^2] \\ &= E[E(Y^2|X)] - E[E(Y|X)^2] \\ &= E(Y^2) - E[E(Y|X)^2] \\ &= E(Y^2) - E(Y)^2 + E(Y)^2 - E[E(Y|X)^2] \\ &= E(Y^2) - E(Y)^2 + E[E(Y|X)]^2 - E[E(Y|X)^2] \\ &= Var(Y) - \{E[E(Y|X)^2] - E[E(Y|X)]^2\} \\ &= Var(Y) - Var[E(Y|X)] \end{aligned}$$

따라서 $Var(Y) = E[Var(Y|X)] + Var[E(Y|X)]$가 성립한다. 이 성질은 Y의 분산이 조건부 분산의 기댓값과 조건부 기댓값의 분산의 합임을 의미한다.

예제 6-13

결합확률밀도함수가 $f(x, y) = 6(1-x-y)$, $0 < y < 1-x$, $0 < x < 1$일 때, 두 확률변수 X와 Y에 대해 다음을 구하라.

(a) $X = \frac{1}{2}$일 때, Y의 조건부 평균과 조건부 분산

(b) $P\left(0 < Y < \frac{1}{3} \,\middle|\, X = \frac{1}{2}\right)$

풀이

(a) 상태공간이 오른쪽 그림과 같으므로 X의 주변확률밀도함수는 다음과 같다.

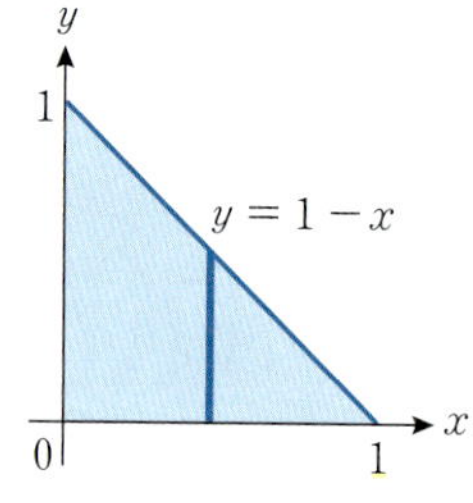

$$f_X(x) = \int_0^{1-x} 6(1-x-y)\,dy = 3(x-1)^2, \quad 0 < x < 1$$

$f_X\left(\frac{1}{2}\right) = \frac{3}{4}$이므로 $X = \frac{1}{2}$일 때, Y의 조건부 확률밀도함수는 다음과 같다.

$$f\left(y \,\middle|\, \frac{1}{2}\right) = \frac{f\left(\frac{1}{2}, y\right)}{f_X\left(\frac{1}{2}\right)} = \frac{3-6y}{\frac{3}{4}} = 4(1-2y), \quad 0 < y < \frac{1}{2}$$

Y의 조건부 평균과 조건부 2차 적률은 각각 다음과 같다.

$$E\left(Y \,\middle|\, X=\frac{1}{2}\right)=\int_0^{\frac{1}{2}} 4y(1-2y)\,dy=\left[2y^2-\frac{8}{3}y^3\right]_0^{\frac{1}{2}}=\frac{1}{6}$$

$$E\left(Y^2 \,\middle|\, X=\frac{1}{2}\right)=\int_0^{\frac{1}{2}} 4y^2(1-2y)\,dy=\left[\frac{4}{3}y^3-2y^4\right]_0^{\frac{1}{2}}=\frac{1}{24}$$

따라서 Y의 조건부 평균은 $\mu_{Y|X=\frac{1}{2}}=\frac{1}{6}$이고, 조건부 분산은 다음과 같다.

$$\sigma^2_{Y|X}=E(Y^2|X=1)-\mu^2_{Y|X}=\frac{1}{24}-\left(\frac{1}{6}\right)^2=\frac{1}{72}$$

(b) $P\left(0<Y<\frac{1}{3} \,\middle|\, X=\frac{1}{2}\right)=\int_0^{\frac{1}{3}} 4(1-2y)\,dy=\left[4y-4y^2\right]_0^{\frac{1}{3}}=\frac{8}{9}$

I Can Do 6-13

결합확률밀도함수가 $f(x, y)=2x$, $x<y<1+x$, $0<x<1$일 때, 두 확률변수 X와 Y에 대해 다음을 구하라.

(a) $X=\frac{1}{2}$일 때, Y의 조건부 평균과 조건부 분산

(b) 조건부 확률 $P\left(\frac{1}{2}<Y<1 \,\middle|\, X=\frac{1}{2}\right)$

예제 6-14

결합확률밀도함수가 $f(x, y)=6(1-x-y)$, $0<y<1-x$, $0<x<1$일 때, 두 확률변수 X와 Y에 대해 다음을 구하라.

(a) $E(Y)$　(b) $E[E(Y|X)]$　(c) $Var(Y)$

(d) $E[Var(Y|X)]$　(e) $Var[E(Y|X)]$

풀이

(a) $f(x, y)=6(1-x-y)$, $0<y<1-x$, $0<x<1$이므로 Y의 주변확률밀도함수는

$$f_Y(y)=\int_0^{1-y} 6(1-x-y)\,dx=3(y-1)^2,\ 0<y<1$$

이다.

Y의 주변확률밀도함수의 그래프는 오른쪽 그림과 같고, Y의 기댓값은 다음과 같다.

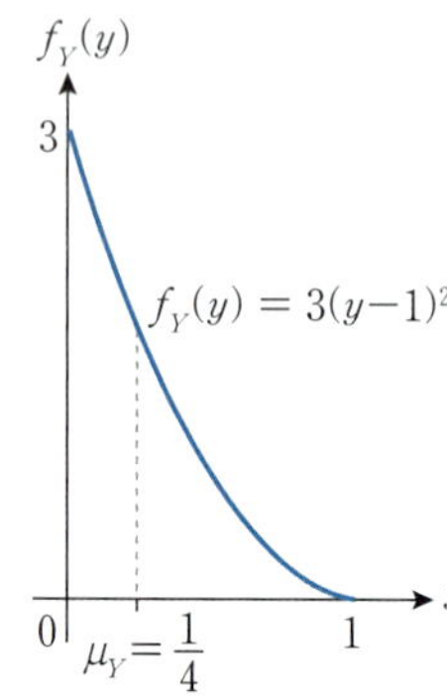

$$\mu_Y = E(Y) = \int_0^1 3y(y-1)^2\,dy$$
$$= \left[\frac{3}{2}y^2 - 2y^3 + \frac{3}{4}y^4\right]_0^1 = \frac{1}{4}$$

(b) [예제 6-13]에서 구한 X의 주변확률밀도함수는 다음과 같다.

$$f_X(x) = 3(x-1)^2,\ 0 < x < 1$$

Y의 조건부 확률밀도함수는 다음과 같다.

$$f(y|x) = \frac{f(x, y)}{f_X(x)} = \frac{2(1-x-y)}{(x-1)^2},\ 0 < y < 1-x,\ 0 < x < 1$$

따라서 Y의 조건부 평균은 다음과 같다.

$$E(Y|X) = \int_0^{1-x} \frac{2y(1-x-y)}{(x-1)^2}\,dy = \left[\frac{y^2(3-3x-2y)}{3(x-1)^2}\right]_0^{1-x} = \frac{1}{3}(1-x)$$

$E(Y|X) = \frac{1}{3}(1-X)$이므로 $E[E(Y|X)]$는 다음과 같다.

$$E[E(Y|X)] = \int_0^1 \frac{1}{3}(1-x)f_X(x)\,dx = \int_0^1 (1-x)^3\,dx$$
$$= \left[-\frac{1}{4}(x-1)^4\right]_0^1 = \frac{1}{4}$$

(c) Y^2의 기댓값은 다음과 같다.

$$E(Y^2) = \int_0^1 3y^2(y-1)^2\,dy = \left[y^3 - \frac{3}{2}y^4 + \frac{3}{5}y^5\right]_0^1 = \frac{1}{10}$$

따라서 Y의 분산은 $\sigma_Y^2 = E(Y^2) - \mu_Y^2 = \frac{1}{10} - \left(\frac{1}{4}\right)^2 = \frac{3}{80}$이다.

(d) 조건부 분산 $Var(Y|X)$를 구하기 위해 $E(Y^2|X)$를 구하면 다음과 같다.

$$E(Y^2|X) = \int_0^{1-x} \frac{2y^2(1-x-y)}{(x-1)^2}\,dy = \left[\frac{y^3(4-4x-3y)}{6(x-1)^2}\right]_0^{1-x} = \frac{1}{6}(x-1)^2$$

따라서 조건부 분산은 다음과 같다.

$$Var(Y|X) = E(Y^2|X) - \mu_{Y|X}^2 = \frac{1}{6}(X-1)^2 - \left\{\frac{1}{3}(1-X)\right\}^2 = \frac{1}{18}(X-1)^2$$

즉 이 조건부 분산의 기댓값은 다음과 같다.

$$E[Var(Y|X)] = \int_0^1 \frac{1}{18}(1-2x+x^2)\{3(x-1)^2\}\,dx = \frac{1}{30}$$

(e) $E(Y|X) = \frac{1}{3}(1-X)$이므로 $E(Y|X)$의 기댓값과 2차 적률은 각각 다음과 같다.

$$E[E(Y|X)] = E(Y) = \frac{1}{4}$$

$$E[E(Y|X)^2] = \int_0^1 \left\{\frac{1}{3}(1-x)\right\}^2 \{3(x-1)^2\}\,dx = \left[\frac{1}{15}(x-1)^5\right]_0^1 = \frac{1}{15}$$

따라서 $E(Y|X)$의 분산은 다음과 같다.

$$Var[E(Y|X)] = E[E(Y|X)^2] - \{E[E(Y|X)]\}^2 = \frac{1}{15} - \left(\frac{1}{4}\right)^2 = \frac{1}{240}$$

I Can Do 6-14

결합확률밀도함수가 $f(x, y) = e^{-(x+y)}$, $x > 0$, $y > 0$일 때, 두 확률변수 X와 Y에 대해 다음을 구하라.

(a) $E(Y)$ (b) $E[E(Y|X)]$ (c) $Var(Y)$

(d) $E[Var(Y|X)]$ (e) $Var[E(Y|X)]$

[예제 6-14]로부터 다음 두 가지 사실을 확인할 수 있다.

$$E(Y) = E[E(Y|X)] = \frac{1}{4}$$

$$Var(Y) = E[Var(Y|X)] + Var[E(Y|X)] = \frac{3}{80}$$

한편 [예제 6-14(a)]의 풀이 과정에서 임의의 $x \in S_X$에 대해 $E(Y|X=x) = \frac{1}{3}(1-x)$임을 얻었다. 다음 [정리 6-1]은 $X = x$일 때, Y의 조건부 기댓값은 x에 대한 선형함수(일차함수)로 표현됨을 보여준다.

정리 6-1 회귀함수

$X=x$가 주어졌을 때, Y의 조건부 기댓값은 다음과 같다.

$$E(Y|X=x)=\mu_Y+\rho\frac{\sigma_Y}{\sigma_X}(x-\mu_X)$$

증명

연속확률변수 X와 Y에 대해 X와 Y의 결합확률밀도함수를 $f(x, y)$, X의 주변확률밀도함수를 $f_X(x)$라 하자. 또한 $X=x$가 주어졌을 때, Y의 조건부 확률밀도함수를 $f(y|x)$라 하자. Y의 조건부 기댓값을 $E(Y|X=x)=ax+b$라 하면, $a=\rho\frac{\sigma_Y}{\sigma_X}$이고 $b=\mu_Y-\rho\frac{\sigma_Y}{\sigma_X}\mu_X$임을 보이면 된다. 이때 Y의 조건부 기댓값은 다음과 같다.

$$E(Y|X=x)=\int_{-\infty}^{\infty}yf(y|x)dy=ax+b$$

이 식의 양변에 $f_X(x)$를 곱하면 다음을 얻는다.

$$f_X(x)\int_{-\infty}^{\infty}yf(y|x)dy=(ax+b)f_X(x)=axf_X(x)+bf_X(x)$$

좌변의 식에서 $f_X(x)$는 변수 y를 포함하지 않으므로 위 식의 좌변은 다음과 같다.

$$\int_{-\infty}^{\infty}yf_X(x)f(y|x)dy=\int_{-\infty}^{\infty}yf(x, y)dy$$

즉 다음 관계식을 얻는다.

$$\int_{-\infty}^{\infty}yf(x, y)dy=axf_X(x)+bf_X(x) \qquad (1)$$

이 식의 양변을 x에 대해 적분하면 다음과 같다.

$$\begin{aligned}\int_{-\infty}^{\infty}\int_{-\infty}^{\infty}yf(x, y)dydx&=\int_{-\infty}^{\infty}[axf_X(x)+bf_X(x)]dx\\&=a\int_{-\infty}^{\infty}xf_X(x)dx+b\int_{-\infty}^{\infty}f_X(x)dx\\&=a\mu_X+b\end{aligned}$$

앞에서와 동일하게 식 (1)의 양변에 x를 곱하고 변수 x에 대해 적분하면

$$x \int_{-\infty}^{\infty} y f(x,\ y)\, dy = \int_{-\infty}^{\infty} x y f(x,\ y)\, dy = a x^2 f_X(x) + b x f_X(x)$$

이다. 따라서 $E(XY)$는 다음과 같다.

$$\begin{aligned} E(XY) &= \int_{-\infty}^{\infty}\int_{-\infty}^{\infty} x y f(x,\ y)\, dy = \int_{-\infty}^{\infty} [a x^2 f_X(x) + b x f_X(x)]\, dx \\ &= a \int_{-\infty}^{\infty} x^2 f_X(x)\, dx + b \int_{-\infty}^{\infty} x f_X(x)\, dx \\ &= a E(X^2) + b \mu_X \end{aligned}$$

한편 $\sigma_X^2 = E(X^2) - \mu_X^2$이므로 $E(X^2) = \sigma_X^2 + \mu_X^2$이고 $Cov(X,\ Y) = E(XY) - \mu_X \mu_Y$이므로 $E(XY) = Cov(X,\ Y) + \mu_X \mu_Y$이다. 또 $\rho = \dfrac{Cov(X,\ Y)}{\sigma_X \sigma_Y}$이므로 $Cov(X,\ Y) = \rho \sigma_X \sigma_Y$이고, 마지막 적분은 다음과 같이 표현된다.

$$\rho \sigma_X \sigma_Y + \mu_X \mu_Y = a\left(\sigma_X^2 + \mu_X^2\right) + b \mu_X \qquad (2)$$

끝으로 식 (1)과 (2)를 a와 b에 대해 풀면 다음을 얻는다.

$$a = \rho \frac{\sigma_Y}{\sigma_X},\quad b = \mu_Y - \rho \frac{\sigma_Y}{\sigma_X} \mu_X$$

따라서 증명이 완성된다. ■

이때 조건부 기댓값 $E(Y|X = x)$를 X에 대한 Y의 **회귀함수**regression function라 한다. 회귀함수는 12장의 회귀분석에서 자세히 살펴본다.

예제 6-15

결합확률밀도함수가 $f(x,\ y) = 6(1 - x - y)$, $0 < y < 1 - x$, $0 < x < 1$일 때, 두 확률변수 X와 Y에 대해 다음을 구하라.

(a) X와 Y의 상관계수

(b) $E(Y|X = x)$

풀이

(a) [예제 6-14(a)]에서 X와 Y의 주변확률밀도함수를 각각 다음과 같이 구했다.

$$f_X(x) = 3(x-1)^2,\ 0 < x < 1$$
$$f_Y(y) = 3(y-1)^2,\ 0 < y < 1$$

X와 Y가 항등분포이므로 다음과 같은 동일한 평균과 분산을 얻었다.

$$\mu_X = \mu_Y = \frac{1}{4}, \quad \sigma_X^2 = \sigma_Y^2 = \frac{3}{80}$$

따라서 $\sigma_X = \sigma_Y = \dfrac{\sqrt{3}}{4\sqrt{5}}$ 이고 $E(XY)$는 다음과 같다.

$$\begin{aligned} E(XY) &= \int_0^1 \int_0^{1-x} 6xy(1-x-y)\,dy\,dx \\ &= \int_0^1 \left[xy^2(3-3x-2y) \right]_{y=0}^{y=1-x} dx \\ &= \int_0^1 x(1-x)^3\,dx \\ &= \left[\frac{1}{20} x^2 (10-20x+15x^2-4x^3) \right]_0^1 = \frac{1}{20} \end{aligned}$$

공분산과 상관계수는 각각 다음과 같다.

$$Cov(X, Y) = E(XY) - \mu_X \mu_Y = \frac{1}{20} - \frac{1}{4} \times \frac{1}{4} = -\frac{1}{80}$$

$$\rho = \frac{Cov(X, Y)}{\sigma_X \sigma_Y} = -\frac{1/80}{(\sqrt{3}/4\sqrt{5})^2} = -\frac{1}{3}$$

(b) $\mu_X = \mu_Y = \dfrac{1}{4}$, $\sigma_X = \sigma_Y = \dfrac{\sqrt{3}}{4\sqrt{5}}$, $\rho = -\dfrac{1}{3}$ 이므로 다음을 얻는다.

$$E(Y|X=x) = \frac{1}{4} - \frac{1}{3}\left(x - \frac{1}{4}\right) = \frac{1}{3}(1-x), \quad 0 < x < 1$$

I Can Do 6-15

결합확률밀도함수가 $f(x, y) = e^{-(x+y)}$, $x > 0$, $y > 0$일 때, 두 확률변수 X와 Y에 대해 다음을 구하라.

(a) X와 Y의 상관계수 (b) $E(Y|X=x)$

Chapter 06 연습문제

연습문제 정답

1. 두 확률변수 X와 Y의 결합확률질량함수가 아래와 같을 때, 다음을 구하라.

$$f(x, y) = \frac{x+y}{12},\ (x, y) = (0, 1),\ (0, 2),\ (0, 3),\ (1, 0),\ (1, 1),\ (1, 2)$$

(a) X와 Y의 주변확률질량함수

(b) $P(X \le 1,\ Y \le 1)$

(c) X와 Y의 평균

(d) X와 Y의 분산

(e) X와 Y의 공분산

2. 두 확률변수 X와 Y의 결합확률질량함수가 아래와 같을 때, 다음을 구하라.

$$f(x, y) = \frac{2x+y}{120},\quad x = 1,\ 2,\ 3,\ 4,\quad y = 1,\ 2,\ 3,\ 4$$

(a) X와 Y의 주변확률질량함수

(b) $P(X = Y)$

(c) X와 Y의 평균

(d) X와 Y의 분산

(e) X와 Y의 공분산

3. 두 확률변수 X와 Y의 결합확률밀도함수가 아래와 같을 때, 다음을 구하라.

$$f(x, y) = \frac{x+y}{8},\quad 0 < x < 2,\quad 0 < y < 2$$

(a) $P(X \le Y)$

(b) $P(X \ge 2Y)$

(c) $P(Y \ge X^2)$

(d) $P(X^2 + Y^2 \le 4)$

4. 두 확률변수 X와 Y의 결합확률밀도함수가 아래와 같을 때, 다음을 구하라.

$$f(x, y) = \frac{3}{2}(x^2 + y^2),\quad 0 < x < 1,\quad 0 < y < 1$$

(a) X와 Y의 주변확률밀도함수

(b) X와 Y의 평균

(c) X와 Y의 분산

(d) X와 Y의 공분산

(e) X와 Y의 상관계수

5. 두 확률변수 X와 Y의 결합확률밀도함수가 아래와 같을 때, 다음을 구하라.

$$f(x, y) = 2(x+y), \quad 0 < y < x, \quad 0 < x < 1$$

(a) X와 Y의 주변확률밀도함수

(b) $P\left(X > \frac{1}{2}, Y < \frac{1}{2}\right)$

(c) X와 Y의 평균

(d) X와 Y의 분산

(e) X와 Y의 공분산

(f) X와 Y의 상관계수

6. 자동차 생산에 사용하는 어떤 로봇은 볼트를 조인 후에 도장을 하도록 정교하게 설계되어 있지만, 로봇이 볼트를 잘못 조이거나 도장에 흠집을 내는 경우도 발생한다. 조임 상태가 불량인 볼트의 수 X와 흠집의 수 Y는 아래 결합확률과 같을 때, 다음을 구하라.

X \ Y	1	2	3	4
0	0.91	0.01	0.01	0.005
1	0.02	0.016	0.01	0.002
2	0.01	0.004	0.003	0

(a) X와 Y의 주변확률질량함수

(b) $P(X \le 1, Y \le 1)$

(c) X와 Y의 평균

(d) X와 Y의 분산

(e) X와 Y의 공분산

(f) X와 Y의 상관계수

7. 교차로의 신호제어기가 하루 동안 오작동하는 횟수 X와 기술자가 신호제어기를 수리하는 데 소요되는 시간 Y(분)에 대한 결합확률이 아래와 같을 때, 다음을 구하라.

X \ Y	1	2	3	4
1	0.24	0.15	0.11	0.07
5	0.12	0.04	0.04	0.05
10	0.1	0.06	0.02	0

(a) X와 Y의 주변확률질량함수

(b) $P(X \le 2, Y \le 5)$

(c) X와 Y의 평균

(d) X와 Y의 분산

(e) X와 Y의 공분산

(f) X와 Y의 상관계수

8. 자율주행 자동차의 대차 사고 건수 X와 대인 사고 건수 Y는 아래 결합확률함수와 같다. 다음 물음에 답하라.

$$f(x,\ y) = \frac{10^x 3^y}{(x!)(y!)} e^{-13}, \quad x = 0,\ 1,\ 2,\ \cdots, \quad y = 0,\ 1,\ 2,\ \cdots$$

(a) X와 Y의 주변확률질량함수를 구하라.
(b) X와 Y의 독립성을 조사하라.
(c) $Y = 1$일 때, X의 조건부 확률질량함수를 구하라.
(d) 대차 사고 건수와 대인 사고 건수가 각각 1을 초과하지 못할 확률을 구하라.

9. 통신장비를 구성하는 두 부품의 수명에 대한 결합확률밀도함수가 아래와 같을 때, 다음을 구하라.

$$f(x,\ y) = 3(x^2 + y^2), \quad 0 < x < y < 1$$

(a) X와 Y의 주변확률질량함수
(b) X와 Y의 독립성
(c) X와 Y의 평균
(d) X와 Y의 분산
(e) X와 Y의 공분산
(f) X와 Y의 상관계수

10. 혈액 속에 들어 있는 칼슘 양 X와 단백질 양 Y가 각각 $8.8 \le x \le 10.5(\text{mg/dL})$, $6 \le y \le 8.5(\text{g/dL})$에서 일정하게 분포할 때, 다음을 구하라.

(a) X와 Y의 결합확률밀도함수
(b) X와 Y의 주변확률밀도함수
(c) X와 Y의 결합분포함수
(d) X와 Y의 주변분포함수
(e) X와 Y의 독립성
(f) $P(X \le 9,\ Y \le 7)$

11. 인접한 두 교차로의 신호제어기가 작동을 멈출 때까지 걸리는 시간 X와 Y의 결합확률밀도함수가 아래와 같을 때, 다음을 구하라.

$$f(x,\ y) = ke^{-(2x+3y)/100}, \quad x > 0, \quad y > 0$$

(a) 상수 k
(b) X와 Y의 주변확률밀도함수
(c) X와 Y의 독립성
(d) X와 Y의 결합분포함수
(e) $Y = y$일 때 X의 조건부 확률밀도함수
(f) $P(X \le 10,\ Y \le 5)$

12. 어떤 종류의 강철로 만들어진 구조물에 대한 정적인 힘 X와 결점지수 Y의 결합확률밀도함수가 아래와 같을 때, 다음을 구하라.

$$f(x,\ y) = \frac{3}{4}x, \quad 0 < y < 2 - x, \quad 0 < x < 2$$

(a) X와 Y의 주변확률밀도함수　　(b) X와 Y의 독립성

(c) $X = 1$일 때, Y의 조건부 확률밀도함수　　(d) $X = 1$일 때, Y의 조건부 분산

(e) $P(X \le 1,\ Y \le 1)$　　(f) $P\left(Y \le \frac{1}{2} \middle| X = 1\right)$

13. 피복 전선의 지름 X와 전선을 제조하는 세라믹 형틀의 지름 Y의 결합확률밀도함수가 아래와 같을 때, 다음을 구하라.

$$f(x,\ y) = \frac{1}{y}, \quad 0 < x < y < 1$$

(a) X와 Y의 주변확률밀도함수　　(b) X와 Y의 독립성

(c) $X = 1$일 때, Y의 조건부 확률밀도함수　　(d) $X = \frac{1}{3}$일 때, Y의 조건부 분산

(e) $P(Y < 1 - X)$　　(f) $P\left(Y \le \frac{1}{2} \middle| X = \frac{1}{3}\right)$

14. 확률변수 X의 표준편차가 σ_X이고 $Y = aX + b$이다. a가 다음과 같을 때, X와 Y의 상관계수를 구하라.

(a) $a = -1$　　(b) $a = 2$

15. 벌레에 물렸을 때 바르는 약품의 반응시간 X와 반응온도 Y의 결합확률밀도함수가 아래와 같을 때, 다음을 구하라.

$$f(x,\ y) = \frac{1}{25}xy, \quad 0 < x < 2, \quad 0 < y < 5$$

(a) X와 Y의 주변확률밀도함수　　(b) $X = x$일 때 Y의 조건부 확률밀도함수

(c) $P(2 \le Y \le 4 | X = 1)$　　(d) $Var(Y | X = x)$

16. 어떤 기계에 사용하는 주요한 두 부품의 수명에 대한 결합확률밀도함수가 아래와 같을 때, 다음을 구하라.

$$f(x,\ y) = xe^{-x(1+y)}, \quad x > 0, \quad y > 0$$

(a) X와 Y의 주변확률밀도함수　　(b) X와 Y의 독립성

(c) $X = x$일 때 Y의 조건부 확률밀도함수　　(d) $Var(Y | X)$

17. 온도 변화량 X와 어떤 원자가 방출하는 스펙트럼 변화율 Y의 결합확률밀도함수가 아래와 같을 때, 다음을 구하라.

$$f(x,\ y) = 80xy^2, \quad 0 < x < 2y < 1$$

(a) X와 Y의 주변확률밀도함수

(b) $X = \frac{1}{2}$일 때, Y의 조건부 확률밀도함수

(c) $P\left(Y \le \frac{1}{3} \,\middle|\, X = \frac{1}{2}\right)$

(d) $Var\left(Y \,\middle|\, X = \frac{1}{2}\right)$

18. 화학물질 배치에서 수분함량 X와 불순물의 정도 Y에 대해 아래 분포가 성립할 때, 다음을 구하라.

X	1	2	3
$P(X=x)$	0.1	0.4	0.5

Y \ $X=x$	$f(y\|x=1)$	$f(y\|x=2)$	$f(y\|x=3)$
1	0.6	0.4	0.2
2	0.2	0.4	0.7
3	0.2	0.2	0.1

(a) X와 Y의 결합확률표

(b) Y의 확률표

(c) X와 Y의 평균

(d) X와 Y의 분산

(e) X와 Y의 상관계수

(f) X에 대한 Y의 회귀함수

19. 로봇을 이용한 스마트공장에서 제품을 생산할 때, 로봇에 전원 공급이 중단되는 사고 건수 Y와 이에 의한 불량품 개수 X에 대해 아래 분포가 성립한다. 다음을 구하라.

Y	0	1	2
$f_Y(y)$	0.1	0.3	0.6

$f(x\|y)$ \ X	0	1	2	3
$f(x\|y=0)$	0.65	0.21	0.08	0.06
$f(x\|y=1)$	0.44	0.27	0.22	0.07
$f(x\|y=2)$	0.41	0.32	0.19	0.08

(a) X와 Y의 결합확률표

(b) X의 확률표

(c) X와 Y의 평균

(d) X와 Y의 분산

(e) X와 Y의 상관계수

(f) X에 대한 Y의 회귀함수

20. 어떤 기계를 구성하는 두 부품의 수명에 대한 결합밀도함수가 아래와 같을 때, 다음을 구하라.

$$f(x,\ y) = 6(1-x-y),\quad 0<x<1-y<1$$

(a) X와 Y의 주변확률함수　　(b) X와 Y의 평균

(c) X와 Y의 표준편차　　(d) X와 Y의 공분산

(e) X와 Y의 상관계수　　(f) X에 대한 Y의 회귀함수

21. 확률변수 X와 Y의 결합확률밀도함수가 아래와 같을 때, 다음을 구하라.

$$f(x,\ y) = 2,\quad 0<y<x<1$$

(a) X와 Y의 주변확률밀도함수　　(b) $X=x$일 때, Y의 조건부 확률밀도함수

(c) $E(Y|X=x)$　　(d) $Var(Y|X=x)$

(e) $E[Var(Y|X)]$　　(f) $Var[E(Y|X)]$

(g) $Var(Y)$　　(h) $E[Var(Y|X)]+Var[E(Y|X)]$

22. 공사장에서 작업시간 Y는 $0<y<3$에서 일정한 확률밀도함수를 갖는다고 한다. 공사장에서 발생한 사고 건수 X의 확률질량함수가 아래와 같을 때, X의 분산을 구하라.

$$f(x) = \frac{y^x}{x!}e^{-y},\quad x=0,\ 1,\ 2,\ \cdots$$

Chapter 07

여러 가지 확률분포

Some Probability Distributions

||| 목차 |||

||| 학습목표 |||

- 특정한 확률분포를 결정짓는 모수를 이해할 수 있다.
- 모수를 이용하여 각 확률분포의 평균과 분산을 구할 수 있다.
- 생존함수와 위험률함수를 이해하고, 이 함수들을 구할 수 있다.
- 각 확률분포에 대한 확률을 계산할 수 있다.

Section
7.1 이산확률분포

지금까지 확률분포를 이산확률변수와 연속확률변수를 기준으로 나누어 개념과 그 특성을 살펴보았다. 이산확률분포로 설명되는 여러 가지 확률 현상은 크게 몇 가지 유형으로 생각할 수 있다. 예를 들어 특수한 질병 유전자를 보유한 보인자의 분포, 생산제품의 표본에 포함된 불량품 개수의 분포, 생산과정에서 불량품이 발견될 때까지 생산한 제품 수의 분포, 혈액에 포함된 백혈구 수의 분포 등은 각각 이항분포, 초기하분포, 기하분포(또는 음이항분포), 푸아송 분포로 설명할 수 있다. 이 절에서는 이산균등분포, 베르누이 분포, 이항분포, 초기하분포, 기하분포, 음이항분포, 푸아송 분포의 모수와 확률분포의 특성을 살펴본다.

예를 들어 다음은 품질보증 관련 논문 일부를 발췌한 내용이며, 품질조사를 위한 자료가 푸아송 분포를 따르는 것을 나타낸다.

본 논문은 2012년부터 2017년의 기간 동안 국방기술품질원의 품질보증체계에 기록된 유도전자4팀 담당의 31개 업체에 대해 시정조치 발생 횟수, 하자 발생 횟수를 토대로 분석 대상을 설정하였다.

(중략)

표 2는 2012년부터 2017년의 기간 동안 31개 업체의 시정조치 요구 횟수를 나타낸다. 2016년도에 59회의 시정조치를 받은 업체가 있으나, 이는 예외적인 상황이며 대체로 시정조치 발생 현황은 0회에서 17회 정도임을 알 수 있다.

Table 2. Observed Corrective Action Data for 6 past years

구분	2012년	2013년	2014년	2015년	2016년	2017년
0회	15	19	18	16	13	19
1회	4	4	3	5	6	4
2회	4	1	2	1	2	3
3회	2	1	2	3	0	1
4회	3	0	1	2	3	0
5회	0	0	1	1	1	0
6회	2	2	1	1	2	0
7회	0	1	0	1	1	1
8회	1	1	0	1	0	0
9회	0	1	1	0	0	1
⋮	⋮	⋮	⋮	⋮	⋮	⋮
59회	0	0	0	0	1	0

그림 1은 2015년부터 2017년 시정조치현황 히스토그램과 각 해의 시정조치 발생 평균값(λ_{CA})을 파라미터로 하는 포아송 분포[1]를 나타내었다. 시정조치 발생 평균값은 평가 당해 연도 이전 3년 동안의 시정조치 발생 평균값을 의미하며, 2015년의 경우 2012년부터 2014년까지 시정조치 발생 횟수 평균값이 2015년 평가를 위한 λ_{CA}가 된다. 2015년 시정조치 발생 평균값은 1.84, 2016년은 1.81, 2017년은 2.61이었으며, 3개년도 시정조치현황 히스토그램의 $P(X=0)$는 모두 QPI의 시정조치현황 수학 모델로 가정한 포아송 분포의 값에 비해 크다는 것을 확인할 수 있다.

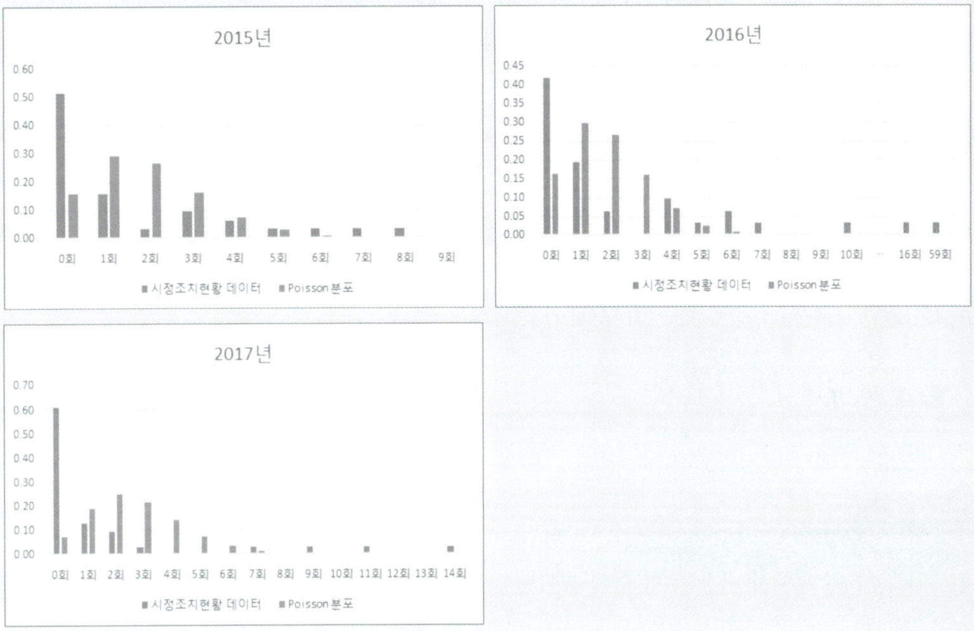

Figure 1. Histogram of Corrective Action and Poisson Distribution in 2015, 2016, 2017

출처 : 김지훈, 이창우, 정부 품질보증활동 데이터 활용을 위한 Zero-Inflated 포아송 분포 적용, J Korean Soc Qual Manag Vol.46, No.3: 509-522, September 2018

이산균등분포

이산균등분포discrete uniform distribution는 확률변수 X의 상태공간이 유한집합이고 각 경우의 확률이 동일한 확률분포이며, 이산확률분포 중에서 가장 간단한 형태이다. 확률변수 X의 상태공간이 $S_X = \{x_1, x_2, \cdots, x_n\}$일 때, 이산균등분포를 따르는 X의 확률질량함수는 다음과 같다.

$$f(x) = \frac{1}{n}, \quad x = x_1,\ x_2,\ \cdots,\ x_n$$

$S_X = \{1, 2, \cdots, n\}$인 이산균등분포를 $X \sim DU(n)$으로 나타내고, n을 모수라 한다. $X \sim DU(n)$

1 푸아송 분포를 포아송 분포라고도 한다.

을 따르는 확률변수 X의 확률질량함수는 다음과 같다.

$$f(x) = \frac{1}{n}, \quad x = 1,\ 2,\ \cdots,\ n$$

이 경우에 X와 X^2의 기댓값은 각각 다음과 같다.

$$\mu = E(X) = \sum_{x=1}^{n} x f(x) = \frac{1}{n}\sum_{x=1}^{n} x = \frac{1}{n} \times \frac{n(n+1)}{2} = \frac{n+1}{2}$$

$$E(X^2) = \sum_{x=1}^{n} x^2 f(x) = \frac{1}{n}\sum_{x=1}^{n} x^2 = \frac{1}{n} \times \frac{n(n+1)(2n+1)}{6} = \frac{(n+1)(2n+1)}{6}$$

따라서 이산균등분포 $X \sim DU(n)$의 평균과 분산은 각각 다음과 같다.

❶ 평균 : $\mu = \dfrac{n+1}{2}$

❷ 분산 : $\sigma^2 = \dfrac{n^2-1}{12}$

예제 7-1

주사위를 한 번 던져서 나온 눈의 수를 확률변수 X라 할 때, X의 확률질량함수와 평균 및 분산을 각각 구하라.

풀이

주사위를 던져서 나온 눈의 수는 1, 2, 3, 4, 5, 6이고, 각각의 눈이 나올 확률이 동등하게 $\frac{1}{6}$이다. 따라서 주사위 눈의 수 X는 $n=6$인 이산균등분포를 따르고, 확률질량함수와 평균 및 분산은 각각 다음과 같다.

- 확률질량함수 : $f(x) = \dfrac{1}{6}, \quad x = 1,\ 2,\ 3,\ 4,\ 5,\ 6$
- 평균 : $\mu = \dfrac{6+1}{2} = 3.5$
- 분산 : $\sigma^2 = \dfrac{6^2-1}{12} = \dfrac{35}{12} \approx 2.92$

I Can Do 7-1

이산확률변수 X의 확률질량함수가 $f(x)=\frac{1}{5}$, $x=-2, -1, 0, 1, 2$일 때, X의 평균과 분산을 각각 구하라.

베르누이 분포

동전의 앞면과 뒷면, 전기회로 스위치의 ON과 OFF, 설문조사의 YES와 NO, 상품의 불량품과 양품 등과 같이 상반되는 두 가지 결과로 구성된 통계실험을 **베르누이 실험**Bernoulli experiment이라 한다. 이러한 실험에서 관심의 대상인 실험 결과를 성공(S), 그렇지 않은 결과를 실패(F)라 하고 성공률을 $p=P(\mathrm{S})$라 하자. 확률변수 X를 성공이면 $X=1$, 실패이면 $X=0$으로 정의하면 $P(X=1)=p$, $P(X=0)=1-p$이다. 이러한 X의 확률분포를 모수 p인 **베르누이 분포**Bernoulli distribution라 하고, $X \sim B(1, p)$로 나타낸다. 베르누이 분포를 따르는 X의 확률질량함수는 다음과 같다.

$$f(x)=\begin{cases} 1-p, & x=0 \\ p, & x=1 \\ 0, & \text{다른 곳에서} \end{cases}$$

위의 확률질량함수를 다음과 같이 나타낼 수도 있다.

$$f(x)=p^x(1-p)^{1-x}, \quad x=0, 1$$

이 경우에 X와 X^2의 기댓값은 각각 다음과 같다.

$$E(X)=0\times(1-p)+1\times p=p, \qquad E(X^2)=0^2\times(1-p)+1^2\times p=p$$

따라서 베르누이 분포 $X \sim B(1, p)$의 평균과 분산은 각각 다음과 같다.

❶ 평균 : $\mu=p$

❷ 분산 : $\sigma^2=p(1-p)$

예제 7-2

주사위를 던져서 3의 배수가 나오면 $X=1$, 그렇지 않으면 $X=0$이라 하자. 이때 확률변수 X의 확률질량함수와 평균 및 분산을 각각 구하라.

풀이

주사위를 던져서 3의 배수가 나오는 사건은 $\{3, 6\}$이고, $X=1$이므로 X는 성공률이 $p=\frac{1}{3}$인 베르누이 분포를 따른다. 따라서 X의 확률질량함수와 평균 및 분산은 각각 다음과 같다.

- 확률질량함수 : $f(x)=\left(\frac{1}{3}\right)^x\left(\frac{2}{3}\right)^{1-x}, \quad x=0,\ 1$
- 평균 : $\mu=p=\frac{1}{3}$
- 분산 : $\sigma^2=p(1-p)=\frac{1}{3}\times\frac{2}{3}=\frac{2}{9}\approx 0.22$

I Can Do 7-2

특정 질병에 대한 신약이 이 질병을 치료할 가능성이 85%라 한다. 이 신약을 처방받은 환자가 치료되면 $X=1$, 그렇지 않으면 $X=0$이라 하자. 이때 확률변수 X의 확률질량함수와 평균 및 분산을 각각 구하라.

이항분포

동일한 조건 아래서 베르누이 실험을 독립적으로 반복하여 시행하는 과정을 **베르누이 과정**Bernoulli process이라 하고, 각각의 시행을 **베르누이 시행**Bernoulli trial이라 한다. 예를 들어 어느 제조라인에서 생산한 웨이퍼의 넷다이 중에 불량품이 있을 확률이 p라 하자. 이 제조라인에서 생산된 웨이퍼 중에서 임의로 3개를 선정할 때, 불량인 넷다이가 포함된 웨이퍼가 발견되면 성공(S), 그렇지 않으면 실패(F)라 하자. 성공률은 $P(\mathrm{S})=p$이고, 실패 확률은 $P(\mathrm{F})=1-p$이다. 그리고 불량인 넷다이를 포함한 웨이퍼 개수와 각 경우에 대한 확률은 [표 7-1]과 같다.

[표 7-1] 성공 횟수와 확률

경우	SSS	SSF	SFS	FSS	SFF	FSF	FSS	FFF
성공 횟수	3	2	2	2	1	1	1	0
확률	p^3	$p^2(1-p)$	$p^2(1-p)$	$p^2(1-p)$	$p(1-p)^2$	$p(1-p)^2$	$p(1-p)^2$	$(1-p)^3$

3개의 웨이퍼 중에서 불량인 넷다이를 포함한 웨이퍼 개수를 X라 하면, X가 취할 수 있는 모든 값은 0, 1, 2, 3이고 각 경우에 대한 확률은 [표 7-2]와 같다.

[표 7-2] 성공 횟수 X의 확률

X	0	1	2	3
경우의 수	$\binom{3}{0}$	$\binom{3}{1}$	$\binom{3}{2}$	$\binom{3}{3}$
확률 $P(X=x)$	p^3	$3p^2(1-p)$	$3p(1-p)^2$	$(1-p)^3$
	$\binom{3}{0}p^0(1-p)^3$	$\binom{3}{1}p(1-p)^2$	$\binom{3}{2}p^2(1-p)$	$\binom{3}{3}p^3(1-p)^0$

그러면 [그림 7-1]과 같이 성공 횟수와 그에 대응하는 확률 사이에 구조적인 특성을 갖는다.

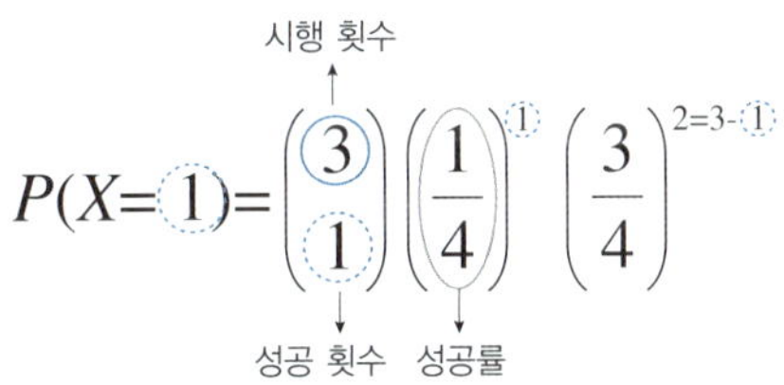

[그림 7-1] 이항확률의 구조

3개의 웨이퍼를 각각 A_1, A_2, A_3이라 하고, A_i (단, $i=1,\ 2,\ 3$)가 불량인 넷다이를 포함하면 $X_i=1$, 그렇지 않으면 $X_i=0$이라 하자. 이때 $X=X_1+X_2+X_3$라 하면 X_i가 취할 수 있는 값이 0과 1뿐이므로 X는 성공 횟수이다. 따라서 X는 세 개의 웨이퍼 중에서 성공 횟수를 나타내고, X의 확률질량함수는 다음과 같다.

$$P(X=x)=\binom{3}{x}p^x(1-p)^{3-x},\ x=0,\ 1,\ 2,\ 3$$

이와 같이 매 시행에서 성공률이 p인 베르누이 시행을 n번 독립적으로 반복할 때, 성공 횟수 X의 확률분포를 모수 n과 p인 **이항분포**binomial distribution라 하고, $X \sim B(n,\ p)$로 나타낸다. 그러면 확률 $P(X=x)$는 n번의 시행 중에서 x번 성공하는 경우이고, 이 경우의 수는 다음과 같다.

$$\binom{n}{x}=\frac{n!}{x!\,(n-x)!}$$

n번의 독립시행 중에서 x번 성공하고 $(n-x)$번 실패할 확률은 $p^x(1-p)^{n-x}$이다. 따라서 매 시행의 성공률이 p인 베르누이 실험을 n번 독립적으로 반복하여 x번 성공할 확률은 다음과 같다.

$$P(X=x)=\binom{n}{x}p^x(1-p)^{n-x},\ x=0,\ 1,\ \cdots,\ n$$

따라서 모수 n과 p인 이항분포의 확률질량함수는 다음과 같다.

$$f(x)=\binom{n}{x}p^x(1-p)^{n-x},\quad x=0,\ 1,\ \cdots,\ n$$

확률변수 X는 독립인 베르누이 확률변수 X_i (단, $i=0,\ 1,\ \cdots,\ n$)에 대해 다음과 같이 정의한다.

$$X=X_1+X_2+\cdots+X_n$$

X_i가 독립이고 $E(X_i)=p$, $Var(X_i)=p(1-p)$이므로 X의 평균과 분산은 각각 다음과 같다.

$$E(X)=E(X_1+X_2+\cdots+X_n)=E(X_1)+E(X_2)+\cdots+E(X_n)=np$$
$$Var(X)=Var(X_1+X_2+\cdots+X_n)=Var(X_1)+Var(X_2)+\cdots+Var(X_n)=np(1-p)$$

따라서 모수 n, p인 이항분포의 평균과 분산은 각각 다음과 같다.

1. 평균 : $\mu=np$
2. 분산 : $\sigma^2=npq$ (단, $q=1-p$)

예제 7-3

주사위 한 개를 반복하여 네 번 던져서 3의 배수가 나온 횟수를 X라 하자. 확률변수 X의 확률질량함수와 평균 및 분산을 각각 구하라.

풀이

매회 주사위를 던져서 3의 배수가 나올 확률은 $p=\dfrac{1}{3}$이고, 주사위를 4번 던지므로 X는 모수 $n=4$, $p=\dfrac{1}{3}$인 이항분포를 따른다. 따라서 X의 확률질량함수와 평균, 분산은 각각 다음과 같다.

- 확률질량함수 : $f(x)=\binom{4}{x}\left(\dfrac{1}{3}\right)^x\left(\dfrac{2}{3}\right)^{4-x},\quad x=0,\ 1,\ 2,\ 3,\ 4$
- 평균 : $\mu=np=4\times\dfrac{1}{3}=\dfrac{4}{3}\approx1.3$
- 분산 : $\sigma^2=np(1-p)=4\times\dfrac{1}{3}\times\dfrac{2}{3}=\dfrac{8}{9}\approx0.89$

I Can Do 7-3

[I Can Do 7-2]의 특정 질병에 감염된 환자 5명 중에서 완치된 사람 수를 X라 하자. 확률변수 X의 확률질량함수와 평균 및 분산을 각각 구하라.

이항분포는 모수 p 값에 따라 다음 성질이 성립한다.

❶ $p < 0.5$이면 왼쪽으로 치우치고 오른쪽으로 긴 꼬리 모양을 가지는 양의 비대칭형
❷ $p > 0.5$이면 오른쪽으로 치우치고 왼쪽으로 긴 꼬리 모양을 가지는 음의 비대칭형
❸ $p = 0.5$이면 n에 관계없이 $\mu = \frac{n}{2}$을 중심으로 좌우대칭형

이러한 이항분포의 특징을 그래프로 나타내면 [그림 7-2]와 같다. 이때 $p = 0.5$인 이항분포를 **대칭 이항분포**symmetric binomial distribution라 한다.

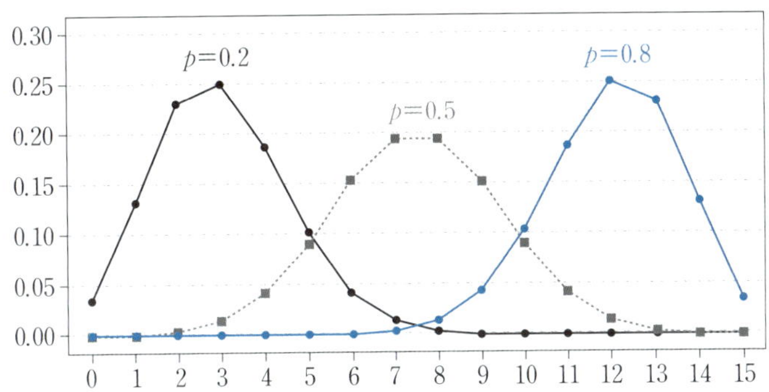

[그림 7-2] p에 따른 이항분포 $X \sim B(15, p)$의 비교

$X \sim B(n, p)$일 때, $a = 0, 1, \cdots, n$에 대해 다음과 같이 확률을 계산할 수 있다.

❶ $P(X = a) = P(X \le a) - P(X \le a-1)$
❷ $P(a \le X \le b) = P(X \le b) - P(X \le a-1)$
❸ $P(X \ge a) = 1 - P(X \le a-1)$

[부록 A.1]의 누적이항확률표를 이용하면 특정한 성공률 p 값에 대한 누적확률을 구할 수 있다. 예를 들어 [그림 7-3]과 같이 $n = 6$인 누적이항확률표에서 x가 3인 행과 p가 0.40인 열이 만나는 위치의 값을 선택하면 $X \sim B(6, 0.4)$에서의 누적확률 $P(X \le 3) = 0.8208$을 구할 수 있다.

시행 횟수 / 성공 횟수 / 성공률 / $P(X \le 3) = 0.8208$

n	x	0.15	0.20	0.25	0.30	0.35	0.40	0.45	0.50	0.55
6	0	0.3771	0.2621	0.1780	0.1176	0.0754	0.0467	0.0277	0.0156	0.0083
	1	0.7765	0.6554	0.5339	0.4202	0.3191	0.2333	0.1636	0.1094	0.0692
	2	0.9527	0.9011	0.8306	0.7443	0.6471	0.5443	0.4415	0.3438	0.2553
	3	0.9941	0.9830	0.9624	0.9295	0.8826	0.8208	0.7447	0.6562	0.5585
	4	1.0000	0.9984	0.9954	0.9891	0.9777	0.9590	0.9308	0.8906	0.8364
	5	1.0000	0.9999	0.9998	0.9993	0.9982	0.9959	0.9917	0.9844	0.9723

[그림 7-3] 누적이항확률표를 이용한 누적확률

예제 7-4

빛을 이용하여 데이터를 전송하는 방식인 광통신은 기존 전기 신호 통신보다 더 먼 곳까지 빠르게 통신할 수 있다. 어느 지역에서 신호를 증폭하기 위해 에르븀 첨가 광섬유 증폭기를 사용하는데, 노이즈 지수가 5dB을 초과할 확률이 0.1이라 한다. 이 광섬유 증폭기 10대를 무작위로 선택했을 때, 다음을 구하라.

(a) 노이즈 지수가 5dB을 초과하는 증폭기 수의 평균과 분산

(b) 많아야 4대의 증폭기가 5dB을 초과할 확률

(c) 적어도 4대 이상의 증폭기가 5dB을 초과할 확률

(d) 정확히 증폭기 4대가 5dB을 초과할 확률

풀이

노이즈 지수가 5dB을 초과한 증폭기 수를 X라 하면 $X \sim B(10, 0.1)$이다.

(a) 평균 : $\mu = np = 10 \times 0.1 = 1$

분산 : $\sigma^2 = np(1-p) = 10 \times 0.1 \times 0.9 = 0.9$

(b) $P(X \leq 4) = 0.9984$

(c) $P(X \geq 4) = 1 - P(X \leq 3) = 1 - 0.9872 = 0.0128$

(d) $P(X = 4) = P(X \leq 4) - P(X \leq 3) = 0.9984 - 0.9872 = 0.0112$

I Can Do 7-4

비트(0과 1)로 구성된 메시지를 전송할 때, 통신시스템의 노이즈로 인하여 비트오류가 발생할 확률이 0.2이다. 15개의 메시지를 전송할 때 발생하는 비트오류 개수에 대해 다음을 구하라.

(a) 비트오류 개수의 평균과 분산

(b) 많아야 3개의 비트오류가 발생할 확률

(c) 적어도 5개 이상의 비트오류가 발생할 확률

(d) 정확히 4개의 비트오류가 발생할 확률

누적이항확률표를 이용한 확률계산은 시행 횟수 n이 20 또는 25 이하인 경우에 주로 사용하고, 30을 초과하면 푸아송 분포 또는 정규분포를 이용하여 근사적으로 구한다.

모수 n, p인 이항분포를 따르는 확률변수 X는 n번의 베르누이 시행에서 성공한 횟수이므로 $\hat{p} = \dfrac{X}{n}$는 n번의 시행에서 성공한 비율을 나타낸다. 이때 $\hat{p}$을 **표본비율**sample proportion이라 하고, 표본비율 $\hat{p}$의 평균과 분산은 각각 다음과 같다.

❶ 평균 : $\mu_{\hat{p}} = p$

❷ 분산 : $\sigma_{\hat{p}}^2 = \dfrac{pq}{n}$, $q = 1 - p$

따라서 모수 n이 증가함에 따라 표본비율의 분산은 0에 가까워지고, 시행 횟수 n이 커질수록 $\hat{p}$ 의 확률분포는 성공률 p에 집중한다.

초기하분포

이항분포는 성공(S)과 실패(F)로 구성된 모집단에서 n번의 독립시행을 시행하는 확률모형에 사용한다. 반면에 매 시행에서 독립성이 배제된 비복원추출을 시행하는 경우에는 초기하분포를 사용한다. 예를 들어 표본검수, 전기시험, 품질보증 등의 확률모형은 초기하분포로 설명할 수 있다.

이제 [그림 7-4]와 같이 주머니 안에 흰색 바둑돌(S) M 개와 검은색 바둑돌(F) $(N-M)$개가 들어 있다고 하자. 이 주머니에서 임의로 n개를 선정하여 표본을 만들 때, 표본 안에 포함된 흰색 바둑돌 개수 X에 대한 확률모형을 생각하자.

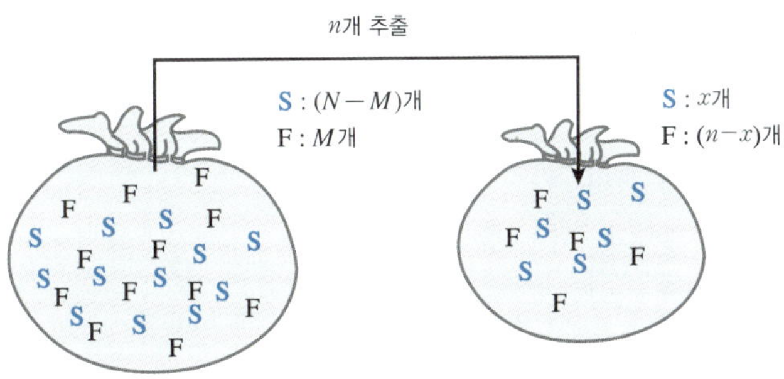

[그림 7-4] 두 종류의 특성을 갖는 대상 중에서 표본추출

바둑돌 N개 중에서 n개를 무작위로 꺼내는 경우의 수는 $\binom{N}{n}$이다. 이때 흰색 바둑돌 M개 중에서 x개를 꺼내는 경우의 수는 $\binom{M}{x}$이고, 각각의 경우마다 검은색 바둑돌 $(N-M)$개 중에서 $(n-x)$개를 꺼내는 경우의 수는 $\binom{N-M}{n-x}$이다. 따라서 무작위로 꺼낸 바둑돌 n개 중에 흰색 바둑돌이 x개 포함될 확률은 다음과 같다.

$$P(X=x) = \frac{\binom{M}{x}\binom{N-M}{n-x}}{\binom{N}{n}}$$

이 확률은 세 가지 경우로 나누어 생각할 수 있다. 각각의 예를 구체적으로 살펴보자.

❶ **$M \le n$ 인 경우** : 흰색 바둑돌이 3개, 검은색 바둑돌이 7개인 주머니에서 4개의 바둑돌을 꺼낼 때 포함된 흰색 바둑돌 개수를 X라 하자. 흰색 바둑돌이 나오는 모든 경우는 0, 1, 2, 3이다. 따라서 4개의 바둑돌에 포함된 흰색 바둑돌이 x개일 확률은 다음과 같다.

$$P(X=x) = \frac{\binom{3}{x}\binom{7}{4-x}}{\binom{10}{4}}, \quad x=0,\ 1,\ 2,\ 3$$

❷ **$M \ge n$ 인 경우** : 흰색 바둑돌이 7개, 검은색 바둑돌이 3개인 주머니에서 4개의 바둑돌을 꺼낼 때 포함된 흰색 바둑돌 개수를 X라 하자. 흰색 바둑돌이 나오는 경우는 0, 1, 2, 3, 4이다. 따라서 4개의 바둑돌에 포함된 흰색 바둑돌이 x개일 확률은 다음과 같다.

$$P(X=x) = \frac{\binom{7}{x}\binom{3}{4-x}}{\binom{10}{4}}, \quad x=0,\ 1,\ 2,\ 3,\ 4$$

❸ **$M+n \ge N$ 인 경우** : 흰색 바둑돌이 4개, 검은색 바둑돌이 6개인 주머니에서 7개의 바둑돌을 꺼낼 때 포함된 흰색 바둑돌 개수를 X라 하자. 검은색 바둑돌 개수가 꺼내려고 하는 바둑돌 개수보다 적으므로 흰색 바둑돌이 적어도 하나 나와야 한다. 따라서 7개의 바둑돌에 포함된 흰색 바둑돌이 x개일 확률은 다음과 같다.

$$P(X=x) = \frac{\binom{4}{x}\binom{6}{7-x}}{\binom{10}{7}}, \quad x=1,\ 2,\ 3,\ 4$$

❶~❸에 따르면 주머니에서 꺼낸 흰색 바둑돌은 최소 $\max(0,\ n+M-N)$개, 최대 $\min(n,\ M)$개이다. 앞의 예를 일반화하여 성공(S)이 M개이고 실패(F)가 $(N-M)$개인 주머니에서 n개를 추출할 때, n개 안에 포함된 성공 횟수를 X라 하자. 확률변수 X의 확률분포를 모수 N, M, n인 **초기하분포**hypergeometric distribution라 하고, $X \sim H(N,\ M,\ n)$으로 나타낸다. 따라서 X의 확률질량함수는 다음과 같다.

$$f(x) = \frac{\binom{M}{x}\binom{N-M}{n \quad x}}{\binom{N}{n}}, \quad \max(0,\ n+M-N) \le x \le \min(n,\ M)$$

초기하분포를 따르는 확률변수 X는 보편적으로 $x=0, 1, \cdots, n$을 많이 사용하고, 이 경우에 평균과 분산은 각각 다음과 같다.

❶ 평균 : $\mu = n\dfrac{M}{N}$

❷ 분산 : $\sigma^2 = n\dfrac{M}{N}\left(1-\dfrac{M}{N}\right)\left(\dfrac{N-n}{N-1}\right)$

예제 7-5

웨이퍼 15개가 들어 있는 상자 안에 불량품이 5개 포함되어 있다. 이 상자에서 웨이퍼 5개를 선정할 때, 다음을 구하라.

(a) 불량품 개수에 대한 확률질량함수

(b) 불량품 개수의 평균과 표준편차

(c) 불량품 1개가 포함될 확률

풀이

(a) 선정된 웨이퍼 안에 포함된 불량품 개수를 X라 하면, $X \sim H(15, 5, 5)$이므로 확률질량함수는 다음과 같다.

$$f(x) = \frac{\binom{5}{x}\binom{10}{5-x}}{\binom{15}{5}}, \quad x=0, 1, 2, 3, 4, 5$$

(b) $N=15$, $M=5$, $n=5$이므로 평균과 분산은 각각 다음과 같다.

$$\mu = 5\times\frac{5}{15} = \frac{5}{3}$$

$$\sigma^2 = 5\times\frac{5}{15}\left(1-\frac{5}{15}\right)\left(\frac{15-5}{15-1}\right) = \frac{50}{63}$$

따라서 표준편차는 $\sigma = \sqrt{\dfrac{50}{63}} \approx 0.8909$이다.

(c) $P(X=1) = f(1) = \dfrac{\binom{5}{1}\binom{10}{5}}{\binom{15}{5}} = \dfrac{50}{143} \approx 0.3497$

I Can Do 7-5

어느 기사에 달린 SNS 댓글 10개 중에서 본문을 비방하는 댓글이 3개 포함되어 있다. 임의로 5개의 댓글을 선정할 때, 포함된 비방 댓글 개수에 대해 다음을 구하라.

(a) 비방 댓글 개수에 대한 확률질량함수

(b) 비방 댓글 개수의 평균과 표준편차

(c) 비방 댓글이 2개 이하일 확률

초기하분포는 N에 대한 M의 비율 값에 따라 다음 성질이 성립한다.

❶ $\frac{M}{N} < 0.5$이면 왼쪽으로 치우치고 오른쪽으로 긴 꼬리 모양을 가지는 양의 비대칭형

❷ $\frac{M}{N} > 0.5$이면 오른쪽으로 치우치고 왼쪽으로 긴 꼬리 모양을 가지는 음의 비대칭형

❸ $\frac{M}{N} = 0.5$이면 n에 관계없이 $\mu = \frac{n}{2}$을 중심으로 좌우대칭형

예를 들어 $\frac{M}{N}$이 0.2, 0.5, 0.8인 초기하분포의 확률분포는 각각 [그림 7-5]와 같다.

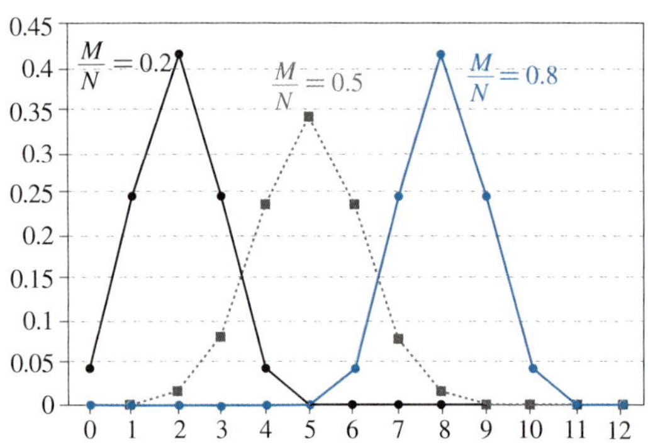

[그림 7-5] 초기하분포의 확률분포 비교

모집단에서 성공 비율이 $\frac{M}{N} = p$로 일정하면, 평균과 분산은 각각 다음과 같다.

$$\mu = np, \quad \sigma^2 = npq\left(\frac{N-n}{N-1}\right)$$

이때 N이 충분히 크면, 즉 $N \to \infty$ 이면 $\frac{N-n}{N-1} \to 1$이므로 $\sigma^2 \to npq$이다. 이것은 초기하분포 $X \sim H(N,\ M,\ n)$에 대해 N이 충분히 크고 $\frac{M}{N} = p$로 일정하면, X의 평균과 분산은 이항분포 $B(n,\ p)$의 평균과 분산에 근사함을 보여준다. 실제로 [그림 7-6]과 같이 초기하분포 $H(N,\ M,\ n)$

에 대해 N이 충분히 크고 $\frac{M}{N}=p$로 일정하면, 초기하분포 $H(N,\ M,\ n)$은 이항분포 $B(n,\ p)$에 근사한다.

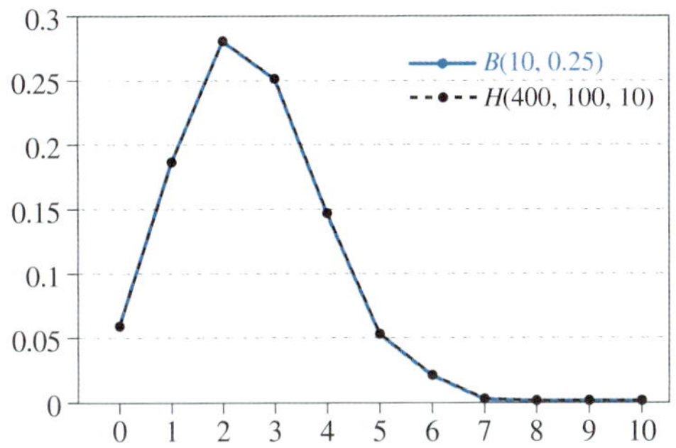

[그림 7-6] 초기하분포와 이항분포의 비교

예제 7-6

[예제 7-5]에서 웨이퍼 200개가 들어 있는 상자 안에 불량품이 5개 포함되어 있다. 이 상자에서 웨이퍼 5개를 선정할 때, 불량품이 2개일 근사확률을 구하라.

풀이

불량품 개수를 X라 하면 $X \sim H(200,\ 5,\ 5)$이므로 X는 이항분포 $B(5,\ 0.025)$에 근사한다. 즉 $X \approx B(5,\ 0.025)$이다. 따라서 X의 확률질량함수는 다음 이항분포의 확률질량함수에 근사한다.

$$f(x)=\binom{5}{x}(0.025)^x(0.975)^{5-x},\quad x=0,\ 1,\ 2,\ 3,\ 4,\ 5$$

따라서 근사확률은 다음과 같다.

$$P(X=2)\approx f(2)=\binom{5}{2}(0.025)^2(0.975)^3\approx 0.0058$$

I Can Do 7-6

어느 기사에 달린 SNS 댓글 500개 중에서 본문을 비방하는 댓글이 35개 포함되어 있다. 임의로 선정한 댓글 15개 중에서 비방 댓글이 5개 포함될 근사확률을 구하라.

이번에는 A, B, C 세 종류의 카드가 각각 6장, 7장, 5장 들어 있는 주머니에서 10장을 꺼낸다고 하자. [그림 7-7]과 같이 카드 A, B, C가 각각 4장, 3장, 3장 들어 있을 확률은 다음과 같다.

$$\frac{\binom{6}{4}\binom{7}{3}\binom{5}{3}}{\binom{18}{10}}$$

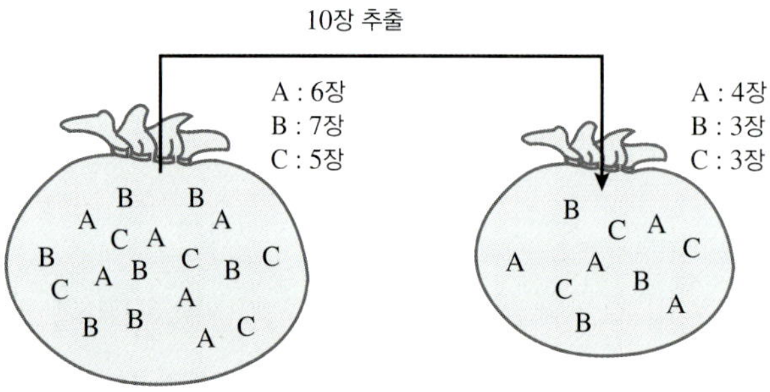

[그림 7-7] 세 종류의 특성을 갖는 대상 중에서 표본추출

이를 일반화하여 서로 다른 특성을 갖는 품목 A_1, A_2, $\cdots$, A_k가 각각 r_1, r_2, $\cdots$, r_k, $r_1 + r_2 + \cdots + r_k = N$(개) 들어 있는 주머니에서 n개를 꺼낼 때, 추출된 n개 안에 들어 있는 A_1, A_2, $\cdots$, A_k의 개수를 각각 X_1, X_2, $\cdots$, X_k라 하자. $X_1 = x_1$, $X_2 = x_2$, $\cdots$, $X_k = x_k$, $x_1 + x_2 + \cdots + x_k = n$일 확률에 관한 확률모형을 **다변량 초기하분포**multivariate hypergeometric distribution 라 한다. 이때 X_1, X_2, $\cdots$, X_k의 결합확률질량함수는 다음과 같다.

$$P(X_1 = x_1,\ X_2 = x_2,\ \cdots,\ X_k = x_k) = \frac{\binom{r_1}{x_1}\binom{r_2}{x_2}\cdots\binom{r_k}{x_k}}{\binom{N}{n}},$$

$$x_1 + x_2 + \cdots + x_k = n,\quad 0 \le x_j \le r_j,\quad j = 1,\ 2,\ \cdots,\ k$$

예제 7-7

자율주행 자동차의 교통사고로 인한 피해 정도가 사망 6건, 중상 5건, 경상 4건, 접촉 5건으로 나타났다. 교통사고 10건을 무작위로 선정할 때, 사망, 중상, 경상, 접촉사고 건수를 각각 X_1, X_2, X_3, X_4라 한다. 다음을 구하라.

(a) X_1, X_2, X_3, X_4의 결합확률질량함수

(b) X_1의 확률질량함수

(c) 교통사고 10건 중에서 사망, 중상, 경상, 접촉사고 건수가 각각 3, 3, 2, 2일 확률

(d) 사망 건수의 평균과 분산

풀이

(a) 교통사고 10건 중에서 사망, 중상, 경상, 접촉사고 건수가 각각 x_1, x_2, x_3, x_4일 확률은 다음과 같다.

$$P(X_1 = x_1,\ X_2 = x_2,\ X_3 = x_3,\ X_4 = x_4) = \frac{\binom{6}{x_1}\binom{5}{x_2}\binom{4}{x_3}\binom{5}{x_4}}{\binom{20}{10}}$$

$$x_1 + x_2 + x_3 + x_4 = 10$$

$$x_1 = 0,\ 1,\ \cdots,\ 6,\quad x_2,\ x_4 = 0,\ 1,\ \cdots,\ 5,\quad x_3 = 0,\ 1,\ \cdots,\ 4$$

(b) $X_1 \sim H(20,\ 6,\ 10)$이므로 X_1의 확률질량함수는 다음과 같다.

$$f(x) = \frac{\binom{6}{x}\binom{14}{10-x}}{\binom{20}{10}},\quad x = 0,\ 1,\ 2,\ 3,\ 4,\ 5,\ 6$$

(c) $P(X_1 = 3,\ X_2 = 3,\ X_3 = 2,\ X_4 = 2) = \dfrac{\binom{6}{3}\binom{5}{3}\binom{4}{2}\binom{5}{2}}{\binom{20}{10}} = \dfrac{3000}{46189} \approx 0.065$

(d) $\mu = 10 \times \dfrac{6}{20} = 3,\ \sigma^2 = 10 \times \dfrac{6}{20}\left(1 - \dfrac{6}{20}\right)\left(\dfrac{20-10}{20-1}\right) = \dfrac{21}{19} \approx 1.1053$

I Can Do 7-7

어느 회사에서 근로자 30명을 업무능력에 따라 5등급으로 분류한 결과는 [S : 3명, G : 6명, A : 12명, P : 5명, I : 4명]이라 한다. 평가된 근로자 중에서 무작위로 5명을 선정할 때, S, G, A, P, I등급인 인원수를 각각 X_1, X_2, X_3, X_4, X_5라 한다. 다음을 구하라.

(a) X_1, X_2, X_3, X_4의 결합확률질량함수

(b) X_1의 확률질량함수

(c) 각 등급이 1명씩 선정될 확률

(d) 선정된 S등급 근로자의 평균과 분산

기하분포

이항분포는 매회 성공률이 p 인 베르누이 시행을 n번 반복하여 성공한 횟수에 관한 확률분포이다. 반면에 처음 성공할 때까지 베르누이 시행을 반복적으로 시행한 횟수에 대한 확률모형은 기하분포로 설명된다. 매회 성공률이 p 인 베르누이 시행을 반복한 횟수를 X라 하면, 횟수 X에 대한 확률은 [표 7-3]과 같다.

[표 7-3] 시행 횟수 X의 확률

표본공간	S	FS	FFS	FFFS	FFFFS	…
X	1	2	3	4	5	…
$P(X=x)$	p	$p(1-p)$	$p(1-p)^2$	$p(1-p)^3$	$p(1-p)^4$	…

확률변수 X의 상태공간은 $S_X=\{1,\ 2,\ 3,\ \cdots\}$이고 X의 확률질량함수는 다음과 같다. 이러한 확률분포를 모수 p 인 **기하분포**geometric distribution라 하고, $X\sim G(p)$로 나타낸다.

$$f(x)=pq^{x-1},\quad x=1,\ 2,\ 3,\ \cdots,\ q=1-p$$

모수 p인 기하분포의 평균과 분산은 각각 다음과 같다.

❶ 평균 : $\mu=\dfrac{1}{p}$

❷ 분산 : $\sigma^2=\dfrac{q}{p^2}$

기하분포를 따르는 확률모형에서 다음 두 가지 경우를 생각할 수 있다.

❶ n번을 초과한 시도에서 반복적으로 실패했을 때, 앞으로 m번을 초과한 시도에서 처음 성공하는 경우

❷ m번을 초과한 시도에서 처음 성공하는 경우

그러면 기하분포에 대해 ❶과 ❷의 확률이 동일하며, 이를 식으로 정리하면 [정리 7-1]과 같다.

정리 7-1 비기억성 성질memorylessness property

임의의 양의 정수 m, n에 대해 $X\sim G(p)$이면 $P(X>n+m\mid X>n)=P(X>m)$이다.

증명

임의의 양의 정수 x에 대해 다음을 얻는다.

$$P(X > x) = P(X \geq x+1) = \sum_{u=x+1}^{\infty} pq^{u-1} = p\frac{q^x}{1-q} = q^x$$

따라서 양의 정수 m과 n에 대해 $P(X > m) = q^m$이고 다음 조건부 확률을 얻는다.

$$P(X > m+n \mid X > n) = \frac{P(X > m+n,\, X > n)}{P(X > n)} = \frac{P(X > m+n)}{P(X > n)}$$
$$= \frac{q^{m+n}}{q^n} = q^m = P(X > m)$$ ■

이와 같은 비기억성 성질은 처음 성공할 때까지 반복 시행한 횟수는 처음 성공한 이후로 다시 처음 성공할 때까지 반복 시행한 횟수에 독립이고 항등분포인 것을 나타낸다.

예제 7-8

운항 중인 비행기의 기류 측정 장치는 기류를 약한 단계, 중간 단계, 심한 단계 등으로 구분하여 감지하며, 심한 단계인 청천난류를 감지할 확률이 0.05이다. 이 측정 장치가 처음으로 청천난류를 감지할 때까지 기류를 측정한 횟수를 확률변수 X라 할 때 다음을 구하라.

(a) X의 확률질량함수
(b) 처음 청천난류를 감지할 때까지 기류를 측정한 평균 횟수
(c) 10번 이상 측정했을 때, 처음 청천난류를 감지할 확률
(d) 장치가 기류를 5번 넘게 측정했을 때, 앞으로 9번 넘게 측정하여 처음 청천난류를 감지할 확률

풀이

(a) 청천난류를 감지할 확률이 0.05이므로 처음 청천난류를 감지할 때까지 측정한 횟수 X의 확률질량함수는 다음과 같다.

$$f(x) = (0.05)(0.95)^{x-1}, \quad x = 1, 2, \cdots$$

(b) $\mu = \dfrac{1}{p} = \dfrac{1}{0.05} = 20$

(c) $P(X \geq 10) = \sum_{x=10}^{\infty} f(x) = \sum_{x=10}^{\infty} (0.05)(0.95)^{x-1}$
$= (0.05)\dfrac{(0.95)^9}{1-0.95} = (0.95)^9 \approx 0.6302$

(d) $P(X > 5+9 \mid X > 5) = P(X > 9) = P(X \geq 10) \approx 0.6302$

I Can Do 7-8

질병관리청에 따르면 노숙인이 폐결핵에 걸릴 확률은 8%이다. 이 자료에 기초하여 노숙인을 대상으로 무료 건강검진을 시행할 때, 처음 폐결핵 양성반응을 보인 사람이 발견될 때까지 검사받은 사람 수를 확률변수 X라 할 때 다음을 구하라.

(a) X의 확률질량함수

(b) 처음 양성반응이 나타날 때까지 검사를 받은 평균 노숙인 수

(c) 5명 이상을 검사했을 때, 처음 양성반응이 나타날 확률

(d) 5명을 넘게 검사했을 때, 앞으로 5명을 넘게 검사하여 처음 양성반응이 나타날 확률

음이항분포

기하분포는 성공률이 p인 시행을 처음 성공할 때까지 반복한 횟수에 관한 확률분포이다. 이를 기반으로 r번째 성공할 때까지 반복한 횟수 X에 관한 확률분포를 생각할 수 있다. 이때 확률변수 X가 취할 수 있는 가장 작은 값은 처음부터 r번 연속으로 성공하는 경우이므로 X의 상태공간은 $S_X = \{r,\ r+1,\ r+2,\ \cdots\}$이다. 이제 매 시행에서 성공률이 p인 베르누이 시행을 반복하여 x번째 시행에서 r번째로 성공했다고 하자. 그러면 [그림 7-8]과 같이 $(x-1)$번째 시행까지 $(r-1)$번 성공하고, x번째 시행에서 r번째로 성공해야 한다.

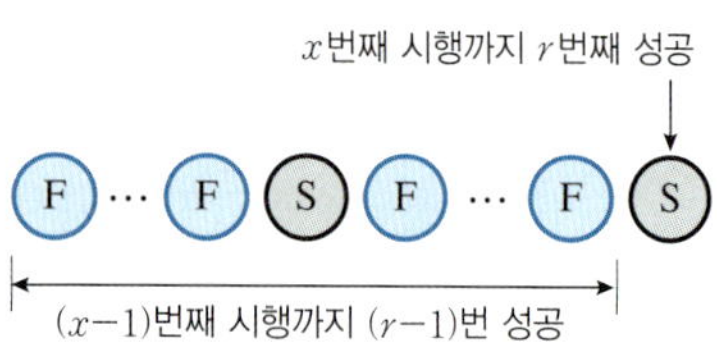

[그림 7-8] r번째 성공한 경우

매 시행에서 성공률이 p인 베르누이 시행을 $(x-1)$번 반복하여 성공한 횟수는 이항분포 $B(x-1,\ p)$를 따르므로 $(x-1)$번 시행에서 꼭 $(r-1)$번 성공할 확률은 다음과 같다.

$$\begin{aligned} P((x-1)\text{번 시행에서 } (r-1)\text{번 성공}) &= \binom{x-1}{r-1} p^{r-1} q^{(x-1)-(r-1)} \\ &= \binom{x-1}{r-1} p^{r-1} q^{x-r} \end{aligned}$$

베르누이 시행이 독립적으로 반복되므로 $(x-1)$번 시행에서 $(r-1)$번 성공하고 x번째 시행에서 r번째로 성공할 확률은 다음과 같다.

$$P(X=x)=P((x-1)\text{번 시행에서 }(r-1)\text{번 성공})\cdot P(x\text{번째에서 }r\text{번째 성공})$$
$$=\binom{x-1}{r-1}p^{r-1}q^{x-r}\cdot p$$
$$=\binom{x-1}{r-1}p^{r}q^{x-r}$$

이와 같이 매 시행 성공률이 p 인 베르누이 시행을 r 번째 성공할 때까지 반복 시행한 횟수 X 의 확률분포를 모수 r 과 p 인 **음이항분포**negative binomial distribution라 하고, $X \sim NB(r,\ p)$로 나타낸다. 음이항분포의 확률질량함수는 다음과 같다.

$$f(x)=\binom{x-1}{r-1}p^{r}q^{x-r},\quad x=r,\ r+1,\ r+2,\ \cdots,\ q=1-p$$

[그림 7-9]와 같이 모수 p 인 기하분포에서 처음 성공할 때까지 반복 시행한 횟수를 X_1, 첫 번째 성공 이후로 다시 첫 번째 성공할 때까지 반복 시행한 횟수를 X_2, 같은 방법으로 $(r-1)$번째 성공 이후로 첫 번째 성공할 때까지 반복 시행한 횟수를 X_r 이라 하자. 매 시행이 독립적으로 이루어지므로 확률변수들 $X_1,\ X_2,\ \cdots,\ X_r$ 은 독립이고, $X_i \sim G(p),\ i=1,\ 2,\ \cdots,\ r$이다.

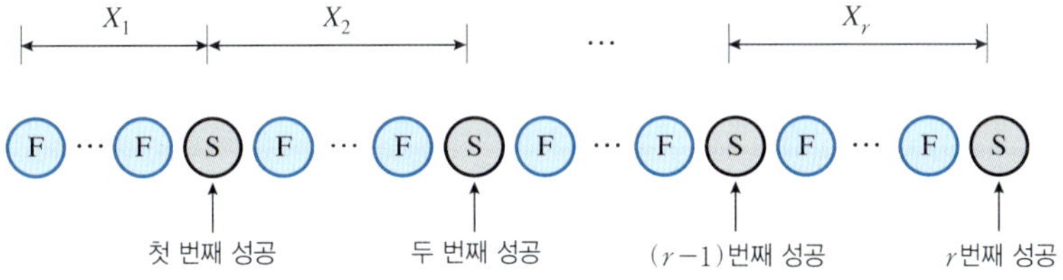

[그림 7-9] 비기억성 성질과 r번째 성공한 경우

각 확률변수 X_i 의 평균과 분산은 각각 다음과 같다.

$$E(X_i)=\frac{1}{p},\quad Var(X_i)=\frac{q}{p^2},\quad i=1,\ 2,\ \cdots,\ r$$

이제 $X=X_1+X_2+\cdots+X_r$ 이라 하자. X는 성공률 p인 베르누이 시행을 r 번째 성공할 때까지 반복 시행한 총 횟수를 나타내므로 X는 모수 r과 p인 음이항분포를 따른다. 따라서 $X \sim NB(r,\ p)$의 평균과 분산은 각각 다음과 같다.

❶ 평균 : $\mu=\dfrac{r}{p}$

❷ 분산 : $\sigma^2=\dfrac{rq}{p^2}$

이때 $r=1$인 음이항분포는 기하분포이다.

예제 7-9

[예제 7-8]에서 세 번째 청천난류를 감지할 때까지 기류를 측정한 횟수를 X라 할 때, 다음을 구하라.

(a) X에 관한 확률질량함수

(b) 청천난류를 감지한 횟수의 평균과 분산

(c) 처음 세 번 연속하여 청천난류를 감지할 확률

(d) 적어도 5번 이상 감지했을 때, 세 번째 청천난류를 감지할 확률

풀이

(a) 청천난류를 감지할 확률이 0.05이므로 세 번째 청천난류를 감지할 때까지 측정한 횟수 X의 확률질량함수는 다음과 같다.

$$f(x) = \binom{x-1}{2}(0.05)^3(0.95)^{x-3}, \quad x = 3,\ 4,\ 5,\ \cdots$$

(b) $\mu = \dfrac{3}{0.05} = 60$, $\sigma^2 = \dfrac{3 \times 0.95}{(0.05)^2} = 1140$

(c) $P(X=3) = f(3) = (0.05)^3 = 0.000125$

(d) $P(X=4) = f(4) = \binom{3}{2}(0.05)^3(0.95) \approx 0.000356$이므로 구하는 확률은 다음과 같다.

$$P(X \geq 5) = 1 - P(X \leq 4) = 1 - f(3) - f(4) \approx 1 - 0.000125 - 0.000356 = 0.9995$$

I Can Do 7-9

[I Can Do 7-8]에서 두 번째 양성반응이 나타날 때까지 검사받은 사람 수를 X라 할 때, 다음을 구하라.

(a) X에 관한 확률질량함수

(b) 검사받은 사람 수의 평균과 분산

(c) 처음 두 번 연속하여 양성반응이 나타날 확률

(d) 적어도 3명 이상을 검사했을 때, 두 번째 양성반응이 나타날 확률

푸아송 분포

단위 시간, 단위 영역, 단위 공간에서 특정한 사건이 발생한 횟수에 관한 확률모형은 푸아송 분포로 설명할 수 있다. 예를 들어 1초 동안 방출된 방사능 입자의 수, 하루 동안 걸려 온 보이스피싱 전화 횟수 등은 주어진 시간 동안 특별한 사건이 발생한 횟수를 나타낸다. 음료수 1mm^3당 박테리아 수,

출고된 신차 표면의 흠집 개수 등은 주어진 영역 안에서 특별한 사건이 발생한 횟수를 나타낸다. 이러한 푸아송 분포는 다음 세 가지 성질이 성립한다.

1. 확률실험은 일정한 시간[영역, 공간] 구간에서 사건이 발생한 횟수로 구성되고, 이 횟수는 0, 1, 2, ⋯이다.
2. 길이가 같으면 서로 다른 시간[영역, 공간] 구간에서 사건이 발생할 확률은 동일하다.
3. 어떤 시간 구간에서 사건이 발생한 횟수는 다른 시간 구간에서 발생한 횟수에 독립이다.

푸아송 분포의 확률질량함수를 알아보기 위해 임의의 양수 m 에 대해 e^m 을 매클로린 급수로 표현하면 다음과 같다.

$$e^m = 1 + m + \frac{m^2}{2!} + \frac{m^3}{3!} + \cdots + \frac{m^k}{k!} + \cdots = \sum_{k=0}^{\infty} \frac{m^k}{k!}$$

양변을 e^m 으로 나누면 $\sum_{k=0}^{\infty} \frac{m^k}{k!} e^{-m} = 1$ 이고 m 이 양수이므로 $\frac{m^k}{k!} e^{-m} > 0$ (단, $k = 0, 1, 2, \cdots$)이다. 위 식에서 k 를 x 로 치환하여 $f(x) = \frac{m^x}{x!} e^{-m}$ (단, $m = 0, 1, 2, \cdots$)이라 하면 $f(x)$ 는 확률질량함수의 조건을 만족한다. 이러한 확률질량함수를 갖는 확률분포를 모수 m 인 **푸아송 분포** Poisson distribution라 하고 $X \sim P(m)$으로 나타낸다. 즉 모수 m 인 푸아송 분포의 확률질량함수는 다음과 같다.

$$f(x) = \frac{m^x}{x!} e^{-m}, \quad x = 0, 1, 2, \cdots$$

그러면 X 의 기댓값은 다음과 같이 구할 수 있다.

$$\begin{aligned} E(X) &= \sum_{x=0}^{\infty} x f(x) = \sum_{x=0}^{\infty} \frac{x m^x}{x!} e^{-m} \\ &= m \sum_{x=1}^{\infty} \frac{m^{x-1}}{(x-1)!} e^{-m} && \text{[이 식에서 } t = x-1 \text{로 치환]} \\ &= m \sum_{t=0}^{\infty} \frac{m^t}{t!} e^{-m} && [\Sigma \text{ 안의 식은 푸아송 분포 확률질량함수임}] \\ &= m \end{aligned}$$

동일한 방법으로 $E[X(X-1)] = m^2$ 이고, X 의 2차 적률은 $E(X^2) = m^2 + m$ 이다. 따라서 모수 m 인 푸아송 분포의 평균과 분산은 각각 다음과 같다.

1. 평균 : $\mu = m$
2. 분산 : $\sigma^2 = m$

일반적으로 푸아송 분포의 모수는 평균과 일치하므로 푸아송 분포의 모수를 μ로 나타낸다. 푸아송 분포는 [그림 7-10]과 같이 μ가 작을수록 왼쪽으로 치우치고 오른쪽으로 긴 꼬리 모양을 가지는 양의 비대칭형이며, μ가 커질수록 종 모양의 대칭형으로 나타난다.

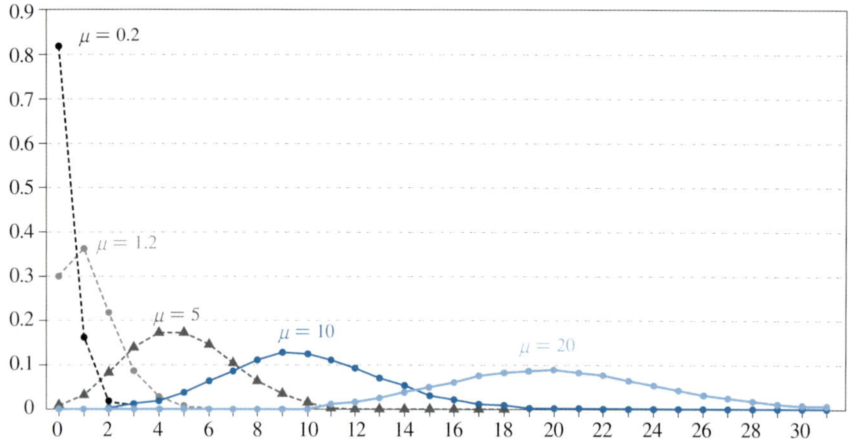

[그림 7-10] 모수 μ에 따른 푸아송 분포

예제 7-10

어느 교차로에 설치된 신호제어기에 이상이 생겨, 자율주행 자동차가 6개월 동안 평균 1.5건의 빈도로 신호위반 사고를 일으킨다고 한다. 이 신호위반 사고 건수가 푸아송 분포를 따를 때, 다음을 구하라.

(a) 사고 건수에 대한 확률질량함수

(b) 사고 건수에 대한 평균과 분산

(c) 6개월 동안 사고가 2건 이상 발생할 확률

(d) 3개월 동안 사고가 2건 이상 발생할 확률

(e) 1년 동안 사고가 발생하지 않을 확률

풀이

(a) 사고가 6개월 동안 평균 1.5건인 푸아송 분포를 따르므로 사고 횟수 X의 확률질량함수는 $f(x) = \dfrac{1.5^x}{x!} e^{-1.5}$, $x = 0, 1, 2, \cdots$이다.

(b) $\mu = \sigma^2 = 1.5$

(c) $f(0) = \dfrac{1.5^0}{0!} e^{-1.5} = e^{-1.5}$, $f(1) = \dfrac{1.5^1}{1!} e^{-1.5} = \dfrac{3}{2} e^{-1.5}$이므로

$$P(X \geq 2) = 1 - P(X \leq 1) = 1 - f(0) - f(1) = 1 - \frac{5}{2} e^{-1.5} \approx 0.4422$$

(d) 6개월 동안 평균 1.5건 발생하므로 3개월 동안 평균 0.75건 발생한다. 따라서 3개월 동안 발생한 사고 건수 Y의 확률질량함수는 $g(y) = \frac{0.75^y}{y!} e^{-0.75}$, $y = 0, 1, 2, \cdots$이고, 구하는 확률은 다음과 같다.

$$P(Y \ge 2) = 1 - P(Y \le 1) = 1 - g(0) - g(1) = 1 - \frac{7}{4} e^{-0.75} \approx 0.1734$$

(e) 1년 동안 사고가 평균 3건 발생하므로 1년 동안 발생한 사고 건수 Z의 확률질량함수는 $h(z) = \frac{3^z}{z!} e^{-3}$, $z = 0, 1, 2, \cdots$이고, 구하는 확률은 다음과 같다.

$$P(Z = 0) = h(0) = e^{-3} \approx 0.05$$

I Can Do 7-10

어느 방사능 검출기의 계수관을 통과하는 방사능 입자는 100분의 1초 동안 평균 4개라 한다. 이 계수관을 통과하는 방사능 입자 개수가 푸아송 분포를 따를 때, 다음을 구하라.

(a) 계수관을 통과하는 방사능 입자 개수에 대한 확률질량함수

(b) 100분의 1초 동안 계수관을 통과한 방사능 입자가 적어도 하나 이상일 확률

(c) 100분의 1초 동안 정확히 방사능 입자 두 개가 통과할 확률

이항분포의 경우와 동일하게 [부록 A.2]의 푸아송누적확률표를 이용하면 특정한 평균 μ에 대한 푸아송 분포의 누적확률을 구할 수 있다. $\mu = 1.7$인 푸아송 분포에서 $P(X \le 3)$은 [그림 7-11]과 같이 x가 3인 행과 μ가 1.7인 열이 만나는 위치의 값이므로 $P(X \le 3) = 0.907$이다.

발생 횟수 → x / 평균 → μ / $P(X \le 3) = 0.907$

x \ μ	1.10	1.20	1.30	1.40	1.50	1.60	1.70	1.80	1.90
0	0.333	0.301	0.273	0.247	0.223	0.202	0.183	0.165	0.150
1	0.699	0.663	0.627	0.592	0.558	0.525	0.493	0.463	0.434
2	0.900	0.879	0.857	0.833	0.809	0.783	0.757	0.731	0.704
3	0.974	0.966	0.957	0.946	0.934	0.921	0.907	0.891	0.875
4	0.995	0.992	0.989	0.986	0.981	0.976	0.970	0.964	0.954
5	0.999	0.998	0.998	0.997	0.996	0.994	0.992	0.990	0.987
6	1.000	1.000	1.000	0.999	0.999	0.999	0.998	0.997	0.997

[그림 7-11] 푸아송누적확률표를 이용한 누적확률

예제 7-11

평균 1.8인 푸아송 분포에 대해 다음을 구하라.

(a) $P(X \le 3)$ (b) $P(X = 4)$ (c) $P(X \ge 4)$

풀이

(a) $P(X \le 3) = 0.891$

(b) $P(X = 4) = P(X \le 4) - P(X \le 3) = 0.964 - 0.891 = 0.073$

(c) $P(X \ge 4) = 1 - P(X \le 3) = 1 - 0.891 = 0.109$

I Can Do 7-11

평균 3.5인 푸아송 분포에 대해 다음을 구하라.

(a) $P(X \le 2)$ (b) $P(X = 3)$ (c) $P(X \ge 4)$

[예제 7-10]과 같이 6개월 동안 평균 1.5건의 사고가 발생한다면 1년 동안 평균 3건의 사고가 푸아송 분포를 따라 발생함을 알았다. 이와 같이 푸아송 분포에 따라 특정 사건이 단위 시간 구간에서 평균 λ의 비율로 관찰된다고 하자. 길이가 t인 구간에서 이 사건이 관찰된 수를 $X(t)$라 하면, $X(t)$의 확률질량함수는 다음과 같다.

$$P[X(t) = x] = \frac{(\lambda t)^x}{x!} e^{-\lambda t}, \quad x = 0, 1, 2, 3, \cdots$$

특정 사건이 푸아송 분포를 따라 나타날 때, 길이가 t인 구간에서 이 사건이 관찰되는 과정 $\{X(t) | t > 0\}$을 **푸아송 과정**Poisson Process이라 한다. 예를 들어 한반도에 규모 5.0 이상인 지진이 연평균 2회로 발생하고, 푸아송 분포를 따른다고 하자. 그러면 3년간 지진이 평균 6회 발생하므로 $X(3) \sim P(6)$이다. 따라서 3년 동안 규모 5.0 이상인 지진이 3회 이상 발생할 확률은 다음과 같다.

$$P[X(3) \ge 3] = 1 - P[X(3) \le 2] = 1 - 0.062 = 0.938$$

푸아송 과정은 다음 성질이 성립한다.

❶ 임의의 양수 t와 s에 대해 $X(t+s) - X(t)$는 $\{X(u) \mid u \le t\}$에 독립이다. 즉 시간 구간 $(t, t+s)$ 사이에 발생한 횟수는 t 이전에 발생한 횟수에 독립이다.

❷ 임의의 양수 t와 s에 대해 $X(t+s) - X(t)$는 s에만 의존한다. 즉 동일한 크기의 시간 구간 안에서 발생한 횟수는 동일한 분포를 이룬다.

❸ 매우 짧은 시간 구간에서 발생한 횟수가 두 개 이상일 확률은 거의 0이다.

예제 7-12

해저 케이블에 생긴 결함 횟수는 1km 당 평균 0.3인 푸아송 과정에 따른다고 할 때, 다음을 구하라.

(a) 처음 3km에서 결함이 발견되지 않을 확률

(b) 처음 3km에서 결함이 발견되지 않았다고 할 때, 3km 지점과 4km 지점에서 결함이 1개 발견될 확률

(c) 처음 3km 지점 이전에 1개, 3km 지점과 4km 지점에서 0개, 4km 지점과 5km 지점에서 1개 발견될 확률

풀이

(a) 처음 3km, 즉 구간 $[0, 3]$에서 발견된 결함 횟수는 $X(3) \sim P(0.9)$이고, 구하는 확률은 $P[X(3)=0] = \frac{(0.9)^0}{0!}e^{-0.9} = e^{-0.9} \approx 0.4066$이다.

(b) 구하는 확률은 $P[X(4)-X(3)=1 \mid X(3)=0]$이다. 푸아송 과정의 성질 ❶에 의해 구간 $[0, 3]$과 $(3, 4]$에서 발견된 결함 횟수는 독립이므로 다음이 성립한다.

$$P[X(4)-X(3)=1 \mid X(3)=0] = P[X(4)-X(3)=1]$$

푸아송 과정의 성질 ❷에 의해 다음이 성립한다.

$$P[X(4)-X(3)=1] = P[X(1)=1]$$

또 구간 $[0, 1]$에서 발견된 결함 횟수는 $X(1) \sim P(0.3)$이므로 구하는 확률은 다음과 같다.

$$P[X(4)-X(3)=1 \mid X(3)=0] = P[X(1)=1] = \frac{0.3}{1!}e^{-0.3} \approx 0.2222$$

(c) 구하는 확률은 $P[X(3)=1,\ X(4)-X(3)=0,\ X(5)-X(4)=1]$이고, 푸아송 과정의 성질 ❶과 ❷에 의해 구하는 확률은 다음과 같다.

$$\begin{aligned}
&P[X(3)=1,\ X(4)-X(3)=0,\ X(5)-X(4)=1] \\
&\quad = P[X(3)=1]\,P[X(4)-X(3)=0]\,P[X(5)-X(4)=1] \\
&\quad = P[X(3)=1]\,P[X(1)=0]\,P[X(1)=1] \\
&\quad = \frac{(0.9)^1}{1!}e^{-0.9} \times \frac{(0.3)^0}{0!}e^{-0.3} \times \frac{(0.3)^1}{1!}e^{-0.3} \\
&\quad \approx (0.3659)\times(0.7408)\times(0.222) \approx 0.0602
\end{aligned}$$

I Can Do 7-12

어느 방사능 검출기의 계수관을 통과하는 방사능 입자가 1초 동안 평균 4개인 푸아송 과정을 따를 때, 다음을 구하라.

(a) 2초 동안에 정확히 3개의 방사능 입자가 계수기를 통과할 확률

(b) 처음 1초 동안 1개, 2초에서 4초 사이에 적어도 1개 이상의 방사능 입자가 계수기를 통과할 확률

앞서 이항확률의 시행 횟수가 $n > 30$이면 푸아송 분포 또는 정규분포를 이용하여 근사적으로 구할 수 있음을 언급하였다. 이제 푸아송 분포를 이용하여 이항확률을 구하는 방법을 살펴보자. 이항분포 $X \sim B(n, p)$에서 평균 $\mu = np$가 일정하다고 가정하면, 이항확률변수 X의 확률질량함수 $f(x)$는 다음과 같다.

$$
\begin{aligned}
f(x) &= \binom{n}{x} p^x (1-p)^{n-x} = \frac{n!}{x!\,(n-x)!}\left(\frac{\mu}{n}\right)^x \left(1-\frac{\mu}{n}\right)^{n-x} \\
&= \frac{\mu^x}{x!} \cdot \frac{n(n-1)\cdots(n-x+1)}{n^x} \cdot \left[\left(1-\frac{\mu}{n}\right)^{-\frac{n}{\mu}}\right]^{-\mu} \cdot \left(1-\frac{\mu}{n}\right)^{-x}
\end{aligned}
$$

$n \to \infty$이면 $f(x)$는 다음과 같은 극한분포를 갖는다.

$$
f(x) \to \frac{\mu^x}{x!} e^{-\mu}, \quad x = 0,\ 1,\ 2,\ \cdots,\ m > 0
$$

이때 $\mu = np$가 일정하므로 n이 충분히 크면$(n > 30)$ p는 충분히 작아지고 이항분포가 평균 μ인 푸아송 분포에 근사한다. [그림 7-12]는 모수 n, p인 이항분포에 대해 $\mu = 2$일 때, n이 커질수록 이항분포와 푸아송 분포가 거의 일치함을 보여준다. 따라서 n이 충분히 크고 p가 충분히 작은 이항확률은 푸아송 분포를 이용하여 근사적으로 구한다.

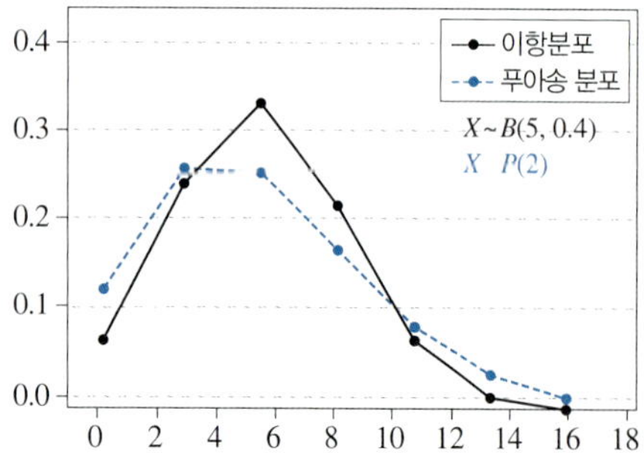

(a) $B(5,\ 0.4)$와 $P(2)$의 비교

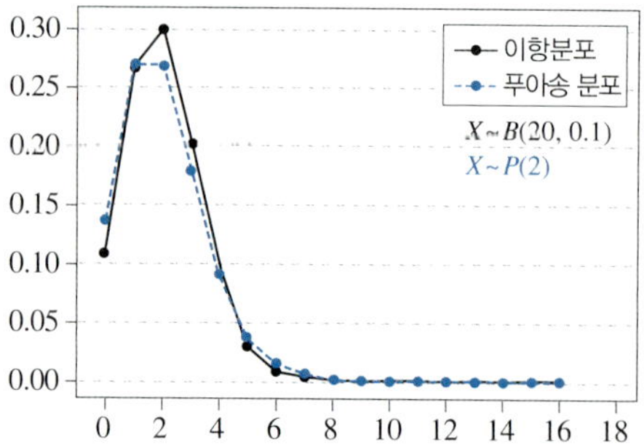

(b) $B(20,\ 0.1)$과 $P(2)$의 비교

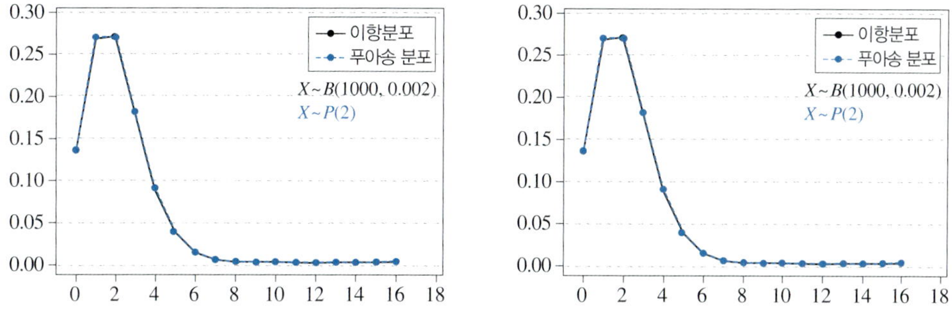

(c) $B(100,\ 0.02)$와 $P(2)$의 비교 (d) $B(1000,\ 0.002)$와 $P(2)$의 비교

[그림 7-12] 이항분포와 푸아송 분포의 비교

예제 7-13

$X \sim B(100,\ 0.02)$일 때, 푸아송 분포를 이용하여 $P(X=4)$를 근사적으로 구하라.

풀이

$X \sim B(100,\ 0.02)$이므로 X는 근사적으로 평균 2인 푸아송 분포를 따른다. 즉 X의 확률질량함수는 근사적으로 $f(x) = \dfrac{2^x}{x!}e^{-2},\ x = 0,\ 1,\ 2,\ \cdots$이다. 따라서 구하는 근사확률은 다음과 같다.

$$P(X=4) = f(4) \approx \frac{2^4}{4!}e^{-2} = \frac{2}{3}e^{-2} \approx 0.09022$$

I Can Do 7-13

$X \sim B(100,\ 0.05)$일 때, 푸아송 분포를 이용하여 $P(X \le 2)$를 근사적으로 구하라.

이항분포 $X \sim B(100,\ 0.02)$의 확률질량함수를 이용하면 $P(X=4) \approx 0.09021$이고, 이것은 [예제 7-13]에서 구한 것과 거의 일치한다.

다항분포

매회 성공률이 p인 베르누이 시행을 n번 독립적으로 반복하여 성공한 횟수를 X, 실패한 횟수를 Y라 하자. 이때 $Y = n - X$이고 $X \sim B(n,\ p)$이므로 다음 확률을 얻는다.

$$P(X=x) = \binom{n}{x}p^x(1-p)^{n-x}, \quad x = 0,\ 1,\ \cdots,\ n$$

이때 이항계수 $\binom{n}{x} = \dfrac{n!}{x!\,(n-x)!}$ 은 성공한 횟수 x와 실패한 횟수 $y = n - x$를 이용하여 다항계수 $\binom{n}{x,\ y} = \dfrac{n!}{x!\,y!}$ 로 나타낼 수 있다. 따라서 이항확률을 다음과 같이 성공한 횟수와 실패한 횟수에 관한 결합확률로 바꾸어 생각할 수 있다.

$$
\begin{aligned}
P(X = x,\ Y = y) &= \binom{n}{x,\ y} p^x (1-p)^y \\
&= \frac{n!}{x!\,y!} p^x (1-p)^y, \quad x + y = n, \quad x,\ y = 0,\ 1,\ \cdots,\ n
\end{aligned}
$$

이러한 관점을 확장한 확률모형을 생각하자. 매회 실험 결과가 서로 다른 품목 $A_1,\ A_2,\ \cdots,\ A_k$로 구성되고 각 품목이 선정될 가능성이 $p_i = P(A_i)$라 하자. 이 품목 중에서 독립적으로 어느 하나를 선택하는 시행을 n번 반복하면, A_i가 포함된 횟수가 $X_i = x_i,\ i = 1,\ 2,\ \cdots,\ k$일 확률은 다음과 같다.

$$
f(x_1,\ x_2,\ \cdots,\ x_k) = \binom{n}{x_1,\ x_2,\ \cdots,\ x_k} p_1^{x_1} p_2^{x_2} \cdots p_k^{x_k}
$$
$$
0 \le x_i \le n, \quad i = 1,\ 2,\ \cdots,\ k
$$
$$
x_1 + x_2 + \cdots + x_k = n, \quad p_1 + p_2 + \cdots + p_k = 1
$$

이와 같은 $X_i,\ i = 1,\ 2,\ \cdots,\ k$에 대한 결합확률분포를 모수 $n,\ p_1,\ p_2,\ \cdots,\ p_k$인 **다항분포** multinomial distribution라 하고, $(X_1,\ X_2,\ \cdots,\ X_k) \sim \text{Mult}(n,\ p_1,\ p_2,\ \cdots,\ p_k)$로 나타낸다. 또 정의에 따르면 $k = 2$인 다항분포는 이항분포이므로 이항분포는 다항분포의 특수한 경우이다. 다항분포에서 X_i의 평균과 분산은 각각 다음과 같다.

❶ 평균 : $\mu_i = np_i, \quad i = 1,\ 2,\ \cdots,\ k$

❷ 분산 : $\sigma_i^2 = np_iq_i, \quad q_i = 1 - p_i, \quad i = 1,\ 2,\ \cdots,\ k$

다항분포의 확률변수 $X_1,\ X_2,\ \cdots,\ X_k$는 독립이 아니다. 두 확률변수 X_i와 X_j의 공분산과 상관계수는 각각 다음과 같고 음의 상관관계를 갖는다.

❸ 공분산 : $Cov(X_i,\ X_j) = -np_ip_j$

❹ 상관계수 : $\rho = -\left[\dfrac{p_ip_j}{(1-p_i)(1-p_j)}\right]^{1/2}$

예제 7-14

생산라인에 있는 기계가 고장 나는 원인을 조사했더니 누전, 기계 결함, 사용상 부주의로 구분되었다. 이때 각 요인에 의해 기계가 고장 날 가능성은 각각 0.3, 0.3, 0.4라 한다. 기술자가 이 기계를 사용하여 10회 고장 났다고 할 때, 다음을 구하라.

(a) 원인별 고장 횟수에 대한 확률분포

(b) 기계가 10회 고장 났을 때, 누전, 기계 결함, 사용상 부주의인 경우가 각각 3회, 2회, 5회일 확률

(c) 기계 결함에 의한 평균 고장 횟수

풀이

기계가 누전, 기계 결함, 사용상 부주의로 고장 나는 횟수를 각각 X_1, X_2, X_3이라 하자. 또 각각의 원인에 의한 고장 가능성은 $p_1 = 0.3$, $p_2 = 0.3$, $p_3 = 0.4$이다.

(a) X_1, X_2, X_3의 결합확률질량함수는 다음과 같다.

$$f(x_1,\ x_2,\ x_3) = \frac{10!}{x_1!\, x_2!\, x_3!}(0.3)^{x_1}(0.3)^{x_2}(0.4)^{x_3}$$

$$x_1 + x_2 + x_3 = 10,\quad 0 \le x_i \le 10,\quad i = 1,\ 2,\ 3$$

(b) $f(3,\ 2,\ 5) = \frac{10!}{3!\,2!\,5!}(0.3)^3(0.3)^2(0.4)^5 \approx 0.0627$

(c) $X_2 \sim B(10,\ 0.3)$이므로 X_2의 평균은 $\mu = 10 \times 0.3 = 3$이다.

I Can Do 7-14

임상실험에서 어느 의약품의 알레르기 반응 정도를 검사하고 매우 심한 반응, 보통 반응, 약한 반응, 무반응으로 분류했다. 환자가 이 의약품을 복용한 뒤 각각의 반응이 나타날 가능성은 각각 0.08, 0.25, 0.35, 0.32이라 한다. 환자 10명이 이 의약품을 복용했을 때, 다음을 구하라.

(a) 알레르기 반응 정도에 따른 확률질량함수

(b) 환자 10명 중에서 매우 심한 반응, 보통 반응, 약한 반응, 무반응인 환자가 각각 2명, 3명, 3명, 2명일 확률

Section 7.2 연속확률분포

이산확률분포와 동일하게 연속확률분포로 설명되는 여러 가지 확률 현상도 크게 몇 가지 유형으로 생각할 수 있다. 예를 들어 어떤 사건이 발생할 때까지 걸리는 대기시간은 지수분포와 감마분포로, 금속 및 복합 소재의 강도, 전자 및 기계부품의 수명은 와이블 분포로 설명할 수 있다. 또 최대 풍속, 최대 강우량, 지진 혹은 산불 등 자연환경의 규모는 파레토 분포로 설명한다. 이 절에서는 균등분포, 지수분포, 감마분포, 와이블 분포, 파레토 분포, 로지스틱 분포, 베타분포의 모수와 확률분포의 특성을 살펴본다. 이후 8장에서는 대표적인 연속확률분포인 정규분포 및 관련 확률분포를 다룬다.

균등분포

확률밀도함수 $f(x)$가 구간 $[a, b]$에서 일정한 확률분포를 **균등분포** uniform distribution라 하고, $X \sim U(a, b)$로 나타낸다. 균등분포의 확률밀도함수 $f(x)$는 다음과 같다.

$$f(x) = \frac{1}{b-a}, \quad a \le x \le b$$

균등분포의 확률밀도함수와 x축 사이의 영역은 [그림 7-13]과 같이 직사각형 모양이므로 **직사각형 분포** rectangular distribution라고도 한다.

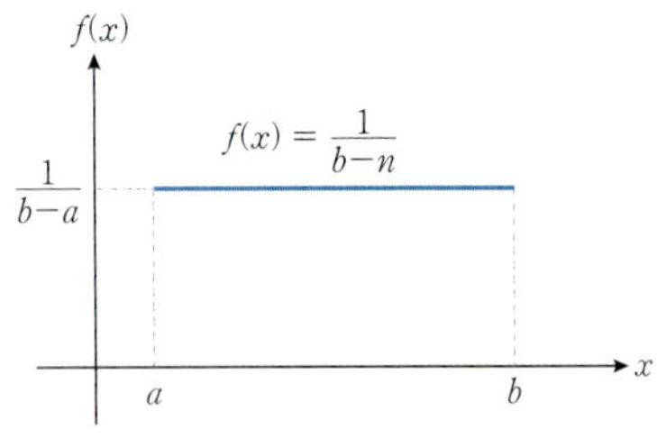

[그림 7-13] 균등분포의 확률밀도함수

균등분포의 분포함수 $F(x)$는 다음과 같이 정의한다.

$$F(x) = \begin{cases} 0 & , x < a \\ \dfrac{x-a}{b-a} & , a \le x < b \\ 1 & , x \ge b \end{cases}$$

이 분포함수의 그래프를 그림으로 나타내면 [그림 7-14]와 같다.

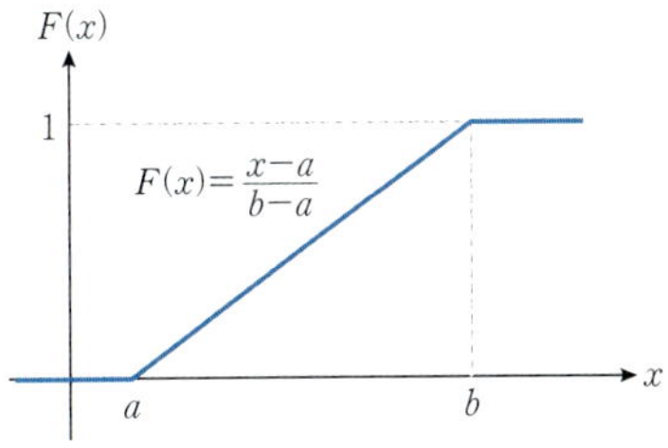

[그림 7-14] 균등분포의 분포함수

X의 1차, 2차 적률은 각각 다음과 같다.

$$E(X) = \int_a^b \frac{x}{b-a} dx = \frac{1}{b-a} \left[\frac{x^2}{2} \right]_a^b = \frac{a+b}{2}$$

$$E(X^2) = \int_a^b \frac{x^2}{b-a} dx = \frac{1}{b-a} \left[\frac{x^3}{3} \right]_a^b = \frac{a^2+ab+b^2}{3}$$

따라서 $X \sim U(a, b)$에 대한 평균과 분산은 각각 다음과 같다.

❶ 평균 : $\mu = \dfrac{a+b}{2}$

❷ 분산 : $\sigma^2 = \dfrac{(b-a)^2}{12}$

예제 7-15

전기회로에 흐르는 전류의 세기가 10A와 20A 사이에서 균등하게 분포할 때, 다음을 구하라.

(a) 전류의 세기 X의 확률밀도함수와 분포함수

(b) 확률변수 X의 평균과 분산

(c) $P(12 < X \le 14)$

(d) $P(X \le 17 | X > 15)$

풀이

(a) X가 $[10, 20]$에서 균등분포이므로 확률밀도함수와 분포함수는 각각 다음과 같다.

$$f(x) = \begin{cases} \dfrac{1}{10}, & 10 \le x \le 20 \\ 0, & \text{다른 곳에서} \end{cases}, \quad F(x) = \begin{cases} 0, & x < 0 \\ \dfrac{x-10}{10}, & 10 \le x < 20 \\ 1, & x \ge 20 \end{cases}$$

(b) $\mu = \dfrac{10+20}{2} = 15, \quad \sigma^2 = \dfrac{(20-10)^2}{12} = \dfrac{25}{3} \approx 8.33$

(c) $P(12 < X \le 14) = \displaystyle\int_{12}^{14} \frac{1}{10}\,dx = \frac{1}{10}(14-12) = \frac{2}{10} = 0.2$

(d) $P(X \le 17 \mid X > 15) = \dfrac{P(15 < X \le 17)}{P(X > 15)} = \dfrac{2/10}{5/10} = \dfrac{2}{5} = 0.4$

I Can Do 7-15

규격이 100 Ω인 저항기의 실제 저항은 ±10 Ω의 오차가 있다. 임의로 선택한 저항기의 측정값이 이 범위에서 균등하게 분포할 때, 다음을 구하라.

(a) 전류의 세기 X의 확률밀도함수와 분포함수

(b) 확률변수 X의 평균과 분산

(c) $P(X \ge 95)$

(d) $P(X \le 105 \mid X > 100)$

지수분포

어떤 통신시스템에서 신호가 관측된 이후 다음 신호가 관측될 때까지 걸리는 시간과 같이 대기시간에 관한 확률모형을 설명할 때 지수분포를 이용한다. 예를 들어 통신시스템에 신호가 1분 동안 평균 λ의 비율로 푸아송 과정에 따라 관측된다고 하자. 이때 신호가 관측된 시점 s 이후 길이가 t인 시간 구간에서 관측된 신호 개수 X는 푸아송 과정의 성질 ❷에 의해 다음 푸아송 분포를 따른다.

$$P(X=x) = \frac{(\lambda t)^x}{x!}e^{-\lambda t}, \quad x = 0,\ 1,\ 2,\ 3,\ \cdots$$

신호가 관측된 이후 다음 신호가 관측될 때까지 걸리는 시간을 T라 하자. 시간이 t만큼 지난 이후에 신호가 관측된다면, 즉 $T > t$이면 [그림 7-15]와 같이 t 이전에는 신호가 관측되지 않는다.

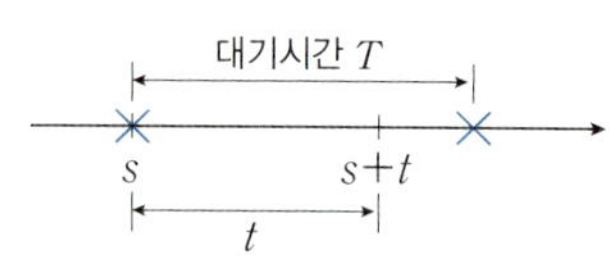

[그림 7-15] $T > t$ 인 사건

따라서 두 사건 $T > t$와 $X = 0$은 동치이고 확률은 다음과 같다.

$$P(T > t) = P(X = 0) = e^{-\lambda t}$$

또 확률변수 T의 분포함수와 확률밀도함수는 각각 다음과 같다.

$$F(t) = P(T \le t) = 1 - P(T > t) = 1 - e^{-\lambda t}, \quad t > 0$$

$$f(t) = \frac{d}{dt} F(t) = \lambda e^{-\lambda t}, \quad t > 0$$

이와 같이 어떤 사건이 평균 λ 인 푸아송 분포에 따라 관측될 때, 이 사건이 관측된 이후 다음 사건이 관측될 때까지 걸리는 대기시간 X의 확률분포를 모수 λ 인 **지수분포**exponential distribution라 하고, $X \sim \mathrm{Exp}(\lambda)$로 나타낸다. 지수분포를 따르는 확률변수 X의 확률밀도함수는 다음과 같다.

$$f(x) = \lambda e^{-\lambda x}, \quad x > 0$$

지수분포는 [그림 7-16]과 같이 왼쪽으로 치우치고 오른쪽으로 긴 꼬리 모양을 가지는 양의 비대칭분포로 나타난다.

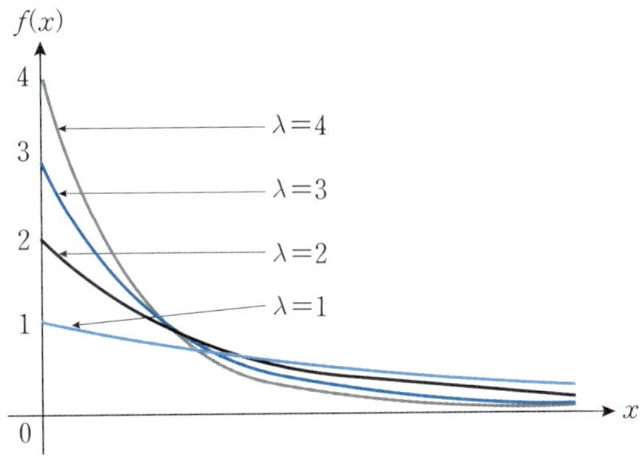

[그림 7-16] 모수 λ에 따른 지수분포

지수분포를 따르는 확률변수 X의 1차, 2차 적률은 각각 다음과 같다.

$$E(X) = \int_0^\infty \lambda x e^{-\lambda x} dx = \left[-\frac{\lambda x + 1}{\lambda} e^{-\lambda x} \right]_0^\infty = \frac{1}{\lambda}$$

$$E(X^2) = \int_0^\infty \lambda x^2 e^{-\lambda x} dx = \left[-\frac{\lambda^2 x^2 + 2\lambda x + 2}{\lambda^2} e^{-\lambda x} \right]_0^\infty = \frac{2}{\lambda^2}$$

모수 λ 인 지수분포의 평균과 분산은 각각 다음과 같다.

❶ 평균 : $\mu = \frac{1}{\lambda}$

❷ 분산 : $\sigma^2 = \frac{1}{\lambda^2}$

또 $x > 0$에 대해 $P(X \le x)$는 다음과 같다.

$$P(X \le x) = \int_0^x \lambda e^{-\lambda t}\,dt = \left[-e^{-\lambda t}\right]_0^x = 1 - e^{-\lambda x}$$

$X \sim \mathrm{Exp}(\lambda)$에 대해 분포함수와 생존함수, 위험률함수는 각각 다음과 같다.

❸ 분포함수 : $F(x) = 1 - e^{-\lambda x},\ x > 0$

❹ 생존함수 : $S(x) = e^{-\lambda x},\ x > 0$

❺ 위험률함수 : $h(x) = \lambda,\ x > 0$

시간이 흐를수록 생존함수는 감소하며 위험률은 일정함을 알 수 있다. 특히 임의의 양수 a와 b에 대해 다음 조건부 확률을 얻는다.

$$\begin{aligned} P(X \ge a+b \mid X \ge a) &= \frac{P(X \ge a+b,\ X \ge a)}{P(X \ge a)} = \frac{P(X \ge a+b)}{P(X \ge a)} \\ &= \frac{S(a+b)}{S(a)} = \frac{e^{\lambda-(a+b)}}{e^{-\lambda a}} = e^{-\lambda b} = P(X \ge b) \end{aligned}$$

즉 지수분포는 다음과 같이 비기억성 성질이 성립한다. 지수분포의 이러한 특성은 경영관리, 산업공학 등에서 대기행렬을 다루는 큐잉이론Queueing theory에 적용된다.

$$\boxed{P(X \ge a+b \mid X \ge a) = P(X \ge b)}$$

예제 7-16

어느 통신시스템의 신호는 1분당 평균 5개가 관측되고, 푸아송 분포를 따른다. 이 통신시스템에 첫 번째 신호가 관측될 때까지 걸리는 시간 X에 대해 다음을 구하라.

(a) X의 확률밀도함수
(b) X의 평균과 분산
(c) X의 분포함수
(d) X의 위험률함수

풀이

(a) 1분당 평균 5개의 신호가 관측되므로 X의 확률밀도함수는 $f(x) = 5e^{-5x},\ x > 0$이다.

(b) $\mu = \dfrac{1}{5} = 0.2,\ \sigma^2 = \dfrac{1}{25} = 0.04$

(c) $F(x) = 1 - e^{-5x}$

(d) $S(x) = 1 - F(x) = e^{-5x}$이므로 $h(x) = \dfrac{f(x)}{S(x)} = 5$이다.

I Can Do 7-16

어느 의사가 환자를 진료하는 시간은 평균 4분인 지수분포를 따른다. 이 의사의 진료시간 X에 대해 다음을 구하라.

(a) X의 확률밀도함수

(b) X의 분산

(c) X의 분포함수

(d) X의 위험률함수

예제 7-17

[예제 7-16]에서 25초 이전까지 첫 번째 신호가 관측되지 않았다고 할 때, 그 이후로 5초 이상 더 지난 후에 첫 번째 신호가 관측될 확률을 구하라.

풀이

25초는 $\dfrac{5}{12}$분, 5초는 $\dfrac{1}{12}$분이고 지수분포는 비기억성 성질을 만족하므로 구하는 확률은 다음과 같다.

$$P\left(X \ge \frac{1}{2} \,\middle|\, X > \frac{5}{12}\right) = P\left(X \ge \frac{1}{12}\right) = S\left(\frac{1}{12}\right) = e^{-5/12} \approx 0.6592$$

I Can Do 7-17

[I Can Do 7-16]에서 어느 환자가 의사에게 진료받기 위해 3분 이상 기다렸다고 할 때, 앞으로 2분 이상 더 기다려야 할 확률을 구하라.

감마분포

모수 λ인 푸아송 분포를 따라 어떤 사건이 발생할 때, 처음부터 n번째 사건이 발생할 때까지 걸리는 시간에 대한 확률모형에 감마분포를 사용한다. 예를 들어 통신시스템에서 n번째 신호가 관측될 때까지 걸리는 시간, n번째 지진이 발생할 때까지 걸리는 시간 등에 관한 확률모형에서 감마분포를 사용한다. 이러한 감마분포는 임의의 양수 α에 대해 다음과 같이 정의하는 감마함수로부터 유도된다.

$$\Gamma(\alpha) = \int_0^\infty t^{\alpha-1} e^{-t}\, dt$$

양수 β에 대해 $t = \dfrac{x}{\beta}$라 하면 $dt = \dfrac{1}{\beta} dx$이고, $0 \le x < \infty$이므로 다음을 얻는다.

$$\Gamma(\alpha) = \int_0^\infty t^{\alpha-1} e^{-t}\, dt = \int_0^\infty \frac{1}{\beta^\alpha} x^{\alpha-1} e^{-x/\beta} dx$$

이때 $\Gamma(\alpha) > 0$이므로 다음을 얻는다.

$$\int_0^\infty \frac{1}{\Gamma(\alpha)\beta^\alpha} x^{\alpha-1} e^{-x/\beta} dx = 1$$

따라서 피적분함수는 $x \geq 0$에서 확률밀도함수의 조건을 만족한다. 이와 같은 확률분포를 모수 α와 β인 **감마분포**gamma distribution라 하고 $X \sim \Gamma(\alpha, \beta)$로 나타낸다. 모수 α와 β인 감마분포의 확률밀도함수는 다음과 같다.

$$f(x) = \frac{1}{\Gamma(\alpha)\beta^\alpha} x^{\alpha-1} e^{-x/\beta}, \quad x > 0$$

특히 자연수 n에 대해 $\Gamma(n) = (n-1)!$이므로 $\alpha = n$인 감마분포를 모수 n과 β인 **얼랑분포**Erlang distribution라 한다. 얼랑분포의 확률밀도함수는 다음과 같다.

$$f(x) = \frac{1}{(n-1)!\,\beta^n} x^{n-1} e^{-x/\beta}, \quad x > 0$$

얼랑분포는 트랜스포트 트래픽엔지니어링 이론, 암 발생 연령 분포 등의 확률모형에 사용한다.

만약 $\alpha = 1$이면 $\Gamma(1) = 1$이므로 $f(x) = \frac{1}{\beta} e^{-x/\beta}$, $x > 0$이고, 이는 모수 $\lambda = \frac{1}{\beta}$인 지수분포이다. 그리고 모수 α, β에 대한 감마분포는 [그림 7-17]과 같이 양의 비대칭분포로 나타난다.

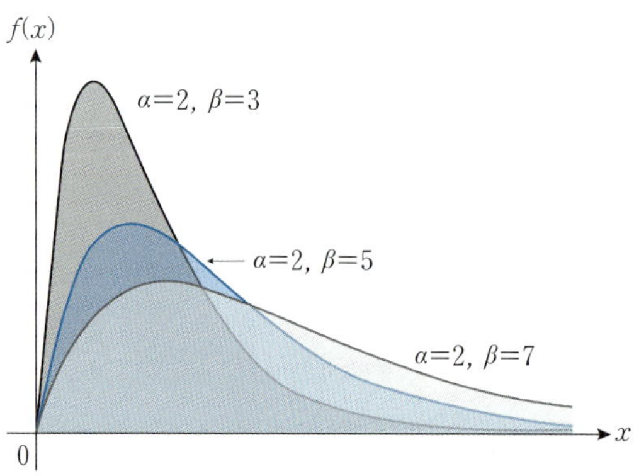

[그림 7-17] 모수에 따른 감마분포의 비교

감마함수의 성질 $\Gamma(\alpha+1) = \alpha\Gamma(\alpha)$를 이용하면 다음을 얻는다.

$$\begin{aligned} E(X) &= \int_0^\infty \frac{x}{\Gamma(\alpha)\beta^\alpha} x^{\alpha-1} e^{-x/\beta} dx = \int_0^\infty \frac{1}{\Gamma(\alpha)\beta^\alpha} x^{(\alpha+1)-1} e^{-x/\beta} dx \\ &= \frac{\Gamma(\alpha+1)\beta}{\Gamma(\alpha)} \int_0^\infty \frac{1}{\Gamma(\alpha+1)\beta^{\alpha+1}} x^{(\alpha+1)-1} e^{-x/\beta} dx \end{aligned}$$

이때 피적분함수는 모수 $\alpha+1$, β인 감마분포의 확률밀도함수이므로 X의 기댓값은 다음과 같다.

$$E(X)=\frac{\Gamma(\alpha+1)\beta}{\Gamma(\alpha)}=\frac{\alpha\beta\Gamma(\alpha)}{\Gamma(\alpha)}=\alpha\beta$$

동일한 방법에 의해 X의 2차 적률은 $E(X^2)=(\alpha\beta)^2+\alpha\beta^2$이다. 따라서 모수 α와 β인 감마분포의 평균과 분산은 각각 다음과 같다.

❶ 평균 : $\mu=\alpha\beta$
❷ 분산 : $\sigma^2=\alpha\beta^2$

모수 n과 β인 얼랑분포의 평균과 분산은 각각 다음과 같다.

❸ 평균 : $\mu=n\beta$
❹ 분산 : $\sigma^2=n\beta^2$

이제 단위 시간당 평균 λ인 비율로 사건이 관측되는 푸아송 과정을 생각하자. [그림 7-18]과 같이 첫 번째 사건이 발생할 때까지 걸리는 시간을 X_1, 첫 번째 사건 이후 다시 첫 번째 사건(즉, 처음부터 두 번째 사건)이 발생할 때까지 걸리는 시간을 X_2이라 하고, 같은 방법으로 $(n-1)$번째 사건 발생 이후 다시 첫 번째 사건이 발생할 때까지 걸리는 시간을 X_n이라 한다.

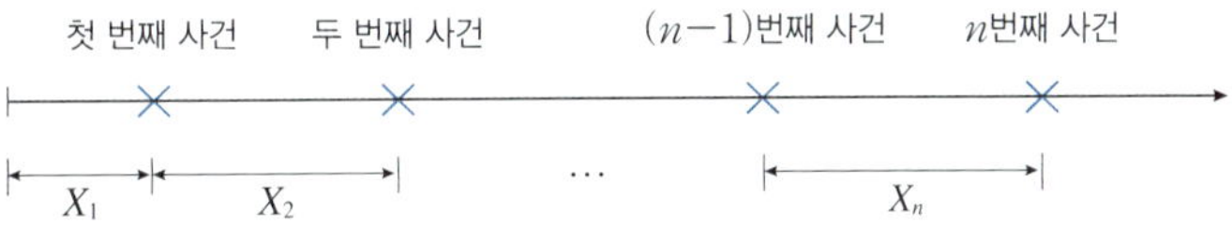

[그림 7-18] 모수에 따른 감마분포의 비교

처음 관찰 이후 n번째 사건이 발생할 때까지 걸리는 전체 시간은 $X=X_1+X_2+\cdots+X_n$이다. 이때 각 확률변수 X_i는 독립이고 평균 $\mu_i=\frac{1}{\lambda}$, 분산 $\sigma_i^2=\frac{1}{\lambda^2}$인 지수분포를 이룬다. 이때 n번째 사건이 발생할 때까지 걸리는 시간 X의 평균과 분산은 각각 다음과 같다.

$$\mu_X=E(X_1+X_2+\cdots+X_n)=\frac{n}{\lambda}$$

$$\sigma_X^2=Var(X_1+X_2+\cdots+X_n)=\frac{n}{\lambda^2}$$

모수 λ인 지수분포에 따라 어떤 사건이 발생할 때, n번째 사건이 발생할 때까지 걸리는 시간 X는 모수 $\alpha=n$, $\beta=\frac{1}{\lambda}$인 얼랑분포를 따른다. 따라서 단위 시간당 평균 λ인 비율로 사건이 관측될 때, n번째 사건이 발생할 때까지 걸리는 시간 X에 대한 확률밀도함수와 평균, 분산은 다음과 같다.

❶ 확률밀도함수 : $f(x) = \frac{\lambda^n}{(n-1)!} x^{n-1} e^{-\lambda x}, \ x > 0$

❷ 평균 : $\mu = \frac{n}{\lambda}$

❸ 분산 : $\sigma^2 = \frac{n}{\lambda^2}$

예제 7-18

[예제 7-16]의 통신시스템에 네 번째 신호가 관측될 때까지 걸리는 시간 X에 대해 다음을 구하라.

(a) X의 확률밀도함수

(b) X의 평균과 분산

(c) 1분 안에 네 번째 신호가 관측될 확률

풀이

(a) 1분당 평균 5개의 신호가 관측되므로 $\beta = \frac{1}{5}$이고 네 번째 신호가 관측될 때까지 걸리는 시간 X는 $n = 4, \ \beta = \frac{1}{5}$인 얼랑분포를 따른다. 따라서 X의 확률밀도함수는 다음과 같다.

$$f(x) = \frac{5^4}{3!} x^3 e^{-5x} = \frac{625}{6} x^3 e^{-5x}, \quad x > 0$$

(b) $n = 4, \ \beta = \frac{1}{5}$이므로 $\mu = \frac{4}{5} = 0.8, \ \sigma^2 = \frac{4}{5^2} = 0.16$이다.

(c) $P(X \le 1) = \int_0^1 \frac{625}{6} x^3 e^{-5x} dx = \left[-\frac{1}{6}(125x^3 + 75x^2 + 30x + 6) e^{-5x} \right]_0^1$

$= 1 - \frac{118}{3} e^{-5} \approx 0.735$

I Can Do 7-18

[I Can Do 7-16]에서 세 번째 환자가 진료받기까지 기다리는 시간 X에 대해 다음을 구하라.

(a) X의 확률밀도함수

(b) X의 평균과 분산

(c) 10분 안에 세 번째 환자가 진료받을 확률

와이블 분포

어떤 시스템이 예기치 못한 시각에 고장이 나는 확률모형은 지수분포 또는 감마분포로 설명할 수 있다. 그러나 이러한 문제에 대한 또 다른 확률모형으로 1939년 스웨덴 물리학자 월로디 와이블Waloddi Weibull, 1887-1979이 소개한 와이블 분포가 있다. 와이블 분포는 와이블이 재료의 파괴강도를 분석하는 과정에서 고안했으며, 금속 및 복합 재료의 강도, 신뢰성 분석, 전기공학에서 전기시스템에 발생하는 과전압, 산업공학에서 제조 및 배송시간, 통신시스템 엔지니어링, 일기예보 및 풍력산업에서 풍속분포를 나타내는 데 적합한 확률분포이다. 특히 전자 및 기계부품이 점진적으로 마모되어 고장이 발생하는 경우의 확률모형에 많이 사용한다.

양수 α와 β에 대해 확률밀도함수가 다음과 같은 확률분포를 **와이블 분포**Weibull distribution라 하고, $X \sim \mathrm{Wei}(\alpha, \beta)$로 나타낸다.

$$f(x) = \frac{\beta}{\alpha^\beta} x^{\beta-1} e^{-(x/\alpha)^\beta}, \quad x > 0$$

보편적으로 와이블 분포는 [그림 7-19]와 같이 양의 비대칭분포로 나타난다.

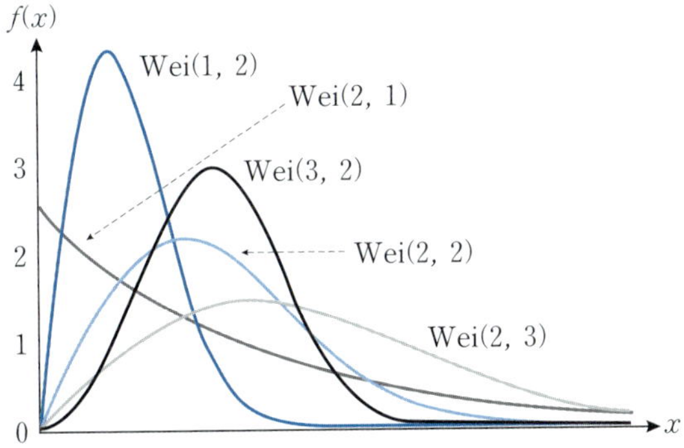

[그림 7-19] 모수에 따른 와이블 분포의 비교

이때 X의 1차 적률은 다음과 같다.

$$E(X) = \int_0^\infty \frac{\beta}{\alpha^\beta} x^\beta e^{-(x/\alpha)^\beta} dx$$

여기서 $\left(\frac{x}{\alpha}\right)^\beta = t$라 하면, $x = \alpha t^{1/\beta}$, $dx = \frac{\alpha}{\beta} t^{(1/\beta)-1} dt$이므로 다음을 얻는다.

$$E(X) = \int_0^\infty \frac{\beta}{\alpha^\beta} x^\beta e^{-(x/\alpha)^\beta} dx$$

$$= \int_0^\infty \frac{\beta}{\alpha^\beta} \frac{\alpha}{\beta} (\alpha t^{1/\beta})^\beta \cdot t^{(1/\beta)-1} e^{-t} dt$$

$$= \alpha \Gamma\left(1 + \frac{1}{\beta}\right)$$

동일한 방법에 의해 2차 적률을 구하면 $E(X^2) = \alpha^2 \Gamma\left(1 + \frac{2}{\beta}\right)$이다. 따라서 모수 α, β인 와이블 분포의 평균과 분산은 각각 다음과 같다.

❶ 평균 : $\mu = \alpha \Gamma\left(1 + \frac{1}{\beta}\right)$

❷ 분산 : $\sigma^2 = \alpha^2 \left\{\Gamma\left(1 + \frac{2}{\beta}\right) - \left[\Gamma\left(1 + \frac{1}{\beta}\right)\right]^2\right\}$

한편 $\frac{d}{dx}\left[-e^{-(x/\alpha)^\beta}\right] = \frac{\beta}{\alpha^\beta} x^{\beta-1} e^{-(x/\alpha)^\beta}$이므로 다음을 얻는다.

$$\int_0^x \frac{\beta}{\alpha^\beta} t^{\beta-1} e^{-(t/\alpha)^\beta} dt = \left[-e^{-(t/\alpha)^\beta}\right]_0^x = 1 - e^{-(x/\alpha)^\beta}$$

따라서 $X \sim \mathrm{Wei}(\alpha, \beta)$에 대한 분포함수와 생존함수, 위험률함수는 각각 다음과 같다.

❸ 분포함수 : $F(x) = 1 - e^{-(x/\alpha)^\beta}$, $x > 0$

❹ 생존함수 : $S(x) = e^{-(x/\alpha)^\beta}$, $x > 0$

❺ 위험률함수 : $h(x) = \frac{\beta}{\alpha^\beta} x^{\beta-1}$, $x > 0$

β 값에 따른 위험률함수는 [그림 7-20]과 같고, 다음 성질이 성립한다.

- $0 < \beta < 1$이면, $x = 0$ 부근에서 위험률 $h(x)$가 급격히 증가한다. 즉 장비가 초기부터 고장난 상태이다.
- $\beta = 1$이면, $h(x) = \alpha$이고 장치의 위험률이 일정하므로 우발 고장이 발생한다.
- $\beta > 1$이면, 시간이 지날수록 위험률 $h(x)$가 증가한다. 즉 장비를 오랫동안 사용함으로써 장비가 노후화되고 고장 상태에 이른다.

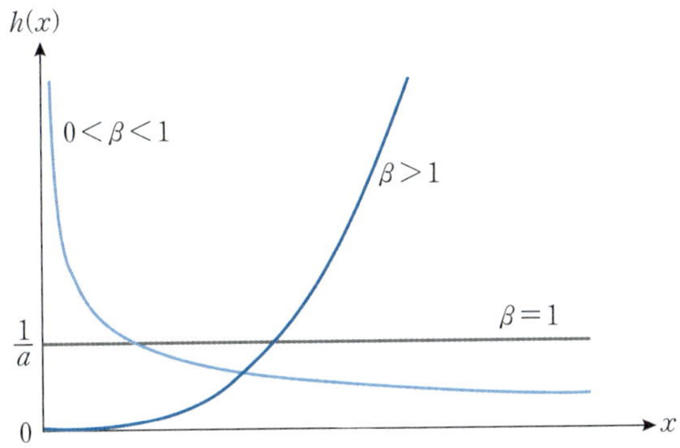

[그림 7-20] β에 따른 위험률함수

특히 모수 $\alpha = \sqrt{2}\theta$, $\beta = 2$인 와이블 분포를 모수 θ인 **레일리 분포**Rayleigh distribution라 하고, 다음 성질이 성립한다.

❶ 확률밀도함수 : $f(x) = \dfrac{1}{\theta^2} x e^{-x^2/(2\theta^2)}$, $x > 0$

❷ 평균 : $\mu = \sqrt{\dfrac{\pi}{2}}\,\theta$

❸ 분산 : $\sigma^2 = \theta^2\left(2 - \dfrac{\pi}{2}\right)$

❹ 분포함수 : $F(x) = 1 - e^{-x^2/(2\theta^2)}$, $x > 0$

❺ 생존함수 : $S(x) = e^{-x^2/(2\theta^2)}$, $x > 0$

❻ 위험률함수 : $h(x) = \dfrac{1}{\theta^2} x$, $x > 0$

레일리 분포는 협대역 스펙트럼 등의 파고 분포, 여러 파동이 합쳐져서 나타나는 해상파 파면 분포, 장애물에 의해 반사 · 회절 · 산란되어 다중경로로 수신되는 신호의 포락선 분포, 입력 리턴 손실 측정값, 모듈레이션 사이드 밴드 인젝션, 캐리어 서프레션, RF 페이딩 등 다양한 현상을 분석하는 확률모형에 많이 사용한다.

예제 7-19

어떤 기계부품의 수명 X가 모수 $\alpha = 6$, $\beta = 2$인 와이블 분포를 따를 때, 다음을 구하라.

(a) X의 분포함수

(b) $P(X \geq 5)$

(c) X의 평균과 분산

(d) X의 위험률함수

풀이

(a) X가 모수 $\alpha = 6$, $\beta = 2$인 와이블 분포를 따르므로 분포함수는 다음과 같다.

$$F(x) = 1 - e^{-(x/6)^2} = 1 - e^{-x^2/36},\ x > 0$$

(b) $P(X \geq 5) = S(5) = e^{-25/36} \approx 0.4994$

(c) $\mu = 6\Gamma\left(\frac{3}{2}\right) = \frac{6}{2}\Gamma\left(\frac{1}{2}\right) = 3\sqrt{\pi}$

$$\sigma^2 = 36\left\{\Gamma(2) - \left[\Gamma\left(1+\frac{1}{2}\right)\right]^2\right\} = 36\left(1 - \frac{\pi}{4}\right) = 9(4-\pi)$$

(d) $h(x) = \frac{2}{6^2}x^{2-1} = \frac{1}{18}x, \; x > 0$

I Can Do 7-19

반도체 베이킹 공정이 이루어지는 시간 X는 $\alpha = 3$, $\beta = 2$인 와이블 분포를 따를 때, 다음을 구하라.

(a) X의 분포함수 (b) $P(X \geq 5)$ (c) X의 평균과 분산

파레토 분포

파레토 분포는 경제적 효율성과 수입의 재분배에 관한 연구를 위해 만들어진 확률모형이다. 오늘날에는 보험회사가 청구액이 매우 큰 책임보험 또는 보험금액이 매우 큰 계약에 의한 손실을 만회하기 위해 재보험에 가입하는 경우에 많이 사용한다. 특히 공학에서는 최대 풍속, 최대 강우량, 지진 혹은 산불과 같은 자연 재해의 규모, 유전 지역에서 오일 매장량 등과 같이 자연 환경적 현상 등 많은 분야에 적용하기도 한다.

양의 실수 α, β에 대해 다음 확률밀도함수를 갖는 확률분포를 모수 α, β인 **파레토 분포**Pareto distribution라 하고, $X \sim \text{Pareto}(\alpha, \beta)$로 나타낸다.

$$f(x) = \frac{\alpha\beta^\alpha}{x^{\alpha+1}}, \quad x > \beta$$

여기서 α는 분포의 모양을 결정하는 형상모수이고, β는 분포가 시작하는 위치를 나타내는 위치모수이다. 파레토 분포는 [그림 7-21]과 같이 지수분포와 모양은 비슷하지만 모수 β에 집중하고 오른쪽으로 긴 꼬리 모양인 양의 왜도를 갖는다. 이때 α가 작을수록 분포의 꼬리가 두터워지며 산포도가 커진다.

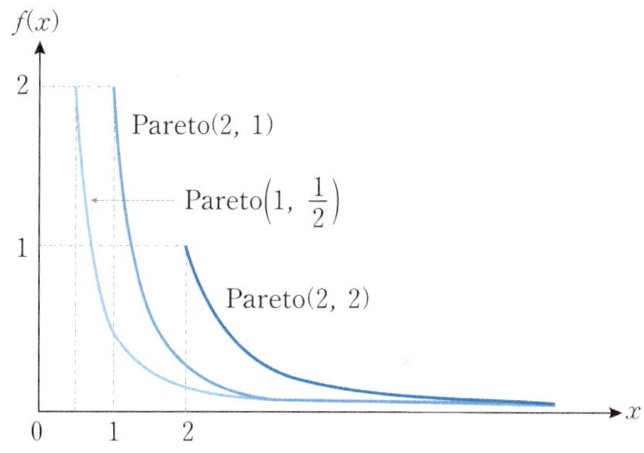

[그림 7-21] 모수에 따른 파레토 분포의 비교

$\alpha > 1$에 대해 X의 1차 적률은 다음과 같다.

$$E(X) = \int_{\beta}^{\infty} \frac{x\,\alpha\,\beta^{\alpha}}{x^{\alpha+1}}\,dx = \alpha\,\beta^{\alpha}\int_{\beta}^{\infty} x^{-\alpha}\,dx$$

$$= \alpha\,\beta^{\alpha}\left[-\frac{1}{\alpha-1}x^{-\alpha+1}\right]_{\beta}^{\infty} = \frac{\alpha\,\beta^{\alpha}}{\alpha-1}\beta^{-\alpha+1} = \frac{\alpha\,\beta}{\alpha-1}$$

동일한 방법에 의해 2차 적률을 구하면 $E(X^2) = \dfrac{\alpha\,\beta^2}{\alpha-2}$, $\alpha > 2$이다. 따라서 모수 α, β인 파레토 분포의 평균과 분산은 각각 다음과 같다.

❶ 평균 : $\mu = \dfrac{\alpha\,\beta}{\alpha-1}$, $\alpha > 1$

❷ 분산 : $\sigma^2 = \dfrac{\alpha\,\beta^2}{(\alpha-1)^2(\alpha-2)}$, $\alpha > 2$

$x > \beta$에 대해 분포함수는 다음과 같다.

$$F(x) = \int_{\beta}^{x} \frac{\alpha\,\beta^{\alpha}}{u^{\alpha+1}}\,du = \alpha\,\beta^{\alpha}\left[-\frac{1}{\alpha}u^{-\alpha}\right]_{\beta}^{\infty} = 1-\left(\frac{\beta}{x}\right)^{\alpha}$$

따라서 $X \sim \text{Pareto}(\alpha, \beta)$의 분포함수와 생존함수, 위험률함수는 각각 다음과 같다.

❸ 분포함수 : $F(x) = 1-\left(\dfrac{\beta}{x}\right)^{\alpha}$, $x \ge \beta > 0$

❹ 생존함수 : $S(x) = 1 - F(x) = \left(\dfrac{\beta}{x}\right)^{\alpha}$, $x \ge \beta > 0$

❺ 위험률함수 : $h(x) = \dfrac{\alpha}{\beta^{\alpha-2}}\dfrac{1}{x}$, $x \ge \beta > 0$

❺에서 위험률은 시간에 반비례하면서 줄어드는 것을 알 수 있다.

예제 7-20

태풍에 의한 재해 규모 X가 $\alpha=3$, $\beta=1$인 파레토 분포를 따른다고 할 때, 다음을 구하라.

(a) X의 분포함수

(b) $P(X \le 4)$

(c) X의 평균과 분산

(d) X의 위험률함수

풀이

(a) 태풍에 의한 재해 규모 X가 $\alpha=3$, $\beta=1$인 파레토 분포를 따르므로 분포함수는

$F(x)=1-\dfrac{1}{x^3}$, $x \ge 1$이다.

(b) $P(X \le 4)=F(4)=1-\dfrac{1}{4^3}=\dfrac{63}{64} \approx 0.9844$

(c) $\mu=\dfrac{3\times 1}{3-1}=\dfrac{3}{2}$, $\sigma^2=\dfrac{3\times 1^2}{2^2\times 1}=\dfrac{3}{4}$

(d) $h(x)=\dfrac{3}{1^{3-2}}\dfrac{1}{x}=\dfrac{3}{x}$, $x \ge 1$

I Can Do 7-20

확률변수 X가 $\alpha=4$, $\beta=3$인 파레토 분포를 따른다고 할 때, 다음을 구하라.

(a) X의 분포함수

(b) $P(X \le 4)$

(c) X의 평균과 분산

(d) X의 위험률함수

로지스틱 분포

생물은 그 개체 수가 짧은 초기 기간에 지수적으로 급격하게 증가하지만, 먹이 경쟁이나 포식 관계, 질병 창궐 등 여러 요인에 의해 증가율이 완만해진다. 결국 개체 수는 환경수용력 아래서 적당한 수준으로 유지된다. 벨기에 수학자인 피에르 F. 페르훌스트Pierre F. Verhulst, 1804~1849는 이러한 환경수용력을 고려한 개체군의 성장을 로지스틱 함수로 표현한 바 있다. 분포함수가 로지스틱 함수로 나타나는 확률분포를 로지스틱 분포라 하고, 유행병의 범위 또는 인공신경망을 나타내는 확률모형에 많이 사용한다.

임의의 실수 m과 양의 실수 s에 대해 다음 확률밀도함수를 갖는 확률분포를 모수 m, s인 **로지스틱 분포**logistic distribution라 하고, $X \sim \mathrm{Logistic}(m, s)$로 나타낸다.

$$f(x)=\frac{e^{-(x-m)/s}}{s\left(1+e^{-(x-m)/s}\right)^2}, \quad -\infty < x < \infty$$

모수 m, s인 로지스틱 분포에 대한 평균과 분산은 각각 다음과 같다.

❶ 평균 : $\mu = m$

❷ 분산 : $\sigma^2 = \dfrac{\pi^2 s^2}{3}$

$x > \beta$에 대해 분포함수는 다음과 같다.

$$F(x) = \int_{-\infty}^{x} \frac{e^{-(t-\mu)/s}}{s(1+e^{-(t-\mu)/s})^2} dt$$

분포함수를 구하기 위해 $z = 1 + e^{-(t-\mu)/s}$라 하면 $dz = -\dfrac{1}{s} e^{-(t-\mu)/s} dt$이므로 다음 적분을 얻는다.

$$\int \frac{e^{-(t-\mu)/s}}{s(1+e^{-(t-\mu)/s})^2} dt = -\int \frac{dz}{(1+z)^2} = \frac{1}{1+z} = \frac{1}{1+e^{-(t-\mu)/s}}$$

분포함수 $F(x)$는 다음과 같다.

$$F(x) = \int_{-\infty}^{x} \frac{e^{-(t-\mu)/\sigma}}{\sigma(1+e^{-(t-\mu)/\sigma})^2} dt = \left[\frac{1}{1+e^{-(t-\mu)/\sigma}}\right]_{-\infty}^{x} = \frac{1}{1+e^{-(x-\mu)/\sigma}}$$

따라서 모수 μ, s인 로지스틱 분포의 분포함수와 생존함수, 위험률함수는 각각 다음과 같다.

❸ 분포함수 : $F(x) = \dfrac{1}{1+e^{-(x-\mu)/s}}, \quad -\infty < x < \infty$

❹ 생존함수 : $S(x) = \dfrac{e^{-(x-\mu)/s}}{1+e^{-(x-\mu)/s}}, \quad -\infty < x < \infty$

❺ 위험률함수 : $h(x) = \dfrac{1}{s(1+e^{-(x-\mu)/s})}, \quad -\infty < x < \infty$

로지스틱 분포는 다음 성질이 성립한다.

- 평균, 중앙값, 최빈값이 모두 μ이다.
- 왜도는 $s_k = 0$이므로 $x = \mu$를 중심으로 대칭이다.
- $0 < p < 1$에 대해 $F^{-1}(p) = \mu + s\ln\left(\dfrac{p}{1-p}\right)$이다. 즉 $P(X \le x) = p$인 $100p\%$-백분위수는 $x_p = \mu + s\ln\left(\dfrac{p}{1-p}\right)$이다.

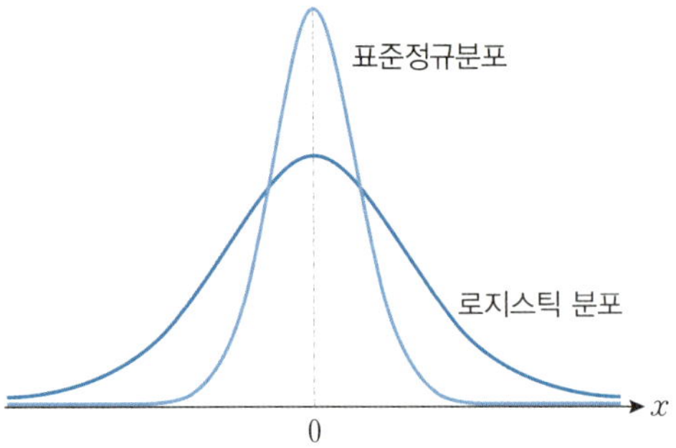

[그림 7-22] 로지스틱 분포와 표준정규분포의 비교

예제 7-21

$X \sim \text{Logistic}(0, 1)$일 때, 다음을 구하라.

(a) X의 분포함수 (b) $P(X \le 4)$

(c) X의 평균과 분산 (d) X의 사분위수

풀이

(a) 확률변수 X가 $\mu = 0$, $s = 1$인 로지스틱 분포를 따르므로 분포함수는 다음과 같다.

$$F(x) = \frac{1}{1 + e^{-x}}, \quad -\infty < x < \infty$$

(b) $P(X \le 4) = F(4) = \dfrac{1}{1 + e^{-4}} \approx 0.9820$

(c) $\mu = 0$, $\sigma^2 = \dfrac{\pi^2}{3} \approx 3.2899$

(d) 25%-백분위수 : $x_{25} = \ln\left(\dfrac{0.25}{1 - 0.25}\right) = -\ln 3 \approx -1.09986$

50%-백분위수 : $x_{50} = \ln\left(\dfrac{0.5}{1 - 0.5}\right) = \ln 1 = 0$

75%-백분위수 : $x_{75} = \ln\left(\dfrac{0.75}{1 - 0.75}\right) = \ln 3 \approx 1.09986$

I Can Do 7-21

$X \sim \text{Logistic}(2, 4)$일 때, 다음을 구하라.

(a) X의 분포함수 (b) $P(X \le 4)$

(c) X의 평균과 분산 (d) X의 사분위수

베타분포

베타분포는 제조과정에서 불량품의 비율 또는 기계의 작동률, 서비스에 만족하는 고객의 비율 등과 같이 비율에 관한 확률모형을 다룰 때 많이 사용한다. 베타분포를 따르는 확률변수 X는 0%와 100%를 나타내는 폐구간 [0, 1]에서 정의하고, 다음과 같은 베타함수를 이용하여 유도된다.

$$\mathrm{Beta}(\alpha, \beta) = \int_0^1 x^{\alpha-1}(1-x)^{\beta-1}dx, \quad \alpha > 0, \quad \beta > 0$$

이때 $0 < x < 1$에서 $\mathrm{Beta}(\alpha, \beta) > 0$이므로 다음이 성립하고, 피적분함수는 확률밀도함수 조건을 만족한다.

$$\int_0^1 \frac{1}{\mathrm{Beta}(\alpha, \beta)} x^{\alpha-1}(1-x)^{\beta-1}dx = 1$$

양수 α와 β에 대해 $0 < x < 1$에서 다음 확률밀도함수를 갖는 확률분포를 모수 α와 β인 **베타분포** beta distribution라 하고, $X \sim \mathrm{Beta}(\alpha, \beta)$로 나타낸다.

$$f(x) = \frac{1}{\mathrm{Beta}(\alpha, \beta)} x^{\alpha-1}(1-x)^{\beta-1}, \quad 0 < x < 1$$

감마함수와 베타함수의 관계를 이용하여 확률밀도함수를 다음과 같이 표현하면 편리하다.

$$f(x) = \frac{\Gamma(\alpha+\beta)}{\Gamma(\alpha)\Gamma(\beta)} x^{\alpha-1}(1-x)^{\beta-1}, \quad 0 < x < 1$$

베타분포는 모수에 따라 [그림 7-23]과 같이 양의 비대칭, 음의 비대칭 또는 대칭인 분포로 나타난다. 특히 $\alpha = \beta$인 경우에 베타분포는 $x = 0.5$를 중심으로 좌우대칭이고, 모수 $\alpha = \beta$가 커질수록 베타분포는 종 모양으로 나타난다.

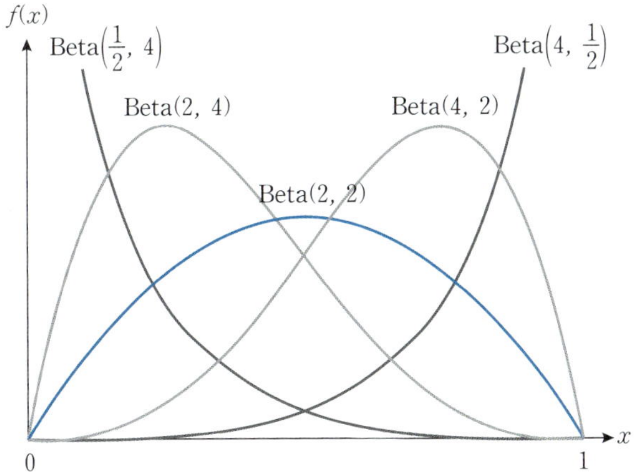

[그림 7-23] 모수에 따른 베타분포의 비교

$X \sim \text{Beta}(\alpha, \beta)$에 대한 1차 적률은 다음과 같다.

$$\begin{aligned} E(X) &= \int_0^1 \frac{\Gamma(\alpha+\beta)}{\Gamma(\alpha)\Gamma(\beta)} x^{\alpha}(1-x)^{\beta-1}\,dx \\ &= \frac{\Gamma(\alpha+\beta)}{\Gamma(\alpha)\Gamma(\beta)} \frac{\Gamma(\alpha+1)\Gamma(\beta)}{\Gamma(\alpha+1+\beta)} \int_0^1 \frac{\Gamma(\alpha+1+\beta)}{\Gamma(\alpha+1)\Gamma(\beta)} x^{(\alpha+1)-1}(1-x)^{\beta-1}\,dx \\ &= \frac{\Gamma(\alpha+\beta)}{\Gamma(\alpha)} \frac{\Gamma(\alpha+1)}{\Gamma(\alpha+1+\beta)} \\ &= \frac{\alpha}{\alpha+\beta} \end{aligned}$$

동일한 방법으로 2차 적률을 구하면 $E(X^2) = \dfrac{\alpha\,(a+1)}{(\alpha+\beta+1)\,(\alpha+\beta)}$이고, 평균과 분산은 각각 다음과 같다.

❶ 평균 : $\mu = \dfrac{\alpha}{\alpha+\beta}$

❷ 분산 : $\sigma^2 = \dfrac{\alpha\beta}{(\alpha+\beta)^2(\alpha+\beta+1)}$

특히 확률변수 X가 모수 $\alpha=\beta=1$인 베타분포를 따른다면 X는 균등분포 $U(0,\,1)$이 된다.

예제 7-22

제조과정에서 생산된 웨이퍼 넷다이가 불량일 비율 X는 모수 $\alpha=15$, $\beta=2$인 베타분포를 따른다고 할 때, 다음을 구하라.

(a) X의 확률밀도함수

(b) X의 평균과 분산

(c) 불량인 넷다이의 비율이 60% 이내일 확률

풀이

(a) X가 모수 $\alpha=15$, $\beta=2$인 베타분포를 따르므로 확률밀도함수는 다음과 같다.

$$f(x) = \frac{\Gamma(15+2)}{\Gamma(15)\Gamma(2)} x^{15-1}(1-x)^{2-1} = 240x^{14}(1-x), \quad 0 < x < 1$$

(b) $\mu = \dfrac{15}{15+2} = \dfrac{15}{17} \approx 0.8824$, $\sigma^2 = \dfrac{15\times 2}{(15+2)^2(15+2+1)} = \dfrac{5}{867} \approx 0.0058$

(c) 60%는 0.6이므로 구하는 확률은 다음과 같다.

$$P(X \le 0.6) = \int_0^{0.6} 240x^{14}(1-x)\,dx = \left[16x^{15} - 15x^{16}\right]_0^{0.6} = 0.0033$$

I Can Do 7-22

어느 회사에서 제조하는 통신선에 포함된 구리 함량이 모수 $\alpha = 5$, $\beta = 2$인 베타분포를 따른다고 할 때, 다음을 구하라.

(a) X의 확률밀도함수

(b) X의 평균과 분산

(c) 구리 함량의 비율이 70% 이상일 확률

Chapter 07 연습문제

연습문제 정답

1. 어느 회사에서 생산한 전자제품의 수명이 10년 이상일 확률은 0.9라 한다. 이 제품을 사용하는 소비자 10명을 임의로 선정했을 때, 다음을 구하라.

   (a) 이 제품을 10년 이상 사용하는 평균 소비자 수

   (b) 정확히 6명이 이 제품을 10년 이상 사용할 확률

   (c) 5명 이상이 이 제품을 10년 이상 사용할 확률

2. 어느 통신시스템이 메시지를 수신할 때 노이즈로 인해 오류 메시지를 수신할 확률은 0.2이다. 이 시스템이 수신한 메시지 10개 중에서 오류 메시지 개수를 X라 할 때, 다음을 구하라.

   (a) X의 확률질량함수

   (b) X의 평균과 분산

   (c) $P(X=3)$

   (d) $P(X \geq 5)$

3. 어느 의료기기 업체에서 생산한 혈압측정기의 불량률이 5%라 한다. 이 업체가 대형 병원에 납품한 측정기 20개 중에서 불량품 개수를 X라 할 때, 다음을 구하라.

   (a) X의 확률질량함수

   (b) X의 평균과 분산

   (c) 불량품이 1개일 확률

   (d) 불량품이 2개 이상일 확률

4. 환자 100명에게 새로 개발한 당뇨병 신약을 투여하는 임상실험을 실시하였고, 85명이 치료되었다. 이 신약을 환자 15명에게 투여했을 때, 치유된 환자의 수를 X라 하자. 다음을 구하라.

   (a) X의 확률질량함수

   (b) X의 평균과 분산

   (c) 12명 이상 치유될 확률

   (d) 많아야 7명이 치유될 확률

5. 어느 의료기기 업체에서 불량률이 5%인 혈압측정기를 출고하기 위해 100개를 포장했다고 하자. 임의로 선정한 20개 중에서 불량품 개수를 X라 할 때, 다음을 구하라.

   (a) X의 확률질량함수

   (b) X의 평균과 분산

   (c) 불량품이 1개일 확률

   (d) 불량품이 2개 이상일 확률

6. 상자에 집적회로 20개가 들어 있고, 이 중에서 불량품은 3개이다. 이 상자에서 집적회로 5개를 임의로 꺼낼 때, 다음을 구하라.

   (a) 불량품 개수에 대한 확률질량함수

   (b) 불량품 개수에 대한 평균과 분산

   (c) 불량품이 정확히 하나일 확률

   (d) 불량품이 한 개 이상일 확률

7. 웨이퍼 1,500개 중에서 불량품이 75개 섞여있다고 한다. 웨이퍼를 임의로 15개 선정할 때, 다음을 구하라.

(a) 불량품 개수에 대한 평균과 분산
(b) 불량품이 정확히 하나일 확률
(c) 불량품이 2개 이상일 확률

8. 어느 하루 동안 경찰청에 보고된 자율주행 자동차 사고 서류를 피해 정도로 분류했더니 사망 2건, 중상 3건, 경상 4건, 접촉 6건이었다. 이 중에서 서류 10개를 임의로 선정할 때, 다음을 구하라.

(a) 피해 정도에 따른 확률분포
(b) 피해 정도가 사망 1건, 중상 2건 경상 3건, 접촉 4건일 확률
(c) 평균 접촉사고 수

9. 어느 방사능 검출기의 계수관을 통과하는 방사능 입자 개수 X가 100분의 1초 동안 평균 5개인 푸아송 분포를 따를 때, 다음을 구하라.

(a) 100분의 1초 동안 정확히 한 입자가 계수관을 통과할 확률
(b) 이 시간 동안 적어도 6개의 입자가 계수관을 통과할 확률

10. 자동차 차체의 도장 작업에 사용하는 로봇은 한 번에 50cm^2를 칠하고 평균적으로 흠집이 1인 푸아송 분포를 따를 때, 다음을 구하라.

(a) 도장 작업을 한 번 할 때 흠집이 꼭 3개 생길 확률
(b) 도장 작업을 한 번 할 때 흠집이 3개 이상 생길 확률
(c) 임의로 선정한 200cm^2에 흠집이 5개 있을 확률
(d) 임의로 선정한 200cm^2에 흠집이 5개 이상 있을 확률

11. 상식적인 혈액형 유전법칙을 벗어나는 특이한 혈액형인 시스-AB(cis-AB)형은 국내에서 10,000명당 4명 정도인 푸아송 분포를 따르는 것이 발견된다. 어느 날 임의로 선정한 1,500명 중에서 시스-AB형에 대해 다음을 구하라.

(a) 시스-AB형인 사람 수
(b) 정확히 1명이 시스-AB형일 확률
(c) 적어도 2명 이상이 시스-AB형일 확률

12. 특정 시기에 생산된 전기자동차 모델에 0.4%의 확률로 전기적 결함이 있음이 발견되었다. 이 시기에 생산한 전기자동차 1,000대를 리콜할 때, 전기적 결함이 있는 전기자동차 대수 X에 대해 다음을 구하라.

(a) X의 근사확률분포
(b) 전기적 결함이 있는 전기자동차가 3대 이하일 확률
(c) 전기적 결함이 있는 전기자동차가 5대 이상일 확률

13. 기지국은 수신된 메시지를 상대방에게 발송하는 중간 역할을 담당한다. 메시지 발송이 지연될 확률이 0.002인 기지국이 1시간 동안 메시지 2,000개를 수신하여 상대방에게 발송할 때, 다음을 구하라.

(a) 지연된 메시지 수의 평균

(b) 메시지 5개의 발송이 지연될 근사확률

14. 어느 유튜버가 방송하면 10초당 구독자 5명이 접속하고 구독자의 접속 수가 푸아송 분포를 따를 때, 다음을 구하라.

(a) 어느 구독자가 접속한 이후 10초 안에 구독자 6명이 접속할 확률

(b) 어느 구독자가 접속한 이후 15초 안에 구독자 6명이 접속할 확률

(c) 어느 구독자가 접속한 이후 다음 구독자가 접속하기까지 1초 이상 걸릴 확률

(d) 어느 구독자가 접속한 이후 다음 구독자가 접속하기까지 걸린 평균 시간

15. 어느 대형 병원 응급실에 시간당 환자 4명이 들어오고, 응급실에 들어오는 환자 수가 푸아송 분포를 따르는 것이 관찰되었다. 1시간 동안 이 병원 응급실에 들어온 환자 수를 X, 어떤 환자가 들어온 이후 30분 이내에 들어온 환자 수를 Y, 그리고 어떤 환자가 들어온 이후 다음 환자가 들어올 때까지 걸린 시간을 T라 할 때, 다음을 구하라.

(a) X, Y의 확률질량함수와 T의 확률밀도함수

(b) X, Y, T의 평균과 분산

(c) 응급실에 1시간 동안 들어온 환자가 3명 이상일 확률

(d) 응급실에 30분 동안 들어온 환자가 3명 이상일 확률

(e) 응급실에 어떤 환자가 들어온 이후 1시간 30분이 지난 후에 다음 환자가 들어올 확률

(f) 응급실에 어떤 환자가 들어온 이후 1시간 30분 이내에 세 번째 환자가 들어올 확률

16. 시간에 따라 통신시스템에 수신되는 신호의 횟수 $X(t)$는 1초당 모수 $\lambda=2$인 푸아송 과정을 따를 때, $P[X(2)=1, X(3)-X(2)=0, X(6)-X(4)=2]$를 구하라.

17. 양수 m과 μ 그리고 $p+q=1$인 두 양수 p와 q에 대해 아래 함수를 생각할 때, 다음 물음에 답하라.

$$f(x)=\begin{cases} pe^{-mx}\dfrac{m^x}{x!}+qe^{-\mu x}\dfrac{\mu^x}{x!}, & x=0,1,2,\cdots \\ 0, & \text{다른 곳에서} \end{cases}$$

(a) 함수 $f(x)$가 확률질량함수임을 보여라.

(b) $p=2q$일 때, X의 확률질량함수를 구하라.

(c) $p=2q$일 때, X의 평균과 분산을 구하라.

18. 직경 300mm인 웨이퍼 안에 있는 넷다이의 불량률이 0.01일 때, 다음을 구하라.

(a) 불량품이 발견될 때까지 조사한 넷다이 개수에 대한 확률질량함수
(b) 10번째 넷다이에서 처음으로 불량품이 발견될 확률
(c) 넷다이를 20개 이상 조사해야 처음으로 불량품이 나올 확률
(d) 처음으로 불량품이 나올 때까지 조사한 넷다이의 평균 개수
(e) 두 번째 불량품이 나올 때까지 조사한 넷다이의 평균 개수
(f) 21번째로 조사한 넷다이가 두 번째 불량품일 확률

19. 어떤 질병에 대한 새로운 치료법을 개발한 의학 연구팀은 이 질병에 걸린 환자를 찾고자 한다. 이 질병에 걸린 사람은 전체 인구의 0.5%이고 연구팀은 이 질병에 걸린 환자를 찾을 때까지 반복하여 한 사람을 한 번씩 진찰한다고 할 때, 다음을 구하라.

(a) 이 질병에 걸린 환자를 처음 만날 때까지 평균 진찰 횟수
(b) 10명 이하를 진찰해서 이 질병에 걸린 환자를 만날 확률
(c) 11명 이상을 진찰해야 이 질병에 걸린 환자를 만날 수 있다고 할 때, 정확히 15번째 진찰해야 질병에 걸린 환자를 만날 확률
(d) (c)의 조건 아래서, 그 이후로 5명을 초과하여 진찰해야 이 질병에 걸린 환자를 만날 확률
(e) 이 질병에 걸린 두 번째 환자를 만날 때까지 걸린 평균 진찰 횟수
(f) 두 번째 환자를 만날 때까지 걸린 진찰 횟수에 대한 확률질량함수
(g) 10번째 진찰한 환자가 이 질병에 걸린 두 번째 환자일 확률

20. 100Ω인 저항기의 실제 저항이 95Ω과 105Ω 사이에서 일정하게 측정될 때, 저항기의 실제 저항 X에 대해 다음을 구하라.

(a) X의 확률밀도함수
(b) X의 평균과 분산
(c) $P(X \geq 98)$

21. 전기자동차 배터리의 모듈 1개를 구성하는 6개의 셀은 각각 3.6볼트와 3.7볼트 사이에서 균등한 분포를 이룰 때, 다음을 구하라.

(a) 임의로 선정한 셀의 평균 전압과 표준편차
(b) 셀의 전압이 3.67볼트 이하일 확률
(c) 모듈 하나에 포함된 전압이 3.67볼트 이하인 셀 개수

22. $X \sim \text{Exp}(2)$일 때, 다음을 구하라.

(a) X의 확률밀도함수
(b) X의 평균과 분산
(c) X의 생존함수
(d) X의 위험률함수
(e) 25%-백분위수
(f) 50%-백분위수

23. 평균이 3이고 분산이 9인 감마분포를 따르는 확률변수 X에 대해 다음을 구하라.

(a) 모수 α와 β

(b) X의 확률밀도함수

(c) X의 분포함수

(d) X의 생존함수

(e) X의 위험률함수

(f) $P(2 < X \le 3)$

24. 20Gy 감마선에 노출된 쥐의 생존기간 X는 평균 15일인 모수 $\alpha = 3$인 감마분포를 따른다고 한다. 쥐의 생존시간에 대해 다음을 구하라.

(a) 모수 β와 X의 확률밀도함수

(b) 쥐가 7일 안에 사망할 확률

(c) 쥐가 16일 이상 생존할 확률

25. 어떤 상품을 생산하는 기계가 처음으로 고장 날 때까지 걸린 시간이 $\lambda = 0.4$인 지수분포를 따를 때, 다음을 구하라. (단, 단위는 년이다.)

(a) 기계가 처음으로 고장 날 때까지 걸린 시간 X의 확률밀도함수

(b) X의 평균과 분산

(c) X의 생존함수와 위험률함수

(d) 고장 난 기계를 수리한 이후로 적어도 2년 이상 문제없이 사용할 확률

(e) 기계를 3년 이상 문제없이 사용했을 때, 앞으로도 2년 이상 문제없이 사용할 확률

26. 자동차 차체 생산라인의 판넬 생산공정에 도착하는 판넬이 1시간당 평균 $\mu = 1.6$의 비율인 푸아송 분포를 따라 도착할 때, 다음을 구하라.

(a) 판넬 생산공정에 도착하는 두 판넬 사이의 평균 시간

(b) 판넬 생산공정에 도착하는 두 판넬 사이의 시간이 1.5시간 이상일 확률

(c) 5시간 동안 도착한 판넬 수에 대한 분포

(d) 5시간 동안 판넬이 적어도 3개 도착할 확률

27. 어떤 전기회로에 스위치 A, B, C가 병렬로 연결되어 있다. A는 주 스위치이고, B는 A의 보조 스위치이며 C는 B의 보조 스위치이다. 즉 스위치 A가 멈추면 곧바로 스위치 B가 작동하고, 스위치 B가 멈추면 곧바로 스위치 C가 작동한다. 각 스위치의 작동시간이 평균 10인 지수분포를 따른다고 할 때, 다음을 구하라.

(a) 각 스위치의 작동시간 X의 확률밀도함수

(b) 모든 스위치가 멈출 때까지 걸린 시간 Y의 확률밀도함수

(c) 모든 스위치가 멈출 때까지 걸린 평균 시간

(d) $P(X \ge 25)$, $P(Y \ge 50)$

28. 어떤 질병에 걸려 증세가 나타날 때까지 걸린 시간은 평균 15일이고, 감염 기간은 지수분포를 따른다고 한다. 이 병에 걸린 환자에 대해 다음을 구하라.

(a) 20일 안에 증세를 보일 확률
(b) 적어도 25일 동안 증세가 나타나지 않을 확률
(c) 적어도 20일 동안 증세가 나타나지 않았을 때, 25일 이후에 증세를 보일 확률

29. 어떤 기계 부속품의 수명 X가 $\alpha=3$, $\beta=2$인 와이블 분포를 따를 때, 이 기계 부속품에 대해 다음을 구하라. (단, 단위는 년이다.)

(a) 기계 부속품의 평균 수명
(b) 생존함수와 위험률함수
(c) 6개월 안에 고장 날 확률
(d) 3년 이상 사용할 확률
(e) 3년 이상 사용했을 때, 앞으로 1개월 이상 더 사용할 확률

30. 위험률함수가 $h(x)=\left(\dfrac{x}{10}\right)^2$, $x>0$인 기계의 수명 X가 와이블 분포를 따를 때, 다음을 구하라. $\left(\text{단, } \Gamma\left(\dfrac{1}{3}\right)\approx 2.68,\ \sqrt[3]{300}\approx 6.69\text{이다.}\right)$

(a) 모수 α와 β
(b) X의 확률밀도함수
(c) X의 분포함수
(d) X의 생존함수
(e) X의 평균
(f) $P(X>10)$

31. 어느 지역의 풍속 X가 모수 $\alpha=1.5$, $\beta=2$인 와이블 분포를 따를 때, 다음을 구하라. (단, 단위는 m/s이다.)

(a) $P(X\le 3)$
(b) $P(X\ge 2)$
(c) 위험률함수 $h(x)$
(d) X의 평균과 중앙값

32. 어떤 전자제품이 고장날 때까지 걸리는 시간 X가 모수 $\alpha=4$, $\beta=\dfrac{1}{2}$인 와이블 분포를 따를 때, 다음을 구하라. (단, 단위는 년이다.)

(a) $P(X\le 9)$
(b) $P(X\ge 16)$
(c) 위험률함수 $h(x)$
(d) X의 평균과 중앙값

33. 어떤 살충제에 노출된 해충의 생존시간 X가 모수 $\alpha=4$, $\beta=2$인 와이블 분포를 따를 때, 다음을 구하라. (단, 단위는 분이다.)

(a) $P(X\le 2)$
(b) $P(X\ge 4)$
(c) 사망력함수 $h(x)$
(d) X의 평균과 중앙값
(e) $F(x_0)=0.95$를 만족하는 x_0와 x_0의 의미

34. 라디오 신호의 진폭 X가 $\theta=2$인 레일리 분포를 따를 때, 다음을 구하라.

(a) X의 평균과 분산

(b) X의 분포함수

(c) X의 생존함수

(d) X의 위험률함수

(e) $P(X \le 2)$

(f) $P(X \ge 3)$

35. 1시간 동안 어느 기지국에 들어오는 통신량 X가 모수 $\alpha=3$, $\beta=0.5$인 파레토 분포를 따를 때, 다음을 구하라. (단, 단위는 1만 통화이다.)

(a) X의 평균과 분산

(b) X의 분포함수

(c) X의 생존함수

(d) X의 위험률함수

(e) $P(X \le 1.2)$

(f) $P(X \ge 2.5)$

36. 인공신경망의 뉴런모델에서 외부 노이즈를 가한 뉴런의 발화 X가 모수 $\mu=0$, $s=2$인 로지스틱 분포를 따를 때, 다음을 구하라.

(a) X의 평균과 분산

(b) X의 분포함수

(c) X의 생존함수

(d) X의 위험률함수

(e) $P(X \le 4)$

(f) $P(X \ge 3)$

37. 스프레이 모기약을 뿌린 후에 죽은 모기의 비율 X는 평균이 0.6이고 표준편차가 0.2인 베타분포를 따른다고 할 때, 다음을 구하라.

(a) 모수 α, β

(b) X의 확률밀도함수

(c) X의 분포함수

(d) 모기가 50% 이상 죽을 확률

38. $\alpha>1$, $\beta>1$이면 베타분포의 확률밀도함수 $f(x)$는 $x=\dfrac{\alpha-1}{\alpha+\beta-2}$에서 최대임을 보여라.

Chapter 08

정규분포

Normal Distribution

||| 목차 |||

||| 학습목표 |||

- 정규분포의 특성을 이해할 수 있다.
- 정규분포의 확률을 계산할 수 있다.
- 정규근사에 의해 이항분포의 확률을 구할 수 있다.
- 정규분포와 관련된 여러 가지 확률분포를 이해할 수 있다.

Section

8.1 정규분포

일반적으로 이산자료에 대한 히스토그램을 작성할 때 표본의 크기가 클수록 계급간격이 좁아지며 히스토그램은 종 모양에 가까워진다. 특히 3.2절에서 히스토그램의 중심부인 봉우리의 뾰족한 정도를 정규분포곡선과 비교한 바 있다. 또 정규분포의 대표적인 응용으로 6시그마(6σ) 기법이 있다. 이 기법은 생산품의 불량률이 정규분포의 $\pm 6\sigma$밖에 있도록 하자는 경영 철학으로, 불량품이 100만 개당(ppm) 2개 이하가 되도록 품질을 개선하는 것을 추구한다. 6시그마 기법은 1987년 반도체와 통신기기를 생산하는 모토로라의 전자기기 사업부에 근무하던 마이클 해리Michael Harry와 엔지니어인 빌 스미스Bill Smith가 최초로 창안했다. 이후 제너럴 일렉트릭(GE)이 1996년부터 생산라인을 비롯하여 인사, 관리, 총무, 마케팅 등 비생산부분까지 모든 사업 분야에 6시그마 기법을 적용했다. 국내에서도 삼성전자, LG전자, 포스코 등 많은 제조업체가 이 기법을 도입하였으며, 산업계 전반에 걸쳐 빠르게 확산되고 있다.

다음 기사는 R&D 혁신을 위해 6시그마 기법과 린 경영을 결합하는 방안을 다룬 것이다.

> R&D 혁신을 위해 올해 R&D 투자규모를 지난해 1조 1000억 원보다 10% 이상 확대한 1조 3000억 원으로 늘린다. R&D 인력도 지난해 5500명에서 올해 6200명선으로 확대한다. 사업 운영 효율성을 위해서는 '린 6시그마'를 도입한다. 품질개선활동인 6시그마에 업무 프로세스를 개선하는 '린' 기법을 합쳤다. 신 회장은 린 6시그마 도입으로 매년 생산성을 5% 이상 개선하고 품질 실패비용은 5년내 절반수준으로 낮추겠다고 선언했다.
>
> 출처 : IT조선 2019년 7월 9일

이 절에서는 활용도가 높은 정규분포의 다양한 특성과 확률을 계산하는 방법에 대해 살펴본다.

정규분포의 성질

임의의 실수 m과 양의 실수 s에 대해 확률밀도함수가 다음과 같은 확률분포를 모수 m과 s^2인 **정규분포**normal distribution라 하고, $X \sim N(m,\ s^2)$으로 나타낸다.

$$f(x) = \frac{1}{\sqrt{2\pi}\, s} e^{-(x-m)^2/(2s^2)}, \quad -\infty < x < \infty$$

정규분포를 **가우스분포**Gaussian distribution라고도 한다. [그림 8-1]과 같이 종 모양인 확률밀도함수의 그래프를 **정규곡선**normal curve이라 한다.

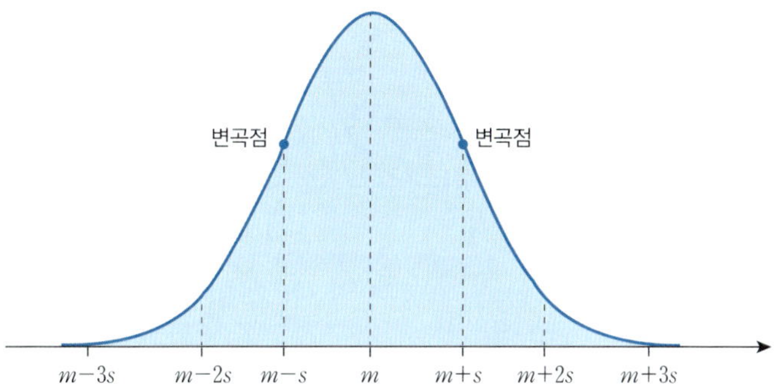

[그림 8-1] 정규곡선 모양

정규분포의 확률밀도함수를 나타내는 정규곡선은 다음과 같은 특징이 있다.

- $f(x)$는 $x = m$에 관해 좌우대칭이고, X의 중앙값은 $M_e = m$이다.
- $f(x)$는 $x = m$에서 최댓값을 가지고, X의 최빈값은 $M_o = m$이다.
- $x = m \pm s$에서 $f(x)$는 변곡점을 가지고, $m - s < x < m + s$에서 곡선이 위로 볼록하고 다른 범위에서 곡선은 아래로 볼록하다.
- $x = m \pm 3s$에서 x축에 거의 접하고, $x \to \pm\infty$ 이면 $f(x) \to 0$이다.
- $-\infty < x < \infty$에서 x축과 $f(x)$로 둘러싸인 부분의 넓이는 1 이다.

모수 m과 s^2인 정규분포의 평균과 분산은 각각 다음과 같이 모수와 동일하고, 이러한 정규분포를 따르는 확률변수를 $X \sim N(\mu, \sigma^2)$으로 나타낸다. 여기서 평균과 분산을 구하는 방법은 생략한다.

❶ 평균 : $\mu = m$

❷ 분산 : $\sigma^2 = s^2$

❸ 왜도 : $s_k = 0$

❹ 첨도 : $\kappa = 3$

정규곡선은 평균 μ와 표준편차 σ에 의해 그 모양이 결정된다. 평균이 동일하고 표준편차가 다르면 [그림 8-2(a)]와 같이 중심위치가 동일하다. 이때 표준편차가 작을수록 분포곡선은 평균에 집중한다. 평균이 다르고 표준편차가 동일하면 [그림 8-2(b)]와 같이 분포 모양은 동일하지만 중심위치가 다르다. 물론 두 정규분포의 평균과 표준편차가 서로 다르면 중심위치도 다르고 분포 모양도 다르다.

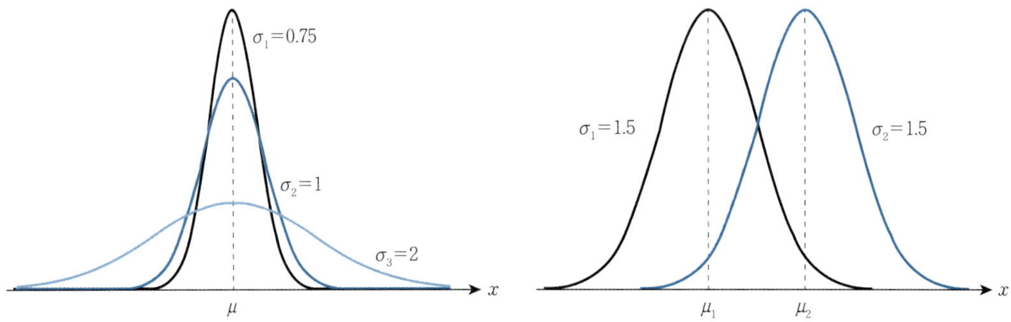

(a) μ가 동일하고 σ가 다른 경우 (b) μ가 다르고 σ가 동일한 경우

[그림 8-2] 정규곡선의 비교

평균이 0, 표준편차가 1인 정규분포를 **표준정규분포**standard normal distribution라 하고, $Z \sim N(0, 1)$로 나타낸다. 표준정규분포의 확률밀도함수는 다음과 같다.

$$\phi(z) = \frac{1}{\sqrt{2\pi}} e^{-z^2/2}, \quad -\infty < z < \infty$$

표준정규분포를 따르는 확률변수 Z의 분포함수 $\Phi(z) = P(Z \le z)$는 [그림 8-3(a)]와 같이 z의 왼쪽에서 표준정규분포 확률밀도함수 아랫부분의 넓이이고, 다음과 같이 정의한다.

$$\Phi(z) = \int_{-\infty}^{z} \frac{1}{\sqrt{2\pi}} e^{-u^2/2} du, \quad -\infty < z < \infty$$

확률밀도함수 $\phi(z)$가 $z=0$에 대해 대칭이므로 $\Phi(0)=0.5$이고, 이 분포함수는 [그림 8-3(b)]와 같이 S자 모양으로 나타난다.

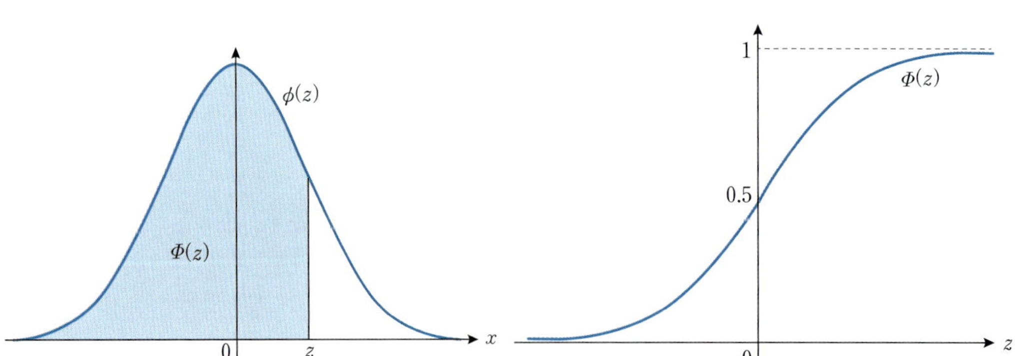

(a) 분포함수 $\Phi(z)$의 의미 (b) 분포함수 $\Phi(z)$의 모양

[그림 8-3] 표준정규분포의 분포함수

표준정규분포의 성질

표준정규곡선은 $z=0$에 관해 좌우대칭이므로 표준정규분포에 대해 다음 성질이 성립한다.

❶ $P(Z \le 0) = P(Z \ge 0) = 0.5$
❷ $P(Z \le -z) = P(Z \ge z)$, $z > 0$
❸ $P(Z \le z_\alpha) = 1-\alpha$, $P(Z \ge z_\alpha) = \alpha$
❹ $P(0 \le Z \le z) = P(Z \le z) - 0.5$, $z > 0$
❺ $P(Z \ge z) = 0.5 - P(0 \le Z \le z)$, $z > 0$
❻ $P(-z \le Z \le z) = 2P(0 \le Z \le z) = 2P(Z \le z) - 1$, $z > 0$
❼ $P(|Z| \le z_{\alpha/2}) = P(-z_{\alpha/2} \le Z \le z_{\alpha/2}) = 1-\alpha$

특히 성질 ❸에서 z_α는 $100(1-\alpha)\%$-백분위수이며 대칭성에 의해 $-z_\alpha$는 $100\alpha\%$-백분위수이다. 특히 $P(Z \le z_\alpha)$, $P(Z \ge z_\alpha)$는 각각 왼쪽과 오른쪽 꼬리부분의 확률을 나타내며, 이러한 확률을 **꼬리확률** tail probability이라 한다. [그림 8-4]는 $100(1-\alpha)\%$-백분위수와 꼬리확률을 나타낸다.

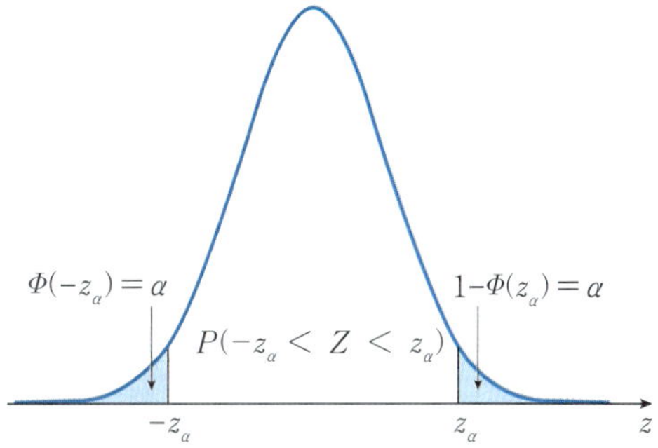

[그림 8-4] 백분위수와 꼬리확률

[그림 8-4]와 같이 양쪽 꼬리확률이 α인 백분위수 $-z_\alpha$와 z_α에 대해 다음이 성립한다.

$$\Phi(-z_\alpha) = P(Z \le -z_\alpha) = P(Z \ge z_\alpha) = 1 - \Phi(z_\alpha)$$

특히 통계적 추론에 많이 사용하는 오른쪽 꼬리확률 $\alpha = 0.05$, 0.025, 0.005에 대한 백분위수 z_α는 각각 다음과 같다.

$$P(Z > 1.645) = 0.05, \quad P(Z > 1.96) = 0.025, \quad P(Z > 2.58) = 0.005$$

양쪽 꼬리확률 $\frac{\alpha}{2}$가 각각 0.05, 0.025, 0.005인 α에 대한 중심확률 $P(|Z| < z_{\alpha/2})$는 각각 0.9, 0.95, 0.99이다.

$$P(|Z| < 1.645) = 0.9, \quad P(|Z| < 1.96) = 0.95, \quad P(|Z| < 2.58) = 0.99$$

[그림 8-5]는 이와 같은 꼬리확률과 백분위수 그리고 중심확률을 나타낸다.

일반적으로 양쪽 꼬리확률이 각각 $\frac{\alpha}{2}$인 두 백분위수 $-z_{\alpha/2}$, $z_{\alpha/2}$에 대해 다음이 성립한다.

$$P(|Z| \le z_{\alpha/2}) = P(-z_{\alpha/2} \le Z \le z_{\alpha/2}) = 1-\alpha$$

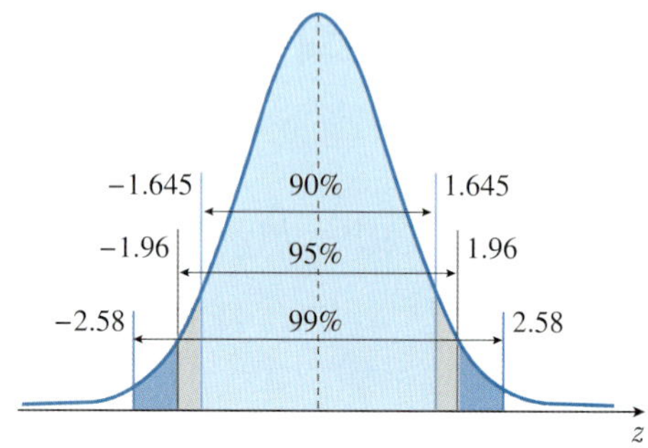

[그림 8-5] 특수한 꼬리확률과 중심확률

확률계산

표준정규분포를 따르는 확률변수 Z에 대한 확률을 구하기 위해 [부록 A.3]의 표준정규분포표를 이용한다. 예를 들어 $P(Z \le 1.06)$을 구하기 위해 [그림 8-6]의 표준정규분포표와 같이 z열에서 소수점 첫째 자리까지 나타낸 1.0을 선택하고, z행에서 소수점 둘째 자리를 나타내는 0.06을 선택한다. 이때 열과 행이 만난 위치의 수 0.8554를 선택하면 누적확률 $P(Z \le 1.06) = 0.8554$를 얻는다.

z	0.00	0.01	0.02	0.03	0.04	0.05	0.06	0.07	0.08	0.09
0.8	0.7881	0.7910	0.7939	0.7967	0.7996	0.8023	0.8051	0.8079	0.8106	0.8133
0.9	0.8159	0.8186	0.8212	0.8238	0.8264	0.8289	0.8315	0.8340	0.8365	0.8389
1.0	0.8413	0.8438	0.8461	0.8485	0.8508	0.8531	0.8554	0.8577	0.8599	0.8621
1.1	0.8643	0.8665	0.8686	0.8708	0.8729	0.8749	0.8770	0.8790	0.8810	0.8830
1.2	0.8849	0.8869	0.8888	0.8907	0.8925	0.8944	0.8962	0.8980	0.8997	0.9015
1.3	0.9032	0.9049	0.9066	0.9082	0.9099	0.9115	0.9131	0.9147	0.9162	0.9177
1.4	0.9192	0.9207	0.9222	0.9236	0.9251	0.9265	0.9279	0.9292	0.9306	0.9319

[그림 8-6] 표준정규분포표와 누적확률 $P(Z \le 1.06)$

표준정규분포의 확률변수 Z에 대해 $P(a \le Z \le b)$는 분포함수를 이용하여 다음과 같이 구한다.

$$P(a \le Z \le b) = P(Z \le b) - P(Z \le a)$$

앞에서 살펴본 표준정규분포의 성질을 이용하면 표준정규분포에 대한 확률을 쉽게 구할 수 있다.

예제 8-1

표준정규분포표를 이용하여 다음 확률을 구하라.

(a) $P(Z \le 1.25)$

(b) $P(Z \ge 0.96)$

(c) $P(Z \le -1.47)$

(d) $P(-1.15 \le Z \le 1.43)$

(e) $P(-1.36 \le Z \le 1.36)$

풀이

(a) $P(Z \le 1.25) = 0.8944$

(b) $P(Z \ge 0.96) = 1 - P(Z < 0.96) = 1 - 0.8315 = 0.1685$

(c) $P(Z \le -1.47) = P(Z \ge 1.47) = 1 - P(Z < 1.47) = 1 - 0.9292 = 0.0708$

(d) $$\begin{aligned} P(-1.15 \le Z \le 1.43) &= P(Z \le 1.43) - P(Z < -1.15) \\ &= P(Z \le 1.43) - [1 - P(Z < 1.15)] \\ &= 0.9236 - (1 - 0.8749) = 0.7985 \end{aligned}$$

(e) $$\begin{aligned} P(-1.36 \le Z \le 1.36) &= 2P(0 \le Z \le 1.36) = 2[P(Z \le 1.36) - 0.5] \\ &= 2P(Z \le 1.36) - 1 = 2 \times 0.9131 - 1 = 0.8262 \end{aligned}$$

I Can Do 8-1

표준정규분포표를 이용하여 다음 확률을 구하라.

(a) $P(Z \le 2.58)$

(b) $P(Z \ge 1.96)$

(c) $P(Z \le -1.38)$

(d) $P(-2.43 \le Z \le 1.65)$

(e) $P(-1.96 \le Z \le 1.96)$

일반적으로 정규확률변수 $X \sim N(\mu, \sigma^2)$에 대해 X와 표준화 확률변수 $Z = \dfrac{X-\mu}{\sigma}$ 사이에 다음 성질이 성립한다.

❶ $X \sim N(\mu, \sigma^2) \;\Leftrightarrow\; Z = \dfrac{X-\mu}{\sigma} \sim N(0, 1)$

❷ $Z \sim N(0, 1) \;\Leftrightarrow\; X = \mu + \sigma Z \sim N(\mu, \sigma^2)$

이때 성질 ❶을 이용하여 일반적인 정규분포의 확률을 계산할 수 있다. 예를 들어 확률변수 X가 평균 μ, 분산 σ^2인 정규분포를 따를 때, $P(a \le X \le b)$를 구하기 위해 다음과 같이 a와 b 그리고 확률변수 X를 표준화하여 표준정규분포로 변환한다.

$$z_l = \frac{a-\mu}{\sigma}, \quad z_r = \frac{b-\mu}{\sigma}, \quad Z = \frac{X-\mu}{\sigma}$$

따라서 다음과 같이 표준정규분포를 이용하여 일반적인 정규분포에 대한 확률을 구할 수 있다.

$$P(a \le X \le b) = P\left(\frac{a-\mu}{\sigma} \le Z \le \frac{b-\mu}{\sigma}\right) = \Phi(z_r) - \Phi(z_l)$$

I Can Do 8-3

[I can Do 8-2]의 확률변수 X에 대한 90%-백분위수, 95%-백분위수, 99%-백분위수를 구하라.

정규분포의 일차결합

정규분포 $X \sim N(\mu, \sigma^2)$에 대해 X의 일차변환 $Y = aX + b,\ a \neq 0$도 역시 정규분포를 따른다. 두 확률변수 X_1, X_2가 각각 $X_1 \sim N(\mu_1, \sigma_1^2)$, $X_2 \sim N(\mu_2, \sigma_2^2)$을 따르고 독립이면 $aX_1 + bX_2$도 역시 정규분포를 따른다. 이 내용을 식으로 정리하면 다음 성질이 성립한다.

❶ $X \sim N(\mu, \sigma^2) \iff Y = aX + b \sim N(a\mu + b, a^2\sigma^2)$

❷ $aX_1 + bX_2 \sim N(\mu, \sigma^2),\ \mu = a\mu_1 + b\mu_2,\ \sigma^2 = a^2\sigma_1^2 + b^2\sigma_2^2$

❸ $X_1 + X_2 \sim N(\mu_1 + \mu_2, \sigma_1^2 + \sigma_2^2)$

❹ $X_1 - X_2 \sim N(\mu_1 - \mu_2, \sigma_1^2 + \sigma_2^2)$

성질 ❸은 성질 ❷에서 $a=1$, $b=1$인 때이고 성질 ❹는 성질 ❷에서 $a=1$, $b=-1$인 때이다. 성질 ❷는 둘 이상의 독립인 정규확률변수에 대해 성립한다. 즉 독립인 확률변수 $X_i \sim N(\mu_i, \sigma_i^2)$, $i = 1, 2, \cdots, n$에 대해 $Y = a_1X_1 + \cdots + a_nX_n$이면 확률변수 Y는 다음과 같은 정규분포를 따른다.

$$Y \sim N(\mu, \sigma^2), \quad \mu = \sum_{i=1}^{n} a_i\mu_i, \quad \sigma^2 = \sum_{i=1}^{n} a_i^2\sigma_i^2$$

예제 8-4

독립이고 정규분포를 따르는 두 확률변수 $X \sim N(5, 4)$, $Y \sim N(3, 12)$에 대해 다음을 구하라.

(a) $U = 3X + 1$의 확률분포

(b) $V = X - Y$의 확률분포

(c) $P(6.64 < U < 25.36)$

(d) $P(7.08 < V < 10.6)$

(e) $P(V \geq v_0) = 0.005$를 만족하는 v_0

풀이

(a) U의 평균과 분산 그리고 확률분포는 각각 다음과 같다.

$$\mu_U = 3 \times 5 + 1 = 16, \quad \sigma_U^2 = 9 \times 4 = 36, \quad U \sim N(16, 36)$$

(b) V의 평균과 분산 그리고 확률분포는 각각 다음과 같다.

$$\mu_V = 5 - 3 = 2, \quad \sigma_V^2 = 4 + 12 = 16, \quad V \sim N(2, 16)$$

(c) 6.64와 25.36을 표준화하면 각각 다음과 같다.

$$z_l = \frac{6.64 - 16}{6} = -1.56, \quad z_r = \frac{25.36 - 16}{6} = 1.56$$

따라서 구하는 확률은 다음과 같다.

$$\begin{aligned} P(6.64 < U < 25.36) &= P(-1.56 < Z < 1.56) = 2P(Z < 1.56) - 1 \\ &= 2 \times 0.9406 - 1 = 0.8812 \end{aligned}$$

(d) 7.08과 10.6을 표준화하면 각각 다음과 같다.

$$z_l = \frac{7.08 - 2}{4} = 1.27, \quad z_r = \frac{10.6 - 2}{4} = 2.15$$

따라서 구하는 확률은 다음과 같다.

$$\begin{aligned} P(7.08 < V < 10.6) &= P(1.27 < Z < 2.15) = P(Z < 2.15) - P(Z \le 1.27) \\ &= 0.9842 - 0.8980 = 0.0862 \end{aligned}$$

(e) v_0를 표준화하면 $z_0 = \dfrac{v_0 - 2}{4}$이고 $P(Z \ge 2.58) = 0.005$이므로 다음이 성립한다.

$$P(V \ge v_0) = P\left(Z \ge \frac{v_0 - 2}{4}\right) = P(Z \ge 2.58) = 0.005$$

따라서 $\dfrac{v_0 - 2}{4} = 2.58$이므로 $v_0 = 2 + 4 \times 2.58 = 12.32$이다.

I Can Do 8-4

평균이 10이고 표준편차가 2인 정규분포를 따르는 i.i.d 확률변수 X와 Y에 대해 다음을 구하라.

(a) $U = 2X - 3$의 확률분포

(b) $V = X + Y$의 확률분포

(c) $P(11.52 < U < 25.84)$

(d) $P(12.7 < V < 27.3)$

(e) $P(V \ge v_0) = 0.025$를 만족하는 v_0

확률변수 $X_1, X_2, \cdots, X_n$이 독립이고 평균 μ와 분산 σ^2인 분포를 이룬다면, 즉 i.i.d 확률변수 $X_1, X_2, \cdots, X_n$에 대해 다음과 같이 정의하는 확률변수 $\overline{X}$를 **표본평균** sample mean이라 한다.

$$\overline{X} = \frac{1}{n}(X_1 + X_2 + \cdots + X_n)$$

표본평균 $\overline{X}$ 의 평균과 분산은 각각 다음과 같다.

- 평균 : $\mu_{\overline{X}} = \frac{1}{n} E(X_1 + X_2 + \cdots + X_n) = \frac{1}{n}(n\mu) = \mu$
- 분산 : $\sigma^2_{\overline{X}} = \frac{1}{n^2} Var(X_1 + X_2 + \cdots + X_n) = \frac{1}{n^2}(n\sigma^2) = \frac{\sigma^2}{n}$

정규분포를 따르는 확률변수의 일차결합도 정규분포를 따르므로 i.i.d 확률변수 $X_i \sim N(\mu, \sigma^2)$, $i = 1, 2, \cdots, n$에 대해 표본평균 $\overline{X}$ 는 다음과 같은 정규분포를 따른다.

$$\overline{X} \sim N\left(\mu, \frac{\sigma^2}{n}\right)$$

예제 8-5

평균 $\mu = 4$와 분산 $\sigma^2 = 4$인 정규분포를 따르는 i.i.d 확률변수 X_i, $i = 1, 2, 3, 4, 5$에 대한 표본평균 $\overline{X}$ 에 대해 다음을 구하라.

(a) $\overline{X}$ 의 확률분포

(b) $P(2.529 < \overline{X} < 5.471)$

풀이

(a) $\overline{X}$ 의 평균과 분산을 구하면 각각 $\mu = 4$, $\sigma^2 = \frac{4}{5} = 0.8$이므로 $\overline{X} \sim N(4, 0.8)$이다.

(b) 2.529와 5.471을 표준화하면 각각 다음과 같다.

$$z_l = \frac{2.529 - 4}{\sqrt{0.8}} \approx -1.645, \quad z_r = \frac{5.471 - 4}{\sqrt{0.8}} \approx 1.645$$

따라서 구하는 확률은 다음과 같다.

$$\begin{aligned} P(2.529 < \overline{X} < 5.471) &= P(-1.645 < Z < 1.645) = 2(Z < 1.645) - 1 \\ &= 2 \times 0.95 - 1 = 0.9 \end{aligned}$$

I Can Do 8-5

평균 $\mu = 16$과 분산 $\sigma^2 = 9$인 정규분포를 따르는 i.i.d 확률변수 X_i, $i = 1, 2, \cdots, 25$에 대한 표본평균 $\overline{X}$에 대해 다음을 구하라.

(a) $\overline{X}$의 확률분포

(b) $P(16.99 < \overline{X} < 17.548)$

중심극한정리

지금까지 확률변수 $X_1, X_2, \cdots, X_n$이 독립이고 평균 μ와 분산 σ^2을 갖는 동일한 정규분포를 이룬다면, 표본평균 $\overline{X}$는 다음 정규분포를 따르는 사실을 살펴보았다.

$$\overline{X} \sim N\left(\mu, \frac{\sigma^2}{n}\right)$$

이번에는 확률변수 $X_1, X_2, \cdots, X_n$이 독립이고 동일한 평균 μ와 동일한 분산 σ^2을 갖는 항등분포를 이루지만 정규분포를 따르지 않는다고 하자. n이 충분히 커지면 표본평균 $\overline{X}$는 다음과 같은 정규분포에 근사한다고 알려져 있으며, 이를 **중심극한정리**central limit theorem라 한다.

$$\overline{X} \approx N\left(\mu, \frac{\sigma^2}{n}\right)$$

따라서 확률변수 $X_1 + X_2 + \cdots + X_n$은 다음과 같은 정규분포에 근사한다.

$$X_1 + X_2 + \cdots + X_n \approx N(n\mu, n\sigma^2)$$

예를 들어 확률변수 $X_1, X_2, \cdots, X_n$이 독립이고 모수 p인 베르누이 분포를 따른다고 하자. 각각의 확률변수 X_i의 평균과 분산이 각각 $\mu = p$, $\sigma^2 = pq$이므로 n이 충분히 크면 중심극한정리에 의해 확률변수의 합은 다음과 같이 정규분포에 근사한다.

$$X = X_1 + X_2 + \cdots + X_n \approx N(np, npq)$$

이때 $X = X_1 + X_2 + \cdots + X_n \sim B(n, p)$이므로 이항확률변수 $X \sim B(n, p)$에 대해 n이 충분히 크면 중심극한정리에 의해 $X \approx N(np, npq)$이다. 더욱이 $X \sim B(n, p)$에 대해 표본비율 $\hat{p} = \frac{X}{n}$의 평균과 분산이 각각 $\mu_{\hat{p}} = p$, $\sigma_{\hat{p}}^2 = \frac{pq}{n}$이므로 n이 충분히 크면 중심극한정리에 의해 표본비율 $\hat{p}$은 다음 정규분포에 근사한다.

$$\hat{p} = \frac{X}{n} \approx N\left(p,\ \frac{pq}{n}\right)$$

예제 8-6

독립인 확률변수 $X_1,\ X_2,\ \cdots,\ X_{36}$이 각각 $\mu = 15,\ \sigma^2 = 9$인 항등분포를 따를 때, 표본평균 $\overline{X}$에 대해 $P(14.02 \le \overline{X} \le 15.98)$을 구하라.

풀이

표본평균 $\overline{X}$의 평균과 분산은 $\mu_{\overline{X}} = 15,\ \sigma^2_{\overline{X}} = \dfrac{9}{36} = 0.25$이다. 중심극한정리에 의해 표본평균 $\overline{X}$는 근사적으로 $\overline{X} \approx N(15,\ 0.25)$를 따른다. 그리고 14.02와 15.98을 표준화하면 각각 다음과 같다.

$$z_l = \frac{14.02 - 15}{0.5} = -1.96,\quad z_r = \frac{15.98 - 15}{0.5} = 1.96$$

따라서 구하는 근사확률은 다음과 같다.

$$\begin{aligned} P(14.02 \le \overline{X} \le 15.98) &= P(-1.96 < Z < 1.96) = 2P(Z < 1.96) - 1 \\ &= 2 \times 0.9750 - 1 = 0.95 \end{aligned}$$

I Can Do 8-6

독립인 확률변수 $X_1,\ X_2,\ \cdots,\ X_{49}$가 각각 $\mu = 151,\ \sigma^2 = 25$인 항등분포를 따를 때, 표본평균 $\overline{X}$에 대해 $P(149.95 \le \overline{X} \le 152.66)$을 구하라.

이항분포의 정규근사

7.1절에서 이항분포 $B(n,\ p)$에 대해 $n > 30$이고 $\mu = np$가 일정하면 이항확률을 푸아송 분포를 이용하여 근사적으로 구할 수 있음을 살펴보았다. 이 경우에 n이 충분히 크고 $\mu = np$가 일정하면 두 모수 n과 p가 반비례하므로 $p \approx 0$이다. 그러나 n이 충분히 크지만 p가 0에 가깝지 않으면 앞에서 살펴본 바와 같이 중심극한정리에 의해 $X \approx N(np,\ npq)$이다. 특히 표본의 크기 n이 $np \ge 5$, $nq \ge 5$를 만족하면 이항분포는 $\mu = np$, $\sigma^2 = npq$인 정규분포 $X \approx N(np,\ npq)$에 근사하고, 이를 **이항분포의 정규근사** normal approximation라 한다. 따라서 이항분포의 두 모수 n과 p에 대해 n이 충분히 크지만 p가 0에 가깝지 않으면 정규분포를 이용하여 이항확률을 근사적으로 구할 수 있다.

예제 8-7

확률변수 X가 이항분포 $B(50,\ 0.75)$를 따를 때, 다음을 구하라. (단, $P(X \le 45) = 0.9979$, $P(X \le 36) = 0.3630$이다.)

(a) 이항분포에 의한 $P(37 \le X \le 45)$ (b) 정규근사에 의한 $P(37 \le X \le 45)$

(c) 정규근사에 의한 $P(36.5 \le X \le 45.5)$

풀이

(a) $P(37 \le X \le 45) = P(X \le 45) - P(X \le 36) = 0.9979 - 0.3630 = 0.6349$

(b) $X \sim B(50,\ 0.75)$이고 $\mu = 50 \times 0.75 = 37.5$, $\sigma^2 = 50 \times 0.75 \times 0.25 = 9.375$이므로 $X \approx N(37.5,\ 9.375)$이다. 37과 45를 표준화하면 다음과 같다.

$$z_l = \frac{37 - 37.5}{\sqrt{9.375}} \approx -0.16, \quad z_r = \frac{45 - 37.5}{\sqrt{9.375}} \approx 2.45$$

따라서 정규근사에 의한 근사확률은 다음과 같다.

$$\begin{aligned} P(37 \le X \le 45) \approx P(-0.16 < Z < 2.45) &= P(Z < 2.45) - P(Z < -0.16) \\ &= P(Z < 2.45) + P(Z < 0.16) - 1 \\ &= 0.9929 + 0.5636 - 1 = 0.5565 \end{aligned}$$

(c) 36.5와 45.5를 표준화하면 다음과 같다.

$$z_l = \frac{36.5 - 37.5}{\sqrt{9.375}} \approx -0.33, \quad z_r = \frac{45.5 - 37.5}{\sqrt{9.375}} \approx 2.61$$

따라서 정규근사에 의한 근사확률은 다음과 같다.

$$\begin{aligned} P(36.5 \le X \le 45.5) \approx P(-0.33 < Z < 2.61) &= P(Z < 2.61) - P(Z < -0.33) \\ &= P(Z < 2.61) + P(Z < 0.33) - 1 \\ &= 0.9955 + 0.6293 - 1 = 0.6248 \end{aligned}$$

I Can Do 8-7

확률변수 X가 이항분포 $B(36,\ 0.64)$를 따를 때, 다음을 구하라. (단, $P(X \le 25) = 0.8021$, $P(X \le 30) = 0.9970$이다.)

(a) 이항분포에 의한 $P(26 \le X \le 30)$ (b) 정규근사에 의한 $P(26 \le X \le 30)$

(c) 정규근사에 의한 $P(25.5 \le X \le 30.5)$

정규근사에 의한 두 근사확률 [예제 8-7(b)]와 [예제 8-7(c)]를 비교해보자. [예제 8-7(b)]의 근사확률은 이항분포에 의한 확률에 비해 0.0784만큼의 차이가 있다. 그러나 [예제 8-7(c)]의 근사확률은 0.0097만큼의 차이가 있으므로 $P(37 \le X \le 45)$보다 $P(36.5 \le X \le 45.5)$의 근사확률의 오차가 작아진 것을 알 수 있다. 확률히스토그램은 확률변수가 취하는 값을 중심으로 밑변의 길이가 1이고 높이가 확률값인 막대로 구성되므로 이항분포에 의한 확률 $P(37 \le X \le 45)$에서 첫 번째 막대의 구간은 [36.5, 37.5]이고 마지막 막대의 구간은 [44.5, 45.5]이다. 이에 비해 정규근사에 의한 확률 $P(37 \le X \le 45)$는 [그림 8-8]과 같이 구간 [36.5, 37.0]과 [45.0, 45.5] 사이의 확률이 누락되어 근사확률의 오차가 커진다. 따라서 정규근사에 의한 근사확률 $P(37 \le X \le 45)$를 구할 때 오차를 줄이기 위해 $P(36.5 \le X \le 45.5)$를 구한다.

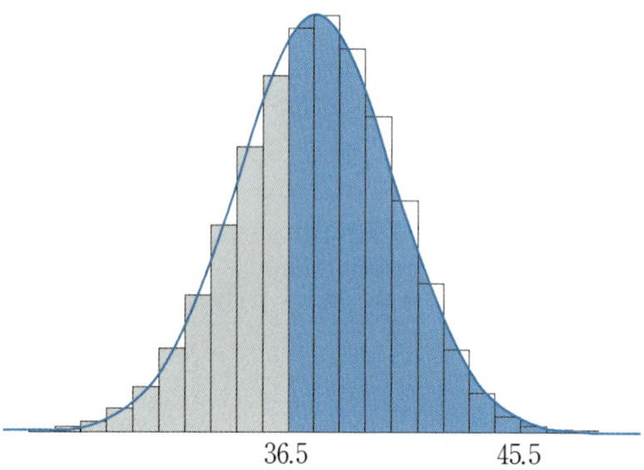

[그림 8-8] 연속성 수정 정규근사 확률

이항분포 $X \sim B(n, p)$에서 $np \ge 5$, $nq \ge 5$일 때, 정규근사에 의한 근사확률 $P(a \le X \le b)$ (단, a, b는 정수)를 구하기 위해 평균 $\mu = np$, 분산 $\sigma^2 = npq$인 정규분포를 이용한다. 이와 같이 이항확률의 근사확률을 구하는 방법을 **연속성 수정 정규근사** normal approximation with continuity correction factor 라 한다. 보편적으로 정규근사라 함은 연속성 수정 정규근사를 의미한다.

$$P(a \le X \le b) \approx P(z_l \le Z \le z_r), \quad z_l = \frac{a - 0.5 - \mu}{\sigma}, \quad z_r = \frac{b + 0.5 - \mu}{\sigma}$$

Section 8.2 정규분포와 관련된 분포

정규분포와 관련된 확률분포로 χ^2-분포, t-분포, F-분포, 로그정규분포, 이변량 정규분포 등이 있다. 특히 χ^2-분포, t-분포, F-분포는 알려지지 않은 모집단의 모수를 추론할 때 매우 중요하다. 로그정규분포는 에너지, 농도, 세포의 크기, 어떤 입자의 크기 또는 어떤 사건의 위험도가 급격히 증가했다가 낮아지는 통계 모형에 적합하다. 이 절에서는 이러한 확률분포를 정의하고 여러 가지 성질을 살펴본다.

카이제곱 분포

카이제곱 분포는 표준정규분포를 따르는 확률변수 Z에 대해 Z^2과 관련된 확률분포이며 감마분포의 특수한 경우이다. 7.2절에서 $\alpha = 1$인 감마분포는 모수 $\lambda = \dfrac{1}{\beta}$인 지수분포이고, 자연수 n에 대해 $\alpha = n$이면 모수 n과 β인 얼랑분포임을 살펴보았다. 한편 양수 r에 대해 $\alpha = \dfrac{r}{2}$, $\beta = 2$인 감마분포를 자유도 r인 **카이제곱 분포**chi-squared distribution라 하고, $X \sim \chi^2(r)$로 나타낸다. 자유도 r인 카이제곱 분포의 확률밀도함수는 다음과 같다.

$$f(x) = \frac{1}{\Gamma(r/2)\, 2^{r/2}}\, x^{(r/2)-1}\, e^{-x/2}, \quad x > 0$$

감마분포의 평균과 분산이 각각 $\mu = \alpha\beta$, $\sigma^2 = \alpha\beta^2$이므로 $X \sim \chi^2(r)$에 대한 평균과 분산은 각각 다음과 같다.

❶ 평균 : $\mu = r$

❷ 분산 : $\sigma^2 = 2r$

카이제곱 분포는 [그림 8-9]와 같이 왼쪽으로 치우치는 양의 비대칭분포를 이루지만, 자유도 r이 커질수록 오른쪽으로 퍼지면서 종 모양을 이룬다.

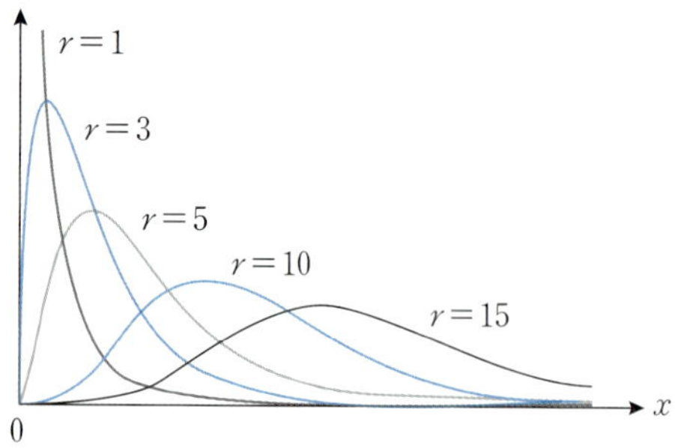

[그림 8-9] 자유도에 따른 카이제곱 분포

특히 [그림 8-10]과 같이 $0 < \alpha < 1$에 대해 오른쪽 꼬리확률 $\alpha = P(X > x_\alpha)$를 만족하는 $100(1-\alpha)\%$-백분위수를 $x_\alpha = \chi^2_\alpha(r)$로 나타낸다. 즉 $P(X > \chi^2_\alpha(r)) = \alpha$이다.

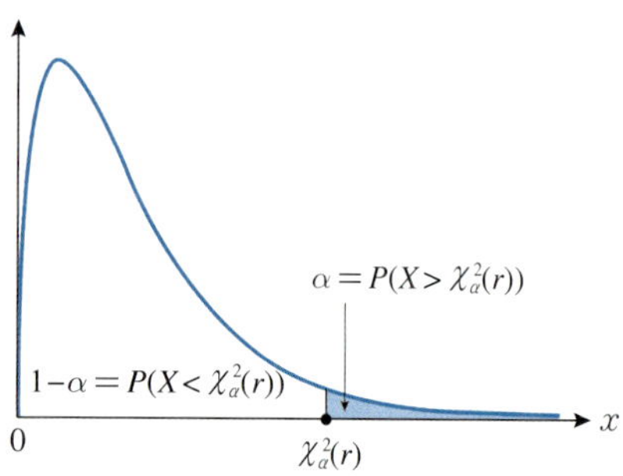

[그림 8-10] 카이제곱 분포의 $100(1-\alpha)\%$-백분위수

특수한 꼬리확률과 자유도에 따른 백분위수는 [부록 A.4]의 카이제곱 분포표에서 [그림 8-11]과 같이 구할 수 있다. 예를 들어 $X \sim \chi^2(4)$에 대해 $P(X > \chi^2_{0.025}(4)) = 0.025$를 만족하는 97.5%-백분위수 $\chi^2_{0.025}(4)$는 자유도를 나타내는 d.f의 4와 꼬리확률을 나타내는 α에서 0.025를 선택하여 만난 위치의 수 11.14이다. 즉 $X \sim \chi^2(4)$에 대해 $\chi^2_{0.025}(4) = 11.14$이고 $P(X > 11.14) = 0.025$이다.

꼬리확률

$\chi^2_{0.025}(4) = 11.04,\ P(X > 11.14) = 0.025$

자유도

d.f \ α	0.250	0.200	0.150	0.100	0.050	0.025	0.020	0.010	0.005	0.0025
1	1.32	1.64	2.07	2.71	3.84	5.02	5.41	6.63	7.88	9.14
2	2.77	3.22	3.79	4.61	5.99	7.38	7.82	9.21	10.60	11.98
3	4.11	4.64	5.32	6.25	7.81	9.35	9.84	11.34	12.84	14.32
4	5.39	5.99	6.74	7.78	9.49	11.14	11.67	13.28	14.86	16.42
5	6.63	7.29	8.12	9.24	11.07	12.83	13.39	15.09	16.75	18.39
6	7.84	8.56	9.45	10.64	12.59	14.45	15.03	16.81	18.55	20.25
7	9.04	9.80	10.75	12.02	14.07	16.01	16.62	18.48	20.28	22.04

[그림 8-11] 카이제곱 분포표

카이제곱 분포에 대해 다음 성질이 성립한다.

❶ $X \sim \chi^2(r_1)$, $Y \sim \chi^2(r_2)$이고 X와 Y가 독립이면, $X+Y \sim \chi^2(r_1+r_2)$이다.

❷ $Z \sim N(0,1)$이면 $Z^2 \sim \chi^2(1)$이다.

❸ $X \sim N(\mu, \sigma^2)$이면 $Z^2 = \left(\dfrac{X-\mu}{\sigma}\right)^2 \sim \chi^2(1)$이다.

❹ i.i.d $Z_i \sim N(0,1)$, $i=1, 2, \cdots, n$이면 $V=(Z_1^2+Z_2^2+\cdots+Z_n^2) \sim \chi^2(n)$이다.

❺ i.i.d $X_i \sim N(\mu, \sigma^2)$, $i=1, 2, \cdots, n$이면 $V=\displaystyle\sum_{i=1}^{n}\left(\dfrac{X_i-\mu}{\sigma}\right)^2 \sim \chi^2(n)$이다.

예제 8-8

X가 자유도 5인 카이제곱 분포를 따른다고 할 때, 다음을 구하라.

(a) $P(X > \chi_r) = 0.025$를 만족하는 백분위수 χ_r

(b) $P(X < \chi_l) = 0.05$를 만족하는 백분위수 χ_l

풀이

(a) $P(X > \chi_r) = 0.025$이므로 카이제곱 분포표에서 d.f $=5$와 $\alpha = 0.025$가 만나는 위치의 수 12.83을 선택하면 $\chi_r = \chi^2_{0.025}(5) = 12.83$이다.

(b) $P(X < \chi_l) = 0.05$이므로 $P(X > \chi_l) = 0.95$이고 카이제곱 분포표에서 d.f $=5$와 $\alpha = 0.950$이 만나는 위치의 수 1.15를 선택하면 $\chi_l = \chi^2_{0.95}(5) = 1.15$이다.

I Can Do 8-8

독립인 두 확률변수가 $X \sim \chi^2(2)$, $Y \sim \chi^2(3)$을 따를 때, 다음을 구하라.

(a) $P(X+Y > \chi_r) = 0.01$을 만족하는 χ_r

(b) $P(X+Y < \chi_l) = 0.01$을 만족하는 χ_l

카이제곱 분포는 추정과 검정에서 모집단의 분산을 추론할 때 매우 유용하다.

t-분포

i.i.d 확률변수 $X_i \sim N(\mu, \sigma^2)$, $i = 1, 2, \cdots, n$에 대해 표본평균 $\overline{X}$는 다음과 같은 정규분포를 따르는 것을 살펴보았다.

$$\overline{X} \sim N\left(\mu, \frac{\sigma^2}{n}\right) \text{ 또는 } Z = \frac{\overline{X} - \mu}{\sigma / \sqrt{n}} \sim N(0, 1)$$

이러한 사실은 표준편차 σ를 알고 있는 경우에만 성립한다. 즉 σ를 모르면 표준화 확률변수 Z는 표준정규분포를 따르지 않는다. 이와 같이 표준편차 σ를 모를 때 Z와 관련되는 확률분포가 t-분포이다. 이러한 t-분포를 따르는 확률변수 T는 독립인 $Z \sim N(0, 1)$과 $V \sim \chi^2(r)$에 대해 다음과 같이 정의한다.

$$T = \frac{Z}{\sqrt{V/r}}$$

이때 확률변수 T의 확률분포를 자유도 r인 **t-분포**$^{t\text{-distribution}}$라 하고, $T \sim t(r)$로 나타낸다. 확률변수 T의 확률밀도함수는 다음과 같다.

$$f(t) = \frac{\Gamma[(r+1)/2]}{\Gamma(r/2)\sqrt{r\pi}}\left(1 + \frac{t^2}{r}\right)^{-(r+1)/2}, \quad -\infty < x < \infty$$

자유도 r인 t-분포의 평균과 분산은 각각 다음과 같다.

❶ 평균 : $\mu = 0$

❷ 분산 : $\sigma^2 = \dfrac{r}{r-2}$, $r > 2$

t-분포는 표준정규분포와 비교하여 다음 성질이 성립한다.

- 분포곡선은 $t = 0$에서 최댓값을 갖고 좌우대칭이다.
- 분포곡선은 표준정규분포와 같은 종 모양이다.
- [그림 8-12]와 같이 t-분포의 꼬리부분이 표준정규분포보다 약간 두텁다.
- 자유도 r이 증가하면 t-분포는 표준정규분포에 근접한다.

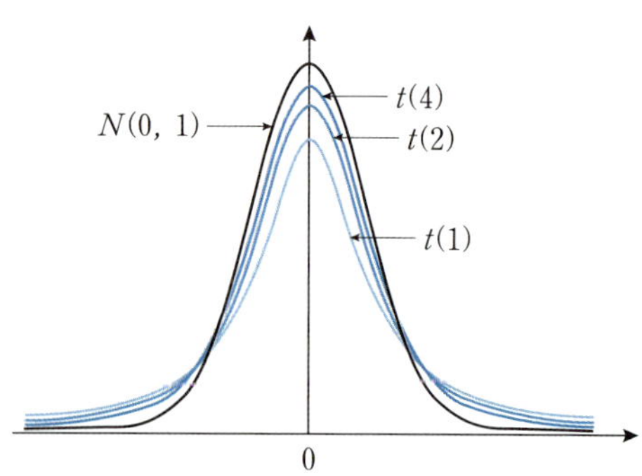

[그림 8-12] 자유도에 따른 t-분포의 비교

[그림 8-13]과 같이 자유도 r인 t-분포에 대해 오른쪽 꼬리확률 $\alpha = P(T > t_\alpha)$를 만족하는 $100(1-\alpha)\%$-백분위수를 $t_\alpha = t_\alpha(r)$로 나타낸다. 즉 $P(T > t_\alpha(r)) = \alpha$이다.

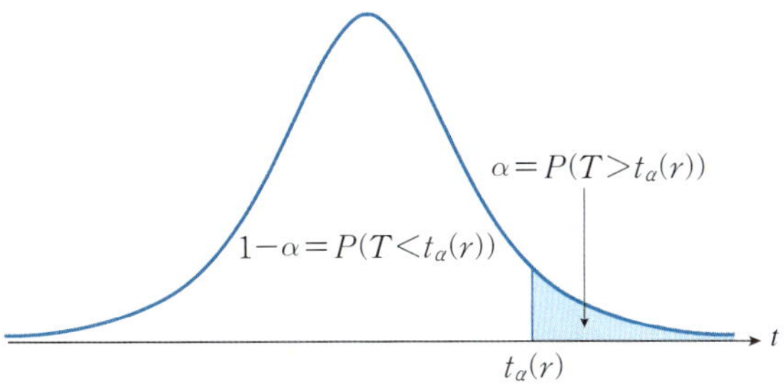

[그림 8-13] $100(1-\alpha)\%$-백분위수 $t_\alpha(r)$

이러한 백분위수는 t-분포의 오른쪽 꼬리확률을 나타내는 [부록 A.5]의 t-분포표를 이용하여 [그림 8-14]와 같이 구할 수 있다. 예를 들어 $T \sim t(5)$에 대해 $P(T > t_{0.01}(5)) = 0.01$을 만족하는 99%-백분위수 $t_{0.01}(5)$는 d.f의 5와 꼬리확률을 나타내는 α에서 0.01을 선택하여 만난 위치의 수 3.365이다. 즉 $T \sim t(5)$에 대해 $t_{0.01}(5) = 3.365$이고 $P(T > 3.365) = 0.01$이다.

꼬리확률　　$t_{0.01}(5) = 3.365,\ P(T > 3.365) = 0.01$

자유도

d.f \ α	0.25	0.10	0.05	0.025	0.01	0.005
1	1.000	3.078	6.314	12.71	31.82	63.66
2	0.816	1.886	2.920	4.303	6.965	9.925
3	0.765	1.638	2.353	3.182	4.541	5.841
4	0.741	1.533	2.132	2.776	3.747	4.604
5	0.727	1.476	2.015	2.571	3.365	4.032
6	0.718	1.440	1.943	2.447	3.143	3.707

[그림 8-14] t-분포표

t-분포는 다음 성질이 성립한다.

❶ $P(T < t_{1-\alpha}(r)) = P(T < -t_\alpha(r)) = \alpha$

❷ $P(|T| < t_{\alpha/2}(r)) = 1 - \alpha$

❸ $P(|T| < t_\alpha(r)) = 2P(T < t_\alpha(r)) - 1$

이러한 특성은 t-분포가 $t = 0$에 대해 대칭이므로 명백히 성립한다. 성질 ❶은 왼쪽 꼬리확률이 α인 $100\alpha\%$-백분위수 $t_{1-\alpha}(r)$은 오른쪽 꼬리확률이 α인 $100(1-\alpha)\%$-백분위수 $t_\alpha(r)$와 절댓값이 같고 부호가 반대임을 의미한다. 즉 $100\alpha\%$-백분위수 $t_{1-\alpha}(r) = -t_\alpha(r)$이다. 성질 ❷와 ❸은 양쪽 꼬리확률이 동일한 중심부분의 확률을 나타낸다.

예제 8-9

확률변수 T가 자유도 6인 t-분포를 따를 때, 다음을 구하라.

(a) $P(T > t_0) = 0.01$을 만족하는 백분위수 t_0

(b) $P(T < t_0) = 0.05$를 만족하는 백분위수 t_0

(c) $P(-t_0 < T < t_0) = 0.99$를 만족하는 백분위수 t_0

풀이

(a) [그림 8-14]에서 $P(T > t_0) = 0.01$을 만족하는 백분위수는 $t_0 = t_{0.01}(6) = 3.143$이다.

(b) $P(T < t_0) = P(T > -t_0) = 0.05$이므로 [그림 8-14]에서 $-t_0 = t_{0.05}(6) = 1.943$을 얻는다. 따라서 백분위수는 $t_0 = -1.943$이다.

(c) $t = 0$에 대해 대칭이므로 $P(-t_0 < T < t_0) = 0.99$이면 $P(T > t_0) = 0.005$이다. 따라서 [그림 8-14]에서 $t_0 = t_{0.005}(6) = 3.707$이다.

I Can Do 8-9

확률변수 T가 자유도 15인 t-분포를 따를 때, 다음을 구하라.

(a) $P(T > t_0) = 0.01$을 만족하는 백분위수 t_0

(b) $P(T < t_0) = 0.05$를 만족하는 백분위수 t_0

(c) $P(-t_0 < T < t_0) = 0.99$를 만족하는 백분위수 t_0

t-분포는 모집단의 모표준편차를 모르고 표본의 크기가 작을 때, 즉 $n < 30$인 경우에 모평균을 추정하거나 검정할 때 매우 유용하다.

F-분포

확률변수 U와 V가 독립이고 각각 $U \sim \chi^2(m)$과 $V \sim \chi^2(n)$을 따른다고 하자. 이때 다음과 같이 정의하는 확률변수 F의 확률분포를 분자와 분모의 자유도가 각각 m과 n인 ***F*-분포**F-distribution라 하고, $F \sim F(m, n)$으로 나타낸다.

$$F = \frac{U/m}{V/n}$$

확률변수 F의 확률밀도함수는 다음과 같다.

$$f(x) = \frac{\Gamma[(m+n)/2]}{\Gamma(m/2)\Gamma(n/2)} \left(\frac{m}{n}\right)^{m/2} x^{(m/2)-1} \left(1+\frac{m}{n}x\right)^{-(m+n)/2}, \quad x>0$$

$F \sim F(m, n)$에 대한 평균과 분산은 각각 다음과 같다.

❶ 평균 : $\mu = \dfrac{n}{n-2}$, $n \ge 3$

❷ 분산 : $\sigma^2 = \dfrac{2n^2(m+n-2)}{m(n-2)^2(n-4)}$, $n \ge 5$

분자와 분모의 자유도가 각각 m과 n인 F-분포는 일반적으로 [그림 8-15]와 같이 왼쪽으로 치우치는 양의 비대칭분포를 이룬다. 특히 F-분포에 대해 오른쪽 꼬리확률 $\alpha = P(T > x_\alpha)$를 만족하는 $100(1-\alpha)\%$-백분위수를 $x_\alpha = f_\alpha(m, n)$으로 나타낸다. 즉 $P(F > f_\alpha(m, n)) = \alpha$이다.

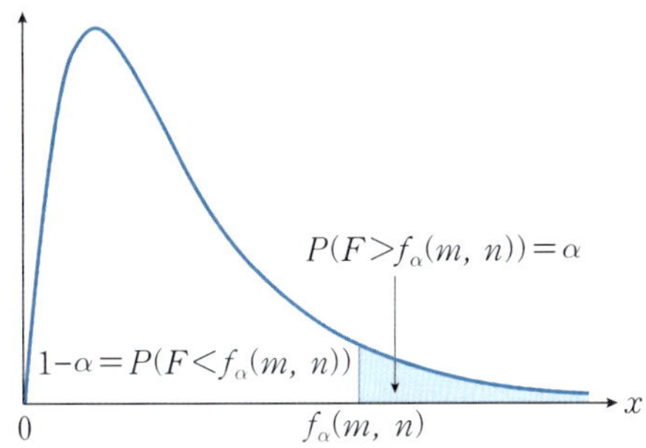

[그림 8-15] F-분포와 백분위수

백분위수는 F-분포의 오른쪽 꼬리확률을 나타내는 [부록 A.6]의 F-분포표를 이용하여 [그림 8-16]과 같이 구할 수 있다. 예를 들어 $F \sim F(5, 4)$에 대해 $P(F > f_{0.05}(5, 4)) = 0.05$를 만족하는 95%-백분위수 $f_{0.05}(5, 4)$는 분모의 자유도 4의 α에서 0.050과 분자의 자유도 5를 선택하여 만난 위치의 수 6.26이다. 즉 $F \sim F(5, 4)$에 대해 $f_{0.05}(5, 4) = 6.26$이고 $P(F > 6.26) = 0.05$이다.

$f_{0.05}(5, 4)=6.26$, $P(F>6.26)=0.05$

꼬리확률

분모의 자유도	α \ 분자의 자유도	1	2	3	4	5	6	7	8	9
4	0.100	4.54	4.32	4.19	4.11	4.05	4.01	3.98	3.95	3.94
	0.050	7.71	6.94	6.59	6.39	6.26	6.16	6.09	6.04	6.00
	0.025	12.22	10.65	9.98	9.60	9.36	9.20	7.07	8.98	8.90
	0.010	21.20	18.00	16.69	15.98	15.52	15.21	14.98	14.80	14.66
	0.001	74.14	61.25	56.18	53.44	51.71	50.53	49.66	49.00	48.47

[그림 8-16] F-분포표

F-분포는 다음 성질이 성립한다.

❶ $F \sim F(m,\ n)$이면 $\dfrac{1}{F} \sim F(n,\ m)$이다.

❷ $P(f_{1-(\alpha/2)}(m,\ n) < F < f_{\alpha/2}(m,\ n)) = 1-\alpha$

❸ $f_{1-\alpha}(m,\ n) = \dfrac{1}{f_{\alpha}(n,\ m)}$

❹ $P(F < f_{1-\alpha}(m,\ n)) = P\left(F < \dfrac{1}{f_{\alpha}(n,\ m)}\right) = \alpha$

성질 ❶은 $F \sim F(m,\ n)$이면 $F = \dfrac{U/m}{V/n}$ 이므로 $\dfrac{1}{F} = \dfrac{V/n}{U/m} \sim F(n,\ m)$이 성립한다. 성질 ❷는 왼쪽과 오른쪽 꼬리확률이 각각 $\dfrac{\alpha}{2}$인 백분위수 $f_{1-(\alpha/2)}(m,\ n)$과 $f_{\alpha/2}(m,\ n)$에 대한 중심 확률을 나타낸다. 성질 ❸은 성질 ❶에 의해 명백히 성립하며, 성질 ❹는 $F(m,\ n)$의 왼쪽 꼬리확률은 $F(n,\ m)$의 백분위수를 이용하여 구할 수 있음을 나타낸다.

예제 8-10

확률변수 F가 분자와 분모의 자유도가 각각 5와 4인 F-분포를 따를 때, 다음을 구하라.

(a) $P(F > f_0) = 0.01$을 만족하는 백분위수 f_0

(b) $P(F < f_0) = 0.05$를 만족하는 백분위수 f_0

풀이

(a) [그림 8-16]에서 분모의 자유도 4의 $\alpha = 0.010$과 분자의 자유도 5가 만나는 위치의 수를 선택하면 $f_0 = f_{0.01}(5,\ 4) = 15.52$이다.

(b) 왼쪽 꼬리확률이 0.05이므로 $f_0 = f_{0.95}(5,\ 4) = \dfrac{1}{f_{0.05}(4,\ 5)} = \dfrac{1}{5.19} \approx 0.193$이다.

I Can Do 8-10

확률변수 F가 분자와 분모의 자유도가 각각 6과 6인 F-분포를 따를 때, 다음을 구하라.

(a) $P(F > f_0) = 0.01$을 만족하는 백분위수 f_0

(b) $P(F < f_0) = 0.05$를 만족하는 백분위수 f_0

F-분포는 서로 독립인 두 모집단의 모분산을 비교하기 위해 추정하거나 검정할 때 매우 유용하다.

로그정규분포

확률변수 $Y = \ln X$가 평균 m과 분산 s^2인 정규분포를 따를 때, 확률변수 X에 대한 확률분포를 모수 m, s^2인 **로그정규분포** log-normal distribution라 하고, $X \sim \mathrm{Log}\,N(m, s^2)$으로 나타낸다. 모수 m, s^2인 로그정규분포의 확률밀도함수는 다음과 같다.

$$f(x) = \frac{1}{\sqrt{2\pi}\,s\,x}\exp\left[-\frac{(\ln x - m)^2}{2s^2}\right], \quad x > 0$$

로그정규분포를 따르는 확률변수 X의 평균과 분산, 분포함수는 각각 다음과 같다.

❶ 평균 : $\mu = \exp\left(m + \frac{s^2}{2}\right)$

❷ 분산 : $\sigma^2 = \left(e^{s^2} - 1\right)\exp(2m + s^2)$

❸ 분포함수 : $F(x) = \Phi\left(\frac{(\ln x) - m}{s}\right)$, $x > 0$

여기서 $\Phi(z)$는 표준정규분포에 대한 분포함수이다. 일반적으로 로그정규분포는 [그림 8-17]과 같이 왼쪽으로 치우치는 양의 비대칭분포이다.

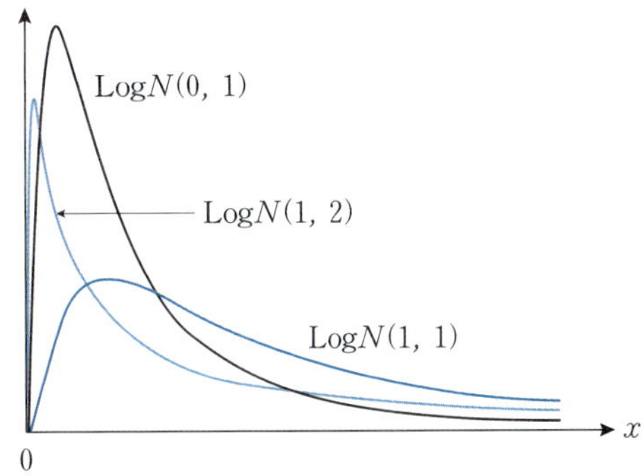

[그림 8-17] 모수에 따른 로그정규분포

예제 8-11

뉴런들이 동시다발적으로 발화하여 형성되는 뇌파를 인공신경망에 적용하는 연구가 활발히 이루어지고 있다. 뉴런 발화 속도가 $m = 5$, $s = 1.5$인 로그정규분포를 따를 때, 다음을 구하라. (단, 단위는 밀리초(ms)이다.)

(a) 발화 속도의 평균과 분산

(b) 발화 속도가 1875ms와 3465ms 사이일 확률

풀이

(a) 발화 속도를 X라 하면, $X \sim \text{Log}N(5,\ 1.5^2)$이므로 평균과 분산은 각각 다음과 같다.

$$\mu = e^{5+(2.25/2)} = e^{6.125} \approx 457.145, \quad \sigma^2 = \left(e^{2.25} - 1\right)e^{10+2.25} \approx 1.77 \times 10^6$$

(b)
$$\begin{aligned} P(1875 < X < 3465) &= \Phi\left(\frac{\ln 3465 - 5}{1.5}\right) - \Phi\left(\frac{\ln 1875 - 5}{1.5}\right) \\ &\approx P(Z < 2.1) - P(Z < 1.69) \\ &= 0.9821 - 0.9545 = 0.0276 \end{aligned}$$

I Can Do 8-11

혈액 1mg에 들어 있는 혈소판 개수 X가 $m = 4,\ s = 1.5$인 로그정규분포를 따른다고 할 때, 다음을 구하라.

(a) 혈소판 수의 평균과 분산

(b) 혈소판 수가 1,572개 이상 2,504개 이하일 확률

이변량 정규분포

독립이 아니고 정규분포를 따르는 두 확률변수가 결합된 확률분포를 살펴보기 위해, 임의의 상수 $\sigma_X > 0,\ \sigma_Y > 0$과 $-\infty < \mu_X,\ \mu_Y < \infty,\ -1 < \rho < 1$에 대해 Q를 다음과 같이 정의하자.

$$Q = \frac{1}{1-\rho^2}\left[\left(\frac{x-\mu_X}{\sigma_X}\right)^2 - 2\rho\left(\frac{x-\mu_X}{\sigma_X}\right)\left(\frac{y-\mu_Y}{\sigma_Y}\right) + \left(\frac{y-\mu_Y}{\sigma_Y}\right)^2\right]$$

X와 Y의 결합확률밀도함수가 다음과 같을 때, X와 Y는 모수 $\mu_X,\ \mu_Y,\ \sigma_X,\ \sigma_Y,\ \rho$를 갖는 **이변량 정규분포**bivariate normal distribution를 따르고, $(X,\ Y) \sim BN(\mu_X,\ \mu_Y,\ \sigma_X^2,\ \sigma_Y^2,\ \rho)$로 나타낸다.

$$f(x,\ y) = \frac{1}{2\pi\sigma_X\sigma_Y\sqrt{1-\rho^2}}\, e^{-Q/2}, \quad -\infty < x,\ y < \infty$$

여기서 상수 ρ는 두 확률변수 X와 Y 사이의 상관계수이며, X와 Y가 동시에 어떻게 변하는지를 나타낸다. 특히 확률변수 X와 Y가 독립이면 $\rho = 0$이고 결합밀도함수는 다음과 같다.

$$f(x,\ y) = \frac{1}{2\pi\sigma_X\sigma_Y}\exp\left[-\frac{(x-\mu_X)^2}{2\sigma_X^2} - \frac{(y-\mu_Y)^2}{2\sigma_Y^2}\right], \quad -\infty < x,\ y < \infty$$

[그림 8-18]은 확률변수 X와 Y가 독립이고 표준정규분포를 따를 때, X와 Y의 결합분포를 나타낸다.

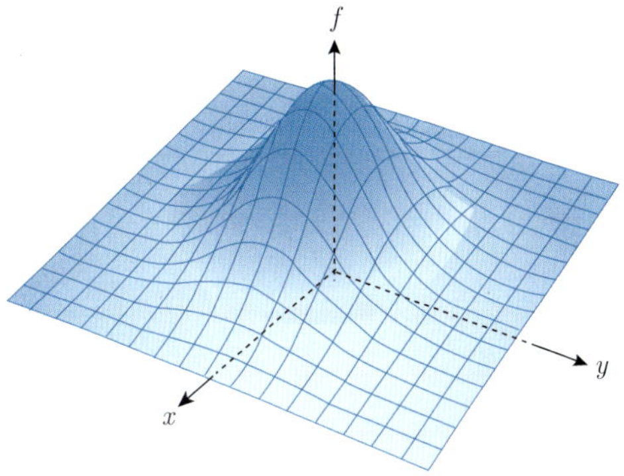

[그림 8-18] X와 Y가 독립인 이변량 정규분포

확률변수 X와 Y가 양의 상관관계가 있으면 [그림 8-19(a)]처럼 X와 Y가 동시에 커지거나 작아진다. 그러나 X와 Y가 음의 상관관계가 있으면 [그림 8-19(b)]처럼 X가 커지면 Y는 작아진다.

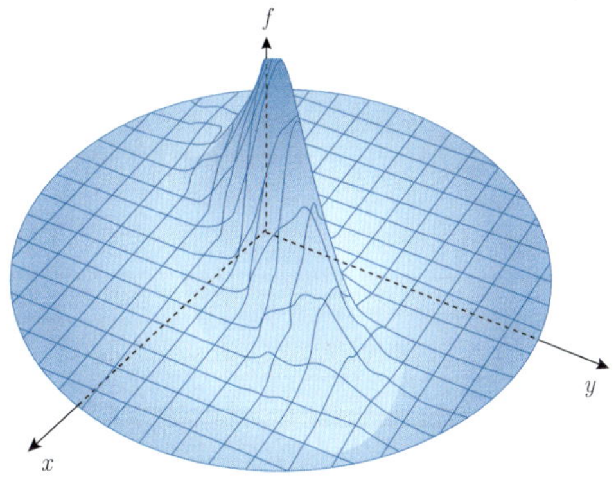

(a) $\mu_X = 0,\ \mu_Y = 0,\ \sigma_X = 1,\ \sigma_Y = 1,\ \rho = 0.9$

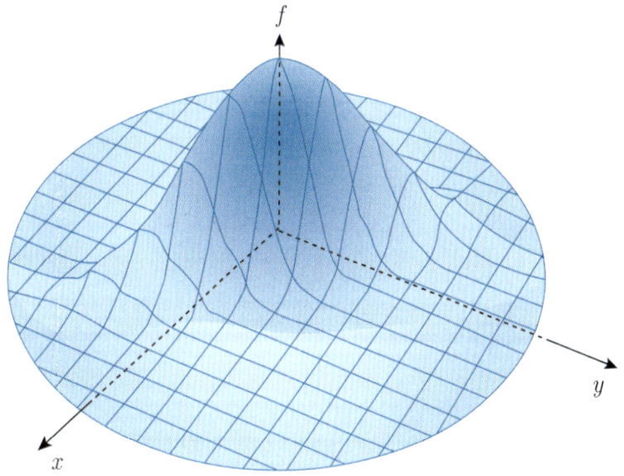

(b) $\mu_X = 0,\ \mu_Y = 0,\ \sigma_X = 1,\ \sigma_Y = 1,\ \rho = -0.9$

[그림 8-19] 독립이 아닌 이변량 정규분포

이변량 정규분포에 대해 다음 성질이 성립한다.

❶ $\rho = Corr(X,\ Y)$

❷ $X \sim N(\mu_X,\ \sigma_X^2),\ \ Y \sim N(\mu_Y,\ \sigma_Y^2)$

❸ $aX + bY \sim N(a\mu_X + b\mu_Y,\ a^2\sigma_X^2 + b^2\sigma_Y^2)$

❹ $b_Y = E(Y|X) = \mu_Y + \rho\dfrac{\sigma_Y}{\sigma_X}(x - \mu_X)$

❺ $Y|X = x \sim N\big(b_Y,\ \sigma_Y^2(1-\rho^2)\big)$

성질 ❷는 X와 Y의 주변확률분포를 나타내고, 성질 ❹는 $X=x$일 때 Y의 조건부 평균을 나타낸다. 성질 ❺는 Y의 조건부 분산이 $Var(Y|X=x)=\sigma_Y^2(1-\rho^2)$이고, 조건부 분포도 역시 정규분포임을 보인다.

예제 8-12

$\mu_X=176$, $\mu_Y=160$, $\sigma_X=1$, $\sigma_Y=1.2$, $\rho=0.8$인 이변량 정규분포에 대해 다음을 구하라.

(a) $P(Y \geq 158)$ (b) $P(Y \geq 158|X=175)$

풀이

(a) $Y \sim N(160, 1.2^2)$이므로 구하는 확률은 다음과 같다.

$$P(Y \geq 158) = P\left(Z \geq \frac{158-160}{1.2}\right) \approx P(Z \geq -1.67) = P(Z \leq 1.67)$$
$$= 0.9525$$

(b) $b_Y = E(Y|X=175) = 160 + (0.8)(1.2)(175-176) = 159.04$

$\sigma_Y^2(1-\rho^2) = (1.2)^2(1-0.8^2) = 0.72^2$이므로 $Y|X=175 \sim N(159.04, 0.72^2)$

$$P(Y \geq 158|X=175) = P\left(Z \geq \frac{158-159.04}{0.72}\right) \approx P(Z \geq -1.44)$$
$$= P(Z < 1.44) = 0.9251$$

I Can Do 8-12

두 확률변수 X와 Y가 $\mu_X=\mu_Y=0$, $\sigma_X=\sigma_Y=1$, $\rho=0.8$인 이변량 정규분포를 따를 때, 다음 물음에 답하라.

(a) X의 주변확률밀도함수를 구하라.

(b) $X=1$인 조건 아래서 Y의 조건부 확률밀도함수를 구하라.

지금까지 다양한 현상을 통계적으로 설명하는 여러 가지 형태의 확률분포를 살펴보았다. 이러한 확률분포들 사이에는 [그림 8-20]과 같은 관계가 성립한다.

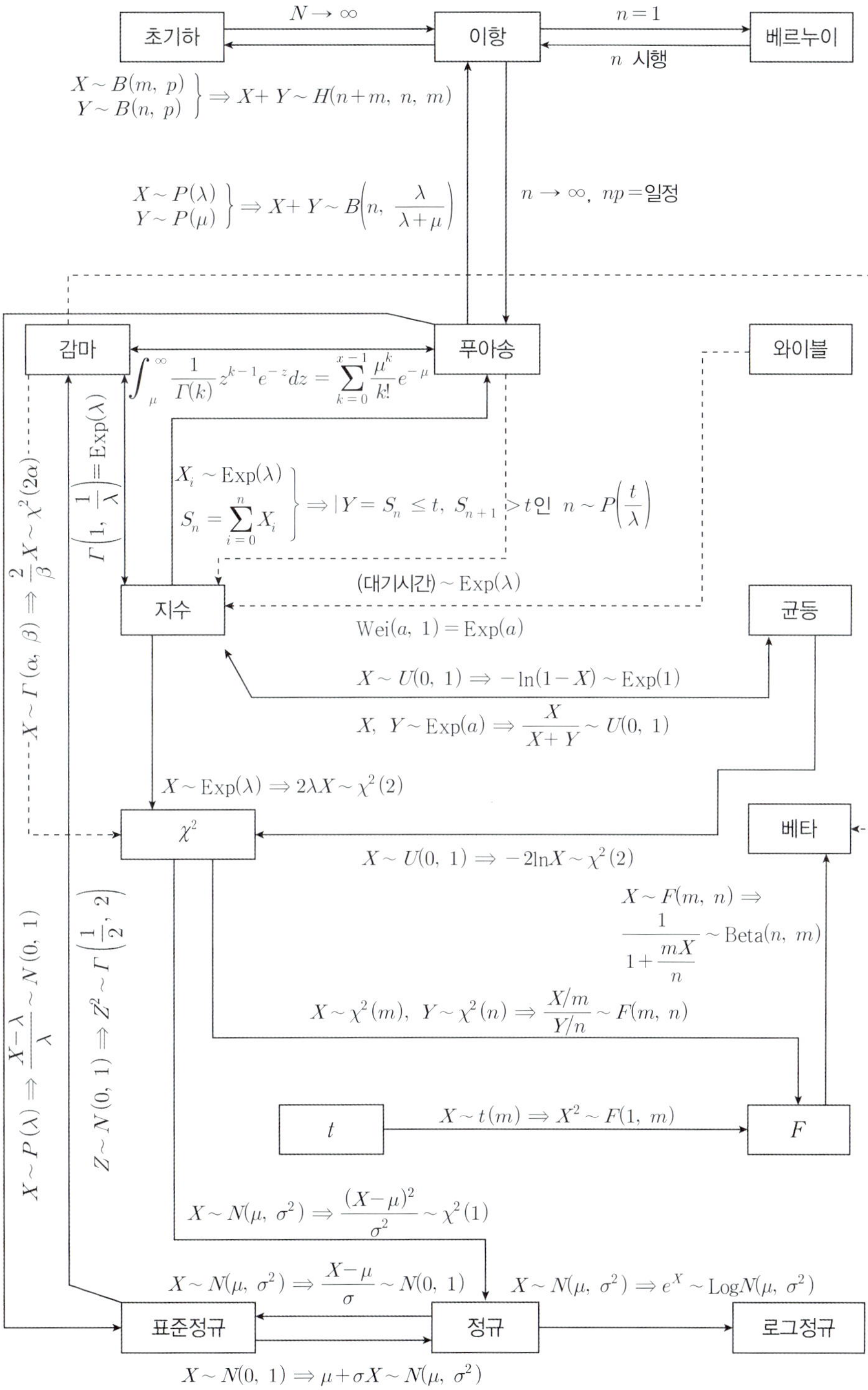

[그림 8-20] 여러 가지 분포의 관계

Chapter 08 연습문제

연습문제 정답

1. 표준정규확률변수 Z에 대해 다음을 구하라.

(a) $P(Z \geq 1.57)$ (b) $P(Z < -2.48)$

(c) $P(Z > -1.74)$ (d) $P(-1.54 \leq Z \leq 1.54)$

2. $X \sim \chi^2(7)$에 대해 다음을 구하라.

(a) 97.5%-백분위수 $\chi^2_{0.025}(7)$ (b) $P(X > \chi_0) = 0.975$를 만족하는 χ_0

3. $T \sim t(15)$에 대해 다음을 구하라.

(a) 95%-백분위수 $t_{0.05}(15)$ (b) $P(T < -t_0) = 0.025$를 만족하는 t_0

4. $F \sim F(5,\ 7)$에 대해 다음을 구하라.

(a) $f_{0.01}(5,\ 7)$ (b) $f_{0.95}(5,\ 7)$

5. $X \sim N(40,\ 16)$에 대해 다음을 구하라.

(a) $P(X \geq 51)$ (b) $P(X < 35)$

(c) $P(43 \leq X \leq 49)$

6. $X \sim N(\mu,\ \sigma^2)$에 대해 다음을 구하라.

(a) $P(X \leq \mu + \sigma z_\alpha)$ (b) $P(\mu - \sigma z_{\alpha/2} \leq X \leq \mu + \sigma z_{\alpha/2})$

7. 표준정규확률변수 Z에 대해 다음을 만족하는 z_0를 구하라.

(a) $P(Z \leq z_0) = 0.9878$ (b) $P(Z \leq z_0) = 0.0052$

(c) $P(0 \leq Z \leq z_0) = 0.4850$ (d) $P(-z_0 \leq Z \leq z_0) = 0.9596$

(e) $P(-z_0 \leq Z \leq z_0) = 0.1114$ (f) $P(Z \geq -z_0) = 0.0582$

8. 정규분포 $N(100,\ 25)$에 대해 다음을 만족하는 x_0를 구하라.

(a) $P(X \leq x_0) = 0.9909$ (b) $P(X \leq x_0) = 0.0018$

(c) $P(95 \leq X \leq x_0) = 0.6177$ (d) $P(-x_0 \leq X \leq x_0) = 0.9030$

9. $X_1,\ X_2,\ \cdots,\ X_{36} \sim$ i.i.d $N(80,\ 25)$일 때, 다음을 구하라.

(a) $P(X_1 > 89.5)$

(b) $P(\overline{X} > 89.5)$

(c) $P(\overline{X} \geq x_0) = 0.05$인 x_0

(d) $P(81.8 < \overline{X} < x_0) = 0.0099$인 x_0

10. $X_1,\ X_2,\ \cdots,\ X_{100} \sim$ i.i.d $P(25)$일 때, 다음을 구하라.

(a) $P(\overline{X} > 24)$

(b) $P(23.5 \leq \overline{X} \leq 24.5)$

11. $X_1,\ X_2,\ \cdots,\ X_{100} \sim$ i.i.d $U(0,\ 1)$일 때, 다음을 구하라.

(a) $S = X_1 + X_2 + \cdots + X_{100}$일 때, $P(45 \leq S \leq 55)$

(b) $P(\overline{X} \geq 0.58)$

12. $T \sim t(r)$에 대해 $\sigma^2 = 1.5$일 때, 자유도 r와 $P(|T| \geq t_0) = 0.01$을 만족하는 t_0를 구하라.

13. $X \sim \chi^2(r)$에 대해 $\sigma^2 = 10$일 때, 자유도 r와 $P(X \geq \chi_0) = 0.01$, $P(X \leq \chi_1) = 0.01$을 만족하는 χ_0와 χ_1을 구하라.

14. $Z_1,\ Z_2,\ \cdots,\ Z_6 \sim$ i.i.d $N(0,\ 1)$일 때, $V = \sum_{i=1}^{6} Z_i^2$의 확률분포와 $P(V \geq v_0) = 0.025$를 만족하는 v_0를 구하라.

15. $X \sim \chi^2(6)$일 때, 다음을 구하라.

(a) X의 확률밀도함수

(b) X의 평균과 분산

(c) $P(X < 4)$

(d) $P(8 < X < 12)$

16. $X \sim \chi^2(3)$, $Y \sim \chi^2(6)$이고 X와 Y가 독립일 때, $U = \dfrac{2X}{Y}$에 대해 다음을 구하라.

(a) X의 확률분포

(b) X의 평균과 분산

(c) $P(U < 6.6)$

(d) $P(3.29 < X < 23.7)$

17. 확률변수 X가 $\mu = 0$, $\sigma^2 = 1$인 로그정규분포를 따를 때, 평균과 분산을 구하라.

18. 전기자동차의 배터리 수명이 평균 10년, 표준편차 1.5년인 정규분포를 따를 때, 다음 물음에 답하라.

(a) 임의로 선정한 배터리 1개의 수명이 12년 이상일 확률을 구하라.

(b) 임의로 선정한 배터리 1개를 12년 이상 사용했다고 할 때, 이 배터리를 1년 이상 더 사용할 확률을 구하라.

(c) 배터리 수명에 대한 95%-백분위수를 구하라.

(d) 임의로 선정한 배터리 5개의 평균이 11.2년 이상일 확률을 구하라.

19. 어떤 전기회로에 필요한 저항은 평균이 400Ω이고 표준편차가 25Ω인 정규분포를 따른다. 만약 저항의 측정값이 385Ω과 420Ω 사이이면 이 저항을 전기회로에 사용할 수 있다. 공장에서 저항을 10,000개 생산했을 때, 이 전기회로에 사용할 수 있는 저항의 개수를 구하라.

20. 웨이퍼의 산화물 코팅 두께가 평균 90Å, 표준편차 2Å인 정규분포를 따를 때, 다음을 구하라.

(a) 코팅 두께가 84Å 이하일 확률

(b) 코팅 두께가 85.4Å과 92.8Å 사이일 확률

(c) 임의로 선정한 웨이퍼 10개의 평균이 89Å과 92Å 사이일 확률

21. 장마철에 어느 댐에서 방출되는 물의 양은 $330\,\mathrm{m}^3/\mathrm{s}$, 표준편차 $25\,\mathrm{m}^3/\mathrm{s}$인 정규분포를 따르고, 방류량이 초당 $400\,\mathrm{m}^3$ 이상이면 인근 마을이 침수된다고 한다. 다음을 구하라.

(a) 초당 방류량이 $295\,\mathrm{m}^3$과 $382\,\mathrm{m}^3$ 사이일 확률

(b) 장마철에 이 댐의 인근 마을이 침수로 피해를 입을 확률

22. 평균 μ와 표준편차 σ가 정규분포를 따르는 확률변수 X에 대해 다음이 성립한다. μ와 σ를 구하라.

$$P(X < 68.25) = 0.9505, \quad P(X > 73.75) = 0.003$$

23. 뼈의 건강을 확인하는 골밀도 검사(BMD)에서 1σ는 10 ~ 15%의 골밀도 수치($\mathrm{g/cm^2}$) 차이를 의미한다. 어느 날 대형병원에서 65세 이상 16명의 BMD 수치를 측정했더니 표준편차가 $s = 0.5$였다. 표본평균 $\overline{X}$와 표본표준편차 S가 $T = \dfrac{\overline{X} - \mu}{S/\sqrt{16}} \sim t(15)$인 확률분포를 따를 때, $P(\overline{X} > 1.28)$을 구하라.

24. 새로 개발한 소재의 빅커스 경도는 평균 154, 표준편차 15이지만 어떤 확률분포를 따르는지 알려지지 않았다. 임의로 선정한 소재 100개의 평균 $\overline{X}$에 대해 다음을 구하라.

(a) $P(\overline{X} > 157)$

(b) $P(151 < \overline{X} < 159)$

25. 건강관리를 분석할 때, 나이는 5의 배수에 가까운 나이로 반올림한다. 실제 나이와 반올림한 나이의 차이가 -2.5년에서 2.5년 사이에서 균등분포를 이루고, 건강관리 자료는 임의로 선정한 48명을 기초로 작성되어 있다고 한다. 반올림한 나이의 평균이 실제 나이의 평균과 0.25년의 차이가 있을 근사확률을 구하라.

26. 좌석이 30개인 비행기에 승객이 탑승하지 않을 확률은 0.1이고, 다른 승객의 미탑승 확률과 독립적이라 한다. 항공사가 이 비행기의 항공권을 32매 판매했다고 하자. 비행기에 탑승한 승객이 가용 좌석보다 더 많을 확률을 다음 방법으로 구하라.

(a) 확률함수를 이용하여　　(b) 연속성을 수정한 정규근사를 이용하여

27. X는 모수 $n=80$, $p=0.4$인 이항분포를 따를 때, 다음을 구하라.

(a) 정규근사에 의한 $P(27 \leq X \leq 37)$

(b) 연속성을 수정한 $P(27 \leq X \leq 37)$

(c) 연속성을 수정한 $P(27 < X < 37)$

28. $X_1,\ X_2,\ \cdots,\ X_{100} \sim \text{i.i.d}\ B(0,\ 0.4)$일 때, $X = X_1 + X_2 + \cdots + X_{100}$에 대해 $\hat{p} = \dfrac{X}{100}$ 라 하자. $P(\hat{p} \geq 0.5)$를 구하라.

29. 항공기에 사용되는 티타늄 용접의 강도는 산소(O), 질소(N), 탄소(C), 수소(H)에 의해 결정되며, 인장강도(S)의 예측값은 $S = 2O + N + 3C + 2H$로 나타난다. 각 성분의 함량은 독립적으로 정규분포를 따르고, 평균과 표준편차는 각각 아래와 같다고 하자. 다음 물음에 답하라.

(단위 : MPa)

	산소	질소	탄소	수소
평균	380	185	57	242
표준편차	40	34	12	45

(a) 인장강도 S의 확률분포를 구하라.

(b) 인장강도가 1754 이상일 확률을 구하라.

30. $X_1 \sim N(\mu_1, \sigma_1^2)$, $X_2 \sim N(\mu_2, \sigma_2^2)$이고, X_1과 X_2는 독립이라 하자. 다음 물음에 답하라.

(a) $Y = pX_1 + (1-p)X_2$의 확률분포를 구하라.

(b) Y의 최소분산과 이 경우에 p를 구하라.

31. 탑의 높이(h)를 측량하기 위해 두 개의 기구를 사용한다고 하자. 이 중에서 정확성이 떨어지는 기구로 측정한 오차는 평균 0과 표준편차 $0.0056h$인 정규분포를 따른다. 정확성이 좀 더 좋은 기구로 측정한 오차는 평균 0과 표준편차 $0.0044h$인 정규분포를 따른다. 두 기구의 측정오차가 독립일 때, 두 측정값의 평균오차가 탑의 높이의 $0.005h$ 편차 안에 들어올 확률을 구하라.

32. 두 회사 A와 B에서 제조된 전구의 수명(시간)은 각각 $X \sim N(425, 25)$, $Y \sim N(420, 15)$인 정규분포를 따르고, 이 두 전구의 수명은 서로 독립이라 하자. 다음 물음에 답하라.

(a) A 회사에서 제조된 전구를 436시간 이상 사용할 확률을 구하라.

(b) 어느 한 회사의 전구를 사용하다가 수명이 끝나는 즉시 다른 회사의 전구를 사용했다고 하자. 이렇게 전구 두 개를 860시간 이상 사용할 확률을 구하라.

(c) A 회사 전구의 수명과 B 회사 전구의 수명에 대한 차가 3시간 이하일 확률을 구하라.

33. 화학약품 A와 B는 어떤 전자제품 생산의 마감재로 사용된다고 하자. 마감재 처리 후 그 전자제품에 남아 있는 불순물 양이 각각 아래와 같은 정규분포를 따를 때, 다음을 구하라.

(단위 : mg)

	평균	표준편차
화학약품 A(X)	3.8	0.4
화학약품 B(Y)	3.4	0.3

(a) $P(X-Y>0.2)$

(b) $P(-0.15<X-Y<0.47)$

34. 축전기를 생산할 때 필수 재료인 폴리염화 바이페닐(PCB)polychlorinated biphenyl은 자연에 그대로 방류되면 매우 위험하다. PCB 공장이 밀집된 지역을 흐르는 하천의 하류와 상류에서 각각 9개씩 표본을 채집하여 PCB 축적량을 검사했더니 평균이 10.4와 9.7, 표준편차가 1.6이고 1.2인 정규분포를 따르는 것으로 조사되었다. 다음 물음에 답하라. (단, 단위는 ppm이다.)

(a) 두 표본에 대해 평균 PCB 양의 차에 대한 확률분포를 구하라.

(b) 하류의 평균 PCB 양이 상류보다 0.5 이상 클 확률을 구하라.

(c) 하류와 상류의 평균 PCB 양의 차가 0.02 이하일 확률을 구하라.

35. 화학공장에서 배출되는 어느 오염물질의 농도가 $m=4$, $s=1.5$인 로그정규분포를 따를 때, 다음 물음에 답하라.

(a) 오염농도가 10과 20 사이일 확률을 구하라.

(b) 5%-백분위수 $x_{0.95}$를 구하라.

36. 확률변수 X와 Y가 $\mu_X=\mu_Y=0$, $\sigma_X=\sigma_Y=1$, $\rho=0.8$인 이변량 정규분포를 따를 때, 다음 물음에 답하라.

(a) X의 주변확률밀도함수를 구하라.

(b) $X=1$일 때, Y의 조건부 확률밀도함수를 구하라.

Chapter 09

표본분포

Sampling Distribution

||| 목차 |||

||| 학습목표 |||

- 모집단 분포와 표본분포를 이해할 수 있다.
- 표본평균, 표본비율, 표본분산의 확률분포를 이해할 수 있다.
- 표본평균의 차, 모비율의 차와 표본분산의 비에 대한 확률분포를 이해할 수 있다.

Section 9.1

단일 표본분포

일반적으로 모집단은 구성하는 자료의 개수가 무수히 많거나 관찰값이 연속으로 나타난다고 생각한다. 따라서 모집단은 모든 자료 값을 측정하기가 불가능하며, 측정한다고 해도 경제 · 시간 · 공간상 여러 제약이 따른다. 또 모집단에 대해 평균을 비롯한 여러 가지 모수를 측정하기도 불가능하다. 이러한 이유로 표본을 선정하고, 이 표본에 대해 표본평균을 비롯한 여러 가지 통계량을 조사한다. 이 절에서는 단일 모집단에서 추출한 표본의 통계량에 대한 확률분포를 살펴본다.

모집단 분포와 표본분포

배터리 제조회사에서 생산한 전기자동차용 배터리 수명을 측정한다고 하자. 생산한 모든 배터리 수명에 대한 히스토그램을 작성하면 배터리 수명은 확실하지는 않지만 어떤 확률분포를 이룰 것이다. 다른 예로 반도체를 생산하는 공정라인에서 생산한 웨이퍼 넷다이의 불량률을 조사한다면, 웨이퍼 하나에 포함된 불량 넷다이의 비율은 아마도 어떤 베르누이 분포를 따를 것으로 추측할 수 있다. 이와 같이 모집단을 구성하는 모든 자료가 취하는 확률분포를 **모집단 분포**population distribution라 한다. 그러나 모든 자료 값을 측정하기가 불가능하므로 모집단 분포의 모수는 알려지지 않은 것으로 생각한다.

모집단의 모든 자료를 측정하거나 관찰하기가 사실상 불가능하므로 표본을 추출하여 조사한 결과를 이용하여 모수를 추정한다. 예를 들어 크기가 N이고 모집단 분포가 $f(x)$인 모집단의 모평균을 알기 위해 크기 n인 표본을 선정한다고 하자. 이때 [그림 9-1]과 같이 표본으로 선정된 첫 번째 관찰값 x_1은 모집단에서 얻은 N개 중 어느 하나이고, 모집단 분포 $f(x)$를 따르는 확률변수를 X_1의 관찰값으로 생각할 수 있다. 같은 방법으로 복원추출에 의해 독립적으로 선정한 n번째 관찰값 x_n은 모집단 분포 $f(x)$를 따르는 확률변수 X_n의 관찰값이다.

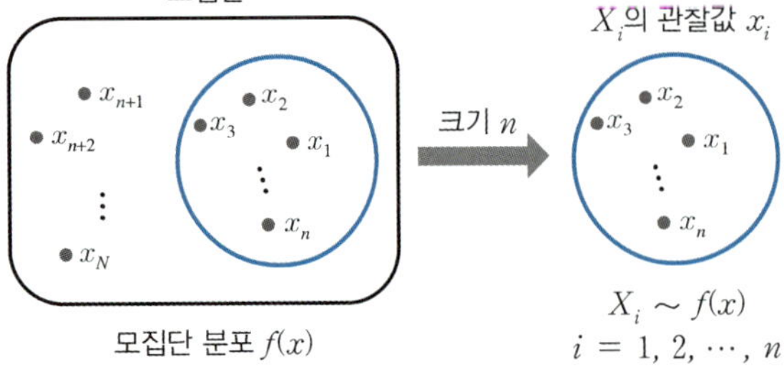

[그림 9-1] 모집단과 표본

따라서 임의로 선정한 크기 n인 표본 $\{x_1, x_2, \cdots, x_n\}$은 동일한 모집단 분포 $f(x)$를 따르고 독립인 확률변수 $X_1, X_2, \cdots, X_n$의 관찰값이다. 관찰된 표본평균 $\bar{x} = \frac{1}{n}\sum_{i=1}^{n} x_i$는 분포함수 $f(x)$를 따르는 i.i.d 확률변수들 $X_1, X_2, \cdots, X_n$의 표본평균 $\overline{X} = \frac{1}{n}\sum_{i=1}^{n} X_i$의 관찰값이다. 이때 $\{X_1, X_2, \cdots, X_n\}$을 크기 n인 **확률표본**random sample이라 한다. 동일한 모집단에서 k개의 표본을 선정한다면 [그림 9-2]와 같이 선정된 표본은 서로 다르게 나타나고, 각 표본의 평균은 다양한 값을 갖게 되므로 표본평균 $\overline{X}$ 는 확률변수이다.

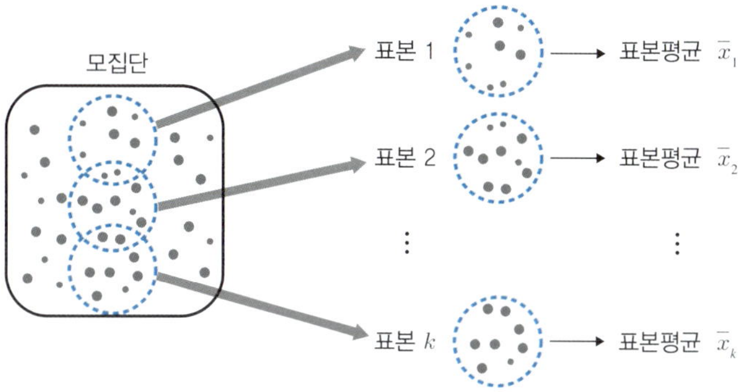

[그림 9-2] 모집단에 대한 다양한 표본과 표본평균

이와 같이 표본에서 얻은 통계량인 표본평균, 표본분산, 표본표준편차, 표본비율의 확률분포를 **표본분포**sampling distribution라 한다.

- 표본평균 : $\overline{X} = \frac{1}{n}\sum_{i=1}^{n} X_i$
- 표본분산 : $S^2 = \frac{1}{n-1}\sum_{i=1}^{n}(X_i - \overline{X})^2$
- 표본표준편차 : $S = \sqrt{\frac{1}{n-1}\sum_{i=1}^{n}(X_i - \overline{X})^2}$
- 표본비율 : $\hat{p} = \frac{X}{n}$, 여기서 X는 표본에서 성공의 개수이다.

이제 표본분포에 대해 살펴보기 위해 모집단 분포가 정규분포를 따른다고 가정한다. 이때 표본평균 $\overline{X}$ 의 확률분포는 모분산이 알려진 경우와 그렇지 않은 경우에 서로 다른 분포를 따른다.

표본평균의 분포 : 모분산이 알려진 정규모집단

모분산 σ^2이 알려진 정규모집단 $N(\mu, \sigma^2)$에서 복원추출로 얻은 크기 n인 확률표본을 $\{X_1, X_2, \cdots, X_n\}$이라 하자. 8.1절에서 살펴본 바와 같이 표본평균 $\overline{X}$는 다음과 같은 정규분포를 따른다.

$$\overline{X} \sim N\left(\mu, \frac{\sigma^2}{n}\right)$$

$\overline{X}$ 의 표준화 확률변수는 다음과 같이 표준정규분포를 따른다.

$$Z = \frac{\overline{X} - \mu}{\sigma / \sqrt{n}} \sim N(0, 1)$$

표본의 크기 n이 커질수록 $\frac{\sigma^2}{n} \approx 0$이므로 [그림 9-3]과 같이 표본평균 $\overline{X}$ 의 확률분포는 모평균에 더욱 집중하는 정규분포를 이룬다.

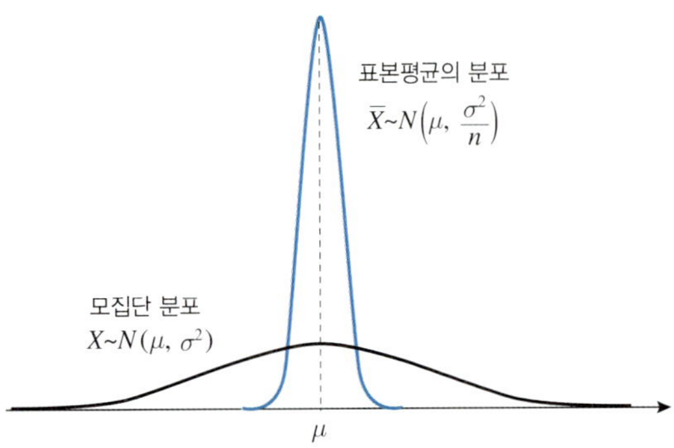

[그림 9-3] 정규모집단과 표본평균의 분포

예제 9-1

평균 $\mu = 10$, 분산 $\sigma^2 = 16$인 정규모집단에서 크기 25인 확률표본 $\{X_1, X_2, \cdots, X_{25}\}$를 선정했다. 표본평균 $\overline{X}$에 대해 다음을 구하라.

(a) $\overline{X}$ 의 확률분포

(b) $P(9.4 < \overline{X} < 11)$

풀이

(a) $X_i \sim N(10, 16)$, $i = 1, 2, \cdots, 25$이므로 표본평균 $\overline{X}$는 $\mu_{\overline{X}} = 10$, $\sigma^2_{\overline{X}} = \frac{16}{25} = 0.8^2$ 인 정규분포를 따른다. 즉 $\overline{X} \sim N(10, 0.8^2)$이다.

(b)
$$\begin{aligned} P(9.4 < \overline{X} < 11) &= P\left(\frac{9.4 - 10}{0.8} < Z < \frac{11 - 10}{0.8}\right) = P(-0.75 < Z < 1.25) \\ &= P(Z < 1.25) - P(Z \le -0.75) \\ &= P(Z < 1.25) - [1 - P(Z < 0.75)] \\ &= 0.8944 - (1 - 0.7734) = 0.6678 \end{aligned}$$

I Can Do 9-1

평균 $\mu = 6$, 분산 $\sigma^2 = 4$인 정규모집단에서 크기 16인 확률표본 $\{X_1, X_2, \cdots, X_{16}\}$을 선정했다. 표본평균 $\overline{X}$에 대해 다음을 구하라.

(a) $\overline{X}$의 확률분포

(b) $P(5.5 < \overline{X} < 6.5)$

표본평균의 분포 : 모분산을 모르는 정규모집단

정규모집단에서 얻은 크기 n인 확률표본 $\{X_1, X_2, \cdots, X_n\}$에 대해 표본평균 $\overline{X}$의 표준화 확률변수는 다음과 같다.

$$Z = \frac{\overline{X} - \mu}{\sigma / \sqrt{n}}$$

모분산 σ^2을 알고 있다면 $Z \sim N(0, 1)$이지만 σ^2을 모른다면 표준정규분포를 사용할 수 없다. 한편 모분산이 σ^2인 정규모집단에서 임의로 추출한 크기 n인 표본분산 S^2은 다음과 같은 카이제곱분포를 따른다.[1]

$$V = \frac{(n-1)S^2}{\sigma^2} \sim \chi^2(n-1)$$

이때 8.2절의 t-분포에서 살펴본 확률변수 T는 다음과 같이 정의하고, 이 확률변수는 자유도 $(n-1)$인 t-분포를 따른다.

$$T = \frac{Z}{\sqrt{V/(n-1)}} = \frac{\dfrac{\overline{X} - \mu}{\sigma / \sqrt{n}}}{\sqrt{\dfrac{(n-1)S^2}{\sigma^2} \Big/ (n-1)}} = \frac{\overline{X} - \mu}{S / \sqrt{n}}$$

따라서 정규모집단의 모분산 σ^2을 모르는 경우에, 크기 n인 확률표본에 대한 표본평균 $\overline{X}$의 표준화 확률변수 Z에서 모표준편차 σ를 표본표준편차 S로 대체한 확률변수를 T라 하자. 이때 확률변수 T는 다음과 같이 자유도 $(n-1)$인 t-분포를 따른다.

$$T = \frac{\overline{X} - \mu}{S / \sqrt{n}} \sim t(n-1)$$

1 표본분산의 분포에서 자세히 살펴본다.

예제 9-2

챗GPT가 영상을 제작하는 시간은 평균 70초인 정규분포를 따른다고 한다. 챗GPT가 영상을 제작하는 시간을 10회 측정한 값이 아래와 같을 때, 다음 물음에 답하라.

[89, 62, 70, 74, 69, 78, 54, 61, 83, 58]

(a) 표본평균과 표본표준편차를 구하라.

(b) 표본평균에 대한 표본분포를 구하라.

(c) $P(76.57 < \overline{X} < 81.64)$의 근사확률을 구하라.

(d) 이 표본을 이용하여 표본평균이 상위 5%인 제작 시간을 구하라.

풀이

(a) 선정한 표본의 표본평균과 표본분산은 각각 다음과 같다.

$$\overline{x} = \frac{1}{10}(89 + 62 + \cdots + 58) = 69.8$$

$$s^2 = \frac{1}{9}\sum_{i=1}^{10}(x_i - 69.8)^2 = \frac{1156.6}{9} \approx 128.5$$

따라서 표본평균 $\overline{x} = 69.8$이고 표본표준편차 $s = \sqrt{128.5} \approx 11.34$이다.

(b) 모집단 분포가 $N(70, \sigma^2)$이고 $n = 10$, $s = 11.34$이므로 확률변수 T의 확률분포는 다음과 같다.

$$T = \frac{\overline{X} - 70}{11.34/\sqrt{10}} \approx \frac{\overline{X} - 70}{3.586} \sim t(9)$$

(c) $$P(76.57 < \overline{X} < 81.64) = P\left(\frac{76.57 - 70}{3.586} < \frac{\overline{X} - 70}{3.586} < \frac{81.64 - 70}{3.586}\right)$$

$$\approx P(1.832 < T < 3.246) = P(T < 3.246) - P(T < 1.832)$$

$$= (1 - 0.005) - (1 - 0.05) = 0.045$$

(d) 상위 5%인 제작 시간을 x_0라 하면, $P(\overline{X} \geq x_0) = 0.05$이므로 다음을 얻는다.

$$P(\overline{X} \geq x_0) = P\left(\frac{\overline{X} - 70}{3.586} \geq \frac{x_0 - 70}{3.586}\right) = P(T \geq t_{0.05}(9)) = 0.05$$

이때 $t_{0.05}(9) = 1.833$이므로 구하는 x_0는 다음과 같다.

$$\frac{x_0 - 70}{3.586} = t_{0.05}(9) = 1.833, \quad x_0 = 70 + (3.586)(1.833) \approx 76.57$$

I Can Do 9-2

정규모집단 $N(14, \sigma^2)$에서 크기 6인 표본을 선정하여 얻은 값이 아래와 같을 때, 다음 물음에 답하라.

$$[16,\ 17,\ 14,\ 12,\ 13,\ 12]$$

(a) 표본평균과 표본표준편차를 구하라.

(b) 표본평균에 대한 표본분포를 구하라.

(c) $P(14.994 < \overline{X} < 16.894)$의 근사확률을 구하라.

(d) $P(|\overline{X} - \mu| < t_0) = 0.99$인 t_0를 구하라.

표본평균의 분포 : 임의의 모집단

모분산 σ^2을 알고 있지만 모집단 분포가 임의의 분포라 하자. 만일 표본의 크기 n이 충분히 크면 중심극한정리에 의해 표본평균은 다음과 같은 정규분포에 근사한다는 사실을 8.1절에서 살펴보았다.

$$\overline{X} \approx N\left(\mu,\ \frac{\sigma^2}{n}\right) \text{ 또는 } Z = \frac{\overline{X} - \mu}{\sigma/\sqrt{n}} \approx N(0,\ 1)$$

모분산 σ^2을 모르는 경우에는 모표준편차 σ를 표본표준편차 S로 대체하면 다음 분포를 얻는다.

$$T = \frac{\overline{X} - \mu}{S/\sqrt{n}} \approx t(n-1)$$

이때 표본의 크기 n이 충분히 크면 자유도 $(n-1)$도 충분히 커지고, 자유도가 커질수록 t-분포는 표준정규분포에 근접하므로 다음과 같이 근사적으로 확률분포를 얻는다.

$$T = \frac{\overline{X} - \mu}{S/\sqrt{n}} \approx N(0,\ 1)$$

따라서 모집단 분포가 임의의 확률분포를 따르고 표본의 크기 n이 충분히 큰 경우에 표본평균 $\overline{X}$의 표준화 확률변수는 다음과 같은 근사 확률분포를 따른다.

- 모분산을 아는 경우 : $Z = \dfrac{\overline{X} - \mu}{\sigma/\sqrt{n}} \approx N(0,\ 1)$
- 모분산을 모르는 경우 : $T = \dfrac{\overline{X} - \mu}{S/\sqrt{n}} \approx N(0,\ 1)$

예제 9-3

모평균이 $\mu = 125$이지만 모집단 분포를 모르는 모집단에서 크기 64인 표본을 선정하여 표본표준편차 3을 얻었을 때, 다음을 구하라.

(a) $\sigma^2 = 16$일 때, 표본평균 $\overline{X}$의 근사 확률분포

(b) (a)의 경우에 표본평균이 126 이상일 근사확률

(c) σ^2을 모를 때 표본평균 $\overline{X}$의 근사 확률분포

(d) (c)의 경우에 표본평균이 126 이상일 근사확률

풀이

(a) $\sigma^2 = 16$이므로 $\dfrac{\sigma^2}{n} = \dfrac{16}{64} = 0.25$이고 중심극한정리에 의해 $\overline{X} \approx N(125, 0.5^2)$이다.

(b) $P(\overline{X} \geq 126) \approx P\left(Z \geq \dfrac{126-125}{0.5}\right) = P(Z \geq 2) = 1 - 0.9772 = 0.0228$

(c) 표본표준편차가 3임을 이용하면 $\dfrac{S^2}{n} = \dfrac{9}{64} = 0.375^2$이므로 $\overline{X} \approx N(125, 0.375^2)$이다.

(d) $P(\overline{X} \geq 126) \approx P\left(Z \geq \dfrac{126-125}{0.375}\right) \approx P(Z \geq 2.67) = 1 - 0.9962 = 0.0038$

I Can Do 9-3

모평균이 $\mu = 26$이지만 모집단 분포를 모르는 모집단에서 크기 50인 표본을 선정하여 표본표준편차 4.5를 얻었을 때, 다음을 구하라.

(a) $\sigma^2 = 25$일 때, 표본평균 $\overline{X}$의 근사 확률분포

(b) (a)의 경우에 표본평균이 25 이하일 근사확률

(c) σ^2을 모를 때 표본평균 $\overline{X}$의 근사 확률분포

(d) (c)의 경우에 표본평균이 25 이하일 근사확률

표본분산의 분포

정규모집단 $N(\mu, \sigma^2)$에서 추출한 크기 n인 확률표본 $\{X_1, X_2, \cdots, X_n\}$의 표본분산 S^2은 다음과 같다.

$$S^2 = \frac{1}{n-1}\sum_{i=1}^{n}(X_i - \overline{X})^2$$

이제 표본분산 S^2과 관련된 표본분포를 구하기 위해 평균편차에 대한 제곱합을 다음과 같이 변경한다.

$$\begin{aligned}\sum_{i=1}^{n}(X_i-\mu)^2 &= \sum_{i=1}^{n}\left[(X_i-\overline{X})+(\overline{X}-\mu)\right]^2 \\ &= \sum_{i=1}^{n}\left[(X_i-\overline{X})^2+2(X_i-\overline{X})(\overline{X}-\mu)+(\overline{X}-\mu)^2\right] \\ &= \sum_{i=1}^{n}(X_i-\overline{X})^2+n(\overline{X}-\mu)^2\end{aligned}$$

표본분산 S^2을 이용하여 X_i의 표준화 확률변수의 제곱합을 다음과 같이 표현할 수 있다.

$$\begin{aligned}\sum_{i=1}^{n}Z_i^2 &= \frac{1}{\sigma^2}\sum_{i=1}^{n}(X_i-\mu)^2 = \frac{1}{\sigma^2}\sum_{i=1}^{n}(X_i-\overline{X})^2+\frac{n}{\sigma^2}(\overline{X}-\mu)^2 \\ &= \frac{n-1}{\sigma^2}S^2+\left(\frac{\overline{X}-\mu}{\sigma/\sqrt{n}}\right)^2\end{aligned}$$

8.2절에서 살펴본 카이제곱 분포의 성질에 의해 다음을 얻는다.

- $\sum_{i=1}^{n}Z_i^2 \sim \chi^2(n)$
- $\frac{\overline{X}-\mu}{\sigma/\sqrt{n}} \sim N(0,1)$이므로 $\left(\frac{\overline{X}-\mu}{\sigma/\sqrt{n}}\right)^2 \sim \chi^2(1)$이다.

특히 $\frac{n-1}{\sigma^2}S^2$과 $\left(\frac{\overline{X}-\mu}{\sigma/\sqrt{n}}\right)^2$은 독립인 것으로 알려져 있다. 따라서 8.2절에서 살펴본 카이제곱 분포의 성질 ❹에 의해 $\frac{n-1}{\sigma^2}S^2$은 다음과 같이 자유도 $(n-1)$인 카이제곱 분포를 따른다.

$$V=\frac{(n-1)S^2}{\sigma^2}\sim\chi^2(n-1)$$

예제 9-4

제조라인에서 생산한 의료용 필름 10개를 임의로 수거한 뒤 두께를 측정한 값이 아래와 같을 때, 다음을 구하라. (단, 필름 두께는 분산이 1.4인 정규분포를 따른다. 또 단위는 mil이다. (1mil = 0.0254mm이다.)

[12.8, 14.9, 11.4, 9.2, 11.8, 12.1, 14.4, 14.2, 13.6, 10.5]

(a) 관찰된 표본분산의 값 s_0^2

(b) 표본분산과 관련된 통계량 V의 분포

(c) 이 표본을 이용하여 얻은 통계량의 관찰값 $v_0=\frac{(n-1)s_0^2}{\sigma^2}$

(d) 표본분산 S^2이 (a)에서 구한 s_0^2보다 클 근사확률

풀이

(a) 표본평균과 표본분산은 각각 다음과 같다.

$$\bar{x} = \frac{1}{10}(12.8 + 14.9 + \cdots + 10.5) = 12.49$$

$$s_0^2 = \frac{1}{9}\sum_{i=1}^{10}(x_i - 12.49)^2 = \frac{30.309}{9} \approx 3.3677$$

(b) $\sigma^2 = 1.4$이고 크기 10인 표본분산에 관련된 표본분포는 $V = \frac{9S^2}{1.4} \sim \chi^2(9)$이다.

(c) $n = 10$, $\sigma^2 = 1.4$, $s_0^2 = 3.3677$이므로 통계량의 관찰값은 다음과 같다.

$$v_0 = \frac{(n-1)s_0^2}{\sigma^2} = \frac{9 \times 3.3677}{1.4} \approx 21.65$$

(d) $P(S^2 > s_0^2) = P(S^2 > 3.3677) = P\left(\frac{9S^2}{\sigma^2} > \frac{9 \times 3.3677}{1.4}\right) \approx P(V > 21.65) \approx 0.01$

I Can Do 9-4

공정라인에서 생산되는 웨이퍼의 산화물 코팅 두께는 표준편차 2Å인 정규분포를 따른다. 이때 임의로 선정한 웨이퍼 11개의 산화물 코팅 두께를 측정하여 표본표준편차 2.265Å을 얻었다. 다음을 구하라.

(a) 표본분산과 관련된 통계량 V의 분포

(b) 이 표본을 이용하여 통계량의 관찰값 $v_0 = \frac{(n-1)s_0^2}{\sigma^2}$

(c) 표본표준편차 S가 2.265보다 클 근사확률

표본비율의 분포

모집단 분포가 모수 p인 베르누이 분포를 따를 때, 크기 n인 확률표본 $\{X_1, X_2, \cdots, X_n\}$에 대해 $np \ge 5$, $nq \ge 5$이면 $X = X_1 + X_2 + \cdots + X_n \sim B(n, p)$이다. 따라서 중심극한정리에 의해 표본비율 $\hat{p} = \frac{X}{n}$는 평균과 분산이 각각 $\mu_{\hat{p}} = p$, $\sigma_{\hat{p}}^2 = \frac{pq}{n}$인 정규분포를 따르는 것을 8.1절에서 살펴보았다. 즉 모비율 p인 모집단에서 표본을 추출할 때 표본의 크기 n이 충분히 크면 표본비율 $\hat{p}$은 다음과 같은 정규분포에 근사한다.

$$\hat{p} = \frac{X}{n} \approx N\left(p, \frac{pq}{n}\right)$$

예제 9-5

어느 공정라인에서 생산되는 웨이퍼에는 543개의 넷다이로 구성되고, 이 중 불량인 넷다이가 190개라 한다. 웨이퍼 150개를 임의로 선정했을 때, 다음을 구하라.

(a) 150개 중에서 불량인 넷다이가 들어 있는 웨이퍼가 45개 이상 56개 이하일 확률

(b) 150개 중에서 불량인 넷다이가 들어 있는 웨이퍼의 비율이 25% 이상 45% 이하일 확률

풀이

(a) 웨이퍼 하나 당 넷다이 불량률은 $p = \frac{190}{543} \approx 0.35$이다. 불량인 넷다이를 포함한 웨이퍼의 개수를 X라 하면 $np = 52.5$, $npq = 34.125$이므로 $X \approx N(52.5, 34.125)$이다. 따라서 구하는 확률은 다음과 같다.

$$\begin{aligned} P(45 \le X \le 56) &= P\left(\frac{44.5 - 52.5}{\sqrt{34.125}} \le Z \le \frac{56.5 - 52.5}{\sqrt{34.125}}\right) \approx P(-1.37 \le Z \le 0.69) \\ &= P(Z \le 0.69) - P(Z \le -1.37) \\ &= P(Z \le 0.69) - [1 - P(Z \le 1.37)] \\ &= 0.7549 - (1 - 0.9147) = 0.6696 \end{aligned}$$

(b) $p = 0.35$, $n = 150$이므로 $\mu_{\hat{p}} = 0.35$, $\sigma_{\hat{p}}^2 = \frac{0.35 \times 0.65}{150} \approx 0.0389^2$이고 표본비율의 확률분포 $\hat{p} \approx N(0.35, 0.0389^2)$이다. 따라서 구하는 확률은 다음과 같다.

$$\begin{aligned} P(0.25 \le \hat{p} \le 0.45) &= P\left(\frac{0.25 - 0.35}{0.0389} \le Z \le \frac{0.45 - 0.35}{0.0389}\right) \approx P(-2.57 \le Z \le 2.57) \\ &= 2P(Z \le 2.57) - 1 = 2 \times 0.9949 - 1 = 0.9898 \end{aligned}$$

I Can Do 9-5

교육부 공시에 따르면 전국 중고등학생의 4%가 단백뇨 증상이 있다고 한다. 전국에서 중고등학생 100명을 임의로 선정했을 때, 다음을 구하라.

(a) 단백뇨 증상을 보이는 학생이 없을 확률

(b) 100명 중에서 단백뇨 증상을 보이는 학생의 비율이 10% 이상일 확률

Section
9.2 이변량 표본분포

지금까지는 단일 모집단에서 표본을 추출할 때 모수와 관련한 표본통계량의 분포를 살펴보았다. 이 절에서는 독립인 두 모집단의 모수를 비교하기 위한 표본통계량과 그에 관한 확률분포에 대해 살펴본다.

두 표본평균 차의 분포 : 두 모분산이 알려진 정규모집단

모분산 σ_1^2, σ_2^2이 알려져 있고 독립인 두 정규모집단 $N(\mu_1, \sigma_1^2)$과 $N(\mu_2, \sigma_2^2)$에서 각각 크기 n과 m인 표본을 임의로 선정하여 그 표본평균을 각각 $\overline{X}$와 $\overline{Y}$라 하자. 두 표본평균은 각각 다음과 같은 정규분포를 따른다.

$$\overline{X} \sim N\left(\mu_1, \frac{\sigma_1^2}{n}\right), \quad \overline{Y} \sim N\left(\mu_2, \frac{\sigma_2^2}{m}\right)$$

[그림 9-4]와 같이 두 표본평균의 차 $\overline{X}-\overline{Y}$는 다음 정규분포를 따른다.

$$\overline{X}-\overline{Y} \sim N\left(\mu_1-\mu_2, \frac{\sigma_1^2}{n}+\frac{\sigma_2^2}{m}\right)$$

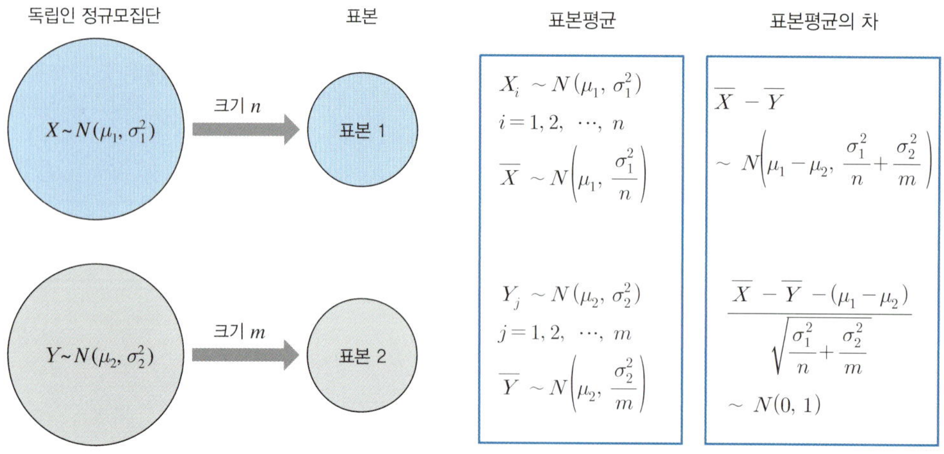

[그림 9-4] 독립인 두 정규모집단에 대한 표본평균 차의 분포

따라서 $\overline{X} - \overline{Y}$ 의 표준화 확률변수 Z 는 다음과 같다.

$$Z = \frac{(\overline{X} - \overline{Y}) - (\mu_1 - \mu_2)}{\sqrt{\dfrac{\sigma_1^2}{n} + \dfrac{\sigma_2^2}{m}}} \sim N(0,\ 1)$$

특히 두 모분산이 동일하면 즉 $\sigma_1^2 = \sigma_2^2 = \sigma^2$ 이면 $\overline{X} - \overline{Y}$ 의 표준화 확률변수 Z 는 다음과 같다.

$$Z = \frac{(\overline{X} - \overline{Y}) - (\mu_1 - \mu_2)}{\sigma\sqrt{\dfrac{1}{n} + \dfrac{1}{m}}} \sim N(0,\ 1)$$

예제 9-6

두 공정라인 A와 B에서 생산한 반도체 웨이퍼의 산화막 두께는 평균이 동일한 정규분포를 따른다고 한다. 두 공정라인에서 각각 생산한 웨이퍼 25개와 36개를 임의로 선정한 뒤 산화막 두께를 측정하고, 평균을 $\overline{X}$ 와 $\overline{Y}$ 라 한다. 다음 두 경우에 대해 표본평균의 차가 0.1568nm를 초과할 확률을 구하라.

(a) 산화막 두께의 표준편차가 각각 0.3nm와 0.32nm인 경우

(b) 산화막 두께의 표준편차가 동일한 0.3nm인 경우

풀이

(a) 두 공정라인에서 생산한 웨이퍼의 산화막 두께 평균이 동일하므로 $\mu_1 - \mu_2 = 0$ 이다.
$n = 25$, $m = 36$, $\sigma_1 = 0.3$, $\sigma_2 = 0.32$ 이므로 평균 두께의 차에 대한 분산은 다음과 같다.

$$\sigma^2_{\overline{X} - \overline{Y}} = \frac{0.3^2}{25} + \frac{0.32^2}{36} \approx 0.08^2$$

따라서 $\overline{X} - \overline{Y} \sim N(0,\ 0.08^2)$ 이고 구하는 확률은 다음과 같다.

$$P(\overline{X} - \overline{Y} > 0.1568) = P\left(Z > \frac{0.1568}{0.08}\right) = P(Z > 1.96) = 0.025$$

(b) $\sigma_1 = \sigma_2 = 0.3$ 이므로 $0.3\sqrt{\dfrac{1}{25} + \dfrac{1}{36}} \approx 0.078$ 이고, $\dfrac{\overline{X} - \overline{Y}}{0.078} \approx N(0,\ 1)$ 이다. 따라서 확률은 다음과 같다.

$$P(\overline{X} - \overline{Y} > 0.1568) = P\left(Z > \frac{0.1568}{0.078}\right) \approx P(Z > 2.01) = 1 - 0.9778 = 0.0222$$

I Can Do 9-6

두 제약회사 A와 B에서 생산한 진통제로 통증을 가라앉히는 데 걸리는 시간은 각각 평균 32분, 28분이고 표준편차가 2분, 3분인 정규분포를 따른다고 한다. 통증을 호소하는 환자들을 25명씩 두 그룹으로 나눈 뒤 두 회사의 진통제를 각각 따로 처방했다고 하자. 이때 A 회사의 진통제가 B 회사의 진통제에 비해 통증을 가라앉히는 시간이 2분 이상 더 걸릴 확률을 구하라.

두 표본평균 차의 분포 : 두 모분산이 동일하지만 모르는 정규모집단

독립인 두 정규모집단의 모분산이 동일하면 두 표본평균 차에 대한 표준화 확률변수는 다음과 같음을 살펴보았다.

$$Z = \frac{(\overline{X} - \overline{Y}) - (\mu_1 - \mu_2)}{\sigma\sqrt{\frac{1}{n} + \frac{1}{m}}} \sim N(0,\ 1)$$

두 모분산이 $\sigma_1^2 = \sigma_2^2 = \sigma^2$으로 동일하지만 그 값이 알려지지 않으면 두 표본평균의 차에 표준정규분포를 사용할 수 없다. 그 대신 단일 모집단인 경우와 동일하게 모표준편차 σ를 표본에서 얻은 표준편차로 대체하고 t-분포를 사용한다. 독립인 표본이 두 개이므로 다음과 같이 정의되는 **합동표본분산** pooled sample variance을 사용한다.

$$S_p^2 = \frac{1}{n+m-2}\left[\sum_{i=1}^{n}(X_i - \overline{X})^2 + \sum_{j=1}^{m}(Y_j - \overline{Y})^2\right]$$

또 확률표본 $\{X_1,\ X_2,\ \cdots,\ X_n\}$, $\{Y_1,\ Y_2,\ \cdots,\ Y_m\}$의 표본분산 S_1^2, S_2^2은 각각 다음과 같다.

$$S_1^2 = \frac{1}{n-1}\sum_{i=1}^{n}(X_i - \overline{X})^2, \quad S_2^2 = \frac{1}{n-1}\sum_{j=1}^{m}(Y_j - \overline{Y})^2$$

두 평균편차의 제곱합은 각각 다음과 같다.

$$\sum_{i=1}^{n}(X_i - \overline{X})^2 = (n-1)S_1^2, \quad \sum_{j=1}^{m}(Y_j - \overline{Y})^2 = (m-1)S_2^2$$

따라서 S_p^2은 다음과 같이 간단하게 표현할 수 있다.

$$S_p^2 = \frac{1}{n+m-2}\left[(n-1)S_1^2 + (m-1)S_2^2\right]$$

합동표본분산에 대한 양의 제곱근인 S_p 를 **합동표본표준편차** pooled sample standard deviation 라 한다. 모표준편차 σ를 S_p로 대체하면 $\overline{X} - \overline{Y}$의 표준화 확률변수는 다음과 같이 자유도 $(n+m-2)$인 t-분포를 따른다.

$$T = \frac{(\overline{X} - \overline{Y}) - (\mu_1 - \mu_2)}{S_p \sqrt{\frac{1}{n} + \frac{1}{m}}} \sim t(n+m-2)$$

예제 9-7

일반자동차와 전기자동차가 가속주행할 때 내는 소음은 평균이 각각 70dB과 56dB인 정규분포를 따르고 분산은 동일하다고 한다. 일반자동차와 전기자동차를 각각 10대씩 선정한 뒤 가속주행할 때의 소음을 측정했더니 표준편차가 각각 6.5dB과 3.5dB로 나타났다. 선정된 일반자동차와 전기자동차에 대해 평균 소음의 차가 9.95dB 이상일 확률을 구하라.

풀이

선정된 일반자동차와 전기자동차의 평균 소음을 각각 $\overline{X}$, $\overline{Y}$라 하면, $s_1 = 6.5$, $s_2 = 3.5$이므로 합동표본분산과 합동표본표준편차는 각각 다음과 같다.

$$s_p^2 = \frac{1}{10+10-2}(9 \times 6.5^2 + 9 \times 3.5^2) = 27.25, \quad s_p = \sqrt{27.25} \approx 5.22$$

$n = m = 10$이므로 $\sqrt{\frac{1}{10} + \frac{1}{10}} = \sqrt{0.2} \approx 0.4472$이고 다음을 얻는다.

$$s_p \sqrt{\frac{1}{n} + \frac{1}{m}} = 5.22 \times 0.4472 \approx 2.33$$

한편 $\mu_1 - \mu_2 = 70 - 56 = 14$이므로 다음 확률분포를 얻는다.

$$T = \frac{(\overline{X} - \overline{Y}) - 14}{2.33} \sim t(18)$$

따라서 구하는 확률은 다음과 같다.

$$\begin{aligned} P(\overline{X} - \overline{Y} \geq 9.95) &= P\left(\frac{(\overline{X} - \overline{Y}) - 14}{2.33} \geq \frac{9.95 - 14}{2.33}\right) \\ &\approx P(T \geq -1.7382) \approx 1 - 0.05 = 0.95 \end{aligned}$$

I Can Do 9-7

두 모집단이 독립이고 각각 $N(40, \sigma^2)$과 $N(34, \sigma^2)$일 때, 두 모집단에서 크기 9와 11인 표본을 추출하여 표본표준편차 4.5와 7.6을 얻었다고 하자. 이때 두 표본평균의 차가 13.35 이하일 확률을 구하라.

두 표본평균 차의 분포 : 두 모분산이 다르고 모르는 정규모집단

모분산이 서로 다른 두 정규모집단에서 각각 크기 n과 m인 표본을 선정할 때 표본평균의 차 $\overline{X} - \overline{Y}$는 다음 확률분포를 따르는 것을 살펴보았다.

$$Z = \frac{(\overline{X} - \overline{Y}) - (\mu_1 - \mu_2)}{\sqrt{\dfrac{\sigma_1^2}{n} + \dfrac{\sigma_2^2}{m}}} \sim N(0, 1)$$

이때 σ_1^2, σ_2^2이 알려지지 않으면 표준정규분포를 이용할 수 없으므로 두 모분산을 표본분산 S_1^2, S_2^2으로 대체한다. 즉 σ_1^2, σ_2^2이 알려지지 않고 $\sigma_1^2 \neq \sigma_2^2$일 때, σ_1^2, σ_2^2을 S_1^2, S_2^2으로 대체하면 다음과 같이 t-분포를 따른다.

$$T = \frac{(\overline{X} - \overline{Y}) - (\mu_1 - \mu_2)}{\sqrt{\dfrac{S_1^2}{n} + \dfrac{S_2^2}{m}}} \sim t(\nu)$$

이때 자유도 ν는 다음과 같이 정의하는 식에서 소수점 이하의 값을 절사한 정수이다.

$$\nu = \frac{\left(\dfrac{s_1^2}{n} + \dfrac{s_2^2}{m}\right)^2}{\dfrac{1}{n-1}\left(\dfrac{s_1^2}{n}\right)^2 + \dfrac{1}{m-1}\left(\dfrac{s_2^2}{m}\right)^2}$$

예제 9-8

두 회사에서 생산한 블랙박스를 각각 15개씩 임의로 선정한 뒤 악천후 속에서 가시거리를 측정했더니 표본표준편차가 16.6m와 14.3m이었다. 악천후 속에서 두 회사의 블랙박스 가시거리가 각각 $N(300, \sigma_1^2)$과 $N(275, \sigma_2^2)$을 따르고 $\sigma_1^2 \neq \sigma_2^2$일 때, 표본평균의 차가 37.2m 이하일 확률을 구하라.

풀이

두 표본의 표본분산을 S_1^2, S_2^2이라 하면 다음을 얻는다.

$$\sqrt{\frac{S_1^2}{n}+\frac{S_2^2}{m}} = \sqrt{\frac{16.6^2}{15}+\frac{14.3^2}{15}} \approx \sqrt{32.0033} \approx 5.657$$

$$r = \frac{[(16.6^2/15)+(14.3^2/15)]^2}{\frac{(16.6^2/15)^2}{14}+\frac{(14.3^2/15)^2}{14}} \approx 27.4$$

$\mu_1 - \mu_2 = 300 - 275 = 25$이므로 $T = \dfrac{(\overline{X} - \overline{Y}) - 25}{5.657} \sim t(27)$이다. 따라서 구하는 확률은 다음과 같다.

$$\begin{aligned} P(\overline{X} - \overline{Y} \le 37.2) &= P\left(\frac{\overline{X} - \overline{Y} - 25}{5.657} \le \frac{37.2 - 25}{5.657}\right) \\ &\approx P(T \le 2.157) \\ &\approx 1 - 0.02 = 0.98 \end{aligned}$$

I Can Do 9-8

모평균이 각각 $\mu_1 = 151$, $\mu_2 = 148$이고 모분산이 서로 다르다는 사실만 알고 있는 두 정규모집단에서 각각 크기 15와 16인 표본을 선정하여 표본표준편차 $s_1 = 6.4$, $s_2 = 5.2$를 얻었다. 두 표본평균의 차가 7.31 이상일 확률을 구하라.

두 표본평균 차의 분포 : 임의의 두 모집단

모분산 σ_1^2, σ_2^2이 알려지고 독립인 두 모집단 분포가 임의의 분포를 따를 때, 표본의 크기 n과 m이 충분히 크면 중심극한정리에 의해 두 표본평균 $\overline{X}$와 $\overline{Y}$는 각각 다음 정규분포에 근사한다.

$$\overline{X} \approx N\left(\mu_1, \frac{\sigma_1^2}{n}\right), \quad \overline{Y} \approx N\left(\mu_2, \frac{\sigma_2^2}{m}\right)$$

두 표본평균의 차 $\overline{X} - \overline{Y}$는 다음 정규분포에 근사한다.

$$\overline{X} - \overline{Y} \approx N\left(\mu_1 - \mu_2, \frac{\sigma_1^2}{n} + \frac{\sigma_2^2}{m}\right)$$

따라서 다음 근사분포를 얻는다.

$$Z = \frac{(\overline{X} - \overline{Y}) - (\mu_1 - \mu_2)}{\sqrt{\frac{\sigma_1^2}{n} + \frac{\sigma_2^2}{m}}} \approx N(0,\ 1)$$

한편 표본의 크기가 모집단 크기와 같다면 표본과 모집단이 동일하므로 표본분산은 모분산과 일치한다. 이와 같이 표본의 크기가 충분히 크면 표본분산은 모분산에 근접한다. 또 표준화 확률변수 Z에서 모분산 σ_1^2, σ_2^2을 표본분산 S_1^2, S_2^2으로 대체한 통계량도 표준정규분포에 근사한다. 따라서 두 모분산을 아는 경우와 모르는 경우 각각에 대해 임의의 모집단 분포에서 추출한 표본의 크기가 충분히 크면 두 표본평균의 차에 대한 분포는 다음과 같다.

- 두 모분산을 아는 경우 : $Z = \dfrac{(\overline{X} - \overline{Y}) - (\mu_1 - \mu_2)}{\sqrt{\frac{\sigma_1^2}{n} + \frac{\sigma_2^2}{m}}} \approx N(0,\ 1)$
- 두 모분산을 모르는 경우 : $Z = \dfrac{(\overline{X} - \overline{Y}) - (\mu_1 - \mu_2)}{\sqrt{\frac{S_1^2}{n} + \frac{S_2^2}{m}}} \approx N(0,\ 1)$

예제 9-9

모평균이 각각 $\mu_1 = 60$, $\mu_2 = 50$이고 서로 독립이지만 각각 어떤 분포를 따르는지 모르는 두 모집단에서 크기 64와 100인 표본을 추출했다. 다음 두 경우에 대해 두 표본평균의 차가 10.6 이상일 근사확률을 구하라.

(a) $\sigma_1^2 = 3.2$, $\sigma_2^2 = 4.9$인 경우

(b) $s_1^2 = 4.1$, $s_2^2 = 3.2$인 경우

풀이

(a) 두 표본의 표본평균을 각각 $\overline{X}$, $\overline{Y}$라 하면 $\mu_1 - \mu_2 = 10$이고 다음을 얻는다.

$$\sqrt{\frac{\sigma_1^2}{n} + \frac{\sigma_2^2}{m}} = \sqrt{\frac{3.2}{64} + \frac{4.9}{100}} = \sqrt{0.099} \approx 0.3146$$

따라서 $Z = \dfrac{(\overline{X} - \overline{Y}) - 10}{0.3146} \approx N(0,\ 1)$이고 구하는 근사확률은 다음과 같다.

$$P(\overline{X} - \overline{Y} \geq 10.6) = P\left(Z \geq \frac{10.6 - 10}{0.3146}\right)$$
$$\approx P(Z \geq 1.91) = 1 - 0.9719 = 0.0291$$

(b) $\sqrt{\frac{s_1^2}{n}+\frac{s_2^2}{m}}=\sqrt{\frac{4.1}{64}+\frac{3.2}{100}}=\sqrt{0.0961}\approx 0.31$

따라서 $Z=\frac{(\overline{X}-\overline{Y})-10}{0.31}\approx N(0,\ 1)$이고 구하는 근사확률은 다음과 같다.

$$P(\overline{X}-\overline{Y}\geq 10.6)=P\left(Z\geq \frac{10.6-10}{0.31}\right)$$
$$\approx P(Z\geq 1.94)=1-0.9738=0.0262$$

I Can Do 9-9

독립인 두 모집단의 모평균과 모분산이 각각 다음과 같다. 모집단 1과 2에서 각각 크기 40과 50인 표본을 임의로 선정할 때, 두 표본평균의 차가 2.5와 4.2 사이일 근사확률을 구하라.

모집단 1	$\mu_1=12,\ \sigma_1^2=3.5$
모집단 2	$\mu_2=8,\ \sigma_2^2=3.1$

두 표본비율 차의 분포

9.1절에서 서로 독립이고 모비율이 각각 p_1, p_2인 두 모집단에서 각각 크기 n과 m인 확률표본을 선정할 때, n과 m이 충분히 크면 표본비율은 각각 근사적으로 다음 정규분포를 따르는 것을 살펴보았다.

$$\hat{p}_1\approx N\left(p_1,\ \frac{p_1q_1}{n}\right),\quad \hat{p}_2\approx N\left(p_2,\ \frac{p_2q_2}{m}\right)$$

두 표본이 독립이므로 두 표본비율의 차 $\hat{p}_1-\hat{p}_2$는 다음 정규분포를 따른다.

$$\hat{p}_1-\hat{p}_2\approx N\left(p_1-p_2,\ \frac{p_1q_1}{n}+\frac{p_2q_2}{m}\right)$$

따라서 두 표본비율의 차 $\hat{p}_1-\hat{p}_2$를 표준화하면 다음과 같다.

$$Z=\frac{(\hat{p}_1-\hat{p}_2)-(p_1-p_2)}{\sqrt{\frac{p_1q_1}{n}+\frac{p_2q_2}{m}}}\approx N(0,\ 1)$$

예제 9-10

자동차 A 모델과 B 모델의 안정성을 알아보기 위해 충돌실험을 진행했다. 실험 결과 A 모델의 손상비율이 0.6이고 B 모델의 손상비율이 0.52인 것으로 알려져 있다. A, B 모델을 각각 50대씩 선정했을 때, 두 표본의 손상비율 차가 -0.165와 0.274 사이일 근사확률을 구하라.

풀이

A 모델과 B 모델의 손상비율을 각각 p_1, p_2라 하면 $p_1=0.6$, $p_2=0.52$, $n=m=50$이므로 다음을 얻는다.

$$\sqrt{\frac{p_1q_1}{n}+\frac{p_2q_2}{m}}=\sqrt{\frac{0.6\times 0.4}{50}+\frac{0.52\times 0.48}{50}}\approx\sqrt{0.0098}\approx 0.099$$

$p_1-p_2=0.08$이므로 두 표본비율의 차는 $\dfrac{(\hat{p}_1-\hat{p}_2)-0.08}{0.099}\approx N(0,\ 1)$이고 구하는 확률은 다음과 같다.

$$\begin{aligned}P(-0.165<\hat{p}_1-\hat{p}_2<0.274)&=P\left(\frac{-0.165-0.08}{0.099}<Z<\frac{0.274-0.08}{0.099}\right)\\&\approx P(-2.47<Z<1.96)\\&=P(Z<1.96)-P(Z\le -2.47)\\&=P(Z<1.96)-[1-P(Z<2.47)]\\&=0.975-(1-0.9932)=0.9682\end{aligned}$$

I Can Do 9-10

동일한 효능을 가진 약품에 대해 제약회사 A의 치료율이 $p_1=0.92$이고 제약회사 B의 치료율이 $p_2=0.85$라 한다. 동일한 조건에 놓인 환자를 각각 100명씩 나누어 두 약품으로 치료할 때, 치료율의 차가 0.14와 0.2 사이일 근사확률을 구하라.

합동표본분산의 분포

동일한 모분산 $\sigma_1^2=\sigma_2^2=\sigma^2$을 갖고 독립인 두 정규모집단에서 각각 크기 n과 m인 두 확률표본을 추출한다고 하면 9.1절에서 두 확률표본의 표본분산 S_1^2과 S_2^2은 독립이고 다음 분포를 따르는 것을 살펴보았다.

$$\frac{n-1}{\sigma^2}S_1^2\sim\chi^2(n-1),\quad \frac{m-1}{\sigma^2}S_2^2\sim\chi^2(m-1)$$

그러면 카이제곱 분포의 성질에 의해 다음을 얻는다.

$$\frac{n-1}{\sigma^2}S_1^2 + \frac{m-1}{\sigma^2}S_2^2 \sim \chi^2(n+m-1)$$

또 합동표본분산 S_p^2을 이용하면 다음을 얻는다.

$$\frac{1}{\sigma^2}[(n-1)S_1^2 + (m-1)S_2^2] = \frac{n+m-2}{\sigma^2}S_p^2$$

따라서 모분산이 $\sigma_1^2 = \sigma_2^2 = \sigma^2$이고 독립인 두 정규모집단에서 각각 크기 n과 m인 두 확률표본을 추출할 때, 합동표본분산 S_p^2에 대해 다음 표본분포를 얻는다.

$$V = \frac{n+m-2}{\sigma^2}S_p^2 \sim \chi^2(n+m-2)$$

예제 9-11

독립인 두 정규모집단 $N(\mu_1,\ 25)$와 $N(\mu_2,\ 25)$에서 각각 크기 12와 14인 확률표본을 추출할 때, 다음을 구하라.

(a) $P(S_p^2 > s_0) = 0.025$를 만족하는 s_0

(b) $P(S_p^2 > 47.6)$

풀이

(a) $n=12,\ m=14$이고 $\sigma_1^2 = \sigma_2^2 = 25$이므로 $\dfrac{n+m-2}{\sigma^2} = \dfrac{24}{25}$이고, $\dfrac{24}{25}S_p^2 \sim \chi^2(24)$이다. 자유도 24인 카이제곱 분포에서 $\chi^2_{0.025}(24) = 39.36$이므로 다음을 얻는다.

$$P(S_p^2 > s_0) = P\left(V > \frac{24}{25}s_0\right) = P\left(V > \chi^2_{0.025}(24)\right) = 0.025$$

따라서 구하는 s_0는 다음과 같다.

$$\frac{24}{25}s_0 = \chi^2_{0.025}(24) = 39.36$$

$$s_0 = \frac{39.36 \times 25}{24} = 41$$

(b) [부록 A.4]의 카이제곱 분포표에 의해 구하는 확률은 다음과 같다.

$$P(S_p^2 > 47.6) = P\left(V > \frac{47.6 \times 24}{25}\right) = P(V > 45.504) \approx 0.005$$

I Can Do 9-11

독립인 두 정규모집단 $N(16, 9)$와 $N(21, 9)$에서 각각 크기 8과 6인 확률표본을 추출할 때, $P(S_p^2 > s_0) = 0.05$를 만족하는 s_0를 구하라.

두 표본분산 비의 분포

9.1절에서 살펴본 표본분산의 표본분포에 따라 모분산이 σ_1^2, σ_2^2이고 서로 독립인 두 정규모집단에서 각각 크기 n과 m인 표본을 추출하면, 표본분산 S_1^2과 S_2^2은 독립이고 다음 표본분포가 성립한다.

$$U = \frac{n-1}{\sigma_1^2} S_1^2 \sim \chi^2(n-1), \quad V = \frac{m-1}{\sigma_2^2} S_2^2 \sim \chi^2(m-1)$$

F-분포의 정의에 의해 다음을 얻는다.

$$F = \frac{\dfrac{(n-1)S_1^2/\sigma_1^2}{n-1}}{\dfrac{(m-1)S_2^2/\sigma_2^2}{m-1}} = \frac{S_1^2/\sigma_1^2}{S_2^2/\sigma_2^2} \sim F(n-1, m-1)$$

따라서 두 표본분산의 비 $\dfrac{S_1^2}{S_2^2}$에 대해 다음 표본분포를 얻는다.

$$F = \frac{S_1^2/\sigma_1^2}{S_2^2/\sigma_2^2} = \frac{\sigma_2^2 S_1^2}{\sigma_1^2 S_2^2} \sim F(n-1, m-1)$$

예제 9-12

독립인 두 정규모집단 $N(16, 9)$와 $N(15, 4)$에서 각각 크기 6과 8인 확률표본을 추출할 때, $P\left(\dfrac{S_1^2}{S_2^2} > s_0\right) = 0.025$를 만족하는 s_0를 구하라.

풀이

$n = 6$, $m = 8$이므로 분자와 분모의 자유도는 각각 5와 7이다. 또 $\sigma_1^2 = 9$, $\sigma_2^2 = 4$이므로 $F = \dfrac{S_1^2/9}{S_2^2/4} = \dfrac{4S_1^2}{9S_2^2} \sim F(5, 7)$이고 다음을 얻는다.

$$P\left(\frac{S_1^2}{S_2^2} > s_0\right) = P\left(\frac{4S_1^2}{9S_2^2} > \frac{4s_0}{9}\right) = P(F > f_{0.025}(5,\ 7)) = 0.025$$

따라서 구하는 s_0는 다음과 같다.

$$\frac{4s_0}{9} = f_{0.025}(5,\ 7) = 5.29$$

$$s_0 = \frac{9 \times 5.29}{4} = 11.9025$$

I Can Do 9-12

동일한 모분산 σ^2을 갖는 독립인 두 정규모집단에서 각각 크기 6인 확률표본을 추출할 때, $P(S_1^2 > kS_2^2) = 0.05$를 만족하는 k를 구하라.

Chapter 09 연습문제

연습문제 정답

1. 확률분포가 $f(x)=\frac{1}{6}$, $x=1, 2, \cdots, 6$을 갖는 모집단에서 크기 2인 표본을 복원추출에 의해 임의로 추출할 때, 표본평균의 확률분포와 평균, 분산을 구하라.

2. 모집단 분포가 이산균등분포 $X \sim DU(4)$일 때, 이 모집단에서 크기 2인 표본을 복원추출에 의해 임의로 추출한다고 하자. 다음을 구하라.

   (a) 표본으로 나올 수 있는 모든 경우
   (b) (a)에서 구한 각 표본의 평균
   (c) 표본평균 $\overline{X}$의 확률분포
   (d) 표본평균 $\overline{X}$의 평균과 분산

3. 모집단 분포가 이산균등분포 $X \sim DU(4)$일 때, 이 모집단에서 크기 2인 표본을 비복원추출에 의해 임의로 추출한다고 하자. 다음을 구하라.

   (a) 표본으로 나올 수 있는 모든 경우
   (b) (a)에서 구한 각 표본의 평균
   (c) 표본평균 $\overline{X}$의 확률분포
   (d) 표본평균 $\overline{X}$의 평균과 분산

4. $\mu=100$이고 모표준편차 $\sigma=4$인 정규모집단에서 다음과 같은 크기 n인 확률표본을 선정할 때, 표본평균이 100.8 이상일 확률을 구하라.

   (a) $n=16$
   (b) $n=50$
   (c) $n=100$

5. 모집단 분포가 $N(25, 9)$일 때, 크기 25인 표본평균의 95%-백분위수를 구하라.

6. $\sigma^2=16$인 정규모집단에서 크기 25인 표본을 임의로 추출할 때, $P(|\overline{X}-\mu| \ge 2)$를 구하라.

7. 모집단 분포가 $N(10, 9)$인 정규모집단에서 크기 n인 표본을 임의로 추출하여 $\sigma_{\overline{X}}^2=0.25$를 얻었을 때, 표본의 크기 n을 구하라.

8. 모평균 μ인 정규모집단에서 크기 16인 표본을 임의로 추출했을 때, 표본평균 s에 대해 $P\left(\frac{|\overline{X}-\mu|}{s} < k\right)=0.95$를 만족하는 상수 k를 구하라.

9. 특수 합금강의 강도는 평균 50psi, 표준편차 3psi인 정규분포를 따른다고 한다. 이 모집단에서 크기 25인 표본을 임의로 추출할 때, 다음을 구하라.

(a) 표본평균 $\overline{X}$ 의 표본분포

(b) 표본평균이 48.5 이상 51.5 이하일 확률

(c) 표본평균이 모평균보다 1.35 이상 더 클 확률

10. 어느 CPU 보드 모델이 CAD 작업을 처리하는 데 소요하는 시간은 평균 23초, 표준편차 3초인 정규분포를 따른다고 한다. 이 CPU 보드 모델 16개를 임의로 선정할 때, 평균 소요 시간이 21.5초와 24.8초 사이일 확률을 구하라.

11. 어느 제조업체에서 생산한 저항기는 저항값이 평균 100Ω, 표준편차 4Ω인 정규분포를 따른다고 한다. 이 제조업체의 저항기 64개를 임의로 추출했을 때, 저항값의 평균이 99Ω와 101Ω 사이일 확률을 구하라.

12. 우리나라 20세 이상 성인 남자의 혈중 콜레스테롤 수치는 평균 $\mu=198$, 분산 $\sigma^2=36$인 정규분포를 따른다고 가정할 때, 다음 물음에 답하라. (단, 단위는 mg/dL이다.)

(a) 임의로 한 명을 선정했을 때, 이 사람의 콜레스테롤 수치가 195와 204 사이일 확률을 구하라.

(b) 16명을 임의로 선정하여 표본을 만들 때, 표본평균 $\overline{X}$ 의 표본분포를 구하라.

(c) 표본평균이 $\mu-2$와 $\mu+2$ 사이일 확률을 구하라.

13. 정규모집단 $N(104, \sigma^2)$에서 크기 6인 확률표본 [104.9, 103.3, 104.3, 104.9, 105.4, 102.0]을 얻었을 때, $P\left(|\overline{X}-\mu|< t_0\right)=0.99$인 t_0를 구하라.

14. 미드저니가 그림 한 점을 그리는 데 소요하는 시간은 평균 25초인 정규분포를 따른다고 한다. 미드저니가 그림 16점을 그리는 데 소요한 시간을 측정했더니 평균 25.4초, 표준편차 0.75초이었다. 다음을 구하라.

(a) 표본평균 $\overline{X}$ 의 표본분포

(b) 그림 16점을 그리는 데 소요한 시간의 평균이 25.4초 이하일 확률

(c) $P\left(|\overline{X}-25|< t_0\right)=0.95$를 만족하는 t_0

15. 모평균이 100이고 모표준편차가 다음과 같은 모집단으로부터 크기 50인 확률표본을 선정할 때, 표본평균이 97.9와 102.5 사이일 근사확률을 구하라.

(a) $\sigma=5$　　(b) $\sigma=7$　　(c) $\sigma=9$

16. 어떤 단체의 HDL 콜레스테롤 수치는 평균 30이고 표준편차 7이라 한다. 이 단체에서 임의로 다음과 같이 n명을 선정했을 때, 평균 HDL 콜레스테롤 수치가 31.1과 31.7 사이일 근사확률을 구하라.

(a) $n=50$　　(b) $n=100$

17. 어느 배터리 제조회사에서 생산하는 전기자동차 배터리의 수명은 평균 12.5년, 표준편차 1.5년인 정규분포를 따른다고 한다. 임의로 추출한 배터리 10개의 수명을 측정한 값이 아래와 같을 때, 다음을 구하라.

[12.8, 11.3, 12.3, 12.7, 14.2, 10.4, 13.4, 12.4, 11.9, 13.6]

(a) 통계량 $V = \dfrac{(n-1)S^2}{\sigma^2}$의 관찰값 v_0

(b) 관찰값 v_0에 대해 $P(S^2 > v_0)$의 근사확률

18. 모분산이 35인 정규모집단에서 크기 8인 표본을 추출한 값이 아래와 같을 때, 다음을 구하라.

[24, 21, 34, 22, 20, 35, 28, 24]

(a) 표본분산과 관련된 통계량 $V = \dfrac{(n-1)S^2}{\sigma^2}$의 분포

(b) 관찰된 표본분산의 값 s_0^2

(c) $P(S^2 < s_1) = 0.05$를 만족하는 s_1

(d) $P(S^2 > s_2) = 0.05$를 만족하는 s_2

19. 불면증 치료에 쓰이는 어떤 벤조디아제핀계 약물을 복용하면 잠들기까지의 시간이 평균 90분, 표준편차 5분인 정규분포를 따른다고 한다. 불면증 환자 15명을 선정하여 이 벤조디아제핀계 약물을 처방한 뒤 잠들기까지의 시간을 측정한 값이 아래와 같을 때, 다음을 구하라.

84.2	97.1	83.3	87.2	89.5	81.8	88.8	84.6
88.3	89.3	82.5	90.2	95.6	93.9	98.7	

(a) 표본분산과 관련된 통계량 $V = \dfrac{(n-1)S^2}{\sigma^2}$의 분포

(b) 관찰된 표본분산의 값 s_0^2

(c) 보간법을 이용하여 $P(S^2 > s_0^2)$의 근사확률

(d) $P(S^2 < s_1) = 0.05$를 만족하는 s_1

(e) $P(S^2 > s_2) = 0.05$를 만족하는 s_2

20. 모비율이 $p = 0.01$인 모집단에서 다음과 같은 크기를 가진 표본을 임의로 선정할 때, 표본비율이 $(p - 0.005)$와 $(p + 0.005)$ 사이에 있을 근사확률을 구하라.

(a) $n = 50$

(b) $n = 100$

(c) $n = 200$

21. 어느 제조업체는 자율주행 자동차에 탑재할 반도체를 생산하는데 이 반도체의 불량률은 0.5%라 한다. 반도체 100개를 임의로 추출하여 불량률을 조사했을 때, 다음을 구하라.

(a) 적어도 2개 이상이 불량품일 확률

(b) 불량률이 2% 이상일 확률

22. 유전학 연구에 따르면 우리나라 남성 중에서 어떤 혈액질환의 치료성분을 보유한 비율이 약 11%라 한다. 이를 확인하기 위해 남성 200명을 선정했을 때, 다음을 구하라.

(a) 표본비율의 근사확률분포

(b) 표본비율이 7% 미만일 확률

(c) 표본비율의 95%-백분위수

23. 독립인 두 정규모집단 $N(152, 9)$와 $N(147, 16)$에서 각각 크기 $n=45$, $m=50$인 표본을 추출했을 때, 다음을 구하라.

(a) 두 표본평균의 차에 대한 확률분포

(b) 두 표본평균의 차가 2.8과 6.2 사이일 확률

24. 두 지역에 있는 반도체공장 A와 B에서 하루 동안 배출하는 폐수량은 각각 $N(30, 36)$와 $N(26.2, 64)$를 따른다고 한다. 두 지역에서 각각 크기 25와 30인 표본을 선정했을 때, 표본평균의 차가 1.51과 5.61 사이일 확률을 구하라. (단, 단위는 10,000L이다.)

25. 동일한 모분산을 갖고 평균이 54와 44인 두 정규모집단에서 표본조사한 값이 아래와 같을 때, 다음을 구하라.

	표본 크기	표본평균	표본표준편차
표본 A	12	52	3.5
표본 B	14	45	2.8

(a) 합동표본표준편차

(b) 두 표본평균의 차 $\overline{X}-\overline{Y}$ 에 대한 확률분포

(c) 두 표본평균의 차가 12.12와 13.82 사이일 확률

(d) $P(\overline{X}-\overline{Y} > t_0)=0.05$를 만족하는 t_0

26. [연습문제 25]에서 모분산이 서로 다를 때, 자유도와 $P(\overline{X}-\overline{Y} > t_0)=0.05$를 만족하는 t_0를 구하라.

27. 두 철강회사 A와 B에서 근무하는 근로자에게 노출되는 벤젠의 양은 각각 평균 3ppm과 2.5ppm이고 동일한 분산을 갖는 정규분포를 따른다고 한다. 두 회사의 근로자를 표본조사한 값이 오른쪽과 같을 때, 다음을 구하라.

	표본의 크기	표본평균	표본표준편차
표본 A	8	3.2	1.8
표본 B	10	2.4	2.2

(a) 합동표본표준편차

(b) 두 표본평균의 차 $\overline{X} - \overline{Y}$ 에 대한 확률분포

(c) 두 표본평균의 차가 -1.19와 2.55 사이일 확률

(d) $P(|(\overline{X} - \overline{Y}) - 0.5| < t_0) = 0.95$를 만족하는 t_0

28. 두 회사 A와 B에서 생산하는 와이파이의 송신기의 출력은 각각 평균 180mw(밀리와트)와 175mw인 정규분포를 따르고 분산은 서로 다르다고 한다. 두 회사의 와이파이를 각각 11개씩 표본조사한 값이 오른쪽과 같을 때, 다음을 구하라.

	표본평균	표본표준편차
표본 A	180.5	4.5
표본 B	174.6	3.6

(a) 자유도

(b) 두 표본평균의 차 $\overline{X} - \overline{Y}$ 에 대한 확률분포

(c) 두 표본평균의 차가 7.752와 10.312 사이일 확률

(d) $P(\overline{X} - \overline{Y} > t_0) = 0.05$를 만족하는 t_0

29. 생산라인 1과 2에서 생산한 웨이퍼의 불량률은 각각 $p_1 = 0.0015$, $p_2 = 0.0011$이라 한다. 두 생산라인에서 생산한 웨이퍼를 각각 100개와 120개 임의로 선정할 때, 불량률의 차가 0.005와 0.015 사이일 근사확률을 구하라.

30. 두 종류의 약품 A와 B의 치료율이 90%로 동일한지 알아보기 위해 임의로 표본조사한 값이 오른쪽과 같을 때, 다음을 구하라.

	표본의 크기	치료율
약품 A	250	91%
약품 B	250	88%

(a) 약품 A와 B의 표본비율 $\hat{p}_1$, $\hat{p}_2$에 관해 $\hat{p}_1 - \hat{p}_2$에 대한 확률분포

(b) $\hat{p}_1 - \hat{p}_2$가 3% 이상일 확률

(c) $\hat{p}_1 - \hat{p}_2$가 p_0보다 클 확률이 0.05인 p_0

31. 독립인 두 정규모집단 $N(2, 25)$와 $N(5, 25)$에서 각각 크기 5인 확률표본을 추출했을 때, $P(S_p^2 > 20.09)$를 구하라.

32. 독립인 두 정규모집단 $N(\mu_1, 16)$과 $N(\mu_2, 25)$에서 각각 크기 8인 확률표본을 추출했을 때, $P\left(\frac{S_1^2}{S_2^2} > s_0\right) = 0.05$를 만족하는 s_0를 구하라.

Chapter 10

추정

Estimation

||| 목차 |||

||| 학습목표 |||

- 점추정과 구간추정의 의미를 이해할 수 있다.
- 모평균과 두 모평균의 차에 대한 신뢰구간을 구할 수 있다.
- 모비율과 두 모비율의 차에 대한 신뢰구간을 구할 수 있다.
- 모분산과 두 모분산의 비에 대한 신뢰구간을 구할 수 있다.
- 모평균과 모비율을 추정하기 위한 적당한 표본의 크기를 구할 수 있다.

Section 10.1 점추정과 구간추정

자료집단의 특성을 정확히 분석하고 바람직한 의사결정을 내리기 위해서는 다양한 유형의 자료를 수집해야 한다. 이때 모집단은 대부분 매우 크고 모수 또한 알려지지 않아 특성을 바로 알기 어렵다. 따라서 표본조사에서 얻은 통계량의 관찰값을 이용하여 모수의 특성을 확률적으로 추정한다. 이 절에서는 모수를 추정하기 위한 통계량을 어떻게 선정해야 바람직한지를 살펴보고, 모수를 추론하기 위한 점추정과 구간추정의 개념을 알아본다.

점추정

영상 생성 AI가 영상을 제작하는 데 걸리는 평균 시간 또는 표준편차를 구하기란 사실상 불가능하다. 평균 영상 생성시간을 추정하기 위해 크기 20인 표본의 표본평균을 이용하여 평균 $\bar{x}=70$초를 얻었다고 하자. 이때 [그림 10-1]과 같이 크기 20인 표본을 선정하고, 모평균 μ에 대한 표본평균 $\overline{X}$를 선정한 뒤 표본평균의 관찰값 $\bar{x}=70$을 통해 평균 생성시간 μ를 추측하는 과정을 생각할 수 있다.

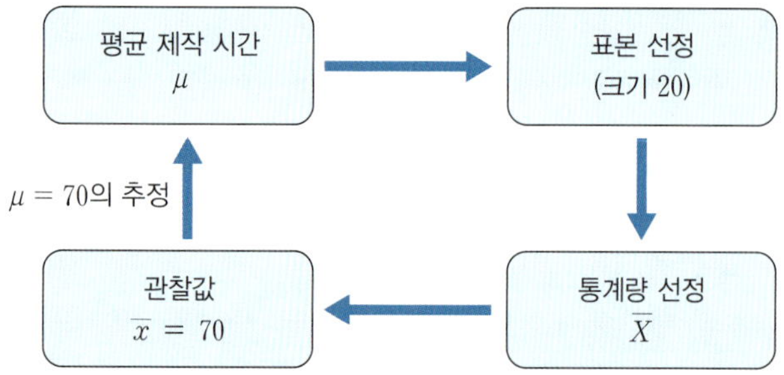

[그림 10-1] 모평균의 추정 과정

이러한 과정에서 크기가 똑같은 표본을 선정하더라도 선정된 표본은 모두 다르다. 따라서 모평균 μ를 추측하기에 가장 바람직한 통계량을 선정하고, 통계량의 관찰값을 이용하여 모평균 μ를 추측한다. 이때 모평균 μ와 같이 모집단의 알려지지 않은 모수를 추측하기 위해 표본에서 선정한 통계량을 **추정량**estimator이라 하고, 이 추정량을 이용하여 모수를 추측하는 과정을 **추정**estimation이라 한다. 표본과 추정량의 선정에 따라 모수에 대한 추정값은 다양하게 나타날 수 있다. 따라서 모수 θ를 추정하기 위한 추정량은 확률표본 $\{X_1, X_2, \cdots, X_n\}$의 함수 $\hat{\Theta} = \Theta(X_1, X_2, \cdots, X_n)$인 확률변수이다. 확률변수의 관찰값을 $x_1, x_2, \cdots, x_n$이라 두고 추정량의 관찰값인 $\hat{\theta} = \Theta(x_1, x_2, \cdots, x_n)$을 이용하여 모수 θ를 추정한다. 이와 같이 표본에서 얻은 추정량의 값을 이용하여 미지인 모수의 참값을 추정하는 과정을 점추정이라 하고, $\bar{x}=70$초와 같이 표본에서 얻은 통계량의 관찰값을 점추정값이라 한다.

정의 10-1 추정

- **점추정**point estimation : 모수 θ의 참값에 대해 최적의 추정값을 구하는 과정
- **점추정량** point estimator : 모수 θ의 참값을 추정하기 위해 표본에서 얻은 통계량

$$\hat{\Theta} = \Theta(X_1, X_2, \cdots, X_n)$$

- **점추정값** point estimate : 표본에서 얻은 점추정량의 관찰값

모수 θ에 대한 점추정량은 다양한 형태로 설정할 수 있고, 점추정량을 어떻게 설정하는가에 따라 θ에 대한 추정값을 다양하게 얻을 수 있다. 따라서 가장 바람직한 추정값을 얻기 위해 어떤 추정량을 선택해야 하는지 살펴볼 필요가 있다.

불편추정량

8.1절에서 i.i.d 확률변수 $X_1, X_2, \cdots, X_n$에 대한 표본평균을 $\overline{X}$라 하면 $E(\overline{X})=\mu$임을 살펴보았다. 즉 표본평균의 평균과 모평균은 동일하다. 따라서 모집단에서 반복하여 얻은 표본평균은 모집단의 중심위치를 나타낸다. 이와 같이 모수 θ에 대한 점추정량 $\hat{\Theta} = \Theta(X_1, \cdots, X_n)$의 기댓값이 모수 θ와 일치하는 추정량을 모수 θ의 **불편추정량**unbiased estimator이라 한다. 다시 말해 다음을 만족하는 추정량 $\hat{\Theta}$은 모수 θ의 불편추정량이다.

$$E(\hat{\Theta}) = \theta$$

추정량 $\hat{\Theta}$이 모수 θ의 불편추정량이면 [그림 10-2(a)]와 같이 모수 θ의 참값이 추정량 $\hat{\Theta}$의 중심위치이다. [그림 10-2(b)]와 같이 $E(\hat{\Theta}) \neq \theta$일 때 추정량 $\hat{\Theta}$을 **편의추정량**biased estimator이라 하고, $b = E(\hat{\Theta}) - \theta$를 **편의**bias라 한다.

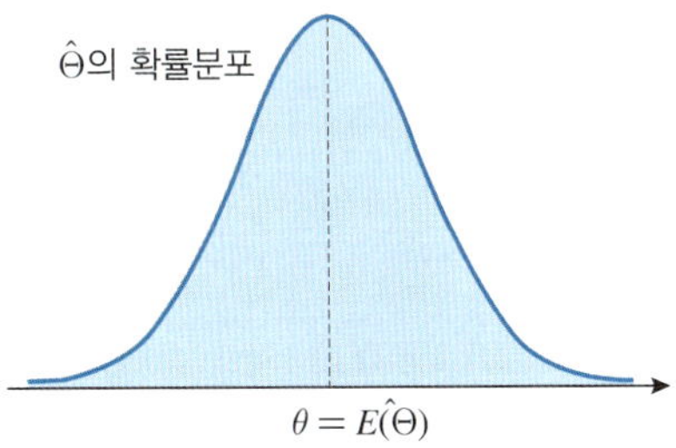

(a) 불편추정량

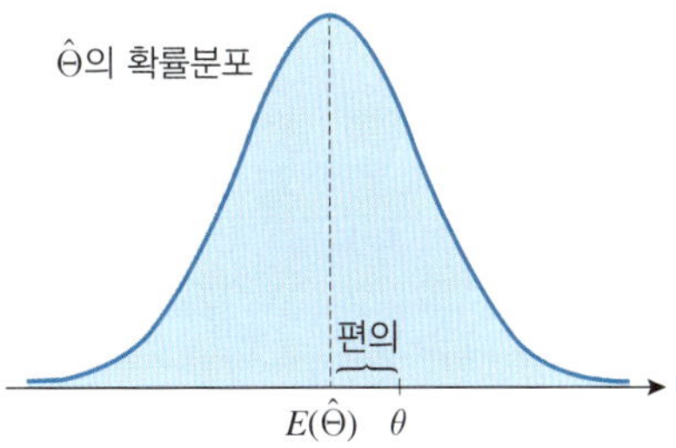

(b) 편의추정량

[그림 10-2] 불편추정량과 편의추정량

모평균 μ에 대한 점추정량 $\hat{\mu}_1$, $\hat{\mu}_2$, $\hat{\mu}_3$, $\hat{\mu}_4$, $\hat{\mu}_5$의 표본분포가 [그림 10-3]과 같다고 하자.

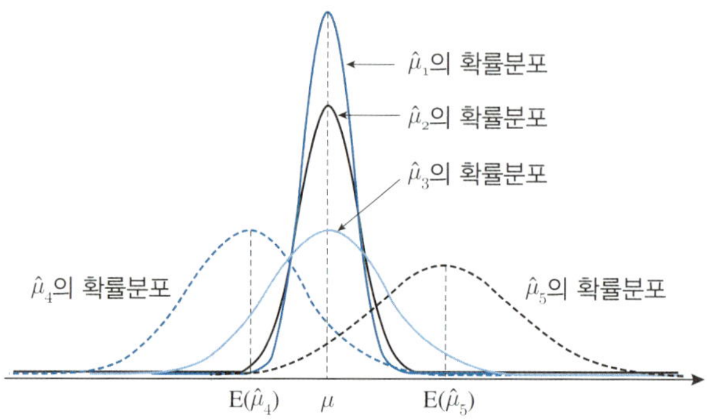

[그림 10-3] 불편추정량과 편의추정량의 비교

추정량 $\hat{\mu}_1$, $\hat{\mu}_2$, $\hat{\mu}_3$의 중심위치는 모평균 μ와 일치하지만 $\hat{\mu}_4$, $\hat{\mu}_5$의 중심위치는 모평균 μ와 일치하지 않는다. 따라서 추정량 $\hat{\mu}_1$, $\hat{\mu}_2$, $\hat{\mu}_3$는 모평균 μ에 대한 불편추정량이고, $E(\hat{\mu}_4) \neq \mu$, $E(\hat{\mu}_5) \neq \mu$이므로 $\hat{\mu}_4$, $\hat{\mu}_5$는 편의추정량이다.

예제 10-1

모평균이 μ인 모집단에서 크기 3인 표본을 임의로 선정하여 $\{X_1, X_2, X_3\}$라 하자. 모평균 μ에 대한 다음 점추정량을 불편추정량과 편의추정량으로 구분하라.

$$\hat{\mu}_1 = \frac{1}{3}(X_1 + X_2 + X_3), \qquad \hat{\mu}_2 = X_2, \qquad \hat{\mu}_3 = \frac{1}{4}(X_1 + 2X_2 + X_3)$$

$$\hat{\mu}_4 = \frac{2}{3}(X_1 + 2X_2 + X_3), \qquad \hat{\mu}_5 = \frac{1}{5}(X_1 + X_2 + 2X_3)$$

풀이

$E(X_1) = E(X_2) = E(X_3) = \mu$이므로 다음을 얻는다.

$$E(\hat{\mu}_1) = E\left[\frac{1}{3}(X_1 + X_2 + X_3)\right] = \frac{1}{3}E(X_1 + X_2 + X_3)$$

$$= \frac{1}{3}[E(X_1) + E(X_2) + E(X_3)] = \frac{1}{3}(3\mu) = \mu$$

$$E(\hat{\mu}_2) = E(X_2) = \mu$$

$$E(\hat{\mu}_3) = E\left[\frac{1}{4}(X_1 + 2X_2 + X_3)\right] = \frac{1}{4}E(X_1 + 2X_2 + X_3)$$

$$= \frac{1}{4}[E(X_1) + 2E(X_2) + E(X_3)] = \frac{1}{4}(4\mu) = \mu$$

$$E(\hat{\mu}_4) = E\left[\frac{2}{3}(X_1 + 2X_2 + X_3)\right] = \frac{2}{3}E(X_1 + 2X_2 + X_3)$$

$$= \frac{2}{3}[E(X_1) + 2E(X_2) + E(X_3)] = \frac{2}{3}(4\mu) = \frac{8}{3}\mu$$

$$E(\hat{\mu}_5) = E\left[\frac{1}{5}(X_1 + X_2 + 3X_3)\right] = \frac{1}{5}E(X_1 + X_2 + 3X_3)$$

$$= \frac{1}{5}[E(X_1) + E(X_2) + 2E(X_3)] = \frac{1}{5}(4\mu) = \frac{4}{5}\mu$$

따라서 점추정량 $\hat{\mu}_1$, $\hat{\mu}_2$, $\hat{\mu}_3$은 모평균 μ에 대한 불편추정량이고 $\hat{\mu}_4$, $\hat{\mu}_5$는 편의추정량이다.

I Can Do 10-1

모평균이 μ인 모집단에서 크기 2인 표본을 임의로 선정하여 $\{X_1, X_2\}$라 하자. 이때 모평균 μ에 대한 다음 추정량을 불편추정량과 편의추정량으로 구분하라.

$$\hat{\mu}_1 = \frac{1}{2}(X_1 + X_2), \qquad \hat{\mu}_2 = \frac{1}{3}(2X_1 + X_2), \qquad \hat{\mu}_3 = \frac{1}{4}(X_1 + X_2)$$

3.2절에서 모분산 σ^2과 표본분산 S^2을 다음과 같이 서로 다르게 정의했다.

$$\sigma^2 = \frac{1}{N}\sum_{i=1}^{N}(x_i - \mu)^2, \quad S^2 = \frac{1}{n-1}\sum_{i=1}^{n}(x_i - \overline{x})^2$$

이와 같이 표본분산을 모분산과 다르게 정의한 이유는 불편성 때문이다. 이렇게 정의한 표본분산 S^2이 모분산 σ^2의 불편추정량임을 보이기 위해 다음과 같이 변형한다.

$$S^2 = \frac{1}{n-1}\sum_{i=1}^{n}(X_i - \overline{X})^2 = \frac{1}{n-1}\sum_{i=1}^{n}\left[(X_i - \mu) - (\overline{X} - \mu)\right]^2$$

$$= \frac{1}{n-1}\sum_{i=1}^{n}\left[(X_i - \mu)^2 - 2(\overline{X} - \mu)(X_i - \mu) + (\overline{X} - \mu)^2\right]$$

$$= \frac{1}{n-1}\left[\sum_{i=1}^{n}(X_i - \mu)^2 - n(\overline{X} - \mu)^2\right]$$

이때 $E(\overline{X}) = \mu$이므로 표본평균의 분산은 다음과 같다.

$$Var(\overline{X}) = E\left[(\overline{X} - \mu)^2\right] = \frac{\sigma^2}{n}$$

표본분산 S^2의 기댓값은 다음과 같다.

$$E(S^2) = \frac{1}{n-1}\left[\sum_{i=1}^{n} E[(X_i - \mu)^2] - nE[(\overline{X} - \mu)^2]\right]$$
$$= \frac{1}{n-1}[n\sigma^2 - n\,Var(\overline{X})] = \frac{1}{n-1}(n\sigma^2 - \sigma^2)$$
$$= \sigma^2$$

그러므로 표본분산 S^2은 모분산 σ^2에 대한 불편추정량이다. 그러나 표본분산을 모분산과 동일하게 $S^2 = \frac{1}{n}\sum_{i=1}^{n}(x_i - \overline{x})^2$이라 하면 S^2의 기댓값은 다음과 같고, S^2은 모분산 σ^2의 편의추정량이다.

$$E(S^2) = \left(\frac{n-1}{n}\right)\sigma^2 \neq \sigma^2$$

이번에는 모비율 p인 모집단에서 추출한 크기 n인 확률표본 $\{X_1,\ X_2,\ \cdots,\ X_n\}$을 생각하자. 이때 $X_i \sim B(1,\ p)$, $i = 1,\ 2,\ \cdots,\ n$이므로 $X = X_1 + \cdots + X_n$은 이항분포 $B(n,\ p)$를 따르고, $E(X) = np$이다. 따라서 표본비율 $\hat{p} = \frac{X}{n}$의 평균은 다음과 같다.

$$E(\hat{p}) = E\left(\frac{X}{n}\right) = \frac{1}{n}E(X) = \frac{1}{n}(np) = p$$

즉 표본비율 $\hat{p}$은 모비율 p의 불편추정량이다. 이러한 사실을 정리하면 다음과 같다.

❶ 표본평균 $\overline{X} = \frac{1}{n}\sum_{i=1}^{n} X_i$는 모평균 μ에 대한 불편추정량이다.

❷ 표본분산 $S^2 = \frac{1}{n-1}\sum_{i=1}^{n}(X_i - \overline{x})^2$은 모분산 σ^2에 대한 불편추정량이다.

❸ 표본비율 $\hat{p} = \frac{X}{n}$는 모비율 p에 대한 불편추정량이다.

유효추정량

[예제 10-1]에서 모수 θ에 대한 불편추정량은 여러 개가 있고, 각 추정량의 분포는 분산의 크기에 따라 모수 θ의 참값에 집중하기도 하고 넓게 퍼지기도 함을 살펴보았다. 이때 모수 θ의 추정값 $\hat{\theta}$와 참값의 차 $\hat{\theta} - \theta$를 **추정오차** estimation error라 하며, 추정량의 분산이 작을수록 추정량의 분포는 모수 θ에 집중하므로 추정오차가 작아진다. 따라서 가능한 추정오차가 작아지도록 분산이 가장 작은 추정량을 선택하는 것이 바람직하다. 이와 같이 추정량의 확률분포가 모수 θ의 참값에 가장 가깝게 집중하는 추정량, 즉 다음과 같이 분산이 가장 작은 추정량 $\hat{\Theta}$을 **유효추정량** efficient estimator이라 한다.

$$Var(\hat{\Theta}) = \min\left\{Var(\hat{\Theta}_1),\ Var(\hat{\Theta}_2),\ \cdots,\ Var(\hat{\Theta}_k)\right\}$$

[그림 10-4]는 [그림 10-3]에서 얻은 불편추정량 $\hat{\mu}_1$, $\hat{\mu}_2$, $\hat{\mu}_3$ 중에서 유효추정량이 $\hat{\mu}_1$임을 보여 준다.

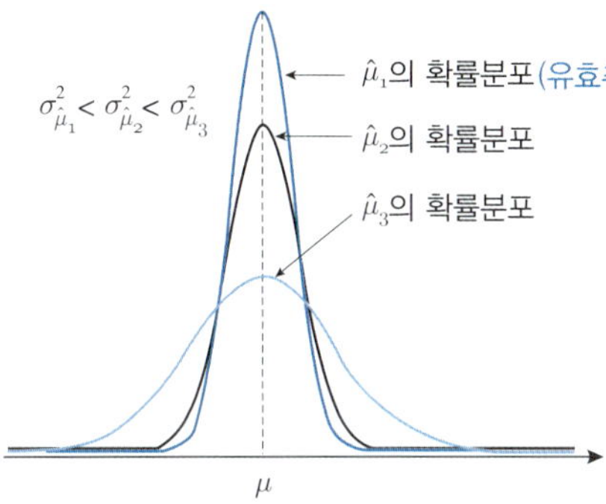

[그림 10-4] 유효추정량의 의미

다음과 같이 정의하는 추정량 $\hat{\Theta}$의 표준편차를 **표준오차** standard error라 한다.

$$S.E(\hat{\Theta}) = \sqrt{Var(\hat{\Theta})}$$

이러한 표준오차는 표본을 어떻게 추출하더라도 모수의 참값과 추정값이 표준오차 범위 안에 놓이는 것을 의미한다. 예를 들어 정규분포는 평균과 중앙값이 동일하다. 즉 정규모집단에서 선정한 크기 n인 표본의 표본평균 $\overline{X}$와 표본중앙값 M_e를 이용하여 모평균 μ를 추정할 수 있다. 이때 표본평균의 분산은 $Var(\overline{X}) = \dfrac{\sigma^2}{n}$이지만 표본중앙값의 분산은 $Var(M_e) \approx (1.57)\dfrac{\sigma^2}{n}$인 것으로 알려져 있다. 따라서 표본평균의 분포가 표본중앙값의 분포에 비해 모평균 μ에 집중하고, μ에 대한 추정량으로 표본중앙값보다 표본평균이 더 효과적이다. 일반적으로 모평균 μ를 추정하기 위한 표본평균 $\overline{X}$는 다음과 같은 성질을 갖는다.

❶ 모평균 μ에 대한 여러 가지 추정량 중에서 표본평균의 분산이 가장 작은 것으로 알려져 있다.
❷ 표본의 크기가 클수록 표본평균의 분산은 작아진다.

성질 ❷는 다음과 같이 간단히 살펴볼 수 있다. 크기 n인 표본과 크기 $2n$인 표본의 표본평균을 각각 $\overline{X}_n$, $\overline{X}_{2n}$이라 하면, 두 표본평균의 분산은 각각 다음과 같다.

$$Var\left(\overline{X}_n\right) = \frac{1}{n^2} Var(X_1 + X_2 + \cdots + X_n) = \frac{1}{n}\sigma^2$$

$$Var\left(\overline{X}_{2n}\right) = \frac{1}{(2n)^2} Var(X_1 + X_2 + \cdots + X_{2n}) = \frac{1}{2n}\sigma^2$$

따라서 $Var\left(\overline{X}_{2n}\right) < Var\left(\overline{X}_n\right)$이므로 $\overline{X}_{2n}$이 $\overline{X}_n$에 비해 효율성이 더 좋은 추정량이다. 이때 [그림 10-4]의 $\hat{\mu}_1$과 같이 불편성과 유효성을 갖는 추정량, 즉 가장 작은 분산을 갖는 불편추정량을 **최소분산불편추정량** minimum variance unbiased estimator이라 하고, 이러한 추정량을 선택한다.

예제 10-2

[예제 10-1]에서 구한 불편추정량 중에서 유효추정량을 구하라.

풀이

$Var(X_1) = Var(X_2) = Var(X_3) = \sigma^2$이고 모평균 μ에 대한 불편추정량은 $\hat{\mu}_1$, $\hat{\mu}_2$, $\hat{\mu}_3$이다. 그리고 이 추정량들의 분산은 각각 다음과 같다.

$$Var(\hat{\mu}_1) = Var\left[\frac{1}{3}(X_1 + X_2 + X_3)\right] = \frac{1}{9}Var(X_1 + X_2 + X_3)$$

$$= \frac{1}{9}[Var(X_1) + Var(X_2) + Var(X_3)] = \frac{1}{9}(3\sigma^2) = \frac{1}{3}\sigma^2$$

$$Var(\hat{\mu}_2) = Var(X_2) = \sigma^2$$

$$Var(\hat{\mu}_3) = Var\left[\frac{1}{4}(X_1 + 2X_2 + X_3)\right] = \frac{1}{16}Var(X_1 + 2X_2 + X_3)$$

$$= \frac{1}{16}[Var(X_1) + 4Var(X_2) + Var(X_3)] = \frac{1}{16}(6\sigma^2) = \frac{3}{8}\sigma^2$$

$Var(\hat{\mu}_1) < Var(\hat{\mu}_3) < Var(\hat{\mu}_2)$이므로 유효추정량은 $\hat{\mu}_1$이다.

I Can Do 10-2

[I Can Do 10-1]에서 구한 불편추정량 중에서 유효추정량을 구하라.

일치추정량

평균 μ와 분산 σ^2인 정규모집단에서 크기 n인 표본을 추출할 때, 표본평균 $\overline{X}$의 평균과 분산은 각각 다음과 같음을 살펴보았다.

$$E(\overline{X}) = \mu, \quad Var(\overline{X}) = \frac{\sigma^2}{n}$$

이때 $n \to \infty$이면 $Var(\overline{X}) \to 0$이므로 [그림 10-5]와 같이 n이 커질수록 $\overline{X}$의 분포는 모평균 μ에 집중한다. 이와 같이 표본의 크기가 커질수록 모수 θ에 대한 추정량 $\hat{\Theta}$의 분산이 0에 가까워지는 추정량을 **일치추정량** consistent estimator이라 한다.

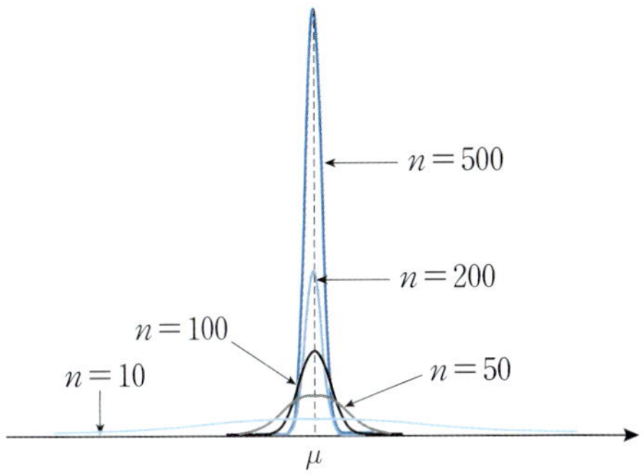

[그림 10-5] n에 따른 추정량 $\overline{X}$의 표본분포

평균 μ와 분산 σ^2인 정규모집단에서 크기 n인 표본을 추출한다고 하자. 이때 9.1절에서 다루었듯이 표본평균과 표본분산은 다음 확률분포를 따른다.

$$\frac{(n-1)S^2}{\sigma^2} \sim \chi^2(n-1)$$

$X \sim \chi^2(n)$이면 $Var(X) = 2n$이므로 표본분산 S^2의 분산은 다음과 같다.

$$Var\left[\frac{(n-1)S^2}{\sigma^2}\right] = \frac{(n-1)^2}{\sigma^4} Var(S^2) = 2(n-1), \quad Var(S^2) = \frac{2\sigma^4}{n-1}$$

따라서 $n \to \infty$ 이면 표본분산의 분산은 다음과 같다.

$$Var(S^2) = \frac{2\sigma^4}{n-1} \to 0$$

이번에는 모비율 p인 모집단에서 크기 n인 표본을 선정한다고 하자. 표본비율 $\hat{p}$은 다음과 같은 정규분포에 근사한다.

$$\hat{p} \sim N\left(p, \frac{pq}{n}\right)$$

표본비율의 분산이 $Var(\hat{p}) = \dfrac{pq}{n}$이므로 $n \to \infty$ 이면 $Var(\hat{p}) \to 0$이다. 이러한 사실을 종합하면 다음과 같다.

❶ 표본평균 $\overline{X}$는 모평균 μ에 대한 일치추정량이다.

❷ 표본분산 S^2은 모분산 σ^2에 대한 일치추정량이다.

❸ 표본비율 $\hat{p}$은 모비율 p에 대한 일치추정량이다.

즉 표본평균, 표본분산, 표본비율은 모평균, 모분산, 모비율의 불편성, 유효성 그리고 일치성을 갖는 추정량이다. 따라서 이러한 추정량을 이용하여 모평균, 모분산, 모비율을 추정할 수 있다.

구간추정

지금까지 모수를 추정하기 위해 가장 바람직한 추정량을 선택하는 방법을 살펴보았다. 그러나 아무리 좋은 추정량을 선택하더라도 모수의 참값을 정확하게 추정한다는 것이 힘들 뿐만 아니라, 어떤 표본은 모수의 참값을 왜곡할 수도 있다. 따라서 어느 정도의 신뢰성을 유지하며 모수 θ의 참값이 두 추정량 $\hat{\Theta}_l$과 $\hat{\Theta}_r$ 사이에 놓일 것이라 여겨지는 구간을 추정하는 방법을 사용한다. 즉 $0 < \alpha < 1$에 대하여 $100(1-\alpha)\%$ 신뢰성을 갖고 다음과 같이 모수 θ의 참값을 포함할 것으로 여겨지는 두 추정량 $\hat{\Theta}_l$과 $\hat{\Theta}_r$에 의한 구간 $(\hat{\Theta}_l, \hat{\Theta}_r)$을 추정한다.

$$P(\hat{\Theta}_l < \theta < \hat{\Theta}_r) = 1 - \alpha$$

이와 같이 모수 θ의 참값이 포함될 것으로 믿어지는 구간을 추정하는 방법을 **구간추정**interval estimation 이라 한다.

정의 10-2 구간추정

- **구간추정량** interval estimator : 모수 θ의 참값을 포함할 것으로 믿는 통계량의 구간 $(\hat{\Theta}_l, \hat{\Theta}_r)$
- **신뢰도**degree of confidence : 모수의 참값이 구간추정량 안에 포함될 것으로 확신하는 정도 $100(1-\alpha)\%$
- **신뢰구간** confidence interval : 표본에서 얻은 $\hat{\Theta}_l$과 $\hat{\Theta}_r$의 관찰값 $\hat{\theta}_l$과 $\hat{\theta}_r$에 대한 구간 추정값 $(\hat{\theta}_l, \hat{\theta}_r)$, 즉 신뢰도 $100(1-\alpha)\%$에서 모수 θ의 참값을 포함할 것으로 믿어지는 구간 $(\hat{\theta}_l, \hat{\theta}_r)$
- **신뢰구간의 하한** lower confidence limit : 신뢰구간의 왼쪽 끝점 $\hat{\theta}_l$
- **신뢰구간의 상한** upper confidence limit : 신뢰구간의 오른쪽 끝점 $\hat{\theta}_r$
- **오차한계**margin of error : 모수 θ에 대한 점추정값 $\hat{\theta}$에 대한 최대오차

신뢰구간은 [그림 10-6(a)]와 같이 모수 θ에 대한 점추정값 $\hat{\theta}$을 중심으로 오차한계 e 만큼 떨어진 구간으로 결정하고, 신뢰구간의 하한은 $\hat{\theta}_l = \hat{\theta} - e$, 상한은 $\hat{\theta}_r = \hat{\theta} + e$이다. 특히 전통적으로 $\alpha = 0.1,\ 0.05,\ 0.01$, 즉 90%, 95%, 99% 신뢰도를 사용하고, [그림 10-6(b)]와 같이 신뢰도가 커질수록 신뢰구간이 커진다.

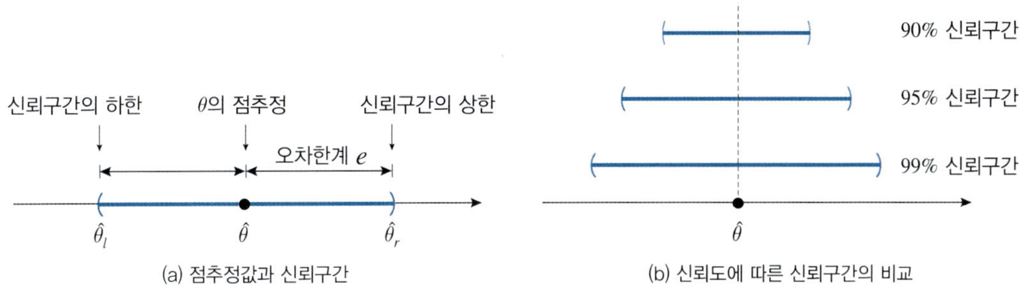

[그림 10-6] 신뢰도 $100(1-\alpha)\%$의 신뢰구간

신뢰도의 의미를 조금 더 살펴보자. 예를 들어 [그림 10-7]과 같이 동일한 모집단에서 동일 크기의 표본 10개를 임의로 추출했을 때, 90% 신뢰도는 이 표본으로 얻은 신뢰구간 중 90%에 해당하는 9개가 모수의 참값을 포함하고 최대 10%에 해당하는 1개는 모수의 참값을 포함하지 않을 수 있음을 의미한다.

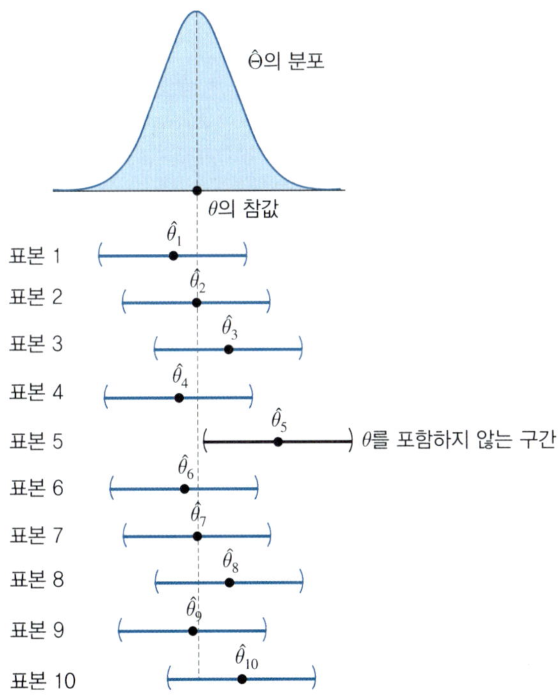

[그림 10-7] 신뢰도 90%의 의미

Section 10.2 모평균의 추정

10.1절에서 살펴본 바와 같이 정규모집단의 모평균을 추정하기 위해 표본평균을 이용한다. 이때 모분산을 알고 있는 경우와 모르는 경우에 표본평균 $\overline{X}$ 의 표본분포가 서로 다르다는 사실을 9장에서 살펴보았다. 이러한 사실을 이용하여 이 절에서는 단일 모집단의 모평균과 독립인 두 모집단에 대한 모평균의 차에 대해 신뢰구간을 구하는 방법에 대해 살펴본다.

모분산이 알려진 정규모집단인 경우

모분산 σ^2이 알려진 정규모집단 $N(\mu, \sigma^2)$에서 크기 n인 확률표본 $\{X_1, X_2, \cdots, X_n\}$을 선정하여 $\{x_1, x_2, \cdots, x_n\}$을 얻었다고 하자. 그러면 9.1절에서 살펴본 바와 같이 표본평균 $\overline{X}$에 대해 다음 분포를 얻는다.

$$Z = \frac{\overline{X} - \mu}{\sigma / \sqrt{n}} \sim N(0, 1)$$

모평균 μ에 대한 점추정값은 표본평균 $\overline{x}$이고 $100(1-\alpha)\%$ 신뢰구간은 관찰된 표본평균 $\overline{x}$를 중심으로 오차한계 e 만큼 떨어진 구간으로 결정된다. 따라서 $100(1-\alpha)\%$ 신뢰구간의 하한과 상한을 각각 l과 r이라 하면 다음을 만족한다.

$$P(l < \mu < r) = 1 - \alpha$$

특히 표준정규분포에서 양쪽 꼬리확률이 각각 $\frac{\alpha}{2}$인 백분위수는 [그림 10-8]과 같이 각각 $-z_{\alpha/2}$와 $z_{\alpha/2}$이다.

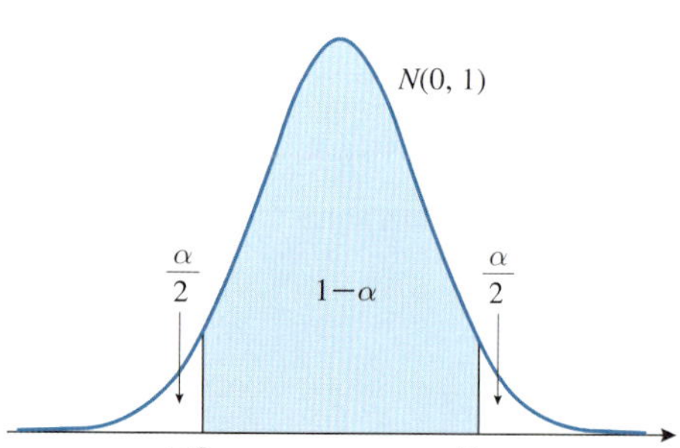

[그림 10-8] 꼬리확률과 백분위수

중심부분의 확률 $1-\alpha$에 대해 다음을 얻는다.

$$P\left(\left|\frac{\overline{X}-\mu}{\sigma/\sqrt{n}}\right|<z_{\alpha/2}\right)=P\left(\left|\overline{X}-\mu\right|<z_{\alpha/2}\frac{\sigma}{\sqrt{n}}\right)=1-\alpha$$
$$P\left(\overline{X}-z_{\alpha/2}\frac{\sigma}{\sqrt{n}}<\mu<\overline{X}+z_{\alpha/2}\frac{\sigma}{\sqrt{n}}\right)=1-\alpha$$

따라서 신뢰도 $100(1-\alpha)\%$에 대한 모평균 μ의 참값을 포함할 것으로 믿어지는 구간추정량은 다음과 같다.

$$\overline{X}-z_{\alpha/2}\frac{\sigma}{\sqrt{n}}<\mu<\overline{X}+z_{\alpha/2}\frac{\sigma}{\sqrt{n}}$$

즉 신뢰도가 $100(1-\alpha)\%$일 때, 모평균 μ에 대한 구간추정량의 하한 l과 상한 r은 각각 다음과 같다.

- 하한 : $l=\overline{X}-z_{\alpha/2}\frac{\sigma}{\sqrt{n}}$
- 상한 : $r=\overline{X}+z_{\alpha/2}\frac{\sigma}{\sqrt{n}}$

모분산을 알고 있는 정규모집단의 모평균을 추정할 때, 표본 $\{x_1, x_2, \cdots, x_n\}$에 대한 점추정값은 $\overline{x}$이고, 신뢰도 $100(1-\alpha)\%$에 대한 오차한계는 다음과 같다.

$$e=z_{\alpha/2}\frac{\sigma}{\sqrt{n}}$$

이 경우에 모평균 μ에 대한 $100(1-\alpha)\%$ 신뢰구간은 다음과 같다.

$$\left(\overline{x}-z_{\alpha/2}\frac{\sigma}{\sqrt{n}},\ \overline{x}+z_{\alpha/2}\frac{\sigma}{\sqrt{n}}\right)$$

특히 오른쪽 꼬리확률 $\alpha=0.05,\ 0.025,\ 0.005$에 대한 백분위수는 다음과 같다.

$$z_{0.05}=1.645,\quad z_{0.025}=1.96,\quad z_{0.005}=2.58$$

따라서 모분산 σ^2을 알고 있는 정규모집단의 모평균 μ에 대한 90%, 95%, 99% 신뢰구간은 각각 다음과 같다.

- 90% 신뢰구간 : $\left(\overline{x}-1.645\frac{\sigma}{\sqrt{n}},\ \overline{x}+1.645\frac{\sigma}{\sqrt{n}}\right)$
- 95% 신뢰구간 : $\left(\overline{x}-1.96\frac{\sigma}{\sqrt{n}},\ \overline{x}+1.96\frac{\sigma}{\sqrt{n}}\right)$
- 99% 신뢰구간 : $\left(\overline{x}-2.58\frac{\sigma}{\sqrt{n}},\ \overline{x}+2.58\frac{\sigma}{\sqrt{n}}\right)$

예제 10-3

$\sigma^2 = 4$인 정규모집단의 모평균을 추정하기 위해 크기 25인 표본을 추출하여 표본평균 20을 얻었다. 모평균에 대한 다음 신뢰구간을 구하라.

(a) 90% 신뢰구간　　(b) 95% 신뢰구간　　(c) 99% 신뢰구간

풀이

$\bar{x} = 20$, $\sigma^2 = 4$, $n = 25$이므로 모평균 μ에 대한 점추정값은 $\bar{x} = 20$이다.

(a) 90% 신뢰도에 대한 오차한계는 $e = 1.645 \times \dfrac{2}{\sqrt{25}} = 0.658$이므로 90% 신뢰구간은 다음과 같다.

$$(20 - 0.658,\ 20 + 0.658) = (19.342,\ 20.658)$$

(b) 95% 신뢰도에 대한 오차한계는 $e = 1.96 \times \dfrac{2}{\sqrt{25}} = 0.784$이므로 95% 신뢰구간은 다음과 같다.

$$(20 - 0.784,\ 20 + 0.784) = (19.216,\ 20.784)$$

(c) 99% 신뢰도에 대한 오차한계는 $e = 2.58 \times \dfrac{2}{\sqrt{25}} = 1.032$이므로 99% 신뢰구간은 다음과 같다.

$$(20 - 1.032,\ 20 + 1.032) = (18.968,\ 21.032)$$

I Can Do 10-3

$\sigma^2 = 25$인 정규모집단의 모평균을 추정하기 위해 크기 50인 표본을 추출하여 표본평균 16을 얻었다. 모평균에 대한 다음 신뢰구간을 구하라.

(a) 90% 신뢰구간　　(b) 95% 신뢰구간　　(c) 99% 신뢰구간

모분산을 모르는 정규모집단인 경우

모분산 σ^2을 모르는 정규모집단 $N(\mu, \sigma^2)$에서 크기 n인 확률표본 $\{X_1, X_2, \cdots, X_n\}$을 선정하여 $\{x_1, x_2, \cdots, x_n\}$을 얻었다고 하자. 9.1절에서 살펴본 바와 같이 표본평균 $\overline{X}$에 대해 다음 분포를 얻는다.

$$T = \frac{\overline{X} - \mu}{S/\sqrt{n}} \sim t(n-1)$$

t-분포는 $t = 0$을 중심으로 좌우대칭이므로 [그림 10-9]와 같이 양쪽 꼬리확률이 $\frac{\alpha}{2}$인 백분위수는 $-t_{\alpha/2}(n-1)$, $t_{\alpha/2}(n-1)$이다.

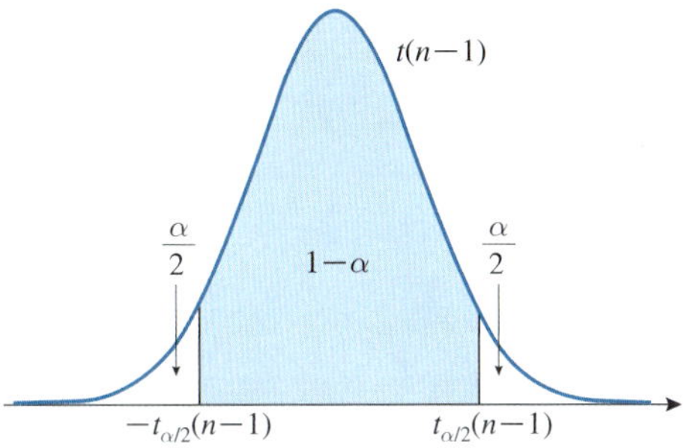

[그림 10-9] t-분포의 꼬리확률과 백분위수

중심부분의 확률 $1-\alpha$에 대해 다음을 얻는다.

$$P(|T| < t_{\alpha/2}(n-1)) = 1-\alpha$$

$$P\left(\left|\frac{\overline{X}-\mu}{s/\sqrt{n}}\right| < t_{\alpha/2}(n-1)\right) = P\left(|\overline{X}-\mu| < t_{\alpha/2}(n-1)\frac{s}{\sqrt{n}}\right) = 1-\alpha$$

$$P\left(\overline{X} - t_{\alpha/2}(n-1)\frac{s}{\sqrt{n}} < \mu < \overline{X} + t_{\alpha/2}(n-1)\frac{s}{\sqrt{n}}\right) = 1-\alpha$$

따라서 신뢰도 $100(1-\alpha)\%$에 대한 모평균 μ의 참값을 포함할 것으로 믿어지는 구간추정량은 다음과 같다.

$$\overline{X} - t_{\alpha/2}(n-1)\frac{s}{\sqrt{n}} < \mu < \overline{X} + t_{\alpha/2}(n-1)\frac{s}{\sqrt{n}}$$

즉 신뢰도가 $100(1-\alpha)\%$일 때, 모평균 μ에 대한 구간추정량의 하한 l과 상한 r은 각각 다음과 같다.

- 하한 : $l = \overline{X} - t_{\alpha/2}(n-1)\frac{s}{\sqrt{n}}$
- 상한 : $r = \overline{X} + t_{\alpha/2}(n-1)\frac{s}{\sqrt{n}}$

그러면 모분산을 모르는 정규모집단의 모평균을 추정할 때, 표본 $\{x_1, x_2, \cdots, x_n\}$에 대한 점추정값은 $\overline{x}$이고, 신뢰도 $100(1-\alpha)\%$에 대한 오차한계는 다음과 같다.

$$e = t_{\alpha/2}(n-1)\frac{s}{\sqrt{n}}$$

이 경우에 모평균 μ에 대한 $100(1-\alpha)\%$ 신뢰구간은 다음과 같다.

$$\left(\bar{x} - t_{\alpha/2}(n-1)\frac{s}{\sqrt{n}},\ \bar{x} + t_{\alpha/2}(n-1)\frac{s}{\sqrt{n}}\right)$$

따라서 모분산 σ^2을 모르는 정규모집단의 모평균 μ에 대한 90%, 95%, 99% 신뢰구간은 각각 다음과 같다.

- 90% 신뢰구간 : $\left(\bar{x} - t_{0.05}(n-1)\frac{s}{\sqrt{n}},\ \bar{x} + t_{0.05}(n-1)\frac{s}{\sqrt{n}}\right)$
- 95% 신뢰구간 : $\left(\bar{x} - t_{0.025}(n-1)\frac{s}{\sqrt{n}},\ \bar{x} + t_{0.025}(n-1)\frac{s}{\sqrt{n}}\right)$
- 99% 신뢰구간 : $\left(\bar{x} - t_{0.005}(n-1)\frac{s}{\sqrt{n}},\ \bar{x} + t_{0.005}(n-1)\frac{s}{\sqrt{n}}\right)$

t-분포를 이용한 신뢰구간은 모분산이 알려지지 않은 정규모집단에서 표본의 크기가 $n < 30$ 정도로 작은 경우에 모평균 μ를 추정할 때 사용한다.

예제 10-4

모분산을 모르는 정규모집단의 모평균을 추정하기 위해 크기 25인 표본을 추출하여 표본평균 20, 표본표준편차 3.5를 얻었다. 모평균에 대한 다음 신뢰구간을 구하라.

(a) 90% 신뢰구간　　(b) 95% 신뢰구간　　(c) 99% 신뢰구간

풀이

$\bar{x} = 20$, $s = 3.5$, $n = 25$이므로 모평균 μ에 대한 점추정값은 $\bar{x} = 20$이다.

(a) $t_{0.05}(24) = 1.711$이므로 90% 신뢰도에 대한 오차한계는 $e = 1.711 \times \frac{3.5}{\sqrt{25}} = 1.1977$이고 90% 신뢰구간은 다음과 같다.

$$(20 - 1.1977,\ 20 + 1.1977) = (18.8023,\ 21.1977)$$

(b) $t_{0.025}(24) = 2.064$이므로 95% 신뢰도에 대한 오차한계는 $e = 2.064 \times \frac{3.5}{\sqrt{25}} = 1.4448$이고 95% 신뢰구간은 다음과 같다.

$$(20 - 1.4448,\ 20 + 1.4448) = (18.5552,\ 21.4448)$$

(c) $t_{0.05}(24) = 2.797$이므로 99% 신뢰도에 대한 오차한계는 $e = 2.797 \times \frac{3.5}{\sqrt{25}} = 1.9579$이고 99% 신뢰구간은 다음과 같다.

$$(20 - 1.9579,\ 20 + 1.9579) = (18.0421,\ 21.9579)$$

I Can Do 10-4

모분산을 모르는 정규모집단의 모평균을 추정하기 위해 크기 15인 표본을 추출하여 표본평균 16, 표본표준편차 5를 얻었다. 모평균에 대한 다음 신뢰구간을 구하라.

(a) 90% 신뢰구간 (b) 95% 신뢰구간 (c) 99% 신뢰구간

임의의 모집단인 경우

모분산 σ^2을 알고 있으나 모집단 분포가 임의의 분포일 때 표본의 크기 n이 충분히 크면, 중심극한정리에 의해 표본평균은 다음과 같은 정규분포에 근사한다.

$$Z = \frac{\overline{X} - \mu}{\sigma / \sqrt{n}} \approx N(0,\ 1)$$

따라서 모분산을 알고 있는 임의의 모집단에 대한 모평균 μ의 90%, 95%, 99% 근사신뢰구간은 각각 다음과 같다.

- 90% 근사신뢰구간 : $\left(\overline{x} - 1.645 \frac{\sigma}{\sqrt{n}},\ \overline{x} + 1.645 \frac{\sigma}{\sqrt{n}}\right)$
- 95% 근사신뢰구간 : $\left(\overline{x} - 1.96 \frac{\sigma}{\sqrt{n}},\ \overline{x} + 1.96 \frac{\sigma}{\sqrt{n}}\right)$
- 99% 근사신뢰구간 : $\left(\overline{x} - 2.58 \frac{\sigma}{\sqrt{n}},\ \overline{x} + 2.58 \frac{\sigma}{\sqrt{n}}\right)$

모분산을 모르더라도 모집단에서 추출한 표본의 크기가 충분히 크면 표본분산은 모분산의 일치추정량이므로 $s^2 \approx \sigma^2$이고 다음이 성립한다.

$$\frac{\overline{X} - \mu}{s / \sqrt{n}} \approx N(0,\ 1)$$

따라서 모평균에 대한 90%, 95%, 99% 근사신뢰구간은 각각 다음과 같다.

- 90% 근사신뢰구간 : $\left(\overline{x} - 1.645 \frac{s}{\sqrt{n}},\ \overline{x} + 1.645 \frac{s}{\sqrt{n}}\right)$
- 95% 근사신뢰구간 : $\left(\overline{x} - 1.96 \frac{s}{\sqrt{n}},\ \overline{x} + 1.96 \frac{s}{\sqrt{n}}\right)$
- 99% 근사신뢰구간 : $\left(\overline{x} - 2.58 \frac{s}{\sqrt{n}},\ \overline{x} + 2.58 \frac{s}{\sqrt{n}}\right)$

예제 10-5

임의의 모집단에서 크기 100인 표본을 추출하여 $\overline{x} = 40$을 얻었을 때, 다음 조건에서 모평균에 대한 95% 근사신뢰구간을 구하라.

(a) $\sigma^2 = 9$ (b) $s^2 = 10$

풀이

(a) $\overline{x} = 40$, $\sigma^2 = 9$, $n = 100$이므로 모평균 μ에 대한 점추정값은 $\overline{x} = 40$이고 95% 신뢰도에 대한 오차한계는 $e = 1.96 \times \dfrac{3}{\sqrt{100}} = 0.588$이므로 95% 근사신뢰구간은 다음과 같다.

$$(40 - 0.588,\ 40 + 0.588) = (39.412,\ 40.588)$$

(b) $s^2 = 10$이므로 95% 신뢰도에 대한 오차한계는 $e = 1.96 \times \dfrac{\sqrt{10}}{\sqrt{100}} \approx 0.62$이므로 95% 근사신뢰구간은 다음과 같다.

$$(40 - 0.62,\ 40 + 0.62) = (39.38,\ 40.62)$$

I Can Do 10-5

아무런 정보가 없는 모집단에서 크기 64인 표본을 추출하여 $\overline{x} = 33$을 얻었을 때, 다음 조건에서 모평균에 대한 95% 근사신뢰구간을 구하라.

(a) $\sigma^2 = 16$ (b) $s^2 = 18$

모분산을 알고 있는 두 정규모집단에 대한 모평균 차의 구간추정

모분산 σ_1^2, σ_2^2이 알려지고 독립인 두 정규모집단 $N(\mu_1,\ \sigma_1^2)$과 $N(\mu_2,\ \sigma_2^2)$에 대해 모평균의 차 $\mu_1 - \mu_2$에 대한 구간추정을 살펴보자. 크기 n과 m인 표본을 임의로 선정하여 두 표본평균을 $\overline{X}$와 $\overline{Y}$라 하면 두 표본평균은 각각 다음과 같은 정규분포를 따른다.

$$\overline{X} \sim N\left(\mu_1,\ \frac{\sigma_1^2}{n}\right),\quad \overline{Y} \sim N\left(\mu_2,\ \frac{\sigma_2^2}{m}\right)$$

두 표본평균의 차 $\overline{X} - \overline{Y}$는 다음 정규분포를 따른다.

$$\overline{X} - \overline{Y} \sim N\left(\mu_1 - \mu_2,\ \frac{\sigma_1^2}{n} + \frac{\sigma_2^2}{m}\right)$$

따라서 $\overline{X} - \overline{Y}$의 표준화 확률변수는 다음과 같은 표준정규분포를 따른다.

$$Z = \frac{(\overline{X} - \overline{Y}) - (\mu_1 - \mu_2)}{\sqrt{\dfrac{\sigma_1^2}{n} + \dfrac{\sigma_2^2}{m}}} \sim N(0,\ 1)$$

양쪽 꼬리확률이 각각 $\dfrac{\alpha}{2}$인 백분위수 $-z_{\alpha/2}$와 $z_{\alpha/2}$에 대해 다음이 성립한다.

$$P(-z_{\alpha/2} < Z < z_{\alpha/2}) = 1 - \alpha$$

$$P\left(-z_{\alpha/2} < \frac{(\overline{X} - \overline{Y}) - (\mu_1 - \mu_2)}{\sqrt{\dfrac{\sigma_1^2}{n} + \dfrac{\sigma_2^2}{m}}} < z_{\alpha/2}\right) = 1 - \alpha$$

$$P\left((\overline{X} - \overline{Y}) - z_{\alpha/2}\sqrt{\frac{\sigma_1^2}{n} + \frac{\sigma_2^2}{m}} < \mu_1 - \mu_2 < (\overline{X} - \overline{Y}) + z_{\alpha/2}\sqrt{\frac{\sigma_1^2}{n} + \frac{\sigma_2^2}{m}}\right) = 1 - \alpha$$

따라서 신뢰도 $100(1-\alpha)\%$에 대한 두 모평균의 차 $\mu_1 - \mu_2$의 참값을 포함할 것으로 믿어지는 구간추정량은 다음과 같다.

$$(\overline{X} - \overline{Y}) - z_{\alpha/2}\sqrt{\frac{\sigma_1^2}{n} + \frac{\sigma_2^2}{m}} < \mu_1 - \mu_2 < (\overline{X} - \overline{Y}) + z_{\alpha/2}\sqrt{\frac{\sigma_1^2}{n} + \frac{\sigma_2^2}{m}}$$

즉 모평균의 차 $\mu_1 - \mu_2$에 대한 $100(1-\alpha)\%$ 구간추정량의 하한 l과 상한 r은 각각 다음과 같다.

- 하한 : $l = (\overline{X} - \overline{Y}) - z_{\alpha/2}\sqrt{\dfrac{\sigma_1^2}{n} + \dfrac{\sigma_2^2}{m}}$
- 상한 : $r = (\overline{X} - \overline{Y}) + z_{\alpha/2}\sqrt{\dfrac{\sigma_1^2}{n} + \dfrac{\sigma_2^2}{m}}$

이때 두 표본 $\{x_1,\ x_2,\ \cdots,\ x_n\}$과 $\{y_1,\ y_2,\ \cdots,\ y_m\}$에 대해 $\mu_1 - \mu_2$에 대한 점추정값은 $\overline{x} - \overline{y}$이고 신뢰도 $100(1-\alpha)\%$에 대한 오차한계는 다음과 같다.

$$e = z_{\alpha/2}\sqrt{\frac{\sigma_1^2}{n} + \frac{\sigma_2^2}{m}}$$

이 경우에 모평균의 차 $\mu_1 - \mu_2$에 대한 $100(1-\alpha)\%$ 신뢰구간은 다음과 같다.

$$\left((\overline{x} - \overline{y}) - z_{\alpha/2}\sqrt{\frac{\sigma_1^2}{n} + \frac{\sigma_2^2}{m}},\ (\overline{x} - \overline{y}) - z_{\alpha/2}\sqrt{\frac{\sigma_1^2}{n} + \frac{\sigma_2^2}{m}}\right)$$

따라서 모분산을 알고 있는 두 정규모집단에 대한 모평균의 차 $\mu_1 - \mu_2$에 대한 90%, 95%, 99% 신뢰구간은 각각 다음과 같다.

- 90% 신뢰구간 : $\left((\bar{x} - \bar{y}) - 1.645\sqrt{\frac{\sigma_1^2}{n} + \frac{\sigma_2^2}{m}},\ (\bar{x} - \bar{y}) + 1.645\sqrt{\frac{\sigma_1^2}{n} + \frac{\sigma_2^2}{m}}\right)$
- 95% 신뢰구간 : $\left((\bar{x} - \bar{y}) - 1.96\sqrt{\frac{\sigma_1^2}{n} + \frac{\sigma_2^2}{m}},\ (\bar{x} - \bar{y}) + 1.96\sqrt{\frac{\sigma_1^2}{n} + \frac{\sigma_2^2}{m}}\right)$
- 99% 신뢰구간 : $\left((\bar{x} - \bar{y}) - 2.58\sqrt{\frac{\sigma_1^2}{n} + \frac{\sigma_2^2}{m}},\ (\bar{x} - \bar{y}) + 2.58\sqrt{\frac{\sigma_1^2}{n} + \frac{\sigma_2^2}{m}}\right)$

특히 $\sigma_1^2 = \sigma_2^2 = \sigma^2$이면, 모평균의 차 $\mu_1 - \mu_2$에 대한 $100(1-\alpha)\%$ 신뢰구간은 다음과 같다.

$$\left((\bar{x} - \bar{y}) - z_{\alpha/2}\sigma\sqrt{\frac{1}{n} + \frac{1}{m}},\ (\bar{x} - \bar{y}) + z_{\alpha/2}\sigma\sqrt{\frac{1}{n} + \frac{1}{m}}\right)$$

예제 10-6

두 공정라인 A와 B에서 생산한 반도체 웨이퍼의 산화막 두께는 정규분포를 따른다고 한다. 두 공정라인에서 생산한 웨이퍼를 각각 25개와 36개를 임의로 선정하여 측정한 산화막 두께의 평균은 각각 4nm와 3.4nm이었다. 산화막 두께에 대한 표준편차가 다음과 같을 때, 산화막 두께의 차에 대한 95% 신뢰구간을 구하라.

(a) $\sigma_1 = 0.3\text{nm}$, $\sigma_2 = 0.32\text{nm}$　　　(b) $\sigma_1 = \sigma_2 = 0.3\text{nm}$

풀이

A와 B의 표본평균을 각각 $\overline{X}$와 $\overline{Y}$라 하면, $\bar{x} = 4$, $\bar{y} = 3.4$이므로 $\bar{x} - \bar{y} = 0.6$이다.

(a) $\sigma_1^2 = 0.09$, $\sigma_2^2 = 0.1024$, $n = 25$, $m = 36$이므로 95% 신뢰구간에 대한 오차한계는

$$e = 1.96\sqrt{\frac{0.09}{25} + \frac{0.1024}{36}} \approx 0.157$$

과 같다. 따라서 95% 신뢰구간은 $(0.6 - 0.157,\ 0.6 + 0.157) = (0.443,\ 0.757)$이다.

(b) $\sigma_1 = \sigma_2 = 0.3$이므로 95% 신뢰구간에 대한 오차한계는

$$e = 1.96 \times 0.3\sqrt{\frac{1}{25} + \frac{1}{36}} \approx 0.153$$

과 같다. 따라서 95% 신뢰구간은 $(0.6 - 0.153,\ 0.6 + 0.153) = (0.447,\ 0.753)$이다.

I Can Do 10-6

두 제약회사 A와 B에서 생산한 진통제로 통증을 진정시키는 데 걸리는 시간은 모두 정규분포를 따른다고 한다. 환자를 36명씩 두 그룹으로 구성한 뒤 A 회사와 B 회사의 진통제로 통증이 진정되는 평균 시간을 측정하여 32분과 28분을 얻었다. 두 진통제가 통증을 진정시키는 데 걸린 시간의 분산이 다음과 같을 때, 평균 시간의 차에 대한 90% 신뢰구간을 구하라.

(a) $\sigma_1 = 2$분, $\sigma_2 = 3$분 (b) $\sigma_1 = \sigma_2 = 3$분

모분산을 모르고 동일한 두 정규모집단에 대한 모평균 차의 구간추정

두 모분산이 $\sigma_1^2 = \sigma_2^2 = \sigma^2$으로 동일한 두 정규모집단에서 각각 크기가 n과 m인 표본을 추출하면, 합동표본분산 S_p^2에 대해 다음을 얻었다.

$$T = \frac{(\overline{X} - \overline{Y}) - (\mu_1 - \mu_2)}{S_p\sqrt{\dfrac{1}{n} + \dfrac{1}{m}}} \sim t(n+m-2)$$

양쪽 꼬리확률이 각각 $\dfrac{\alpha}{2}$인 백분위수 $-t_{\alpha/2}(n+m-2)$와 $t_{\alpha/2}(n+m-2)$에 대해 다음이 성립한다.

$$P(|T| < t_{\alpha/2}(n+m-2)) = 1-\alpha$$

$$P\left(\left|(\overline{X} - \overline{Y}) - (\mu_1 - \mu_2)\right| < t_{\alpha/2}(n+m-2)\,S_p\sqrt{\frac{1}{n} + \frac{1}{m}}\right) = 1-\alpha$$

그러면 모평균의 차 $\mu_1 - \mu_2$에 대한 $100(1-\alpha)\%$ 구간추정량의 하한 l과 상한 r은 각각 다음과 같다.

- 하한 : $l = (\overline{X} - \overline{Y}) - t_{\alpha/2}(n+m-2)\,S_p\sqrt{\dfrac{1}{n} + \dfrac{1}{m}}$
- 상한 : $r = (\overline{X} - \overline{Y}) + t_{\alpha/2}(n+m-2)\,S_p\sqrt{\dfrac{1}{n} + \dfrac{1}{m}}$

두 표본 $\{x_1, x_2, \cdots, x_n\}$과 $\{y_1, y_2, \cdots, y_m\}$에 대해 $\mu_1 - \mu_2$에 대한 점추정값은 $\overline{x} - \overline{y}$이고 신뢰도 $100(1-\alpha)\%$에 대한 오차한계는 다음과 같다.

$$e = t_{\alpha/2}(n+m-2)\,s_p\sqrt{\frac{1}{n} + \frac{1}{m}}$$

따라서 모분산이 $\sigma_1^2 = \sigma_2^2 = \sigma^2$이지만 그 값을 모를 때 모평균의 차 $\mu_1 - \mu_2$에 대한 $100(1-\alpha)\%$ 신뢰구간은 다음과 같다.

$$\left((\overline{X} - \overline{Y}) - t_{\alpha/2}(n+m-2)\, s_p \sqrt{\frac{1}{n} + \frac{1}{m}},\ (\overline{X} - \overline{Y}) + t_{\alpha/2}(n+m-2)\, s_p \sqrt{\frac{1}{n} + \frac{1}{m}}\right)$$

예제 10-7

독립인 두 정규모집단에서 표본조사하여 다음 결과를 얻었을 때 모평균 차에 대한 95% 신뢰구간을 구하라. (단, 두 모분산은 동일하다.)

표본	표본의 크기	표본평균	표본표준편차
표본 A	$n=12$	$\overline{x}=8.8$	$s_1=1.5$
표본 B	$m=11$	$\overline{y}=7.6$	$s_2=1.2$

풀이

두 표본에 대한 합동표본분산과 합동표본표준편차는 각각 다음과 같다.

$$s_p^2 = \frac{11 \times 1.5^2 + 10 \times 1.2^2}{12+11-2} \approx 1.8643, \quad s_p = \sqrt{1.8643} \approx 1.3654$$

자유도 21인 t-분포에서 $t_{0.025}(21) = 2.08$이므로 95% 신뢰구간에 대한 오차한계는 다음과 같다.

$$e = 2.08 \times 1.3654 \times \sqrt{\frac{1}{12} + \frac{1}{11}} \approx 1.185$$

$\overline{x} - \overline{y} = 1.2$이므로 $\mu_1 - \mu_2$에 대한 95% 신뢰구간은 다음과 같다.

$$(1.2 - 1.185,\ 1.2 + 1.185) = (0.015,\ 2.385)$$

I Can Do 10-7

독립인 두 정규모집단에서 표본조사하여 다음 결과를 얻었을 때 모평균 차에 대한 95% 신뢰구간을 구하라. (단, 두 모분산은 동일하다.)

표본	표본의 크기	표본평균	표본표준편차
표본 A	$n=15$	$\overline{x}=155$	$s_1=6.4$
표본 B	$m=16$	$\overline{y}=148$	$s_2=5.2$

모분산이 서로 다르고 모르는 두 정규모집단에 대한 모평균 차의 구간추정

모분산이 서로 다르고 그 값이 알려지지 않은 두 정규모집단에서 각각 크기 n과 m인 표본을 선정할 때 표본평균의 차 $\overline{X} - \overline{Y}$는 다음 확률분포를 따르는 것을 살펴보았다.

$$T = \frac{(\overline{X} - \overline{Y}) - (\mu_1 - \mu_2)}{\sqrt{\dfrac{S_1^2}{n} + \dfrac{S_2^2}{m}}} \sim t(\nu)$$

이때 자유도 ν는 다음과 같이 정의하는 식에서 소수점 이하의 값을 절사한 정수이다.

$$\nu = \frac{\left(\dfrac{s_1^2}{n} + \dfrac{s_2^2}{m}\right)^2}{\dfrac{1}{n-1}\left(\dfrac{s_1^2}{n}\right)^2 + \dfrac{1}{m-1}\left(\dfrac{s_2^2}{m}\right)^2}$$

양쪽 꼬리확률이 각각 $\dfrac{\alpha}{2}$인 백분위수 $-t_{\alpha/2}(\nu)$와 $t_{\alpha/2}(\nu)$에 대해 다음이 성립한다.

$$P(|T| < t_{\alpha/2}(\nu)) = 1 - \alpha$$

$$P\left(\left|(\overline{X} - \overline{Y}) - (\mu_1 - \mu_2)\right| < t_{\alpha/2}(\nu)\sqrt{\frac{S_1^2}{n} + \frac{S_2^2}{m}}\right) = 1 - \alpha$$

그러면 모평균의 차 $\mu_1 - \mu_2$에 대한 $100(1-\alpha)\%$ 구간추정량의 하한 l과 상한 r은 각각 다음과 같다.

- 하한 : $l = (\overline{X} - \overline{Y}) - t_{\alpha/2}(\nu)\sqrt{\dfrac{S_1^2}{n} + \dfrac{S_2^2}{m}}$
- 상한 : $r = (\overline{X} - \overline{Y}) + t_{\alpha/2}(\nu)\sqrt{\dfrac{S_1^2}{n} + \dfrac{S_2^2}{m}}$

이때 두 표본 $\{x_1, x_2, \cdots, x_n\}$과 $\{y_1, y_2, \cdots, y_m\}$에 대해 $\mu_1 - \mu_2$에 대한 점추정값은 $\overline{x} - \overline{y}$이고 신뢰도 $100(1-\alpha)\%$에 대한 오차한계는 다음과 같다.

$$e = t_{\alpha/2}(\nu)\sqrt{\frac{s_1^2}{n} + \frac{s_2^2}{m}}$$

따라서 모분산이 $\sigma_1^2 \neq \sigma_2^2$이고 그 값이 알려지지 않았을 때 모평균의 차 $\mu_1 - \mu_2$에 대한 $100(1-\alpha)\%$ 신뢰구간은 다음과 같다.

$$\left((\overline{X}-\overline{y})-t_{\alpha/2}(\nu)\sqrt{\frac{s_1^2}{n}+\frac{s_2^2}{m}},\ (\overline{x}-\overline{y})+t_{\alpha/2}(\nu)\sqrt{\frac{s_1^2}{n}+\frac{s_2^2}{m}}\right)$$

예제 10-8

[예제 10-7]에서 두 모분산이 서로 다른 경우에 모평균 차에 대한 95% 신뢰구간을 구하라.

풀이

$n=12,\ s_1=1.5,\ m=11,\ s_2=1.2$이므로 자유도는 다음과 같다.

$$\nu=\frac{(1.5^2/12+1.2^2/11)^2}{\dfrac{(1.5^2/12)^2}{11}+\dfrac{(1.2^2/11)^2}{10}}\approx 20.65$$

자유도 20인 t-분포에서 $t_{0.025}(20)=2.086$이므로 95% 신뢰구간에 대한 오차한계는 다음과 같다.

$$e=2.086\times\sqrt{\frac{1.5^2}{12}+\frac{1.2^2}{11}}\approx 1.177$$

$\overline{x}-\overline{y}=1.2$이므로 $\mu_1-\mu_2$에 대한 95% 신뢰구간은 다음과 같다.

$$(1.2-1.177,\ 1.2+1.177)=(0.023,\ 2.377)$$

I Can Do 10-8

[I Can Do 10-7]에서 두 모분산이 서로 다른 경우에 모평균 차에 대한 95% 신뢰구간을 구하라.

임의의 모집단에 대한 모평균 차의 구간추정

단일 모집단의 경우와 동일하게 두 모집단 분포가 알려지지 않은 경우에도 두 모분산이 알려진 경우와 그렇지 않은 경우를 생각할 수 있다.

■ **모분산 σ_1^2과 σ_2^2이 알려진 경우**

두 모분산 σ_1^2과 σ_2^2이 알려져 있고 두 표본의 크기가 충분히 크면 중심극한정리에 의해 두 표본평균은 다음과 같은 정규분포에 근사한다.

$$\overline{X}\approx N\left(\mu_1,\ \frac{\sigma_1^2}{n}\right),\quad \overline{Y}\approx N\left(\mu_2,\ \frac{\sigma_2^2}{m}\right)$$

따라서 $\overline{X} - \overline{Y}$ 의 표준화 확률변수는 다음과 같이 표준정규분포에 근사한다.

$$Z = \frac{(\overline{X} - \overline{Y}) - (\mu_1 - \mu_2)}{\sqrt{(\sigma_1^2/n) + (\sigma_2^2/m)}} \approx N(0,\ 1)$$

이때 두 모분산이 알려진 정규모집단의 경우와 동일하게 다음이 성립한다.

$$P\left((\overline{X} - \overline{Y}) - z_{\alpha/2}\sqrt{\frac{\sigma_1^2}{n} + \frac{\sigma_2^2}{m}} < \mu_1 - \mu_2 < (\overline{X} - \overline{Y}) + z_{\alpha/2}\sqrt{\frac{\sigma_1^2}{n} + \frac{\sigma_2^2}{m}}\right) \approx 1 - \alpha$$

즉 모평균 차 $\mu_1 - \mu_2$에 대한 $100(1-\alpha)\%$ 근사구간추정량의 하한 l과 상한 r은 각각 다음과 같다.

- 하한 : $l = (\overline{X} - \overline{Y}) - z_{\alpha/2}\sqrt{\frac{\sigma_1^2}{n} + \frac{\sigma_2^2}{m}}$
- 상한 : $r = (\overline{X} - \overline{Y}) + z_{\alpha/2}\sqrt{\frac{\sigma_1^2}{n} + \frac{\sigma_2^2}{m}}$

따라서 모분산이 알려진 임의의 두 모집단에서 추출한 표본의 크기가 충분히 크면 모평균의 차 $\mu_1 - \mu_2$ 에 대한 90%, 95%, 99% 근사신뢰구간은 다음과 같다.

- 90% 근사신뢰구간 : $\left((\overline{x} - \overline{y}) - 1.645\sqrt{\frac{\sigma_1^2}{n} + \frac{\sigma_2^2}{m}},\ (\overline{x} - \overline{y}) + 1.645\sqrt{\frac{\sigma_1^2}{n} + \frac{\sigma_2^2}{m}}\right)$
- 95% 근사신뢰구간 : $\left((\overline{x} - \overline{y}) - 1.96\sqrt{\frac{\sigma_1^2}{n} + \frac{\sigma_2^2}{m}},\ (\overline{x} - \overline{y}) + 1.96\sqrt{\frac{\sigma_1^2}{n} + \frac{\sigma_2^2}{m}}\right)$
- 99% 근사신뢰구간 : $\left((\overline{x} - \overline{y}) - 2.58\sqrt{\frac{\sigma_1^2}{n} + \frac{\sigma_2^2}{m}},\ (\overline{x} - \overline{y}) + 2.58\sqrt{\frac{\sigma_1^2}{n} + \frac{\sigma_2^2}{m}}\right)$

■ 두 모분산 σ_1^2과 σ_2^2이 알려지지 않은 경우

표본의 크기 n과 m이 충분히 크면 표본분산은 모분산의 일치추정량이므로 $S_1^2 \approx \sigma_1^2$, $S_2^2 \approx \sigma_2^2$이고 다음 근사정규분포를 얻는다.

$$Z = \frac{(\overline{X} - \overline{Y}) - (\mu_1 - \mu_2)}{\sqrt{(S_1^2/n) + (S_2^2/m)}} \approx N(0,\ 1)$$

이때 두 모분산이 알려진 정규모집단의 경우와 동일하게 다음이 성립한다.

$$P\left((\overline{X} - \overline{Y}) - z_{\alpha/2}\sqrt{\frac{S_1^2}{n} + \frac{S_2^2}{m}} < \mu_1 - \mu_2 < (\overline{X} - \overline{Y}) + z_{\alpha/2}\sqrt{\frac{S_1^2}{n} + \frac{S_2^2}{m}}\right) \approx 1 - \alpha$$

즉 모평균 차 $\mu_1 - \mu_2$에 대한 $100(1-\alpha)\%$ 근사구간추정량의 하한 l과 상한 r은 각각 다음과 같다.

$$T = \frac{\overline{D} - \mu_D}{s_D / \sqrt{n}} \sim t(n-1)$$

따라서 양쪽 꼬리확률이 각각 $\frac{\alpha}{2}$인 백분위수 $-t_{\alpha/2}(n-1)$과 $t_{\alpha/2}(n-1)$에 대해 다음이 성립한다.

$$P(|T| < t_{\alpha/2}(n-1)) = 1-\alpha$$

$$P\left(\left|\frac{\overline{D} - \mu_D}{s_D/\sqrt{n}}\right| < t_{\alpha/2}(n-1)\right) = P\left(|\overline{D} - \mu_D| < t_{\alpha/2}(n-1)\frac{s_D}{\sqrt{n}}\right) = 1-\alpha$$

$$P\left(\overline{D} - t_{\alpha/2}(n-1)\frac{s_D}{\sqrt{n}} < \mu_D < \overline{D} + t_{\alpha/2}(n-1)\frac{s_D}{\sqrt{n}}\right) = 1-\alpha$$

신뢰도 $100(1-\alpha)\%$에 대한 두 모평균의 차 $\mu_D = \mu_1 - \mu_2$에 대한 구간추정량은 다음과 같다.

$$\overline{D} - t_{\alpha/2}(n-1)\frac{s_D}{\sqrt{n}} < \mu_D < \overline{D} + t_{\alpha/2}(n-1)\frac{s_D}{\sqrt{n}}$$

이때 모평균의 차 μ_D에 대한 $100(1-\alpha)\%$ 신뢰구간의 하한 l과 상한 r, 오차한계는 각각 다음과 같다.

- 신뢰구간의 하한 : $l = \overline{d} - t_{\alpha/2}(n-1)\frac{s_D}{\sqrt{n}}$
- 신뢰구간의 상한 : $r = \overline{d} + t_{\alpha/2}(n-1)\frac{s_D}{\sqrt{n}}$
- 오차한계 : $e = t_{\alpha/2}(n-1)\frac{s_D}{\sqrt{n}}$

즉 실험 전후의 모평균 차 $\mu_D = \mu_1 - \mu_2$에 대한 $100(1-\alpha)\%$ 신뢰구간은 다음과 같다.

$$\left(\overline{d} - t_{\alpha/2}(n-1)\frac{s_D}{\sqrt{n}},\ \overline{d} + t_{\alpha/2}(n-1)\frac{s_D}{\sqrt{n}}\right)$$

특히 $\mu_D = \mu_1 - \mu_2$에 대한 90%, 95%, 99% 신뢰구간은 각각 다음과 같다.

- 90% 신뢰구간 : $\left(\overline{d} - t_{0.05}(n-1)\frac{s_D}{\sqrt{n}},\ \overline{d} + t_{0.05}(n-1)\frac{s_D}{\sqrt{n}}\right)$
- 95% 신뢰구간 : $\left(\overline{d} - t_{0.025}(n-1)\frac{s_D}{\sqrt{n}},\ \overline{d} + t_{0.025}(n-1)\frac{s_D}{\sqrt{n}}\right)$
- 99% 신뢰구간 : $\left(\overline{d} - t_{0.005}(n-1)\frac{s_D}{\sqrt{n}},\ \overline{d} + t_{0.005}(n-1)\frac{s_D}{\sqrt{n}}\right)$

예제 10-10

시내와 고속도로에서 자동차를 주행할 때 배출되는 입자상 오염물질에 대한 차가 얼마인지 비교하려고 한다. 자동차 5대를 각각 주행하여 다음 결과를 얻었다고 하자. 시내 주행과 고속도로 주행 시 입자상 오염물질의 평균 배출량 차에 대한 95% 신뢰구간을 구하라. (단, 배출량은 정규분포를 따른다.)

(단위 : g/m)

자동차	1	2	3	4	5
시내 주행	1322	1259	2023	1254	1234
고속도로 주행	757	1041	1983	1143	1068

풀이

시내와 고속도로에서 주행할 때 각 자동차에서 배출된 입자상 오염물질의 양에 대한 차는 다음과 같다.

자동차	1	2	3	4	5
d_i	565	218	40	111	166

d_i에 대한 평균 $\bar{d}$와 분산 s_D^2, 표준편차 s_D는 각각 다음과 같다.

$$\bar{d} = 220,\quad s_D^2 = \frac{1}{4}\sum_{i=1}^{n}(d_i - 220)^2 = 41556.5,\quad s_D = \sqrt{41556.5} \approx 203.85$$

그리고 $n = 5$, $t_{0.025}(4) = 2.776$이므로 추정오차는 $e = \dfrac{2.776 \times 203.85}{\sqrt{5}} \approx 253.073$이고, 평균 배출량의 차에 대한 95% 신뢰구간은 다음과 같다.

$$(220 - 253.073,\ 220 + 253.073) = (-33.076,\ 473.073)$$

I Can Do 10-10

오전과 오후에 사람의 체온에 차이가 있는지 알아보려고 한다. 7명을 임의로 선정하여 오전 9시와 오후 1시에 각각 체온을 측정하여 다음 결과를 얻었다. 오전과 오후의 평균 체온 차에 대한 90% 신뢰구간을 구하라. (단, 체온은 정규분포를 따른다.)

실험 대상	1	2	3	4	5	6	7
오전 9시	36.1	36.2	35.9	36.3	36.6	37.2	36.3
오후 9시	37.3	36.9	36.5	37.2	37.0	37.5	37.1

Section 10.3 모비율의 추정

이 절에서는 성공률이 p인 모집단의 모비율에 대한 신뢰구간과 독립인 두 모집단의 모비율 차에 대한 신뢰구간을 구하는 방법에 대해 살펴본다.

단일 모비율의 구간추정

모비율이 p인 모집단에서 크기 n인 확률표본 $\{X_1, X_2, \cdots, X_n\}$을 선정할 때 표본의 크기가 $np \ge 5$, $nq \ge 5$ 정도로 충분히 크면 표본비율 $\hat{p}$은 다음 정규분포에 근사하는 것을 살펴보았다.

$$Z = \frac{\hat{p} - p}{\sqrt{\frac{pq}{n}}} \approx N(0,\ 1)$$

이때 양쪽 꼬리확률이 각각 $\frac{\alpha}{2}$인 백분위수 $-z_{\alpha/2}$와 $z_{\alpha/2}$에 대해 다음을 얻는다.

$$\begin{aligned}
&P(|Z| < z_{\alpha/2}) \approx 1-\alpha \\
&P\left(\left|\frac{\hat{p}-p}{\sqrt{pq/n}}\right| < z_{\alpha/2}\right) = P\left(|\hat{p}-p| < z_{\alpha/2}\sqrt{\frac{pq}{n}}\right) \approx 1-\alpha \\
&P\left(\hat{p} - z_{\alpha/2}\sqrt{\frac{pq}{n}} < p < \hat{p} + z_{\alpha/2}\sqrt{\frac{pq}{n}}\right) \approx 1-\alpha
\end{aligned}$$

따라서 신뢰도 $100(1-\alpha)\%$에 대한 모비율이 p의 참값을 포함할 것으로 믿어지는 구간추정량은 다음과 같다.

$$\hat{p} - z_{\alpha/2}\sqrt{\frac{pq}{n}} < p < \hat{p} + z_{\alpha/2}\sqrt{\frac{pq}{n}}$$

모비율 p는 알려지지 않은 모수이므로 pq도 알려지지 않은 수치이다. 그러나 표본비율 $\hat{p}$은 모비율 p에 대한 일치추정량이므로 n이 충분히 크면 $p \approx \hat{p}$, $\hat{q} \approx q$이고, 모비율 p에 대한 다음 구간추정량을 얻는다.

$$\hat{p} - z_{\alpha/2}\sqrt{\frac{\hat{p}\hat{q}}{n}} < p < \hat{p} + z_{\alpha/2}\sqrt{\frac{\hat{p}\hat{q}}{n}}$$

따라서 모비율 p에 대한 $100(1-\alpha)\%$ 구간추정량의 하한 l과 상한 r, 오차한계는 각각 다음과 같다.

- 하한 : $l = \hat{p} - z_{\alpha/2}\sqrt{\dfrac{\hat{p}\,\hat{q}}{n}}$
- 상한 : $r = \hat{p} - z_{\alpha/2}\sqrt{\dfrac{\hat{p}\,\hat{q}}{n}}$
- 오차한계 : $e = z_{\alpha/2}\sqrt{\dfrac{\hat{p}\,\hat{q}}{n}}$

모비율 p에 대한 $100(1-\alpha)\%$ 신뢰구간은 다음과 같다.

$$\left(\hat{p} - z_{\alpha/2}\sqrt{\frac{\hat{p}\,\hat{q}}{n}},\ \ \hat{p} + z_{\alpha/2}\sqrt{\frac{\hat{p}\,\hat{q}}{n}}\right)$$

특히 모비율 p에 대한 90%, 95%, 99% 신뢰구간은 각각 다음과 같다.

- 90% 신뢰구간 : $\left(\hat{p} - 1.645\sqrt{\dfrac{\hat{p}\,\hat{q}}{n}},\ \hat{p} + 1.645\sqrt{\dfrac{\hat{p}\,\hat{q}}{n}}\right)$
- 95% 신뢰구간 : $\left(\hat{p} - 1.96\sqrt{\dfrac{\hat{p}\,\hat{q}}{n}},\ \hat{p} + 1.96\sqrt{\dfrac{\hat{p}\,\hat{q}}{n}}\right)$
- 99% 신뢰구간 : $\left(\hat{p} - 2.58\sqrt{\dfrac{\hat{p}\,\hat{q}}{n}},\ \hat{p} + 2.58\sqrt{\dfrac{\hat{p}\,\hat{q}}{n}}\right)$

예제 10-11

AI 로봇이 그린 그림에 대한 만족도를 알아보기 위해 임의로 400명을 선정하여 AI 로봇이 초상화를 그리게 했다. 이후 실시한 만족도 조사에서 346명이 만족한다고 응답했을 때, AI 로봇의 그림을 만족할 비율에 대한 95% 신뢰구간을 구하라.

풀이

표본 400명 중에서 346명이 만족했으므로 표본비율은 $\hat{p} = \dfrac{346}{400} = 0.865$이고 $\hat{q} = 0.135$이다. 이때 95% 신뢰구간의 오차한계는 $e = 1.96\sqrt{\dfrac{0.865 \times 0.135}{400}} \approx 0.0335$이고, 신뢰구간은 $(0.865 - 0.0335,\ 0.865 - 0.0335) = (0.8315,\ 0.8985)$이다.

I Can Do 10-11

단백뇨 증상이 있는 중고등학생의 비율을 알기 위해 100명을 임의로 선정하여 표본조사했다. 표본조사 결과 단백뇨 증상을 보인 학생의 비율이 4%였을 때, 단백뇨 증상이 있는 전체 중고등학생의 비율에 대한 90% 신뢰구간을 구하라.

모비율 차의 구간추정

모비율이 각각 p_1, p_2이고 독립인 두 모집단에서 각각 크기 n과 m인 표본을 선정하여 표본비율을 각각 $\hat{p}_1$, $\hat{p}_2$라 하면, 두 표본비율은 다음 정규분포에 근사하고 독립이다.

$$\hat{p}_1 \approx N\left(p_1,\ \frac{p_1 q_1}{n}\right),\quad \hat{p}_2 \approx N\left(p_2,\ \frac{p_2 q_2}{m}\right)$$

따라서 두 표본비율의 차 $\hat{p}_1 - \hat{p}_2$는 다음 정규분포에 근사한다.

$$\hat{p}_1 - \hat{p}_2 \approx N\left(p_1 - p_2,\ \frac{p_1 q_1}{n} + \frac{p_2 q_2}{m}\right) \text{ 또는 } Z = \frac{(\hat{p}_1 - \hat{p}_2) - (p_1 - p_2)}{\sqrt{\dfrac{p_1 q_1}{n} + \dfrac{p_2 q_2}{m}}} \approx N(0,\ 1)$$

표본의 크기 n과 m이 충분히 크면 $\hat{p}_1 \approx p_1$, $\hat{p}_2 \approx p_2$이므로 다음 근사분포를 얻는다.

$$Z = \frac{(\hat{p}_1 - \hat{p}_2) - (p_1 - p_2)}{\sqrt{\dfrac{\hat{p}_1 \hat{q}_1}{n} + \dfrac{\hat{p}_2 \hat{q}_2}{m}}} \approx N(0,\ 1)$$

또 양쪽 꼬리확률이 각각 $\frac{\alpha}{2}$인 백분위수 $-z_{\alpha/2}$와 $z_{\alpha/2}$에 대해 다음을 얻는다.

$$P(-z_{\alpha/2} < Z < z_{\alpha/2}) = 1 - \alpha$$

$$P\left(-z_{\alpha/2} < \frac{(\hat{p}_1 - \hat{p}_2) - (p_1 - p_2)}{\sqrt{(\hat{p}_1 \hat{q}_1)/n + (\hat{p}_2 \hat{q}_2)/m}} < z_{\alpha/2}\right) = 1 - \alpha$$

$$P\left((\hat{p}_1 - \hat{p}_2) - z_{\alpha/2}\sqrt{\frac{\hat{p}_1 \hat{q}_1}{n} + \frac{\hat{p}_2 \hat{q}_2}{m}} < p_1 - p_2 < (\hat{p}_1 - \hat{p}_2) + z_{\alpha/2}\sqrt{\frac{\hat{p}_1 \hat{q}_1}{n} + \frac{\hat{p}_2 \hat{q}_2}{m}}\right) = 1 - \alpha$$

따라서 모비율의 차 $p_1 - p_2$에 대한 $100(1-\alpha)\%$ 구간추정량의 하한 l과 상한 r, 오차한계는 각각 다음과 같다.

- 하한 : $l = (\hat{p}_1 - \hat{p}_2) - z_{\alpha/2}\sqrt{\dfrac{\hat{p}_1 \hat{q}_1}{n} + \dfrac{\hat{p}_2 \hat{q}_2}{m}}$
- 상한 : $r = (\hat{p}_1 - \hat{p}_2) - z_{\alpha/2}\sqrt{\dfrac{\hat{p}_1 \hat{q}_1}{n} + \dfrac{\hat{p}_2 \hat{q}_2}{m}}$
- 오차한계 : $e = z_{\alpha/2}\sqrt{\dfrac{\hat{p}_1 \hat{q}_1}{n} + \dfrac{\hat{p}_2 \hat{q}_2}{m}}$

모비율의 차 $p_1 - p_2$에 대한 $100(1-\alpha)\%$ 신뢰구간은 다음과 같다.

$$\left((\hat{p}_1 - \hat{p}_2) - z_{\alpha/2}\sqrt{\frac{\hat{p}_1 \hat{q}_1}{n} + \frac{\hat{p}_2 \hat{q}_2}{m}},\quad (\hat{p}_1 - \hat{p}_2) + z_{\alpha/2}\sqrt{\frac{\hat{p}_1 \hat{q}_1}{n} + \frac{\hat{p}_2 \hat{q}_2}{m}}\right)$$

특히 $p_1 - p_2$에 대한 90%, 95%, 99% 신뢰구간은 각각 다음과 같다.

- 90% 신뢰구간 : $\left((\hat{p}_1-\hat{p}_2)-1.645\sqrt{\dfrac{\hat{p}_1\hat{q}_1}{n}+\dfrac{\hat{p}_2\hat{q}_2}{m}},\ (\hat{p}_1-\hat{p}_2)+1.645\sqrt{\dfrac{\hat{p}_1\hat{q}_1}{n}+\dfrac{\hat{p}_2\hat{q}_2}{m}}\right)$
- 95% 신뢰구간 : $\left((\hat{p}_1-\hat{p}_2)-1.96\sqrt{\dfrac{\hat{p}_1\hat{q}_1}{n}+\dfrac{\hat{p}_2\hat{q}_2}{m}},\ (\hat{p}_1-\hat{p}_2)+1.96\sqrt{\dfrac{\hat{p}_1\hat{q}_1}{n}+\dfrac{\hat{p}_2\hat{q}_2}{m}}\right)$
- 99% 신뢰구간 : $\left((\hat{p}_1-\hat{p}_2)-2.58\sqrt{\dfrac{\hat{p}_1\hat{q}_1}{n}+\dfrac{\hat{p}_2\hat{q}_2}{m}},\ (\hat{p}_1-\hat{p}_2)+2.58\sqrt{\dfrac{\hat{p}_1\hat{q}_1}{n}+\dfrac{\hat{p}_2\hat{q}_2}{m}}\right)$

예제 10-12

두 공정라인 A와 B에서 생산하는 반도체에 불량률의 차가 있는지 알아보기 위해 표본조사하여 다음 결과를 얻었다. 이때 두 공정라인의 불량률의 차에 대한 95% 신뢰구간을 구하라.

공정라인	표본의 크기	불량품 개수
표본 A	250	21
표본 B	150	6

풀이

$n=250,\ m=150,\ \hat{p}_1=\dfrac{21}{250}=0.084,\ \hat{p}_2=\dfrac{6}{150}=0.04,\ \hat{q}_1=0.916,\ \hat{q}_2=0.96$이므로 불량률의 차에 대한 점추정값은 $\hat{p}_1-\hat{p}_2=0.044$이고 95% 신뢰구간에 대한 오차한계는 다음과 같다.

$$e=1.96\sqrt{\frac{0.084\times0.916}{250}+\frac{0.04\times0.96}{150}}\approx0.047$$

따라서 모비율 차에 대한 95% 신뢰구간은 다음과 같다.

$$(0.044-0.047,\ 0.044+0.047)=(-0.003,\ 0.091)$$

I Can Do 10-12

통화할 때 왼손잡이와 오른손잡이가 어느 쪽 귀에 수화기를 가져가는지 알아보기 위해 설문조사를 실시했다. 오른쪽 귀에 수화기를 가져간다고 답한 사람 300명 중에서 오른손잡이는 92%였고, 왼쪽 귀에 수화기를 가져간다고 답한 사람 250명 중에서 오른손잡이는 77%였다. 오른쪽 귀와 왼쪽 귀에 수화기를 가져가는 비율의 차에 대한 95% 신뢰구간을 구하라.

Section

10.4 모분산의 추정

이 절에서는 표본분산 S^2과 표본분산 비 $\dfrac{S_1^2}{S_2^2}$의 표본분포를 이용하여 단일 정규모집단의 모분산과 독립인 두 정규모집단의 모분산 비에 대한 구간추정을 살펴본다.

단일 모분산에 대한 구간추정

10.1절에서 표본분산 S^2은 모분산 σ^2에 대한 불편추정량이며 일치추정량임을 살펴보았다. 따라서 정규모집단의 모분산 σ^2을 추정하기 위해 표본분산 S^2을 이용한다. 한편 9.1절에서 S^2은 다음과 같이 자유도 $n-1$인 카이제곱 분포를 따르는 것을 알았다.

$$V = \frac{(n-1)S^2}{\sigma^2} \sim \chi^2(n-1)$$

이때 [그림 10-11]과 같이 자유도 $n-1$인 카이제곱 분포에서 양쪽 꼬리확률이 $\dfrac{\alpha}{2}$인 백분위수는 $\chi^2_{1-(\alpha/2)}(n-1)$와 $\chi^2_{\alpha/2}(n-1)$이다.

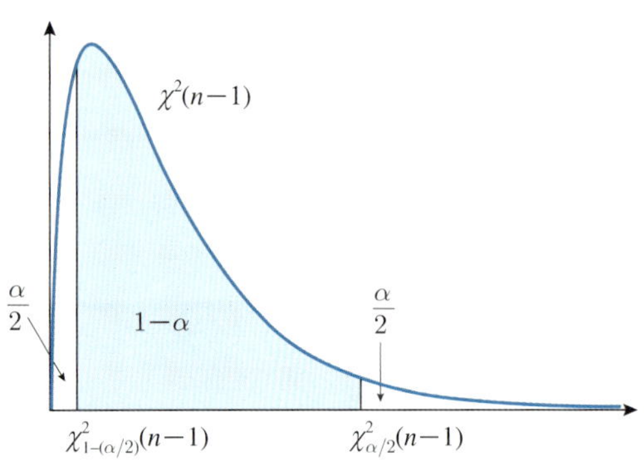

[그림 10-11] χ^2-분포와 백분위수

따라서 자유도 $n-1$인 χ^2-분포에 대해 다음을 얻는다.

$$P\left(\chi^2_{1-(\alpha/2)}(n-1) < \frac{(n-1)S^2}{\sigma^2} < \chi^2_{\alpha/2}(n-1)\right) = 1-\alpha$$

$$P\left(\frac{(n-1)S^2}{\chi^2_{\alpha/2}(n-1)} < \sigma^2 < \frac{(n-1)S^2}{\chi^2_{1-(\alpha/2)}(n-1)}\right) = 1-\alpha$$

그러면 모분산 σ^2에 대한 $100(1-\alpha)\%$ 구간추정량의 하한 l과 상한 r은 각각 다음과 같다.

- 하한 : $l = \dfrac{(n-1)S^2}{\chi^2_{\alpha/2}(n-1)}$
- 상한 : $r = \dfrac{(n-1)S^2}{\chi^2_{1-(\alpha/2)}(n-1)}$

표본 $\{x_1, x_2, \cdots, x_n\}$에 대해 모분산 σ^2에 대한 $100(1-\alpha)\%$ 신뢰구간은 다음과 같다.

$$\left(\frac{(n-1)s^2}{\chi^2_{\alpha/2}(n-1)}, \frac{(n-1)s^2}{\chi^2_{1-(\alpha/2)}(n-1)}\right)$$

표본표준편차 S는 모표준편차 σ에 대한 편의추정량이지만 $n \geq 10$이면 편의를 무시할 수 있다. 따라서 모표준편차 σ에 대한 $100(1-\alpha)\%$ 신뢰구간은 다음과 같다.

$$\left(s\sqrt{\frac{n-1}{\chi^2_{\alpha/2}(n-1)}}, s\sqrt{\frac{n-1}{\chi^2_{1-(\alpha/2)}(n-1)}}\right)$$

따라서 모분산 σ^2에 대한 90%, 95%, 99% 신뢰구간은 각각 다음과 같다.

- 90% 신뢰구간 : $\left(\dfrac{(n-1)s^2}{\chi^2_{0.05}(n-1)}, \dfrac{(n-1)s^2}{\chi^2_{0.95}(n-1)}\right)$
- 95% 신뢰구간 : $\left(\dfrac{(n-1)s^2}{\chi^2_{0.025}(n-1)}, \dfrac{(n-1)s^2}{\chi^2_{0.975}(n-1)}\right)$
- 99% 신뢰구간 : $\left(\dfrac{(n-1)s^2}{\chi^2_{0.005}(n-1)}, \dfrac{(n-1)s^2}{\chi^2_{0.995}(n-1)}\right)$

예제 10-13

정규모집단의 모분산을 추정하기 위해 크기 25인 표본을 추출하여 표본분산 2.5를 얻었다. 모분산과 모표준편차에 대한 다음 신뢰구간을 구하라.

(a) 90% 신뢰구간 (b) 95% 신뢰구간 (c) 99% 신뢰구간

풀이

(a) $n = 25$, $s^2 = 2.5$이고 $\chi^2_{0.05}(24) = 36.42$, $\chi^2_{0.95}(24) = 13.85$이므로 모분산과 모표준편차에 대한 신뢰구간은 각각 다음과 같다.

- 모분산 σ^2에 대한 90% 신뢰구간 : $\left(\dfrac{24\times 2.5}{36.24},\ \dfrac{24\times 2.5}{13.85}\right) \approx (1.6556,\ 4.3321)$
- 모표준편차 σ에 대한 90% 신뢰구간 : $(\sqrt{1.6556},\ \sqrt{4.3321}) \approx (1.2867,\ 2.0814)$

(b) $\chi^2_{0.025}(24) = 39.36$, $\chi^2_{0.975}(24) = 12.4$이므로 모분산과 모표준편차에 대한 신뢰구간은 각각 다음과 같다.

- 모분산 σ^2에 대한 90% 신뢰구간 : $\left(\dfrac{24\times 2.5}{39.36},\ \dfrac{24\times 2.5}{12.4}\right) \approx (1.5244,\ 4.8387)$
- 모표준편차 σ에 대한 90% 신뢰구간 : $(\sqrt{1.5244},\ \sqrt{4.8387}) \approx (1.2347,\ 2.1997)$

(c) $\chi^2_{0.005}(24) = 45.56$, $\chi^2_{0.995}(24) = 9.89$이므로 모분산과 모표준편차에 대한 신뢰구간은 각각 다음과 같다.

- 모분산 σ^2에 대한 90% 신뢰구간 : $\left(\dfrac{24\times 2.5}{45.56},\ \dfrac{24\times 2.5}{9.89}\right) \approx (1.3169,\ 6.0667)$
- 모표준편차 σ에 대한 90% 신뢰구간 : $(\sqrt{1.3169},\ \sqrt{6.0667}) \approx (1.1476,\ 2.4631)$

I Can Do 10-13

정규모집단의 모분산을 추정하기 위해 크기 16인 표본을 추출하여 표본표준편차 1.4를 얻었다. 모분산과 모표준편차에 대한 다음 신뢰구간을 구하라.

(a) 90% 신뢰구간 (b) 95% 신뢰구간 (c) 99% 신뢰구간

두 모분산 비에 대한 구간추정

모분산이 각각 σ_1^2, σ_2^2이고 독립인 두 정규모집단에서 각각 크기 n과 m인 표본을 추출할 때, 두 표본비율의 비에 대한 표본분포는 다음과 같이 F-분포를 따른다.

$$F = \frac{S_1^2/\sigma_1^2}{S_2^2/\sigma_2^2} \sim F(n-1,\ m-1)$$

이때 [그림 10-12]와 같이 분자와 분모의 자유도가 각각 $n-1$과 $m-1$인 F-분포에서 양쪽 꼬리확률이 $\dfrac{\alpha}{2}$인 두 백분위수는 $f_l = f_{1-(\alpha/2)}(n-1,\ m-1)$, $f_r = f_{\alpha/2}(n-1,\ m-1)$이다.

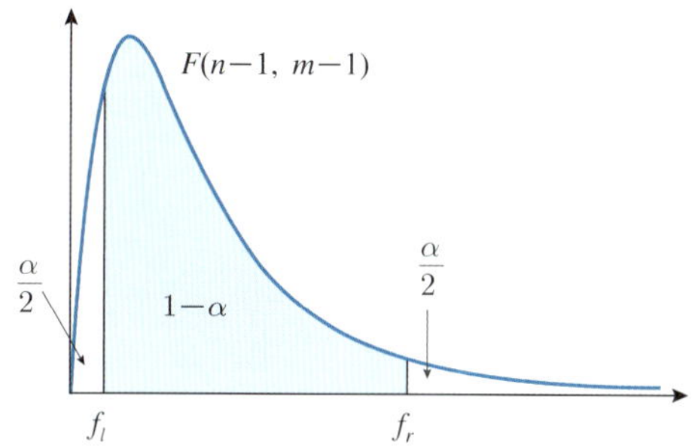

[그림 10-12] F-분포와 백분위수

분자와 분모의 자유도가 각각 $n-1$과 $m-1$인 F-분포에 대해 다음을 얻는다.

$$P\left(f_{1-(\alpha/2)}(n-1,\ m-1) < \frac{S_1^2/\sigma_1^2}{S_2^2/\sigma_2^2} < f_{\alpha/2}(n-1,\ m-1)\right) = 1-\alpha$$

$$P\left(\frac{1}{f_{\alpha/2}(n-1,\ m-1)}\frac{S_1^2}{S_2^2} < \frac{\sigma_1^2}{\sigma_2^2} < \frac{1}{f_{1-(\alpha/2)}(n-1,\ m-1)}\frac{S_1^2}{S_2^2}\right) = 1-\alpha$$

따라서 $100(1-\alpha)\%$ 신뢰도에서 모분산 σ^2의 참값을 포함할 것으로 믿어지는 구간추정량은 다음과 같다.

$$\left(\frac{1}{f_{\alpha/2}(n-1,\ m-1)}\frac{S_1^2}{S_2^2} < \frac{\sigma_1^2}{\sigma_2^2} < \frac{1}{f_{1-(\alpha/2)}(n-1,\ m-1)}\frac{S_1^2}{S_2^2}\right)$$

두 모분산의 비 $\frac{\sigma_1^2}{\sigma_2^2}$에 대한 $100(1-\alpha)\%$ 구간추정량의 하한 l과 상한 r은 각각 다음과 같다.

❶ 신뢰구간의 하한 : $l = \dfrac{s_1^2/s_2^2}{f_{\alpha/2}(n-1,\ m-1)}$

❷ 신뢰구간의 상한 : $r = \dfrac{s_1^2/s_2^2}{f_{1-(\alpha/2)}(n-1,\ m-1)} = \dfrac{s_1^2}{s_2^2} f_{\alpha/2}(m-1,\ n-1)$

표본의 관찰값이 각각 $\{x_1,\ x_2,\ \cdots,\ x_n\}$, $\{y_1,\ y_2,\ \cdots,\ y_m\}$일 때, 두 모분산의 비 $\frac{\sigma_1^2}{\sigma_2^2}$에 대한 $100(1-\alpha)\%$ 신뢰구간은 다음과 같다.

$$\left(\frac{s_1^2}{s_2^2}\frac{1}{f_{\alpha/2}(n-1,\ m-1)},\ \frac{s_1^2}{s_2^2} f_{\alpha/2}(m-1,\ n-1)\right)$$

특히 두 모분산의 비 $\frac{\sigma_1^2}{\sigma_2^2}$에 대한 90%, 95%, 99% 신뢰구간은 각각 다음과 같다.

- 90% 신뢰구간 : $\left(\frac{s_1^2}{s_2^2}\frac{1}{f_{0.05}(n-1,\ m-1)},\ \frac{s_1^2}{s_2^2}f_{0.05}(m-1,\ n-1)\right)$
- 95% 신뢰구간 : $\left(\frac{s_1^2}{s_2^2}\frac{1}{f_{0.025}(n-1,\ m-1)},\ \frac{s_1^2}{s_2^2}f_{0.025}(m-1,\ n-1)\right)$
- 99% 신뢰구간 : $\left(\frac{s_1^2}{s_2^2}\frac{1}{f_{0.005}(n-1,\ m-1)},\ \frac{s_1^2}{s_2^2}f_{0.005}(m-1,\ n-1)\right)$

예제 10-14

독립인 두 정규모집단에서 각각 표본을 선정하여 다음 결과를 얻었다. 모분산의 비 $\frac{\sigma_1^2}{\sigma_2^2}$에 대한 95% 신뢰구간을 구하라.

표본 1	$n=6,\quad \bar{x}=6,\quad s_1=1.2$
표본 2	$m=7,\quad \bar{y}=8,\quad s_2=1.8$

풀이

표본의 크기가 각각 6과 7이므로 분자와 분모의 자유도는 5와 6이고 $f_{0.025}(5,\ 6)=5.99$, $f_{0.025}(6,\ 5)=6.98$이다. 이때 95% 신뢰구간의 하한과 상한은 각각 다음과 같다.

$$l=\frac{1.2^2}{1.8^2}\times\frac{1}{5.99}\approx 0.074,\quad r=\frac{1.2^2}{1.8^2}\times 6.98\approx 3.102$$

따라서 $\frac{\sigma_1^2}{\sigma_2^2}$에 대한 95% 신뢰구간은 $(0.074,\ 3.102)$이다.

I Can Do 10-14

독립인 두 정규모집단에서 각각 표본을 선정하여 다음 결과를 얻었다. 모분산의 비 $\frac{\sigma_1^2}{\sigma_2^2}$에 대한 90% 신뢰구간을 구하라.

표본 1	$n=7,\quad \bar{x}=12,\quad s_1^2=2$
표본 2	$m=7,\quad \bar{y}=9,\quad s_2^2=2.3$

Section 10.5 표본의 크기 결정

지금까지는 크기를 알고 있는 표본을 이용하여 모수를 추정하는 방법을 살펴보았다. 이 절에서는 모평균과 모비율을 효율적으로 추정하기 위한 표본의 크기를 결정하는 방법을 살펴본다.

모수 θ 에 대한 구간추정은 다음과 같이 점추정값 $\hat{\theta}$ 을 중심으로 오차한계 e 이내인 구간을 이용했다.

$$\hat{\theta} - e < \theta < \hat{\theta} + e$$

따라서 θ 에 대한 추정값의 정확도는 오차한계 e 의 크기에 의해 결정되며, e 가 작을수록 모수에 대한 추정값은 더욱 정확해지고 표본의 크기는 증가한다. 한편 10.2절과 10.3절에서 모평균 μ 와 모비율 p 에 대한 오차한계는 다음과 같음을 살펴보았다.

❶ σ^2이 알려진 정규모집단에 대한 표본에 의한 모평균의 추정 : $e = z_{\alpha/2}\dfrac{\sigma}{\sqrt{n}}$

❷ σ^2을 모르는 정규모집단에 대한 표본에 의한 모평균의 추정 : $e = t_{\alpha/2}(n-1)\dfrac{s}{\sqrt{n}}$

❸ $np \geq 5$, $nq \geq 5$인 표본에 의한 모비율의 추정 : $e = z_{\alpha/2}\sqrt{\dfrac{\hat{p}\,\hat{q}}{n}}$

이때 추정오차한계를 일정한 값 이하로 제한할 경우에 모수를 추정하기 위한 적당한 표본의 크기를 결정해보자.

모평균 추정을 위한 표본의 크기 : σ^2이 알려진 경우

모분산 σ^2이 알려진 정규모집단의 모평균 μ를 추정하기 위한 신뢰도를 $100(1-\alpha)\%$라 하자. 이때 μ의 참값과 추정값 $\overline{x}$ 에 대한 최대 허용오차를 d라 하면 오차한계 e에 대해 다음을 얻는다.

$$e = z_{\alpha/2}\frac{\sigma}{\sqrt{n}} \leq d$$

모평균 μ를 추정하기 위해 $100(1-\alpha)\%$ 신뢰도에서 최대 허용오차를 d 이하로 하면 표본의 크기 n은 다음 부등식을 만족하는 가장 작은 정수이다.

$$n \geq \left(z_{\alpha/2}\frac{\sigma}{d}\right)^2$$

예를 들어 95% 신뢰도에서 최대 허용오차가 d 이하인 모평균을 추정할 때 조사해야 할 표본의 크기는 $n \geq \left(1.96 \frac{\sigma}{d}\right)^2$ 이다.

예제 10-15

$\sigma = 0.52$인 정규모집단의 모평균을 최대 허용오차 0.04인 95% 신뢰도에서 추정하기 위해 조사해야 할 표본의 크기를 구하라.

풀이

$\sigma = 0.52$, $d = 0.04$이고 신뢰도가 95%이므로 $n \geq \left(1.96 \times \frac{0.52}{0.04}\right)^2 = 649.23$이고 표본의 크기는 $n = 650$이다.

I Can Do 10-15

$\sigma = 1.2$인 정규모집단의 모평균을 최대 허용오차 0.01인 90% 신뢰도에서 추정하기 위해 조사해야 할 표본의 크기를 구하라.

모평균 추정을 위한 표본의 크기 : σ^2을 모르는 경우

모집단은 일반적으로 모분산을 모르기 때문에 다음 두 가지 방법을 이용한다.

1. 이전에 조사한 경험이 있는 자료에 대한 모분산 σ_0^2을 사용하고, $n \geq \left(z_{\alpha/2} \frac{\sigma_0}{d}\right)^2$ 이다.
2. 아무런 자료가 없으면 본조사를 실시하기 전에 예비조사로 얻은 표본분산 s_0^2을 모분산으로 이용한다.

크기 k인 예비조사를 이용한 표본분산의 관찰값이 s_0^2이고, $100(1-\alpha)\%$ 신뢰도에서 모평균 μ에 대한 최대 허용오차를 d 이하로 추정한다면 다음이 성립한다.

$$e = t_{\alpha/2}(k-1)\frac{s_0}{\sqrt{k}} \leq d$$

따라서 모평균 μ를 추정하기 위한 표본의 크기 n은 다음 부등식을 만족한다.

$$n \geq \left(t_{\alpha/2}(k-1)\frac{s_0}{d}\right)^2$$

표본의 크기 k가 증가함에 따라 $t_{\alpha/2}(k-1) \approx z_{\alpha/2}$이므로 예비조사에서 얻은 표본분산의 관찰값 s_0^2을 이용하면 표본의 크기 n은 다음 부등식을 만족하는 가장 작은 정수이다.

$$n \ge \left(z_{\alpha/2} \frac{s_0}{d} \right)^2$$

예제 10-16

예비로 크기 16인 표본을 조사하여 신뢰도 95%에 대한 신뢰구간 (2.45, 2.51)을 얻었다. 최대 허용오차 0.02에서 95% 신뢰도에서 모평균을 추정하기 위해 추가로 조사해야 할 표본의 크기를 구하라.

풀이

예비조사에 의한 신뢰구간의 길이가 $L_0 = 2.51 - 2.45 = 0.06$이므로 오차한계는 $e = 0.03$이다. 그리고 $t_{0.025}(15) = 2.131$이므로 예비조사에서 얻은 표본표준편차는 다음과 같다.

$$e = \frac{2.131\, s_0}{\sqrt{16}} = 0.03 \;;\; s_0 \approx 0.056$$

최대 허용오차가 $d = 0.02$이고, $z_{0.025} = 1.96$이므로 표본의 크기는 다음과 같다.

$$n \ge \left(\frac{1.96 \times 0.056}{0.02} \right)^2 \approx 30.118$$

따라서 $n = 31$이고 16개를 예비조사에서 사용했으므로 추가로 15개를 더 조사하면 된다.

I Can Do 10-16

예비로 크기 24인 표본을 조사하여 신뢰도 90%에 대한 신뢰구간 (9.2, 11.4)를 얻었다. 최대 허용오차 0.05에서 90% 신뢰도에서 모평균을 추정하기 위해 추가로 조사해야 할 표본의 크기를 구하라.

두 모분산이 알려진 모평균 차의 추정을 위한 표본의 크기

두 모분산 σ_1^2과 σ_2^2을 알고 있을 때, 모평균의 차 $\mu_1 - \mu_2$에 대한 $100(1-\alpha)\%$ 신뢰구간을 얻기 위한 오차한계는 $e = z_{\alpha/2}\sqrt{\dfrac{\sigma_1^2}{n} + \dfrac{\sigma_2^2}{m}}$ 이다. 이때 두 표본의 크기가 $n = m$으로 동일하다면 오차한계는 다음과 같다.

$$e = z_{\alpha/2}\sqrt{\frac{\sigma_1^2 + \sigma_2^2}{n}}$$

따라서 최대 오차한계 d에서 두 모평균 차에 대한 $100(1-\alpha)\%$ 신뢰구간을 얻기 위한 두 표본의 크기는 다음과 같다.

$$n = m \ge \left(\frac{z_{\alpha/2}}{d}\right)^2 (\sigma_1^2 + \sigma_2^2)$$

예제 10-17

$\sigma_1^2 = 2$, $\sigma_2^2 = 2.8$이고 독립인 두 정규모집단의 평균 차를 최대 오차한계 0.25인 신뢰도 95%에서 추정하고자 할 때, 두 표본의 크기를 구하라. (단, 두 표본의 크기는 같다.)

풀이

$\sigma_1^2 = 2$, $\sigma_2^2 = 2.8$, $d = 0.25$이므로 평균 차에 대한 95% 신뢰도인 추정을 위한 표본의 크기는 다음과 같다.

$$n = m \ge \left(\frac{1.96}{0.25}\right)^2 (2 + 2.8) = 275.366 \ ; \ n = m = 276$$

I Can Do 10-17

$\sigma_1 = 1.3$, $\sigma_2 = 1.5$이고 독립인 두 정규모집단의 평균 차를 최대 오차한계 0.05인 신뢰도 90%에서 추정하고자 할 때, 두 표본의 크기를 구하라. (단, 두 표본의 크기는 같다.)

모비율의 추정을 위한 표본의 크기

신뢰도 $100(1-\alpha)\%$에서 모비율 p를 추정할 때, 오차한계는 $e = z_{\alpha/2}\sqrt{\frac{\hat{p}\,\hat{q}}{n}}$ 임을 살펴보았다. 이때 최대 허용오차를 d라 하면 다음을 얻는다.

$$e = z_{\alpha/2}\sqrt{\frac{\hat{p}\,\hat{q}}{n}} \le d, \quad n \ge \left(\frac{z_{\alpha/2}}{d}\right)^2 \hat{p}\,\hat{q}$$

이때 점추정량 $\hat{p}$은 표본을 조사해야 알 수 있는 통계량의 관찰값이고, 표본의 크기를 결정하는 단계에서 알려지지 않는다. 따라서 최대 허용오차 d 이하에서 다음과 같은 방법에 의해 근사적으로 표본의 크기를 결정한다.

❶ 과거 조사결과 p^*를 알고 있으면 $\hat{p} = p^*$를 사용한다.

❷ 과거 조사결과가 없다면 크기 $n \ge 30$인 표본을 선정하여 예비로 얻은 표본비율 $\hat{p}$을 이용한다.

❸ 과거 조사결과가 없다면 $n \ge \frac{z_{\alpha/2}^2}{4d^2}$을 택한다. $0 \le \hat{p} \le 1$에 대해 $\hat{p}\,\hat{q} \le \frac{1}{4}$이기 때문이다.

예제 10-18

공정라인에서 생산된 제품에 대한 불량률을 최대 허용오차 $\pm 3\%$인 신뢰도 90%에서 추정하고자 할 때, 조사해야 할 표본의 크기를 구하라.

풀이

$d = 0.03$이고 $z_{0.05} = 1.645$이므로 조사해야 할 표본의 크기는 다음과 같다.

$$n \ge \frac{1.645^2}{4 \times 0.03^2} \approx 751.67 \ ; \ n = 752$$

I Can Do 10-18

과거에 개발된 유사 백신의 자료에 의하면 어떤 질병의 치료 비율이 85%라 한다. 새로 개발한 신약의 치료 비율을 최대 허용오차 $\pm 1.5\%$인 신뢰도 95%에서 추정하고자 할 때, 조사해야 할 표본의 크기를 구하라.

Chapter 10 연습문제

연습문제 정답

1. 모집단에서 크기 2인 표본을 임의로 선정하여 $\{X_1, X_2\}$라 하자. $a+b=1$인 양수 a와 b에 대해 모평균 μ의 점추정량으로 $\hat{\mu} = \dfrac{aX_1 + bX_2}{a+b}$를 이용하고자 한다. 다음 물음에 답하라.

   (a) $\hat{\mu}$는 μ에 대한 불편추정량임을 보여라.

   (b) $\hat{\mu}$의 분산이 최소인 상수 a와 b를 구하라.

2. 모평균이 μ인 모집단에서 크기 4인 확률표본 $\{X_1, X_2, X_3, X_4\}$를 추출하여 모평균에 대한 점추정량을 아래와 같이 정의하였다. 다음 물음에 답하라.

$$\hat{\mu}_1 = \frac{1}{4}(X_1 + X_2 + X_3),\ \hat{\mu}_2 = \frac{1}{5}(X_1 + 2X_2 + X_3 + X_4),\ \hat{\mu}_3 = \frac{1}{4}(X_1 + X_2 + X_3 + X_4)$$

   (a) 모평균 μ에 대한 불편추정량을 구하라.

   (b) 모평균 μ에 대한 최소분산 불편추정량을 구하라.

3. $\sigma = 2$인 정규모집단에서 크기 36인 표본을 선정하여 표본평균 $\bar{x} = 15$를 얻었다. 이때 모평균에 대한 다음 신뢰구간을 구하라.

   (a) 90% 신뢰구간　　(b) 95% 신뢰구간　　(c) 99% 신뢰구간

4. 모표준편차가 다음과 같은 정규모집단에서 크기 40인 표본을 선정하여 표본평균 $\bar{x} = 41$을 얻었다. 이때 모평균에 대한 95% 신뢰구간을 구하라.

   (a) $\sigma = 1.2$　　(b) $\sigma = 2.5$

   (c) $\sigma = 3.6$　　(d) $\sigma = 5.3$

5. $\sigma = 2.5$인 정규모집단에서 다음과 같은 크기의 표본을 선정하여 표본평균 $\bar{x} = 25$를 얻었다. 이때 모평균에 대한 95% 신뢰구간을 구하라.

   (a) $n = 25$　　(b) $n = 50$　　(c) $n = 100$

6. 어느 도시의 교차로 신호등의 직진신호 시간은 $\sigma = 4$초인 정규분포를 따른다고 한다. 임의로 교차로 25곳을 선정하여 직진신호 평균시간 $\bar{x} = 35$초를 얻었다고 할 때, 이 도시의 교차로에서 평균 직진시간에 대한 90% 신뢰구간을 구하라.

7. 어느 공정라인에서 생산하는 웨이퍼의 산화물 코팅 두께는 정규분포를 따른다고 한다. 이 공정라인에서 생산한 웨이퍼 30개를 임의로 선정하여 코팅 두께를 측정하여 아래와 같은 결과를 얻었다. 다음 물음에 답하라. (단, 단위는 Å이다.)

92.7	90.1	92.3	91.9	89.5	92.9	91.3	89.6	89.6	89.8	90.4	89.6	91.1	88.4	88.8
90.2	89.1	87.9	91.8	87.2	88.8	89.5	92.8	89.4	91.1	89.9	93.6	87.8	88.8	87.1

(a) 모표준편차가 2일 때, 평균 산화물 코팅 두께에 대한 90% 신뢰구간을 구하라.
(b) 산화물 코팅 두께의 분산에 대한 95% 신뢰구간을 구하라.

8. [연습문제 7]의 표본에 대해 모분산을 모르는 경우 산화물 코팅 두께에 대한 90% 신뢰구간을 구하라.

9. 어느 공업단지에서 배출되는 오염물질인 총탄화수소 농도는 정규분포를 따르는 것으로 알려져 있다. 이 공업단지 사이를 흐르는 하천 25곳을 조사하여 총탄화수소 농도의 평균이 952ppm이고 표준편차가 28.7ppm임을 얻었다. 이 하천에 포함된 총탄화수소의 평균농도에 대한 95% 신뢰구간을 구하라.

10. 스마트폰에서 방출되는 방사선 방출량은 정규분포를 따른다고 한다. 스마트폰 20대를 임의로 선정하여 조사했더니 방사선 방출량의 평균은 1.6W/kg이고 표준편차는 0.45W/kg이었다. 다음을 구하라.
(a) 휴대전화에서 방출되는 평균 방사선 방출량에 대한 95% 신뢰구간
(b) 방사선 방출량의 분산에 대한 95% 신뢰구간

11. 어느 제약회사에서 생산하는 진통제의 반응시간은 정규분포를 따른다고 한다. 이 약품의 평균 반응시간을 알기 위해 무작위로 선정한 환자 20명에게 투약한 뒤 반응시간을 측정하여 다음과 같은 결과를 얻었다. 이 약품의 평균 반응시간에 대한 99% 신뢰구간을 구하라. (단, 단위는 분이다.)

4.1	3.3	2.4	2.6	3.3	3.6	2.5	2.8	3.3	2.3	4.7	3.6	3.9	4.8	3.9	4.4	4.7	4.0	3.2	4.6

12. 어느 생산라인에서 제조한 저항기 150개를 임의로 선정하여 측정한 결과 $\bar{x} = 99.4\,\Omega$, $s = 1.6\,\Omega$를 얻었다. 이 생산라인에서 제조한 저항기의 평균 저항에 대한 90% 신뢰구간을 구하라.

13. 어떤 진통제가 위 속에서 완전히 분해되는 시간의 표준편차를 추정하기 위해 15개의 진통제를 실험한 결과 표준편차 $s = 0.4$분을 얻었다. 이 진통제가 완전히 분해되는 시간의 표준편차에 대한 95% 신뢰도를 구하라.

14. 자율주행 자동차로 인한 사고 150건 중에서 사망사고 건수는 6건이었다. 자율주행 자동차로 인한 사망사고 비율에 대한 90% 신뢰구간을 구하라.

15. 어느 로봇이 생산한 자동차의 불량률을 알아보기 위해 250대를 조사했더니 13대에서 결함이 발견되었다. 이 로봇이 생산한 자동차의 불량률에 대한 95% 신뢰구간을 구하라.

16. 두 공정라인에서 생산한 반도체 웨이퍼의 산화막 두께는 표준편차가 각각 0.3nm와 0.32nm인 정규분포를 따른다고 한다. 두 공정라인의 웨이퍼를 각각 25개와 36개 임의로 선정하여 표본평균 $\bar{x}=92.5$nm와 $\bar{y}=90.1$nm를 얻었다. 두 공정라인의 웨이퍼 산화막 평균 두께의 차에 대한 95% 신뢰구간을 구하라.

17. 어떤 건물의 내부는 특정 온도 이상이 되면 자동으로 에어컨이 작동하도록 설계되어 있고, 1층과 2층의 에어컨 작동시간은 각각 표준편차 0.25초와 0.31초인 정규분포를 따른다고 한다. 1층과 2층의 에어컨 작동시간을 20회씩 측정하여 다음 결과를 얻었을 때, 1층과 2층의 평균 작동시간 차에 대한 95% 신뢰구간을 구하라. (단, 단위는 초이다.)

1층	1.0	1.7	1.6	1.8	1.5	1.4	1.5	3.3	2.2	2.1	1.6	1.7	2.1	2.2	1.8	2.2	1.7	1.2	2.1	2.1
2층	1.8	0.2	1.1	1.1	2.1	2.2	1.1	2.4	1.0	1.9	2.4	2.1	1.1	1.1	1.6	2.0	2.0	1.7	1.9	1.2

18. 자동차용 배터리 A와 B의 평균 용량 차이를 추정하기 위해 표본조사를 하여 다음 결과를 얻었다. 배터리 A와 B의 평균 용량에 대한 90% 신뢰구간을 구하라. (단, 배터리 A와 B의 용량은 분산이 각각 $\sigma_1^2=4$, $\sigma_2^2=5$인 정규분포를 따른다.)

(단위 : AH)

배터리 A	77.9 82.3 79.5 82.1 80.1 81.8 80.5 79.1 79.2 78.6 79.4 83.2 79.2 78.8 79.2 84.5 77.8 78.6 83.7 80.8 79.8 80.2 77.8 77.3 78.2 82.4 82.1 80.8 78.9 82.8
배터리 B	81.1 83.3 78.3 79.3 78.2 80.2 74.5 94.2 83.2 77.4 62.4 77.8 82.8 76.4 76.6 83.8 80.6 78.3 77.2 82.1 78.6 77.3 80.4 78.6 80.5 82.1 81.5 80.5 88.2 83.4 80.8 78.9 78.4 76.9 77.6 80.2 83.6 81.6 78.8 76.4

19. 모분산이 동일하고 독립인 두 정규모집단에서 표본조사를 하여 오른쪽 결과를 얻었다. 모평균 차에 대한 95% 신뢰구간을 구하라.

	표본의 크기	표본평균	표본표준편차
표본 1	$n=15$	$\bar{x}=24.5$	$s_1=2.2$
표본 2	$m=10$	$\bar{y}=20.2$	$s_2=2.5$

20. 효능이 동일한 두 약품 A와 B로 치료하는 데 걸리는 기간을 분석하고자 한다. 환자를 다음과 같이 두 그룹으로 나누어 약품을 투여한 뒤 다음과 같은 결과를 얻었다. 두 약품 A와 B로 치료하는 데 걸리는 평균 기간의 차이에 대한 98% 신뢰구간을 구하라. (단, 두 약품 A와 B는 각각 정규분포를 따르고 모분산은 동일하다.)

(단위 : 일)

	표본의 크기	표본평균	표본표준편차
약품 A	$n=15$	$\bar{x}=34.5$	$s_1=2.1$
약품 B	$m=17$	$\bar{y}=31.6$	$s_2=3.7$

21. 다음은 두 종류의 세라믹 표본을 선정하고, 표본 시험체에 균열이 생길 때의 하중에 대해 조사한 자료이다. 이 자료를 이용하여 세라믹 A와 B의 평균 하중에 대한 95% 신뢰구간을 구하라. (단, 세라믹 A와 B의 하중은 모분산이 동일한 정규분포를 따른다.)

(단위 : kg)

세라믹 A	20 32 32 32 26 23 25 36 23 32 35 56
세라믹 B	21 29 30 28 28 26 32 30 28 24 32 34

22. [연습문제 21]에서 두 모분산이 서로 다르고 알려지지 않았다고 가정할 때, 모평균 차에 대한 95% 신뢰구간을 구하라.

23. 두 자동차 모델의 질소산화물 평균 배출량에 대한 차를 추정하기 위해 표본조사를 하여 다음을 얻었다. 두 모델의 질소산화물 배출량이 서로 다른 모분산을 갖는 정규분포를 따를 때, 평균 배출량의 차에 대한 90% 신뢰구간을 구하라.

(단위 : g/km)

	표본의 크기	표본평균	표본표준편차
표본 1	$n=8$	$\bar{x}=0.324$	$s_1=0.15$
표본 2	$m=7$	$\bar{y}=0.128$	$s_2=0.08$

24. 새로 개발한 형상기억합금의 열에 대한 내구성을 알아보고자 한다. 임의로 형상기억합금 8개를 선정하여 두 조각으로 자른 뒤 각각 상온 환경과 50℃ 환경에서 일주일 동안 노출하여 다음을 얻었다. 두 환경에 놓여 있는 형상기억합금의 내구성에 대한 평균 차의 95% 신뢰구간을 구하라. (단, 형상기억합금의 내구성은 정규분포를 따른다.)

(단위 : %)

합금 조각	1	2	3	4	5	6	7	8
상온 환경	9.9	9.5	10.8	9.3	10.4	10.3	9.9	12.3
50℃ 환경	9.7	8.5	10.2	9.4	9.8	10.6	9.7	10.5

25. 왼팔과 오른팔의 혈압의 차가 있는지 알기 위해 임의로 8명을 선정하여 양팔의 혈압을 측정한 결과가 다음과 같다. 이 자료를 이용하여 왼팔과 오른팔의 평균혈압 차에 대한 99% 신뢰구간을 구하라. (단, 혈압은 정규분포를 이룬다.)

(단위 : mmHg)

대상자	1	2	3	4	5	6	7	8
왼팔	124	134	137	154	126	142	109	122
오른팔	103	97	93	92	88	100	98	85

26. 다음은 고혈압 환자 11명을 두 그룹으로 분류하여 각각 다른 방법으로 치료한 결과이다. 치료법 A와 B의 결과가 모두 정규분포를 따른다고 할 때, 두 모분산의 비에 대한 95% 신뢰구간을 구하라.

(단위 : mmHg)

치료법 A	$n=6,\quad \bar{x}=127.2,\quad s_1^2=36$
치료법 B	$m=5,\quad \bar{y}=123.4,\quad s_2^2=25$

27. 두 배터리 제조회사에서 생산하는 전기자동차 배터리의 수명을 조사하여 다음 결과를 얻었다. 이 자료를 이용하여 배터리 수명에 대한 모분산 비율의 95% 신뢰구간을 구하라. (단, 배터리의 수명은 정규분포를 따른다.)

(단위 : 년)

수명 A	$n=7,\quad \bar{x}=13.5,\quad s_1=2.1$
수명 B	$m=8,\quad \bar{y}=12.1,\quad s_2=1.5$

28. 자동차를 생산하는 조립라인 A와 B의 불량률 차를 알아보기 위해 다음과 같이 조사하였다. 두 조립라인의 불량률의 차에 대한 99% 신뢰구간을 구하라.

(단위 : 대)

조립라인	조사 대상 자동차	불량인 자동차
A	125대	9대
B	100대	5대

29. 동일한 증세에 사용하는 두 약품의 효능을 조사하기 위해 환자를 두 그룹으로 분류하여 임상실험을 실시했다. 156명으로 구성된 한 그룹에서 한 달 안에 완치된 환자는 148명이고, 186명으로 구성된 다른 그룹에서 한 달 안에 완치된 환자는 168명이다. 두 약품의 평균 치료율에 대한 차의 95% 신뢰구간을 구하라.

30. 최대오차범위 0.2psu에서 해양 염분의 평균농도에 대한 95% 신뢰구간을 얻기 위해 조사해야 할 표본의 수를 구하라. (단, 염분의 농도에 대한 표준편차는 1.2psu이다.)

31. 어느 회사에서 생산한 완제품의 불량률에 대해 최대 오차범위 1% 이내에서 95% 신뢰구간을 구하고자 한다. 다음 두 경우 불량률을 조사하기 위한 표본의 크기를 구하라.

(a) 임의로 50개를 선정한 예비조사에서 불량률이 4%인 경우

(b) 사전 정보가 없는 경우

Chapter 11

가설검정

Test of Hypotheses

||| 목차 |||

||| 학습목표 |||

- 가설검정의 의미를 이해할 수 있다.
- 모평균과 두 모평균의 차에 대한 가설을 검정할 수 있다.
- 모분산과 모분산 비에 대한 가설을 검정할 수 있다.
- 모비율과 두 모비율의 차에 대한 가설을 검정할 수 있다.

Section 11.1 통계적 가설검정

지금까지 통계적 추론 방법으로 모수의 참값에 대한 추정을 살펴보았다. 그런데 추정 말고도 모수에 대해 상반되는 두 가지 주장 중에서 어느 것이 참인지 결정해야 하는 경우가 있다. 예를 들어 한국교육과정평가원에서 발표한 보도 자료를 살펴보자.

> 2024학년도 대학수학능력시험 출제위원단은 전 영역/과목에 걸쳐 2015 개정 고등학교 교육과정의 내용과 수준을 충실히 반영하고, 대학 교육에 필요한 수학 능력을 측정할 수 있도록 출제의 기본 방향을 다음과 같이 설정하였다.
>
> 첫째, 교육부의 사교육 경감 대책('23.6.)에 따라 소위 '킬러문항'을 배제하였으며, 공교육 과정에서 다루는 내용만으로도 변별력을 확보할 수 있도록 적정 난이도의 문항을 고르게 출제하였다.
>
> (중략)
>
> 출처 : 한국교육과정평가원 대학수학능력시험 보도자료

이 보도 자료는 "대학수학능력시험에서 '킬러문항'을 배제하였다."라고 주장한다. 이러한 주장은 한국교육과정평가원의 주장일 뿐이며, 수험생의 주장은 다르게 나타날 수 있다. 이러한 두 가지 상반되는 주장 중에서 어느 주장이 참인지 결정해야 하는 경우가 있다. 이 절에서는 모수에 대해 상반되는 두 가지 주장 중에서 하나를 선택하는 과정에 대한 기본 개념과 표본을 기초로 모수에 대한 어떤 주장이 타당한지 검정하는 방법을 살펴본다.

가설검정의 의미

한국교육과정평가원에서 보도한 '킬러문항'을 배제하였다는 주장과 같이 모집단의 특성을 나타내는 모수에 대한 주장을 **가설**hypothesis이라 한다. 가설의 한 가지 예는 수학 영역의 전년도 평균점수 μ_0와 이번 년도 평균점수 μ에 대해 '$\mu \ge \mu_0$'이다. 이 가설의 진위 여부를 판정하기 위해 이와 반대인 가설 $\mu < \mu_0$를 설정하고, 어느 주장이 통계적으로 참인지를 결정한다. 즉 두 가지 주장 중에서 참인지 거짓인지 판정해야 하는 주장 $\mu \ge \mu_0$를 귀무가설이라 하고, 이에 반대인 주장 $\mu < \mu_0$를 대립가설이라 한다. 귀무가설과 대립가설을 다음과 같이 정의한다.

정의 11-1 가설과 가설검정

- **귀무가설**null hypothesis(H_0) : 거짓임이 명확히 규명될 때까지 참인 것으로 인정되는 주장, 즉 타당성을 입증해야 할 가설
- **대립가설**alternative hypothesis(H_1) : 귀무가설의 반대인 가설, 즉 귀무가설이 거짓이라면 참이 되는 가설
- **가설검정**hypothesis test : 표본을 선정한 뒤 관찰된 통계량의 값을 이용하여 귀무가설의 진위 여부를 통계적으로 검정하는 과정

가설의 유형

일반적으로 모수 θ에 대한 귀무가설은 다음과 같이 세 가지를 생각할 수 있다.

$$H_0 : \theta = \theta_0,\ H_0 : \theta \geq \theta_0,\ H_0 : \theta \leq \theta_0$$

대립가설은 귀무가설에 상반되는 가설이므로 각각의 귀무가설에 대해 다음 대립가설을 설정할 수 있다.

$$H_1 : \theta \neq \theta_0,\ H_1 : \theta < \theta_0,\ H_1 : \theta > \theta_0$$

이때 귀무가설은 항상 등호(=, ≥, ≤)를 사용하고 대립가설에는 등호를 사용하지 않는다. 귀무가설 H_0와 대립가설 H_1 중에서 표본을 이용하여 통계적으로 타당한 가설을 선택하며, 두 가설의 유형에 따라 다음과 같이 검정 방법을 구분한다.

정의 11-2 검정 방법

- **양측검정**two sided hypothesis : $H_0 : \theta = \theta_0$와 $H_1 : \theta \neq \theta_0$로 구성된 검정 방법
- **상단측검정**one sided upper hypothesis : $H_0 : \theta \leq \theta_0$와 $H_1 : \theta > \theta_0$로 구성된 검정 방법
- **하단측검정**one sided lower hypothesis : $H_0 : \theta \geq \theta_0$와 $H_1 : \theta < \theta_0$로 구성된 검정 방법

모수를 추정하기 위해 표본으로부터 얻은 추정량을 이용하듯이 귀무가설 H_0의 진위 여부를 판정하기 위해 표본으로부터 얻은 통계량을 이용하며, 이를 **검정통계량**test statistic이라 한다. 이때 모평균, 모분산, 모비율 등을 추정하기 위해 추정량인 표본평균, 표본분산, 표본비율을 이용하듯이 모수에 대한 귀무가설을 검정하기 위해 추정량과 동일한 검정통계량을 사용한다.

- 모평균 μ에 대한 귀무가설 H_0의 검정을 위한 검정통계량 : 표본평균 $\overline{X}$
- 모분산 σ^2에 대한 귀무가설 H_0의 검정을 위한 검정통계량 : 표본분산 S^2
- 모비율 p에 대한 귀무가설 H_0의 검정을 위한 검정통계량 : 표본비율 $\hat{p}$

검정통계량의 관찰값을 이용하여 H_0가 거짓이라는 결론을 얻는다면 H_0를 **기각한다** reject라 한다. 추정에서 모수에 대한 참값이 포함될 것으로 믿어지는 신뢰구간과 반대로 귀무가설의 주장인 $\theta = \theta_0$를 포함하지 않는다고 믿어지는 구간, 즉 귀무가설 H_0를 기각하는 검정통계량의 영역을 **기각역** critical region이라 한다. 따라서 귀무가설 $H_0 : \theta = \theta_0$의 진위 여부를 검정할 때 표본에서 얻은 검정통계량의 관찰값이 기각역 안에 놓이면 귀무가설 H_0를 기각한다. 그러나 검정통계량의 관찰값이 기각역 안에 놓이지 않으면 H_0를 기각할 수 없고, 이 경우 귀무가설의 주장이 통계적으로 타당하다는 증거가 된다.

검정의 오류

귀무가설의 기각 여부를 결정하기 위해 표본을 이용한다. 표본을 어떻게 선정하는가에 따라 올바른 판단을 할 수도 있고, 잘못 판단하여 오류가 나타날 수도 있다. 이와 같이 검정 결과로 발생하는 오류를 **검정오류** test error라 하고, 검정오류에는 다음 두 가지 종류가 있다.

정의 11-3 검정오류

- **제1종 오류** type 1 error : 귀무가설 H_0가 실제로 참이지만 검정 결과에 따라 H_0를 기각하여 발생하는 오류
- **제2종 오류** type 2 error : 귀무가설 H_0가 실제로 거짓이지만 검정 결과에 따라 H_0를 기각시키지 않아 발생하는 오류

실제로 참인 귀무가설 H_0에 대해 H_0를 기각하지 않는 검정 결과를 얻거나, 실제로 거짓인 귀무가설 H_0에 대해 H_0를 기각하는 검정 결과를 얻는다면 이는 올바른 결정이다. 이러한 사실을 요약하면 [표 11-1]과 같다.

[표 11-1] H_0에 대한 가설검정 결과

검정 결과 \ 실제 상황	H_0가 참	H_0가 거짓
H_0를 기각하지 않음	올바른 결정	제2종 오류
H_0를 기각	제1종 오류	올바른 결정

다음과 같이 제1종 오류를 범할 확률을 **유의수준** significance level이라 하고, α로 나타낸다.

$$\alpha = P(\text{제1종 오류}) = P(H_0\text{를 기각} \mid H_0\text{가 참})$$

이때 보편적으로 유의수준 α는 0.01, 0.05, 0.1을 많이 사용하고, 유의수준은 구간추정에서 신뢰도 $1-\alpha$의 반대가 되는 개념으로 이해할 수 있다. 예를 들어 유의수준 0.05는 신뢰도 0.95(95%)의 반대가 되는 개념으로 생각할 수 있다. 그러면 검정통계량 $\hat{\Theta}$을 이용하여 유의수준 5%에서 귀무가설

$H_0 : \theta = \theta_0$를 검정한 결과, 검정통계량의 관찰값 $\hat{\theta}$이 모수 θ에 대한 95% 신뢰구간 안에 놓이면 귀무가설 H_0를 기각할 수 없고, 신뢰구간이 아닌 꼬리확률 영역에 놓이면 귀무가설 H_0를 기각한다.

다음과 같이 제2종 오류를 범할 확률을 β로 나타낸다.

$$\beta = P(\text{제2종 오류}) = P(H_0\text{를 기각하지 않음} \mid H_0\text{가 거짓})$$

따라서 $1-\beta$는 귀무가설 H_0가 거짓일 때, H_0를 기각함으로써 오류를 범하지 않을 확률을 나타내고, 이 확률 $1-\beta$를 **검정력**power of the test이라 한다.

검정절차와 기각역

표본으로부터 얻은 검정통계량의 관찰값을 이용하여 모수 θ에 대한 귀무가설 H_0의 진위 여부를 검정하기 위해 다음 절차를 따른다.

❶ 귀무가설 H_0와 대립가설 H_1을 설정한다. 등호는 항상 귀무가설에서 사용한다.
❷ 유의수준 α와 이에 대한 기각역을 구한다.
❸ 적당한 검정통계량을 선택하고 표본으로부터 검정통계량의 관찰값을 구한다.
❹ 관찰값이 기각역 안에 놓이면 귀무가설 H_0를 기각하고, 그렇지 않으면 H_0를 기각하지 않는다.

가설검정의 세 가지 유형에 대한 기각역은 다음과 같이 결정한다.

■ 양측검정

양측검정은 정규모집단에 대한 귀무가설 $H_0 : \theta = \theta_0$와 대립가설 $H_1 : \theta \neq \theta_0$로 구성되는 검정 방법이다. 예를 들어 정규모집단에 대해 귀무가설 $H_0 : \mu = \mu_0$와 대립가설 $H_1 : \mu \neq \mu_0$를 유의수준 α에서 검정한다고 하자. 이때 신뢰도 $1-\alpha$에 대한 신뢰구간은 양쪽 꼬리확률이 각각 $\frac{\alpha}{2}$인 두 백분위수 $\pm z_{\alpha/2}$에 의해 다음과 같다.

$$-z_{\alpha/2} < Z = \frac{\overline{X} - \mu_0}{\sigma / \sqrt{n}} < z_{\alpha/2}$$

유의수준 α에 대한 기각역은 신뢰도 $1-\alpha$인 신뢰구간의 반대인 영역이므로 다음과 같다.

$$Z = \frac{\overline{X} - \mu_0}{\sigma / \sqrt{n}} \leq -z_{\alpha/2}, \quad Z = \frac{\overline{X} - \mu_0}{\sigma / \sqrt{n}} \geq z_{\alpha/2}$$

따라서 [그림 11-1(a)]와 같이 표본으로부터 얻은 검정통계량 Z의 관찰값 z_0가 기각역 안에 놓이면 $H_0 : \mu = \mu_0$를 기각하지만 [그림 11-1(b)]와 같이 검정통계량의 관찰값 z_0가 기각역 안에 놓이지 않으면 $H_0 : \mu = \mu_0$를 기각할 수 없다.

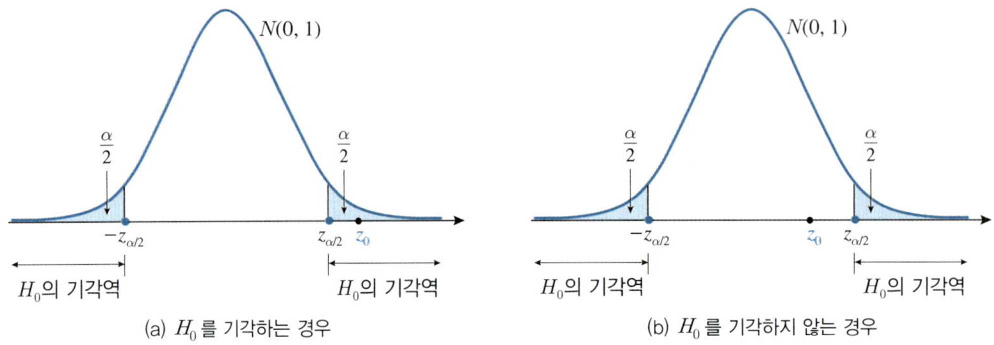

[그림 11-1] 양측검정 결과 H_0의 기각역

■ 상단측검정

상단측검정은 정규모집단에 대한 귀무가설 $H_0 : \theta \le \theta_0$와 대립가설 $H_1 : \theta > \theta_0$로 구성되는 검정 방법이다. 예를 들어 귀무가설 $H_0 : \mu \le \mu_0$와 대립가설 $H_1 : \mu > \mu_0$를 유의수준 α에서 검정한다고 하자. 이 경우에 신뢰도 $1-\alpha$에 대한 신뢰구간은 오른쪽 꼬리확률이 α인 백분위수 z_α에 의해 다음과 같고, 이러한 신뢰구간을 **단측신뢰구간** one-sided confidence interval이라 한다.

$$Z = \frac{\overline{X} - \mu_0}{\sigma / \sqrt{n}} < z_\alpha$$

유의수준 α에 대한 기각역은 신뢰도 $1-\alpha$인 신뢰구간의 반대인 영역이므로 다음과 같다.

$$Z = \frac{\overline{X} - \mu_0}{\sigma / \sqrt{n}} \ge z_\alpha$$

따라서 [그림 11-2(a)]와 같이 표본으로부터 얻은 검정통계량 Z의 관찰값 z_0가 기각역 안에 놓이면 $H_0 : \mu \le \mu_0$를 기각하지만 [그림 11-2(b)]와 같이 검정통계량의 관찰값 z_0가 기각역 안에 놓이지 않으면 $H_0 : \mu = \mu_0$를 기각할 수 없다.

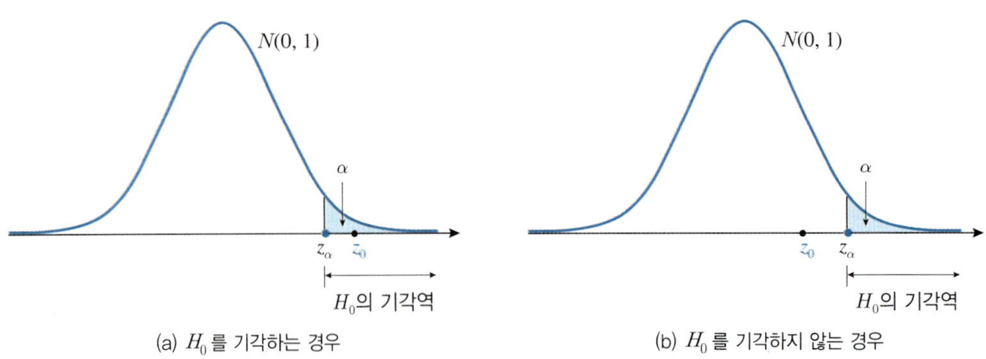

[그림 11-2] 상단측검정 결과 H_0의 기각역

■ 하단측검정

하단측검정은 정규모집단에 대한 귀무가설 $H_0 : \theta \geq \theta_0$와 대립가설 $H_1 : \theta < \theta_0$로 구성되는 검정 방법이다. 예를 들어 귀무가설 $H_0 : \mu \geq \mu_0$와 대립가설 $H_1 : \mu < \mu_0$를 유의수준 α에서 검정한다고 하자. 신뢰도 $1-\alpha$에 대한 신뢰구간은 왼쪽 꼬리확률이 α인 백분위수 $-z_\alpha$에 의해 다음과 같다.

$$Z = \frac{\overline{X} - \mu_0}{\sigma / \sqrt{n}} > - z_\alpha$$

유의수준 α에 대한 기각역은 다음과 같다.

$$Z = \frac{\overline{X} - \mu_0}{\sigma / \sqrt{n}} \leq - z_\alpha$$

따라서 [그림 11-3(a)]와 같이 표본으로부터 얻은 검정통계량 Z의 관찰값 z_0가 기각역 안에 놓이면 $H_0 : \mu \leq \mu_0$를 기각하지만 [그림 11-3(b)]와 같이 검정통계량의 관찰값 z_0가 기각역 안에 놓이지 않으면 $H_0 : \mu = \mu_0$를 기각할 수 없다.

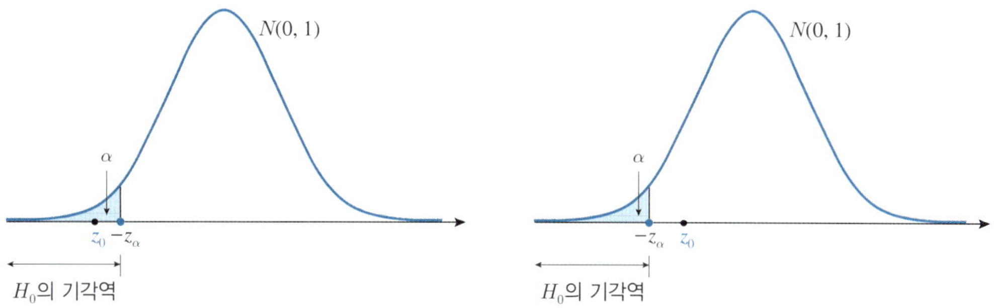

(a) H_0를 기각하는 경우 (b) H_0를 기각하지 않는 경우

[그림 11-3] 하단측검정 결과 H_0의 기각역

p-값

귀무가설 H_0를 유의수준 α에서 검정하기 위해 유의수준에 따른 기각역을 구하고 검정통계량의 관찰값이 기각역 안에 놓이는지 살펴보았다. 그러나 관찰값 z_0에 대해 유의수준을 어떻게 정하느냐에 따라 H_0를 기각할 수도 있고 기각하지 않을 수도 있다. 예를 들어 귀무가설 $H_0 : \mu \leq 10$을 검정하기 위해 임의로 선정한 표본의 관찰값이 $z_0 = 1.8$이라 하자. 유의수준을 $\alpha = 0.05$라 하면 상단측검정에서 기각역은 다음과 같다.

$$Z > z_{0.05} = 1.645$$

이때 $z_0 = 1.8 > z_{0.05} = 1.645$이므로 유의수준 0.05에서 귀무가설 $H_0 : \mu \leq 10$을 기각한다. 그러나 유의수준을 $\alpha = 0.025$라 하면 기각역은 다음과 같다.

$$Z > z_{0.025} = 1.96$$

그러면 $z_0 = 1.8 < z_{0.025} = 1.96$이므로 유의수준 0.025에서 귀무가설 $H_0 : \mu \le 10$을 기각할 수 없다. 이러한 모호함을 피하기 위해 변동가능한 유의수준인 p-값을 사용한다. ***p*-값**p-value은 귀무가설 H_0가 참이라 가정할 때, 관찰값에 의해 H_0를 기각할 가장 작은 유의수준을 나타낸다. 즉 상단측검정 $H_0 : \mu \le 10$에 대한 검정통계량의 관찰값이 $z_0 = 1.8$이라 하면 p-값은 다음과 같다.

$$p\text{-값} = P(Z > z_0) = P(Z > 1.8) = 0.0359$$

[그림 11-4(a)]를 살펴보자. 유의수준 0.05와 0.025에 대해 $0.025 < p\text{-값} < 0.05$이다. 이때 $p\text{-값} < 0.05$이면 유의수준 0.05에서 귀무가설 H_0를 기각하고, $0.025 < p\text{-값}$이면 유의수준 0.025에서 기각할 수 없음을 알 수 있다. 즉 p-값이 주어진 유의수준보다 작으면 귀무가설 H_0를 기각하고, p-값이 유의수준보다 크면 H_0를 기각할 수 없다.

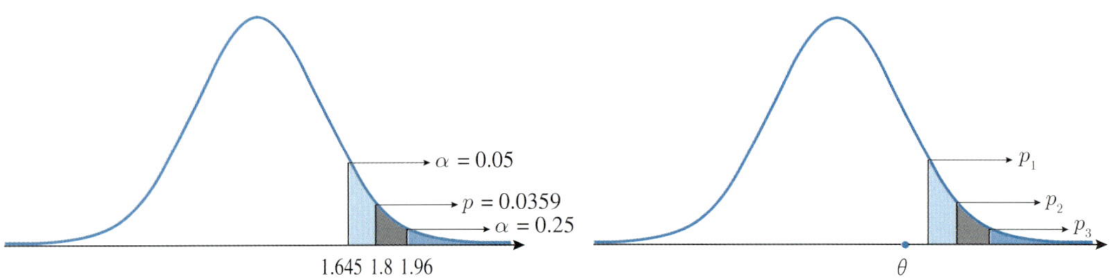

(a) 유의수준 α와 p-값　　(b) 귀무가설의 주장인 θ와 p-값

[그림 11-4] 유의수준과 p-값

이와 같이 검정통계량의 관찰값 z_0에 의한 p-값을 이용하여 귀무가설 H_0의 기각 여부를 결정할 수 있다. [그림 11-4(b)]에서 p-값이 작을수록 검정통계량의 관찰값 z_0는 귀무가설에서 주장하는 모수의 값에서 멀리 떨어지는 반면에, p-값이 클수록 z_0는 귀무가설에서 주장하는 모수의 값에 가까워짐을 알 수 있다. 따라서 p-값이 작을수록 H_0가 거짓이고 기각되어야 한다는 강한 증거를 제시한다. 이로부터 p-값과 유의수준 α에 따른 귀무가설 H_0의 기각 여부를 정리하면 [표 11-2]와 같다.

[표 11-2] p-값과 유의수준에 따른 H_0의 기각 여부

***p*-값**	**유의수준(α)**		
	0.1	**0.5**	**0.01**
p-값 > 0.1	H_0를 기각하지 않음	H_0를 기각하지 않음	H_0를 기각하지 않음
$0.05 < p$-값 ≤ 0.01	H_0를 기각함	H_0를 기각하지 않음	H_0를 기각하지 않음
$0.01 < p$-값 ≤ 0.05	H_0를 기각함	H_0를 기각함	H_0를 기각하지 않음
p-값 ≤ 0.01	H_0를 기각함	H_0를 기각함	H_0를 기각함

[표 11-2]에 따라 다음과 같이 검정 결과의 **유의미**significant함을 표현할 수 있다.

- p-값 ≤ 0.01이면 H_0를 기각하고, 검정 결과는 통계적으로 '강하게 유의미하다'고 한다.
- $0.01 < p$-값 ≤ 0.05이면 유의수준이 1%인 경우를 제외하고 H_0를 기각하고, 검정 결과는 통계적으로 '유의미하다'고 한다.
- $0.05 < p$-값 ≤ 0.1이면 유의수준이 10%인 경우에만 귀무가설 H_0를 기각하고, 검정 결과는 통계적으로 '약하게 유의미하다'고 한다.
- p-값 > 0.1이면 모든 유의수준에 대해 귀무가설 H_0를 기각하지 않고, 검정 결과는 통계적으로 '유의미하지 않다'고 한다.

이때 p-값을 이용하여 다음 절차에 따라 귀무가설의 진위 여부를 검정할 수 있다.

❶ 귀무가설 H_0와 대립가설 H_1을 설정한다.

❷ 유의수준 α를 정한다.

❸ 적당한 검정통계량을 선택하고 검정통계량의 관찰값을 이용하여 p-값을 구한다.

❹ p-값$\leq \alpha$이면 귀무가설 H_0를 기각하고, p-값$> \alpha$이면 귀무가설 H_0를 기각하지 않는다.

Section

11.2 모평균의 가설검정 : 모분산을 아는 경우

정규모집단의 모평균을 추정하기 위해 표본평균 $\overline{X}$를 이용한 것과 동일하게 모평균 μ에 대한 귀무가설 H_0를 검정하기 위해 표본평균 $\overline{X}$를 이용한다. 모평균을 추정할 때 모분산을 안다면 $\overline{X}$의 표준화 확률변수 Z와 표준정규분포를 사용하며, 이와 동일하게 모평균의 가설을 검정할 때에도 모분산을 안다면 표준화된 확률변수 Z를 사용한다. 이 경우의 검정 방법을 **Z-검정**z-test이라 한다.

단일 모평균의 가설검정

모분산 σ^2이 알려진 정규모집단의 평균 μ에 대한 귀무가설 $H_0 : \mu = \mu_0$, $H_0 : \mu \le \mu_0$, $H_0 : \mu \ge \mu_0$를 검정하는 방법에 대해 살펴보자.

■ 양측검정

유의수준 α에서 귀무가설 $H_0 : \mu = \mu_0$에 대한 양측검정의 기각역을 구해보자. 유의수준은 H_0가 참이라는 조건 아래서 H_0를 기각할 확률이므로 H_0가 거짓이라 규명되기 전까지 $\mu = \mu_0$라는 주장 H_0가 참이라 가정한다. 따라서 크기 n인 표본에 대해 검정통계량 $\overline{X}$는 다음 정규분포를 따른다.

$$Z = \frac{\overline{X} - \mu_0}{\sigma/\sqrt{n}} \sim N(0,\ 1)$$

유의수준 α에 대한 양측검정을 실시할 경우에 귀무가설에 대한 기각역은 $\overline{X} < c_1$과 $\overline{X} > c_2$이다. 따라서 양쪽 꼬리확률이 각각 $\frac{\alpha}{2}$인 두 백분위수 $\pm z_{\alpha/2}$에 대해 유의수준 α는 다음과 같다.

$$\begin{aligned}
\alpha &= P(H_0\text{를 기각} \mid H_0\text{가 참}) \\
&= P\left(\overline{X} \ne \mu_0 \,\middle|\, \overline{X} \sim N(\mu_0,\ \sigma^2/n)\right) \\
&= P\left(\overline{X} < c_1 \,\middle|\, \overline{X} \sim N(\mu_0,\ \sigma^2/n)\right) + P\left(\overline{X} > c_2 \,\middle|\, \overline{X} \sim N(\mu_0,\ \sigma^2/n)\right) \\
&= P\left(Z < \frac{c_1 - \mu_0}{\sigma/\sqrt{n}}\right) + P\left(Z > \frac{c_2 - \mu_0}{\sigma/\sqrt{n}}\right) \\
&= P(Z < -z_{\alpha/2}) + P(Z > z_{\alpha/2})
\end{aligned}$$

귀무가설 H_0에 대한 기각역의 경곗값은 귀무가설에서 주장하는 평균 μ_0에 대해 다음과 같다.

$$c_1 = \mu_0 - z_{\alpha/2}\frac{\sigma}{\sqrt{n}}, \quad c_2 = \mu_0 + z_{\alpha/2}\frac{\sigma}{\sqrt{n}}$$

따라서 H_0에 대한 기각역은 다음과 같다.

$$\overline{X} < \mu_0 - z_{\alpha/2}\frac{\sigma}{\sqrt{n}}, \quad \overline{X} > \mu_0 + z_{\alpha/2}\frac{\sigma}{\sqrt{n}}$$

표준화 확률변수 Z를 이용한 기각역은 다음과 같다.

$$Z < -z_{\alpha/2}, \quad Z > z_{\alpha/2}$$

이때 검정통계량 Z의 관찰값 z_0가 기각역 안에 놓이면 귀무가설 H_0를 기각한다. 또 검정통계량의 관찰값이 z_0이면 양측검정에 대한 p-값은 다음과 같이 정의한다.

$$p\text{-값} = P(|Z| > |z_0|) = 2[1 - P(Z < |z_0|)]$$

이 경우에 p-값$\le \alpha$이면 H_0를 기각하고, p-값 $> \alpha$이면 H_0를 기각하지 않는다. 따라서 σ^2이 알려진 정규모집단의 모평균에 대한 양측검정을 [표 11-3]과 같이 요약할 수 있다.

[표 11-3] 모평균에 대한 양측검정 요약

유의수준 α에서 귀무가설 $H_0 : \mu = \mu_0$에 대한 양측검정은 다음과 같다.	
❶ **검정통계량**	$Z = \dfrac{\overline{X} - \mu_0}{\sigma/\sqrt{n}}$
❷ **기각역**	$Z < -z_{\alpha/2}, \quad Z > z_{\alpha/2}$
❸ ***p*-값**	p-값 $= 2P(Z > \lvert z_0 \rvert)$
❹ **기각 여부**	관찰값 z_0가 기각역 안에 놓이거나 p-값 $< \alpha$이면 H_0를 기각한다.

예제 11-1

$\sigma = 3.5$인 정규모집단의 모평균이 14라는 주장을 검정하기 위해 크기 40인 표본을 추출하여 $\overline{x} = 15$를 얻었다. 유의수준 5%에서 다음을 이용하여 모평균이 14라는 주장을 검정하라.

(a) 기각역　　　　(b) p-값

풀이

(a) ❶ 귀무가설 $H_0 : \mu = 14$, 대립가설 $H_1 : \mu \neq 14$를 설정한다.

❷ 유의수준이 5%이므로 기각역은 $Z < -z_{0.025} = -1.96$, $Z > z_{0.025} = 1.96$이다.

❸ $\sigma = 3.5$, $n = 40$, $\bar{x} = 15$이므로 검정통계량 $Z = \dfrac{\overline{X} - 14}{3.5/\sqrt{40}}$의 관찰값은 다음과 같다.

$$z_0 = \frac{15 - 14}{3.5/\sqrt{40}} \approx 1.81$$

❹ $-1.96 < z_0 = 1.81 < 1.96$이고 검정통계량의 관찰값 z_0가 기각역 안에 놓이지 않으므로 귀무가설을 기각할 수 없다. 즉 $\mu = 14$라는 주장은 유의수준 5%에서 타당하다.

(b) $z_0 = 1.81$이므로 p-값은 다음과 같다.

$$p\text{-값} = 2P(Z > 1.81) = 2(1 - 0.9649) = 0.0702 > \alpha = 0.05$$

따라서 귀무가설 H_0를 기각할 수 없다.

I Can Do 11-1

성인의 혈소판 개수는 $s = 40$인 정규모집단을 따른다고 한다. 이때 혈소판의 평균 개수가 140이라는 주장을 검정하기 위해 임의로 36명을 선정하여 $\bar{x} = 152$를 얻었다. 유의수준 1%에서 다음을 이용하여 성인의 평균 혈소판 개수가 140이라는 주장을 검정하라. (단, 단위는 1000개/mL이다.)

(a) 기각역　　　　(b) p-값

■ **상단측검정**

상단측검정은 모평균에 대한 두 가설 $H_0 : \mu \le \mu_0$, $H_1 : \mu > \mu_0$를 검정하는 경우에 사용한다. 유의수준 α에 대한 상단측검정을 실시할 경우에 기각역은 $\overline{X} > c$이다. 따라서 유의수준 α에 대해 다음을 얻는다.

$$\begin{aligned}\alpha &= P(H_0\text{를 기각} \mid H_0\text{가 참}) \\ &= P\left(\overline{X} > c \mid \overline{X} \sim N(\mu_0, \sigma^2/n)\right) \\ &= P\left(Z > \frac{c - \mu_0}{\sigma/\sqrt{n}}\right) = P(Z > z_\alpha)\end{aligned}$$

기각역의 경곗값은 귀무가설에서 주장하는 평균 μ_0에 대해 다음과 같다.

$$c = \mu_0 + z_\alpha \frac{\sigma}{\sqrt{n}}$$

따라서 H_0에 대한 기각역은 다음과 같다.

$$\overline{X} > \mu_0 + z_\alpha \frac{\sigma}{\sqrt{n}} \quad \text{또는} \quad Z > z_\alpha$$

이때 검정통계량 Z의 관찰값 z_0가 기각역 안에 놓이면 귀무가설 H_0를 기각한다. 또 검정통계량의 관찰값이 z_0이면 상단측검정에 대한 p-값은 다음과 같이 정의한다.

$$p\text{-값} = P(Z > z_0)$$

이 경우에 p-값 $\le \alpha$이면 H_0를 기각하고 p-값 $> \alpha$이면 H_0를 기각하지 않는다. 따라서 σ^2이 알려진 정규모집단의 모평균에 대한 상단측검정을 [표 11-4]와 같이 요약할 수 있다.

[표 11-4] 모평균에 대한 상단측검정 요약

유의수준 α에서 귀무가설 $H_0 : \mu \le \mu_0$에 대한 상단측검정은 다음과 같다.	
❶ 검정통계량	$Z = \dfrac{\overline{X} - \mu_0}{\sigma / \sqrt{n}}$
❷ 기각역	$Z > z_\alpha$
❸ p-값	p-값 $= P(Z > z_0)$
❹ 기각 여부	관찰값 z_0가 기각역 안에 놓이거나 p-값 $< \alpha$이면 H_0를 기각한다.

예제 11-2

$\sigma = 1.4$인 정규모집단에 대해 귀무가설 $H_0 : \mu \le 12.5$를 검정하기 위해 크기 25인 표본을 선정하여 표본평균 $\overline{x} = 13$을 얻었다. 다음 물음에 답하라.

(a) 유의수준 5%에서 H_0를 검정하라.

(b) 유의수준 2.5%에서 H_0를 검정하라.

(c) p-값을 이용하여 유의수준 5%와 2.5%에서 H_0를 검정하라.

풀이

(a) ❶ 귀무가설 $H_0 : \mu \le 12.5$, 대립가설 $H_1 : \mu > 12.5$를 설정한다.

❷ 유의수준이 5%이므로 기각역은 $Z > z_{0.05} = 1.645$이다.

❸ $\sigma = 1.4$, $n = 25$, $\overline{x} = 13$이므로 검정통계량 $Z = \dfrac{\overline{X} - 12.5}{1.4/\sqrt{25}}$의 관찰값은 다음과 같다.

$$z_0 = \frac{13 - 12.5}{1.4/\sqrt{25}} \approx 1.79$$

❹ $z_0 = 1.79 > 1.645$이고 검정통계량의 관찰값 z_0가 기각역 안에 놓이므로 귀무가설을 기각한다. 즉 $\mu \le 12.5$라는 주장은 유의수준 5%에서 타당하지 않다.

(b) 유의수준이 2.5%이므로 기각역은 $Z > z_{0.025} = 1.96$이고, $z_0 \approx 1.79$이므로 $z_0 < 1.96$이다. 검정통계량의 관찰값 z_0가 기각역 안에 놓이지 않으므로 H_0를 기각하지 않는다. 즉 $\mu \le 12.5$라는 주장은 유의수준 2.5%에서 타당하다.

(c) 검정통계량의 관찰값이 $z_0 \approx 1.79$이므로 p-값은 다음과 같다.

$$p\text{-값} = P(Z > 1.79) = 1 - 0.9633 = 0.0367$$

따라서 $0.025 < p\text{-값} = 0.0367 < 0.05$이므로 유의수준 5%에서 귀무가설 $H_0 : \mu \le 12.5$를 기각하고, 유의수준 2.5%에서 H_0를 기각할 수 없다.

I Can Do 11-2

$\sigma = 15$인 정규모집단에 대해 귀무가설 $H_0 : \mu \le 150$을 검정하기 위해 크기 30인 표본을 선정하여 표본평균 $\overline{x} = 154.5$를 얻었다. 다음 물음에 답하라.

(a) 유의수준 5%에서 H_0를 검정하라.

(b) p-값을 이용하여 유의수준 5%에서 H_0를 검정하라.

■ **하단측검정**

하단측검정은 모평균에 대한 두 가설 $H_0 : \mu \ge \mu_0$, $H_1 : \mu < \mu_0$를 검정하는 경우에 사용한다. 유의수준 α에 대한 하단측검정을 실시하면 $\overline{X}$에 대한 기각역은 $\overline{X} < c$이다. 따라서 유의수준 α에 대해 다음을 얻는다.

$$\begin{aligned}\alpha &= P(H_0\text{를 기각} \mid H_0\text{가 참}) \\ &= P\left(\overline{X} < c \mid \overline{X} \sim N(\mu_0, \sigma^2/n)\right) \\ &= P\left(Z < \frac{c-\mu_0}{\sigma/\sqrt{n}}\right) = P(Z < -z_\alpha)\end{aligned}$$

기각역의 경곗값은 귀무가설에서 주장하는 평균 μ_0에 대해 다음과 같다.

$$c = \mu_0 - z_\alpha \frac{\sigma}{\sqrt{n}}$$

따라서 H_0에 대한 기각역은 다음과 같다.

$$\overline{X} < \mu_0 - z_\alpha \frac{\sigma}{\sqrt{n}} \text{ 또는 } Z < -z_\alpha$$

이때 검정통계량 Z의 관찰값 z_0가 기각역 안에 놓이면 귀무가설 H_0를 기각한다. 또 검정통계량의 관찰값이 z_0이면 하단측검정에 대한 p-값은 다음과 같이 정의한다.

$$p\text{-값} = P(Z < z_0)$$

이 경우에 p-값$\le \alpha$이면 H_0를 기각하고 p-값 $> \alpha$이면 H_0를 기각하지 않는다. 따라서 σ^2이 알려진 정규모집단의 모평균에 대한 하단측검정을 [표 11-5]와 같이 요약할 수 있다.

[표 11-5] 모평균에 대한 하단측검정 요약

유의수준 α에서 귀무가설 $H_0 : \mu \ge \mu_0$에 대한 하단측검정은 다음과 같다.	
❶ 검정통계량	$Z = \dfrac{\overline{X} - \mu_0}{\sigma/\sqrt{n}}$
❷ 기각역	$Z < -z_\alpha$
❸ p-값	p-값 $= P(Z < z_0)$
❹ 기각 여부	관찰값 z_0가 기각역 안에 놓이거나 p-값 $< \alpha$이면 H_0를 기각한다.

예제 11-3

$\sigma = 6.4$인 정규모집단에 대해 귀무가설 $H_0 : \mu \ge 47$을 검정하기 위해 크기 65인 표본을 선정하여 표본평균 $\overline{x} = 45.6$을 얻었다. 다음 물음에 답하라.

(a) 유의수준 5%에서 H_0를 검정하라.

(b) 유의수준 2.5%에서 H_0를 검정하라.

(c) p-값을 이용하여 유의수준 5%와 2.5%에서 H_0를 검정하라.

풀이

(a) ❶ 귀무가설 $H_0 : \mu \ge 47$, 대립가설 $H_1 : \mu < 47$을 설정한다.

❷ 유의수준이 5%이므로 기각역은 $Z < -z_{0.05} = -1.645$이다.

❸ $\sigma = 6.4$, $n = 65$, $\overline{x} = 45.6$이므로 검정통계량 $Z = \dfrac{\overline{X} - 47}{6.4/\sqrt{65}}$의 관찰값은 다음과 같다.

$$z_0 = \frac{45.6 - 47}{6.4/\sqrt{65}} \approx -1.76$$

❹ $z_0 = -1.76 < -1.645$이고 검정통계량의 관찰값 z_0가 기각역 안에 놓이므로 귀무가설을 기각한다. 즉, $\mu \ge 47$이라는 주장은 유의수준 5%에서 타당하지 않다.

(b) 유의수준이 2.5%이므로 기각역은 $Z < -z_{0.025} = -1.96$이고, $z_0 \approx -1.76$이므로 $z_0 > -1.96$이다. 따라서 검정통계량의 관찰값 z_0가 기각역 안에 놓이지 않으므로 H_0를 기각하지 않는다. 즉 $\mu \ge 47$이라는 주장은 유의수준 2.5%에서 타당하다.

(c) 검정통계량의 관찰값이 $z_0 \approx -1.76$이므로 p-값은 다음과 같다.

$$p\text{-값} = P(Z < -1.76) = P(Z > 1.76) = 1 - 0.9608 = 0.0392$$

따라서 $0.025 < p\text{-값} = 0.0392 < 0.05$이므로 유의수준 5%에서 귀무가설 $H_0 : \mu \ge 47$을 기각하고, 유의수준 2.5%에서 H_0를 기각할 수 없다.

I Can Do 11-3

$\sigma = 2.5$인 정규모집단에 대해 귀무가설 $H_0 : \mu \ge 16$을 검정하기 위해 크기 36인 표본을 선정하여 표본평균 $\bar{x} = 15.3$를 얻었다. 다음 물음에 답하라.

(a) 유의수준 5%에서 H_0를 검정하라.

(b) p-값을 이용하여 유의수준 5%에서 H_0를 검정하라.

두 모평균 차에 대한 가설검정

모분산 σ_1^2과 σ_2^2이 알려지고 독립인 두 정규모집단의 모평균을 각각 μ_1과 μ_2라 할 때, 크기 n과 m인 표본평균 $\overline{X}$, $\overline{Y}$에 대해 표본평균의 차를 표준화하면 다음과 같은 표준정규분포를 따른다.

$$Z = \frac{(\overline{X} - \overline{Y}) - (\mu_1 - \mu_2)}{\sqrt{\dfrac{\sigma_1^2}{n} + \dfrac{\sigma_2^2}{m}}} \sim N(0, 1)$$

두 모집단의 모평균 차에 대한 검정은 단일 모집단의 검정 방법과 동일하게 생각할 수 있다. 이제 두 모평균 μ_1과 μ_2의 차에 대해 다음 귀무가설을 검정하는 방법을 살펴본다.

$$H_0 : \mu_1 - \mu_2 = \mu_0, \quad H_0 : \mu_1 - \mu_2 \le \mu_0, \quad H_0 : \mu_1 - \mu_2 \ge \mu_0$$

■ **양측검정**

모평균 차에 대한 두 가설 $H_0 : \mu_1 - \mu_2 = \mu_0$, $H_1 : \mu_1 - \mu_2 \neq \mu_0$ 중에서 타당한 가설을 선택하기 위해 귀무가설 $\mu_1 - \mu_2 = \mu_0$가 타당하다고 가정한다. 그러면 검정통계량 Z는 다음 표준정규분포를 따른다.

$$Z = \frac{(\overline{X} - \overline{Y}) - \mu_0}{\sqrt{\frac{\sigma_1^2}{n} + \frac{\sigma_2^2}{m}}} \sim N(0, 1)$$

두 표본평균의 관찰값 $\overline{x}$와 $\overline{y}$에 대해 검정통계량의 관찰값은 다음과 같다.

$$z_0 = \frac{(\overline{x} - \overline{y}) - \mu_0}{\sqrt{\frac{\sigma_1^2}{n} + \frac{\sigma_2^2}{m}}}$$

유의수준 α에 대한 양측검정의 기각역은 양쪽 꼬리부분 $Z \leq -z_{\alpha/2}$ 또는 $Z \geq z_{\alpha/2}$이므로 관찰값 z_0에 대해 다음을 만족하면 귀무가설 H_0를 기각한다.

$$z_0 \leq -z_{\alpha/2}, \quad z_0 \geq z_{\alpha/2}$$

양측검정에 대해 p-값 $= P(|Z| > |z_0|)$이다. 따라서 p-값 $\leq \alpha$이면 H_0를 기각하고, p-값 $> \alpha$이면 H_0를 기각하지 않는다.

■ **상단측검정**

모평균 차에 대한 귀무가설 $H_0 : \mu_1 - \mu_2 \leq \mu_0$를 유의수준 α에서 검정해보자. 상단측검정의 기각역은 오른쪽 꼬리부분 $Z \geq z_\alpha$이다. 즉 검정통계량 Z의 관찰값 z_0에 대해 $z_0 \geq z_\alpha$이면 H_0를 기각한다. 검정통계량의 관찰값이 z_0일 때 상단측검정에 대해 p-값 $= P(Z > z_0)$이다. 따라서 p-값 $\leq \alpha$이면 H_0를 기각하고, p-값 $> \alpha$이면 H_0를 기각하지 않는다.

■ **하단측검정**

모평균 차에 대한 귀무가설 $H_0 : \mu_1 - \mu_2 \geq \mu_0$를 유의수준 α에서 검정해보자. 하단측검정의 기각역은 왼쪽 꼬리부분 $Z \leq -z_\alpha$이다. 즉 검정통계량 Z의 관찰값 z_0에 대해 $z_0 \leq -z_\alpha$이면 H_0를 기각한다. 검정통계량의 관찰값이 z_0일 때 하단측검정에 대해 p-값 $= P(Z < z_0)$이다. 따라서 p-값 $\leq \alpha$이면 H_0를 기각하고, p-값 $> \alpha$이면 H_0를 기각하지 않는다.

이와 같은 두 모평균의 차 $\mu_1 - \mu_2$에 대한 가설검정을 정리하면 [표 11-6]과 같다.

[표 11-6] 두 모평균의 차에 대한 검정 유형과 기각역 및 p-값

검정 유형 \ 가설	귀무가설 H_0	대립가설 H_1	H_0 의 기각역	p-값
양측검정	$\mu_1 - \mu_2 = \mu_0$	$\mu_1 - \mu_2 \neq \mu_0$	$\lvert Z \rvert \geq z_{\alpha/2}$	$2P(Z > \lvert z_0 \rvert)$
상단측검정	$\mu_1 - \mu_2 \leq \mu_0$	$\mu_1 - \mu_2 > \mu_0$	$Z \geq z_\alpha$	$P(Z > z_0)$
하단측검정	$\mu_1 - \mu_2 \geq \mu_0$	$\mu_1 - \mu_2 < \mu_0$	$Z \leq -z_\alpha$	$P(Z < z_0)$

예제 11-4

두 공정라인 A와 B에서 생산한 반도체 웨이퍼의 산화막 두께는 평균이 동일한 정규분포를 따른다고 주장한다. 이를 확인하기 위해 두 공정라인에서 생산한 웨이퍼를 각각 25개와 36개씩 임의로 선정하여 산화막 두께를 측정하여 각각 3.25nm와 3.4nm를 얻었다. 산화막 두께에 대한 표준편차가 다음과 같을 때, 유의수준 5%에서 산화막 두께의 평균이 동일하다는 주장을 검정하라.

(a) $\sigma_1 = 0.3\text{nm}$, $\sigma_2 = 0.32\text{nm}$인 경우 (b) $\sigma_1 = 0.2\text{nm}$, $\sigma_2 = 0.3\text{nm}$인 경우

풀이

(a) ❶ 두 공정라인 A와 B에서 생산한 웨이퍼의 산화막 평균두께를 각각 μ_1, μ_2라 하면 $H_0 : \mu_1 - \mu_2 = 0$, $H_0 : \mu_1 - \mu_2 \neq 0$이다.

❷ $\alpha = 0.05$에 대한 양측검정의 기각역은 다음과 같다.

$$Z < -z_{0.025} = -1.96, \quad Z > z_{0.025} = 1.96$$

❸ $\mu_0 = 0$, $\sigma_1 = 0.3$, $\sigma_2 = 0.32$, $n = 25$, $m = 36$, $\overline{x} = 3.25$, $\overline{y} = 3.4$이므로 검정통계량과 검정통계량의 관찰값은 각각 다음과 같다.

$$Z = \frac{\overline{X} - \overline{Y}}{\sqrt{(0.3^2/25) + (0.32^2/36)}}, \quad z_0 = \frac{3.25 - 3.4}{\sqrt{(0.3^2/25) + (0.32^2/36)}} \approx -1.87$$

❹ $-1.96 < z_0 \approx -1.87 < 1.96$이므로 검정통계량의 관찰값 z_0가 기각역 안에 놓이지 않는다. 따라서 유의수준 5%에서 평균두께가 동일하다는 주장을 기각할 수 없다.

(b) $\sigma_1 = 0.2$, $\sigma_2 = 0.3$이므로 검정통계량과 검정통계량의 관찰값은 각각 다음과 같다.

$$Z = \frac{\overline{X} - \overline{Y}}{\sqrt{(0.2^2/25) + (0.3^2/36)}}, \quad z_0 = \frac{3.25 - 3.4}{\sqrt{(0.2^2/25) + (0.3^2/36)}} \approx -2.34$$

$z_0 \approx -2.34 < -1.96$이므로 검정통계량의 관찰값 z_0가 기각역 안에 놓인다. 따라서 유의수준 5%에서 평균두께가 동일하다는 주장을 기각한다.

I Can Do 11-4

모표준편차가 각각 $\sigma_1 = 1.2$, $\sigma_2 = 1.4$인 정규모집단의 모평균 차가 3이라는 주장을 검정하기 위해 각각 크기 40인 표본을 조사하여 평균 53과 49.5를 얻었다. p-값을 이용하여 모평균 차가 3이라는 주장을 유의수준 10%에서 검정하라.

예제 11-5

모표준편차가 각각 $\sigma_1 = 1.5$, $\sigma_2 = 1.2$인 두 정규모집단에 대해 $\mu_1 - \mu_2 \le 2$라 주장한다. 이를 확인하기 위해 각각 크기 25와 35인 표본조사를 하여 $\overline{x} = 17.3$, $\overline{y} = 14.9$를 얻었다. 모평균 차에 대한 주장을 유의수준 10%에서 검정하라. (단, $P(Z < 1.28) = 0.9$이다.)

풀이

❶ 두 정규모집단 평균을 각각 μ_1, μ_2라 하면, $H_0 : \mu_1 - \mu_2 \le 2$, $H_0 : \mu_1 - \mu_2 > 2$이다.

❷ $\alpha = 0.1$에 대한 상단측검정의 기각역은 $Z > z_{0.1} = 1.28$이다.

❸ $\mu_0 = 2$, $\sigma_1 = 1.5$, $\sigma_2 = 1.2$, $n = 25$, $m = 35$, $\overline{x} = 17.3$, $\overline{y} = 14.9$이므로 검정통계량과 검정통계량의 관찰값은 각각 다음과 같다.

$$Z = \frac{(\overline{X} - \overline{Y}) - 2}{\sqrt{(1.5^2/25) + (1.2^2/35)}}, \quad z_0 = \frac{(17.3 - 14.9) - 2}{\sqrt{(1.5^2/25) + (1.2^2/35)}} \approx 1.10$$

❹ $z_0 \approx 1.10 < 1.28$이므로 검정통계량의 관찰값 z_0가 기각역 안에 놓이지 않는다. 따라서 유의수준 10%에서 $H_0 : \mu_1 - \mu_2 \le 2$를 기각할 수 없다.

I Can Do 11-5

여성의 헤모글로빈 수치가 남성의 헤모글로빈 수치보다 작다는 주장을 검정하기 위해 여성과 남성을 각각 40명씩 임의로 선정하여 여성과 남성의 평균 헤모글로빈 수치 $\overline{x} = 13.7\text{g/dL}$, $\overline{y} = 14.6\text{g/dL}$을 얻었다. 여성과 남성의 헤모글로빈 수치가 각각 표준편차 $\sigma_1 = 1.6$, $\sigma_2 = 2.5$인 정규분포를 따를 때, 여성의 수치가 남성의 수치보다 작다는 주장을 유의수준 5%에서 검정하라.

Section 11.3 모평균의 가설검정 : 모분산을 모르는 경우

모집단은 크기가 매우 클 때도 있고, 값이 연속적인 경우도 있으므로 모분산은 일반적으로 알려지지 않는다. 정규모집단의 모분산을 모른다면 Z-검정으로 모평균의 가설을 검정할 수 없다. 다만 모분산을 모르더라도 모표준편차를 표본표준편차로 대체한 표본평균 $\overline{X}$의 표준화 확률변수 T는 t-분포를 따른다는 사실을 9장에서 살펴보았다. 이와 같이 모분산을 모르는 정규모집단에서 모평균의 가설을 검정할 때 확률변수 T를 사용하고, 이러한 검정 방법을 **t-검정**$^{t\text{-test}}$이라 한다. 이 절에서는 모분산을 모르는 단일 모집단의 모평균과 두 모집단의 모평균의 차에 대한 귀무가설을 검정하는 방법을 살펴본다.

단일 모평균의 가설검정

정규모집단의 모분산 σ^2을 모르는 경우에 σ를 s로 대체한 표본평균 $\overline{X}$의 표준화 확률변수 T는 다음과 같이 자유도 $n-1$인 t-분포를 따른다.

$$T = \frac{\overline{X}-\mu}{s/\sqrt{n}} \sim t(n-1)$$

따라서 모분산 σ^2을 모른다면 다음 절차에 따라 모평균에 대한 가설을 검정한다.

❶ 귀무가설 H_0와 대립가설 H_1을 설정한다.

❷ 유의수준 α에 대한 기각역을 구한다.

❸ 검정통계량 $T = \dfrac{\overline{X}-\mu_0}{s/\sqrt{n}}$를 선택하고 관찰값 t_0를 구한다.

❹ 관찰값 t_0가 기각역 안에 있으면 귀무가설 H_0를 기각시키고, 그렇지 않으면 H_0를 기각하지 않는다.

이러한 사실을 이용하여 모분산을 모르는 정규모집단에 대한 귀무가설 $H_0 : \mu = \mu_0$, $H_0 : \mu \le \mu_0$, $H_0 : \mu \ge \mu_0$를 검정하는 방법을 살펴본다.

■ 양측검정

모분산을 아는 경우와 동일하게 유의수준 α에 대해 귀무가설 $H_0 : \mu = \mu_0$를 검정하기 위한 양측검정의 기각역은 $\overline{X} < c_1$과 $\overline{X} > c_2$이다. 따라서 양쪽 꼬리확률이 각각 $\frac{\alpha}{2}$가 되는 두 백분위수

$\pm t_{\alpha/2}(n-1)$에 대해 유의수준 α는 다음과 같다.

$$\begin{aligned}
\alpha &= P(H_0\text{를 기각} \mid H_0\text{가 참}) \\
&= P\left(\overline{X} \neq \mu_0 \,\middle|\, T \sim t(n-1)\right) \\
&= P\left(\overline{X} < c_1 \,\middle|\, T \sim t(n-1)\right) + P\left(\overline{X} > c_2 \,\middle|\, T \sim t(n-1)\right) \\
&= P\left(T < \frac{c_1 - \mu_0}{s/\sqrt{n}}\right) + P\left(T > \frac{c_2 - \mu_0}{s/\sqrt{n}}\right) \\
&= P(T < -t_{\alpha/2}(n-1)) + P(T > t_{\alpha/2}(n-1))
\end{aligned}$$

귀무가설 H_0를 기각시킬 기각역의 경곗값은 다음과 같다.

$$c_1 = \mu_0 - t_{\alpha/2}(n-1)\frac{s}{\sqrt{n}}, \quad c_2 = \mu_0 + t_{\alpha/2}(n-1)\frac{s}{\sqrt{n}}$$

따라서 $H_0 : \mu = \mu_0$에 대한 기각역은 다음과 같다.

$$\overline{X} < \mu_0 - t_{\alpha/2}(n-1)\frac{s}{\sqrt{n}}, \quad \overline{X} > \mu_0 + t_{\alpha/2}(n-1)\frac{s}{\sqrt{n}}$$

또 검정통계량 T를 이용한 기각역은 다음과 같다.

$$T < -t_{\alpha/2}(n-1), \quad T > -t_{\alpha/2}(n-1)$$

이때 검정통계량 T의 관찰값 t_0가 기각역 안에 놓이면 귀무가설 H_0를 기각한다. 검정통계량의 관찰값이 t_0일 때, 양측검정에 대한 p-값은 다음과 같이 정의한다.

$$p\text{-값} = P(|T| > |t_0|)$$

이 경우에 p-값 $\leq \alpha$이면 H_0를 기각하고, p-값 $> \alpha$이면 H_0를 기각하지 않는다. 따라서 σ^2이 알려지지 않은 정규모집단의 모평균에 대한 양측검정을 [표 11-7]과 같이 요약할 수 있다.

[표 11-7] 모평균에 대한 양측검정 요약

유의수준 α에서 귀무가설 $H_0 : \mu = \mu_0$에 대한 양측검정은 다음과 같다.	
❶ 검정통계량	$T = \dfrac{\overline{X} - \mu}{S/\sqrt{n}}$
❷ 기각역	$T < -t_{\alpha/2}(n-1)$, $T > t_{\alpha/2}(n-1)$
❸ p-값	p-값 $= 2P(T > \lvert t_0 \rvert)$
❹ 기각 여부	관찰값 z_0가 기각역 안에 놓이거나 p-값 $< \alpha$이면 H_0를 기각한다.

예제 11-6

모분산이 알려지지 않은 정규모집단의 평균이 10이라 주장한다. 이 주장에 대한 진위 여부를 확인하기 위해 크기 9인 표본을 선정하여 다음을 얻었다. 유의수준 5%에서 다음 방법을 이용하여 모평균에 대한 주장을 검정하라.

$$[10.0,\ 9.8,\ 10.1,\ 9.7,\ 10.0,\ 10.2,\ 9.9,\ 9.7,\ 10.1]$$

(a) 기각역 (b) p-값

풀이

(a) 표본의 표본평균과 표본분산, 표본표준편차는 각각 다음과 같다.

$$\overline{x} = \frac{1}{9}(10 + 9.8 + \cdots + 10.1) \approx 9.94$$

$$s^2 = \frac{1}{8}\sum_{i=1}^{9}(x_i - 9.94)^2 \approx \frac{0.2624}{8} = 0.0328, \quad s = \sqrt{0.0328} \approx 0.181$$

❶ 귀무가설 $H_0 : \mu = 10$, 대립가설 $H_1 : \mu \neq 10$을 설정한다.

❷ $n = 9$이므로 $\alpha = 0.05$에 대한 양측검정의 기각역은 다음과 같다.

$$T < -t_{0.025}(8) = -2.306, \quad T > t_{0.025}(8) = 2.306$$

❸ 검정통계량 $T = \dfrac{\overline{X} - 10}{0.181/\sqrt{9}}$ 의 관찰값 $t_0 = \dfrac{9.94 - 10}{0.181/\sqrt{9}} \approx -0.99$이다.

❹ 검정통계량의 관찰값 $t_0 \approx -0.99$는 기각역 안에 놓이지 않으므로 귀무가설을 기각할 수 없다. 즉 $\mu = 10$이라는 주장은 타당하다.

(b) 검정통계량의 관찰값에 대해 $|t_0| = 0.99$이므로 p-값 $= 2P(T > 0.99)$이다. 이때 $t_{0.20}(8) = 0.889$, $t_{0.15}(8) = 1.108$이므로 $P(T > 0.889) = 0.2$, $P(T > 1.108) = 0.15$이다. 따라서 $0.15 < P(T > 0.99) < 0.2$이고 $0.3 <$ p-값 < 0.4, 즉 p-값 $> \alpha = 0.05$이므로 귀무가설을 기각할 수 없다.

I Can Do 11-6

정규모집단에 대해 두 가설 $H_0 : \mu = 2.5$, $H_1 : \mu \neq 2.5$를 검정하기 위해 크기 15인 표본을 추출하여 $\overline{x} = 4.7$, $s = 3$을 얻었다. 유의수준 5%에서 다음 방법으로 귀무가설을 검정하라.

(a) 기각역 (b) p-값

■ 단측검정

먼저 Z-검정의 경우와 같은 방법으로 귀무가설 $H_0 : \mu \le \mu_0$를 검정해보자. 유의수준 α 에 대한 상단측검정을 실시할 때 기각역은 오른쪽 꼬리확률이 α 인 백분위수보다 큰 영역이다. 자유도 $n-1$ 인 t-분포에서 오른쪽 꼬리확률이 α 인 백분위수는 $t_\alpha(n-1)$이므로 상단측검정에 대한 기각역은 다음과 같다.

$$T > t_\alpha(n-1)$$

따라서 표본으로부터 얻은 검정통계량의 관찰값 $t_0 = \dfrac{\overline{x} - \mu_0}{s/\sqrt{n}}$가 기각역 안에 놓이면 H_0를 기각한다. 상단측검정에서 검정통계량의 관찰값 t_0에 대해 p-값은 다음과 같이 정의한다.

$$p\text{-값} = P(T > t_0)$$

귀무가설 $H_0 : \mu \ge \mu_0$를 검정해보자. 유의수준 α 에 대한 하단측검정을 실시할 때 기각역은 왼쪽 꼬리확률이 α 인 백분위수보다 작은 영역이다. 자유도 $n-1$인 t-분포에서 왼쪽 꼬리확률이 α 인 백분위수는 $-t_\alpha(n-1)$이므로 하단측검정에 대한 기각역은 다음과 같다.

$$T < -t_\alpha(n-1)$$

따라서 표본으로부터 얻은 검정통계량의 관찰값 t_0 가 기각역 안에 놓이면 H_0를 기각한다. 하단측검정에서 검정통계량의 관찰값 t_0에 대해 p-값은 다음과 같이 정의한다.

$$p\text{-값} = P(T < t_0)$$

이 경우에 단측검정에서 얻은 p-값에 대해 p-값 $\le \alpha$이면 H_0를 기각하고, p-값 $> \alpha$이면 H_0를 기각하지 않는다. 이와 같은 모평균에 대한 단측검정을 [표 11-8]과 같이 요약할 수 있다.

[표 11-8] 모평균에 대한 단측검정 요약

가설	$H_0 : \mu \le \mu_0,\ H_1 : \mu > \mu_0$	$H_0 : \mu \ge \mu_0,\ H_1 : \mu < \mu_0$
❶ 검정통계량	$T = \dfrac{\overline{X} - \mu_0}{s/\sqrt{n}}$	
❷ 기각역	$T > t_\alpha(n-1)$	$T < -t_\alpha(n-1)$
❸ p-값	p-값 $= P(T > t_0)$	p-값 $= P(T < t_0)$
❹ 기각 여부	관찰값 z_0가 기각역 안에 놓이거나 p-값 $< \alpha$이면 H_0를 기각한다.	

예제 11-7

고속도로 휴게소에 설치된 바리스타 로봇이 제조하는 음료는 시간당 평균 30잔 이상인 정규분포를 따른다고 한다. 이를 확인하기 위해 휴게소 12곳을 임의로 선정하고 바리스타 로봇이 1시간 동안 제조한 음료가 몇 잔인지 조사하여 다음을 얻었다. 이 자료를 이용하여 유의수준 5%에서 평균 음료 제조 횟수에 대한 주장을 검정하라.

31	28	27	29	30	32	29	31	29	26	29	30

풀이

표본의 표본평균과 표본분산, 표본표준편차는 각각 다음과 같다.

$$\bar{x} = \frac{1}{12}(31 + 28 + \cdots + 30) \approx 29.25$$

$$s^2 = \frac{1}{11}\sum_{i=1}^{12}(x_i - 29.25)^2 \approx 2.9318, \quad s = \sqrt{2.9318} \approx 1.712$$

❶ 귀무가설 $H_0 : \mu \geq 30$, 대립가설 $H_1 : \mu < 30$을 설정한다.

❷ $n = 12$, $t_{0.05}(11) = 1.796$이므로 하단측검정의 기각역은 $T < -1.796$이다.

❸ 검정통계량 $T = \dfrac{\overline{X} - 30}{1.7123/\sqrt{12}}$의 관찰값 $t_0 = \dfrac{29.25 - 30}{1.7123/\sqrt{12}} \approx -1.517$이다.

❹ 검정통계량의 관찰값 $t_0 = -1.517$은 기각역 안에 놓이지 않으므로 귀무가설을 기각할 수 없다. 즉 시간당 평균 30잔 이상 만든다는 주장은 타당하다.

I Can Do 11-7

공정라인에서 생산하는 웨이퍼의 산화물 코팅 두께는 정규분포를 따르고, 평균 두께는 90.2Å 이하라 한다. 이 주장이 타당한지 조사하기 위해 생산한 웨이퍼 10개를 임의로 선정하여 다음을 얻었다. 이 자료를 이용하여 유의수준 5%에서 평균 두께에 대한 주장을 검정하라.

92.8	92.9	91.9	89.6	92.4	89.6	90.2	91.3	89.5	89.8

두 모평균 차에 대한 가설검정 : $\sigma_1^2 = \sigma_2^2 = \sigma^2$인 경우

독립인 두 정규모집단의 모분산을 모르지만 동일한 경우, 즉 $\sigma_1^2 = \sigma_2^2 = \sigma^2$일 때 각각 크기 n과 m인 두 표본에 대한 표본평균의 차 $\overline{X} - \overline{Y}$는 다음과 같이 자유도 $n+m-2$인 t-분포를 따르는 것을 9.2절에서 살펴보았다.

$$T = \frac{(\overline{X} - \overline{Y}) - (\mu_1 - \mu_2)}{s_p \sqrt{\frac{1}{n} + \frac{1}{m}}} \sim t(n+m-2)$$

이 사실을 이용하여 모평균 차에 대한 귀무가설 $\mu_1 - \mu_2 = \mu_0$, $\mu_1 - \mu_2 \le \mu_0$, $\mu_1 - \mu_2 \ge \mu_0$를 검정하는 방법을 살펴본다. 귀무가설이 거짓임을 판명하기 전까지 모평균의 차가 μ_0로 인정하므로 두 모평균의 차에 대한 검정통계량은 다음과 같다.

$$T = \frac{(\overline{X} - \overline{Y}) - \mu_0}{s_p \sqrt{\frac{1}{n} + \frac{1}{m}}}$$

그러면 모분산을 모르는 경우에 단일 모평균을 검정한 방법과 동일하게 유의수준 α에서 모평균 차에 대한 검정 유형별 기각역은 다음과 같다.

❶ 양측검정인 경우 : $T < -t_{\alpha/2}(n+m-2)$, $T > t_{\alpha/2}(n+m-2)$

❷ 상단측검정인 경우 : $T > t_{\alpha}(n+m-2)$

❸ 하단측검정인 경우 : $T < -t_{\alpha}(n+m-2)$

두 표본평균의 관찰값 $\overline{x}$와 $\overline{y}$에 대해 검정통계량의 관찰값 t_0가 기각역 안에 놓이면 귀무가설을 기각한다. 검정통계량의 관찰값 t_0에 대해 각 검정 유형별 p-값은 다음과 같다.

❶ 양측검정인 경우 : p-값 $= 2P(T > |t_0|)$

❷ 상단측검정인 경우 : p-값 $= P(T > t_0)$

❸ 하단측검정인 경우 : p-값 $= P(T < t_0)$

이때 p-값 $> \alpha$이면 H_0를 기각하지 않고, p-값 $< \alpha$이면 H_0를 기각한다.

예제 11-8

모분산이 동일하지만 모르는 두 정규모집단에서 모평균의 차에 대한 다음 귀무가설을 검정하려고 한다. 이를 위해 표본조사를 하여 얻은 다음 자료를 이용하여 유의수준 5%에서 귀무가설을 검정하라.

표본	표본의 크기	표본평균	표본표준편차
표본 A	$n=12$	$\overline{x}=29$	$s_1=1.5$
표본 B	$m=15$	$\overline{y}=28.2$	$s_2=1.7$

(a) $H_0 : \mu_1 - \mu_2 = 2$ (b) $H_0 : \mu_1 - \mu_2 \geq 2$

풀이

$n=12$, $m=15$, $s_1=1.5$, $s_2=1.7$이므로 합동표본분산과 합동표본표준편차는 각각 다음과 같다.

$$s_p^2 = \frac{1}{12+15-2}(11\times 1.5^2 + 14\times 1.7^2) \approx 2.6084, \quad s_p = \sqrt{2.6084} \approx 1.615$$

(a) ❶ $t_{0.025}(25) = 2.060$이므로 양측검정의 기각역은 $T < -2.06$, $T > 2.06$이다.

❷ $s_p = 1.615$, $\mu_0 = 2$, $\overline{x} - \overline{y} = 0.8$이므로 검정통계량과 관찰값은 각각 다음과 같다.

$$T = \frac{(\overline{X} - \overline{Y}) - 2}{1.615\sqrt{\frac{1}{12}+\frac{1}{15}}}, \quad t_0 = \frac{0.8-2}{1.615\sqrt{\frac{1}{12}+\frac{1}{15}}} \approx -1.918$$

❸ 관찰값 $t_0 \approx -1.918$은 기각역 안에 놓이지 않으므로 $H_0 : \mu_1 - \mu_2 = 2$를 기각할 수 없다. 즉 두 평균의 차가 2라는 주장은 타당하다.

(b) ❶ $t_{0.05}(25) = 1.708$이므로 하단측검정의 기각역은 $T < -1.708$이다.

❷ 검정통계량의 관찰값 $t_0 \approx -1.918$이 기각역 안에 놓이므로 $H_0 : \mu_1 - \mu_2 \geq 2$를 기각한다. 즉 평균 차가 2 이상이라는 주장은 타당하지 않다.

I Can Do 11-8

합금을 사용한 전선의 저항이 순수한 동선에 비하여 평균 1.0Ω 더 크다고 한다. 이 주장의 타당성을 알아보기 위해 표본조사를 하여 다음을 얻었다. 합금이 순수한 동선에 비해 평균 저항이 1.0Ω 더 크다는 주장을 유의수준 5%에서 검정하라. (단, 단위는 Ω이고, 합금과 순수한 동선의 저항은 모분산이 동일한 정규분포를 따른다.)

표본	표본의 크기	표본평균	표본표준편차
합금	$n=8$	$\overline{x}=3.8$	$s_1=0.5$
순수한 동선	$m=9$	$\overline{y}=2.1$	$s_2=0.9$

두 모평균 차에 대한 가설검정 : $\sigma_1^2 \neq \sigma_2^2$인 경우

두 모분산을 모르고 $\sigma_1^2 \neq \sigma_2^2$인 두 정규모집단에서 각각 크기 n과 m인 두 표본에 대한 표본평균의 차 $\overline{X} - \overline{Y}$는 다음과 같이 자유도 ν인 t-분포를 따르는 것을 9.2절에서 살펴보았다.

$$T = \frac{(\overline{X} - \overline{Y}) - (\mu_1 - \mu_2)}{\sqrt{\dfrac{S_1^2}{n} + \dfrac{S_2^2}{m}}} \approx t(\nu)$$

이때 자유도 ν는 다음과 같이 정의하는 식에서 소수점 이하의 값을 절사한 정수이다.

$$\nu = \frac{\left(\dfrac{s_1^2}{n} + \dfrac{s_2^2}{m}\right)^2}{\dfrac{1}{n-1}\left(\dfrac{s_1^2}{n}\right)^2 + \dfrac{1}{m-1}\left(\dfrac{s_2^2}{m}\right)^2}$$

이 사실을 이용하여 모평균 차에 대한 귀무가설 $H_0 : \mu_1 - \mu_2 = \mu_0$, $H_0 : \mu_1 - \mu_2 \leq \mu_0$, $H_0 : \mu_1 - \mu_2 \geq \mu_0$를 검정하는 방법을 살펴보자. 두 모평균 차에 대한 검정통계량은 다음과 같다.

$$T = \frac{(\overline{X} - \overline{Y}) - \mu_0}{\sqrt{\dfrac{S_1^2}{n} + \dfrac{S_2^2}{m}}}$$

유의수준 α에서 모평균 차에 대한 검정 유형별 기각역은 다음과 같다.

❶ 양측검정인 경우 : $T < -t_{\alpha/2}(\nu)$, $T > t_{\alpha/2}(\nu)$

❷ 상단측검정인 경우 : $T > t_{\alpha}(\nu)$

❸ 하단측검정인 경우 : $T < -t_{\alpha}(\nu)$

검정통계량의 관찰값 t_0에 대해 각 검정 유형별 p-값은 다음과 같다.

❶ 양측검정인 경우 : p-값 $= 2P(T > |t_0|)$

❷ 상단측검정인 경우 : p-값 $= P(T > t_0)$

❸ 하단측검정인 경우 : p-값 $= P(T < t_0)$

따라서 검정통계량의 관찰값 t_0가 기각역 안에 놓이거나 p-값 $< \alpha$이면 H_0를 기각한다.

예제 11-9

[예제 11-8]의 표본조사 결과를 이용하여 두 모분산이 같지 않은 경우에 유의수준 5%에서 다음 귀무가설을 검정하라.

(a) $H_0 : \mu_1 - \mu_2 = 2$　　　　(b) $H_0 : \mu_1 - \mu_2 \geq 2$

풀이

$n = 12$, $m = 15$, $s_1 = 1.5$, $s_2 = 1.7$이므로 자유도는 다음과 같이 $\nu = 24$이다.

$$\nu = \frac{(1.5^2/12 + 1.7^2/15)^2}{\frac{(1.5^2/12)^2}{11} + \frac{(1.7^2/15)^2}{14}} \approx 24.716$$

(a) ❶ $t_{0.025}(24) = 2.064$이므로 양측검정의 기각역은 $T < -2.064$, $T > 2.064$이다.

❷ $\overline{x} - \overline{y} = 0.8$이므로 검정통계량과 관찰값은 각각 다음과 같다.

$$T = \frac{(\overline{X} - \overline{Y}) - 2}{\sqrt{\frac{1.5^2}{12} + \frac{1.7^2}{15}}}, \quad t_0 = \frac{0.8 - 2}{\sqrt{\frac{1.5^2}{12} + \frac{1.7^2}{15}}} \approx -2.433$$

❸ 관찰값 $t_0 \approx -2.433$은 기각역 안에 놓이므로 $H_0 : \mu_1 - \mu_2 = 2$를 기각한다. 즉 두 평균의 차가 2라는 주장은 타당하지 않다.

(b) ❶ $t_{0.05}(24) = 1.711$이므로 하단측검정의 기각역은 $T < -1.711$이다.

❷ 검정통계량의 관찰값 $t_0 \approx -2.433$이 기각역 안에 놓이므로 $H_0 : \mu_1 - \mu_2 \geq 2$를 기각한다. 즉 평균 차가 2 이상이라는 주장은 타당하지 않다.

I Can Do 11-9

[I Can Do 11-8]에서 합금과 순수한 동선의 저항에 대한 분산이 다를 때, 유의수준 5%에서 검정하라.

쌍체 자료의 모평균 차에 대한 가설검정

어떤 대상에 대해 실험 전후의 평균에 대한 차를 생각할 수 있다. 이번에는 평균 차에 대한 가설을 검정하는 방법을 살펴보자. 쌍체 관찰값이 (x, y) 형태이고, 정규분포를 따르는 쌍체 표본에 대해 $D_i = X_i - Y_i$, $i = 1, 2, \cdots, n$이라 하자. 평균 $\overline{D}$와 표준편차 S_D에 대한 확률변수 T는 다음과 같이 자유도 $n-1$인 t-분포를 따르는 것을 10.2절에서 살펴보았다.

$$T = \frac{\overline{D} - \mu_D}{s_D / \sqrt{n}} \sim t(n-1)$$

쌍체 정규모집단의 평균 차에 대한 세 가설

$$H_0 : \mu_1 - \mu_2 \geq \mu_D, \quad H_0 : \mu_1 - \mu_2 = \mu_D, \quad H_0 : \mu_1 - \mu_2 \leq \mu_D$$

를 검정하기 위해 검정통계량 T를 이용한다. 이때 T는 자유도 $n-1$인 t-분포를 따른다. 이와 같이 쌍체로 이루어진 정규모집단의 모평균 차에 대한 가설검정을 **쌍체 t-검정**paired t-test이라 한다. 그러면 쌍체 t-검정은 다음의 절차를 따른다.

❶ 귀무가설 H_0과 대립가설 H_1을 설정한다.
❷ 자유도 $n-1$인 t-분포를 이용하여 유의수준 α에 대한 기각역을 구한다.
❸ 검정통계량 $T = \dfrac{\overline{D} - \mu_D}{s_D / \sqrt{n}}$의 관찰값 t_0를 구한다.
❹ 관찰값 t_0가 기각역 안에 놓이거나 p-값이 유의수준 α보다 작으면 귀무가설을 기각한다.

유의수준 α에 대한 세 가지 유형의 기각역은 다음과 같다.

❶ 양측검정인 경우 : $T < -t_{\alpha/2}(n-1)$, $T > t_{\alpha/2}(n-1)$
❷ 상단측검정인 경우 : $T > t_{\alpha}(n-1)$
❸ 하단측검정인 경우 : $T < -t_{\alpha}(n-1)$

예제 11-10

고소공포에 대한 불안감을 낮춰주는 어느 신약은 기존 약에 비해 공포증세 지수를 30 이상 낮춘다고 주장한다. 이를 확인하기 위해 항공편을 이용할 예정인 고소공포증 환자 10명을 임의로 선정하였다. 환자가 출국할 때 기존 약을 투여하고 입국할 때 신약을 투여한 뒤 공포증세를 측정하여 다음 자료를 얻었다. 공포증세가 30 이상 낮아지는지 유의수준 5%에서 검정하라.

환자	1	2	3	4	5	6	7	8	9	10
기존 약	92	85	92	88	84	85	80	91	84	81
신약	67	58	63	62	55	48	54	66	53	54

풀이

각 환자별로 투약 전후에 공포증세의 차 d_i는 다음과 같다.

환자	1	2	3	4	5	6	7	8	9	10
d_i	25	27	27	26	29	37	26	25	31	27

공포증세의 차에 대한 평균과 표준편차는 각각 다음과 같다.

$$\overline{d} = \frac{1}{10}(25 + 27 + \cdots + 27) = 28$$

$$s_D^2 = \frac{1}{9}\sum_{i=1}^{9}(d_i - 28)^2 \approx 13.3333, \quad s_D = \sqrt{13.3333} \approx 3.651$$

❶ 기존 약과 신약에 의한 평균 지수를 각각 μ_1, μ_2라 하면 다음 가설을 얻는다.

$$H_0 : \mu_1 - \mu_2 \geq 30, \quad H_1 : \mu_1 - \mu_2 < 30$$

❷ $n = 10$, $t_{0.05}(9) = 1.833$이므로 하단측검정의 기각역은 $T \leq -1.833$이다.

❸ $\overline{d} = 28$, $s_D \approx 3.651$이므로 검정통계량과 관찰값은 각각 다음과 같다.

$$T = \frac{\overline{D} - 30}{3.651/\sqrt{10}}, \quad t_0 = \frac{28 - 30}{3.651/\sqrt{10}} \approx -1.7323$$

❹ $t_0 \approx -1.7323$은 기각역에 놓이지 않으므로 귀무가설을 기각하지 않는다. 즉 공포증세가 30 이상 낮춘다는 주장은 타당하다.

I Can Do 11-10

합금을 사용한 전선에 전류가 흐르면 저항 때문에 입력부와 출력부 전압 차가 5볼트 난다고 주장한다. 이를 확인하기 위해 전선 10개에 크기가 동일한 전류를 흘렸을 때, 입력부와 출력부 전압을 측정하여 다음을 얻었다. 전압 차가 5볼트 난다는 주장을 유의수준 5%에서 검정하라.

(단위 : 볼트)

전선	1	2	3	4	5	6	7	8	9	10
입력부	47.8	54.8	52.9	49.6	50.4	52.0	48.2	45.9	45.6	47.8
출력부	43.5	48.2	47.6	44.8	50.2	46.6	42.8	41.6	40.4	42.3

Section

11.4 모분산의 가설검정

10.4절에서 정규모집단의 모분산 또는 두 모분산의 비에 대한 구간추정에서 카이제곱 통계량 또는 F-통계량을 사용했다. 이 절에서는 이러한 통계량을 이용하여 모분산 또는 두 모분산의 비에 대한 가설을 검정하는 방법에 대해 살펴본다.

단일 모분산에 대한 가설검정

모분산 σ^2인 정규모집단에서 크기 n인 표본을 선정할 때, 표본분산 S^2은 다음과 같이 자유도 $n-1$인 카이제곱 분포를 따르는 것을 9.1절에서 살펴보았다.

$$V = \frac{(n-1)S^2}{\sigma^2} \sim \chi^2(n-1)$$

이 사실을 이용하여 귀무가설 $H_0 : \sigma^2 = \sigma_0^2$, $H_0 : \sigma^2 \le \sigma_0^2$, $H_0 : \sigma^2 \ge \sigma_0^2$을 검정하는 방법에 대해 살펴보자. 귀무가설의 진위 여부를 명확히 판정할 때까지 귀무가설의 주장이 참이라고 가정하므로 검정통계량은 다음과 같다.

$$V = \frac{(n-1)S^2}{\sigma_0^2}$$

따라서 카이제곱 통계량 V를 이용하여 다음 절차에 따라 모분산에 대한 가설을 검정한다.

1. 귀무가설 H_0와 대립가설 H_1을 설정한다.
2. 유의수준 α에 대한 기각역을 구한다.
3. 검정통계량 $V = \dfrac{(n-1)S^2}{\sigma_0^2}$의 관찰값 v_0를 구한다.
4. 관찰값 v_0가 H_0의 기각역 안에 놓이거나 p-값이 유의수준보다 작으면 H_0를 기각한다.

■ 양측검정

유의수준 α에서 귀무가설 $H_0 : \sigma^2 = \sigma_0^2$에 대한 양측검정의 기각역을 구해보자. 이때 H_0가 거짓이라고 규명되기 전까지 $\sigma^2 = \sigma_0^2$이 참이라고 가정하므로 검정통계량은 다음 카이제곱 분포를 따른다.

$$V = \frac{(n-1)S^2}{\sigma_0^2} \sim \chi^2(n-1)$$

유의수준 α 에 대한 양측검정의 기각역은 $V \le \chi^2_{1-(\alpha/2)}(n-1)$, $V \ge \chi^2_{\alpha/2}(n-1)$이다. 따라서 검정통계량의 관찰값 v_0가 [그림 11-5(a)]와 같이 기각역 안에 놓이면 귀무가설을 기각하고 [그림 11-5(b)]와 같이 기각역 안에 놓이지 않으면 귀무가설을 기각할 수 없다.

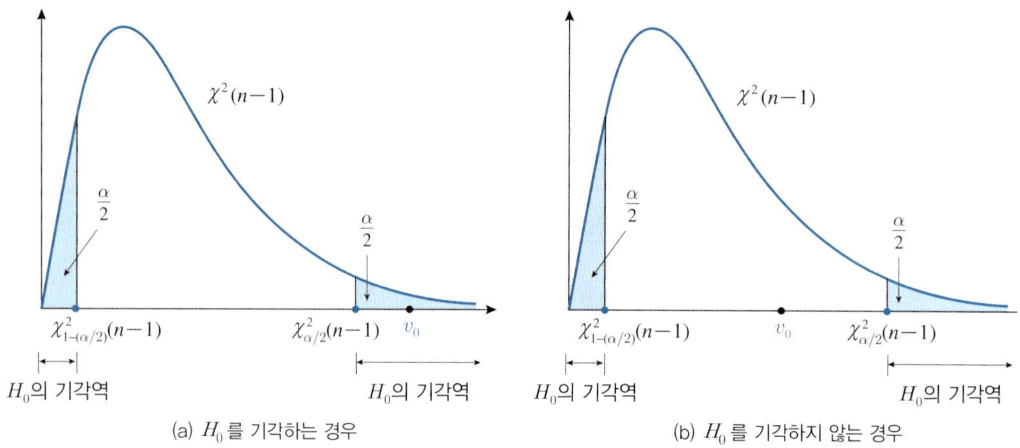

[그림 11-5] 양측검정 결과 H_0 의 기각역

예제 11-11

정규모집단의 모분산이 4라는 주장을 검정하기 위해 크기 25인 표본을 추출하여 표본분산 2.5를 얻었다. 모분산이 4라는 주장을 유의수준 5%에서 검정하라.

풀이

❶ 귀무가설 $H_0 : \sigma^2 = 4$와 대립가설 $H_1 : \sigma^2 \neq 4$를 설정한다.

❷ $n = 25$, $\alpha = 0.05$이므로 양측검정의 기각역은 다음과 같다.

$$V \le \chi^2_{0.975}(24) = 12.4, \quad V \ge \chi^2_{0.025}(24) = 39.36$$

❸ $s^2 = 2.5$이므로 검정통계량 $V = \frac{24S^2}{4}$의 관찰값 $v_0 = \frac{24 \times 2.5}{4} = 15$이다.

❹ 검정통계량의 관찰값 $v_0 = 15$가 기각역 안에 놓이지 않으므로 귀무가설 H_0를 기각할 수 없다. 즉 $\sigma^2 = 4$라는 주장은 타당하다.

I Can Do 11-11

어느 병원에 특수한 질병으로 입원한 환자들의 맥박수는 표준편차가 분당 10회인 정규분포를 따른다고 주장한다. 이 주장을 확인하기 위해 환자 16명을 임의로 선정하여 맥박수를 측정한 결과, 표준편차 11.7회였다. 맥박수의 표준편차가 분당 10회라는 주장을 유의수준 5%에서 검정하라.

■ **단측검정**

유의수준 α에 대해 귀무가설 $H_0 : \sigma^2 \le \sigma_0^2$을 검정하기 위한 상단측검정의 기각역은 [그림 11-6(a)]와 같이 오른쪽 꼬리부분 $V \ge \chi_\alpha^2(n-1)$이다. 또 귀무가설 $H_0 : \sigma^2 \ge \sigma_0^2$을 검정하기 위한 하단측검정의 기각역은 [그림 11-6(b)]와 같이 왼쪽 꼬리부분 $V \le \chi_{1-\alpha}^2(n-1)$이다. 따라서 검정통계량의 관찰값 $v_0 = \dfrac{(n-1)s^2}{\sigma_0^2}$이 기각역 안에 놓이면 귀무가설을 기각한다.

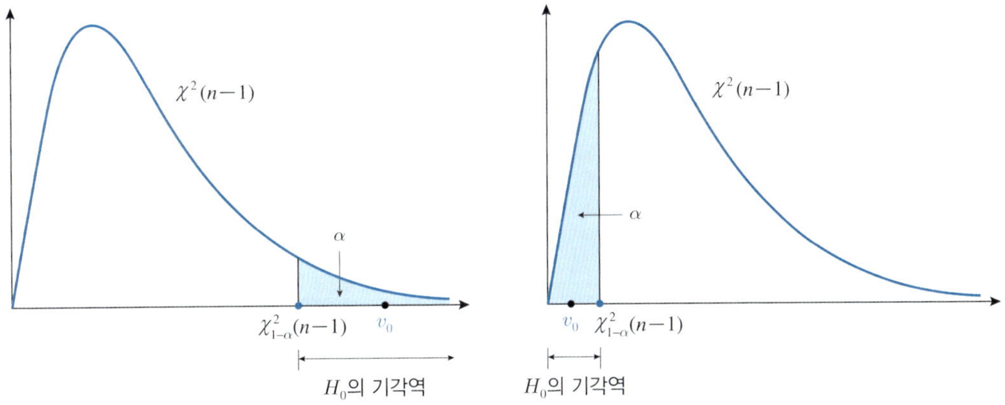

(a) 상단측검정의 기각역 (b) 하단측검정의 기각역

[그림 11-6] 단측검정에 대한 기각역

모분산에 대한 가설검정을 요약하면 [표 11-9]와 같다.

[표 11-9] 모분산에 대한 검정 유형과 기각역

검정 유형 \ 가설과 기각역	귀무가설 H_0	대립가설 H_1	H_0의 기각역
양측검정	$\sigma^2 = \sigma_0^2$	$\sigma^2 \ne \sigma_0^2$	$V < \chi_{1-(\alpha/2)}^2(n-1)$, $V > \chi_{\alpha/2}^2(n-1)$
상단측검정	$\sigma^2 \le \sigma_0^2$	$\sigma^2 > \sigma_0^2$	$V > \chi_\alpha^2(n-1)$
하단측검정	$\sigma^2 \ge \sigma_0^2$	$\sigma^2 < \sigma_0^2$	$V < \chi_{1-\alpha}^2(n-1)$

예제 11-12

어느 휴대전화 배터리 제조회사에서 생산한 배터리 수명은 표준편차가 2.4시간 이하인 정규분포를 따른다고 주장한다. 이 주장을 확인하기 위해 20개의 배터리를 조사한 결과, 표준편차 3.6시간을 얻었다. 이 회사의 주장이 타당한지 유의수준 5%에서 검정하라.

풀이

❶ $H_0 : \sigma \le 2.4$, $H_1 : \sigma > 2.4$에 대한 검정이므로 다음과 같이 귀무가설과 대립가설을 설정한다.

$$H_0 : \sigma^2 \le 5.76, \quad H_1 : \sigma^2 > 5.76$$

❷ $n = 20$, $\alpha = 0.05$이므로 상단측검정의 기각역은 $V > \chi^2_{0.05}(19) = 30.14$이다.

❸ $s^2 = 3.6^2$이므로 검정통계량 $V = \dfrac{19\,S^2}{5.76}$의 관찰값 $v_0 = \dfrac{19 \times 12.96}{5.76} = 42.75$이다.

❹ 검정통계량의 관찰값 $v_0 = 42.75$는 기각역 안에 놓이므로 귀무가설을 기각한다. 즉 배터리 수명의 표준편차가 2.4시간 이하라는 주장은 타당하지 않다.

I Can Do 11-12

정규모집단의 표준편차가 2보다 작다는 주장이 타당한지 확인하기 위해 크기 13인 표본을 추출하여 표준편차 1.5를 얻었다. 표준편차가 2보다 작다는 주장을 유의수준 5%에서 검정하라.

두 모분산의 비에 대한 가설검정

모분산이 σ_1^2, σ_2^2이고 독립인 두 정규분포에서 각각 크기 n과 m인 표본을 추출할 때, 표본분산 S_1^2과 S_2^2의 표본분포는 다음과 같이 분자와 분모의 자유도가 $n-1$과 $m-1$인 F-분포를 따르는 것을 9.2절에서 살펴보았다.

$$F = \frac{S_1^2/\sigma_1^2}{S_2^2/\sigma_2^2} = \frac{S_1^2}{S_2^2} \cdot \frac{\sigma_2^2}{\sigma_1^2} \sim F(n-1,\ m-1)$$

이 사실을 이용하여 모분산에 대한 귀무가설 $H_0 : \sigma_1^2 = \sigma_2^2$, $H_0 : \sigma_1^2 \le \sigma_2^2$, $H_0 : \sigma_1^2 \ge \sigma_2^2$의 진위 여부를 검정하는 방법을 살펴본다. 이와 같은 귀무가설은 다음과 같이 비율로 표현할 수도 있다.

$$H_0 : \frac{\sigma_1^2}{\sigma_2^2} = 1, \quad H_0 : \frac{\sigma_1^2}{\sigma_2^2} \le 1, \quad H_0 : \frac{\sigma_1^2}{\sigma_2^2} \ge 1$$

이때 귀무가설의 진위 여부를 명확히 판정할 때까지 귀무가설의 주장이 참이라고 가정하므로 $\dfrac{\sigma_1^2}{\sigma_2^2} = 1$이고 검정통계량은 다음과 같다.

$$F = \frac{S_1^2}{S_2^2}$$

따라서 두 모분산의 비에 대한 검정절차는 다음과 같다.

❶ 귀무가설 H_0와 대립가설 H_1을 설정한다.
❷ 유의수준 α에 대한 기각역을 구한다.
❸ 검정통계량 $F = \dfrac{S_1^2}{S_2^2}$의 관찰값 $f_0 = \dfrac{s_1^2}{s_2^2}$을 구한다.
❹ 관찰값 f_0가 H_0의 기각역 안에 놓이면 귀무가설 H_0를 기각한다.

■ 양측검정

유의수준 α에서 두 가설 $H_0 : \sigma_1^2 = \sigma_2^2$, $H_1 : \sigma_1^2 \neq \sigma_2^2$을 검정하기 위한 양측검정의 기각역은 양쪽 꼬리확률이 $\dfrac{\alpha}{2}$인 백분위수에 대해 다음과 같다.

$$F < f_{1-(\alpha/2)}(n-1,\ m-1), \quad F > f_{\alpha/2}(n-1,\ m-1)$$

[그림 11-7(a)]와 같이 검정통계량 $F = \dfrac{S_1^2}{S_2^2}$의 관찰값 $f_0 = \dfrac{s_1^2}{s_2^2}$이 기각역 안에 놓이면 귀무가설을 기각하고, [그림 11-7(b)]와 같이 검정통계량의 관찰값 $f_0 = \dfrac{s_1^2}{s_2^2}$이 기각역 안에 놓이면 귀무가설을 기각하지 않는다.

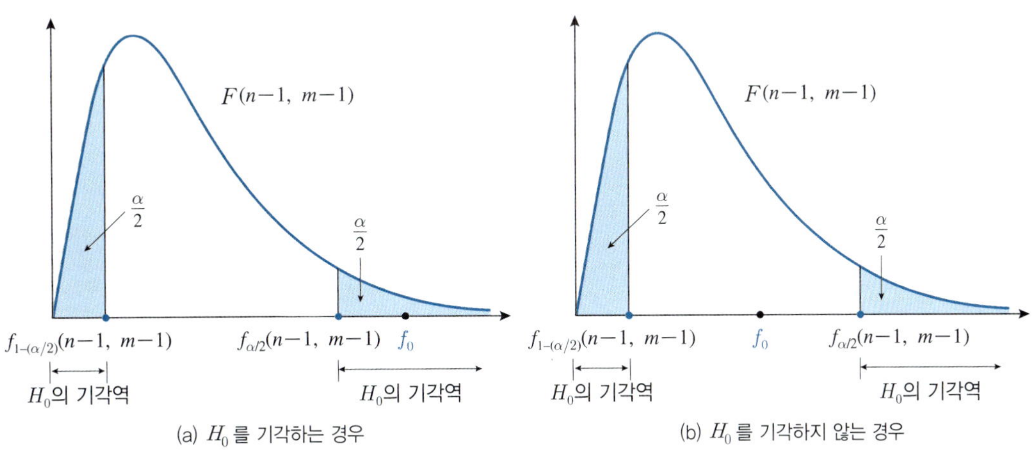

[그림 11-7] 양측검정 결과 H_0의 기각역

예제 11-13

독립인 두 정규모집단에 대해 $H_0 : \sigma_1^2 = \sigma_2^2$을 검정하기 위해 각각 크기 8과 7인 표본을 추출하였다. 그 결과 $s_1 = 2.7$, $s_2 = 1.5$를 얻었을 때, 유의수준 5%에서 두 모분산이 동일한지 검정하라.

풀이

❶ 귀무가설 $H_0 : \sigma_1^2 = \sigma_2^2$과 대립가설 $H_1 : \sigma_1^2 \neq \sigma_2^2$을 설정한다.

❷ $n = 8$, $m = 7$, $\alpha = 0.05$이므로 양측검정의 기각역은 다음과 같다.

$$F < f_{0.975}(7,\ 6) = \frac{1}{f_{0.025}(6,\ 7)} = \frac{1}{5.12} \approx 0.195, \quad F > f_{0.025}(7,\ 6) = 5.7$$

❸ $s_1^2 = 7.29$, $s_2^2 = 2.25$이므로 검정통계량 $F = \dfrac{S_1^2}{S_2^2}$의 관찰값은 $f_0 = \dfrac{7.29}{2.25} = 3.24$이다.

❹ 관찰값 $f_0 = 3.24$는 기각역 안에 놓이지 않으므로 귀무가설을 기각할 수 없다. 즉 모분산이 동일하다는 주장은 타당하다.

I Can Do 11-13

독립인 두 정규모집단의 분산이 동일한지 검정하기 위해 각각 크기 10인 표본을 추출하여 $s_1 = 3.21$, $s_2 = 1.54$를 얻었다. 유의수준 5%에서 두 모분산이 동일한지 검정하라.

■ 단측검정

유의수준 α에서 귀무가설 $H_0 : \sigma_1^2 \leq \sigma_2^2$을 검정하기 위한 상단측검정의 기각역은 [그림 11-8(a)]와 같이 오른쪽 꼬리부분 $F > f_\alpha(n-1,\ m-1)$이다. 또 귀무가설 $H_0 : \sigma_1^2 \geq \sigma_2^2$을 검정하기 위한 하단측검정의 기각역은 [그림 11-8(b)]와 같이 왼쪽 꼬리부분 $F < f_{1-\alpha}(n-1,\ m-1)$이다. 따라서 검정통계량의 관찰값 $f_0 = \dfrac{s_1^2}{s_2^2}$이 기각역 안에 놓이면 귀무가설을 기각한다.

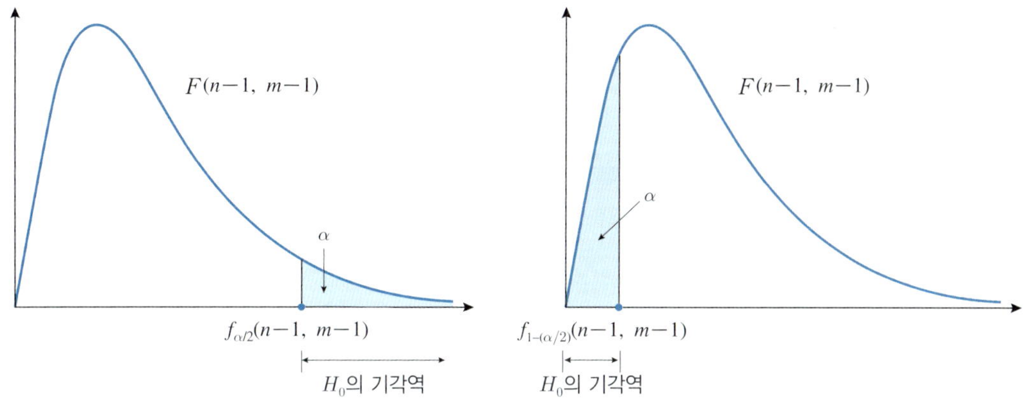

(a) 상단측검정에 대한 기각역 (b) 하단측검정에 대한 기각역

[그림 11-8] 단측검정에 대한 기각역

모분산의 비 $\dfrac{\sigma_1^2}{\sigma_2^2}$에 대한 가설검정을 요약하면 [표 11-10]과 같다.

[표 11-10] 모분산의 비에 대한 검정 유형과 기각역

가설과 기각역 / 검정 유형	귀무가설 H_0	대립가설 H_1	H_0의 기각역
양측검정	$\sigma_1^2 = \sigma_2^2$	$\sigma_1^2 \neq \sigma_2^2$	$F < f_{1-(\alpha/2)}(n-1, m-1)$, $F > f_{\alpha/2}(n-1, m-1)$
상단측검정	$\sigma_1^2 \leq \sigma_2^2$	$\sigma_1^2 > \sigma_2^2$	$F > f_{\alpha}(n-1, m-1)$
하단측검정	$\sigma_1^2 \geq \sigma_2^2$	$\sigma_1^2 < \sigma_2^2$	$F < f_{1-\alpha}(n-1, m-1)$

예제 11-14

독립인 두 정규모집단에 대해 $H_0 : \sigma_1^2 \leq \sigma_2^2$을 검정하기 위해 각각 크기 13과 7인 표본을 추출하여 조사한 결과, $s_1 = 3.2$와 $s_2 = 1.8$을 얻었다. 이때 귀무가설 H_0를 유의수준 5%에서 검정하라.

풀이

❶ 귀무가설 $H_0 : \sigma_1^2 \leq \sigma_2^2$과 대립가설 $H_1 : \sigma_1^2 > \sigma_2^2$을 설정한다.

❷ $n = 13$, $m = 7$, $\alpha = 0.05$이므로 상단측검정의 기각역은 $F \geq f_{0.05}(12,\ 6) = 4$이다.

❸ $s_1 = 3.2$, $s_2 = 1.8$이므로 검정통계량 $F = \dfrac{S_1^2}{S_2^2}$의 관찰값 $f_0 = \dfrac{3.2^2}{1.8^2} \approx 3.16$이다.

❹ 관찰값 $f_0 \approx 3.16$은 기각역 안에 놓이지 않으므로 귀무가설 H_0를 기각할 수 없다. 즉 $\sigma_1^2 \leq \sigma_2^2$이라는 주장이 타당하다.

I Can Do 11-14

독립인 두 정규모집단에 대해 $\sigma_1^2 < \sigma_2^2$을 검정하기 위해 각각 크기 8과 9인 표본을 추출하여 조사한 결과, $s_1 = 1.5$와 $s_2 = 2.9$를 얻었다. 이때 $\sigma_1^2 < \sigma_2^2$을 유의수준 5%에서 검정하라.

Section 11.5 모비율의 가설검정

모비율 p인 모집단에서 충분히 큰 표본을 추출하면 중심극한정리에 의해 표본비율 $\hat{p}$은 정규분포에 근사한다. 따라서 모비율에 대한 가설을 검정하기 위해 Z-검정을 이용할 수 있다. 이 절에서는 단일 모집단의 모비율에 대한 가설과 두 모비율의 차에 대한 가설을 검정하는 방법에 대해 살펴본다.

모비율의 가설검정

모비율 p인 모집단에서 충분히 큰 표본을 추출하면 표본비율 $\hat{p}$의 표본분포는 다음과 같이 표준정규분포에 근사함을 살펴보았다.

$$Z = \frac{\hat{p} - p}{\sqrt{\frac{pq}{n}}} \approx N(0, 1)$$

따라서 모비율에 대한 귀무가설 $H_0 : p = p_0$, $H_0 : p \le p_0$, $H_0 : p \ge p_0$를 검정하기 위해 Z-검정을 이용한다. 귀무가설 H_0의 진위 여부를 명확히 판정하기 전까지 귀무가설의 주장이 참이라고 가정하므로 검정통계량과 확률분포는 다음과 같다.

$$Z = \frac{\hat{p} - p_0}{\sqrt{\frac{p_0 q_0}{n}}} \sim N(0, 1)$$

유의수준 α에서 양측검정 $H_0 : p = p_0$에 대한 기각역은 $Z < -z_{\alpha/2}$, $Z > z_{\alpha/2}$이고 검정통계량의 관찰값 z_0에 대한 p-값은 다음과 같다.

$$p\text{-값} = P(|Z| > |z_0|)$$

또 유의수준 α에서 상단측검정 $H_0 : p \le p_0$에 대한 기각역은 $Z > z_\alpha$이고, p-값$= P(Z > z_0)$이다. 그리고 하단측검정 $H_0 : p \ge p_0$에 대한 기각역은 $Z < -z_\alpha$이고, p-값$= P(Z < z_0)$이다. 따라서 모비율 p에 대한 가설검정을 [표 11-11]과 같이 요약할 수 있다.

[표 11-11] 모비율에 대한 검정 유형과 기각역 및 p-값

유의수준 α에서 귀무가설에 대한 가설검정은 다음과 같다.

검정 유형	양측검정	상단측검정	하단측검정
귀무가설	$H_0 : p = p_0$	$H_0 : p \le p_0$	$H_0 : p \ge p_0$
❶ 검정통계량	$Z = \dfrac{\hat{p} - p_0}{\sqrt{\dfrac{p_0 q_0}{n}}}$		
❷ 기각역	$Z < -z_{\alpha/2},\ Z > z_{\alpha/2}$	$Z > z_\alpha$	$Z < -z_\alpha$
❸ p-값	p-값 $= 2P(Z > \lvert z_0 \rvert)$	p-값 $= P(Z > z_0)$	p-값 $= P(Z < z_0)$
❹ 기각 여부	관찰값 z_0가 기각역 안에 놓이거나 p-값 $< \alpha$이면 H_0를 기각한다.		

예제 11-15

차세대 D램의 표준규격인 DDR5의 불량률은 0.6%라 한다. 이를 확인하기 위해 DDR5 500개를 임의로 선정하여 조사한 결과, 6개가 불량품이었다. 다음 물음에 답하라.

(a) DDR5의 불량률이 0.6%라는 주장을 유의수준 5%에서 검정하라.

(b) p-값을 구하고, 유의수준 5%에서 검정하라.

풀이

(a) ❶ 귀무가설 $H_0 : p = 0.006$과 대립가설 $H_1 : p \ne 0.006$을 설정한다.

❷ 유의수준 $\alpha = 0.05$에 대한 양측검정의 기각역은 $Z < -z_{0.025} = -1.96$, $Z > z_{0.025} = 1.96$이다.

❸ $n = 500$, $x = 6$이므로 $\hat{p} = \dfrac{6}{500} = 0.012$이고, 검정통계량 $Z = \dfrac{\hat{p} - 0.006}{\sqrt{\dfrac{0.006 \times 0.994}{500}}}$의 관찰값 $z_0 = \dfrac{0.012 - 0.006}{\sqrt{\dfrac{0.006 \times 0.994}{500}}} \approx 1.74$이다.

❹ 검정통계량의 관찰값 $z_0 \approx 1.74$는 기각역 안에 놓이지 않으므로 H_0를 기각할 수 없다.

(b) 검정통계량의 관찰값 $z_0 \approx 1.74$인 양측검정이므로 p-값은 다음과 같다.

$$p\text{-값} = 2P(Z > 1.74) = 2(1 - 0.9591) = 0.0818 > \alpha = 0.05$$

따라서 유의수준 5%에서 H_0를 기각할 수 없다. 즉 DDR5의 불량률이 0.6%라는 주장은 타당하다.

I Can Do 11-15

귀무가설 $H_0 : p \le 0.24$를 검정하기 위해 표본조사를 하여 표본비율 $\hat{p} = 0.28$을 얻었다. 표본의 크기가 다음과 같을 때, 유의수준 5%에서 귀무가설을 검정하라.

(a) 크기 150인 표본 (b) 크기 1000인 표본

두 모비율 차의 검정

모비율이 각각 p_1, p_2이고 독립인 두 모집단에서 각각 크기 n과 m인 표본을 선정할 때, n과 m이 충분히 크면 표본비율 차 $\hat{p}_1 - \hat{p}_2$는 다음 정규분포에 근사하는 것을 살펴보았다.

$$\frac{(\hat{p}_1 - \hat{p}_2) - (p_1 - p_2)}{\sqrt{\dfrac{p_1 q_1}{n} + \dfrac{p_2 q_2}{m}}} \approx N(0,\ 1)$$

이때 두 가지 형태의 귀무가설 $H_0 : p_1 - p_2 = 0$과 $H_0 : p_1 - p_2 = p_0 (\ne 0)$를 검정하는 방법을 살펴보자.

■ **$p_1 - p_2 = 0$에 대한 검정**

귀무가설 $H_0 : p_1 - p_2 = 0$, 즉 $H_0 : p_1 = p_2$를 검정할 때, $p_1 = p_2 = p$라 하면 표본비율 차 $\hat{p}_1 - \hat{p}_2$는 다음 정규분포에 근사한다.

$$Z = \frac{\hat{p}_1 - \hat{p}_2}{\sqrt{pq\left(\dfrac{1}{n} + \dfrac{1}{m}\right)}} \approx N(0,\ 1)$$

이때 p_1, p_2의 공통 값 p를 명확하게 알 수 없지만, 다음과 같이 정의하는 비율 $\hat{p}$에 의해 p를 추정한다.

$$\hat{p} = \frac{x + y}{n + m}$$

여기서 x와 y는 각각 두 표본에서 성공의 횟수를 나타내고, $\hat{p}$을 **합동표본비율** pooled sample proportion 이라 한다. 표본의 크기 n과 m이 충분히 크면 $\hat{p} \approx p$이고, 표본비율 차 $\hat{p}_1 - \hat{p}_2$는 다음과 같이 표준정규분포에 근사한다.

$$Z = \frac{\hat{p}_1 - \hat{p}_2}{\sqrt{\hat{p}\,\hat{q}\left(\dfrac{1}{n} + \dfrac{1}{m}\right)}} \approx N(0,\ 1)$$

귀무가설 $H_0 : p_1 = p_2$를 검정하기 위한 검정통계량은 다음과 같다.

$$Z = \frac{\hat{p}_1 - \hat{p}_2}{\sqrt{\hat{p}\,\hat{q}\left(\frac{1}{n} + \frac{1}{m}\right)}}$$

이제 Z-검정을 이용하여 두 표본비율의 차 $p_1 - p_2 = 0$에 대한 가설검정을 [표 11-12]와 같이 요약할 수 있다.

[표 11-12] 두 모비율 차 $p_1 - p_2 = 0$에 대한 검정 유형과 기각역 및 p-값

유의수준 α에서 귀무가설에 대한 가설검정은 다음과 같다.

검정 유형	양측검정	상단측검정	하단측검정
귀무가설	$H_0 : p_1 - p_2 = 0$	$H_0 : p_1 - p_2 \le 0$	$H_0 : p_1 - p_2 \ge 0$
❶ 검정통계량	$Z = \frac{\hat{p}_1 - \hat{p}_2}{\sqrt{\hat{p}\,\hat{q}\left(\frac{1}{n} + \frac{1}{m}\right)}}$, $\hat{p} = \frac{x+y}{n+m}$		
❷ 기각역	$Z < -z_{\alpha/2}$, $Z > z_{\alpha/2}$	$Z > z_\alpha$	$Z < -z_\alpha$
❸ p-값	p-값 $= 2P(Z > \lvert z_0 \rvert)$	p-값 $= P(Z > z_0)$	p-값 $= P(Z < z_0)$
❹ 기각 여부	관찰값 z_0가 기각역 안에 놓이거나 p-값 $< \alpha$이면 H_0를 기각한다.		

예제 11-16

자율주행 자동차가 오른쪽과 왼쪽에서 발생하는 움직임을 얼마나 감지할 수 있는지 알아보기 위해 실험했다. 자율주행 자동차의 오른쪽과 왼쪽에서 움직임 신호가 각각 100회씩 발생했을 때, 이 차량은 95회, 87회씩 신호를 감지했다. 이 자율주행 자동차가 움직임 신호를 감지하는 능력이 양방향에서 동일한지를 유의수준 5%에서 검정하라.

풀이

❶ 귀무가설과 대립가설은 각각 $H_0 : p_1 - p_2 = 0$, $H_1 : p_1 - p_2 \ne 0$이다.

❷ 유의수준 5%에서 양측검정이므로 기각역은 $Z < -1.96$ 또는 $Z > 1.96$이다.

❸ $n = 100$, $m = 100$, $x = 95$, $y = 87$이므로 $\hat{p} = \frac{95 + 87}{100 + 100} = 0.91$이고 검정통계량은 다음과 같다.

$$Z = \frac{\hat{p}_1 - \hat{p}_2}{\sqrt{(0.91)(0.09)\left(\frac{1}{100} + \frac{1}{100}\right)}}$$

$\hat{p}_1 = \frac{95}{100} = 0.95$, $\hat{p}_2 = \frac{87}{100} = 0.87$이므로 검정통계량의 관찰값은 다음과 같다.

$$z_0 = \frac{0.95 - 0.87}{\sqrt{(0.91)(0.09)\left(\frac{1}{100} + \frac{1}{100}\right)}} \approx 1.98$$

❹ 검정통계량의 관찰값 $z_0 = 1.98$은 기각역 안에 놓이므로 귀무가설을 기각한다. 즉 움직임 신호를 감지하는 능력이 양방향에서 동일하다는 주장은 타당성이 없다.

I Can Do 11-16

네이처 저널에 보고된 어느 논문에 의하면 여성보다 남성의 코로나19 감염 비율이 높다고 한다. 이를 확인하기 위해 남성 176명과 여성 201명을 대상으로 감염 여부를 조사한 결과 남성 50명과 여성 72명이 감염되었음을 알았다. 이 자료를 이용하여 논문의 주장이 타당한지 유의수준 5%에서 검정하라.

■ $p_1 - p_2 = p_0$에 대한 검정

이제 $p_0 \neq 0$에 대해 귀무가설 $H_0 : p_1 - p_2 = p_0$를 검정하는 방법을 살펴보자. 두 표본의 크기 n과 m이 충분히 크면 $p_1 \approx \hat{p}_1$, $p_2 \approx \hat{p}_2$이므로 $H_0 : p_1 - p_2 = p_0$에 대한 검정통계량은 다음과 같다.

$$Z = \frac{(\hat{p}_1 - \hat{p}_2) - p_0}{\sqrt{\frac{\hat{p}_1 \hat{q}_1}{n} + \frac{\hat{p}_2 \hat{q}_2}{m}}} \approx N(0,\ 1)$$

그러면 Z-검정을 이용하므로 모비율 차 $p_1 - p_2 = p_0$에 대한 가설검정은 다음과 같다.

[표 11-13] 두 모비율 차 $p_1 - p_2 = p_0$에 검정 유형과 기각역 및 p-값

유의수준 α에서 귀무가설에 대한 가설검정은 다음과 같다.

검정 유형	양측검정	상단측검정	하단측검정
귀무가설	$H_0 : p_1 - p_2 = p_0$	$H_0 : p_1 - p_2 \leq p_0$	$H_0 : p_1 - p_2 \geq p_0$
❶ 검정통계량	$Z = \frac{(\hat{p}_1 - \hat{p}_2) - p_0}{\sqrt{\frac{\hat{p}_1 \hat{q}_1}{n} + \frac{\hat{p}_2 \hat{q}_2}{m}}}$		
❷ 기각역	$Z < -z_{\alpha/2}$, $Z > z_{\alpha/2}$	$Z > z_\alpha$	$Z < -z_\alpha$
❸ p-값	p-값 $= 2P(Z > \lvert z_0 \rvert)$	p-값 $= P(Z > z_0)$	p-값 $= P(Z < z_0)$
❹ 기각 여부	관찰값 z_0가 기각역 안에 놓이거나 p-값 $< \alpha$이면 H_0를 기각한다.		

예제 11-17

[예제 11-16]에서 자율주행 자동차가 오른쪽과 왼쪽의 움직임 신호를 감지하는 능력에 1% 차가 있는지 유의수준 5%에서 검정하라.

풀이

❶ 귀무가설과 대립가설은 각각 $H_0 : p_1 - p_2 = 0.01$, $H_1 : p_1 - p_2 \neq 0.01$이다.

❷ 유의수준 5%에서 양측검정이므로 기각역은 $Z < -1.96$ 또는 $Z > 1.96$이다.

❸ 검정통계량 $Z = \dfrac{(\hat{p}_1 - \hat{p}_2) - 0.01}{\sqrt{\dfrac{\hat{p}_1 \hat{q}_1}{100} + \dfrac{\hat{p}_2 \hat{q}_2}{100}}}$이고, $\hat{p}_1 = 0.95$, $\hat{p}_2 = 0.87$이므로 검정통계량의 관찰값은 다음과 같다.

$$z_0 = \frac{(0.95 - 0.87) - 0.01}{\sqrt{\dfrac{(0.95)(0.05)}{100} + \dfrac{(0.87)(0.13)}{100}}} \approx 1.747$$

❹ 검정통계량의 관찰값 $z_0 \approx 1.747$은 기각역 안에 놓이지 않으므로 귀무가설을 기각할 수 없다. 즉 오른쪽과 왼쪽의 움직임 신호를 감지하는 능력에 1% 차가 있다는 주장은 타당하다.

I Can Do 11-17

구강청결제로 알려진 리스테린은 수술에 의해 세균에 감염되는 것을 방지하기 위해 사용되었다. 일반 수술실에서 수술받은 환자의 세균 감염 비율이 리스테린으로 처리된 수술실보다 3% 이상 높다는 주장을 검정하려고 한다. 각각의 수술실에서 환자 250명을 수술한 후 세균 감염 비율을 확인했더니 각각 3%, 1%였다고 한다. 유의수준 5%에서 일반 수술실의 감염 비율이 3% 이상 높다는 주장을 검정하라.

Section 11.6 적합도 검정

11.5절에서 두 모비율의 등가성, 즉 $p_1 = p_2$에 대한 주장을 검정하는 방법을 살펴보았다. 그런데 세 개 이상의 모비율에 대한 등가성을 검정하는 경우가 있다. 예를 들어 공정라인 세 군데에서 생산한 제품의 불량이 모두 동일한지 검정할 수 있다. 이 절에서는 여러 개의 모비율에 대한 등가성, 즉 $p_1 = p_2 = \cdots = p_k = p$를 검정하는 방법을 살펴본다.

이러한 검정 방법은 표본에서 얻은 관측값의 발생도수가 가설로 설정된 분포에서 얻은 관찰값의 기대도수에 어느 정도로 일치하는가를 검정하는 것이다. 예를 들어 주사위를 던져서 나온 눈의 수 i가 나온 비율 p_i가 동등한지 검정해보자. 만일 주사위가 공정하게 만들어졌다면, 주사위를 던져서 나온 눈의 수 X는 다음과 같은 이산균등분포를 따를 것이다.

$$f(x) = \frac{1}{6}, \quad x = 1,\ 2,\ 3,\ 4,\ 5,\ 6$$

따라서 주사위를 30번 던지면 각각의 눈이 5번씩 나올 것으로 기대된다. 이제 각각의 눈이 5번씩 나오는지 확인하기 위해 공정한 주사위를 30번 던져서 [표 11-14]를 얻었다고 하자.

[표 11-14] 주사위 눈의 기대도수와 관측도수

주사위 눈	1	2	3	4	5	6
기대도수	5	5	5	5	5	5
관측도수	4	6	5	7	3	5

주사위를 30번 던져서 나온 주사위 눈의 수와 같이 실험이나 관측을 통해 실제로 얻은 도수를 **관측도수**observed frequency라 하고, 이산자료의 각 범주가 형성하는 확률분포부터 각각의 범주가 이론적으로 나타날 것으로 기대되는 도수를 **기대도수**expected frequency라 한다. 적합도 검정은 관측도수가 이론적인 기대도수와 어느 정도 적합한지를 판정하는 것이다.

정의 11-4 적합도 검정

- **적합도**goodness of fit : 실험 또는 관찰로부터 얻은 관측도수와 기대도수가 어느 정도로 일치하는가를 나타내는 값
- **적합도 검정**goodness-of-fit test : 관측값들이 어느 정도로 이론적인 분포를 따르는지 검정하는 방법

주사위가 공정하게 만들어졌다면 30번 던질 때, 각각의 눈의 수 i가 나올 비율 p_i에 대해 다음과 같은 귀무가설을 설정할 수 있다.

$$H_0 : p_1 = p_2 = p_3 = p_4 = p_5 = p_6 = \frac{1}{6}$$

대립가설은 적어도 하나의 비율이 귀무가설을 만족하지 않는 경우이므로 다음과 같이 정의한다.

$$H_1 : H_0\text{가 아니다.}$$

범주의 개수가 k인 경우에 $k-1$개의 범주에 대한 도수를 알면 나머지 k번째 범주의 도수가 자동적으로 결정된다. 예를 들어 주사위를 30번 던져서 [표 11-14]와 같이 관측된다면, 1 ~ 5의 눈이 나온 횟수가 25번이므로 6의 눈이 나온 횟수는 자동으로 5번이다. 이와 같이 범주의 개수가 k이면 다음 통계량 V는 근사적으로 자유도 $k-1$인 카이제곱 분포를 따르는 것으로 알려져 있다.

$$V = \sum_{i=1}^{k} \frac{(o_i - e_i)^2}{e_i}$$

여기서 o_i는 i번째 범주에 대한 관측도수이고 e_i는 이론적인 기대도수를 나타낸다. 각 범주의 관측도수와 기대도수의 차가 작다면 검정통계량 V 값은 작아지고 이론적인 확률분포에 매우 근접한다. 관측도수와 기대도수의 차가 크다면 검정통계량 V 값은 커지고 이론적인 확률분포를 따르지 않는다. 즉 검정통계량 V의 관찰값 v_0가 작으면 귀무가설 H_0를 기각하지 않고, v_0가 크면 귀무가설 H_0를 기각한다. 따라서 적합도 검정의 기각역은 오른쪽 꼬리부분이고, 유의수준 α에 대한 기각역은 $V > \chi^2_\alpha(k-1)$이다. 이때 적합도 검정은 항상 상단측검정을 실시한다. 그러면 적합도 검정은 다음 절차에 따른다.

❶ 귀무가설 H_0와 대립가설 H_1을 설정한다.

❷ 유의수준 α에 대한 기각역은 $V > \chi^2_\alpha(k-1)$이다.

❸ 검정통계량 $V = \sum_{i=1}^{k} \frac{(o_i - e_i)^2}{e_i}$의 관찰값 v_0를 구한다.

❹ 관찰값 v_0가 기각역 안에 놓이면 귀무가설 H_0를 기각한다.

[표 11-14]를 이용하여 주사위 눈의 비율이 동일한지 유의수준 5%에서 검정해보자.

❶ 귀무가설과 대립가설은 각각 다음과 같다.

$$H_0 : p_1 = p_2 = p_3 = p_4 = p_5 = p_6 = \frac{1}{6}, \quad H_1 : H_0\text{가 아니다.}$$

❷ 범주의 개수가 6이므로 자유도 5인 카이제곱 분포에서 기각역은 $V \geq \chi^2_{0.05}(5) = 11.07$이다.

❸ 검정통계량 $V=\sum_{i=1}^{6}\frac{(o_i-e_i)^2}{e_i}$ 의 관찰값 v_0를 [표 11-15]와 같이 구한다.

[표 11-15] 주사위 눈에 대한 검정통계량의 관찰값

범주	관측도수(o_i)	비율(p)	기대도수 ($e_i=np_i$)	o_i-e_i	$(o_i-e_i)^2$	$\frac{(o_i-e_i)^2}{e_i}$
1	4	$\frac{1}{6}$	5	−1	1	0.2
2	6	$\frac{1}{6}$	5	1	1	0.2
3	5	$\frac{1}{6}$	5	0	0	0.0
4	7	$\frac{1}{6}$	5	2	4	0.8
5	3	$\frac{1}{6}$	5	−2	4	0.8
6	5	$\frac{1}{6}$	5	0	0	0.0
합계	–	–	–	–	–	$v_0=2.0$

❹ 검정통계량의 관찰값 $v_0=2$는 기각역 안에 놓이지 않으므로 귀무가설 H_0를 기각하지 않는다. 즉 각 주사위 눈의 비율이 동일하다는 근거가 충분하다.

이와 같이 확률분포를 알고 있다면 각 범주의 기대도수를 구할 수 있다. 반면에 확률분포를 모르고 귀무가설 $p_1=p_2=\cdots=p_k=p$에서 동등한 비율 p 값이 주어지지 않는다면 다음과 같은 합동표본비율 $\hat{p}$을 이용하여 기대도수를 구한다.

$$\hat{p}=\frac{x_1+x_2+\cdots+x_k}{n}$$

여기서 x_i는 i번째 범주의 관측도수이고 $n=n_1+\cdots+n_k$는 전체 관측도수이다. 그러면 i번째 범주의 기대도수는 다음과 같다.

$$e_i=n_i\hat{p}$$

예제 11-18

전기자동차 배터리 생산업체 네 군데가 납품한 배터리의 불량률이 동일한지 알아보기 위해 각 회사의 배터리를 조사하여 다음을 얻었다. 네 업체가 납품한 배터리의 불량률이 동일하다는 주장을 유의수준 5%에서 검정하라.

표본	A 업체	B 업체	C 업체	D 업체
배터리 개수	180	200	195	185
불량품 개수	5	8	6	4

풀이

❶ 업체별 불량률을 각각 p_1, p_2, p_3, p_4라 하면, 귀무가설과 대립가설은 각각 다음과 같다.

$$H_0 : p_1 = p_2 = p_3 = p_4, \quad H_1 : H_0\text{가 아니다.}$$

❷ 범주의 개수가 4이므로 기각역은 $V \ge \chi^2_{0.05}(3) = 7.81$이다.

❸ 합동표본비율은 다음과 같다.

$$\hat{p} = \frac{5+8+6+4}{180+200+195+185} \approx 0.03$$

따라서 각 업체의 불량 배터리에 대한 기대도수는 각각 다음과 같다.

$$180 \times 0.03 = 5.4,\ 200 \times 0.03 = 6,\ 195 \times 0.03 = 5.85,\ 185 \times 0.03 = 5.55$$

검정통계량 $V = \sum_{i=1}^{4} \frac{(o_i - e_i)^2}{e_i}$의 관찰값은 다음과 같다.

범주	관측도수(o_i)	비율(p)	기대도수 ($e_i = np_i$)	$o_i - e_i$	$(o_i - e_i)^2$	$\frac{(o_i - e_i)^2}{e_i}$
A	5	0.03	5.4	−0.4	0.16	0.030
B	8	0.03	6	2	4	0.667
C	6	0.03	5.85	0.15	0.0225	0.004
D	4	0.03	5.55	−1.55	2.4025	0.433
합계	–	–	–	–	–	1.133

❹ 검정통계량의 관찰값 $v_0 = 1.133$은 기각역 안에 놓이지 않으므로 귀무가설 H_0를 기각하지 않는다. 즉 네 회사의 불량률이 동일하다는 근거는 충분하다.

I Can Do 11-18

두통에 좋다고 알려진 네 가지 진통제의 효과를 비교하기 위해 두통 환자를 상대로 표본조사를 하여 다음을 얻었다. 네 가지 진통제의 효율이 동일한지 유의수준 2.5%에서 검정하라.

진통제	1	2	3	4
환자 수	50	82	46	62
치료자 수	37	43	39	55

Chapter 11 연습문제

연습문제 정답

1. $\sigma = 24$인 정규모집단에서 크기 50인 표본평균 $\bar{x}$와 유의수준 α가 다음과 같다고 하자. 주어진 검정 방법을 이용하여 귀무가설 $H_0 : \mu = 200$을 검정하라.

(a) $\bar{x} = 205$, $\alpha = 0.05$, $H_1 : \mu \neq 200$

(b) $\bar{x} = 191$, $\alpha = 0.01$, $H_1 : \mu < 200$

(c) $\bar{x} = 207$, $\alpha = 0.01$, $H_1 : \mu > 200$

2. 정규모집단에서 크기 25인 표본을 선정하여 표본표준편차 $s = 6$을 얻었다. 표본평균 $\bar{x}$와 유의수준 α가 다음과 같다고 하자. 주어진 검정 방법을 이용하여 귀무가설 $H_0 : \mu = 78$을 검정하라.

(a) $\bar{x} = 76$, $\alpha = 0.05$, $H_1 : \mu \neq 78$

(b) $\bar{x} = 75.5$, $\alpha = 0.01$, $H_1 : \mu < 78$

(c) $\bar{x} = 80$, $\alpha = 0.1$, $H_1 : \mu > 78$

3. 정규모집단에서 크기 1500인 표본을 선정했을 때, 표본비율 $\hat{p}$과 유의수준 α가 다음과 같다고 하자. 주어진 검정 방법을 이용하여 귀무가설 $H_0 : p = 0.38$을 검정하라.

(a) $\hat{p} = 0.35$, $\alpha = 0.01$, $H_1 : p \neq 0.38$

(b) $\hat{p} = 0.35$, $\alpha = 0.01$, $H_1 : p < 0.38$

(c) $\hat{p} = 0.4$, $\alpha = 0.05$, $H_1 : p > 0.38$

4. 정규모집단에서 크기 15인 표본을 선정했을 때, 표본분산 s^2과 유의수준 α가 다음과 같다고 하자. 주어진 검정 방법을 이용하여 귀무가설 $H_0 : \sigma^2 = 12$를 검정하라.

(a) $s^2 = 25$, $\alpha = 0.01$, $H_1 : \sigma^2 \neq 12$

(b) $s^2 = 5.6$, $\alpha = 0.05$, $H_1 : \sigma^2 < 12$

(c) $s^2 = 25$, $\alpha = 0.01$, $H_1 : \sigma^2 > 12$

5. 모분산이 $\sigma_1^2 = 6.2$, $\sigma_2^2 = 5.9$이고 독립인 두 정규모집단에서 각각 크기 25와 18인 표본을 추출하여 표본평균 $\bar{x} = 73.7$, $\bar{y} = 71.8$을 얻었다. p-값을 이용하여 다음 유의수준 α에서 귀무가설 $H_0 : \mu_1 = \mu_2$를 검정하라.

(a) $\alpha = 0.05$　　(b) $\alpha = 0.01$

6. 두 모분산이 동일하지만 알려지지 않은 독립인 두 정규 모집단에서 표본을 추출하여 오른쪽 표와 같은 결과를 얻었다. 주어진 유의수준에서 귀무가설을 검정하라.

	표본의 크기	표본평균	표본분산
표본 1	$n=7$	$\bar{x}=12.6$	$s_1^2=3.8$
표본 2	$m=6$	$\bar{y}=9.3$	$s_2^2=3.5$

(a) $\alpha=0.05$, $H_0: \mu_1-\mu_2=0$　　(b) $\alpha=0.01$, $H_0: \mu_1-\mu_2=0$

(c) $\alpha=0.05$, $H_0: \mu_1-\mu_2 \le 1$　　(d) $\alpha=0.01$, $H_0: \mu_1-\mu_2 \le 1$

7. 공정라인에서 생산한 저항기의 저항이 100Ω인지 확인하기 위해 크기 50인 표본을 조사하여 표본평균 $\bar{x}=99.3\,\Omega$을 얻었다. 과거 경험에 따르면 이 공정라인에서 생산한 저항기는 표준편차가 3Ω인 정규분포를 따른다고 한다. 이를 이용하여 이번에 생산한 저항기의 저항이 100Ω인지 유의수준 5%에서 검정하라.

8. 환한 곳에서 어두운 곳으로 이동한 후 눈이 적응하는 데 걸린 시간은 평균 8초라는 주장을 검정하려고 한다. 크기 30인 표본을 조사한 결과, 평균 적응 시간은 8.2초이고, 이 적응 시간은 표준편차가 0.5인 정규분포를 따른다고 한다. p-값을 이용하여 평균 적응 시간이 8초인지 유의수준 5%에서 검정하라.

9. 공정라인에서 생산하는 합금의 산화물 코팅 두께는 표준편차 2Å인 정규분포를 따른다고 한다. 임의로 선정한 36개 합금에 대한 평균 두께가 89.2Å이었다. 평균 두께가 90Å 이상이라는 주장을 유의수준 1%에서 검정하라.

10. 반도체 웨이퍼 제조공정에서 형성되는 산화막의 평균 두께가 12nm 이하인지 알아보기 위해 웨이퍼 25개를 선정하여 평균 두께 12.3nm를 얻었다. 산화막 두께가 표준편차 0.7nm인 정규분포를 따를 때, p-값을 이용하고 유의수준 5%와 1%에서 각각 평균 두께가 12nm 이하인지 검정하라.

11. 어느 의사는 당뇨병 환자의 이완기 혈압 평균은 143mmHg 이상이라 주장한다. 이 주장을 검정하기 위해 당뇨병 환자 40명의 혈압을 측정하여 평균 141.6mmHg를 얻었다. 예전 자료에 의하면 당뇨병 환자의 혈압은 표준편차 4.7mmHg인 정규분포를 따른다고 한다. 유의수준 2.5%에서 이 의사의 주장을 검정하라.

12. 어느 지자체는 이 도시의 평균 미세먼지(PM-10) 농도가 $50\mu g/m^3$이라 발표했다. 해당 발표를 검증하기 위해 이 도시의 16군데를 선정하여 미세먼지 농도를 측정한 결과를 오른쪽과 같은 결과를 얻었다. 지자체의 발표가 타당한지 유의수준 5%에서 검정하라. (단, 미세먼지 농도는 정규분포를 따른다.)

55	57	53	57	49	51	52	57
54	50	49	59	47	48	47	55

13. 어느 제약회사가 생산하는 향정신성 약물의 평균 반응 시간은 2.4분 이하라는 주장을 검정하려고 한다. 이 약물을 투여한 환자 12명을 대상으로 측정한 평균 반응 시간은 2.7분, 표준편차 0.5분이었다. 이 약물의 반응 시간이 정규분포를 따른다고 할 때, 이 제약회사의 주장을 유의수준 2.5%에서 검정하라.

14. 금속 실린더를 납품받는 어느 회사는 납품업체에 실린더 직경이 50mm 미만이라고 항의했다. 이 회사의 주장이 타당한지 확인하기 위해 임의로 선정한 실린더 15개의 직경을 조사하여 평균 49.8mm, 표준편차 0.3mm를 얻었다. 이 회사의 주장이 타당한지 유의수준 5%에서 검정하라.

15. 두 가지 종류의 강철판에 니켈 함량의 평균 차이가 있는지 알아보기 위해 강철판 16개와 25개를 선정하여 측정했더니 표본평균이 각각 $\bar{x} = 1.45$, $\bar{y} = 1.84$로 나타났다. 니켈 함량이 각각 표준편차 0.5와 0.8인 정규분포를 따를 때, 니켈 함량의 평균이 동일한지 유의수준 5%에서 검정하라.

16. 세척제 A와 B로 금속 부품을 세척하는 공정에서 제거되는 금속 두께의 차가 있는지 조사하고자 한다. 세척한 부품을 각각 40개씩 선정하여 제거된 금속 두께를 측정했더니 표본평균이 각각 $\bar{x} = 0.38$와 $\bar{y} = 0.26$이었다. 세척제 A에 의해 제거된 평균 두께가 더 크다는 주장을 p-값에 의해 유의수준 5%에서 검정하라. (단, 제거된 금속 두께는 $\sigma_1 = 0.5$, $\sigma_2 = 0.6$인 정규분포를 따른다.)

17. 축전기를 생산할 때 필수 재료인 PCB는 자연에 그대로 방류되면 매우 위험하다. PCB 공장이 밀집된 지역을 흐르는 하천의 상류와 하류에 서식하는 물고기를 25마리씩 채집하여 PCB 축적량을 검사했더니 평균이 각각 9.7과 10.4이었다. 두 지역의 PCB 노출이 동일한지 유의수준 5%에서 상단측검정하라. (단, 단위는 ppm이고, 상류와 하류 지역의 PCB는 표준편차가 각각 1.2, 1.8인 정규분포를 따른다.)

18. 두 촉매제의 평균 수율이 동일한지 알아보기 위해 표본조사를 하여 오른쪽 표와 같은 결과를 얻었다. 다음 경우에 두 평균 수율이 동일한지 유의수준 5%에서 검정하라. (단, 단위는 ksi이다.)

표본	표본의 크기	표본평균	표본표준편차
촉매제 1	14	94.2	3.3
촉매제 2	12	92.1	2.6

(a) 두 모분산이 동일한 정규분포를 따르는 경우

(b) 두 모분산이 서로 다르고 정규분포를 따르는 경우

19. 두 종류의 강판에 대한 평균 강도의 차가 2 이상인지 조사하기 위해 표본조사를 하여 오른쪽 표와 같은 결과를 얻었다. 다음 경우에 두 강판의 평균 강도 차이가 2 이상인지 유의수준 5%에서 검정하라. (단, 단위는 ksi이다.)

표본	표본의 크기	표본평균	표본표준편차
촉매제 1	12	28.8	5.5
촉매제 2	12	31.2	6.5

(a) 두 모분산이 동일한 정규분포를 따르는 경우

(b) 두 모분산이 서로 다르고 정규분포를 따르는 경우

20. 40대 남자는 40대 여자보다 혈압이 높다는 어느 내과 의사의 주장이 맞는지 확인하기 위해 표본 조사를 하여 오른쪽 표와 같은 결과를 얻었다. 다음 경우에 남자 혈압이 여자 혈압보다 높은지 유의수준 2%에서 검정하라.

표본	표본의 크기	표본평균	표본표준편차
남자	8	147	2.8
여자	6	143	3.3

(a) 두 모분산이 동일한 정규분포를 따르는 경우

(b) 두 모분산이 서로 다르고 정규분포를 따르는 경우

21. 어느 제약회사는 타사 감기약 A의 회복 기간보다 자사 감기약 B의 회복 기간이 더 짧은지 알아보려고 한다. 과거에 감기약 A를 복용한 환자 7명을 대상으로 회복 기간을 조사한 결과 다음 표를 얻었다. 유의수준 5%와 10%에서 각각 감기약 B의 회복 기간이 더 짧은지 검정하라. (단, 단위는 일이고, 감기약 A, B에 의한 회복 기간은 정규분포를 따른다.)

감기 환자	1	2	3	4	5	6	7
A의 회복 기간	8	6	7	6	8	9	10
B의 회복 기간	6	7	4	9	4	6	8

(a) 유의수준 5%　　　　(b) 유의수준 10%

22. 일산화탄소가 호흡에 미치는 영향을 조사하기 위해 7명의 피실험자를 선정했다. 피실험자를 일산화탄소에 노출된 방과 깨끗한 방에서 일정 시간 동안 머무르게 한 후 호흡수를 조사하여 다음 표를 얻었다고 하자. 두 환경에서 평균 호흡수의 차가 1 이하인지 유의수준 5%에서 상단측검정하라. (단, 단위는 회이고, 모집단은 정규분포를 따른다.)

피실험자	1	2	3	4	5	6	7
일산화탄소에 노출된 방	45	43	32	27	37	49	47
깨끗한 방	44	41	29	27	34	45	46

23. 어느 회사는 자사 저항기가 표준편차 1.5Ω인 정규분포를 따른다고 주장한다. 이 회사의 주장을 검정하기 위해 저항기 17개를 임의로 선정하여 조사한 결과 표준편차 1.1Ω을 얻었다. 이 회사에서 생산하는 저항기의 표준편차가 1.5Ω인지 유의수준 5%에서 검정하라.

24. 어느 제약회사는 특정 약품의 융점이 분산 0.5 이하인 정규분포를 따른다고 주장한다. 이 주장을 확인하기 위해 크기 11인 표본을 조사하여 표본분산 $s^2 = 0.95$를 얻었다. 이 약품의 융점에 대한 주장을 유의수준 5%에서 검정하라.

25. 화학 공정에서 A와 B 촉매제 수율의 분산의 차가 있는지 조사하고자 한다. A 촉매제 13개와 B 촉매제 8개를 임의로 선정하여 조사한 결과, 표준편차가 각각 2.4와 3.1이었다. 두 촉매제 수율의 분산이 동일한지 유의수준 5%에서 검정하라. (단, 수율은 정규분포를 따른다.)

26. 흡연자의 혈장에 포함된 아스코르브산 농도의 표준편차가 비흡연자에 비해 낮은지 살펴보려고 한다. 이를 위해 흡연자를 8명씩 선정하여 아스코르브산 농도를 측정한 결과, 분산이 각각 $s_1^2 = 0.04$, $s_2^2 = 0.09$이었다. 흡연자와 비흡연자의 혈장에 포함된 아스코르브산 농도의 표준편차가 동일한지 유의수준 5%에서 검정하라. (단, 농도는 정규분포를 따르고, 단위는 μmol/L이다.)

27. 어떤 제품의 불량률을 조사하기 위해 다음과 같은 표본조사 결과를 얻었다. 불량품 비율이 4%라는 생산자의 주장을 유의수준 5%에서 검정하라.

(a) 100개 중 6개가 불량품 (b) 1000개 중 60개가 불량품

28. 로봇이 제조한 자동차의 불량률이 3% 이하라는 주장을 확인하기 위해 자동차 250대를 조사했더니 13대가 불량품이었다. 불량률이 3% 이하라는 주장을 유의수준 5%에서 검정하라.

29. 미사일 방어체계를 위해 고안된 어떤 레이더 장치는 400회의 시뮬레이션에서 비행체를 368회 폭파하는데 성공했다. 이 레이더 장치가 비행체를 폭파할 확률이 90%를 초과하는지 유의수준 5%에서 검정하라.

30. 두 회사 A와 B에서 생산하는 DDR5의 불량률이 동일한지 알아보기 위해 크기 250인 표본조사를 한 결과, 불량품을 각각 3개와 9개 발견했다. 두 회사에서 생산하는 DDR5의 불량률이 동일한지 유의수준 5%에서 검정하라.

31. 어느 신종 전염병에 대해 어린이와 노인의 감염률이 동일한지 알아보기 위해 각각 어린이 250명과 노인 100명을 선정하여 감염 여부를 조사했다. 어린이 101명과 노인 52명이 신종 전염병에 감염되었을 때, p-값을 이용하여 감염률이 동일한지 유의수준 5%에서 검정하라.

32. 신형 휴대전화가 구형에 비해 낙하로 인해 손상될 비율이 낮다는 주장을 확인하려고 한다. 신형과 구형 휴대전화를 각각 200개씩 선정하고 1m 높이에서 떨어뜨리는 실험을 시행한 결과, 각각 신형 52개와 구형 67개에 손상이 생겼음을 확인했다. 신형 휴대전화가 구형에 비해 낙하로 인해 손상될 비율이 낮다는 주장을 유의수준 5%에서 검정하라.

33. 오른쪽 표는 어느 도시에서 자동차로 출퇴근할 때 발생하는 접촉사고 이상 교통사고 비율이 요일별로 동일한지 알아보기 위해 요일별 사고 건수를 조사한 결과이다. 요일별 사고율이 동일한지 유의수준 5%에서 검정하라.

요일	월	화	수	목	금
교통사고 건수	5	4	3	2	8

34. 어떤 방사성 물질이 방출하는 감마선이 초당 평균 4개인 푸아송 분포를 따르는지 검정하려고 한다. 이를 알아보기 위해 방사성 물질 200개를 대상으로 1초 동안 방출하는 감마선 수를 측정하여 다음을 얻었다. 이 방사성 물질이 방출하는 감마선 수가 푸아송 분포를 따르는지 유의수준 5%에서 검정하라.

감마선 수	0개	1개	2개	3개	4개	5개	6개	7개 이상
관찰도수	6	11	22	41	35	32	28	25

Chapter 12

선형회귀분석

Linear Regression Analysis

||| 목차 |||

||| 학습목표 |||

- 선형회귀분석의 의미를 이해할 수 있다.
- 회귀계수에 대한 구간추정을 할 수 있다.
- 회귀계수에 대한 가설을 검정할 수 있다.

Section

12.1 회귀분석 개요

쌍으로 주어지는 자료 값은 독립변수와 종속변수 관계로 구성되는 경우가 대단히 많다. 인공지능 분야 중 하나인 신경망 알고리즘은 무수히 많은 독립변수로부터 어떤 결괏값을 예측하는 함수관계로 생각할 수 있다. 또 여러 분야에서는 예측모형의 입력변수가 출력변수에 어떻게 영향을 주는지 확인하려는 연구가 이루어지고 있다. 특히 선형회귀분석은 독립변수와 종속변수가 선형적인 관계가 있다는 가정을 하며, 입력변수의 중요도를 확인하기 위해 회귀계수를 이용한다.[1] 현재 통계학과 인공지능의 응용 분야 중 하나인 딥러닝은 전통적인 통계학 기법에 비해 예측 성능이 훨씬 더 우수해졌으며, 다양한 연구 결과가 이를 뒷받침한다. 이 절에서는 회귀분석을 간단하게 살펴본다.

회귀분석

예를 들어 어느 화학공정에서 공정온도에 따른 수율 변화를 조사하여 [표 12-1]을 얻었다고 하자.

[표 12-1] 온도에 따른 수율의 변화

온도(℃)	84	97	104	106	113	115	117	120
수율(%)	83.6	81.8	86.3	90.4	96.7	98.4	98.6	96.2

이때 [그림 12-1(a)]와 같이 온도와 수율의 관계에 대한 산점도를 그릴 수 있다. 특히 [그림 12-1(b)]와 같이 독립변수인 온도(x)와 종속변수인 수율(y) 사이의 관계를 나타내는 가장 적합한 직선이나 곡선(추세선)을 그릴 수 있다면 알려지지 않은 온도에 대한 수율을 예측할 수 있다.

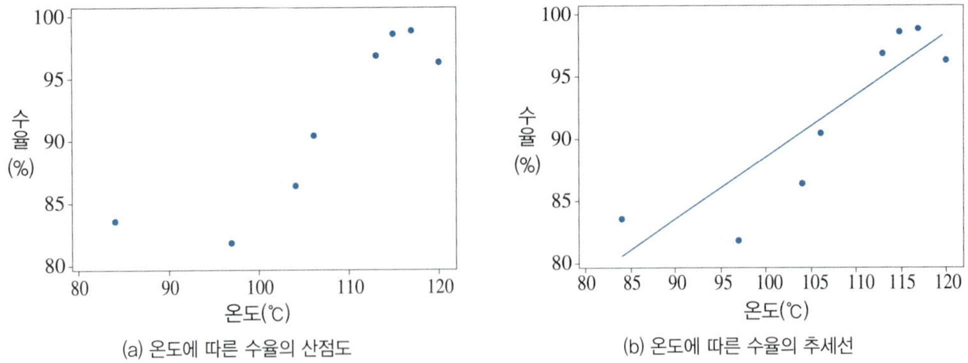

[그림 12-1] 온도에 따른 수율의 산점도와 추세선

1 김승환, 전성해, 딥러닝의 변수 중요도를 이용한 인공지능 기술 분석, Journal of Korean Institute of Intelligent Systems, Vol. 29, No. 1, February 2019, pp. 70-75

온도와 수율을 나타내는 독립변수와 종속변수를 각각 다음과 같이 정의한다.

정의 12-1 설명변수와 반응변수

- **설명변수**explanatory variable : 다른 변수에 영향을 미치는 변수
- **반응변수**response variable : 설명변수의 변화에 영향을 받는 변수

쉽게 말해, 설명변수는 독립변수이고 반응변수는 종속변수이다. 이와 같이 설명변수 x 와 반응변수 y 사이의 관계를 통계적으로 분석하는 방법을 **회귀분석**regression analysis이라 하고, 이 두 변수 사이에 성립하는 함수관계를 **회귀방정식**regression equation이라 한다. 설명변수의 개수에 따라 [정의 12-2]와 같이 구분한다.

정의 12-2 설명변수의 개수에 따른 회귀분석

- **단순회귀분석**simple regression analysis : 설명변수와 반응변수가 각각 하나인 회귀분석
- **다중회귀분석**multiple regression analysis : 설명변수가 두 개 이상이고 반응변수가 하나인 회귀분석

특히 단순회귀분석에서 [그림 12-1(b)]의 추세선과 같이 두 변수의 관계가 선형함수로 표현될 때, 이 함수를 나타내는 직선을 **회귀직선**regression straight line이라 한다. 이때 회귀직선은 y 절편과 기울기에 의해 결정된다. 쌍으로 이루어진 자료 값 (x, y) 사이의 선형적 관계를 나타내는 가장 적합한 회귀직선을 추론하는 방법을 **단순선형회귀분석**simple linear regression analysis이라 한다.

오차분산

설명변수 x 에 대한 반응변수 y 값을 정교하게 측정하더라도 여러 가지 요인에 의해 측정오차가 발생할 수 있다. 반응변수 y 는 설명변수 x 와 오차 ε 에 대해 다음 관계식이 성립한다.

$$y = \beta_0 + \beta_1 x + \varepsilon$$

여기서 β_0와 β_1을 **회귀계수**regression coefficient, ε을 **오차항**random error term이라 한다. 측정오차가 $\varepsilon = 0$이면 두 변수 사이에 명확한 선형관계가 성립하며 확률적인 요소를 생각할 필요가 없다. 그러나 측정오차가 $\varepsilon \neq 0$이면 설명변수 x 가 주어졌을 때 확률적으로 발생하는 여러 가지 요인에 의해 반응변수 y 는 확률적으로 변화가 발생한다. 이때 오차항 ε 에 대해 다음을 가정한다.

❶ 모든 오차항 ε 의 평균은 0이다. 즉 $E(\varepsilon_i | X = x_i) = 0$, $i = 1, 2, \cdots, n$이다.

❷ 모든 오차항 ε 의 분산은 σ^2이다. 즉 $Var(\varepsilon_i) = \sigma^2$, $i = 1, 2, \cdots, n$이다.

❸ ε_i, $i = 1, 2, \cdots, n$은 독립이다.

❹ ε_i는 정규분포를 따른다.

여기서 ε_i는 i 번째 설명변수 x_i를 측정할 때 발생하는 측정오차이고 오차항 ε의 분산 σ^2을 **오차분산** error variance이라 한다. 그러면 $X = x$일 때 Y의 평균과 분산은 각각 다음과 같다.

- 평균 : $E(Y|X = x_i) = E(\beta_0 + \beta_1 x_i + \varepsilon_i) = \beta_0 + \beta_1 x_i + E(\varepsilon_i)$
  $= \beta_0 + \beta_1 x_i$
- 분산 : $Var(Y|X = x_i) = Var(\beta_0 + \beta_1 x_i + \varepsilon_i) = Var(\beta_0 + \beta_1 x_i) + Var(\varepsilon_i) = 0 + \sigma^2$
  $= \sigma^2$

특히 ε_i가 정규분포를 따르므로 $X = x_i$일 때 반응변수 Y_i는 다음과 같은 정규분포를 따른다.

$$Y_i | x_i \sim N(\beta_0 + \beta_1 x_i, \sigma^2), \quad i = 1, 2, \cdots, n$$

따라서 설명변수 값 x_i에 대한 반응변수 값 y_i는 [그림 12-2]와 같이 $X = x_i$일 때 정규분포를 따르는 반응변수 Y_i가 취하는 다양한 값 중에서 관찰된 값으로 생각할 수 있다. 이 경우에 반응변수 Y_i의 기댓값은 다음과 같이 x_i의 일차함수로 설명된다.

$$E(Y_i | x_i) = \beta_0 + \beta_1 x_i$$

즉 오차분산이 $\sigma^2 \approx 0$일 때, 측정값 (x_i, y_i)는 회귀직선 $y = \beta_0 + \beta_1 x$에 더욱 가까워진다.

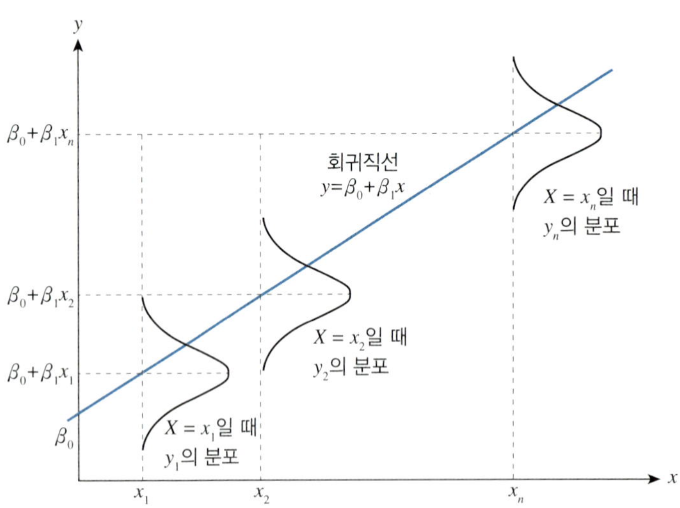

[그림 12-2] $X = x_i$일 때 종속변수 Y_i의 확률분포

예제 12-1

어떤 화학반응에서 촉매의 양 x 에 대한 화학물질의 생성량 Y 의 평균은 $E(Y|x) = 30 + 4x$, $0 < x < 20$ 이고 오차분산은 $\sigma^2 = 5$ 라 한다. 촉매의 양이 10일 때, 다음을 구하라.

(a) $P(Y < 67)$

(b) $P(66 < Y < 74)$

풀이

$x = 10$ 일 때 Y 는 평균 $E(Y|x = 10) = 30 + 4 \times 10 = 70$ 이고, 분산 $\sigma^2_{Y|x=10} = 5$ 인 정규분포를 따른다.

(a) $$P(Y < 67) = P\left(Z < \frac{67 - 70}{\sqrt{5}}\right) \approx P(Z < -1.34) = 1 - P(Z < 1.34) = 1 - 0.9099 = 0.0901$$

(b) $$P(66 < Y < 74) = P\left(\frac{66 - 70}{\sqrt{5}} < Z < \frac{74 - 70}{\sqrt{5}}\right) \approx P(-1.79 < Z < 1.79) = 2P(Z < 1.79) - 1 = 2 \times 0.9633 - 1 = 0.9266$$

I Can Do 12-1

몸무게 x 에 대한 수축기 혈압 Y 의 평균은 $E(Y|x) = -290 + 5.4x$, $75 \le x \le 90$ 이고 오차분산은 $\sigma^2 = 8$ 이라 한다. 몸무게가 80일 때, $P(136 < Y < 148)$ 을 구하라.

Section
12.2 선형회귀분석

단순선형회귀분석은 관찰값 $(x_1,\ y_1)$, $(x_2,\ y_2)$, $\cdots$, $(x_n,\ y_n)$을 이용하여 다음 회귀직선을 추정하거나 가설을 검정한다.

$$y = \beta_0 + \beta_1 x$$

즉 단순선형회귀분석은 최적의 회귀계수 β_0과 β_1을 추정하거나 가설을 검정하는 것이다.

최소제곱법

최적의 회귀계수 β_0와 β_1을 구할 때 오차제곱합 $\sum \varepsilon_i^2$을 최소로 만드는 회귀계수를 구하는 방법을 가장 많이 사용한다. 이때 오차 ε_i는 [그림 12-3]과 같이 x_i 각각에 대해 관찰값 y_i와 회귀직선의 추정값 $\hat{y}_i = \beta_0 + \beta_1 x_i$의 차를 나타낸다. 회귀직선은 오차제곱 $(y_i - \hat{y}_i)^2$의 합을 최소로 하는 직선으로 선택한다. 다음과 같은 오차제곱합이 최소일 때의 β_0와 β_1을 구함으로써 회귀직선을 얻는 방법을 **최소제곱법**least squares method이라 한다.

$$S = \sum_{i=1}^{n} \varepsilon_i^2 = \sum_{i=1}^{n} [y_i - (\hat{\beta}_0 + \hat{\beta}_1 x_i)]^2$$

최소제곱법에 의해 얻은 직선 $\hat{y} = \hat{\beta}_0 + \hat{\beta}_1 x$를 **추정회귀직선**estimated regression line이라 한다.

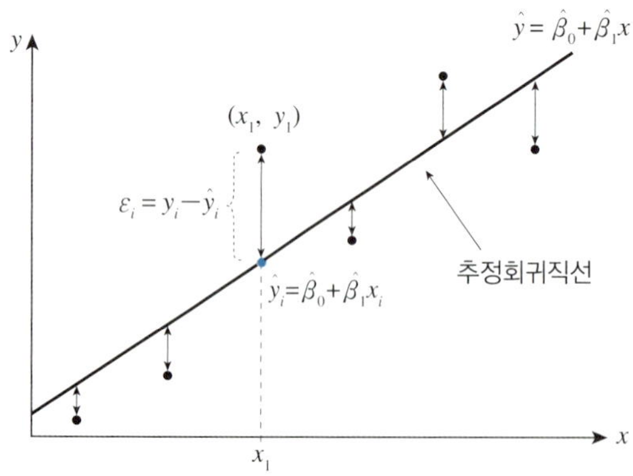

[그림 12-3] 추정회귀직선과 오차

최소제곱법에 의해 오차제곱합 S를 최소로 하는 β_0, β_1을 구하기 위해 다음과 같이 S를 각각 $\hat{\beta}_0$, $\hat{\beta}_1$에 대해 편미분한다.

$$\frac{\partial S}{\partial \hat{\beta}_0} = -2\sum_{i=1}^{n}[y_i - (\hat{\beta}_0 + \hat{\beta}_1 x_i)], \quad \frac{\partial S}{\partial \hat{\beta}_1} = -2\sum_{i=1}^{n} x_i [y_i - (\hat{\beta}_0 + \hat{\beta}_1 x_i)]$$

이 결과를 모두 0이라 놓으면 $\hat{\beta}_0$과 $\hat{\beta}_1$은 다음 연립방정식의 해이고, 이 방정식을 **정규방정식**normal equation이라 한다.

$$\sum_{i=1}^{n} y_i = n\hat{\beta}_0 + \hat{\beta}_1 \sum_{i=1}^{n} x_i, \quad \sum_{i=1}^{n} x_i y_i = \hat{\beta}_0 \sum_{i=1}^{n} x_i + \hat{\beta}_1 \sum_{i=1}^{n} x_i^2$$

이 정규방정식의 해 $\hat{\beta}_0$과 $\hat{\beta}_1$은 각각 다음과 같다.

$$\hat{\beta}_1 = \frac{\sum (x_i - \overline{x})(y_i - \overline{y})}{\sum (x_i - \overline{x})^2} = \frac{S_{xy}}{S_{xx}}$$

$$\hat{\beta}_0 = \frac{1}{n}\sum y_i - \hat{\beta}_1 \frac{1}{n}\sum x_i = \overline{y} - \hat{\beta}_1 \overline{x}$$

따라서 오차제곱합 S를 최소로 하는 β_0, β_1의 추정값 $\hat{\beta}_0$, $\hat{\beta}_1$은 다음과 같이 간단히 정리할 수 있다.

- 회귀직선의 기울기 추정값 : $\hat{\beta}_1 = \dfrac{S_{xy}}{S_{xx}}$
- 회귀직선의 y 절편 추정값 : $\hat{\beta}_0 = \overline{y} - \hat{\beta}_1 \overline{x}$

여기서 S_{xy}와 S_{xx}는 각각 다음과 같다.

$$S_{xy} = \sum_{i=1}^{n}(x_i - \overline{x})(y_i - \overline{y}) = \sum_{i=1}^{n} x_i y_i - \frac{1}{n}\left(\sum_{i=1}^{n} x_i\right)\left(\sum_{i=1}^{n} y_i\right)$$

$$S_{xx} = \sum_{i=1}^{n}(x_i - \overline{x})^2 = \sum_{i=1}^{n} x_i^2 - \frac{1}{n}\left(\sum_{i=1}^{n} x_i\right)^2$$

회귀직선의 기울기와 y 절편의 추정값을 이용하면 회귀직선을 다음과 같이 추정할 수 있고, 이 방정식은 6.3절에서 구한 회귀함수와 일치한다.

$$\hat{y} = \hat{\beta}_0 + \hat{\beta}_1 x = \overline{y} + \hat{\beta}_1 (x - \overline{x})$$

예제 12-2

[표 12-1]의 온도에 따른 수율의 변화에 대한 추정회귀직선을 구하고, 100℃에서 수율을 추정하라.

풀이

번호	x_i	y_i	$x_i-\bar{x}$	$y_i-\bar{y}$	$(x_i-\bar{x})^2$	$(x_i-\bar{x})(y_i-\bar{y})$
1	84	83.6	−23	−7.9	529	181.7
2	97	81.8	−10	−9.7	100	97
3	104	86.3	−3	−5.2	9	15.6
4	106	90.4	−1	−1.1	1	1.1
5	113	96.7	6	5.2	36	31.2
6	115	98.4	8	6.9	64	55.2
7	117	98.6	10	7.1	100	71
8	120	96.2	13	4.7	169	61.1
합계	856	732	0	0	1008	513.9

위 표에서 $\bar{x}=\dfrac{856}{8}=107$, $\bar{y}=\dfrac{732}{8}=91.5$이고

$$S_{xx}=\sum_{i=1}^{8}(x_i-107)^2=1008,\quad S_{xy}=\sum_{i=1}^{8}(x_i-107)(y_i-91.5)=513.9$$

이다. $\hat{\beta}_0$과 $\hat{\beta}_1$ 값은 각각 다음과 같다.

$$\hat{\beta}_1=\frac{S_{xy}}{S_{xx}}=\frac{513.9}{1008}\approx 0.5098$$

$$\hat{\beta}_0=\bar{y}-\hat{\beta}_1\bar{x}=91.5-0.5098\times 107\approx 36.9491$$

따라서 추정회귀직선은 $\hat{y}=\hat{\beta}_0+\hat{\beta}_1 x=36.9491+0.5098x$이다. 또 $x=100$에 대한 수율의 추정값은 $\hat{y}\big|_{x=100}=36.9491+0.5098\times 100\approx 87.9$이다.

I Can Do 12-2

다음 표는 산모의 양수에 포함된 납의 농도와 신생아의 혈액에 포함된 납의 농도를 나타낸 것이다. 산모의 양수에 포함된 납에 대한 신생아의 혈액에 포함된 납의 변화를 나타내는 추정회귀직선을 구하라. 또 산모의 양수에 포함된 납의 농도가 9일 때, 신생아 혈액에 포함된 납의 농도를 추정하라.

(단위 : μg/dL)

산모	8.7	8.6	6.2	5.9	8.1	7.5	6.5	6.9
신생아	2.08	1.97	1.36	1.32	1.63	1.61	1.42	1.57

오차분산의 추정

앞에서 오차항은 독립이고 $\varepsilon_i \sim N(0, \sigma^2)$, $i = 1, 2, \cdots, n$이라 가정했으며, 오차분산 σ^2이 작을수록 측정값 (x_i, y_i)는 추정회귀직선 $\hat{y} = \hat{\beta}_0 + \hat{\beta}_1 x$에 더 가까워진다. 따라서 오차분산 σ^2은 회귀계수 β_0, β_1과 더불어 표본에서 추정해야 할 주요한 모수 중 하나이다. 이제 오차분산을 추정하기 위해 x_i에 대한 추정값 $\hat{y}_i$와 실제 관측값 y_i 사이의 오차제곱합을 살펴본다. 오차 $\varepsilon_i = y_i - \hat{y}_i$, $i = 1, 2, \cdots, n$의 제곱을 모두 더한 합을 **오차제곱합**(SSE)sum of squares for error이라 하고, 다음과 같다.

$$\text{SSE} = \sum_{i=1}^{n} \varepsilon_i^2 = \sum_{i=1}^{n} (y_i - \hat{y}_i)^2 = \sum_{i=1}^{n} [y_i - (\hat{\beta}_0 + \hat{\beta}_1 x_i)]^2$$

이때 오차제곱합의 기댓값은 $E(\text{SSE}) = (n-2)\sigma^2$인 것을 쉽게 보일 수 있다. 오차분산 σ^2의 불편추정량 $\hat{\sigma}^2$은 다음과 같고, 이 척도를 **평균제곱오차**(MSE)mean square error라 한다.

$$\text{MSE} = \hat{\sigma}^2 = \frac{\text{SSE}}{n-2} = \frac{1}{n-2} \sum_{i=1}^{n} [y_i - (\hat{\beta}_0 + \hat{\beta}_1 x_i)]^2$$

또 $\hat{\beta}_0 = \overline{y} - \hat{\beta}_1 \overline{x}$ 이므로 $y_i - (\hat{\beta}_0 + \hat{\beta}_1 x_i)$는 다음과 같이 표현할 수 있다.

$$y_i - (\hat{\beta}_0 + \hat{\beta}_1 x_i) = (y_i - \overline{y}) - \hat{\beta}_1 (x_i - \overline{x})$$

$S_{yy} = \sum (y_i - \overline{y})^2$ 이라 하면 $\hat{\beta}_1 = \dfrac{S_{xy}}{S_{xx}}$ 이므로 SSE를 다음과 같이 간단히 표현할 수 있다.

$$\begin{aligned}
\text{SSE} &= \sum_{i=1}^{n} [y_i - (\hat{\beta}_0 + \hat{\beta}_1 x_i)]^2 = \sum_{i=1}^{n} [(y_i - \overline{y}) - \hat{\beta}_1 (x_i - \overline{x})]^2 \\
&= \sum_{i=1}^{n} (y_i - \overline{y})^2 - 2\hat{\beta}_1 \sum_{i=1}^{n} (x_i - \overline{x})(y_i - \overline{y}) + \hat{\beta}_1^2 \sum_{i=1}^{n} (x_i - \overline{x})^2 \\
&= S_{yy} - 2\frac{S_{xy}^2}{S_{xx}} + \left(\frac{S_{xy}}{S_{xx}}\right)^2 S_{xx} \\
&= S_{yy} - \frac{S_{xy}^2}{S_{xx}} = S_{yy} - \hat{\beta}_1 S_{xy}
\end{aligned}$$

오차분산 σ^2에 대한 불편추정량 MSE는 다음과 같고, $n-2$는 SSE의 자유도이다.

$$\text{MSE} = \hat{\sigma}^2 = \frac{\text{SSE}}{n-2} = \frac{1}{n-2} (S_{yy} - \hat{\beta}_1 S_{xy})$$

결정계수

최소제곱법으로 구한 추정회귀직선이 어느 정도 적합한지를 나타내는 척도를 구하기 위해 총제곱합과 회귀제곱합을 살펴본다. 반응변수 y_i와 그 평균 $\overline{y}$의 차 $y_i - \overline{y}$를 **총편차**total deviation라 하고, 총편차의 제곱합을 **총제곱합**total sum of squares(SST)이라 한다. 총제곱합을 식으로 나타내면 다음과 같다.

$$SST = \sum_{i=1}^{n}(y_i - \overline{y})^2$$

총제곱합은 반응변수 Y의 총 변동성을 나타내며 자료가 주어지면 회귀모형에 관계없이 일정한 값을 나타낸다. 총편차는 오차항으로 설명되는 부분 $y_i - \hat{y}_i$과 회귀직선으로 설명되는 부분인 $\hat{y}_i - \overline{y}$의 합으로 분해할 수 있고, [그림 12-4]와 같다.

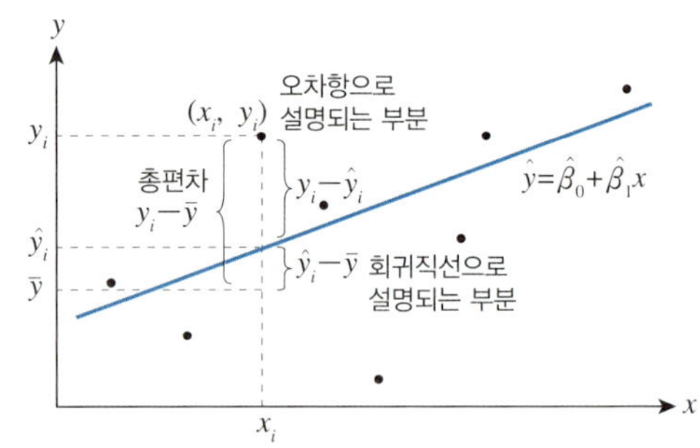

[그림 12-4] 총편차의 분해

즉 각각의 총편차는

$$y_i - \overline{y} = (y_i - \hat{y}_i) + (\hat{y}_i - \overline{y})$$

이므로 총제곱합 SST는 다음과 같다.

$$\begin{aligned}\sum_{i=1}^{n}(y_i - \overline{y})^2 &= \sum_{i=1}^{n}[(y_i - \hat{y}_i) + (\hat{y}_i - \overline{y})]^2 \\ &= \sum_{i=1}^{n}(y_i - \hat{y}_i)^2 + \sum_{i=1}^{n}(\hat{y}_i - \overline{y})^2 + 2\sum_{i=1}^{n}(y_i - \hat{y}_i)(\hat{y}_i - \overline{y})\end{aligned}$$

마지막 항은 회귀계수 $\hat{\beta}_0 = \overline{y} - \hat{\beta}_1\overline{x}$를 이용하면 0이 되므로 SST는 다음과 같이 두 제곱합으로 분해된다.

$$SST = \sum_{i=1}^{n}(y_i - \hat{y}_i)^2 + \sum_{i=1}^{n}(\hat{y}_i - \overline{y})^2$$

그러면 [그림 12-4]와 같이 $\sum_{i=1}^{n}(y_i - \hat{y}_i)^2$은 오차항에 의한 오차제곱합이고, $\sum_{i=1}^{n}(\hat{y}_i - \overline{y})^2$은 회귀직선에 의해 설명되는 부분으로 **회귀제곱합**sum of squares for regression(SSR)이라 한다. 따라서 총제곱합은 오차제곱합과 회귀제곱합으로 표현된다.

$$SST = SSE + SSR$$

이때 오차분산이 작을수록 측정값 $(x_i,\ y_i)$가 추정회귀직선에 더 가깝게 분포하므로 SSE가 작을수록(또는 SSR이 커질수록) 회귀모형이 자료들을 잘 설명한다.

총제곱합 중에서 회귀제곱합이 차지하는 비율을 **결정계수** coefficient of determination라 하고, 다음과 같이 정의한다.

$$R^2 = \frac{\text{SSR}}{\text{SST}} = 1 - \frac{\text{SSE}}{\text{SST}}$$

결정계수는 다음과 같은 성질이 있다.

❶ 결정계수는 회귀모형의 적합도를 나타낸다.
❷ 회귀직선으로 설명되는 종속변수 y에 대한 총 변동성의 비율로 0과 1 사이의 값이다.
❸ 표본상관계수의 제곱과 일치한다.
❹ SSE가 작아질수록 R^2이 커지고, SSE가 SST에 가까울수록 R^2이 0에 가까워진다.
❺ $R^2 \approx 1$이면 회귀모형은 거의 완전하고, $R^2 \approx 0$이면 회귀모형은 매우 나쁘다.

특히 $\text{SST} = \sum(y_i - \overline{y})^2 = S_{yy}$이고, $\text{SSE} = S_{yy} - \hat{\beta}_1 S_{xy}$이므로 결정계수를 다음과 같다.

$$R^2 = \hat{\beta}_1 \frac{S_{xy}}{S_{yy}}$$

예제 12-3

[표 12-1]의 온도에 따른 수율의 변화에 대해 다음을 구하라.

(a) 오차분산 σ^2에 대한 추정량 MSE　　　(b) 결정계수 R^2

풀이

(a) $\overline{y} = 91.5$이므로 $S_{yy} = \sum_{i=1}^{8}(y_i - 91.5)^2 = 331.9$이다. 따라서 σ^2에 대한 추정량은 $\text{MSE} = \frac{1}{6}(331.9 - 0.5098 \times 513.9) \approx 11.6505$이다.

(b) 결정계수는 $R^2 = \hat{\beta}_1 \frac{S_{xy}}{S_{yy}} = \frac{0.5098 \times 513.9}{331.9} \approx 0.7894$이다.

I Can Do 12-3

[I Can Do 12-2]의 자료에 대해 다음을 구하라.

(a) 오차분산 σ^2에 대한 추정량 MSE　　　(b) 결정계수 R^2

Section 12.3 회귀계수의 구간추정

지금까지 회귀계수와 오차분산의 추정값을 이용한 선형회귀직선의 추정과 회귀직선의 적합도를 구했다. 이 절에서는 오차분산 σ^2이 알려진 경우와 알려지지 않은 경우에 대해 모회귀계수 β_0와 β_1의 신뢰구간을 구하는 방법을 살펴본다.

오차분산 σ^2이 알려진 경우

오차분산 σ^2이 알려진 경우에 회귀계수의 추정량 $\hat{\beta}_0$, $\hat{\beta}_1$이 각각 β_0, β_1의 불편추정량인 것을 보이고 $100(1-\alpha)\%$ 신뢰구간을 구하는 방법을 살펴본다.

■ 기울기 모수 β_1에 대한 $100(1-\alpha)\%$ 신뢰구간

오차항 ε_i, $i=1, 2, \cdots, n$이 독립이고 정규분포 $N(0, \sigma^2)$을 따른다는 가정 아래서 x_i일 때 반응변수 Y_i는 다음과 같은 정규분포를 따른다.

$$Y_i \mid x_i \sim N(\beta_0 + \beta_1 x_i, \sigma^2), \quad i=1, 2, \cdots, n$$

그러면 Y_i가 확률변수이므로 최소제곱법에 의해 구한 추정량 $\hat{\beta}_1$은 다음과 같다.

$$\hat{\beta}_1 = \frac{\sum_{i=1}^{n}(x_i - \overline{x})(Y_i - \overline{Y})}{\sum_{i=1}^{n}(x_i - \overline{x})^2} = \frac{\sum_{i=1}^{n}(x_i - \overline{x})(Y_i - \overline{Y})}{S_{xx}}$$

이때 $\sum_{i=1}^{n}(x_i - \overline{x})(Y_i - \overline{Y}) = \sum_{i=1}^{n}(x_i - \overline{x})Y_i + \overline{Y}\sum_{i=1}^{n}(x_i - \overline{x})$이고 $\sum_{i=1}^{n}(x_i - \overline{x}) = 0$이므로 $\hat{\beta}_1$은 다음과 같다.

$$\hat{\beta}_1 = \frac{\sum_{i=1}^{n}(x_i - \overline{x})Y_i}{S_{xx}} = \sum_{i=1}^{n}\left(\frac{x_i - \overline{x}}{S_{xx}}\right)Y_i$$

특히 Y_i, $i=1, 2, \cdots, n$은 독립이고 $Y_i \sim N(\beta_0 + \beta_1 x_i, \sigma^2)$이므로 $\hat{\beta}_1$의 평균은 다음과 같다.

$$E(\hat{\beta}_1) = E\left[\sum_{i=1}^{n}\left(\frac{x_i - \bar{x}}{S_{xx}}\right)Y_i\right] = \sum_{i=1}^{n}\left(\frac{x_i - \bar{x}}{S_{xx}}\right)E(Y_i)$$

$$= \frac{\sum_{i=1}^{n}(x_i - \bar{x})(\beta_0 + \beta_1 x_i)}{S_{xx}} = \frac{(\beta_0 + \beta_1 \bar{x})\sum_{i=1}^{n}(x_i - \bar{x}) + \beta_1 S_{xx}}{S_{xx}}$$

$$= \beta_1$$

따라서 $\hat{\beta}_1$은 β_1의 불편추정량이고, $\hat{\beta}_1$의 분산은 다음과 같다.

$$Var(\hat{\beta}_1) = Var\left[\sum_{i=1}^{n}\left(\frac{x_i - \bar{x}}{S_{xx}}\right)Y_i\right] = \sum_{i=1}^{n}\left(\frac{x_i - \bar{x}}{S_{xx}}\right)^2 Var(Y_i)$$

$$= \sum_{i=1}^{n}\frac{(x_i - \bar{x})^2}{(S_{xx})^2}\sigma^2 = \frac{\sigma^2}{(S_{xx})^2}\sum_{i=1}^{n}(x_i - \bar{x})^2 = \frac{\sigma^2}{S_{xx}}$$

그러므로 $\hat{\beta}_1$의 정보를 다음과 같이 요약할 수 있다.

- $E(\hat{\beta}_1) = \beta_1$, 즉 $\hat{\beta}_1$은 β_1의 불편추정량이다.
- $\hat{\beta}_1$의 분산 : $Var(\hat{\beta}_1) = \dfrac{\sigma^2}{S_{xx}}$
- $\hat{\beta}_1$의 확률분포 : $\hat{\beta}_1 \sim N\left(\beta_1, \dfrac{\sigma^2}{S_{xx}}\right)$

추정량 $\hat{\beta}_1$에 대해 다음을 얻는다.

$$P\left(-z_{\alpha/2} < \frac{\hat{\beta}_1 - \beta_1}{\sigma/\sqrt{S_{xx}}} < z_{\alpha/2}\right) = P\left(\hat{\beta}_1 - z_{\alpha/2}\frac{\sigma}{\sqrt{S_{xx}}} < \beta_1 < \hat{\beta}_1 + z_{\alpha/2}\frac{\sigma}{\sqrt{S_{xx}}}\right)$$

$$= 1 - \alpha$$

오차분산 σ^2이 알려진 경우에 기울기 모수 β_1에 대한 $100(1-\alpha)\%$ 신뢰구간은 다음과 같다.

$$\left(\hat{\beta}_1 - z_{\alpha/2}\frac{\sigma}{\sqrt{S_{xx}}},\ \hat{\beta}_1 + z_{\alpha/2}\frac{\sigma}{\sqrt{S_{xx}}}\right)$$

■ 절편 모수 β_0에 대한 $100(1-\alpha)\%$ 신뢰구간

최소제곱법에 의한 β_0의 추정량이 $\hat{\beta}_0 = \overline{Y} - \hat{\beta}_1 \bar{x}$ 이고 $E(\hat{\beta}_1) = \beta_1$ 이므로 $\hat{\beta}_0$의 기댓값은 다음과 같다.

$$E(\hat{\beta}_0) = E(\overline{Y} - \hat{\beta}_1 \bar{x}) = (\beta_0 + \beta_1 \bar{x}) - E(\hat{\beta}_1)\bar{x} = (\beta_0 + \beta_1 \bar{x}) - \beta_1 \bar{x} = \beta_0$$

따라서 $\hat{\beta}_0$은 β_0에 대한 불편추정량이고, $\hat{\beta}_0$의 분산은 다음과 같다.

$$\begin{aligned} Var(\hat{\beta}_0) &= Var(\overline{Y} - \hat{\beta}_1 \overline{x}) = Var(\overline{Y}) + \overline{x}^2\, Var(\hat{\beta}_1) - 2\overline{x}\, Cov(\overline{Y},\ \hat{\beta}_1) \\ &= \frac{\sigma^2}{n} + \frac{\overline{x}^2 \sigma^2}{S_{xx}} - 2\overline{x}\, Cov(\overline{Y},\ \hat{\beta}_1) \\ &= \left(\frac{1}{n} + \frac{\overline{x}^2}{S_{xx}}\right)\sigma^2 - 2\overline{x}\, Cov(\overline{Y},\ \hat{\beta}_1) \end{aligned}$$

이때 $Y_i,\ i=1,\ 2,\ \cdots,\ n$이 독립이므로 $Cov(Y_i,\ Y_j)=0,\ i \neq j,\ i=1,\ 2,\ \cdots,\ n$이다. 또 $Cov(\overline{Y},\ \hat{\beta}_1) = 0$임을 쉽게 보일 수 있다. 따라서 $\hat{\beta}_0$의 분산은 다음과 같다.

$$Var(\hat{\beta}_0) = \left(\frac{1}{n} + \frac{\overline{x}^2}{S_{xx}}\right)\sigma^2$$

그러므로 $\hat{\beta}_0$의 정보를 다음과 같이 요약할 수 있다.

- $E(\hat{\beta}_0) = \beta_0$, 즉 $\hat{\beta}_0$은 β_0의 불편추정량이다.
- $\hat{\beta}_0$의 분산 : $Var(\hat{\beta}_0) = \left(\frac{1}{n} + \frac{\overline{x}^2}{S_{xx}}\right)\sigma^2$
- $\hat{\beta}_0$의 확률분포 : $\hat{\beta}_0 \sim N\left(\beta_0,\ \left(\frac{1}{n} + \frac{\overline{x}^2}{S_{xx}}\right)\sigma^2\right)$

추정량 $\hat{\beta}_0$에 대해 다음을 얻는다.

$$\begin{aligned} &P\left(-z_{\alpha/2} < \frac{\hat{\beta}_0 - \beta_0}{\sigma\sqrt{\frac{1}{n} + \frac{\overline{x}^2}{S_{xx}}}} < z_{\alpha/2}\right) \\ &= P\left(\hat{\beta}_0 - z_{\alpha/2}\sigma\sqrt{\frac{1}{n} + \frac{\overline{x}^2}{S_{xx}}} < \beta_0 < \hat{\beta}_0 + z_{\alpha/2}\sigma\sqrt{\frac{1}{n} + \frac{\overline{x}^2}{S_{xx}}}\right) \\ &= 1 - \alpha \end{aligned}$$

오차분산 σ^2이 알려진 경우에 절편 모수 β_0에 대한 $100(1-\alpha)\%$ 신뢰구간은 다음과 같다.

$$\left(\hat{\beta}_0 - z_{\alpha/2}\sigma\sqrt{\frac{1}{n} + \frac{\overline{x}^2}{S_{xx}}},\ \hat{\beta}_0 + z_{\alpha/2}\sigma\sqrt{\frac{1}{n} + \frac{\overline{x}^2}{S_{xx}}}\right)$$

예제 12-4

[예제 12-2]에서 $\sigma^2 = 9$일 때, 다음 모수에 대한 95% 신뢰구간을 구하라.

(a) 절편 모수 β_0 (b) 기울기 모수 β_1

풀이

(a) Z-검정에서 $z_{0.025} = 1.96$이고, $S_{xx} = 1008$, $\bar{x} = 107$, $\hat{\beta}_0 = 36.9491$, $\sigma = 3$이므로 β_0에 대한 95% 신뢰구간은 다음과 같다.

$$\left(\hat{\beta}_0 - z_{\alpha/2}\sigma\sqrt{\frac{1}{n} + \frac{\bar{x}^2}{S_{xx}}},\ \hat{\beta}_0 + z_{\alpha/2}\sigma\sqrt{\frac{1}{n} + \frac{\bar{x}^2}{S_{xx}}}\right)$$
$$= \left(36.9491 - 1.96 \times 3\sqrt{\frac{1}{8} + \frac{107^2}{1008}},\ 36.9491 + 1.96 \times 3\sqrt{\frac{1}{8} + \frac{107^2}{1008}}\right)$$
$$\approx (17.0237,\ 56.8745)$$

(b) $\hat{\beta}_1 = 0.5098$이므로 β_1에 대한 95% 신뢰구간은 다음과 같다.

$$\left(\hat{\beta}_1 - z_{\alpha/2}\frac{\sigma}{\sqrt{S_{xx}}},\ \hat{\beta}_1 + z_{\alpha/2}\frac{\sigma}{\sqrt{S_{xx}}}\right)$$
$$= \left(0.5098 - \frac{1.96 \times 3}{\sqrt{1008}},\ 0.5098 + \frac{1.96 \times 3}{\sqrt{1008}}\right) \approx (0.325,\ 0.695)$$

I Can Do 12-4

[I Can Do 12-2]에서 $\sigma^2 = 0.01$일 때 다음 모수에 대한 95% 신뢰구간을 구하라.

(a) 절편 모수 β_0 (b) 기울기 모수 β_1

오차분산 σ^2이 알려지지 않은 경우

오차분산 σ^2이 알려지지 않으면 σ를 $\hat{\sigma}$으로 대체하고 t-분포를 이용한다. 그러면 $\hat{\beta}_0$과 $\hat{\beta}_1$은 각각 다음과 같이 자유도 $n-2$인 t-분포를 따른다.

$$\frac{\hat{\beta}_0 - \beta_0}{\hat{\sigma}\sqrt{\frac{1}{n} + \frac{\bar{x}^2}{S_{xx}}}} \sim t(n-2), \quad \frac{\hat{\beta}_1 - \beta_1}{\frac{\hat{\sigma}}{\sqrt{S_{xx}}}} \sim t(n-2)$$

β_0과 β_1에 대한 $100(1-\alpha)\%$ 신뢰구간은 각각 다음과 같다.

- β_0의 신뢰구간 : $\left(\hat{\beta}_0 - t_{\alpha/2}(n-2)\hat{\sigma}\sqrt{\frac{1}{n}+\frac{\overline{x}^2}{S_{xx}}},\ \hat{\beta}_0 + t_{\alpha/2}(n-2)\hat{\sigma}\sqrt{\frac{1}{n}+\frac{\overline{x}^2}{S_{xx}}}\right)$
- β_1의 신뢰구간 : $\left(\hat{\beta}_1 - t_{\alpha/2}(n-2)\frac{\hat{\sigma}}{\sqrt{S_{xx}}},\ \hat{\beta}_1 + t_{\alpha/2}(n-2)\frac{\hat{\sigma}}{\sqrt{S_{xx}}}\right)$

예제 12-5

[예제 12-2]에서 σ^2이 알려지지 않은 경우에 다음 모수에 대한 95% 신뢰구간을 구하라.

(a) 절편 모수 β_0 (b) 기울기 모수 β_1

풀이

(a) t-검정에서 $t_{0.025}(6) = 2.447$이고, $S_{xx} = 1008$, $S_{yy} = 331.9$, $\overline{x} = 107$, $\hat{\beta}_0 = 36.9491$, $\hat{\sigma}^2 \approx 11.6505$, $\hat{\sigma} \approx 3.41$이므로 β_0에 대한 95% 신뢰구간은 다음과 같다.

$$\left(\hat{\beta}_0 - t_{\alpha/2}(n-2)\hat{\sigma}\sqrt{\frac{1}{n}+\frac{\overline{x}^2}{S_{xx}}},\ \hat{\beta}_0 + t_{\alpha/2}(n-2)\hat{\sigma}\sqrt{\frac{1}{n}+\frac{\overline{x}^2}{S_{xx}}}\right)$$

$$= \left(36.9491 - 2.447\times 3.41\sqrt{\frac{1}{8}+\frac{107^2}{1008}},\ 36.9491 + 2.447\times 3.41\sqrt{\frac{1}{8}+\frac{107^2}{1008}}\right)$$

$$\approx (8.673,\ 65.225)$$

(b) $\hat{\beta}_1 = 0.5098$이므로 β_1에 대한 95% 신뢰구간은 다음과 같다.

$$\left(\hat{\beta}_1 - t_{\alpha/2}(n-2)\frac{\hat{\sigma}}{\sqrt{S_{xx}}},\ \hat{\beta}_1 + t_{\alpha/2}(n-2)\frac{\hat{\sigma}}{\sqrt{S_{xx}}}\right)$$

$$= \left(0.5098 - \frac{2.447\times 3.41}{\sqrt{1008}},\ 0.5098 + \frac{2.447\times 3.41}{\sqrt{1008}}\right) \approx (0.247,\ 0.773)$$

I Can Do 12-5

[I Can Do 12-2]에서 σ^2이 알려지지 않은 경우에 다음 모수에 대한 95% 신뢰구간을 구하라.

(a) 절편 모수 β_0 (b) 기울기 모수 β_1

Section 12.4 회귀계수의 가설검정

12.3절에서 오차분산 σ^2이 알려졌는지의 여부에 따라 회귀계수 β_0, β_1에 대한 불편추정량 $\hat{\beta}_0$, $\hat{\beta}_1$이 정규분포와 t-분포를 따르는 것을 살펴봤다. 회귀계수에 관한 주장을 검정하기 위해 검정통계량 $\hat{\beta}_0$, $\hat{\beta}_1$을 이용하고, 이 절에서는 σ^2이 알려진 경우와 알려지지 않은 경우에 대한 β_0과 β_1에 대한 가설을 검정하는 방법을 살펴본다.

오차분산 σ^2이 알려진 경우

기울기 모수 β_1에 대한 귀무가설 $H_0 : \beta_1 = \tilde{\beta}_1$를 검정할 때, 귀무가설이 거짓이라고 규명되기 전까지 귀무가설의 주장을 참이라고 가정하므로 β_1에 대한 검정통계량과 확률분포는 다음과 같다.

$$Z = \frac{\hat{\beta}_1 - \tilde{\beta}_1}{\frac{\sigma}{\sqrt{S_{xx}}}} \sim N(0,\ 1)$$

따라서 유의수준 α에서 검정유형에 따른 기각역과 p-값은 [표 12-2]와 같다.

[표 12-2] 기울기 모수 β_1에 대한 검정 유형과 기각역 및 p-값

유의수준 α에서 귀무가설에 대한 가설검정은 다음과 같다.

검정 유형	양측검정	상단측검정	하단측검정
귀무가설	$H_0 : \beta_1 = \tilde{\beta}_1$	$H_0 : \beta_1 \le \tilde{\beta}_1$	$H_0 : \beta_1 \ge \tilde{\beta}_1$
❶ 검정통계량	$Z = \frac{\hat{\beta}_1 - \tilde{\beta}_1}{\frac{\sigma}{\sqrt{S_{xx}}}}$		
❷ 기각역	$Z < -z_{\alpha/2}$, $Z > z_{\alpha/2}$	$Z > z_\alpha$	$Z < -z_\alpha$
❸ p-값	p-값 $= 2P(Z > \lvert z_0 \rvert)$	p-값 $= P(Z > z_0)$	p-값 $= P(Z < z_0)$
❹ 기각 여부	관찰값 z_0가 기각역 안에 놓이거나 p-값 $< \alpha$이면 H_0를 기각한다.		

귀무가설 $H_0 : \beta_0 = \tilde{\beta}_0$를 검정하기 위한 검정통계량과 확률분포는 다음과 같다.

$$Z = \frac{\hat{\beta}_0 - \tilde{\beta}_0}{\sigma\sqrt{\frac{1}{n} + \frac{\bar{x}^2}{S_{xx}}}} \sim N(0,\ 1)$$

따라서 유의수준 α에서 검정유형에 따른 기각역과 p-값은 [표 12-3]과 같다.

[표 12-3] 절편 모수 β_0에 대한 검정 유형과 기각역 및 p-값

유의수준 α에서 귀무가설에 대한 가설검정은 다음과 같다.

검정 유형	양측검정	상단측검정	하단측검정
귀무가설	$H_0 : \beta_0 = \tilde{\beta}_0$	$H_0 : \beta_0 \le \tilde{\beta}_0$	$H_0 : \beta_0 \ge \tilde{\beta}_0$
❶ 검정통계량	$Z = \frac{\hat{\beta}_0 - \tilde{\beta}_0}{\sigma\sqrt{\frac{1}{n} + \frac{\bar{x}^2}{S_{xx}}}}$		
❷ 기각역	$Z < -z_{\alpha/2},\ Z > z_{\alpha/2}$	$Z > z_\alpha$	$Z < -z_\alpha$
❸ p-값	p-값 $= 2P(Z > \lvert z_0 \rvert)$	p-값 $= P(Z > z_0)$	p-값 $= P(Z < z_0)$
❹ 기각 여부	관찰값 z_0가 기각역 안에 놓이거나 p-값 $< \alpha$이면 H_0를 기각한다.		

예제 12-6

[예제 12-2]에서 $\sigma^2 = 9$일 때, 다음 모수에 대한 주장을 유의수준 5%에서 검정하라.

(a) $\beta_0 \ge 54$

(b) $\beta_1 = 0.65$

풀이

(a) ❶ 귀무가설과 대립가설은 $H_0 : \beta_0 \ge 54$, $H_1 : \beta_0 < 54$이다.

❷ 유의수준 5%에 대한 기각역은 $Z < -z_{0.05} = -1.645$이다.

❸ $n = 8$, $\hat{\beta}_0 = 36.9491$, $\sigma = 3$, $S_{xx} = 1008$, $\bar{x} = 107$이므로 검정통계량과 관찰값은 다음과 같다.

$$Z = \frac{\hat{\beta}_0 - 54}{3\sqrt{\frac{1}{8} + \frac{107^2}{1008}}},\quad z_0 = \frac{36.9491 - 54}{3\sqrt{\frac{1}{8} + \frac{107^2}{1008}}} \approx -1.677$$

❹ $z_0 = -1.677 < -1.645$이고, 검정통계량의 관찰값 z_0가 기각역 안에 놓이므로 귀무가설을 기각한다. 즉 $\beta_0 \ge 54$이라는 주장은 유의수준 5%에서 타당하지 않다.

(b) ❶ 귀무가설과 대립가설은 $H_0 : \beta_1 = 0.65$, $H_1 : \beta_1 \neq 0.65$이다.

❷ 유의수준 5%에 대한 기각역은 $Z < -z_{0.025} = -1.96$, $Z > z_{0.025} = 1.96$이다.

❸ $n = 8$, $\hat{\beta}_1 = 0.5098$, $\sigma = 3$, $S_{xx} = 1008$이므로 검정통계량과 관찰값은 다음과 같다.

$$Z = \frac{\hat{\beta}_1 - 0.65}{\frac{3}{\sqrt{1008}}}, \quad z_0 = \frac{0.5098 - 0.65}{\frac{3}{\sqrt{1008}}} \approx -1.484$$

❹ $z_0 = -1.484 > -1.96$이고 검정통계량의 관찰값 z_0가 기각역 안에 놓이지 않으므로 귀무가설을 기각할 수 없다. 즉 $\beta_1 = 0.65$라는 주장은 유의수준 5%에서 타당하다.

I Can Do 12-6

[I Can Do 12-2]에서 $\sigma^2 = 0.01$일 때, 다음 모수에 대한 주장을 유의수준 5%에서 검정하라.

(a) $\beta_0 = -0.6$

(b) $\beta_1 \leq 0.18$

오차분산 σ^2이 알려지지 않은 경우

오차분산 σ^2이 알려지지 않으면 β_1의 검정통계량 $\hat{\beta}_1$은 다음과 같이 자유도 $n-2$인 t-분포를 따른다.

$$T = \frac{\hat{\beta}_1 - \beta_1}{\frac{\hat{\sigma}}{\sqrt{S_{xx}}}} \sim t(n-2)$$

귀무가설 $H_0 : \beta_1 = \tilde{\beta}_1$을 검정하기 위한 검정통계량과 확률분포는 다음과 같다.

$$T = \frac{\hat{\beta}_1 - \tilde{\beta}_1}{\frac{\hat{\sigma}}{\sqrt{S_{xx}}}} \sim t(n-2)$$

따라서 유의수준 α에서 귀무가설의 유형에 따른 기각역과 p-값은 [표 12-4]와 같다.

[표 12-4] 기울기 모수 β_1에 대한 검정 유형과 기각역 및 p-값

유의수준 α에서 귀무가설에 대한 가설검정은 다음과 같다.			
검정 유형	**양측검정**	**상단측검정**	**하단측검정**
귀무가설	$H_0 : \beta_1 = \tilde{\beta}_1$	$H_0 : \beta_1 \leq \tilde{\beta}_1$	$H_0 : \beta_1 \geq \tilde{\beta}_1$
❶ 검정통계량	$T = \dfrac{\hat{\beta}_1 - \tilde{\beta}_1}{\dfrac{\hat{\sigma}}{\sqrt{S_{xx}}}}$		
❷ 기각역	$\lvert T \rvert > t_{\alpha/2}(n-2)$	$T > t_{\alpha}(n-2)$	$T < -t_{\alpha}(n-2)$
❸ p-값	p-값 $= 2P(T > \lvert t_0 \rvert)$	p-값 $= P(T > t_0)$	p-값 $= P(T < t_0)$
❹ 기각 여부	관찰값 z_0가 기각역 안에 놓이거나 p-값 $< \alpha$이면 H_0를 기각한다.		

귀무가설 $H_0 : \beta_0 = \tilde{\beta}_0$를 검정하기 위한 검정통계량과 확률분포는 다음과 같다.

$$T = \frac{\hat{\beta}_0 - \tilde{\beta}_0}{\hat{\sigma}\sqrt{\dfrac{1}{n} + \dfrac{\overline{x}^2}{S_{xx}}}} \sim t(n-2)$$

따라서 유의수준 α에서 귀무가설의 유형에 따른 기각역과 p-값은 [표 12-5]와 같다.

[표 12-5] 절편 모수 β_0에 대한 검정 유형과 기각역 및 p-값

유의수준 α에서 귀무가설에 대한 가설검정은 다음과 같다.			
검정 유형	**양측검정**	**상단측검정**	**하단측검정**
귀무가설	$H_0 : \beta_0 = \tilde{\beta}_0$	$H_0 : \beta_0 \leq \tilde{\beta}_0$	$H_0 : \beta_0 \geq \tilde{\beta}_0$
❶ 검정통계량	$T = \dfrac{\hat{\beta}_0 - \tilde{\beta}_0}{\hat{\sigma}\sqrt{\dfrac{1}{n} + \dfrac{\overline{x}^2}{S_{xx}}}}$		
❷ 기각역	$\lvert T \rvert > t_{\alpha/2}(n-2)$	$T > t_{\alpha}(n-2)$	$T < -t_{\alpha}(n-2)$
❸ p-값	p-값 $= 2P(T > \lvert t_0 \rvert)$	p-값 $= P(T > t_0)$	p-값 $= P(T < t_0)$
❹ 기각 여부	관찰값 z_0가 기각역 안에 놓이거나 p-값 $< \alpha$이면 H_0를 기각한다.		

예제 12-7

[예제 12-2]에서 σ^2을 모를 때, 다음 모수에 대한 주장을 유의수준 5%에서 검정하라.

(a) $\beta_0 \geq 54$ (b) $\beta_1 = 0.65$

풀이

(a) ❶ 귀무가설과 대립가설은 $H_0 : \beta_0 \geq 54$, $H_1 : \beta_0 < 54$이다.

❷ 유의수준 5%에 대한 기각역은 $T < -t_{0.05}(6) = -1.943$이다.

❸ $n = 8$, $\hat{\beta}_0 = 36.9491$, $\hat{\sigma} \approx 3.41$, $S_{xx} = 1008$, $\overline{x} = 107$이므로 검정통계량과 관찰값은 다음과 같다.

$$T = \frac{\hat{\beta}_0 - 54}{3.41\sqrt{\dfrac{1}{8} + \dfrac{107^2}{1008}}}, \quad t_0 = \frac{36.9491 - 54}{3.41\sqrt{\dfrac{1}{8} + \dfrac{107^2}{1008}}} \approx -1.476$$

❹ $t_0 = -1.476 > -1.645$이고, 검정통계량의 관찰값 t_0가 기각역 안에 놓이지 않으므로 귀무가설을 기각할 수 없다. 즉 $\beta_0 \geq 54$이라는 주장은 유의수준 5%에서 타당하다.

(b) ❶ 귀무가설과 대립가설은 $H_0 : \beta_1 = 0.65$, $H_1 : \beta_1 \neq 0.65$이다.

❷ 유의수준 5%에 대한 $t_{0.025}(6) = 2.447$이고, 기각역은 $T < -2.447$, $T > 2.447$이다.

❸ 검정통계량과 관찰값은 다음과 같다.

$$T = \frac{\hat{\beta}_1 - 0.65}{\dfrac{3.41}{\sqrt{1008}}}, \quad t_0 = \frac{0.5098 - 0.65}{\dfrac{3.41}{\sqrt{1008}}} \approx -1.305$$

❹ $t_0 = -1.484 > -1.96$이고 검정통계량의 관찰값 t_0가 기각역 안에 놓이지 않으므로 귀무가설을 기각할 수 없다. 즉 $\beta_1 = 0.65$라는 주장은 유의수준 5%에서 타당하다.

I Can Do 12-7

[I Can Do 12-2]에서 σ^2을 모를 때, 다음 모수에 대한 주장을 유의수준 5%에서 검정하라.

(a) $\beta_0 = -0.6$ (b) $\beta_1 \leq 0.18$

Section 12.5 상관분석

3.4절에서 두 표본 사이의 상관관계를 측정하는 척도로 다음과 같이 표본상관계수를 정의했다.

$$r = \frac{s_{xy}}{s_x s_y}$$

이제 두 변수 사이의 선형관계가 아닌 상관계수에 대한 가설을 검정하는 방법을 살펴본다.

표본상관계수는 다음처럼 다시 쓸 수 있고, 이를 **피어슨의 상관계수** Pearson's correlation coefficient라 한다.

$$r = \frac{S_{xy}}{S_x S_y} = \frac{\sum_{i=1}^{n}(x_i - \bar{x})(y_i - \bar{y})}{\sqrt{\sum_{i=1}^{n}(x_i - \bar{x})^2 \sum_{i=1}^{n}(y_i - \bar{y})^2}} = \frac{S_{xy}}{\sqrt{S_{xx} S_{yy}}}$$

$\rho = 0$에 대한 검정

두 변수 X와 Y 사이에 상관관계가 있는가에 대한 검정, 즉 귀무가설 $H_0 : \rho = 0$을 검정하기 위한 검정통계량 T는 표본상관계수 r_0에 대해 다음과 같고, 자유도 $n-2$인 t-분포를 따른다.[2]

$$T = r_0 \sqrt{\frac{n-2}{1-r_0^2}} \sim t(n-2)$$

따라서 두 변수 X와 Y 사이의 상관관계의 유무를 검정하기 위한 귀무가설은 $H_0 : \rho = 0$이고, 양측검정에 대한 기각역은 $|T| > t_{\alpha/2}(n-2)$이다.

예제 12-8

촉매의 양에 따라 화학반응에서 생성되는 화학물질의 반응량을 조사하여 다음 표를 얻었다. 이 자료에서 촉매량과 반응량 사이에 상관관계가 없다는 주장을 유의수준 5%에서 검정하라.

촉매량	1	2	3	4	5	6	7
반응량	1.1	2.4	3.5	3.8	4.3	4.5	4.5

2 증명은 이 책의 범위를 벗어난다.

풀이

번호	x_i	y_i	$x_i-\bar{x}$	$y_i-\bar{y}$	$(x_i-\bar{x})^2$	$(y_i-\bar{y})^2$	$(x_i-\bar{x})(y_i-\bar{y})$
1	1	1.1	−3	−2.343	9	5.489649	7.029
2	2	2.4	−2	−1.043	4	1.087849	2.086
3	3	3.5	−1	0.057	1	0.003249	−0.057
4	4	3.8	0	0.357	0	0.127449	0
5	5	4.3	1	0.857	1	0.734449	0.857
6	6	4.5	2	1.057	4	1.117249	2.114
7	7	4.5	3	1.057	9	1.117249	3.171
합계	28	24.1	0	−0.001	28	9.677143	15.2

위 표에서 다음을 얻는다.

$$\bar{x}=\frac{28}{7}=4,\quad \bar{y}=\frac{24.1}{7}\approx 3.443,\quad S_{xx}=\sum_{i=1}^{8}(x_i-\bar{x})^2=28$$

$$S_{yy}=\sum_{i=1}^{8}(y_i-\bar{y})^2\approx 9.6771,\quad S_{xy}=\sum_{i=1}^{8}(x_i-\bar{x})(y_i-\bar{y})=15.2$$

양측검정이므로 기각역은 $T<-t_{0.025}(5)=-2.571$, $T>t_{0.025}(5)=2.571$이다.

촉매량과 반응량 사이에 상관관계가 없다는 주장이므로 귀무가설은 $H_0:\rho=0$이다. 표본상관계수는 $r_0=\dfrac{15.2}{\sqrt{(28)(9.6771)}}\approx 0.923$이고, 검정통계량의 관찰값은 다음과 같다.

$$t_0=r_0\sqrt{\frac{n-2}{1-r_0^2}}=0.923\sqrt{\frac{5}{1-(0.923)^2}}\approx 5.36$$

검정통계량의 관찰값 $t_0\approx 5.36$이 기각역 안에 놓이므로 귀무가설을 기각한다. 즉 촉매량과 반응량 사이에 상관관계가 없다는 주장은 타당하지 않다.

I Can Do 12-8

자동차의 속도에 따른 제동거리를 조사했더니 아래와 같을 때, 다음 물음에 답하라.

속도(km/h)	58	79	103	154	114	84	126	113	97	132
제동거리(m)	55	80	98	112	107	81	112	105	83	117

(a) 상관계수와 상관관계를 각각 구하라.

(b) $H_0:\rho=0$을 유의수준 5%에서 검정하라.

$\rho = \rho_0$에 대한 검정

영국의 통계학자 R. A. 피셔(R. A. Fisher, 1890~1962)는 표본의 크기가 10 이상인 경우에 다음 변량 Z_r은 근사적으로 정규분포를 따르는 것을 증명했다.

$$Z_r = \frac{1}{2}\ln\frac{1+r}{1-r}$$

통계량 Z_r의 평균은 $z_\rho = \frac{1}{2}\ln\frac{1+\rho_0}{1-\rho_0}$이고, 분산은 $\frac{1}{n-3}$이다. 따라서 Z_r을 표준화하면 다음과 같다.

$$Z = \frac{Z_r - z_\rho}{1/\sqrt{n-3}} = \frac{\sqrt{n-3}}{2}\left(\ln\frac{1+r}{1-r} - \ln\frac{1+\rho_0}{1-\rho_0}\right)$$

$$z \approx N(0,\ 1)$$

귀무가설 $H_0 : \rho = \rho_0$을 검정하기 위한 검정통계량은 다음과 같다.

$$Z = \frac{\sqrt{n-3}}{2}\left(\ln\frac{1+r_0}{1-r_0} - \ln\frac{1+\rho_0}{1-\rho_0}\right)$$

상관계수에 대한 검정 유형에 따른 기각역과 p-값은 [표 12-6]과 같다.

[표 12-6] 상관계수 ρ에 대한 검정 유형과 기각역 및 p-값

검정 유형 \ 가설과 기각역	귀무가설	대립가설	H_0의 기각역	p-값
양측검정	$\rho = \rho_0$	$\rho \neq \rho_0$	$\lvert Z \rvert > z_{\alpha/2}$	$2P(Z > \lvert z_0 \rvert)$
하단측검정	$\rho \geq \rho_0$	$\rho < \rho_0$	$Z < -z_\alpha$	$P(Z < z_0)$
상단측검정	$\rho \leq \rho_0$	$\rho > \rho_0$	$Z > z_\alpha$	$P(Z > z_0)$

이때 $\rho_0 = 0$이면 귀무가설 $H_0 : \rho = 0$에 대한 검정이 된다. 이 경우에 $\ln 1 = 0$이고, $z_\rho = 0$이므로 검정통계량은 다음과 같다.

$$Z = \frac{\sqrt{n-3}}{2}\ln\frac{1+r_0}{1-r_0}$$

예제 12-9

피셔의 검정 방법을 이용하여 [예제 12-8]의 촉매량과 반응량에 대해 귀무가설 $H_0 : \rho = 0.8$을 유의수준 5%에서 검정하라.

풀이

양측검정이므로 기각역은 $Z < -1.96$, $Z > 1.96$이고 [예제 12-8]에서 $r_0 = 0.923$이다. $\rho_0 = 0.8$이므로 검정통계량의 관찰값은 다음과 같다.

$$
\begin{aligned}
z_0 &= \frac{\sqrt{n-3}}{2}\left(\ln\frac{1+r_0}{1-r_0} - \ln\frac{1+\rho_0}{1-\rho_0}\right) \\
&= \frac{\sqrt{4}}{2}\left(\ln\frac{1+0.923}{1-0.923} - \ln\frac{1+0.8}{1-0.8}\right) \approx 1.02
\end{aligned}
$$

검정통계량의 관찰값 $z_0 \approx 1.02$가 기각역 안에 놓이지 않으므로 귀무가설을 기각할 수 없다. 즉 촉매량과 반응량 사이에 상관관계가 0.8이라는 주장은 타당하다.

I Can Do 12-9

[I Can Do 12-8]에서 속도와 제동거리에 대한 귀무가설 $H_0 : \rho = 0.97$을 유의수준 5%에서 검정하라.

Chapter 12 연습문제

연습문제 정답

1. 표본의 크기 $n=20$에 대해 아래와 같을 때, 다음 물음에 답하라.

$$\sum x_i = 48,\ \sum y_i = 26,\ \sum x_i^2 = 420,\ \sum y_i^2 = 124,\ \sum x_i y_i = 156$$

(a) 최소제곱법에 의한 β_0과 β_1의 추정값을 구하라.

(b) $x=10$에 대한 반응변수 y의 추정값을 구하라.

2. $n=25,\ \sum x_i = 45,\ \sum y_i = 64,\ \sum x_i^2 = 324,\ \sum y_i^2 = 536,\ \sum x_i y_i = 218$일 때, 다음 물음에 답하라.

(a) 최소제곱법에 의한 β_0과 β_1의 추정값을 구하라.

(b) $x=10$에 대한 반응변수 y의 추정값을 구하라.

3. 공정온도가 x℃일 때, 어떤 첨단소재의 강도 Y는 $E(Y|x) = -12+0.4x,\ 90<x<120$이고 오차분산은 $\sigma^2=4$이다. 다음 물음에 답하라.

(a) 온도가 100℃일 때, 평균 강도를 구하라.

(b) 온도가 5℃ 증가할 때, 평균 강도의 변화율을 구하라.

(c) 온도가 100℃일 때, $P(Y \geq 31)$을 구하라.

4. 촉매의 양에 따른 화학물질의 생산량을 나타내는 자료가 아래와 같을 때, 다음을 구하라.

촉매의 양	1	1.5	2	2.5	3	3.5	4.5	6
생산량	25	31	35	38	42	44	48	41

(a) 추정회귀직선

(b) 오차분산의 추정값

(c) 결정계수

5. 실험실에서 얻은 아래 자료가 $\sigma=1$인 단순회귀모형을 따를 때, 다음 가설을 유의수준 5%에서 검정하라.

x	33	35	37	38	39	40	41	41	42	44
y	28	31	32	35	36	38	38	40	42	45

(a) $H_0 : \beta_0 = -24$

(b) $H_0 : \beta_0 = -32$

(c) $H_0 : \beta_1 = 1.5$

(d) $H_0 : \beta_1 = 1.75$

6. 하중에 따라 스프링이 늘어난 길이가 아래와 같을 때, 다음 물음에 답하라.

하중(kg)	10.6	11.3	12.5	13.7	14.4	15.3	16.4	17.4	18.6	19.8
길이(cm)	20.89	21.56	21.77	22.35	22.51	23.12	23.48	25.82	28.54	29.96

(a) 추정회귀방정식을 구하라.

(b) 하중이 15일 때, 스프링이 늘어난 길이를 예측하라.

(c) 오차분산 σ^2에 대한 추정값을 구하라.

(d) 결정계수 R^2에 대한 추정값을 구하라.

7. 공정온도와 불량품 수의 관계가 아래와 같을 때, 다음 물음에 답하라.

공정온도(℃)	124.2	122.7	131.7	128.6	126.8	133.2	129.1	127.7
불량품 수(개)	25	31	36	33	19	27	28	25

(a) 회귀계수 β_0와 β_1의 추정값을 구하라.

(b) 오차분산 σ^2에 대한 추정값 $\hat{\sigma}^2$을 구하라.

(c) 결정계수 R^2을 구하라.

(d) 절편 모수 β_0에 대한 95% 신뢰구간을 구하라.

(e) 기울기 모수 β_1에 대한 95% 신뢰구간을 구하라.

(f) 유의수준 10%에서 $H_0 : \beta_0 = 100$과 $H_0 : \beta_0 = 128$을 검정하라.

(g) 유의수준 10%에서 $H_0 : \beta_1 = 0$과 $H_0 : \beta_1 = 2$를 검정하라.

8. 전기저항과 피부의 투과율 사이의 관계가 아래와 같을 때, 다음 물음에 답하라.

전기저항(KΩ)	10.7	10.9	12.5	13.4	14.3	15.3	15.8	17.6	18.7	20.8
투과율(μm/h)	12.1	11.6	9.4	10.6	6.9	12.6	10.3	5.4	7.9	12.2

(a) 회귀계수 β_0와 β_1의 추정값을 구하라.

(b) 오차항의 분산 σ^2에 대한 추정값 $\hat{\sigma}^2$을 구하라.

(c) 결정계수 R^2을 구하라.

(d) 절편 모수 β_0에 대한 95% 신뢰구간을 구하라.

(e) 기울기 모수 β_1에 대한 95% 신뢰구간을 구하라.

(f) 유의수준 5%에서 $H_0 : \beta_0 = 0$을 검정하라.

(g) 유의수준 5%에서 $H_0 : \beta_1 = 0$을 검정하라.

(h) 유의수준 5%에서 귀무가설 $H_0 : \rho = 0$을 검정하라.

(i) 유의수준 5%에서 귀무가설 $H_0 : \rho = -0.5$를 검정하라.

9. 어느 화학공장에서 대기 온도가 전력 소모량에 얼마나 영향을 미치는지 알아보기 위해 표본조사한 결과, 아래 표와 같았다. 다음 물음에 답하라.

대기 온도(℃)	−5	8	18	13	−2	11	3	23	16	15
전력 소모량(btu)	252	288	332	297	266	298	286	267	314	310

(a) 회귀계수 β_0와 β_1의 추정값을 구하라.

(b) 오차분산 σ^2에 대한 추정값 $\hat{\sigma}^2$을 구하라.

(c) 결정계수 R^2을 구하라.

(d) 절편 모수 β_0에 대한 95% 신뢰구간을 구하라.

(e) 기울기 모수 β_1에 대한 95% 신뢰구간을 구하라.

(f) 유의수준 5%에서 $H_0 : \beta_0 = 290$과 $H_0 : \beta_0 = 300$을 검정하라.

(g) 유의수준 5%에서 $H_0 : \beta_1 = 3$과 $H_0 : \beta_1 = 3.5$를 검정하라.

(h) 귀무가설 $H_0 : \rho = 0$을 유의수준 5%에서 검정하라.

(i) 귀무가설 $H_0 : \rho = 0.85$를 유의수준 5%에서 검정하라.

10. 배수관이 부식하는 데 폐수가 얼마나 영향을 미치는지 알아보기 위해 폐수의 수소이온농도와 배수관의 부식 정도를 조사한 결과, 아래 표와 같았다. 다음 물음에 답하라.

수소이온농도(pH)	8.1	8.2	7.6	7.9	8.5	7.6	7.9	8.8	7.8	7.6
부식정도(%)	14.3	15.4	12.8	13.5	23.6	13.7	16.4	19.6	12.5	11.2

(a) 회귀계수 β_0와 β_1의 추정값을 구하라.

(b) 오차분산 σ^2에 대한 추정값 $\hat{\sigma}^2$을 구하라.

(c) 결정계수 R^2을 구하라.

(d) 절편 모수 β_0에 대한 95% 신뢰구간을 구하라.

(e) 기울기 모수 β_1에 대한 95% 신뢰구간을 구하라.

(f) 유의수준 5%에서 $H_0 : \beta_0 = -10$과 $H_0 : \beta_0 = -15$를 검정하라.

(g) 유의수준 5%에서 $H_0 : \beta_1 = 11$과 $H_0 : \beta_1 = 12$를 검정하라.

(h) 귀무가설 $H_0 : \rho = 0$을 유의수준 5%에서 검정하라.

(i) 귀무가설 $H_0 : \rho = 0.95$를 유의수준 5%에서 검정하라.

11. 동선으로 이루어진 코일의 온도가 변화할 때 저항이 어떻게 변하는지 조사한 결과, 아래 표와 같았다. 다음 물음에 답하라.

온도(℃)	19.4	21.7	22.6	24.9	27.8	33.1	35.1	36.5	37.4	39.5
저항(Ω)	0.7	1.4	1.1	2.9	3.7	3.1	3.6	2.3	2.8	2.4

(a) 회귀계수 β_0와 β_1의 추정값을 구하라.

(b) 오차항의 분산 σ^2에 대한 추정값 $\hat{\sigma}^2$을 구하라.

(c) 결정계수 R^2을 구하라.

(d) 절편 모수 β_0에 대한 95% 신뢰구간을 구하라.

(e) 기울기 모수 β_1에 대한 95% 신뢰구간을 구하라.

(f) 코일의 온도가 45℃일 때, 저항에 대한 95% 신뢰구간을 구하라.

(g) 유의수준 5%에서 $H_0 : \beta_0 = 0$을 검정하라.

(h) 유의수준 5%에서 $H_0 : \beta_1 = 0$을 검정하라.

(i) 귀무가설 $H_0 : \rho = 0$을 유의수준 5%에서 검정하라.

(j) 귀무가설 $H_0 : \rho = 0.85$를 유의수준 5%에서 검정하라.

12. 어느 자동차가 휠베이스만큼의 거리를 이동할 때 서스펜션에 어느 정도 영향을 미치는지 알아보기 위해 휠베이스만큼의 거리를 이동한 시간과 서스펜션에 미친 영향을 조사한 결과, 아래 표와 같았다. 다음 물음에 답하라.

시간(초)	0.0	0.2	0.4	0.6	0.8	1.0	1.2	1.4	1.6	1.8	2.1	2.5
영향	1.00	0.99	0.97	0.96	0.96	0.99	0.98	0.97	0.95	0.93	0.91	0.89

(a) 회귀계수 β_0와 β_1의 추정값을 구하라.

(b) 오차분산 σ^2에 대한 추정값 $\hat{\sigma}^2$을 구하라.

(c) 결정계수 R^2을 구하라.

(d) 절편 모수 β_0에 대한 90% 신뢰구간을 구하라.

(e) 기울기 모수 β_1에 대한 90% 신뢰구간을 구하라.

(f) 유의수준 10%에서 $H_0 : \beta_0 = 1.02$와 $H_0 : \beta_0 = 0.99$를 검정하라.

(g) 유의수준 10%에서 $H_0 : \beta_1 = -0.025$와 $H_0 : \beta_1 = 0$을 검정하라.

(h) 유의수준 5%에서 귀무가설 $H_0 : \rho = 0$을 검정하라.

(i) 유의수준 5%에서 귀무가설 $H_0 : \rho = -0.95$를 검정하라.

13. 성인의 맥박수와 수축기 혈압 사이에 선형적 관계가 있는지 알아보기 위해 조사한 결과, 아래 표와 같았다. 다음 물음에 답하라.

맥박수(회/분)	78	88	77	93	76	83	81	80	79	95	99	79
혈압(mmHg)	118	131	120	138	129	146	132	118	122	142	154	110

(a) 회귀계수 β_0와 β_1의 추정값을 구하라.

(b) 오차분산 σ^2에 대한 추정값 $\hat{\sigma}^2$을 구하라.

(c) 결정계수 R^2을 구하라.

(d) 절편 모수 β_0에 대한 95% 신뢰구간을 구하라.

(e) 기울기 모수 β_1에 대한 95% 신뢰구간을 구하라.

(f) 유의수준 5%에서 $H_0 : \beta_0 = 0$과 $H_0 : \beta_0 = 81$을 검정하라.

(g) 유의수준 5%에서 $H_0 : \beta_1 = 0$과 $H_0 : \beta_1 = 1$을 검정하라.

(h) 유의수준 5%에서 귀무가설 $H_0 : \rho = 0$을 검정하라.

(i) 유의수준 5%에서 귀무가설 $H_0 : \rho = 0.95$를 검정하라.

Chapter 13

확률과정

Stochastic Process

||| 목차 |||

||| 학습목표 |||

- 확률과정을 이해할 수 있다.
- 마르코프 연쇄를 이해하고, 추이행렬을 구할 수 있다.
- 마르코프 연쇄의 여러 가지 상태를 이해할 수 있다.

Section 13.1 확률과정

지금까지 하나 또는 그 이상의 관찰값으로 구성된 실험 결과에 대한 확률분포 또는 통계적 추론을 살펴보았다. 이번에는 확률에 시간 개념을 더하면 어떻게 되는지 살펴보려고 한다. 어느 날 개장할 때와 폐장할 때의 특정 주식의 가격(주가)이 동일했다고 하자. 실제로 개장 이후 폐장할 때까지 시간에 따라 주가는 등락을 거듭한다. 주가 X는 시간이 흐름에 따라 그 값이 변하므로 확률변수 X를 시간의 함수로 나타낼 수 있고, 이를 확률과정이라 한다. 이와 같은 확률과정은 데이터 통신의 큐잉 이론, 통신 분야의 신호처리와 인공지능, 자율주행, 딥러닝, 로봇 제어뿐만 아니라 금융공학, 사회학 등 폭넓게 활용된다. 이 절에서는 확률과정의 개념과 여러 가지 형태의 확률과정을 살펴본다.

확률과정

7.1절에서 확률과정의 특수한 형태인 베르누이 과정과 푸아송 과정을 살펴보았다. 확률변수 X_n, $n=1,\ 2,\ \cdots$가 독립이고 모수 p인 베르누이 분포를 따를 때, 확률변수의 집합 $\{X_n : n=0,\ 1,\ 2,\ \cdots\}$를 베르누이 과정이라 한다. 어떤 사건이 단위 시간 동안에 평균 λ의 비율인 푸아송 분포에 따라 관찰된다면, t 시간 동안에 이 사건이 관찰되는 과정을 푸아송 과정이라 하고, 사건이 관찰된 수 $X(t)$는 다음과 같이 모수 λt인 푸아송 분포를 따른다.

$$P[X(t)=x]=\frac{(\lambda t)^x}{x!}e^{-\lambda t},\quad x=0,\ 1,\ 2,\ 3,\ \cdots$$

이와 같은 확률실험에서 나타날 수 있는 각각의 표본점 s에 대해 이산시간 $T=\{0,\ 1,\ 2,\ \cdots\}$ 또는 연속시간 $T=[0,\ \infty)$에서 확률변수는 표본점 s와 시간 t의 함수 $X(t,\ s)$로 표현된다. 이때 확률변수 $X(t,\ s)$를 표본함수라 하고, 이러한 확률변수의 집합을 확률과정이라 한다.

정의 13-1 표본함수와 확률과정

- **표본함수**sample function : 실험 결과 s에 대한 시간의 함수 $X(t,\ s)$
- **확률과정**stochastic process : 표본함수들의 집합 $\{X(t,\ s) : t\in T,\ s\in S\}$

이때 표본점 s를 특정한 값으로 고정하고 표본함수를 간단히 $X(t)$, 확률과정을 $\{X(t) : t\in T\}$로 나타낸다. 그러면 표본함수 $X(t)$는 각 실험에 의한 시간의 함수이고 [그림 13-1]과 같이 표현된다.

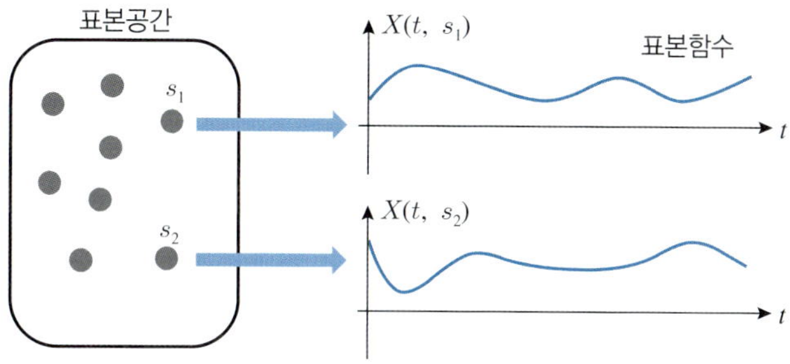

[그림 13-1] 시간의 함수로서의 확률변수

특히 베르누이 과정과 같이 이산시간에서 정의하는 확률과정과 푸아송 과정과 같이 연속시간에서 정의하는 확률과정을 각각 다음과 같이 정의한다.

정의 13-2 확률과정의 종류

- **이산시간 확률과정**discrete time stochastic process : 이산시간을 나타내는 $T = \{0, 1, 2, \cdots\}$에서 정의하는 확률과정이고, 보편적으로 $X(t)$를 X_n으로 나타낸다.
- **연속시간 확률과정**continuous time stochastic process : 연속시간을 나타내는 $T = [0, \infty)$에서 정의하는 확률과정이다.

예를 들어 주사위 1개를 반복하여 던질 때 나온 눈의 수를 n_T, $n_T = 1, 2, \cdots, 6$이라 하자. $X(t)$는 이산시간 $T = 1, 2, 3, \cdots$에서 다음과 같이 정의할 수 있다.

$$X(t) = n_T, \quad T \le t < T+1$$

이때 나온 눈의 수를 차례로 나열한 배열이 $s = \{1, 3, 6, 2, 4, 3, 5, \cdots\}$라 하면 첫 번째 눈은 1, 두 번째 눈은 3, 세 번째 눈은 6, $\cdots$ 등을 의미하므로 이산시간 확률과정의 표본함수 $X(t)$는 [그림 13-2]와 같은 파형으로 나타낼 수 있다.

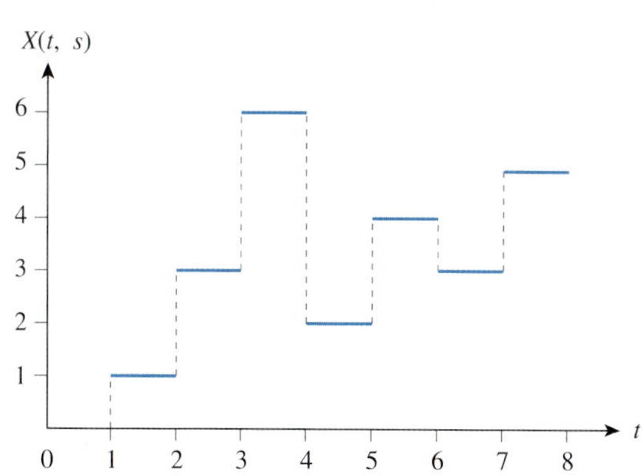

[그림 13-2] 이산시간 확률과정의 표본함수

한편 진폭 A가 $(-2,\ 2)$에서 균등분포를 따르면 이는 연속시간 확률과정이고, 표본함수 $X(t) = |\sin 2\pi ft|A$는 다음과 같은 연속 파형으로 나타난다.

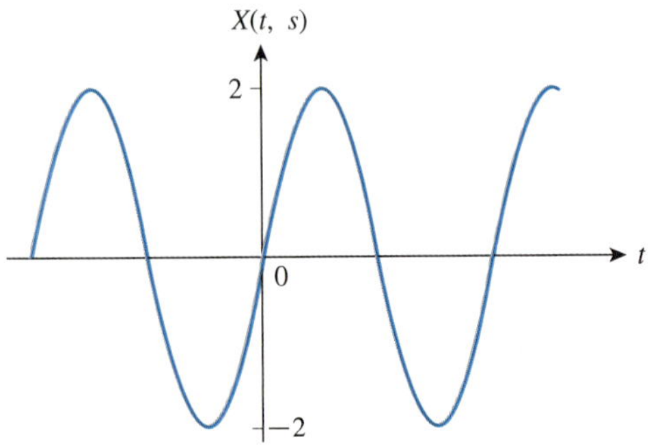

[그림 13-3] 연속시간 확률과정의 표본함수

따라서 확률과정의 표본함수는 함숫값이 이산형과 연속형으로 나타난다.

계수과정

통신시스템에 수신되는 특정 신호의 횟수는 음이 아닌 정수이고, 시간이 흐름에 따라 그 횟수가 줄어들지 않는다. 이와 같이 $X(t)$가 시간 구간 $(0,\ t]$에서 시스템에 도달한 신호의 횟수를 나타낸다고 하자. 이때 확률과정 $\{X(t) : t \ge 0\}$을 **계수과정**arrival counting process이라 하고, $X(t)$는 다음 성질을 갖는다.

❶ $X(0) = 0$이다. 즉 최초에 도달한 신호의 횟수는 0이다.

❷ $X(t)$는 음이 아닌 정수 값을 갖는다.

❸ $t \ge s$이면 $X(t) \ge X(s)$이다. 즉 $X(t)$는 단조증가한다.

❹ $t \ge s$이면 $X(t) - X(s)$는 시간 구간 $(s,\ t]$에서 도달한 신호의 횟수이다.

계수과정의 표본함수는 [그림 13-4]와 같고, 각 시각 t_i에서 신호가 시스템에 도달하는 것을 나타낸다. $i < j$일 때, $X(t_j) - X(t_i)$는 시간 구간 $(t_i,\ t_j]$에서 도달한 신호의 횟수이다. 예를 들어 $(t_1,\ t_2]$에서 도달한 신호의 횟수는 1개이고, $(t_2,\ t_5]$에서 도달한 신호의 횟수는 3개이다.

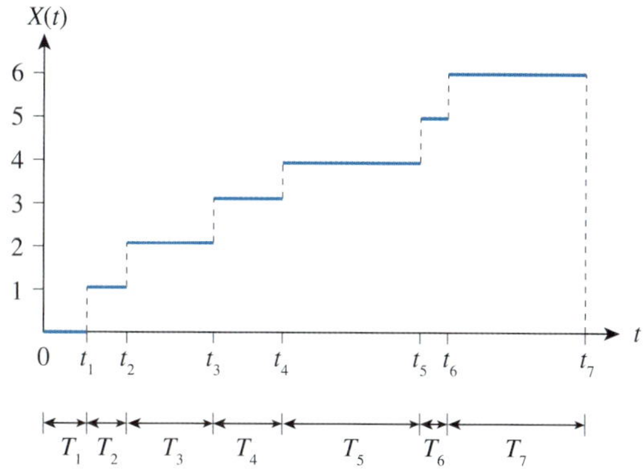

[그림 13-4] 계수과정의 표본함수

각각의 시각 $t_0 < t_1 < t_2 < \cdots < t_n$에 대해 다음과 같은 각 시간 구간 $(t_i,\ t_j]$에서 도달한 신호의 횟수가 독립일 때, 계수과정은 **독립증분**independent increments을 갖는다고 한다.

$$X(t_0),\ X(t_1)-X(t_0),\ X(t_2)-X(t_1),\ \cdots,\ X(t_n)-X(t_{n-1})$$

즉 독립증분을 갖는 계수과정은 서로 다른 시간 구간 $(0,\ s]$와 $(s,\ t]$에서 도달한 신호의 횟수가 독립임을 의미한다. 또 시간 구간이 다르더라도 길이가 동일한 구간에서 도달한 신호의 횟수가 동일한 확률분포를 따른다면, 계수과정은 **정상증분**stationary increments을 갖는다고 한다. 다시 말해 정상증분을 갖는 계수과정은 $t_1 < t_2$일 때, 임의의 양수 s에 대해 두 시간 구간 $(t_1,\ t_1+s]$와 $(t_2,\ t_2+s]$에서 도달한 신호의 횟수 $X(t_1+s)-X(t_1)$과 $X(t_2+s)-X(t_2)$가 동일한 확률분포를 따른다. 특히 정상증분과 독립증분을 모두 갖는 계수과정을 **정상독립증분**stationary independent increments을 갖는다고 한다. 정상독립증분을 갖는 대표적인 계수과정이 7.1절에서 살펴본 푸아송 과정이다.

푸아송 과정

이미 7장에서도 언급했던 푸아송 과정을 정의하면 다음과 같다.

정의 13-3 푸아송 과정 ①

다음 조건을 만족하는 계수과정 $\{X(t) : t \geq 0\}$을 비율 λ인 **푸아송 과정**Poisson Process이라 한다.

(1) $X(0)=0$이다.

(2) $\{X(t) : t \geq 0\}$은 독립증분을 갖는다.

(3) 길이가 t인 시간 구간에서 도달한 신호의 횟수 $X(s+t)-X(s)$는 평균 λt인 푸아송 분포를 따른다.

조건 (1)은 최초에 도달한 신호의 횟수는 0이고 조건 (2)는 중복되지 않는 임의의 두 시간 구간 (t_1, t_2)와 (t_1', t_2')에서 도달한 신호의 횟수 $X(t_2) - X(t_1)$과 $X(t_2') - X(t_1')$은 독립임을 의미한다. 그리고 조건 (3)은 임의의 양수 s와 t에 대해 길이 t인 시간 구간 $(s, s+t]$에서 도달한 신호의 횟수 $X(s+t) - X(s)$는 다음과 같이 푸아송 분포를 따르는 것을 나타낸다.

$$P[X(s+t) - X(s) = x] = \frac{(\lambda t)^x}{x!} e^{-\lambda t}, \quad x = 0, 1, 2, \cdots$$

따라서 푸아송 과정 $\{X(t) : t \geq 0\}$에 대해 $E[X(t)] = \lambda t$가 성립한다. 이로부터 비율 λ인 푸아송 과정은 다음과 같이 나타낼 수도 있다. 즉 [정의 13-3]은 [정의 13-4]와 동치이다.

정의 13-4 푸아송 과정 ②

다음 조건을 만족하는 계수과정 $\{X(t) : t \geq 0\}$을 비율 λ인 **푸아송 과정**Poisson Process이라 한다.

(1) $X(0) = 0$이다.

(2) $X(t)$는 정상독립증분을 갖는다.

(3) $P[X(h) = 1] = \lambda h + o(h)$

(4) $P[X(h) \geq 2] = o(h)$

여기서 $o(h)$는 다음을 만족하는 함수 f를 나타낸다.

$$\lim_{h \to 0} \frac{f(h)}{h} = 0$$

[그림 13-4]에서와 같이 $n-1$번째 신호가 도달한 이후로 n번째 신호가 도달할 때까지 걸리는 시간 T_n에 대해 $\{T_n : n = 1, 2, \cdots\}$를 **도착시간열**sequence of inter-arrival times이라 한다. 그리고 다음과 같이 정의하는 S_n은 n번째 사건이 발생할 때까지 걸리는 시간이고, 이를 **대기시간** waiting time이라 한다.

$$S_n = \sum_{i=1}^{n} T_i, \quad n \geq 1$$

이때 7.2절 지수분포와 감마분포에서 살펴본 바와 같이 T_n과 S_n은 각각 다음 확률분포를 따른다.

❶ $T_n \sim \text{Exp}\left(\frac{1}{\lambda}\right)$, $n = 1, 2, \cdots$이고 독립이다. 즉 T_n은 독립이고, 확률밀도함수는 $t > 0$에 대해 $f(t) = \lambda e^{-\lambda t}$이다.

❷ $S_n \sim \Gamma\left(n, \frac{1}{\lambda}\right)$이다. 즉 S_n의 확률밀도함수는 $t > 0$에 대해 $f(t) = \lambda \frac{(\lambda t)^{n-1}}{(n-1)!} e^{-\lambda t}$이다.

한편 푸아송 과정에 대해 다음 성질이 성립하며 증명은 생략한다.

정리 13-1 푸아송 과정의 중첩과 분해

(1) $X_1(t)$와 $X_2(t)$가 독립이고 각각 비율 λ_1과 λ_2인 푸아송 과정이면 계수과정 $X(t) = X_1(t) + X_2(t)$는 비율 $\lambda_1 + \lambda_2$인 푸아송 과정이다.

(2) 서로 다른 두 신호가 p와 $1-p$의 확률로 푸아송 과정 $X(t)$에 따라 시스템에 도달할 때, 계수과정 $X_1(t)$와 $X_2(t)$는 독립이고 각각 비율 λp와 $\lambda(1-p)$인 푸아송 과정이다.

[정리 13-1]의 성질 (1)은 독립인 두 푸아송 과정의 **중첩**superposition이라 한다. [그림 13-5]와 같이 서로 다른 두 신호체계 $X_1(t)$, $X_2(t)$가 푸아송 과정에 따라 시스템에 도달하면 중첩된 신호체계 $X(t)$도 푸아송 과정을 따르는 것을 의미한다.

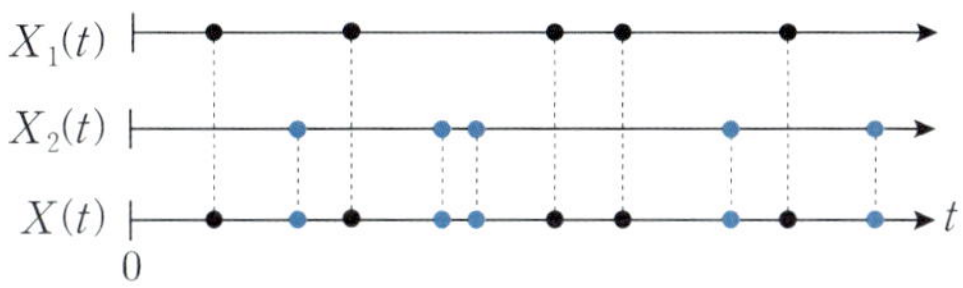

[그림 13-5] 푸아송 과정의 중첩

[정리 13-1]의 성질 (2)는 푸아송 과정의 **분해**decomposition라 한다. 즉 [그림 13-6]과 같이 λ의 비율로 신호가 시스템에 도달하는 푸아송 과정 $X(t)$에서 서로 다른 특성을 가진 두 신호가 각각 p와 $1-p$의 확률로 나타난다면 푸아송 과정 $X(t)$를 확률 p인 사건의 확률과정 $X_1(t)$와 확률 $1-p$인 사건의 확률과정 $X_2(t)$로 분해할 수 있다. 이때 두 계수과정 $X_1(t)$와 $X_2(t)$는 각각 비율이 λp와 $\lambda(1-p)$이고, 독립인 푸아송 과정을 따른다.

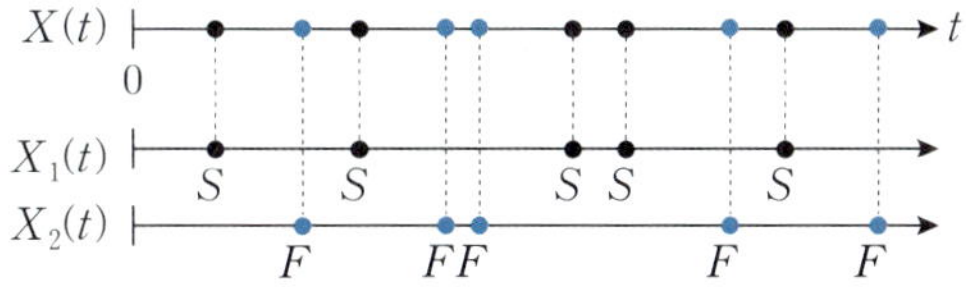

[그림 13-6] 푸아송 과정의 분해

재생과정

푸아송 과정에 대해 시간 구간은 독립이고 항등적으로 지수분포를 따르는 것을 살펴보았다. 이런 사실을 시간 구간이 독립이고 항등적으로 임의의 분포를 따르는 계수과정으로 일반화할 수 있다. 예를 들어 어느 아파트 단지의 관리실에서 형광등의 수명이 끝나는 즉시 새로운 형광등으로 교체하고, 형광등의 수명은 분포함수 $F(x)$가 동일한 분포를 따른다고 하자. 이때 형광등을 교체하는 것을 **재생**renewal이라 한다. 이와 같이 형광등을 교체할 시간이 임의의 분포함수 $F(x)$를 따르는 계수과정을 생각한다.

모든 $n=1, 2, \cdots$에 대해 $n-1$번째 신호가 관측된 이후로 n번째 신호가 관측될 때까지 걸리는 시간 X_n이 공통의 분포함수 $F(x)$를 가지는 i.i.d 확률변수라 하자. 그리고 X_n에 대해 $F(0)=P(X_n=0)<1$이고 $E(X_n)=\mu<\infty$라 하자. n번째 신호가 도달할 때까지 걸리는 시간을 S_n이라 하면 $S_0=0$, $S_n=\sum_{i=1}^{n} X_i$, $n=1, 2, \cdots$이다. 따라서 $N(t)=\sup\{n : S_n \le t\}$는 시각 t까지 도달한 신호의 횟수를 나타내고, 그 횟수는 n 이상이다. 이때 계수과정 $\{N(t) : t \ge 0\}$을 **재생과정**renewal process이라 하고, 재생과정은 다음 성질을 만족한다.

❶ 무한 시간에서 신호의 횟수는 무한히 많다. 즉 $\lim_{t \to \infty} N(t)=\infty$이다.

❷ $P\left(\lim_{n \to \infty} \frac{S_n}{n}=\mu\right)=1$

❸ $P\left(\lim_{t \to \infty} \frac{N(t)}{t}=\frac{1}{\mu}\right)=1$

❹ $\lim_{t \to \infty} \frac{m(t)}{t}=\frac{1}{\mu}$

여기서 $m(t)=E[N(t)]$이고, $m(t)$를 **재생함수**renewal function라 한다. 따라서 재생함수는 시각 t까지 발생한 신호의 평균값을 나타낸다.

마팅게일

다음 성질을 만족하는 이산시간 확률과정 $\{X_n : n=1, 2, 3, \cdots\}$을 **마팅게일**martingale이라 한다.

❶ 모든 n에 대해 $E(|X_n|)<\infty$이다.

❷ $E(X_{n+1} | X_1, \cdots, X_n)=X_n$

마팅게일은 공정한 게임에 대한 모형으로 많이 사용한다. 예를 들어 X_n을 n번째 게임에서 참가자의 행운이라 하자. 성질 ❷는 $n+1$번째 게임에서 참가자에게 기대되는 행운은 특별한 상황변화가 없는 한 n번째 게임에서의 행운과 동일함을 나타낸다. 모든 n에 대해 $E(X_n)=0$인 확률변수열 $\{X_n : n=1, 2, 3, \cdots\}$을 생각하고 $S_n=\sum_{i=1}^{n} X_i$라 하자. 그러면 S_n에 대해 다음 조건부 기댓값을 얻는다.

$$\begin{aligned} E(S_{n+1} | S_1, \cdots, S_n) &= E(S_n + X_{n+1} | S_1, \cdots, S_n) \\ &= E(S_n | S_1, \cdots, S_n) + E(X_{n+1} | S_1, \cdots, S_n) \\ &= S_n + E(X_{n+1}) = S_n + 0 = S_n \end{aligned}$$

따라서 확률과정 $\{S_n : n=1, 2, 3, \cdots\}$은 마팅게일이다.

브라운 운동

다음 조건을 만족하는 확률과정 $\{X(t): t \geq 0\}$을 **브라운 운동**Brownian motion 또는 **위너 과정**Wiener process이라 한다.

❶ $X(0)=0$이다.

❷ $X(t)$는 정상독립증분을 갖는다.

❸ $t>0$에 대해 $X(t+s)-X(s) \sim N(0,\ b^2 t)$이다. 즉 $X(t+s)-X(s)$의 분포함수가 다음과 같다. (단, b는 양의 상수이다.)

$$P[X(t+s)-X(s) \leq x]=\frac{1}{b\sqrt{2\pi t}}\int_{-\infty}^{x} \exp\left(-\frac{u^2}{2b^2 t}\right) du$$

브라운 운동은 공학이나 생물학에 적용하는 중요한 확률과정 중 하나이다. 가스 또는 용액 안에 들어 있는 입자의 불규칙한 운동뿐만 아니라 전기적 소음에 대한 모형으로 사용한다.

마르코프 과정

[그림 13-7]과 같이 시험판의 A 위치에 있는 박테리아가 시간이 변함에 따라 움직이며 B로 이동했다고 하자. 이 박테리아가 C 위치에 놓일 확률은 현재 위치인 B 이전의 경로에 의존하지 않고 오직 현재 위치인 B에만 의존한다. 이와 같이 과거 상태에 상관없이 현재 상태에 의해 미래 상태가 결정되는 확률과정을 생각할 수 있다.

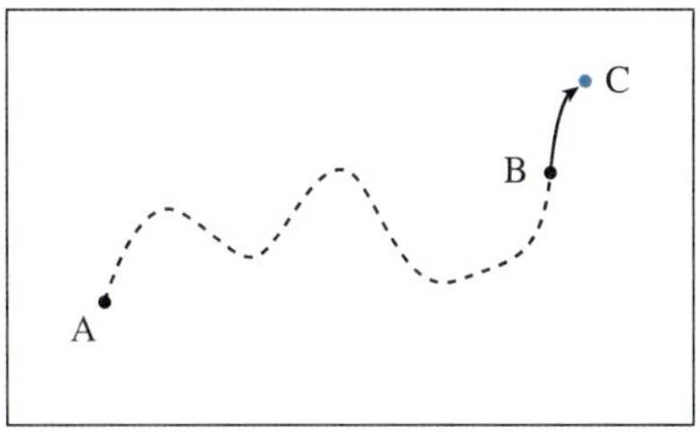

[그림 13-7] 마르코프 과정의 이해

박테리아의 이동과 같이 다음을 만족하는 확률과정 $\{X(t): t \geq 0\}$을 **마르코프 과정**Markov process이라 한다.

$$P[a<X(t+s) \leq b \mid X(s)=x,\ X(u),\ 0 \leq u<s]=P[a<X(t+s) \leq b \mid X(s)=x]$$

즉 시간이 지남에 따라 움직이는 입자의 현재 상태 $X(s)$와 과거 상태 $X(u),\ 0 \leq u<s$가 주어졌을 때, 미래 어느 시점에서 상태 $X(t+s)$는 현재 상태 $X(s)$에만 의존하고 과거 상태 $X(u)$에 독립인 것을 의미한다. 따라서 확률과정의 현재 상태가 정확히 알려졌을 때, 미래 어느 시점에서 입자의 자취에 대한 확률은 과거의 자취에 대해 알려진 정보에 영향을 받지 않음을 나타낸다.

예제 13-1

진폭 A가 모수 2인 지수분포를 따른다고 하자. 확률과정이 $X(t) = A|\cos(2t+\pi)|$일 때 다음을 구하라.

(a) $X(t)$의 분포함수　　(b) $X(t)$의 확률밀도함수　　(c) $E[X(t)]$

풀이

(a) $A \sim \text{Exp}(2)$이므로 A의 분포함수는 $F_A(a) = P(A \le a) = 1 - e^{-2a},\ a > 0$이다. 모든 t에 대해 $X(t) \ge 0$이므로 $x < 0$이면 $P[X(t) \le x] = 0$이다. 또 $x \ge 0$이고 $|\cos(2t+\pi)| > 0$이면 다음 확률을 얻는다.

$$P[X(t) \le x] = P[A|\cos(2t+\pi)| \le x] = P\left[A \le \frac{x}{|\cos(2t+\pi)|}\right]$$
$$= 1 - \exp\left(-\frac{2x}{|\cos(2t+\pi)|}\right)$$

따라서 $\cos(2t+\pi) \ne 0$이면 $X(t)$의 분포함수는 다음과 같다.

$$F_{X(t)}(x) = \begin{cases} 0 & ,\ x < 0 \\ 1 - \exp\left(-\dfrac{2x}{|\cos(2t+\pi)|}\right) & ,\ x \ge 0 \end{cases}$$

(b) $\cos(2t+\pi) \ne 0$이면 $X(t)$의 확률밀도함수는 다음과 같다.

$$f_{X(t)}(x) = \begin{cases} 0 & ,\ x < 0 \\ \dfrac{2}{|\cos(2t+\pi)|}\exp\left(-\dfrac{2x}{|\cos(2t+\pi)|}\right) & ,\ x \ge 0 \end{cases}$$

$\cos(2t+\pi) = 0$, 즉 $t = \frac{n\pi}{2} - \frac{\pi}{4}$이면 확률변수 A의 크기에 관계없이 $X(t) = 0$이다. 따라서 $X(t)$의 확률밀도함수는 디락의 델타함수가 된다. 즉 $X(t)$의 확률밀도함수는 $f_{X(t)}(x) = \delta(x)$이다.

(c) $X(t) \sim \text{Exp}\left(\frac{2}{|\cos(2t+\pi)|}\right)$이므로 $E[X(t)] = \frac{1}{2}|\cos(2t+\pi)|$이다.

I Can Do 13-1

$\{X(t) : t \ge 0\}$이 비율 3인 푸아송 과정을 따를 때, 임의의 양수 s와 t에 대해 다음 기댓값을 구하라.

(a) $E[X(t)]$　　(b) $E[X(t)\{X(t+s) - X(t)\}]$　　(c) $E[X(t)X(t+s)]$

Section

13.2 마르코프 연쇄

마르코프 과정의 특수한 경우인 마르코프 연쇄는 연결고리가 복잡하고 다양하게 얽혀서 서로 영향을 주고받는 네트워크를 설명하기 위한 수학적 도구이다. 마르코프 연쇄는 유전학, 생태학, 통신공학, 수문학, 사회학 등 공학을 비롯한 행동과학 분야에 널리 응용되고 있다. 예를 들어 [그림 13-8]과 같이 각각의 방에서 다음 방으로 이동할 수 있는 입구가 있는 9개의 방을 생각하자. 이때 1번 방에 실험용 쥐가 있고 9번 방에는 먹이가 있다. 쥐가 이 먹이를 찾기 위해 움직인다고 할 때, 9번 방에 들어가기 위한 8번과 6번 이외에 다른 방에 들어가는 과정은 먹이를 찾는 데 아무런 영향을 미치지 않는다.

[그림 13-8] 먹이를 찾는 쥐의 행동

이 절에서는 미래 상태에 놓일 확률이 과거 상태에는 영향을 받지 않고 오로지 현재 상태에만 의존하는 마르코프 연쇄의 개념과 여러 가지 상태에 대한 성질을 살펴본다.

마르코프 연쇄와 추이행렬

지금까지 살펴본 이산시간 확률과정 $\{X_n : n=0, 1, 2, \cdots\}$는 i.i.d 확률변수열인 경우에 대해 살펴보았다. 이제 i.i.d가 아닌 확률변수열 X_n에 대해 X_{n+1}이 X_0, X_1, $\cdots$, X_{n-1}에는 의존하지 않고 X_n에만 의존하는 시스템에 대해 살펴본다.

확률변수 X_0, X_1, $\cdots$, X_n이 주어질 때, 그 다음에 나타나는 확률변수 X_{n+1}이 다음과 같이 X_n에만 의존하는 이산시간 확률과정 $\{X_n : n=0, 1, 2, \cdots\}$를 **마르코프 연쇄**Markov chain라 한다.

$$P(X_{n+1}=j \mid X_n=i,\ X_{n-1}=i_{n-1},\ \cdots,\ X_1=i_1,\ X_0=i_0)=P(X_{n+1}=j \mid X_n=i)$$

X_n 값은 X_{n+1}을 예측하기 위한 시스템에서 과거에 흘러온 과정을 나타내고, 이러한 X_n을 시스템에서 n번째 **상태**state라 한다. 즉 $X_n=i$이면 확률과정은 n번째에 상태 i에 있다고 한다. 그러면 $X_0=i_0$, $X_1=i_1$, $\cdots$, $X_{n-1}=i_{n-1}$은 과거 상태를 나타내고 $X_n=i$는 n번째 시행 결과인 현재 상태를 의미한다. 그리고 $X_{n+1}=j$는 다음 $n+1$번째 상태를 나타낸다. 따라서 마르코프 연쇄에서 다음 번 상태는 과거 상태에 의존하지 않고 단지 현재 상태에만 의존함을 알 수 있다. 또 마르코프 연쇄를 나타내는 조건부 확률과 조건부 확률의 행렬을 각각 다음과 같이 정의한다.

정의 13-5 추이확률과 추이행렬

- **추이확률** transition probability : 조건부 확률 $P_{ij}=P(X_{n+1}=j \mid X_n=i)$
- **추이행렬** transition matrix, **마르코프 행렬**Markov matrix : 추이확률에 의한 다음 행렬

$$\mathrm{P}=\begin{pmatrix} P_{00} & P_{01} & P_{02} & \cdots \\ P_{10} & P_{11} & P_{12} & \cdots \\ P_{20} & P_{21} & P_{22} & \cdots \\ \vdots & \vdots & \vdots & \cdots \end{pmatrix}$$

추이확률은 현재 상태 i에 머물 때, 다음 번 시행에서 상태 j에 있을 확률을 의미한다. 그리고 추이행렬 P는 다음 두 조건을 만족한다.

❶ 모든 i, $j=0$, 1, 2, $\cdots$에 대해 $P_{ij} \geq 0$이다.

❷ $\sum_{j=0}^{\infty} P_{ij}=1$

이때 마르코프 연쇄는 $P_{ij} \geq 0$인 상태의 순서쌍 (i, j)를 이용한 연결망으로 표현할 수 있다.

간단한 마르코프 연쇄의 예

간단한 마르코프 연쇄인 ON-OFF 시스템과 만취한 사람의 걸음걸이를 살펴보자.

■ 2-상태 마르코프 연쇄

가장 간단한 마르코프 연쇄는 상태가 두 개인 경우이다. 예를 들어 OFF 상태에 있는 스위치가 1분 후에 ON 상태로 바뀔 확률이 p이고, ON 상태에 있는 스위치가 1분 후에 OFF 상태로 바뀔 확률이 q라 하자. OFF를 0, ON을 1로 나타내면 [그림 13-9]와 같은 연결망을 생각할 수 있다.

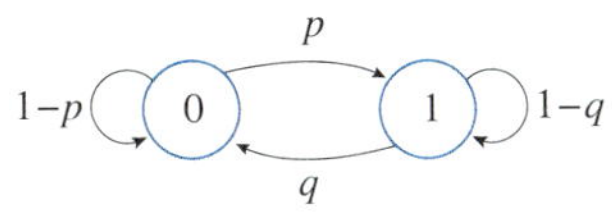

[그림 13-9] 2-상태 마르코프 연쇄 연결망

이때 OFF 상태에서 ON 상태로 바뀔 확률이 p이므로 1분 후에도 OFF 상태로 머무를 확률은 $P_{00}=1-p$이다. 같은 방법으로 ON 상태에서 다시 ON 상태로 머무를 확률은 $P_{11}=1-q$이다. 그리고 OFF 상태에서 ON 상태로 바뀔 확률은 $P_{01}=p$이고, ON 상태에서 OFF 상태로 바뀔 확률은 $P_{10}=q$이다. 따라서 2-상태 마르코프 연쇄에서 추이행렬은 다음과 같은 2차 행렬이다.

$$\mathrm{P}=\begin{pmatrix}1-p & p\\ q & 1-q\end{pmatrix}$$

예를 들어 사용자가 말하는 동안에만 디지털화된 음성을 전송하는 패킷음성통신 시스템이 있다고 하자. 이 시스템은 일정 시간 간격으로 사용자가 말하는지 침묵하는지 결정하고, 사용자가 말하면 음성 패킷이 생성되고 그렇지 않으면 패킷이 생성되지 않는다. 사용자가 어떤 측정시간에 침묵하면 다음 측정시간에 말할 확률이 $p=0.1$이고, 측정시간에 말하면 다음 측정시간에 침묵할 확률이 $q=0.05$라 하자. 그러면 이번에 침묵한 사용자가 다음 측정시간에도 침묵할 확률은 $1-p=0.9$이고 이번에 말한 대화자가 다음 측정시간에도 말할 확률은 $1-q=0.95$이다. 즉 이 시스템은 침묵 상태와 말하는 상태로 구성되며, 침묵 상태를 0, 말하는 상태를 1이라 하면 추이확률 P_{ij}는 다음과 같다.

- P_{00} : 침묵한 사용자가 다음 측정시간에도 침묵할 확률이고 $P_{00}=0.9$이다.
- P_{01} : 침묵한 사용자가 다음 측정시간에 말할 확률이고 $P_{01}=0.1$이다.
- P_{10} : 말한 사용자가 다음 측정시간에 침묵할 확률이고 $P_{10}=0.05$이다.
- P_{11} : 말한 사용자가 다음 측정시간에도 말할 확률이고 $P_{11}=0.95$이다.

이 마르코프 연쇄는 [그림 13-9]에서 $p=0.1$, $q=0.05$인 경우를 나타내고, 추이행렬은 다음과 같은 2차 행렬이다.

$$\mathrm{P}=\begin{pmatrix}0.9 & 0.1\\ 0.05 & 0.95\end{pmatrix}$$

■ 취보

일직선을 따라 걷는 음주자가 일직선의 오른쪽으로는 움직이지만, 일직선의 왼쪽으로 벗어나지 않는다고 하자. 이때 상태 i에서 다음 단계에 상태 $i-1$, i, $i+1$ 중 하나로 옮겨가는 마르코프 연쇄를 생각하자. 처음에는 상태 0이고 1단계에 상태 0 또는 상태 1로 옮겨간다. 1단계에 상태 0이면, 2단계에서 상태 0 또는 상태 1로 옮겨간다. 그렇지 않고 1단계에서 상태 1이면, 2단계에서 상태 0 또는 상태 1 또는 상태 2로 옮겨가는 방식이 계속된다고 하자. 그리고 상태 i이면 다음 단계에서 상태

i 에 머물 확률을 r_i라 하고, 상태 $i+1$과 $i-1$로 옮겨갈 확률을 각각 p_i, q_i라 하면 $r_i + p_i + q_i = 1$이고, 추이확률은 다음과 같다.

$$P_{ii} = P(X_{n+1} = i \mid X_n = i) = r_i$$
$$P_{ii-1} = P(X_{n+1} = i-1 \mid X_n = i) = q_i$$
$$P_{ii+1} = P(X_{n+1} = i+1 \mid X_n = i) = p_i$$

단계별 상태에 따른 추이확률은 [그림 13-10]과 같다.

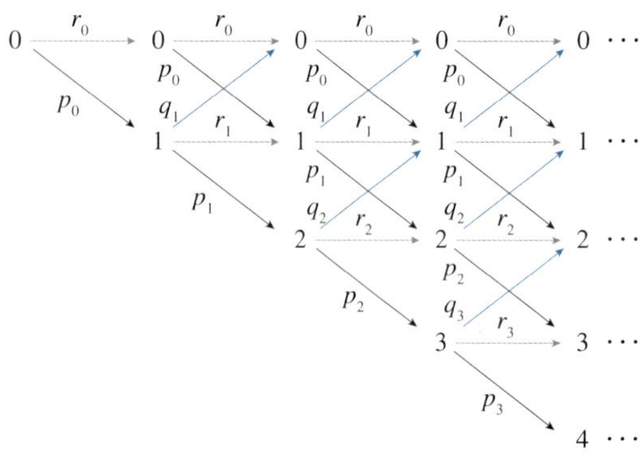

[그림 13-10] 단계별 상태와 추이확률

이러한 마르코프 연쇄는 만취한 사람이 곧바로 걷지 못하고 왼쪽 또는 오른쪽으로 걷는 상태를 나타내고, 이것을 **취보**random walk라 한다. 취보에 대한 상태 연결망은 [그림 13-11]과 같이 설명된다.

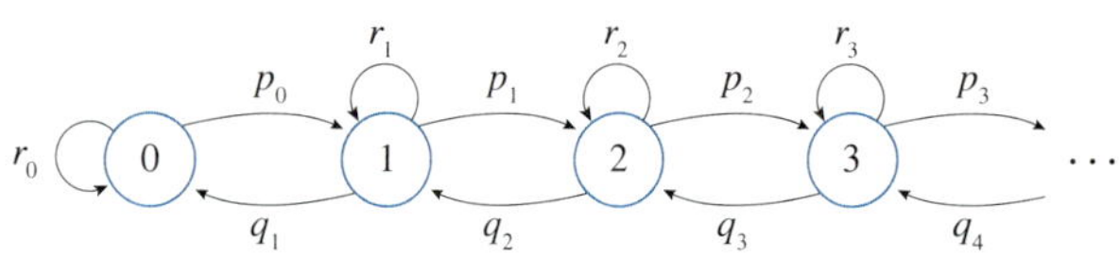

[그림 13-11] 취보의 상태 연결망

따라서 취보에 대한 추이행렬은 다음과 같다. 여기서 $r_0 + p_0 = 1$, $r_n + p_n + q_n = 1 (n = 1, 2, \cdots)$이다.

$$\mathrm{P} = \begin{pmatrix} r_0 & p_0 & 0 & 0 & 0 & \cdots \\ q_1 & r_1 & p_1 & 0 & 0 & \cdots \\ 0 & q_2 & r_2 & p_2 & 0 & \cdots \\ \vdots & \vdots & \vdots & \vdots & \vdots & \ddots \end{pmatrix}$$

예제 13-2

컴퓨터 디스크 드라이브는 공회전 상태와 디스크 읽기 상태, 그리고 디스크 쓰기 상태로 구성된다. 이때 컴퓨터는 디스크 섹터를 1분 간격으로 읽거나 쓰도록 설정되어 있고, 현재 상태에서 다른 상태로 옮겨갈 확률은 0.4라 한다. 이러한 마르코프 연쇄에 대한 추이행렬을 구하라.

풀이

컴퓨터 디스크 드라이브의 상태를 공회전(0), 읽기(1), 쓰기(2)로 둘 수 있다. 공회전 상태에서 읽기 또는 쓰기 상태로 옮겨갈 확률이 각각 0.4이므로 계속 공회전할 확률은 0.2이다. 같은 방법으로 읽기 또는 쓰기 상태에서 각각 다른 상태로 옮겨갈 확률이 0.4이고 상태를 유지할 확률이 0.2이다. 각 상태에서 추이확률을 연결망으로 나타내면 다음과 같다.

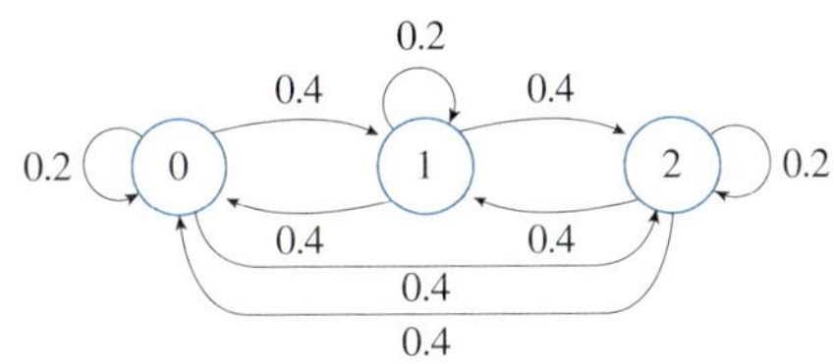

추이확률은 각각 다음과 같다.

- 공회전 상태에서 다음 단계로 옮겨갈 확률 : $P_{00}=0.2,\ P_{01}=0.4,\ P_{02}=0.4$
- 읽기 상태에서 다음 단계로 옮겨갈 확률 : $P_{10}=0.4,\ P_{11}=0.2,\ P_{12}=0.4$
- 쓰기 상태에서 다음 단계로 옮겨갈 확률 : $P_{20}=0.4,\ P_{21}=0.4,\ P_{22}=0.2$

따라서 구하는 추이행렬은 다음과 같다.

$$\mathbf{P}=\begin{pmatrix}0.2 & 0.4 & 0.4\\ 0.4 & 0.2 & 0.4\\ 0.4 & 0.4 & 0.2\end{pmatrix}$$

I Can Do 13-2

추이행렬이 다음과 같은 마르코프 연쇄를 설명하고 각 상태에 대한 연결망을 그려라.

$$\mathbf{P}=\begin{pmatrix}0.4 & 0.6 & 0 & 0 & 0 & \cdots\\ 0 & 0.4 & 0.6 & 0 & 0 & \cdots\\ 0 & 0 & 0.4 & 0.6 & 0 & \cdots\\ \vdots & \vdots & \vdots & \vdots & \vdots & \ddots\end{pmatrix}$$

채프만-콜모고로프 방정식

지금까지는 1단계 추이확률, 즉 n번째 시행에서 상태 i에 머물다가 $n+1$번째 시행에서 상태 j로 이동할 확률 $P_{ij}=P(X_{n+1}=j \mid X_n=i)$에 대해 살펴보았다. 이제 m번째 시행에서 상태 i에 있는 대상이 n번 이동하여 상태 j에 있을 확률을 알아본다. 이를 위해 상태 i에서 n번 이동하여 상태 j에 있을 확률을 P_{ij}^{n}이라 하면, 다음과 같이 나타낼 수 있다.

$$P_{ij}^{n}=P(X_{m+n}=j \mid X_m=i)$$

예를 들어 $P_{ij}^{2}=P(X_{m+2}=j \mid X_m=i)$는 m번째 시행에서 상태 i에 있는 대상이 $m \to m+1 \to m+2$의 경로로 이동하여 상태 j에 들어갈 확률을 의미한다. 이에 대한 연결망을 나타내면 [그림 13-12]와 같다.

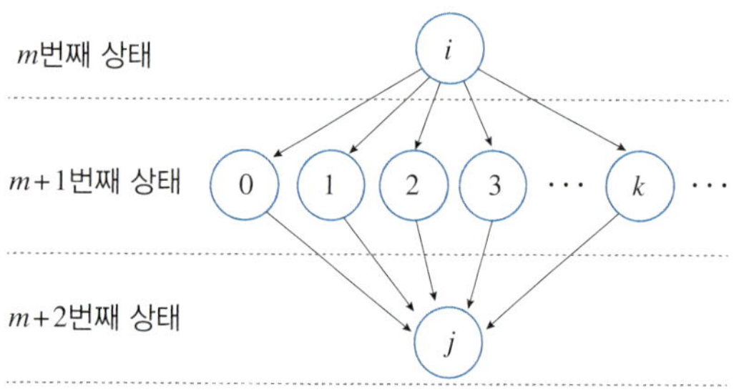

[그림 13-12] $m \to m+1 \to m+2$의 경로

그러면 전확률 공식에 의해 확률 P_{ij}^{2}은 다음과 같다.

$$\begin{aligned} P_{ij}^{2} &= P(X_{m+2}=j \mid X_m=i) \\ &= \sum_{k=0}^{\infty} P(X_{m+1}=k \mid X_m=i)\, P(X_{m+2}=j \mid X_{m+1}=k) \\ &= \sum_{k=0}^{\infty} P_{ik} P_{kj} \end{aligned}$$

이제 m번째 시행에서 상태 i에 있는 대상이 n번 이동하여 상태 j에 있을 확률 P_{ij}^{n}을 구하기 위해 P_{ij}^{0}을 다음과 같이 정의하자.

$$P_{ij}^{0}=\begin{cases} 1, & i=j \\ 0, & i \neq j \end{cases}$$

이때 $r+s=n$을 만족하는 음이 아닌 정수 r과 s에 대해 다음을 얻는다.

$$
\begin{aligned}
P_{ij}^{r+s} &= P(X_{m+(r+s)} = j \mid X_m = i) \\
&= \sum_{k=0}^{\infty} P(X_{m+r} = k,\ X_{m+(r+s)} = j \mid X_m = i) \\
&= \sum_{k=0}^{\infty} P(X_{m+r} = k \mid X_m = i)\, P(X_{m+(r+s)} = j \mid X_m = i,\ X_{m+r} = k) \\
&= \sum_{k=0}^{\infty} P(X_{m+r} = k \mid X_m = i)\, P(X_{(m+r)+s} = j \mid X_{m+r} = k) \\
&= \sum_{k=0}^{\infty} P_{ik}^{r}\, P_{kj}^{s}
\end{aligned}
$$

이로부터 **채프만-콜모고로프 방정식**Chapman-Kolmogorov equation이라는 관계식을 얻는다.

정리 13-2 채프만-콜모고로프 방정식

음이 아닌 정수 r과 s에 대해 다음이 성립한다.

$$P_{ij}^{r+s} = \sum_{k=0}^{\infty} P_{ik}^{r}\, P_{kj}^{s}$$

[정리 13-2]에 의해 처음 상태 i에서 출발하여 $r+s$번 이동한 후 상태 j에 놓일 추이확률은 처음 상태 i에서 출발하여 r번 이동한 후 상태 k에 놓이고, 다시 s번 이동하여 상태 j에 놓이는 모든 경우의 확률을 합한 것과 동일함을 의미한다. 처음 상태 i에서 출발하여 $r+s$번 이동한 추이행렬을 $\mathbf{P}^{r+s}$이라 하자. P_{ij}^{r+s}는 $\mathbf{P}^{r+s}$의 (i, j) 성분이고, P_{ik}^{r}와 P_{kj}^{s}는 각각 $\mathbf{P}^{r}$의 (i, k) 성분과 $\mathbf{P}^{s}$의 (k, j) 성분이다. 따라서 추이행렬 $\mathbf{P}^{r+s}$은 다음과 같이 $\mathbf{P}^{r}$과 $\mathbf{P}^{s}$의 곱으로 표현된다.

$$\mathbf{P} = \mathbf{P}^{1}, \quad \mathbf{P}^{r+s} = \mathbf{P}^{r}\mathbf{P}^{s}$$

예제 13-3

[예제 13-2]의 마르코프 연쇄에 대해 다음을 구하라.

(a) $P(X_1 = 2 \mid X_0 = 0)$

(b) $P(X_2 = 2 \mid X_0 = 0)$

(c) $P(X_1 = 1,\ X_2 = 0,\ X_3 = 2,\ X_4 = 2 \mid X_0 = 0)$

(d) $P(X_1 = 1,\ X_2 = 0,\ X_4 = 2 \mid X_0 = 0)$

풀이

(a) 처음 상태 0에서 다음 단계에 상태 2에 놓일 확률이므로 $P_{02} = 0.4$이다.

(b) 두 번 이동한 추이행렬은 다음과 같다.

$$\mathrm{P}^2 = \begin{pmatrix} 0.2 & 0.4 & 0.4 \\ 0.4 & 0.2 & 0.4 \\ 0.4 & 0.4 & 0.2 \end{pmatrix} \begin{pmatrix} 0.2 & 0.4 & 0.4 \\ 0.4 & 0.2 & 0.4 \\ 0.4 & 0.4 & 0.2 \end{pmatrix} = \begin{pmatrix} 0.36 & 0.32 & 0.32 \\ 0.32 & 0.36 & 0.32 \\ 0.32 & 0.32 & 0.36 \end{pmatrix}$$

따라서 처음 상태 0에서 두 번 이동하여 상태 2에 놓일 확률은 $P_{02}^2 = 0.32$이다.

(c) $P(X_1 = 1,\ X_2 = 0,\ X_3 = 2,\ X_4 = 2 \mid X_0 = 0)$

$= P(X_1 = 1 \mid X_0 = 0)P(X_2 = 0 \mid X_1 = 1)P(X_3 = 2 \mid X_2 = 0)P(X_4 = 2 \mid X_3 = 2)$

$= P_{01}P_{10}P_{02}P_{22} = 0.4 \times 0.4 \times 0.4 \times 0.2 = 0.0128$

(d) $P(X_1 = 1,\ X_2 = 0,\ X_4 = 2 \mid X_0 = 0)$

$= P(X_1 = 1 \mid X_0 = 0)P(X_2 = 0 \mid X_1 = 1)P(X_4 = 2 \mid X_2 = 0)$

$= P_{01}P_{10}P_{02}^2 = 0.4 \times 0.4 \times 0.32 = 0.0512$

I Can Do 13-3

상태공간이 $\{1,\ 2,\ 3\}$인 마르코프 연쇄의 추이행렬이 아래와 같을 때, 다음을 구하라.

$$\mathrm{P} = \begin{pmatrix} 0.0 & 0.5 & 0.5 \\ 0.5 & 0.0 & 0.5 \\ 0.5 & 0.5 & 0.0 \end{pmatrix}$$

(a) $P(X_3 = 1 \mid X_2 = 2)$

(b) $P(X_5 = 1 \mid X_2 = 2)$

(c) $P(X_3 = 1,\ X_4 = 1 \mid X_2 = 2)$

(d) $P(X_3 = 1,\ X_6 = 1 \mid X_2 = 2)$

[예제 13-3(d)]에서 확률 $P(X_4 = 2 \mid X_2 = 0)$은 상태 0에서 두 번 이동하여 상태 2에 놓이는 확률이다. 이 경로를 모두 나타내면 [그림 13-13]과 같다.

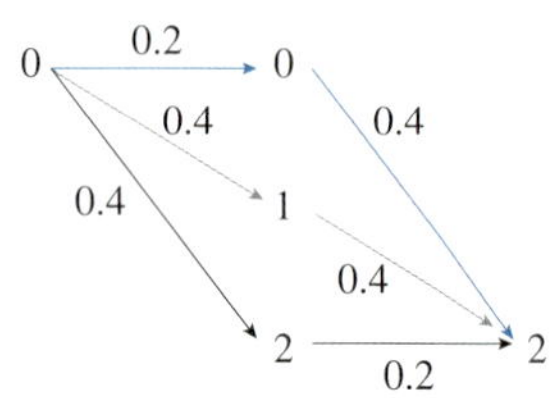

[그림 13-13] 2단계 추이경로와 확률

각각의 경로에 대한 확률은 다음과 같다.

$$P(X_3 = 0 | X_2 = 0)P(X_4 = 2 | X_3 = 0) = 0.2 \times 0.4 = 0.8$$
$$P(X_3 = 1 | X_2 = 0)P(X_4 = 2 | X_3 = 1) = 0.4 \times 0.4 = 0.16$$
$$P(X_3 = 2 | X_2 = 0)P(X_4 = 2 | X_3 = 2) = 0.4 \times 0.2 = 0.8$$

이 확률을 모두 더하면 $P(X_4 = 2 | X_2 = 0) = 0.32$를 얻는다.

동치류

상태 i에서 n번 반복적으로 이동하여 상태 j로 이동할 수 있다면, 즉 어떤 음이 아닌 정수 n에 대해 $P_{ij}^n > 0$이면 상태 i는 상태 j로 **도달가능** accessible이라 하고, $i \to j$로 나타낸다. 또 상태 i와 상태 j가 서로 도달가능하면, 즉 $P_{ij}^n > 0$이고 $P_{ji}^m > 0$이면 두 상태는 **상호도달가능** communicate하다고 하고, $i \leftrightarrow j$로 나타낸다. 따라서 상태 i는 자기 자신으로 항상 도달가능하다. 모든 n에 대해 $P_{ij}^n = 0$ 또는 $P_{ji}^n = 0$이면 두 상태는 상호도달가능하지 않다. 그러면 상호도달가능한 관계 '$\leftrightarrow$'는 다음 세 가지 조건을 만족하는 동치관계이다.

❶ $i \leftrightarrow i$이다. (반사성)
❷ $i \leftrightarrow j$이면 $j \leftrightarrow i$이다. (대칭성)
❸ $i \leftrightarrow j$이고 $j \leftrightarrow k$이면 $i \leftrightarrow k$이다. (추이성)

세 조건을 모두 만족하는 상태들의 집합, 즉 상호도달가능한 상태의 집합을 **동치류** equivalent class라 한다. 그러면 마르코프 연쇄의 상태공간은 동치류에 의해 [그림 13-14]와 같이 하나의 동치류 또는 둘 이상의 동치류로 분리된다. 이때 [그림 13-14(a)]와 같이 모든 상태가 상호도달가능한 동치류를 **기약 동치류** irreducible equivalent class라 한다.

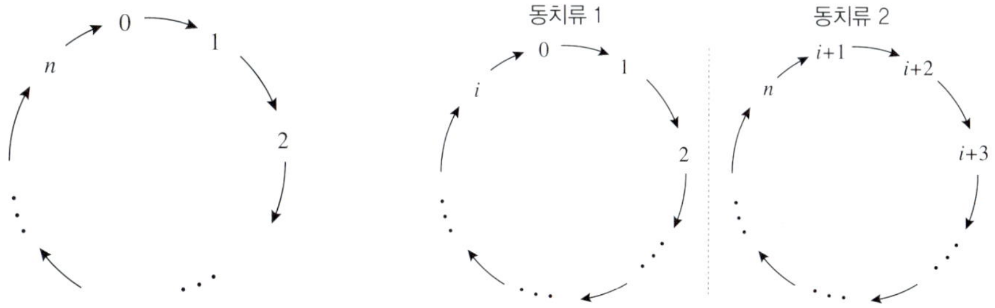

(a) 기약동치류
(b) 두 개의 동치류

[그림 13-14] 상태의 분류

[그림 13-15]와 같이 동치류 1에서 동치류 2로 이동할 수 있으나 동치류 2에서 동치류 1로 되돌아오지 못하는 경우를 생각할 수 있다.

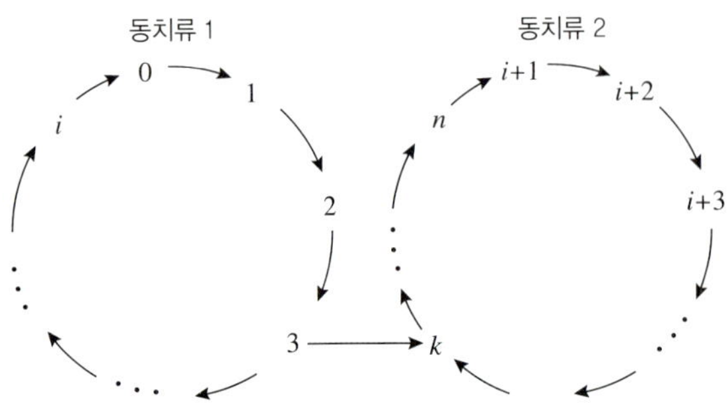

[그림 13-15] 원래 동치류로 돌아오지 못하는 경우

예제 13-4

상태공간이 $\{1, 2, 3, 4, 5\}$인 마르코프 연쇄의 추이행렬이 아래와 같을 때, 다음 물음에 답하라.

$$\mathrm{P} = \begin{pmatrix} 0.2 & 0.3 & 0.5 & 0 & 0 \\ 0.5 & 0.1 & 0.4 & 0 & 0 \\ 0.4 & 0.4 & 0.2 & 0 & 0 \\ 0 & 0 & 0 & 0.1 & 0.9 \\ 0 & 0 & 0 & 0.5 & 0.5 \end{pmatrix}$$

(a) 상태공간이 두 개의 동치류로 분리되는 것을 보여라.

(b) $P_{11}^3 = P(X_4 = 1 \mid X_1 = 1)$을 구하라.

(c) $P_{45}^3 = P(X_4 = 5 \mid X_1 = 4)$를 구하라.

(d) $P_{35}^3 = P(X_4 = 5 \mid X_1 = 3)$을 구하라.

풀이

(a) 각 상태에 대한 연결망을 그리면 다음과 같이 두 동치류로 분리된다.

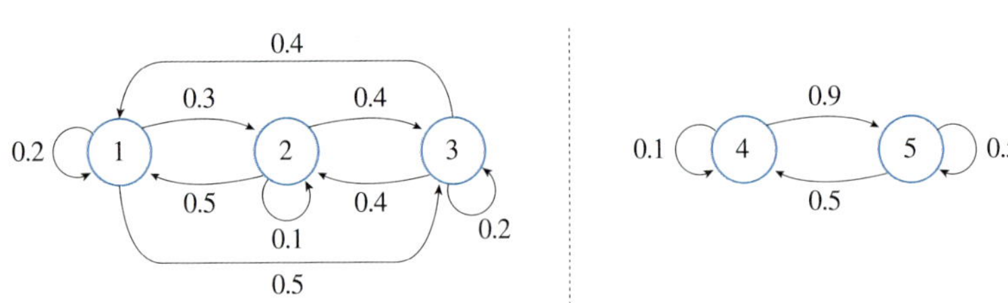

(b) 세 번 이동한 추이행렬은 다음과 같다.

$$\mathrm{P}^3 = \begin{pmatrix} 0.351 & 0.274 & 0.375 & 0 & 0 \\ 0.370 & 0.273 & 0.357 & 0 & 0 \\ 0.352 & 0.292 & 0.356 & 0 & 0 \\ 0 & 0 & 0 & 0.316 & 0.684 \\ 0 & 0 & 0 & 0.380 & 0.620 \end{pmatrix}$$

따라서 $P_{11}^3 = P(X_4 = 1 \mid X_1 = 1) = 0.351$이다.

(c) $P_{45}^{3} = P(X_4 = 5 \mid X_1 = 4) = 0.684$

(d) 상태 1, 2, 3에서 상태 4, 5로 옮겨갈 수 없으므로 $P_{35}^{3} = P(X_4 = 5 \mid X_1 = 3) = 0$이다.

I Can Do 13-4

상태공간이 $\{1, 2, 3, 4\}$인 마르코프 연쇄의 추이행렬이 아래와 같을 때, 다음 물음에 답하라.

$$\mathbf{P} = \begin{pmatrix} 0.2 & 0.8 & 0 & 0 \\ 0.5 & 0.5 & 0 & 0 \\ 0 & 0 & 0.4 & 0.6 \\ 0 & 0 & 0.7 & 0.3 \end{pmatrix}$$

(a) 상태공간이 두 개의 동치류로 분리되는 것을 보여라.

(b) $P_{11}^{3} = P(X_4 = 1 \mid X_1 = 1)$을 구하라.

(c) $P_{44}^{3} = P(X_4 = 4 \mid X_1 = 4)$를 구하라.

(d) $P_{23}^{3} = P(X_4 = 3 \mid X_1 = 2)$를 구하라.

상태의 주기

상태 i에서 n번 이동하여 다시 상태 i로 되돌아오는 확률 P_{ii}^{n}을 생각하자. $P_{ii}^{n} > 0$을 만족하는 모든 양의 정수 n의 최대공약수를 상태 i의 **주기**period라 하고 $d(i)$로 나타낸다. 특히 $d(i) = 1$인 상태 i를 **비주기적**aperiodic이라 하고, 모든 양의 정수 n에 대해 $P_{ii}^{n} = 0$이면 $d(i) = 0$으로 나타낸다. 상태 i와 j가 상호도달가능하면, 즉 $i \leftrightarrow j$이면 두 상태의 주기는 다음과 같이 동일하다. 따라서 기약동치류 안의 각 상태는 동일한 주기를 갖는다.

$$d(i) = d(j)$$

예를 들어 상태공간이 $\{0, 1, 2, 3, 4\}$이고 추이행렬 $\mathbf{P}$가 다음과 같은 마르코프 연쇄를 생각해보자.

$$\mathbf{P} = \begin{pmatrix} 0.4 & 0.6 & 0 & 0 & 0 \\ 0.7 & 0.3 & 0 & 0 & 0 \\ 0 & 0 & 0 & 1 & 0 \\ 0 & 0 & 0.4 & 0 & 0.6 \\ 0 & 0 & 0 & 1 & 0 \end{pmatrix}$$

각 상태의 연결망은 [그림 13-16]과 같고, 이 마르코프 연쇄는 두 종류의 기약동치류 $\{0, 1\}$과 $\{2, 3, 4\}$로 분리되는 상태공간을 갖는다.

[그림 13-16] 상태 연결망

처음 상태 0에서 거듭 이동하여 다시 상태 0으로 옮기는 경우는 [그림 13-17]과 같다.

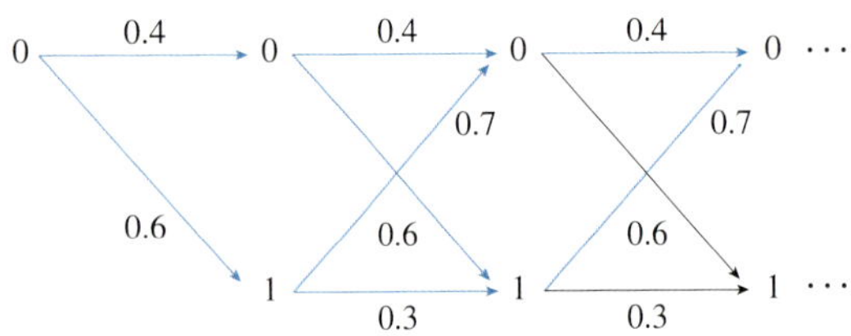

[그림 13-17] 상태 0에서 상태 0으로 이동하는 경로와 확률

상태 0에서 다시 상태 0으로 옮기는 처음 세 개의 추이확률은 다음과 같다.

$$P_{00} = P_{00}^1 = 0.4$$

$$P_{00}^2 = 0.4 \times 0.4 + 0.6 \times 0.7 = 0.58$$

$$P_{00}^3 = 0.4 \times 0.4 \times 0.4 + 0.4 \times 0.6 \times 0.7 + 0.6 \times 0.7 \times 0.4 + 0.6 \times 0.3 \times 0.7 = 0.526$$

이때 이동한 횟수의 최대공약수는 1이고, 상태 0의 주기는 $d(0) = 1$이다. 같은 방법으로 상태 1의 주기도 $d(1) = 1$이고, $d(i) = 2$, $i = 2, 3, 4$이다. 따라서 동치류 $\{0, 1\}$은 비주기적이고 동치류 $\{2, 3, 4\}$는 주기가 2이다.

예제 13-5

상태공간이 $\{0, 1, 2, 3\}$, $\{0, 1, 2, 3, 4\}$인 마르코프 연쇄의 추이행렬 $\mathbf{P}_1$, $\mathbf{P}_2$가 다음과 같다. 동치류에 의해 상태공간을 분류하고, 각 상태 i의 주기를 구하라. (단, $i = 0, 1, 2, 3$)

(a) $\mathbf{P}_1 = \begin{pmatrix} 0.5 & 0 & 0.2 & 0.3 \\ 0 & 1.0 & 0 & 0 \\ 0 & 1.0 & 0 & 0 \\ 0 & 0 & 0 & 1.0 \end{pmatrix}$ (b) $\mathbf{P}_2 = \begin{pmatrix} 0 & 0.4 & 0.6 & 0 & 0 \\ 0 & 1 & 0 & 0 & 0 \\ 0.5 & 0.3 & 0 & 0.2 & 0 \\ 0 & 0 & 0 & 0 & 1 \\ 0 & 0 & 0 & 1 & 0 \end{pmatrix}$

풀이

(a) 주어진 마르코프 연쇄의 상태 연결망을 그리면 다음과 같다.

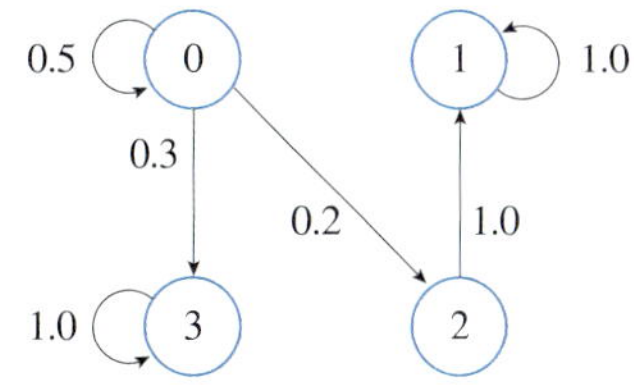

따라서 상태공간은 세 종류의 동치류 $\{0\}$, $\{1\}$, $\{3\}$으로 분리된다. 그리고 상태 i, $i=0$, 1, 3의 주기는 1이고, 상태 2의 주기는 0이다.

(b) 주어진 마르코프 연쇄의 상태 연결망을 그리면 다음과 같다.

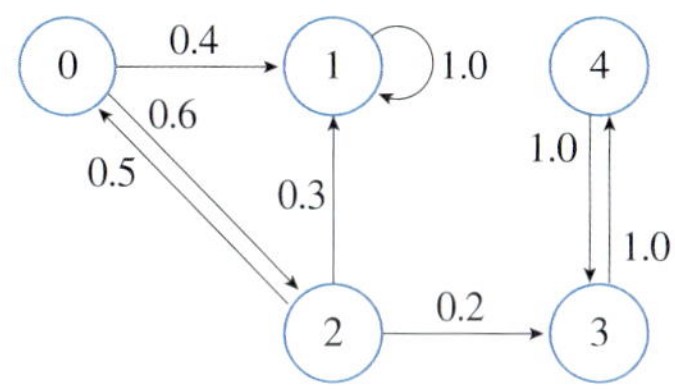

따라서 상태공간은 세 종류의 동치류 $\{1\}$, $\{0, 2\}$, $\{3, 4\}$로 분리된다. 그리고 상태 i, $i=0$, 2, 3, 4의 주기는 2이고, 상태 1의 주기는 1이다.

I Can Do 13-5

상태공간 $\{0, 1, 2, 3\}$을 갖는 마르코프 연쇄의 추이행렬이 다음과 같다. 동치류에 의해 상태공간을 분류하고, 각 상태 i, $i=0$, 1, 2, 3의 주기를 구하라.

$$\mathrm{P} = \begin{pmatrix} 0 & 1 & 0 & 0 \\ 0 & 0 & 1 & 0 \\ 0 & 0 & 0 & 1 \\ 0.3 & 0.2 & 0.5 & 0 \end{pmatrix}$$

상태의 재귀적 성질

임의의 상태 i와 j에 대해 다음 확률을 정의하자.

$$f_{ij}^{n} = P(X_n = j \mid X_0 = i,\ X_k \neq j,\ k=1,\ 2,\ \cdots,\ n-1),\ f_{ij}^{0} = 0$$

확률 f_{ij}^{n}은 처음 상태 i에서 n번 이동하여 처음으로 상태 j에 도달하는 확률이다. 이때 $n=1$이면 $f_{ij}^{1} = P(X_1 = j \mid X_0 = i) = P_{ij}$이다. 이때 다음과 같이 정의하는 확률 f_{ij}는 상태 i에서 시작하여 상태 j에 도달하는 모든 경우의 확률이다.

$$f_{ij} = \sum_{n=1}^{\infty} f_{ij}^n$$

특히 f_{ii} 값에 따라 상태 i를 다음과 같이 분류한다.

- $f_{ii} = 1$이면 상태 i는 **재귀적**recurrent이라 한다.
- $f_{ii} \neq 1$이면 상태 i는 **일시적**transient이라 한다.

상태 i에서 시작하여 유한 번 이동한 후에 언젠가 상태 i에 되돌아오면 상태 i는 재귀적이다. 반면에 $i \to j$이지만 상태 j에서 결코 i로 돌아오지 못하는 상태 j가 존재하면 상태 i는 일시적이다. 한편 상호도달가능한 두 상태 i와 j는 다음 특성을 갖는다.

❶ $i \leftrightarrow j$이고 상태 i가 재귀적이면 상태 j도 재귀적이다.
❷ $i \leftrightarrow j$이고 상태 i가 일시적이면 상태 j도 일시적이다.

따라서 동치류 안에 있는 어떤 상태가 재귀적이면 동치류 안의 모든 상태가 재귀적이고, 동치류 안에 있는 어떤 상태가 일시적이면 동치류 안의 모든 상태가 일시적이다.

예제 13-6

상태공간 $\{0, 1, 2, 3\}$을 갖는 마르코프 연쇄의 추이행렬이 다음과 같다. 재귀적인 상태와 일시적인 상태를 구하라.

$$\mathrm{P} = \begin{pmatrix} 0.5 & 0.5 & 0 & 0 \\ 1 & 0 & 0 & 0 \\ 0 & 0.4 & 0.6 & 0 \\ 0.2 & 0 & 0.8 & 0 \end{pmatrix}$$

풀이

주어진 마르코프 연쇄의 상태 연결망을 그리면 다음과 같다.

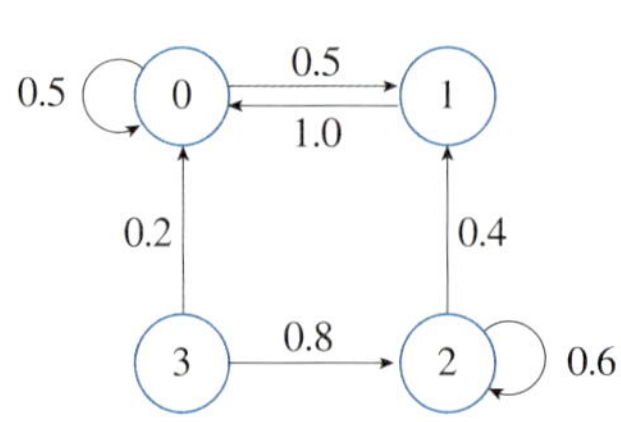

- **상태 0인 경우**

이 상태 연결망에 따라 상태 0에서 다시 상태 0으로 돌아오는 경로와 확률을 그리면 다음과 같다.

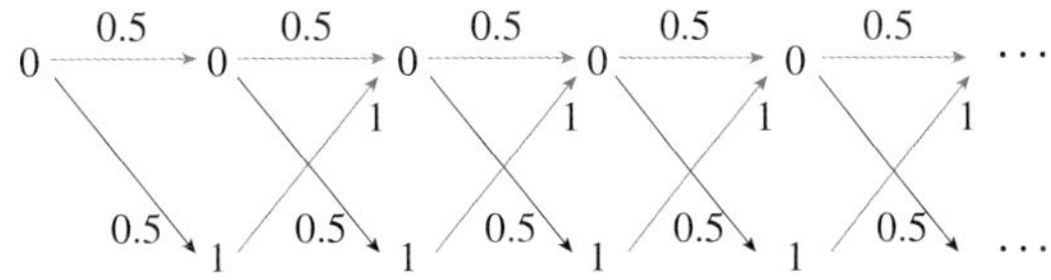

그러면 상태 0에서 출발하여 처음으로 제자리에 다시 돌아오는 확률은 다음과 같다.

$$f_{00}^{1} = P(X_1 = 0 \mid X_0 = 0) = 0.5$$

$$f_{00}^{2} = P(X_2 = 0 \mid X_0 = 0,\ X_1 \neq 0) = 0.5 \times 1 = 0.5$$

$$f_{00}^{n} = P(X_n = 0 \mid X_0 = 0,\ X_k \neq 0,\ k = 1,\ 2,\ \cdots,\ n-1) = 0.5 \times 0 = 0,\ n = 3,\ 4,\ \cdots$$

따라서 $f_{00} = \sum_{n=1}^{\infty} f_{00}^{n} = 0.5 + 0.5 = 1$이므로 상태 0은 재귀적이다.

- **상태 1인 경우**

상태 1에서 다시 상태 1로 돌아오는 경로와 확률을 그리면 다음과 같다.

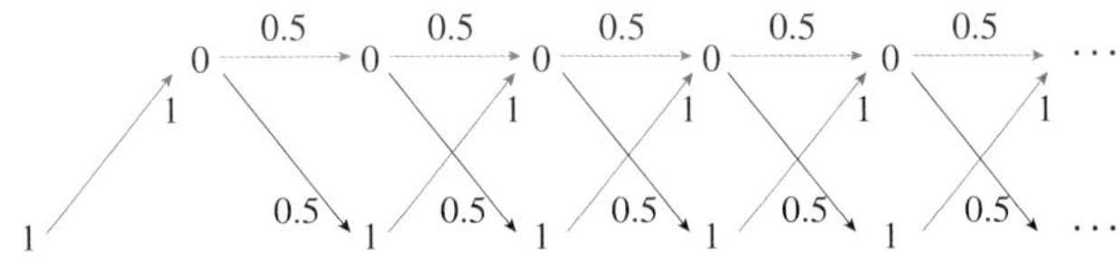

그러면 상태 1에서 출발하여 처음으로 제자리에 다시 돌아오는 확률은 다음과 같다.

$$f_{11}^{1} = P(X_1 = 1 \mid X_0 = 1) = 0$$

$$f_{11}^{2} = P(X_2 = 1 \mid X_0 = 1,\ X_1 \neq 1) = 1 \times 0.5 = 0.5$$

$$f_{11}^{3} = P(X_3 = 1 \mid X_0 = 1,\ X_1 \neq 1,\ X_2 \neq 1) = 1 \times 0.5 \times 0.5 = 0.5^2$$

$$f_{11}^{4} = P(X_4 = 1 \mid X_0 = 1,\ X_1 \neq 1,\ X_2 \neq 1,\ X_3 \neq 0) = 1 \times 0.5 \times 0.5 \times 0.5 = 0.5^3$$

일반적으로 $f_{11}^{n} = P(X_n = 1 \mid X_0 = 1,\ X_k \neq 1,\ k = 1,\ 2,\ \cdots,\ n-1) = 0.5^{n-1}$을 얻는다.

따라서 다음과 같이 $f_{11} = 1$이므로 상태 1은 재귀적이다.

$$f_{11} = \sum_{n=1}^{\infty} f_{11}^{n} = \frac{1}{2} + \frac{1}{2^2} + \frac{1}{2^3} + \cdots = \frac{1}{2} \times \frac{1}{1-(1/2)} = 1$$

• **상태 2인 경우**

상태 2에서 다시 상태 2로 돌아오는 경로와 확률을 그리면 다음과 같다.

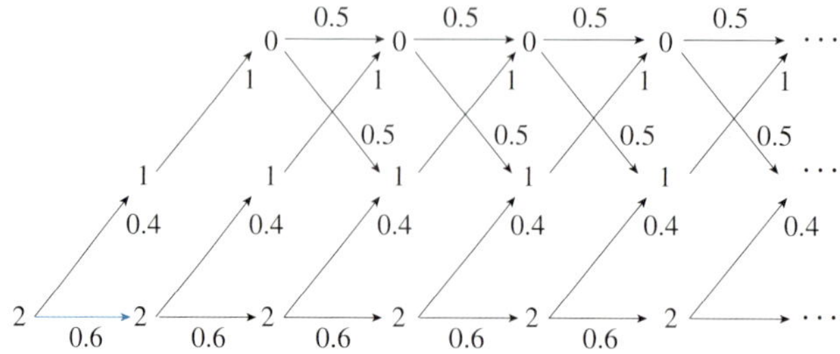

그러면 상태 2에서 출발하여 처음으로 상태 2에 다시 돌아오는 경우는 다음 한 경로뿐이다.

$$f_{22}^{1} = P(X_1 = 2 \mid X_0 = 2) = 0.6$$

따라서 $f_{22} = 0.6$이므로 상태 2는 일시적이다.

• **상태 3인 경우**

상태 연결망에 따르면 상태 3은 결코 되돌아오는 경로가 없다. 즉 모든 $n = 1, 2, \cdots$에 대해 $f_{33}^{n} = 0$이므로 $f_{33} = 0$이고 상태 3은 일시적이다.

I Can Do 13-6

상태공간 $\{0, 1, 2, 3\}$을 갖는 마르코프 연쇄의 추이행렬이 다음과 같다. 동치류에 의해 상태공간을 분류하고, 각 상태의 재귀성을 조사하라.

$$\mathbf{P} = \begin{pmatrix} 0 & 1 & 0 & 0 \\ 0 & 0 & 1 & 0 \\ 1 & 0 & 0 & 0 \\ 0.1 & 0.2 & 0.3 & 0.4 \end{pmatrix}$$

Chapter 13 연습문제

연습문제 정답

1. $\{X_n : n=0, 1, 2, \cdots\}$가 모수 $\frac{2}{3}$인 베르누이 과정이고, $Y_n = 2X_n - 1$이라 할 때, 다음을 구하라.

(a) Y_n의 확률분포

(b) Y_n의 기댓값과 분산

2. $\{X(t) : t \ge 0\}$이 $\lambda = 2$인 푸아송 과정을 따를 때, $s < t$에 대해 다음 조건부 확률을 구하라.

$$P[X(s) = k \mid X(t) = n], \; k = 0, 1, 2, \cdots, n$$

3. 확률변수 $A \sim \text{Exp}(2)$에 대해 확률과정이 $X(t) = A\,|\cos(2t+\pi)|$일 때, 다음을 구하라.

(a) $X(t)$의 분포함수

(b) $X(t)$의 확률밀도함수

(c) $E[X(t)]$

4. 확률변수 $A \sim U(-1, 1)$에 대해 확률과정이 $X(t) = A\,|\sin(3t+\pi)|$일 때, 다음을 구하라.

(a) $X(t)$의 분포함수

(b) $X(t)$의 확률밀도함수

(c) $E[X(t)]$

5. 어떤 전자부품의 수명 U는 지수분포 $f_U(u) = 2e^{-2u}$, $u > 0$을 따른다고 한다. 확률과정 $X(t) = t - U$의 분포함수와 확률밀도함수를 구하라.

6. 출력 주파수 규격이 10kHz인 오실레이터를 제작하는 회사에서 생산된 오실레이터의 실제 출력 주파수는 9900Hz와 10100Hz 사이에서 균등분포를 따르고, 각 오실레이터의 주파수는 독립이라 한다. 이 회사는 새로운 검수 방법을 도입하여 주파수 오차가 0.002 이내인 오실레이터를 찾고자 한다. 검수 기술자는 오실레이터를 1분당 꼭 한 개씩 검수하며 측정한 주파수는 정확하다. 이때 기술자가 주파수 오차가 0.002 이내인 오실레이터 r개를 찾는 데 걸린 시간을 T_r(분)이라 하자. 다음 물음에 답하라.

(a) 오실레이터 한 개의 주파수 오차가 0.002 이내에 있을 확률을 구하라.

(b) 기술자가 주파수 오차가 0.002 이내인 오실레이터를 처음 찾을 때까지 걸린 예상시간 $E(T_1)$을 구하라.

(c) 기술자가 정확히 10분이 걸려야 주파수 오차가 0.002 이내인 오실레이터를 발견할 확률을 구하라.

(d) 주파수 오차가 0.002 이내인 오실레이터를 네 번째 발견할 때까지 걸린 예상시간 $E(T_4)$를 구하라.

7. 모수 $p=\frac{1}{4}$인 베르누이 과정 $\{X_n : n=0,\ 1,\ 2,\ \cdots\}$에 대해 $N_n = X_1 + \cdots + X_n$이라 할 때, 아래 식이 성립한다. 다음을 구하라.

$$P(N_{m+n} - N_m = k \mid N_0,\ N_1,\ \cdots,\ N_n)$$
$$= P(N_{m+n} - N_m = k) = \binom{n}{k}\left(\frac{1}{4}\right)^k\left(\frac{3}{4}\right)^{n-k},\quad k=0,\ 1,\ \cdots,\ n$$

(a) $P(N_4 = 3,\ N_8 - N_4 = 2,\ N_{12} - N_8 = 1)$

(b) $E(N_4 N_8)$

8. 다음 상태 연결망에 대한 추이행렬을 구하라.

(a)

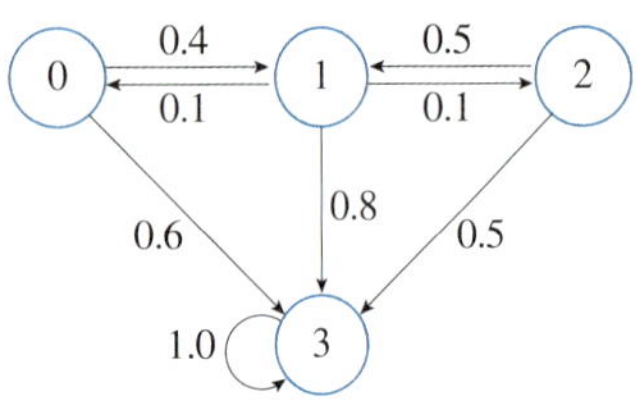

(b)

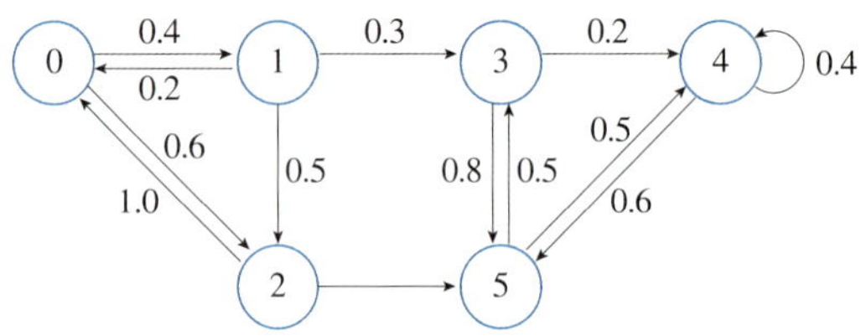

(c)

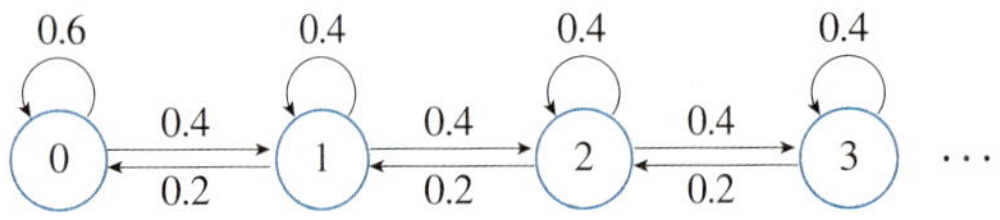

9. 상태공간이 $\{0,\ 1,\ 2,\ 3,\ 4\}$인 마르코프 연쇄의 추이행렬이 아래와 같을 때, 상태공간을 분류하고 다음을 구하라.

$$\mathrm{P} = \begin{pmatrix} 0.2 & 0.8 & 0 & 0 & 0 \\ 0.5 & 0.5 & 0 & 0 & 0 \\ 0 & 0 & 0 & 1 & 0 \\ 0 & 0 & 0.6 & 0 & 0.4 \\ 0 & 0 & 0 & 1 & 0 \end{pmatrix}$$

(a) $P(X_1 = 0 \mid X_0 = 1)$

(b) $P(X_3 = 0 \mid X_0 = 1)$

(c) $P(X_3 = 2 \mid X_0 = 3)$

(d) $P(X_1 = 3,\ X_2 = 4,\ X_3 = 3,\ X_4 = 2 \mid X_0 = 2)$

10. 상태공간이 $\{0,\ 1,\ 2,\ 3\}$인 마르코프 연쇄의 추이행렬이 다음과 같을 때, 상태를 동치류로 분류하라.

(a) $\mathrm{P} = \begin{pmatrix} 0 & 1 & 0 & 0 \\ 0.5 & 0.25 & 0.25 & 0 \\ 0.5 & 0 & 0 & 0.5 \\ 1 & 0 & 0 & 0 \end{pmatrix}$

(b) $\mathrm{P} = \begin{pmatrix} 0.3 & 0.7 & 0 & 0 \\ 1 & 0 & 0 & 0 \\ 0 & 0 & 0.5 & 0.5 \\ 0 & 0 & 1 & 0 \end{pmatrix}$

(c) $\mathrm{P} = \begin{pmatrix} 0.7 & 0.3 & 0 & 0 \\ 0 & 0 & 1 & 0 \\ 0 & 0.4 & 0 & 0.6 \\ 0 & 0 & 0 & 1 \end{pmatrix}$

(d) $\mathrm{P} = \begin{pmatrix} 0.1 & 0.9 & 0 & 0 \\ 0 & 0.2 & 0.2 & 0.6 \\ 0 & 0 & 0 & 1 \\ 0 & 0 & 1 & 0 \end{pmatrix}$

11. [연습문제 10]의 추이행렬에 대해 각 상태의 주기를 구하라.

12. 상태공간이 $\{0, 1, 2, 3\}$인 마르코프 연쇄의 추이행렬이 다음과 같을 때, 각 상태의 재귀성을 조사하라.

$$P = \begin{pmatrix} 0.1 & 0.9 & 0 & 0 \\ 0 & 0.2 & 0.2 & 0.6 \\ 0 & 0 & 0 & 1 \\ 0 & 0 & 1 & 0 \end{pmatrix}$$

A.1 이항누적확률표

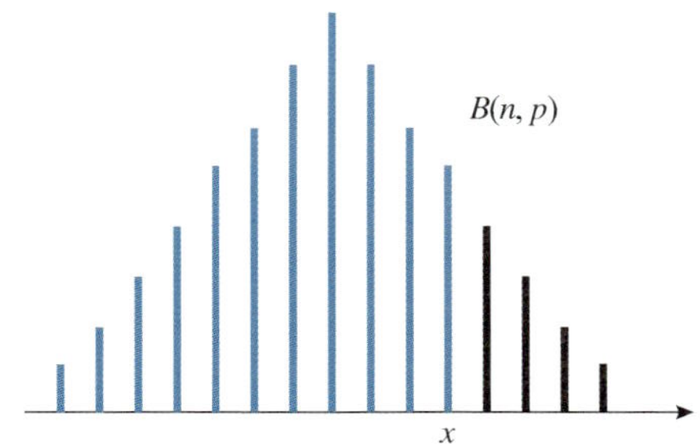

$$P(X \le x) = \sum_{k=0}^{x} \binom{n}{k} p^k (1-p)^{n-k}$$

n	x	p																		
		0.05	0.10	0.15	0.2	0.25	0.3	0.35	0.4	0.45	0.5	0.55	0.6	0.65	0.7	0.75	0.8	0.85	0.9	0.95
1	0	0.9500	0.9000	0.8500	0.8000	0.7500	0.7000	0.6500	0.6000	0.5500	0.5000	0.4500	0.4000	0.3500	0.3000	0.2500	0.2000	0.1500	0.1000	0.0500
2	0	0.9025	0.8100	0.7225	0.6400	0.5625	0.4900	0.4225	0.3600	0.3025	0.2500	0.2025	0.1600	0.1225	0.0900	0.0625	0.0400	0.0225	0.0100	0.0025
	1	0.9975	0.9900	0.9775	0.9600	0.9375	0.9100	0.8775	0.8400	0.7975	0.7500	0.6975	0.6400	0.5775	0.5100	0.4375	0.3600	0.2775	0.1900	0.0975
3	0	0.8574	0.7290	0.6141	0.5120	0.4219	0.3430	0.2746	0.2160	0.1664	0.1250	0.0911	0.0640	0.0429	0.0270	0.0156	0.0080	0.0034	0.0010	0.0001
	1	0.9928	0.9720	0.9393	0.8960	0.8438	0.7840	0.7182	0.6480	0.5748	0.5000	0.4252	0.3520	0.2818	0.2160	0.1406	0.1040	0.0608	0.0280	0.0072
	2	0.9999	0.9990	0.9967	0.9920	0.9844	0.9730	0.9571	0.9360	0.9089	0.8750	0.8336	0.7840	0.7254	0.6570	0.5625	0.4880	0.3859	0.2710	0.1426

이항누적확률표(계속)

n	x	p																		
		0.05	0.10	0.15	0.2	0.25	0.3	0.35	0.4	0.45	0.5	0.55	0.6	0.65	0.7	0.75	0.8	0.85	0.9	0.95
4	0	0.8145	0.6561	0.5220	0.4096	0.3164	0.2401	0.1785	0.1296	0.0915	0.0625	0.0410	0.0256	0.0150	0.0081	0.0039	0.0016	0.0005	0.0001	0.0000
	1	0.9860	0.9477	0.8905	0.8192	0.7383	0.6517	0.5630	0.4752	0.3910	0.3125	0.2415	0.1792	0.1265	0.0837	0.0508	0.0272	0.0120	0.0037	0.0005
	2	0.9995	0.9963	0.9880	0.9728	0.9492	0.9163	0.8735	0.8208	0.7585	0.6875	0.6090	0.5248	0.4370	0.3483	0.2617	0.1808	0.1095	0.0523	0.0140
	3	1.0000	0.9999	0.9995	0.9984	0.9961	0.9919	0.9850	0.9744	0.9590	0.9375	0.9085	0.8704	0.8215	0.7599	0.6836	0.5904	0.4780	0.3439	0.1855
5	0	0.7738	0.5905	0.4437	0.3277	0.2373	0.1681	0.1160	0.0778	0.0503	0.0312	0.0185	0.0102	0.0053	0.0024	0.0010	0.0003	0.0001	0.0000	0.0000
	1	0.9774	0.9185	0.8352	0.7373	0.6328	0.5282	0.4284	0.3370	0.2562	0.1875	0.1312	0.0870	0.0540	0.0308	0.0156	0.0067	0.0022	0.0005	0.0000
	2	0.9988	0.9914	0.9734	0.9421	0.8965	0.8369	0.7648	0.6826	0.5931	0.5000	0.4069	0.3174	0.2352	0.1631	0.1035	0.0579	0.0266	0.0086	0.0012
	3	1.0000	0.9995	0.9978	0.9933	0.9844	0.9692	0.9460	0.9130	0.8688	0.8125	0.7438	0.6630	0.5716	0.4718	0.3672	0.2627	0.1648	0.0815	0.0226
	4	1.0000	1.0000	0.9999	0.9997	0.9990	0.9976	0.9947	0.9898	0.9815	0.9688	0.9497	0.9222	0.8840	0.8319	0.7627	0.6723	0.5563	0.4095	0.2262
6	0	0.7351	0.5314	0.3771	0.2621	0.1780	0.1176	0.0754	0.0467	0.0277	0.0156	0.0083	0.0041	0.0018	0.0007	0.0002	0.0001	0.0000	0.0000	0.0000
	1	0.9672	0.8857	0.7765	0.6554	0.5339	0.4202	0.3191	0.2333	0.1636	0.1094	0.0692	0.0410	0.0223	0.0109	0.0046	0.0016	0.0004	0.0001	0.0000
	2	0.9978	0.9842	0.9527	0.9011	0.8306	0.7443	0.6471	0.5443	0.4415	0.3438	0.2553	0.1792	0.1174	0.0705	0.0376	0.0170	0.0059	0.0013	0.0001
	3	0.9999	0.9987	0.9941	0.9830	0.9624	0.9295	0.8826	0.8208	0.7447	0.6562	0.5585	0.4557	0.3529	0.2557	0.1694	0.0989	0.0473	0.0158	0.0022
	4	1.0000	0.9999	0.9996	0.9984	0.9954	0.9891	0.9777	0.9590	0.9308	0.8906	0.8364	0.7667	0.6809	0.5798	0.4661	0.3446	0.2235	0.1143	0.0328
	5	1.0000	1.0000	1.0000	0.9999	0.9998	0.9993	0.9982	0.9959	0.9917	0.9844	0.9723	0.9533	0.9246	0.8824	0.8220	0.7379	0.6229	0.4686	0.2649
7	0	0.6983	0.4783	0.3206	0.2097	0.1335	0.0824	0.0490	0.0280	0.0152	0.0078	0.0037	0.0016	0.0006	0.0002	0.0001	0.0000	0.0000	0.0000	0.0000
	1	0.9556	0.8503	0.7166	0.5767	0.4449	0.3294	0.2338	0.1586	0.1024	0.0625	0.0357	0.0188	0.0090	0.0038	0.0013	0.0004	0.0001	0.0000	0.0000
	2	0.9962	0.9743	0.9262	0.8520	0.7564	0.6471	0.5323	0.4199	0.3164	0.2266	0.1529	0.0963	0.0556	0.0288	0.0129	0.0047	0.0012	0.0002	0.0000
	3	0.9998	0.9973	0.9879	0.9667	0.9294	0.8740	0.8002	0.7102	0.6083	0.5000	0.3917	0.2898	0.1998	0.1260	0.0706	0.0333	0.0121	0.0027	0.0002
	4	1.0000	0.9998	0.9988	0.9953	0.9871	0.9712	0.9444	0.9037	0.8471	0.7734	0.6836	0.5801	0.4677	0.3529	0.2436	0.1480	0.0738	0.0257	0.0038
	5	1.0000	1.0000	0.9999	0.9996	0.9987	0.9962	0.9910	0.9812	0.9643	0.9375	0.8976	0.8414	0.7662	0.6706	0.5551	0.4233	0.2834	0.1497	0.0444
	6	1.0000	1.0000	1.0000	1.0000	0.9999	0.9998	0.9994	0.9984	0.9963	0.9922	0.9848	0.9720	0.9510	0.9176	0.8665	0.7903	0.6794	0.5217	0.3017

이항누적확률표(계속)

n	x	0.05	0.10	0.15	0.2	0.25	0.3	0.35	0.4	0.45	0.5	0.55	0.6	0.65	0.7	0.75	0.8	0.85	0.9	0.95
8	0	0.6634	0.4305	0.2725	0.1678	0.1001	0.0576	0.0319	0.0168	0.0084	0.0039	0.0017	0.0007	0.0002	0.0001	0.0000	0.0000	0.0000	0.0000	0.0000
	1	0.9428	0.8131	0.6572	0.5033	0.3671	0.2553	0.1691	0.1064	0.0632	0.0352	0.0181	0.0085	0.0036	0.0013	0.0004	0.0001	0.0000	0.0000	0.0000
	2	0.9942	0.9619	0.8948	0.7969	0.6785	0.5518	0.4278	0.3154	0.2201	0.1445	0.0885	0.0498	0.0253	0.0113	0.0042	0.0012	0.0002	0.0000	0.0000
	3	0.9996	0.9950	0.9786	0.9437	0.8862	0.8059	0.7064	0.5941	0.4770	0.3633	0.2604	0.1737	0.1061	0.0580	0.0273	0.0104	0.0029	0.0004	0.0000
	4	1.0000	0.9996	0.9971	0.9896	0.9727	0.9420	0.8939	0.8263	0.7396	0.6367	0.5230	0.4059	0.2936	0.1941	0.1138	0.0563	0.0214	0.0050	0.0004
	5	1.0000	1.0000	0.9998	0.9988	0.9958	0.9887	0.9747	0.9502	0.9115	0.8555	0.7799	0.6846	0.5722	0.4482	0.3215	0.2031	0.1052	0.0381	00058
	6	1.0000	1.0000	1.0000	0.9999	0.9996	0.9987	0.9964	0.9915	0.9819	0.9648	0.9368	0.8936	0.8309	0.7447	0.6329	0.4967	0.3428	0.1869	0.0572
	7	1.0000	1.0000	1.0000	1.0000	1.0000	0.9999	0.9998	0.9993	0.9983	0.9961	0.9916	0.9832	0.9681	0.9424	0.8999	0.8322	0.7275	0.5695	0.3366
9	0	0.6302	0.3874	0.2316	0.1342	0.0751	0.0404	0.0207	0.0101	0.0046	0.0020	0.0008	0.0003	0.0001	0.0000	0.0000	0.0000	0.0000	0.0000	0.0000
	1	0.9288	0.7748	0.5995	0.4362	0.3003	0.1960	0.1211	0.0705	0.0385	0.0195	0.0091	0.0038	0.0014	0.0004	0.0001	0.0000	0.0000	0.0000	0.0000
	2	0.9916	0.9470	0.8591	0.7382	0.6007	0.4628	0.3373	0.2318	0.1495	0.0898	0.0498	0.0250	0.0112	0.0043	0.0013	0.0003	0.0000	0.0000	0.0000
	3	0.9994	0.9917	0.9661	0.9144	0.8343	0.7297	0.6089	0.4826	0.3614	0.2539	0.1658	0.0994	0.0536	0.0253	0.0100	0.0031	0.0006	0.0001	0.0000
	4	1.0000	0.9991	0.9944	0.9804	0.9511	0.9012	0.8283	0.7334	0.6214	0.5000	0.3786	0.2666	0.1717	0.0988	0.0489	0.0196	0.0056	0.0009	0.0000
	5	1.0000	0.9999	0.9994	0.9969	0.9900	0.9747	0.9464	0.9006	0.8342	0.7461	0.6386	0.5174	0.3911	0.2703	0.1657	0.0856	0.0339	0.0083	0.0006
	6	1.0000	1.0000	1.0000	0.9997	0.9987	0.9957	0.9888	0.9750	0.9502	0.9102	0.8505	0.7682	0.6627	0.5372	0.3993	0.2618	0.1409	0.0530	0.0084
	7	1.0000	1.0000	1.0000	1.0000	0.9999	0.9996	0.9986	0.9962	0.9909	0.9805	0.9615	0.9295	0.8789	0.8040	0.6997	0.5638	0.4005	0.2252	0.0712
	8	1.0000	1.0000	1.0000	1.0000	1.0000	1.0000	0.9999	0.9997	0.9992	0.9980	0.9954	0.9899	0.9793	0.9596	0.9249	0.8658	0.7684	0.6126	0.3698
10	0	0.5987	0.3487	0.1969	0.1074	0.0563	0.0282	0.0135	0.0060	0.0025	0.0010	0.0003	0.0001	0.0000	0.0000	0.0000	0.0000	0.0000	0.0000	0.0000
	1	0.9139	0.7361	0.5443	0.3758	0.2440	0.1493	0.0860	0.0464	0.0233	0.0107	0.0045	0.0017	0.0005	0.0001	0.0000	0.0000	0.0000	0.0000	0.0000
	2	0.9885	0.9298	0.8202	0.6778	0.5256	0.3828	0.2616	0.1673	0.0996	0.0547	0.0274	0.0123	0.0048	0.0016	0.0004	0.0001	0.0000	0.0000	0.0000
	3	0.9990	0.9872	0.9500	0.8791	0.7759	0.6496	0.5138	0.3823	0.2660	0.1719	0.1020	0.0548	0.0260	0.0106	0.0035	0.0009	0.0001	0.0000	0.0000
	4	0.9999	0.9984	0.9901	0.9672	0.9219	0.8497	0.7515	0.6331	0.5044	0.3770	0.2616	0.1662	0.0949	0.0473	0.0197	0.0064	0.0014	0.0001	0.0000
	5	1.0000	0.9999	0.9986	0.9936	0.9803	0.9527	0.9051	0.8338	0.7384	0.6230	0.4956	0.3669	0.2485	0.1503	0.0781	0.0328	0.0099	0.0016	0.0001
	6	1.0000	1.0000	0.9999	0.9991	0.9965	0.9894	0.9740	0.9452	0.8980	0.8281	0.7340	0.6177	0.4862	0.3504	0.2241	0.1209	0.0500	0.0128	0.0010
	7	1.0000	1.0000	1.0000	0.9999	0.9996	0.9984	0.9952	0.9877	0.9726	0.9453	0.9004	0.8327	0.7384	0.6172	0.4474	0.3222	0.1798	0.0702	0.0115
	8	1.0000	1.0000	1.0000	1.0000	1.0000	0.9999	0.9995	0.9983	0.9955	0.9893	0.9767	0.9536	0.9140	0.8507	0.7560	0.6242	0.4557	0.2639	0.0861
	9	1.0000	1.0000	1.0000	1.0000	1.0000	1.0000	1.0000	0.9999	0.9997	0.9990	0.9975	0.9940	0.9865	0.9718	0.9437	0.8926	0.8031	0.6513	0.4013

이항누적확률표(계속)

n	x	p																		
		0.05	0.10	0.15	0.20	0.25	0.30	0.35	0.40	0.45	0.50	0.55	0.60	0.65	0.70	0.75	0.80	0.85	0.90	0.95
	0	0.4633	0.2059	0.0874	0.0352	0.0134	0.0047	0.0016	0.0005	0.0001	0.0000	0.0000	0.0000	0.0000	0.0000	0.0000	0.0000	0.0000	0.0000	0.0000
	1	0.8290	0.5490	0.3186	0.1671	0.0802	0.0353	0.0142	0.0052	0.0017	0.0005	0.0001	0.0000	0.0000	0.0000	0.0000	0.0000	0.0000	0.0000	0.0000
	2	0.9638	0.8159	0.6042	0.3980	0.2361	0.1268	0.0617	0.0271	0.0107	0.0037	0.0011	0.0003	0.0001	0.0000	0.0000	0.0000	0.0000	0.0000	0.0000
	3	0.9945	0.9444	0.8227	0.6482	0.4613	0.2969	0.1727	0.0905	0.0424	0.0176	0.0063	0.0019	0.0005	0.0001	0.0000	0.0000	0.0000	0.0000	0.0000
	4	0.9994	0.9873	0.9383	0.8358	0.6865	0.5155	0.3519	0.2173	0.1204	0.0592	0.0255	0.0093	0.0028	0.0007	0.0001	0.0000	0.0000	0.0000	0.0000
	5	0.9999	0.9978	0.9832	0.9389	0.8516	0.7216	0.5643	0.4032	0.2608	0.1509	0.0769	0.0338	0.0124	0.0037	0.0008	0.0001	0.0000	0.0000	0.0000
	6	1.0000	0.9997	0.9964	0.9819	0.9434	0.8689	0.7548	0.6098	0.4522	0.3036	0.1818	0.0950	0.0422	0.0152	0.0042	0.0008	0.0001	0.0000	0.0000
15	7	1.0000	1.0000	0.9994	0.9958	0.9827	0.9500	0.8868	0.7869	0.6535	0.5000	0.3465	0.2131	0.1132	0.0500	0.0173	0.0042	0.0006	0.0000	0.0000
	8	1.0000	1.0000	0.9999	0.9992	0.9958	0.9848	0.9578	0.9050	0.8182	0.6964	0.5478	0.3902	0.2452	0.1311	0.0566	0.0181	0.0036	0.0003	0.0000
	9	1.0000	1.0000	1.0000	0.9999	0.9992	0.9963	0.9876	0.9662	0.9231	0.8491	0.7392	0.5968	0.4357	0.2784	0.1484	0.0611	0.0168	0.0022	0.0001
	10	1.0000	1.0000	1.0000	1.0000	0.9999	0.9993	0.9972	0.9907	0.9745	0.9408	0.8796	0.7827	0.6481	0.4845	0.3135	0.1642	0.0617	0.0127	0.0006
	11	1.0000	1.0000	1.0000	1.0000	1.0000	0.9999	0.9995	0.9981	0.9937	0.9824	0.9576	0.9095	0.8273	0.7031	0.5387	0.3518	0.1773	0.0556	0.0055
	12	1.0000	1.0000	1.0000	1.0000	1.0000	1.0000	0.9999	0.9997	0.9989	0.9963	0.9893	0.9729	0.9383	0.8732	0.7639	0.6020	0.3958	0.1841	0.0362
	13	1.0000	1.0000	1.0000	1.0000	1.0000	1.0000	1.0000	1.0000	0.9999	0.9995	0.9983	0.9948	0.9858	0.9647	0.9198	0.8329	0.6814	0.4510	0.1710
	14	1.0000	1.0000	1.0000	1.0000	1.0000	1.0000	1.0000	1.0000	1.0000	1.0000	0.9999	0.9995	0.9984	0.9953	0.9866	0.9648	0.9126	0.7941	0.5367
	0	0.3585	0.1216	0.0388	0.0115	0.0032	0.0008	0.0002	0.0000	0.0000	0.0000	0.0000	0.0000	0.0000	0.0000	0.0000	0.0000	0.0000	0.0000	0.0000
	1	0.7358	0.3917	0.1756	0.0692	0.0243	0.0076	0.0021	0.0005	0.0001	0.0000	0.0000	0.0000	0.0000	0.0000	0.0000	0.0000	0.0000	0.0000	0.0000
	2	0.9245	0.6769	0.4049	0.2061	0.0913	0.0355	0.0121	0.0036	0.0009	0.0002	0.0000	0.0000	0.0000	0.0000	0.0000	0.0000	0.0000	0.0000	0.0000
	3	0.9841	0.8670	0.6477	0.4114	0.2252	0.1071	0.0444	0.0160	0.0049	0.0013	0.0003	0.0000	0.0000	0.0000	0.0000	0.0000	0.0000	0.0000	0.0000
	4	0.9974	0.9568	0.8298	0.6296	0.4148	0.2375	0.1182	0.0510	0.0189	0.0059	0.0015	0.0003	0.0000	0.0000	0.0000	0.0000	0.0000	0.0000	0.0000
	5	0.9997	0.9887	0.9327	0.8042	0.6172	0.4164	0.2454	0.1256	0.0553	0.0207	0.0064	0.0016	0.0003	0.0000	0.0000	0.0000	0.0000	0.0000	0.0000
	6	1.0000	0.9976	0.9781	0.9133	0.7858	0.6080	0.4166	0.2500	0.1299	0.0577	0.0214	0.0065	0.0015	0.0003	0.0000	0.0000	0.0000	0.0000	0.0000
	7	1.0000	0.9996	0.9941	0.9679	0.8982	0.7723	0.6010	0.4159	0.2520	0.1316	0.0580	0.0210	0.0060	0.0013	0.0002	0.0000	0.0000	0.0000	0.0000
	8	1.0000	0.9999	0.9987	0.9900	0.9591	0.8867	0.7624	0.5956	0.4143	0.2517	0.1308	0.0565	0.0196	0.0051	0.0009	0.0001	0.0000	0.0000	0.0000
	9	1.0000	1.0000	0.9998	0.9974	0.9861	0.9520	0.8782	0.7553	0.5914	0.4119	0.2493	0.1275	0.0532	0.0171	0.0039	0.0006	0.0000	0.0000	0.0000
20	10	1.0000	1.0000	1.0000	0.9994	0.9961	0.9829	0.9468	0.8725	0.7507	0.5881	0.4086	0.2447	0.1218	0.0480	0.0139	0.0026	0.0002	0.0000	0.0000
	11	1.0000	1.0000	1.0000	0.9999	0.9991	0.9949	0.9804	0.9435	0.8692	0.7483	0.5857	0.4044	0.2376	0.1133	0.0409	0.0100	0.0013	0.0001	0.0000
	12	1.0000	1.0000	1.0000	1.0000	0.9998	0.9987	0.9940	0.9790	0.9420	0.8684	0.7480	0.5841	0.3990	0.2277	0.1018	0.0321	0.0059	0.0004	0.0000
	13	1.0000	1.0000	1.0000	1.0000	1.0000	0.9997	0.9985	0.9935	0.9786	0.9423	0.8701	0.7500	0.5834	0.3920	0.2142	0.0867	0.0219	0.0024	0.0000
	14	1.0000	1.0000	1.0000	1.0000	1.0000	1.0000	0.9997	0.9984	0.9936	0.9793	0.9447	0.8744	0.7546	0.5836	0.3828	0.1958	0.0673	0.0113	0.0003
	15	1.0000	1.0000	1.0000	1.0000	1.0000	1.0000	1.0000	0.9997	0.9985	0.9941	0.9811	0.9490	0.8818	0.7625	0.5852	0.3704	0.1702	0.0432	0.0026
	16	1.0000	1.0000	1.0000	1.0000	1.0000	1.0000	1.0000	1.0000	0.9997	0.9987	0.9951	0.9840	0.9556	0.8929	0.7748	0.5886	0.3523	0.1330	0.0159
	17	1.0000	1.0000	1.0000	1.0000	1.0000	1.0000	1.0000	1.0000	1.0000	0.9998	0.9991	0.9964	0.9879	0.9645	0.9087	0.7939	0.5951	0.3231	0.0755
	18	1.0000	1.0000	1.0000	1.0000	1.0000	1.0000	1.0000	1.0000	1.0000	1.0000	0.9999	0.9995	0.9979	0.9924	0.9757	0.9308	0.8244	0.6083	0.2642
	19	1.0000	1.0000	1.0000	1.0000	1.0000	1.0000	1.0000	1.0000	1.0000	1.0000	1.0000	1.0000	0.9998	0.9992	0.9968	0.9885	0.9612	0.8784	0.6415
	20	1.0000	1.0000	1.0000	1.0000	1.0000	1.0000	1.0000	1.0000	1.0000	1.0000	1.0000	1.0000	1.0000	1.0000	1.0000	1.0000	1.0000	1.0000	1.0000

A.2 푸아송누적확률표

$$P(X \le x) = \sum_{k=0}^{x} \frac{\mu^k}{k!} e^{-\mu}$$

x	μ									
	0.10	0.20	0.30	0.40	0.50	0.60	0.70	0.80	0.90	1.00
0	0.905	0.819	0.741	0.670	0.607	0.549	0.497	0.449	0.407	0.368
1	0.995	0.982	0.963	0.938	0.910	0.878	0.844	0.809	0.772	0.736
2	1.000	0.999	0.996	0.992	0.986	0.977	0.966	0.953	0.937	0.920
3	1.000	1.000	1.000	0.999	0.998	0.997	0.994	0.991	0.987	0.981
4	1.000	1.000	1.000	1.000	1.000	1.000	0.999	0.999	0.998	0.996
5	1.000	1.000	1.000	1.000	1.000	1.000	1.000	1.000	1.000	0.999
6	1.000	1.000	1.000	1.000	1.000	1.000	1.000	1.000	1.000	1.000
7	1.000	1.000	1.000	1.000	1.000	1.000	1.000	1.000	1.000	1.000

x	μ									
	1.10	1.20	1.30	1.40	1.50	1.60	1.70	1.80	1.90	2.00
0	0.333	0.301	0.273	0.247	0.223	0.202	0.183	0.165	0.150	0.135
1	0.699	0.663	0.627	0.592	0.558	0.525	0.493	0.463	0.434	0.406
2	0.900	0.879	0.857	0.833	0.809	0.783	0.757	0.731	0.704	0.677
3	0.974	0.966	0.957	0.946	0.934	0.921	0.907	0.891	0.875	0.857
4	0.995	0.992	0.989	0.986	0.981	0.976	0.970	0.964	0.954	0.947
5	0.999	0.998	0.998	0.997	0.996	0.994	0.992	0.990	0.987	0.983
6	1.000	1.000	1.000	0.999	0.999	0.999	0.998	0.997	0.997	0.995
7	1.000	1.000	1.000	1.000	1.000	1.000	1.000	0.999	0.999	0.999
8	1.000	1.000	1.000	1.000	1.000	1.000	1.000	1.000	1.000	1.000
9	1.000	1.000	1.000	1.000	1.000	1.000	1.000	1.000	1.000	1.000

x	μ									
	2.10	2.20	2.30	2.40	2.50	2.60	2.70	2.80	2.90	3.00
0	0.122	0.111	0.100	0.091	0.082	0.074	0.067	0.061	0.055	0.050
1	0.380	0.355	0.331	0.308	0.287	0.267	0.249	0.231	0.215	0.199
2	0.650	0.623	0.596	0.570	0.544	0.518	0.494	0.469	0.446	0.423
3	0.839	0.819	0.799	0.779	0.758	0.736	0.714	0.692	0.670	0.647
4	0.938	0.928	0.916	0.904	0.891	0.877	0.863	0.848	0.832	0.815
5	0.980	0.975	0.970	0.964	0.958	0.951	0.943	0.935	0.923	0.916
6	0.994	0.993	0.991	0.988	0.986	0.983	0.979	0.976	0.971	0.966
7	0.999	0.998	0.997	0.997	0.996	0.995	0.993	0.992	0.990	0.988
8	1.000	1.000	0.999	0.999	0.999	0.999	0.998	0.998	0.997	0.996
9	1.000	1.000	1.000	1.000	1.000	1.000	0.999	0.999	0.999	0.999
10	1.000	1.000	1.000	1.000	1.000	1.000	1.000	1.000	1.000	1.000
11	1.000	1.000	1.000	1.000	1.000	1.000	1.000	1.000	1.000	1.000
12	1.000	1.000	1.000	1.000	1.000	1.000	1.000	1.000	1.000	1.000

푸아송누적확률표(계속)

x	μ									
	3.10	3.20	3.30	3.40	3.50	3.60	3.70	3.80	3.90	4.00
0	0.045	0.041	0.037	0.033	0.030	0.027	0.025	0.022	0.020	0.018
1	0.185	0.171	0.159	0.147	0.136	0.126	0.116	0.107	0.099	0.092
2	0.401	0.380	0.359	0.340	0.321	0.303	0.285	0.269	0.253	0.238
3	0.625	0.603	0.580	0.558	0.537	0.515	0.494	0.473	0.453	0.433
4	0.798	0.781	0.763	0.744	0.725	0.706	0.687	0.668	0.648	0.629
5	0.906	0.895	0.883	0.871	0.858	0.844	0.830	0.816	0.801	0.785
6	0.961	0.955	0.949	0.942	0.935	0.927	0.918	0.909	0.899	0.889
7	0.986	0.983	0.980	0.977	0.973	0.969	0.965	0.960	0.955	0.949
8	0.995	0.994	0.993	0.992	0.990	0.988	0.986	0.984	0.981	0.979
9	0.999	0.998	0.998	0.997	0.997	0.996	0.995	0.994	0.993	0.992
10	1.000	1.000	0.999	0.999	0.999	0.999	0.998	0.998	0.998	0.997
11	1.000	1.000	1.000	1.000	1.000	1.000	1.000	0.999	0.999	0.999
12	1.000	1.000	1.000	1.000	1.000	1.000	1.000	1.000	1.000	1.000
13	1.000	1.000	1.000	1.000	1.000	1.000	1.000	1.000	1.000	1.000
14	1.000	1.000	1.000	1.000	1.000	1.000	1.000	1.000	1.000	1.000

x	μ									
	4.50	5.00	5.50	6.00	6.50	7.00	7.50	8.00	8.50	9.00
0	0.011	0.007	0.004	0.002	0.002	0.001	0.001	0.000	0.000	0.000
1	0.061	0.040	0.027	0.017	0.011	0.007	0.005	0.003	0.002	0.001
2	0.174	0.125	0.009	0.062	0.043	0.030	0.020	0.014	0.009	0.006
3	0.342	0.265	0.202	0.151	0.112	0.082	0.059	0.042	0.030	0.021
4	0.532	0.440	0.358	0.285	0.224	0.173	0.132	0.100	0.074	0.055
5	0.703	0.616	0.529	0.446	0.369	0.301	0.241	0.191	0.150	0.116
6	0.831	0.762	0.686	0.606	0.527	0.450	0.378	0.313	0.256	0.207
7	0.913	0.867	0.809	0.744	0.673	0.599	0.525	0.453	0.386	0.324
8	0.960	0.932	0.894	0.847	0.792	0.729	0.662	0.593	0.523	0.456
9	0.983	0.968	0.946	0.916	0.877	0.830	0.776	0.717	0.653	0.587
10	0.993	0.986	0.975	0.957	0.933	0.901	0.862	0.816	0.763	0.706
11	0.998	0.995	0.989	0.980	0.966	0.947	0.921	0.888	0.849	0.803
12	0.999	0.998	0.996	0.991	0.984	0.973	0.957	0.936	0.909	0.876
13	1.000	0.999	0.998	0.996	0.993	0.987	0.978	0.966	0.949	0.926
14	1.000	1.000	0.999	0.999	0.997	0.994	0.990	0.983	0.973	0.959
15	1.000	1.000	1.000	0.999	0.999	0.998	0.995	0.992	0.986	0.978
16	1.000	1.000	1.000	1.000	1.000	0.999	0.998	0.996	0.993	0.989
17	1.000	1.000	1.000	1.000	1.000	1.000	0.999	0.998	0.997	0.995
18	1.000	1.000	1.000	1.000	1.000	1.000	1.000	0.999	0.999	0.998
19	1.000	1.000	1.000	1.000	1.000	1.000	1.000	1.000	0.999	0.999
20	1.000	1.000	1.000	1.000	1.000	1.000	1.000	1.000	1.000	1.000
21	1.000	1.000	1.000	1.000	1.000	1.000	1.000	1.000	1.000	1.000
22	1.000	1.000	1.000	1.000	1.000	1.000	1.000	1.000	1.000	1.000

A.3 표준정규분포표

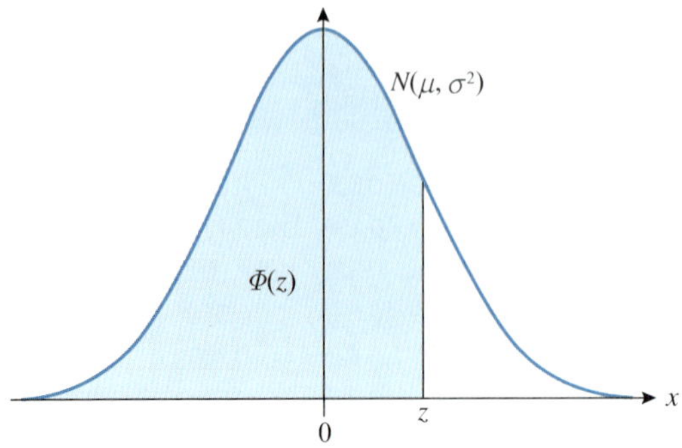

$$P(X \le x) = \int_{-\infty}^{z} \frac{1}{\sqrt{2\pi}} e^{-\frac{x^2}{2}} dx$$

z	0.00	0.01	0.02	0.03	0.04	0.05	0.06	0.07	0.08	0.09
0.0	0.5000	0.5040	0.5080	0.5120	0.5160	0.5199	0.5239	0.5279	0.5319	0.5359
0.1	0.5398	0.5438	0.5478	0.5517	0.5557	0.5596	0.5636	0.5675	0.5714	0.5753
0.2	0.5793	0.5832	0.5871	0.5910	0.5948	0.5987	0.6026	0.6064	0.6103	0.6141
0.3	0.6179	0.6217	0.6255	0.6293	0.6331	0.6368	0.6406	0.6443	0.6480	0.6517
0.4	0.6554	0.6591	0.6628	0.6664	0.6700	0.6736	0.6772	0.6808	0.6844	0.6879
0.5	0.6915	0.6950	0.6985	0.7019	0.7054	0.7088	0.7123	0.7157	0.7190	0.7224
0.6	0.7257	0.7291	0.7324	0.7357	0.7389	0.7422	0.7454	0.7486	0.7517	0.7549
0.7	0.7580	0.7611	0.7642	0.7673	0.7703	0.7734	0.7764	0.7794	0.7823	0.7852
0.8	0.7881	0.7910	0.7939	0.7967	0.7996	0.8023	0.8051	0.8079	0.8106	0.8133
0.9	0.8159	0.8186	0.8212	0.8238	0.8264	0.8289	0.8315	0.8340	0.8365	0.8389
1.0	0.8413	0.8438	0.8461	0.8485	0.8508	0.8531	0.8554	0.8577	0.8599	0.8621
1.1	0.8643	0.8665	0.8686	0.8708	0.8729	0.8749	0.8770	0.8790	0.8810	0.8830
1.2	0.8849	0.8869	0.8888	0.8907	0.8925	0.8944	0.8962	0.8980	0.8997	0.9015
1.3	0.9032	0.9049	0.9066	0.9082	0.9099	0.9115	0.9131	0.9147	0.9162	0.9177
1.4	0.9192	0.9207	0.9222	0.9236	0.9251	0.9265	0.9279	0.9292	0.9306	0.9319
1.5	0.9332	0.9345	0.9357	0.9370	0.9382	0.9394	0.9406	0.9418	0.9429	0.9441
1.6	0.9452	0.9463	0.9474	0.9485	0.9495	0.9505	0.9515	0.9525	0.9535	0.9545
1.7	0.9554	0.9564	0.9573	0.9582	0.9591	0.9599	0.9608	0.9616	0.9625	0.9633
1.8	0.9641	0.9649	0.9656	0.9664	0.9671	0.9678	0.9686	0.9693	0.9699	0.9706
1.9	0.9713	0.9719	0.9726	0.9732	0.9738	0.9744	0.9750	0.9756	0.9761	0.9767
2.0	0.9772	0.9778	0.9783	0.9788	0.9793	0.9798	0.9803	0.9808	0.9812	0.9817
2.1	0.9821	0.9826	0.9830	0.9834	0.9838	0.9842	0.9846	0.9850	0.9854	0.9857
2.2	0.9861	0.9864	0.9868	0.9871	0.9875	0.9878	0.9881	0.9884	0.9887	0.9890
2.3	0.9893	0.9896	0.9898	0.9901	0.9904	0.9906	0.9909	0.9911	0.9913	0.9916
2.4	0.9918	0.9920	0.9922	0.9925	0.9927	0.9929	0.9931	0.9932	0.9934	0.9936
2.5	0.9938	0.9940	0.9941	0.9943	0.9945	0.9946	0.9948	0.9949	0.9951	0.9952
2.6	0.9953	0.9955	0.9956	0.9957	0.9959	0.9960	0.9961	0.9962	0.9963	0.9964
2.7	0.9965	0.9966	0.9967	0.9968	0.9969	0.9970	0.9971	0.9972	0.9973	0.9974
2.8	0.9974	0.9975	0.9976	0.9977	0.9977	0.9978	0.9979	0.9979	0.9980	0.9981
2.9	0.9981	0.9982	0.9982	0.9983	0.9984	0.9984	0.9985	0.9985	0.9986	0.9986
3.0	0.9987	0.9987	0.9987	0.9988	0.9988	0.9989	0.9989	0.9989	0.9990	0.9990
3.1	0.9990	0.9991	0.9991	0.9991	0.9992	0.9992	0.9992	0.9992	0.9993	0.9993
3.2	0.9993	0.9993	0.9994	0.9994	0.9994	0.9994	0.9994	0.9995	0.9995	0.9995
3.3	0.9995	0.9995	0.9995	0.9996	0.9996	0.9996	0.9996	0.9996	0.9996	0.9997
3.4	0.9997	0.9997	0.9997	0.9997	0.9997	0.9997	0.9997	0.9997	0.9997	0.9998
3.5	0.9998	0.9998	0.9998	0.9998	0.9998	0.9998	0.9998	0.9998	0.9998	0.9998

A.4 카이제곱 분포표 : 오른쪽 꼬리확률

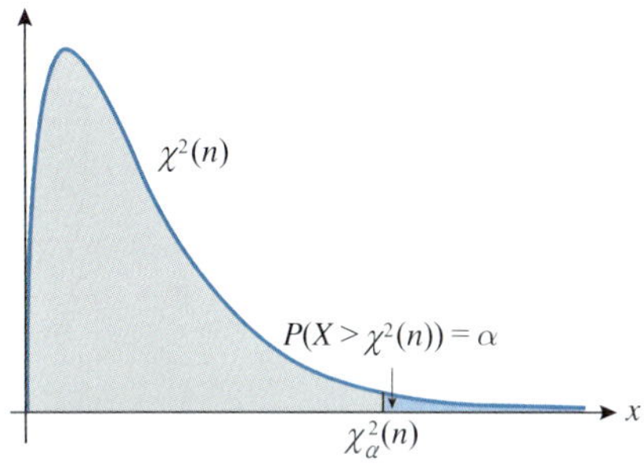

d.f \ α	0.9995	0.999	0.9975	0.995	0.990	0.975	0.950	0.900	0.750	0.500
1	0.00	0.00	0.00	0.00	0.00	0.00	0.00	0.02	0.10	0.45
2	0.00	0.00	0.01	0.01	0.02	0.05	0.10	0.21	0.58	1.39
3	0.02	0.02	0.04	0.07	0.11	0.22	0.35	0.58	1.21	2.37
4	0.06	0.09	0.14	0.21	0.30	0.48	0.71	1.06	1.92	3.36
5	0.16	0.21	0.31	0.41	0.55	0.83	1.15	1.61	2.67	4.35
6	0.30	0.38	0.53	0.68	0.87	1.24	1.64	2.20	3.45	5.35
7	0.48	0.60	0.79	0.99	1.24	1.69	2.17	2.83	4.25	6.35
8	0.71	0.86	1.10	1.34	1.65	2.18	2.73	3.49	5.07	7.34
9	0.97	1.15	1.45	1.73	2.09	2.70	3.33	4.17	5.90	8.34
10	1.26	1.48	1.83	2.16	2.56	3.25	3.94	4.87	6.74	9.34
11	1.59	1.83	2.23	2.60	3.05	3.82	4.57	5.58	7.58	10.34
12	1.93	2.21	2.66	3.07	3.57	4.40	5.23	6.30	8.44	11.34
13	2.31	2.62	3.11	3.57	4.11	5.01	5.89	7.04	9.30	12.34
14	2.70	3.04	3.58	4.07	4.66	5.63	6.57	7.79	10.17	13.34
15	3.11	3.48	4.07	4.60	5.23	6.26	7.26	8.55	11.04	14.34
16	3.54	3.94	4.57	5.14	5.81	6.91	7.96	9.31	11.91	15.34
17	3.98	4.42	5.09	5.70	6.41	7.56	8.67	10.09	12.79	16.34
18	4.44	4.90	5.62	6.26	7.01	8.23	9.39	10.86	13.68	17.34
19	4.91	5.41	6.17	6.84	7.63	8.91	10.12	11.65	14.56	18.34
20	5.40	5.92	6.72	7.43	8.26	9.59	10.85	12.44	15.45	19.34
21	5.90	6.45	7.29	8.03	8.90	10.28	11.59	13.24	16.34	20.34
22	6.40	6.98	7.86	8.64	9.54	10.98	12.34	14.04	17.24	21.34
23	6.92	7.53	8.45	9.26	10.20	11.69	13.09	14.85	18.14	22.34
24	7.45	8.08	9.04	9.89	10.86	12.40	13.85	15.66	19.04	23.34
25	7.99	8.65	9.65	10.52	11.52	13.12	14.61	16.47	19.94	24.34
26	8.54	9.22	10.26	11.16	12.20	13.84	15.38	17.29	20.84	25.34
27	9.09	9.80	10.87	11.81	12.88	14.57	16.15	18.11	21.75	26.34
28	9.66	10.39	11.50	12.46	13.56	15.31	16.93	18.94	22.66	27.34
29	10.23	10.99	12.13	13.12	14.26	16.05	17.71	19.77	23.57	28.34
30	10.80	11.59	12.76	13.79	14.95	16.79	18.49	20.60	24.48	29.34
40	16.91	17.92	19.42	20.71	22.16	24.43	26.51	29.05	33.66	39.34
50	23.46	24.67	26.46	27.99	29.71	32.36	34.76	37.69	42.94	49.33
60	30.34	31.74	33.79	35.53	37.48	40.48	43.19	46.46	52.29	59.33
80	44.79	46.52	49.04	51.17	53.54	57.15	60.39	64.28	71.14	79.33
100	59.90	61.92	64.86	67.33	70.06	74.22	77.93	82.36	90.13	99.33

카이제곱 분포표(계속)

d.f \ α	0.250	0.200	0.150	0.100	0.050	0.025	0.020	0.010	0.005	0.0025	0.001	0.0005
1	1.32	1.64	2.07	2.71	3.84	5.02	5.41	6.63	7.88	9.14	10.83	12.12
2	2.77	3.22	3.79	4.61	5.99	7.38	7.82	9.21	10.60	11.98	13.82	15.20
3	4.11	4.64	5.32	6.25	7.81	9.35	9.84	11.34	12.84	14.32	16.27	17.73
4	5.39	5.99	6.74	7.78	9.49	11.14	11.67	13.28	14.86	16.42	18.47	20.00
5	6.33	7.29	8.12	9.24	11.07	12.83	13.39	15.09	16.75	18.39	20.51	22.11
6	7.84	8.56	9.45	10.64	12.59	14.45	15.03	16.81	18.55	20.25	22.46	24.10
7	9.04	9.80	10.75	12.02	14.07	16.01	16.62	18.48	20.28	22.04	24.32	26.02
8	10.22	11.03	12.03	13.36	15.51	17.53	18.17	20.09	21.95	23.77	26.12	27.87
9	11.39	12.24	13.29	14.68	16.92	19.02	19.68	21.67	23.59	25.46	27.88	29.67
10	12.55	13.44	14.53	15.99	18.31	20.48	21.16	23.21	25.19	27.11	29.59	31.42
11	13.70	14.63	15.77	17.28	19.68	21.92	22.62	24.72	26.76	28.73	31.26	33.14
12	14.85	15.81	16.99	18.55	21.03	23.34	24.05	26.22	28.30	30.32	32.91	34.82
13	15.98	16.98	18.20	19.81	22.36	24.74	25.47	27.69	29.82	31.88	34.53	36.48
14	17.12	18.15	19.41	21.06	23.68	26.12	26.87	29.14	31.32	33.43	36.12	38.11
15	18.25	19.31	20.60	22.31	25.00	27.49	28.26	30.58	32.80	34.95	37.70	39.72
16	19.37	20.47	21.79	23.54	26.30	28.85	29.63	32.00	34.27	36.46	39.25	41.31
17	20.49	21.61	22.98	24.77	27.59	30.19	31.00	33.41	35.72	37.95	40.79	42.88
18	21.60	22.76	24.16	25.99	28.87	31.53	32.35	34.81	37.16	39.42	42.31	44.43
19	22.72	23.90	25.33	27.20	30.14	32.85	33.69	36.19	38.58	40.88	43.82	45.97
20	23.83	25.04	26.50	28.41	31.41	34.17	35.02	37.57	40.00	42.34	45.31	47.50
21	24.93	26.17	27.66	29.62	32.67	35.48	36.34	38.93	41.40	43.78	46.80	49.01
22	26.04	27.30	28.82	30.81	33.92	36.78	37.66	40.29	42.80	45.20	48.27	50.51
23	27.14	28.43	29.98	32.01	35.17	38.08	38.97	41.64	44.18	46.62	49.73	52.00
24	28.24	29.55	31.13	33.20	36.42	39.36	40.27	42.98	45.56	48.03	51.18	53.48
25	29.34	30.68	32.28	34.38	37.65	40.65	41.57	44.31	46.93	49.44	52.62	54.95
26	30.43	31.79	33.43	35.56	38.89	41.92	42.86	45.64	48.29	50.83	54.05	56.41
27	31.53	32.91	34.57	36.74	40.11	43.19	44.14	46.96	49.64	52.22	55.48	57.86
28	32.62	34.03	35.71	37.92	41.34	44.46	45.42	48.28	51.99	53.59	56.89	59.30
29	33.71	35.14	36.85	39.09	42.56	45.72	46.69	49.59	52.34	54.97	58.30	60.73
30	34.80	36.25	37.99	40.26	43.77	46.98	47.96	50.89	53.67	56.33	59.70	62.16
40	45.62	47.27	49.24	51.81	55.76	59.34	60.44	63.69	66.77	69.70	73.40	76.09
50	56.33	58.16	60.35	63.17	67.50	71.42	72.61	76.15	79.49	82.66	86.66	89.56
60	66.98	68.97	71.34	74.40	79.08	83.30	84.58	88.38	91.95	95.34	99.61	102.7
80	88.13	90.41	93.11	96.58	101.9	106.6	108.1	112.3	116.3	120.1	124.8	128.3
100	109.1	111.7	114.7	118.5	124.3	129.6	131.1	135.8	140.2	144.3	149.4	153.2

A.5 t-분포표 : 오른쪽 꼬리확률

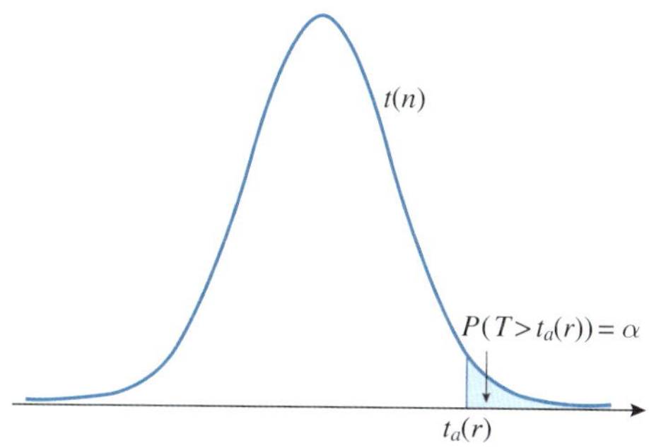

d.f \ α	0.25	0.20	0.15	0.10	0.05	0.025	0.02	0.01	0.005	0.0025	0.001	0.0005
1	1.000	1.376	1.963	3.078	6.314	12.71	15.89	31.82	63.66	127.3	318.3	636.6
2	0.816	1.061	1.386	1.886	2.920	4.303	4.849	6.965	9.925	14.09	22.33	31.60
3	0.765	0.968	1.250	1.638	2.353	3.182	3.482	4.541	5.841	7.453	10.21	12.92
4	0.741	0.941	1.190	1.533	2.132	2.776	2.999	3.747	4.604	5.598	7.173	8.610
5	0.727	0.920	1.156	1.476	2.015	2.571	2.757	3.365	4.032	4.773	5.893	6.869
6	0.718	0.906	1.134	1.440	1.943	2.447	2.612	3.143	3.707	4.317	5.208	5.959
7	0.711	0.896	1.119	1.415	1.895	2.365	2.517	2.998	3.499	4.029	4.785	5.408
8	0.706	0.889	1.108	1.397	1.860	2.306	2.449	2.896	3.355	3.833	4.501	5.041
9	0.703	0.883	1.100	1.383	1.833	2.262	2.398	2.821	3.250	3.690	4.297	4.781
10	0.700	0.879	1.093	1.372	1.812	2.228	2.359	2.764	3.169	3.581	4.144	4.587
11	0.697	0.876	1.088	1.363	1.796	2.201	2.328	2.718	3.106	3.497	4.025	4.437
12	0.695	0.873	1.083	1.356	1.782	2.179	2.303	2.681	3.055	3.428	3.930	4.318
13	0.694	0.870	1.079	1.350	1.771	2.160	2.282	2.650	3.012	3.372	3.852	4.221
14	0.692	0.868	1.076	1.345	1.761	2.145	2.264	2.624	2.977	3.326	3.787	4.140
15	0.691	0.866	1.074	1.341	1.753	2.131	2.249	2.602	2.947	3.286	3.733	4.073
16	0.690	0.865	1.071	1.337	1.746	2.120	2.235	2.583	2.921	3.252	3.686	4.015
17	0.689	0.863	1.069	1.333	1.740	2.110	2.224	2.567	2.898	3.222	3.646	3.965
18	0.688	0.862	1.067	1.330	1.734	2.101	2.214	2.552	2.878	3.197	3.610	3.922
19	0.688	0.861	1.066	1.328	1.729	2.093	2.205	2.539	2.861	3.174	3.579	3.883
20	0.687	0.860	1.064	1.325	1.725	2.086	2.197	2.528	2.845	3.153	3.552	3.850
21	0.686	0.859	1.063	1.323	1.721	2.080	2.189	2.518	2.831	3.135	3.527	3.819
22	0.686	0.858	1.061	1.321	1.717	2.074	2.183	2.508	2.819	3.119	3.505	3.792
23	0.685	0.858	1.060	1.319	1.714	2.069	2.177	2.500	2.807	3.104	3.485	3.768
24	0.685	0.857	1.059	1.318	1.711	2.064	2.172	2.492	2.797	3.091	3.467	3.745
25	0.684	0.856	1.058	1.316	1.708	2.060	2.167	2.485	2.787	3.078	3.450	3.725
26	0.684	0.856	1.058	1.315	1.706	2.056	2.162	2.479	2.779	3.067	3.435	3.707
27	0.684	0.855	1.057	1.314	1.703	2.052	2.158	2.473	2.771	3.057	3.421	3.690
28	0.683	0.855	1.056	1.313	1.701	2.048	2.154	2.467	2.763	3.047	3.408	3.674
29	0.683	0.854	1.055	1.311	1.699	2.045	2.150	2.462	2.756	3.038	3.396	3.659
30	0.683	0.854	1.055	1.310	1.697	2.042	2.147	2.457	2.750	3.030	3.385	3.646
40	0.681	0.851	1.050	1.303	1.684	2.021	2.123	2.423	2.704	2.971	3.307	3.551
50	0.679	0.849	1.047	1.299	1.676	2.009	2.109	2.403	2.678	2.937	3.261	3.496
60	0.679	0.848	1.045	1.296	1.671	2.000	2.099	2.390	2.660	2.915	3.232	3.460
80	0.678	0.846	1.043	1.292	1.664	1.990	2.088	2.374	2.639	2.887	3.195	3.416
100	0.677	0.845	1.042	1.290	1.660	1.984	2.081	2.364	2.626	2.871	3.174	3.390
1,000	0.675	0.842	1.037	1.282	1.646	1.962	2.056	2.330	2.581	2.813	3.098	3.300
∞	0.674	0.841	1.036	1.282	1.645	1.960	2.054	2.326	2.576	2.807	3.091	3.291

A.6 F-분포표 : 오른쪽 꼬리확률

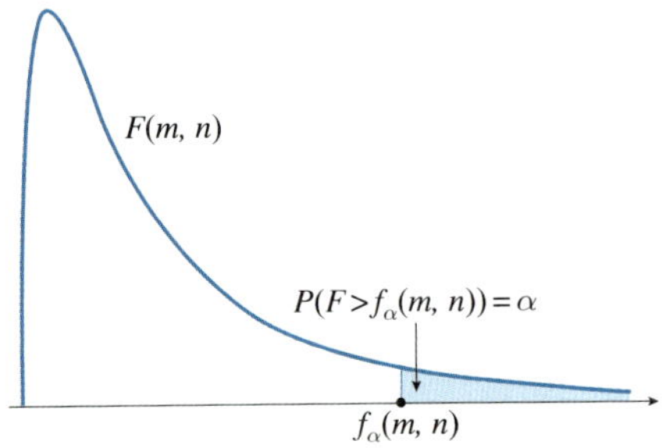

분모의 자유도	α	분자의 자유도									
		1	2	3	4	5	6	7	8	9	10
	0.100	39.86	49.50	53.59	55.83	57.24	58.20	58.91	59.44	59.86	60.19
	0.050	161.45	199.50	215.71	224.58	230.10	233.99	236.77	238.88	240.54	241.88
1	0.025	647.79	799.50	864.16	899.58	921.85	937.11	948.22	956.66	963.28	968.63
	0.010	4052.2	4999.5	5403.4	5624.6	5763.6	5859.0	5928.4	5981.1	6022.5	6055.8
	0.001	405284	500000	540379	562500	576405	585937	592873	598144	602284	605621
	0.100	8.53	9.00	9.16	9.24	9.29	9.33	9.35	9.37	9.38	9.39
	0.050	18.51	19.00	19.16	19.25	19.30	19.33	19.35	19.37	19.38	19.40
2	0.025	38.51	39.00	39.17	39.25	39.30	39.33	39.36	39.37	39.39	39.40
	0.010	98.50	99.00	99.17	99.25	99.30	99.33	99.36	99.37	99.39	99.40
	0.001	998.50	999.00	999.17	999.25	999.30	999.33	999.36	999.37	999.39	999.40
	0.100	5.54	5.46	5.39	5.34	5.31	5.28	5.27	5.25	5.24	5.23
	0.050	10.13	9.55	9.28	9.12	9.01	8.94	8.89	8.85	8.81	8.79
3	0.025	17.44	16.04	15.44	15.10	14.88	14.73	14.62	14.54	14.47	14.42
	0.010	34.12	30.82	29.46	28.71	28.24	27.91	27.67	27.49	27.35	27.23
	0.001	167.03	148.50	141.11	137.10	134.58	132.85	131.58	130.62	129.86	129.25
	0.100	4.54	4.32	4.19	4.11	4.05	4.01	3.98	3.95	3.94	3.92
	0.050	7.71	6.94	6.59	6.39	6.26	6.16	6.09	6.04	6.00	5.96
4	0.025	12.22	10.65	9.98	9.60	9.36	9.20	9.07	8.98	8.90	8.84
	0.010	21.20	18.00	16.69	15.98	15.52	15.21	14.98	14.80	14.66	14.55
	0.001	74.14	61.25	56.18	53.44	51.71	50.53	49.66	49.00	48.47	48.05
	0.100	4.06	3.78	3.62	3.52	3.45	3.40	3.37	3.34	3.32	3.30
	0.050	6.61	5.79	5.41	5.19	5.05	4.95	4.88	4.82	4.77	4.74
5	0.025	10.01	8.43	7.76	7.39	7.15	6.98	6.85	6.76	6.68	6.62
	0.010	16.26	13.27	12.06	11.39	10.97	10.67	10.46	10.29	10.16	10.05
	0.001	47.18	37.12	33.20	31.09	29.75	28.83	28.16	27.65	27.24	26.92
	0.100	3.78	3.46	3.29	3.18	3.11	3.05	3.01	2.98	2.96	2.94
	0.050	5.99	5.14	4.76	4.53	4.39	4.28	4.21	4.15	4.10	4.06
6	0.025	8.81	7.26	6.60	6.23	5.99	5.82	5.70	5.60	5.52	5.46
	0.010	13.75	10.92	9.78	9.15	8.75	8.47	8.26	8.10	7.98	7.87
	0.001	35.51	27.00	23.70	21.92	20.80	20.03	19.46	19.03	18.69	18.41

F-분포표(계속)

분모의 자유도	α	분자의 자유도 12	15	20	25	30	40	50	60	120	1,000
1	0.100	60.71	61.22	61.74	62.05	62.26	62.53	62.69	62.79	63.06	63.30
	0.050	243.91	245.95	248.01	249.26	250.10	251.14	251.77	252.20	253.25	254.11
	0.025	976.71	984.87	993.10	998.08	1001.4	1005.6	1008.1	1009.8	1014.0	1017.7
	0.010	6106.3	6157.3	6208.7	6239.8	6260.6	6286.8	6302.5	6313.0	6339.4	6362.7
	0.001	610668	615764	620908	624017	626099	628712	630285	631337	633972	636301
2	0.100	9.41	9.42	9.44	9.45	9.46	9.47	9.47	9.47	9.48	9.49
	0.050	19.41	19.43	19.45	19.46	19.46	19.47	19.48	19.48	19.49	19.49
	0.025	39.41	39.43	39.45	39.46	19.46	39.47	39.48	39.48	39.49	39.50
	0.010	99.42	99.43	99.45	99.46	99.47	99.47	99.48	99.48	99.49	99.50
	0.001	999.42	999.43	999.45	9699.46	999.47	999.47	999.48	999.48	999.49	999.50
3	0.100	5.22	5.20	5.18	5.17	5.17	5.16	5.15	5.15	5.14	5.13
	0.050	8.74	8.70	8.66	8.63	8.62	8.59	8.58	8.57	8.55	8.53
	0.025	14.34	14.25	14.17	14.12	14.08	14.04	14.01	13.99	13.95	13.91
	0.010	27.05	26.87	26.69	26.58	26.50	26.41	26.35	26.32	26.22	26.14
	0.001	128.32	127.37	126.42	125.84	125.45	124.96	124.66	124.47	123.97	123.53
4	0.100	3.90	3.87	3.84	3.83	3.82	3.80	3.80	3.79	3.78	3.76
	0.050	5.91	5.86	5.80	5.77	5.75	5.72	5.70	5.69	5.66	5.63
	0.025	8.75	8.66	8.56	8.50	8.46	8.41	8.38	8.36	8.31	8.26
	0.010	14.37	14.20	14.02	13.91	13.84	13.75	13.69	13.65	13.56	13.47
	0.001	47.41	46.76	46.10	45.70	45.43	45.09	44.88	44.75	44.40	44.09
5	0.100	3.27	3.24	3.21	3.19	3.17	3.16	3.15	3.14	3.12	3.11
	0.050	4.68	4.62	4.56	4.52	4.50	4.46	4.44	4.43	4.40	4.37
	0.025	6.52	6.43	6.33	6.27	6.23	6.18	6.14	6.12	6.07	6.02
	0.010	9.89	9.72	9.55	9.45	9.38	9.29	9.24	9.20	9.11	9.03
	0.001	26.42	25.91	25.39	25.08	24.87	24.60	24.44	24.33	24.06	23.82
6	0.100	2.90	2.87	2.84	2.81	2.80	2.78	2.77	2.76	2.74	2.72
	0.050	4.00	3.94	3.87	3.83	3.81	3.77	3.75	3.74	3.70	3.67
	0.025	5.37	5.27	5.17	5.11	5.07	5.01	4.98	4.96	4.90	4.86
	0.010	7.72	7.56	7.40	7.30	7.23	7.14	7.09	7.06	6.97	6.89
	0.001	17.99	17.56	17.12	16.85	16.67	16.44	16.31	16.21	15.98	15.77

F-분포표(계속)

분모의 자유도	α	분자의 자유도 1	2	3	4	5	6	7	8	9	10
7	0.100	3.59	3.26	3.07	2.96	2.88	2.83	2.78	2.75	2.72	2.70
	0.050	5.59	4.74	4.35	4.12	3.97	3.87	3.79	3.73	3.68	3.64
	0.025	8.07	6.54	5.89	5.52	5.29	5.12	4.99	4.90	4.82	4.76
	0.010	12.25	9.55	8.45	7.85	7.46	7.19	6.99	6.84	6.72	6.62
	0.001	29.25	21.69	18.77	17.20	16.21	15.52	15.02	14.63	14.33	14.08
8	0.100	3.46	3.11	2.92	2.81	2.73	2.67	2.62	2.59	2.56	2.54
	0.050	5.32	4.46	4.07	3.84	3.69	3.58	3.50	3.44	3.39	3.35
	0.025	7.57	6.06	5.42	5.05	4.82	4.65	4.53	4.43	4.36	4.30
	0.010	11.26	8.65	7.59	7.01	6.63	6.37	6.18	6.03	5.91	5.81
	0.001	25.41	18.49	15.83	14.39	13.48	12.86	12.40	12.05	11.77	11.54
9	0.100	3.36	3.01	2.81	2.69	2.61	2.55	2.51	2.47	2.44	2.42
	0.050	5.12	4.26	3.86	3.63	3.48	3.37	3.29	3.23	3.18	3.14
	0.025	7.21	5.71	5.08	4.72	4.48	4.32	4.20	4.10	4.03	3.96
	0.010	10.56	8.02	6.99	6.42	6.06	5.80	5.61	5.47	5.35	5.26
	0.001	22.86	16.39	13.90	12.56	11.71	11.13	10.70	10.37	10.11	9.89
10	0.100	3.29	2.92	2.73	2.61	2.52	2.46	2.41	2.38	2.35	2.32
	0.050	4.96	4.10	3.71	3.48	3.33	3.22	3.14	3.07	3.02	2.98
	0.025	6.94	5.46	4.83	4.47	4.24	4.07	3.95	3.85	3.78	3.72
	0.010	10.04	7.56	6.55	5.99	5.64	5.39	5.20	5.06	4.94	4.85
	0.001	21.04	14.91	12.55	11.28	10.48	9.93	9.52	9.20	8.96	8.75
11	0.100	3.23	2.86	2.66	2.54	2.45	2.39	2.34	2.30	2.27	2.25
	0.050	4.84	3.98	3.59	3.36	3.20	3.09	3.01	2.95	2.90	2.85
	0.025	6.72	5.26	4.63	4.28	4.04	3.88	3.76	3.66	3.59	3.53
	0.010	9.65	7.21	6.22	5.67	5.32	5.07	4.89	4.74	4.63	4.54
	0.001	19.69	13.81	11.56	10.35	9.58	9.05	8.66	8.35	8.12	7.92
12	0.100	3.18	2.81	2.61	2.48	2.39	2.33	2.28	2.24	2.21	2.19
	0.050	4.75	3.89	3.49	3.26	3.11	3.00	2.91	2.85	2.80	2.75
	0.025	6.55	5.10	4.47	4.12	3.89	3.73	3.61	3.51	3.44	3.37
	0.010	9.33	6.93	5.95	5.41	5.06	4.82	4.64	4.50	4.39	4.30
	0.001	18.64	12.97	10.80	9.63	8.89	8.38	8.00	7.71	7.48	7.29
13	0.100	3.14	2.76	2.56	2.43	2.35	2.28	2.23	2.20	2.16	2.14
	0.050	4.67	3.81	3.41	3.18	3.03	2.92	2.83	2.77	2.71	2.67
	0.025	6.41	4.97	4.35	4.00	3.77	3.60	3.48	3.39	3.31	3.25
	0.010	9.07	6.70	5.74	5.21	4.86	4.62	4.44	4.30	4.19	4.10
	0.001	17.82	12.31	10.21	9.07	8.35	7.86	7.49	7.21	6.98	6.80

F-분포표(계속)

분모의 자유도	α	분자의 자유도									
		12	15	20	25	30	40	50	60	120	1,000
	0.100	2.67	2.63	2.59	2.57	2.56	2.54	2.52	2.51	2.49	2.47
	0.050	3.57	3.51	3.44	3.40	3.38	3.34	3.32	3.30	3.27	3.23
7	0.025	4.67	4.57	4.47	4.40	4.36	4.31	4.28	4.25	4.20	4.15
	0.010	6.47	6.31	6.16	6.06	5.99	5.91	5.86	5.82	5.74	5.66
	0.001	13.71	13.32	12.93	12.69	12.53	12.33	12.20	12.12	11.91	11.72
	0.100	2.50	2.46	2.42	2.40	2.38	2.36	2.35	2.34	2.32	2.30
	0.050	3.28	3.22	3.15	3.11	3.08	3.04	3.02	3.01	2.97	2.93
8	0.025	4.20	4.10	4.00	3.94	3.89	3.84	3.81	3.78	3.73	3.68
	0.010	5.67	5.52	5.36	5.26	5.20	5.12	5.07	5.03	4.95	4.87
	0.001	11.19	10.84	10.48	10.26	10.11	9.92	9.80	9.73	9.53	9.36
	0.100	2.38	2.34	2.30	2.27	2.25	2.23	2.22	2.21	2.18	2.16
	0.050	3.07	3.01	2.94	2.89	2.86	2.83	2.80	2.79	2.75	2.71
9	0.025	3.87	3.77	3.67	3.60	3.56	3.51	3.47	3.45	3.39	3.34
	0.010	5.11	4.96	4.81	4.71	4.65	4.57	4.52	4.48	4.40	4.32
	0.001	9.57	9.24	8.90	8.69	8.55	8.37	8.26	8.19	8.00	7.84
	0.100	2.28	2.24	2.20	2.17	2.16	2.13	2.12	2.11	2.08	2.06
	0.050	2.91	2.85	2.77	2.73	2.70	2.66	2.64	2.62	2.58	2.54
10	0.025	3.62	3.52	3.42	3.35	3.31	3.26	3.22	3.20	3.14	3.09
	0.010	4.71	4.56	4.41	4.31	4.25	4.17	4.12	4.08	4.00	3.92
	0.001	8.45	8.13	7.80	7.60	7.47	7.30	7.19	7.12	6.94	6.78
	0.100	2.21	2.17	2.12	2.10	2.08	2.05	2.04	2.03	2.00	1.98
	0.050	2.79	2.72	2.65	2.60	2.57	2.53	2.51	2.49	2.45	2.41
11	0.025	3.43	3.33	3.23	3.16	3.12	3.06	3.03	3.00	2.94	2.89
	0.010	4.40	4.25	4.10	4.01	3.94	3.86	3.81	3.78	3.69	3.61
	0.001	7.63	7.32	7.01	6.81	6.68	6.52	6.42	6.35	6.18	6.02
	0.100	2.15	2.10	2.06	2.03	2.01	1.99	1.97	1.96	1.93	1.91
	0.050	2.69	2.62	2.54	2.50	2.47	2.43	2.40	2.38	2.34	2.30
12	0.025	3.28	3.18	3.07	3.01	2.96	2.91	2.87	2.85	2.79	2.73
	0.010	4.16	4.01	3.86	3.76	3.70	3.62	3.57	3.54	3.45	3.37
	0.001	7.00	6.71	6.40	6.22	6.09	5.93	5.83	5.76	5.59	5.44
	0.100	2.10	2.05	2.01	1.98	1.96	1.93	1.92	1.90	1.88	1.85
	0.050	2.60	2.53	2.46	2.41	2.38	2.34	2.31	2.30	2.25	2.21
13	0.025	3.15	3.05	2.95	2.88	2.84	2.78	2.74	2.72	2.66	2.60
	0.010	3.96	3.82	3.66	3.57	3.51	3.43	3.38	3.34	3.25	3.18
	0.001	6.52	6.23	5.93	5.75	5.63	5.47	5.37	5.30	5.14	4.99

F-분포표(계속)

분모의 자유도	α	분자의 자유도									
		1	2	3	4	5	6	7	8	9	10
14	0.100	3.10	2.73	2.52	2.39	2.31	2.24	2.19	2.15	2.12	2.10
	0.050	4.60	3.74	3.34	3.11	2.96	2.85	2.76	2.70	2.65	2.60
	0.025	6.30	4.86	4.24	3.89	3.66	3.50	3.38	3.29	3.21	3.15
	0.010	8.86	6.51	5.56	5.04	4.69	4.46	4.28	4.14	4.03	3.94
	0.001	17.14	11.78	9.73	8.62	7.92	7.44	7.08	6.80	6.58	6.40
15	0.100	3.07	2.70	2.49	2.36	2.27	2.21	2.16	2.12	2.09	2.06
	0.050	4.54	3.68	3.29	3.06	2.90	2.79	2.71	2.64	2.59	2.54
	0.025	6.20	4.77	4.15	3.80	3.58	3.41	3.29	3.20	3.12	3.06
	0.010	8.68	6.36	5.42	4.89	4.56	4.32	4.14	4.00	3.89	3.80
	0.001	16.59	11.34	9.34	8.25	7.57	7.09	6.74	6.47	6.26	6.08
16	0.100	3.05	2.67	2.46	2.33	2.24	2.18	2.13	2.09	2.06	2.03
	0.050	4.49	3.63	3.24	3.01	2.85	2.74	2.66	2.59	2.54	2.49
	0.025	6.12	4.69	4.08	3.73	3.50	3.34	3.22	3.12	3.05	2.99
	0.010	8.53	6.23	5.29	4.77	4.44	4.20	4.03	3.89	3.78	3.69
	0.001	16.12	10.97	9.01	7.94	7.27	6.80	6.46	6.19	5.98	5.81
17	0.100	3.03	2.64	2.44	2.31	2.22	2.15	2.10	2.06	2.03	2.00
	0.050	4.45	3.59	3.20	2.96	2.81	2.70	2.61	2.55	2.49	2.45
	0.025	6.04	4.62	4.01	3.66	3.44	3.28	3.16	3.06	2.98	2.92
	0.010	8.40	6.11	5.19	4.67	4.34	4.10	3.93	3.79	3.68	3.59
	0.001	15.72	10.66	8.73	7.68	7.02	6.56	6.22	5.96	5.75	5.58
18	0.100	3.01	2.62	2.42	2.29	2.20	2.13	2.08	2.04	2.00	1.98
	0.050	4.41	3.55	3.16	2.93	2.77	2.66	2.58	2.51	2.46	2.41
	0.025	5.98	4.56	3.95	3.61	3.38	3.22	3.10	3.01	2.93	2.87
	0.010	8.29	6.01	5.09	4.58	4.25	4.10	3.84	3.71	3.60	3.51
	0.001	15.38	10.39	8.49	7.46	6.81	6.35	6.02	5.76	5.56	5.39
19	0.100	2.99	2.61	2.40	2.27	2.18	2.11	2.06	2.02	1.98	1.96
	0.050	4.38	3.52	3.13	2.90	2.74	2.63	2.54	2.48	2.42	2.38
	0.025	5.92	4.51	3.90	3.56	3.33	3.17	3.05	2.96	2.88	2.82
	0.010	8.18	5.93	5.01	4.50	4.17	3.94	3.77	3.63	3.52	3.43
	0.001	15.08	10.16	8.28	7.27	6.62	6.18	5.85	5.59	5.39	5.22
20	0.100	2.97	2.59	2.38	2.25	2.16	2.09	2.04	2.00	1.96	1.94
	0.050	4.35	3.49	3.10	2.87	2.71	2.60	2.51	2.45	2.39	2.35
	0.025	5.87	4.46	3.86	3.51	3.29	3.13	3.01	2.91	2.84	2.77
	0.010	8.10	5.85	4.94	4.43	4.10	3.87	3.70	3.56	3.46	3.37
	0.001	14.82	9.95	8.10	7.10	6.46	6.02	5.69	5.44	5.24	5.08

F-분포표(계속)

분모의 자유도	α	분자의 자유도									
		12	15	20	25	30	40	50	60	120	1,000
	0.100	2.05	2.01	1.96	1.93	1.91	1.89	1.87	1.86	1.83	1.80
	0.050	2.53	2.46	2.39	2.34	2.31	2.27	2.24	2.22	2.18	2.14
14	0.025	3.05	2.95	2.84	2.73	2.73	2.67	2.64	2.61	2.55	2.50
	0.010	3.80	3.66	3.51	3.41	3.35	3.27	3.22	3.18	3.09	3.02
	0.001	6.13	5.85	5.56	5.38	5.25	5.10	5.00	4.94	4.77	4.62
	0.100	2.02	1.97	1.92	1.89	1.87	1.85	1.83	1.82	1.79	1.76
	0.050	2.48	2.40	2.33	2.64	2.25	2.20	2.18	2.16	2.11	2.07
15	0.025	2.96	2.86	2.76	2.69	2.64	2.59	2.55	2.52	2.46	2.40
	0.010	3.67	3.52	3.37	3.28	3.21	3.13	3.08	3.05	2.96	2.88
	0.001	5.81	5.54	5.25	5.07	4.95	4.80	4.70	4.64	4.47	4.33
	0.100	1.99	1.94	1.89	1.86	1.84	1.81	1.79	1.78	1.75	1.72
	0.050	2.42	2.35	2.28	2.57	2.19	2.15	2.12	2.11	2.06	2.02
16	0.025	2.89	2.79	2.68	2.61	2.57	2.51	2.47	2.45	2.38	2.32
	0.010	3.55	3.41	3.26	3.16	3.10	3.02	2.97	2.93	2.84	2.76
	0.001	5.55	5.27	4.99	4.82	4.70	4.54	4.45	4.39	4.23	4.08
	0.100	1.96	1.91	1.86	1.83	1.81	1.78	1.76	1.75	1.72	1.69
	0.050	2.38	2.31	2.23	2.18	2.15	2.10	2.08	2.06	2.01	1.97
17	0.025	2.82	2.72	2.62	2.50	2.50	2.44	2.41	2.38	2.32	2.26
	0.010	3.46	3.31	3.16	3.07	3.00	2.92	2.87	2.83	2.75	2.66
	0.001	5.32	5.05	4.78	4.60	4.48	4.33	4.24	4.18	4.02	3.87
	0.100	1.93	1.89	1.84	1.80	1.78	1.75	1.74	1.72	1.69	1.66
	0.050	2.34	2.27	2.19	2.14	2.11	2.06	2.04	2.02	1.97	1.92
18	0.025	2.77	2.67	2.56	2.44	2.44	2.38	2.35	2.32	2.26	2.20
	0.010	3.37	3.23	3.08	2.98	2.92	2.84	2.78	2.75	2.66	2.58
	0.001	5.13	4.87	4.59	4.42	4.30	4.15	4.06	4.00	3.84	3.69
	0.100	1.91	1.86	1.81	1.78	1.76	1.73	1.71	1.70	1.67	1.64
	0.050	2.31	2.23	2.16	2.11	2.07	2.03	2.00	1.98	1.93	1.88
19	0.025	2.72	2.62	2.51	2.39	2.39	2.33	2.30	2.27	2.20	2.14
	0.010	3.30	3.15	3.00	2.91	2.84	2.76	2.71	2.67	2.58	2.50
	0.001	4.97	4.70	4.43	4.26	4.14	3.99	3.90	3.84	3.68	3.53
	0.100	1.89	1.84	1.79	1.76	1.74	1.71	1.69	1.68	1.64	1.61
	0.050	2.28	2.20	2.12	2.07	2.04	1.99	1.97	1.95	1.90	1.85
20	0.025	2.68	2.57	2.46	2.45	2.35	2.29	2.25	2.22	2.16	2.09
	0.010	3.23	3.09	2.94	2.84	2.78	2.69	2.64	2.61	2.52	2.43
	0.001	4.82	4.56	4.29	4.12	4.00	3.86	3.77	3.70	3.54	3.40

F-분포표(계속)

분모의 자유도	α	분자의 자유도									
		1	2	3	4	5	6	7	8	9	10
	0.100	2.96	2.57	2.36	2.23	2.14	2.08	2.02	1.98	1.95	1.92
	0.050	4.32	3.47	3.07	2.84	2.68	2.57	2.49	2.42	2.37	2.32
21	0.025	5.83	4.42	3.82	3.48	3.25	3.09	2.97	2.87	2.80	2.73
	0.010	8.02	5.78	4.87	4.37	4.04	3.81	3.64	3.51	3.40	3.31
	0.001	14.59	9.77	7.94	6.95	6.32	5.88	5.56	5.31	5.11	4.95
	0.100	2.92	2.53	2.32	2.18	2.09	2.02	1.97	1.93	1.89	1.87
	0.050	4.24	3.39	2.99	2.76	2.60	2.49	2.40	2.34	2.28	2.24
25	0.025	5.69	4.29	3.69	3.35	3.13	2.97	2.85	2.75	2.68	2.61
	0.010	7.77	5.57	4.68	4.18	3.85	3.63	3.46	3.32	3.22	3.13
	0.001	13.88	9.22	7.45	6.49	5.89	5.46	5.15	4.91	4.71	4.56
	0.100	2.88	2.49	2.28	2.14	2.05	1.98	1.93	1.88	1.85	1.82
	0.050	4.17	3.32	2.92	2.69	2.53	2.42	2.33	2.27	2.21	2.16
30	0.025	5.57	4.18	3.59	3.25	3.03	2.87	2.75	2.65	2.57	2.51
	0.010	7.56	5.39	4.51	4.02	3.70	3.47	3.30	3.17	3.07	2.98
	0.001	13.29	8.77	7.05	6.12	5.53	5.12	4.82	4.58	4.39	4.24
	0.100	2.84	2.44	2.23	2.09	2.00	1.93	1.87	1.83	1.79	1.76
	0.050	4.08	3.23	2.84	2.61	2.45	2.34	2.25	2.18	2.12	2.08
40	0.025	5.42	4.05	3.46	3.13	2.90	2.74	2.62	2.53	2.45	2.39
	0.010	7.31	5.18	4.31	3.83	3.51	3.29	3.12	2.99	2.89	2.80
	0.001	12.61	8.25	6.59	5.70	5.13	4.73	4.44	4.21	4.02	3.87
	0.100	2.81	2.41	2.20	2.06	1.97	1.90	1.84	1.80	1.76	1.73
	0.050	4.03	3.18	2.79	2.56	2.40	2.29	2.20	2.13	2.07	2.03
50	0.025	5.34	3.97	3.39	3.05	2.83	2.67	2.55	2.46	2.38	2.32
	0.010	7.17	5.06	4.20	3.72	3.41	3.19	3.02	2.89	2.78	2.70
	0.001	12.22	7.96	6.34	5.46	4.90	4.51	4.22	4.00	3.82	3.67
	0.100	2.79	2.39	2.18	2.04	1.95	1.87	1.82	1.77	1.74	1.71
	0.050	4.00	3.15	2.76	2.53	2.37	2.25	2.17	2.10	2.04	1.99
60	0.025	5.29	3.93	3.34	3.01	2.79	2.63	2.51	2.41	2.33	2.27
	0.010	7.08	4.98	4.13	3.65	3.34	3.12	2.95	2.82	2.72	2.63
	0.001	11.97	7.77	6.17	5.31	4.76	4.37	4.09	3.86	3.69	3.54
	0.100	2.76	2.36	2.14	2.00	1.91	1.83	1.78	1.73	1.69	1.66
	0.050	3.94	3.09	2.70	2.46	2.31	2.19	2.10	2.03	1.97	1.93
100	0.025	5.18	3.83	3.25	2.92	2.70	2.54	2.42	2.32	2.24	2.18
	0.010	6.90	4.82	3.98	3.51	3.21	2.99	2.82	2.69	2.59	2.50
	0.001	11.50	7.41	5.86	5.02	4.48	4.11	3.83	3.61	3.44	3.30

F-분포표(계속)

분모의 자유도	α	분자의 자유도									
		12	15	20	25	30	40	50	60	120	1,000
21	0.100	1.87	1.83	1.78	1.74	1.72	1.69	1.67	1.66	1.62	1.59
	0.050	2.25	2.18	2.10	2.05	2.01	1.96	1.94	1.92	1.87	1.82
	0.025	2.64	2.53	2.42	2.36	2.31	2.25	2.21	2.18	2.11	2.05
	0.010	3.17	3.03	2.88	2.79	2.72	2.64	2.58	2.55	2.46	2.37
	0.001	4.70	4.44	4.17	4.00	3.88	3.74	3.64	3.58	3.42	3.28
25	0.100	1.82	1.77	1.72	1.68	1.66	1.63	1.61	1.59	1.56	1.52
	0.050	2.16	2.09	2.01	1.96	1.92	1.87	1.84	1.82	1.77	1.72
	0.025	2.51	2.41	2.30	2.23	2.18	2.12	2.08	2.05	1.98	1.91
	0.010	2.99	2.85	2.70	2.60	2.54	2.45	2.40	2.36	2.27	2.18
	0.001	4.31	4.06	3.79	3.63	3.52	3.37	3.28	3.22	3.06	2.91
30	0.100	1.77	1.72	1.67	1.63	1.61	1.57	1.55	1.54	1.50	1.46
	0.050	2.09	2.01	1.93	1.88	1.84	1.79	1.76	1.74	1.68	1.63
	0.025	2.41	2.31	2.20	2.12	2.07	2.01	1.97	1.94	1.87	1.80
	0.010	2.84	2.70	2.55	2.45	2.39	2.30	2.25	2.21	2.11	2.02
	0.001	4.00	3.75	3.49	3.33	3.22	3.07	2.98	2.92	2.76	2.61
40	0.100	1.71	1.66	1.61	1.57	1.54	1.51	1.48	1.47	1.42	1.38
	0.050	2.00	1.92	1.84	1.78	1.74	1.69	1.66	1.64	1.58	1.52
	0.025	2.29	2.18	2.07	1.99	1.94	1.88	1.83	1.80	1.72	1.65
	0.010	2.66	2.52	2.37	2.27	2.20	2.11	2.06	2.02	1.92	1.82
	0.001	3.64	3.40	3.14	2.98	2.87	2.73	2.64	2.57	2.41	2.25
50	0.100	1.68	1.63	1.57	1.53	1.50	1.46	1.44	1.42	1.38	1.33
	0.050	1.95	1.87	1.78	1.73	1.69	1.63	1.60	1.58	1.51	1.45
	0.025	2.22	2.11	1.99	1.92	1.87	1.80	1.75	1.72	1.64	1.56
	0.010	2.56	2.42	2.27	2.17	2.10	2.01	1.95	1.91	1.80	1.70
	0.001	3.44	3.20	2.95	2.79	2.68	2.53	2.44	2.38	2.21	2.05
60	0.100	1.66	1.60	1.54	1.50	1.48	1.44	1.41	1.40	1.35	1.30
	0.050	1.92	1.84	1.75	1.69	1.65	1.59	1.56	1.53	1.47	1.40
	0.025	2.17	2.06	1.94	1.87	1.82	1.74	1.70	1.67	1.58	1.49
	0.010	2.50	2.35	2.20	2.10	2.03	1.94	1.88	1.84	1.73	1.62
	0.001	3.32	3.08	2.83	2.67	2.55	2.41	2.32	2.25	2.08	1.92
100	0.100	1.61	1.56	1.49	1.45	1.42	1.38	1.35	1.34	1.28	1.22
	0.050	1.85	1.77	1.68	1.62	1.57	1.52	1.48	1.45	1.38	1.30
	0.025	2.08	1.97	1.85	1.77	1.71	1.64	1.59	1.56	1.46	1.36
	0.010	2.37	2.22	2.07	1.97	1.89	1.80	1.74	1.69	1.57	1.45
	0.001	3.07	2.84	2.59	2.43	2.32	2.17	2.08	2.01	1.83	1.64

찾아보기

ㄹ ㅁ

ㅂ

찾아보기

ㅅ

찾아보기

ㅊ

찾아보기

기타